Springer-Lehrbuch

Roland W. Freund · Ronald H.W. Hoppe

Stoer/Bulirsch: Numerische Mathematik 1

Zehnte, neu bearbeitete Auflage
Mit 15 Abbildungen

 Springer

Prof. Dr. Roland W. Freund
Department of Mathematics
University of California at Davis
One Shields Avenue
Davis, CA 95616, USA
E-mail: freund@math.ucdavis.edu

Prof. Dr. Ronald H.W. Hoppe
Lehrstuhl für Angewandte Analysis
mit Schwerpunkt Numerik
Universität Augsburg
Universitätsstraße 14
86159 Augsburg, Deutschland
E-mail: hoppe@math.uni-augsburg.de

und

Department of Mathematics
University of Houston
651 P.G. Hoffman
Houston, TX 77204-3008, USA
E-mail: rohop@math.uh.edu

Bis zur 4. Auflage (1983) erschienen als Band 105 der Reihe *Heidelberger Taschenbücher*
Bis zur 9. Auflage (2005) erschienen unter dem Titel J. Stoer *Numerische Mathematik 1*, ISBN 3-540-21395-3

Bibliografische Information der Deutschen Nationalbibliothek

Die Deutsche Nationalbibliothek verzeichnet diese Publikation in der Deutschen Nationalbibliografie; detaillierte
bibliografische Daten sind im Internet über http://dnb.d-nb.de abrufbar.

Mathematics Subject Classification (2000): 65-01, 65B05, 65B15, 65D05, 65D07, 65D17, 65D30,
65D32, 65F05, 65F20, 65F25, 65F35, 65F50, 65G50, 65H05, 65H10, 65H20, 65K05, 65T40, 65T50,
65T60, 90C05, 90C46, 90C51, 90C53

ISBN 978-3-540-45389-5 Springer Berlin Heidelberg New York
ISBN 978-3-540-21395-6   9. Aufl. Springer Berlin Heidelberg New York

Springer ist ein Unternehmen von Springer Science+Business Media

springer.de

© Springer-Verlag Berlin Heidelberg 1972, 1976, 1979, 1983, 1989, 1993, 1994, 1999, 2005, 2007

Die Wiedergabe von Gebrauchsnamen, Handelsnamen, Warenbezeichnungen usw. in diesem Werk berechtigt auch
ohne besondere Kennzeichnung nicht zu der Annahme, dass solche Namen im Sinne der Warenzeichen- und
Markenschutz-Gesetzgebung als frei zu betrachten wären und daher von jedermann benutzt werden dürften. Text
und Abbildungen wurden mit größter Sorgfalt erarbeitet. Verlag und Autor können jedoch für eventuell verbliebene
fehlerhafte Angaben und deren Folgen weder eine juristische Verantwortung noch irgendeine Haftung übernehmen.

Satz: Datenerstellung durch die Autoren unter Verwendung eines Springer TeX-Makropakets
Herstellung: LE-TeX Jelonek, Schmidt & Vöckler GbR, Leipzig
Umschlaggestaltung: WMXDesign GmbH, Heidelberg

Gedruckt auf säurefreiem Papier   175/3100/YL - 5 4 3 2 1 0

Vorwort zur zehnten Auflage

Seit dem Erscheinen der Erstauflage im Jahre1972 hat sich dieses Lehrbuch zu einem Standardwerk der Numerischen Mathematik entwickelt, das sowohl in einführenden Lehrveranstaltungen als vorlesungsbegleitender Text wie auch als Nachschlagewerk verwendet wird. Die fortschreitende Entwicklung auf den Gebieten der numerischen Analysis und des wissenschaftlichen Rechnens hat in den folgenden Auflagen ihren Niederschlag in zahlreichen Verbesserungen und Ergänzungen gefunden und wurde für die vorliegende zehnte Auflage zum Anlass einer grundlegenden Neubearbeitung genommen.

Eine wesentliche Neuerung stellt die Umstrukturierung der bisher fünf Kapitel in nunmehr sechs Kapitel dar. Dabei wurden die ersten drei Kapitel über *Fehleranalyse* (Kapitel 1), *Interpolation* (Kapitel 2) und *Integration* (Kapitel 3) im wesentlichen beibehalten und um die Abschnitte über *Grundlagen der rechnergestützten Geometrie* in Kapitel 2 und *adaptive Quadratur* in Kapitel 3 ergänzt. Um der Bedeutung numerischer Verfahren zur Lösung von Problemen der mathematischen Programmierung und Optimierung Rechnung zu tragen, wurden die entsprechenden Abschnitte über das Simplexverfahren der linearen Programmierung und Techniken der nichtlinearen Optimierung aus den bisherigen Kapiteln 4 und 5 zu einem eigenständigen Kapitel 6 mit dem Titel *Optimierung* zusammengefasst und um einen Abschnitt über *Innere-Punkte-Verfahren* ergänzt. Das neue Kapitel 4 (*Lineare Gleichungssysteme*) beinhaltet direkte Verfahren zur numerischen Lösung linearer Gleichungssysteme und linearer Ausgleichsprobleme. Das neue Kapitel 5 (*Nichtlineare Gleichungssysteme*) beschreibt numerische Methoden zur Lösung nichtlinearer Gleichungssysteme und nichtlinearer Ausgleichsprobleme und wurde um eine affin-invariante Konvergenztheorie des Newton-Verfahrens und seiner Varianten sowie einen Abschnitt über *parameterabhängige nichtlineare Gleichungssysteme* erweitert. Die bisherigen Abschnitte zur Nullstellenbestimmung von Polynomen wurden zu einem Abschnitt zusammengefasst. Die Literaturlisten am Ende der einzelnen Kapitel wurden aktualisert. Eine Liste mit allgemeiner, für alle Kapitel relevante Literatur wurde am Anfang des Buches eingefügt.

Die Verfasser dieser Neuauflage möchten ihren besonderen Dank den bisherigen Autoren, den Herren Prof. Dres. J. Stoer und R. Bulirsch, sowohl ob des in sie gesetzten Vertrauens als auch für mannigfaltige Vorschläge hinsichtlich der Gestaltung der Neubearbeitung aussprechen. Weiterer Dank gebührt Frau Susanne Freund und den Herren Dipl.-Math. M. Kieweg und Dipl.-Math. Chr. Linsenmann für die sorgfältige Durchsicht des Textes.

Schliesslich gilt unser herzlicher Dank auch den Mitarbeitern des Springer-Verlages für die jederzeit professionelle Unterstützung und so manche hilfreiche Ermunterung.

Davis, Augsburg/Houston, im Februar 2007   R.W. Freund
                                                            R.H.W. Hoppe

Vorwort zur ersten Auflage

Dieses Buch gibt den Stoff des ersten Teils einer zweisemestrigen Einführungsvorlesung in die Numerische Mathematik wieder, die der Verfasser in den letzten Jahren an mehreren Hochschulen halten konnte. Neben der Beschreibung der theoretischen Grundlagen der Probleme und Methoden der numerischen Mathematik waren folgende Ziele für die Auswahl des Stoffes und seine Darstellung maß geblich: Von den vielen Methoden der numerischen Mathematik sollten hauptsächlich diejenigen behandelt werden, die sich auch leicht auf Digitalrechnern realisieren lassen. Dementsprechend wird auf die algorithmische Beschreibung der Verfahren groß er Wert gelegt – kritische Teile von Algorithmen werden häufig in Algol 60 beschrieben. Wenn mehrere Methoden zur Lösung eines Problems vorgestellt werden, wird gleichzeitig nach Möglichkeit versucht, diese Methoden bezüglich ihrer praktischen Brauchbarkeit zu vergleichen und die Grenzen ihrer Anwendbarkeit anzugeben. Bei diesen Vergleichen sollten nicht nur die Anzahl der Operationen, Konvergenzeigenschaften usw. eine Rolle spielen, wichtiger ist es, die numerische Stabilität der Algorithmen zu vergleichen, um einen Einblick in die Gründe für die Zuverlässigkeit oder Unzuverlässigkeit von Verfahren zu geben. Das Einleitungskapitel über Fehleranalyse spielt dabei eine besondere Rolle: In ihm werden die Begriffe der numerischen Stabilität und Gutartigkeit von Algorithmen, die nach Meinung des Verfassers im Zentrum der numerischen Mathematik stehen, präzisiert und ihre Wichtigkeit genauer, als dies vielfach noch üblich ist, begründet und dargestellt. Nicht zuletzt dienen zahlreiche Beispiele und Übungsaufgaben dazu, die numerischen und theoretischen Eigenschaften von Verfahren zu illustrieren.

Da eine auch nur annähernd vollständige Aufzählung und Beschreibung brauchbarer Methoden weder möglich noch beabsichtigt war, sei der interessierte Leser auf folgende Zeitschriften hingewiesen, in denen er zahlreiche weitere Algorithmen teilweise sogar in der Form von Algol- oder Fortran-Programmen beschrieben findet: Numerische Mathematik, Communications of the ACM, Journal of the ACM, The Computer Journal, Computing, Mathematics of Computation, BIT, SIAM Journal on Numerical Analysis, Zeitschrift für Angewandte Mathematik und Mechanik. Wegen ihrer Zuverlässigkeit werden insbesondere die Algol-Programme empfohlen, die in der

Zeitschrift „Numerische Mathematik" im Rahmen der sog. „Handbook Series" erscheinen.

An Inhalt und Aufbau der diesem Buch zugrunde liegenden Vorlesung haben viele mitgewirkt. Insbesondere möchte ich dankbar den Einfluß von Professor Dr. F. L. Bauer und Professor Dr. R. Baumann anerkennen, auf deren Vorlesungsausarbeitungen ich mich stützen konnte. Darüber hinaus haben sie zusammen mit den Herren Professor Dr. R. Bulirsch und Dr. Chr. Reinsch mit wertvollen Verbesserungsvorschlägen zur Klärung einer Reihe von kritischen Punkten beigetragen.

Eine vorläufige Fassung des Buches entstand 1970 in Form eines Skriptums der Universität Würzburg unter der maß geblichen Mitwirkung meiner Mitarbeiter Dipl.-Math. K. Butendeich, Dipl.-Phys. G. Schuller und Dipl.-Math. Dr. J. Zowe. Für ihre Einsatzbereitschaft, mit der sie bei der Redaktion der verschiedenen Fassungen des Manuskripts mithalfen, möchte ich ihnen besonders herzlich danken. Nicht zuletzt gilt mein besonderer Dank Frau I. Brugger, die mit groß er Gewissenhaftigkeit und Geduld die umfangreichen Schreibarbeiten ausführte.

Würzburg, im November 1971   J. Stoer

Inhaltsverzeichnis

Allgemeine Literatur 1

1   **Fehleranalyse** 3
    1.0 Einleitung 3
    1.1 Zahldarstellung 4
    1.2 Rundungsfehler und Gleitpunktrechnung 7
    1.3 Fehlerfortpflanzung 11
    1.4 Beispiele 23
    1.5 Statistische Rundungsfehlerabschätzungen 30
    Übungsaufgaben zu Kapitel 1 32
    Literatur zu Kapitel 1 35

2   **Interpolation** 37
    2.0 Einleitung 37
    2.1 Interpolation durch Polynome 39
        2.1.1 Theoretische Grundlagen. Die Interpolationsformel von Lagrange 39
        2.1.2 Der Algorithmus von Neville-Aitken 40
        2.1.3 Die Newtonsche Interpolationsformel. Dividierte Differenzen 43
        2.1.4 Das Restglied bei der Polynominterpolation 48
        2.1.5 Hermite-Interpolation 50
    2.2 Interpolation mit rationalen Funktionen 58
        2.2.1 Allgemeine Eigenschaften der rationalen Interpolation. 58
        2.2.2 Inverse und reziproke Differenzen. Der Thielesche Kettenbruch 62
        2.2.3 Neville-artige Algorithmen 66
        2.2.4 Anwendungen und Vergleich der beschriebenen Algorithmen 71
    2.3 Trigonometrische Interpolation 72
        2.3.1 Theoretische Grundlagen 72
        2.3.2 Algorithmen zur schnellen Fouriertransformation 81
        2.3.3 Die Algorithmen von Goertzel und Reinsch 87
        2.3.4 Die näherungsweise Berechnung von Fourierkoeffizienten. Abminderungsfaktoren 91

2.4　Grundlagen der rechnergestützten Geometrie 96
　　2.4.1　Polynomiale Kurven 96
　　2.4.2　Bézier-Kurven und Bézier-Kontrollpunkte 100
　　2.4.3　Der Algorithmus von de Casteljau 106
　　2.4.4　Zusammensetzung polynomialer Kurvensegmente 111
2.5　Spline-Interpolation 112
　　2.5.1　Theoretische Grundlagen 113
　　2.5.2　Die Berechnung von kubischen Splinefunktionen 117
　　2.5.3　Konvergenzeigenschaften kubischer Splinefunktionen .. 122
　　2.5.4　B-Splines 126
　　2.5.5　Die Berechnung von B-Splines 132
　　2.5.6　Multi-Resolutions-Verfahren und B-Splines 137
　　Übungsaufgaben zu Kapitel 2 149
　　Literatur zu Kapitel 2 159

3　Integration 163
3.0　Einleitung 163
3.1　Elementare Integrationsformeln. Abschätzungen des
　　Quadraturfehlers 164
3.2　Peanosche Fehlerdarstellung 169
3.3　Euler–Maclaurinsche Summenformel 173
3.4　Anwendung der Extrapolation auf die Integration 177
3.5　Allgemeines über Extrapolationsverfahren 181
3.6　Gausssche Integrationsmethode 187
3.7　Integrale mit Singularitäten 197
3.8　Adaptive Quadratur 199
　　Übungsaufgaben zu Kapitel 3 203
　　Literatur zu Kapitel 3 206

4　Lineare Gleichungssysteme 209
4.0　Einleitung 209
4.1　Gauss-Elimination. Dreieckszerlegung einer Matrix 210
4.2　Gauss–Jordan-Algorithmus 219
4.3　Cholesky-Verfahren 223
4.4　Fehlerabschätzungen 226
4.5　Rundungsfehleranalyse der Gaussschen Eliminationsmethode . 234
4.6　Rundungsfehleranalyse der Auflösung gestaffelter
　　Gleichungssysteme 240
4.7　Orthogonalisierungsverfahren. Verfahren von Householder
　　und Schmidt 242
4.8　Lineare Ausgleichsrechnung 249
　　4.8.1　Normalgleichungen 251
　　4.8.2　Orthogonalisierungsverfahren 253
　　4.8.3　Kondition des Ausgleichsproblems 255
　　4.8.4　Die Pseudoinverse einer Matrix 260

4.9 Modifikationstechniken 263
4.10 Eliminationsverfahren für dünn besetzte Matrizen 272
     Übungsaufgaben zu Kapitel 4 281
     Literatur zu Kapitel 4 285

5 Nichtlineare Gleichungssysteme 289
5.0 Einleitung 289
5.1 Entwicklung von Iterationsverfahren 289
5.2 Allgemeine Konvergenzsätze 292
5.3 Lokale Newton-Verfahren 298
5.4 Globale Newton-Verfahren 305
5.5 Nichtlineare Ausgleichsprobleme 315
5.6 Parameterabhängige nichtlineare Gleichungssysteme 321
5.7 Interpolationsmethoden zur Bestimmung von Nullstellen 325
5.8 Nullstellenbestimmung für Polynome 335
     5.8.1 Newton-Verfahren und Verfahren von Bairstow 335
     5.8.2 Sturmsche Ketten und Bisektionsverfahren 349
     5.8.3 Die Empfindlichkeit der Nullstellen von Polynomen ... 353
     Übungsaufgaben zu Kapitel 5 356
     Literatur zu Kapitel 5 359

6 Optimierung 361
6.0 Einleitung 361
6.1 Lineare Programme 362
6.2 Simplexverfahren 364
     6.2.1 Simplexstandardform 364
     6.2.2 Lineare Gleichungssysteme und Basen 365
     6.2.3 Phase II 368
     6.2.4 Phase I 376
6.3 Innere-Punkte-Verfahren 379
     6.3.1 Primal-duales Problem 380
     6.3.2 Zentraler Pfad 382
     6.3.3 Ein einfacher Algorithmus 385
6.4 Minimierungsprobleme ohne Nebenbedingungen 388
     Übungsaufgaben zu Kapitel 6 397
     Literatur zu Kapitel 6 400

Index 403

Allgemeine Literatur

Bollhöfer, M., Mehrmann, V. (2004): *Numerische Mathematik.* Wiesbaden: Vieweg.

Ciarlet, P.G., Lions, J.L., Eds. (1990, 1991, 1994, 1997, 2000, 2002): *Handbook of Numerical Analysis.* Vol. I: *Finite Difference Methods (Part 1), Solution of Equations in $\mathbb{R}^n$ (Part 1).* Vol. II: *Finite Element Methods (Part 1).* Vol. III: *Techniques of Scientific Computing (Part 1), Numerical Methods for Solids (Part 1), Solution of equations in $\mathbb{R}^n$ (Part 2).* Vol. V: *Techniques of Scientific Computing (Part 2).* Vol. VII: *Solution of equations in $\mathbb{R}^n$ (Part 3), Techniques of Scientific Computing (Part 3).* Vol. VIII: *Solution of equations in $\mathbb{R}^n$ (Part 4), Techniques of Scientific Computing (Part 4), Numerical Methods for Fluids (Part 2).* Amsterdam: North Holland.

Conte, S.D., de Boor, C. (1980): *Elementary Numerical Analysis,* 3rd Edition. New York: McGraw-Hill.

Dahlquist, G., Björck, Å. (2003): *Numerical Methods.* Mineola, NY: Dover.

Deuflhard, P., Bornemann, F. (2002): *Numerische Mathematik 2,* 2. Auflage. Berlin: de Gruyter.

Deuflhard, P., Hohmann, A. (2002): *Numerische Mathematik 1,* 3. Auflage. Berlin: de Gruyter.

Forsythe, G.E., Malcolm, M.A., Moler C.B. (1977): *Computer Methods for Mathematical Computations.* Englewood Cliffs, NJ: Prentice Hall.

Fröberg, C.E. (1985): *Numerical Mathematics: Theory and Computer Applications.* Menlo Park, CA: Benjamin-Cummings Publishing.

Gautschi, W. (1997): *Numerical Analysis: An Introduction* Berlin-Heidelberg-New York: Springer.

Golub, G.H., Ortega, J.M. (1996): *Scientific Computing.* Stuttgart: Teubner.

Gramlich, G. und W. Werner, W. (2000): *Numerische Mathematik mit Matlab.* dpunkt: Heidelberg.

Hämmerlin, G., Hoffmann, K.-H. (1991): *Numerische Mathematik,* 2. Auflage. Berlin-Heidelberg: Springer.

Hanke-Bourgeois, M. (2006): *Grundlagen der Numerischen Mathematik und des Wissenschaftlichen Rechnens,* 2. Auflage. Stuttgart: Teubner.

Henrici, P. (1964): *Elements of Numerical Analysis.* New York: John Wiley.

Hildebrand, F.B. (1987): *Introduction to Numerical Analysis,* 2nd Edition. Mineola, NY: Dover.

Householder, A.S. (1976): *Principles of Numerical Analysis.* Mineola, NY: Dover.

Huckle T., Schneider, S. (2006): *Numerische Methoden*, 2. Auflage. Berlin-Heidelberg: Springer.

Isaacson, E., Keller, H.B. (1994): *Analysis of Numerical Methods*. Mineola, NY: Dover.

Kahaner, D., Moler, C., Nash, S. (1989): *Numerical Methods and Software*. Englewood Cliffs, NJ: Prentice Hall.

Kincaid, D.R., Cheney, E.W.(2002): *Numerical Analysis: Mathematics of Scientific Computing*, 3rd Edition. Pacific Grove, CA: Brooks/Cole.

Köckler, N. (1994): *Numerical Methods and Scientifc Computing: Using Software Libraries for Problem Solving*. New York: Oxford University Press.

Kress, R. (1998): *Numerical Analysis*. Berlin-Heidelberg-New York: Springer.

Locher, F. (1992): *Numerische Mathematik für Informatiker*. Berlin-Heidelberg: Springer.

Mathews, J.H., Fink, K.D. (2004): *Numerical Methods: Using Matlab*, 4th Edition. Upper Saddle River, NJ: Prentice Hall.

Mayers, D.F., Süli, E. (2003): *An Introduction to Numerical Analysis*. Cambridge: Cambridge University Press.

Moler, C.B. (2004): *Numerical Computing with Matlab*. Philadelphia: SIAM.

Neumaier, A. (2001): *Introduction to Numerical Analysis*. Cambridge: Cambridge University Press.

Opfer, G. (2002): *Numerische Mathematik für Anfänger*, 4. Auflage. Wiesbaden: Vieweg.

Ortega, J.M. (1987): *Numerical Analyis: A Second Course*. Philadelphia: SIAM.

Plato, R. (2004): *Numerische Mathematik kompakt*, 2. Auflage. Vieweg: Wiesbaden.

Press, W.H., Flannery, B.P., Teukolsky, S.A., Vetterling, W.T. (1990): *Numerical Recipies in C: The Art of Scientific Computing*, 2nd Edition, Cambridge: Cambridge University Press.

Ralston, A., Rabinowitz, P. (1978): *A First Course in Numerical Analysis*. New York: McGraw-Hill.

Rutishauser, H. (1976): *Vorlesungen über Numerische Mathematik*, Band 1, 2. Basel: Birkhäuser.

Schaback, R., Werner, H. (1992): *Numerische Mathematik*, 4. Auflage. Berlin-Heidelberg: Springer.

Schwarz, H.R. (1997): *Numerische Mathematik*, 4. Auflage. Stuttgart: Teubner.

Schwetlick, H., Kreztschmar, H. (1991): *Numerische Verfahren für Naturwissenschaftler und Ingenieure*. Leipzig: Fachbuchverlag.

Stewart, G.W. (1996): *Afternotes on Numerical Analysis*. Philadelphia: SIAM.

Stiefel, E. (1976): *Einführung in die Numerische Mathematik*. 5. Auflage, Stuttgart: Teubner.

Stummel, F., Hainer, K. (1982): *Praktische Mathematik*, 2. Auflage. Stuttgart: Teubner.

Überhuber, C. (1995): *Computer-Numerik*, Band 1, 2. Berlin-Heidelberg: Springer.

Young, D.M., Gregory, R.T. (1988): *A Survey of Numerical Mathematics*. Mineola, NY: Dover.

1 Fehleranalyse

1.0 Einleitung

Eine der wichtigsten Aufgaben der numerischen Mathematik ist es, die Genauigkeit eines Rechenresultats zu beurteilen. Es gibt verschiedene Arten von Fehlern, die diese Genauigkeit begrenzen, man unterscheidet:

a) Fehler in den Eingabedaten der Rechnung,
b) Rundungsfehler,
c) Approximationsfehler.

Fehler in den Eingangsdaten lassen sich nicht vermeiden, wenn z.B. die Eingangsdaten Messwerte von nur beschränkter Genauigkeit sind. Rundungsfehler entstehen, wenn man, wie es in aller Regel geschieht, nur mit Zahlen einer endlichen aber festen Stellenzahl rechnet.

Approximationsfehler hängen mit den Rechenmethoden zusammen: Viele Methoden liefern selbst bei rundungsfehlerfreier Rechnung nicht die eigentlich gesuchte Lösung eines gegebenen Problems P, sondern nur die Lösung eines einfacheren Problems $\tilde{P}$, das P approximiert.

Beispiel: Das Problem P der Berechnung der Zahl e mit Hilfe der unendlichen Reihe

$$e = 1 + \frac{1}{1!} + \frac{1}{2!} + \frac{1}{3!} + \cdots$$

approximiert man durch ein einfacheres Problem $\tilde{P}$, wenn man nur endlich viele Glieder dieser Reihe summiert.

Den dabei entstehenden Approximationsfehler nennt man oft auch Abbrechfehler (truncation error, manchmal werden damit aber auch nur die Rundungsfehler bezeichnet, die man beim Abschneiden einer Zahl nach einer bestimmten Stelle begeht).

Häufig erhält man das approximierende Problem $\tilde{P}$ durch „Diskretisierung" des ursprünglichen Problems P: z.B. approximiert man Integrale durch endliche Summen, Differentialquotienten durch Differenzenquotienten usw. In diesem Zusammenhang bezeichnet man den Approximationsfehler auch als Diskretisierungsfehler.

In diesem Kapitel werden wir die Auswirkung der Eingangs- und Rundungsfehler einer Rechnung auf das Endresultat untersuchen. Approximationsfehler werden wir bei der Behandlung der einzelnen Methoden diskutieren. Eine systematische Behandlung von Rundungsfehlern findet man bei Sterbenz (1974).

1.1 Zahldarstellung

Aufgrund ihrer verschiedenen Zahldarstellung kann man zwei Arten von Rechengeräten unterscheiden

a) Analogrechner,
b) Digitalrechner.

Beispiele für Analogrechner sind der Rechenschieber, das Planimeter sowie die elektronischen Analogrechner. Bei diesen Geräten werden Zahlen direkt durch physikalische Grössen (wie die Länge eines Stabes oder die Grösse einer Spannung) ersetzt und das mathematische Problem durch ein physikalisches simuliert, dessen Lösung in einem Experiment gemessen wird und so indirekt die Lösung des mathematischen Problems ergibt.

Beispiel: Auf den Skalen eines Rechenschiebers werden Zahlen durch Strecken der Länge $k \cdot \ln(x)$ dargestellt. Ihre Multiplikation wird daher durch Aneinanderlegen entsprechend langer Stäbe simuliert und das Resultat der Multiplikation als Ergebnis einer Längenmessung abgelesen.

Dementsprechend ist die Genauigkeit von Analogrechnern durch die physikalische Messgenauigkeit begrenzt.

Bei Digitalrechnern wird eine Zahl ähnlich der normalen Dezimaldarstellung durch eine endliche Folge diskreter physikalischer Grössen repräsentiert. Typische Vertreter sind die gewöhnlichen Tischrechenmaschinen und die elektronischen Digitalrechner.

Beispiel:

123101   ⟷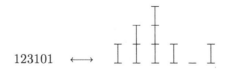

Jeder Ziffer entspricht eine physikalische Grösse, etwa der Ziffer 8 die Spannung 8 Volt. Da z.B. im Dezimalsystem höchstens 10 verschiedene Ziffern darzustellen sind, sind an die Genauigkeit der Darstellung der Ziffern durch physikalische Grössen keine so hohen Ansprüche zu stellen wie bei einem Analogrechner (beispielsweise könnte man für die Darstellung der Ziffer

8 Spannungen zwischen 7.8 und 8.2 V tolerieren): Die Genauigkeit der Digitalrechner ist in diesem Sinne *nicht* durch die physikalische Messgenauigkeit beschränkt.

Aus technischen Gründen stützen sich die meisten modernen elektronischen Digitalrechner nicht auf die übliche Darstellung der Zahlen im Dezimalsystem, sondern auf das Dualsystem, in dem die Koeffizienten α_i der Dualzerlegung

$$x = \pm(\alpha_n 2^n + \alpha_{n-1} 2^{n-1} + \cdots + \alpha_0 2^0 + \alpha_{-1} 2^{-1} + \alpha_{-2} 2^{-2} + \cdots),$$
$$\alpha_i = 0 \quad \text{oder} \quad \alpha_i = 1,$$

von x zur Darstellung benutzt werden. Um Verwechslungen mit der Dezimaldarstellung von Zahlen zu vermeiden, bezeichnet man im Dualsystem die Ziffern 0 und 1 durch die Ziffern **O** bzw. **L**.

Beispiel: Die Zahl $x = 18.5$ besitzt entsprechend der Zerlegung

$$18.5 = 1 \cdot 2^4 + 0 \cdot 2^3 + 0 \cdot 2^2 + 1 \cdot 2^1 + 0 \cdot 2^0 + 1 \cdot 2^{-1}$$

die Dualdarstellung

LOOLO.L

Der gewohnteren Zahldarstellung wegen verwenden wir vorwiegend das Dezimalsystem, weisen jedoch an den entsprechenden Stellen auf Unterschiede zum Dualsystem hin.

Wie das Beispiel $3.999\ldots = 4$ zeigt, ist die Dezimaldarstellung einer reellen Zahl x nicht notwendig eindeutig. Um solche Mehrdeutigkeiten auszuschliessen, soll im folgenden unter der Dezimaldarstellung einer Zahl im Zweifelsfall stets die endliche Darstellung gemeint sein. Ähnliches gilt für Dualdarstellungen.

Bei Digitalrechnern steht für die interne Darstellung einer Zahl nur eine feste endliche Anzahl n ($=$ *Wortlänge*) von Dezimalstellen (Dualstellen) zur Verfügung, die durch die Konstruktion der Maschine festgelegt ist und, wenn überhaupt, nur auf ganze Vielfache $2n, 3n, \ldots$ (doppelte, dreifache $\ldots$ Wortlänge) von n erweitert werden kann. Die Wortlänge von n Stellen kann auf verschiedene Weise zur Darstellung einer Zahl benutzt werden.

Bei der *Festpunktdarstellung* sind zusätzlich zur Zahl n auch die Zahlen n_1 und n_2 der Stellen vor bzw. nach dem Dezimalpunkt fixiert, $n = n_1 + n_2$ (in der Regel ist $n_1 = 0$ oder $n_1 = n$).

Beispiel: Für $n = 10$, $n_1 = 4$, $n_2 = 6$ hat man die Darstellungen

$$30.421 \rightarrow \boxed{0030}\ \boxed{421000}$$
$$0.0437 \rightarrow \boxed{0000}\ \boxed{043700}$$
$$\underbrace{}_{n_1}\ \underbrace{}_{n_2}$$

Bei dieser Darstellung ist die Lage des (Dezimal-, Dual-) Punktes festgelegt. Nur sehr einfache Rechner, insbesondere für kaufmännische Rechnungen, beschränken sich heute noch auf die Festpunktdarstellung von Zahlen. Viel häufiger und bedeutsamer, insbesondere für wissenschaftliche Rechnungen, sind Rechner, in denen die *Gleitpunktdarstellung* von Zahlen realisiert ist. Hier liegt der Punkt nicht für alle Zahlen fest, und man muss dementsprechend bei jeder Zahl angeben, an der wievielten Stelle nach der ersten Ziffer der Darstellung der Punkt liegt. Dazu dient der sog. *Exponent*: Man nutzt aus, dass sich jede reelle Zahl x in der Form

$$(1.1.1) \quad x = a \cdot 10^b \quad \text{(bzw.} \quad x = a \cdot 2^b \text{)}, \quad \text{wobei} \quad |a| < 1 \quad \text{und} \quad b \in \mathbb{Z},$$

schreiben lässt, etwa $30.421 = 0.30421 \cdot 10^2$. Durch den *Exponenten* b wird die Lage des Dezimalpunktes in der *Mantisse* a angegeben. Mit Rutishauser wird häufig die Basis des Exponenten tiefgestellt („halblogarithmische Schreibweise")

$$0.30421_{10}2$$

und analog im Dualsystem

$$\mathbf{0.L00L0L_2L0L}$$

für die Zahl 18.5. Natürlich stehen in jedem Rechner für die Gleitpunktdarstellung von Zahlen nur eine endliche feste Anzahl t bzw. e von (Dezimal-, Dual-) Stellen für die Darstellung der Mantisse bzw. des Exponenten zur Verfügung, $n = t + e$.

Beispiel: Für $t = 4, e = 2$ besitzt die Zahl 5420 im Dezimalsystem die Gleitpunktdarstellung

$$0.\boxed{5420}_{10}\boxed{04} \quad \text{oder kurz} \quad \boxed{5420 \,|\, 04}\,.$$

Die Gleitpunktdarstellung einer Zahl ist i.a. nicht eindeutig. Z.B. hat man im letzten Beispiel wegen $5420 = 0.542_{10}4 = 0.0542_{10}5$ auch die Gleitpunktdarstellung

$$0.\boxed{0542}_{10}\boxed{05} \quad \text{oder} \quad \boxed{0542 \,|\, 05}\,.$$

Normalisiert heisst diejenige Gleitpunktdarstellung einer Zahl, für die die erste Ziffer der Mantisse von 0 (bzw. **0**) verschieden ist. In (1.1.1) gilt dann $|a| \geq 10^{-1}$ bzw. im Dualsystem $|a| \geq 2^{-1}$. Als *wesentliche Stellen* einer Zahl werden alle Ziffern der Mantisse ohne die führenden Nullen bezeichnet.

Wir wollen uns im folgenden nur noch mit der normalisierten Gleitpunktdarstellung und der zugehörigen Gleitpunktrechnung befassen. Die Zahlen t und e bestimmen (zusammen mit der Basis $B = 10$ oder $B = 2$) der Zahldarstellung die Menge $A \subseteq \mathbb{R}$ von reellen Zahlen, die in der Maschine exakt dargestellt werden können, ihre Elemente heissen *Maschinenzahlen*.

Bei den heutigen Digitalrechnern ist die normalisierte Gleitpunktdarstellung die Regel. Seit 1985 gibt es den *IEEE-Standard für Gleitpunktrechnung*, der auf fast allen Rechnern realisiert ist. Dieser IEEE-Standard gewährleistet, dass die Gleitpunktdarstellung und die Resultate der Gleitpunktrechnung unabhängig von der Rechnerarchitektur sind. Für eingehende Darstellungen des IEEE-Standards für die Gleitpunktrechnung verweisen wir auf Goldberg (1991) und Overton (2001).

1.2 Rundungsfehler und Gleitpunktrechnung

Die Menge A der in einer Maschine darstellbaren Zahlen ist endlich. Damit erhebt sich die Frage, wie man eine Zahl $x \notin A$, die keine Maschinenzahl ist, durch eine Maschinenzahl $g \in A$ approximieren kann. Dieses Problem stellt sich nicht nur bei der Eingabe von Daten in einen Rechner, sondern auch innerhalb des Rechners während des Ablaufs einer Rechnung. Wie einfachste Beispiele zeigen, kann nämlich das Resultat $x \pm y$, $x \cdot y$, x/y selbst der einfachen arithmetischen Operationen nicht zu A gehören, obwohl beide Operanden $x, y \in A$ Maschinenzahlen sind. Von einer vernünftigen Approximation einer Zahl $x \notin A$ durch eine Maschinenzahl $\mathrm{rd}(x) \in A$ wird man verlangen, dass

$$(1.2.1) \qquad |x - \mathrm{rd}(x)| \leq |x - g| \quad \text{für alle} \quad g \in A$$

gilt. Man erhält ein solches $\mathrm{rd}(x)$ gewöhnlich durch *Rundung*.

Beispiel 1: $(t = 4)$

$$\mathrm{rd}(0.14285_{10}0) = 0.1429_{10}0$$
$$\mathrm{rd}(3.14159_{10}0) = 0.3142_{10}1$$
$$\mathrm{rd}(0.142842_{10}2) = 0.1428_{10}2$$

Allgemein kann man bei t-stelliger Dezimalrechnung $\mathrm{rd}(x)$ so finden: Man stellt zunächst $x \notin A$ in normalisierter Form $x = a \cdot 10^b$ (1.1.1), $|a| \geq 10^{-1}$, dar. Die Dezimaldarstellung von $|a|$ sei

$$|a| = 0.\alpha_1 \alpha_2 \ldots \alpha_t \alpha_{t+1} \ldots, \quad 0 \leq \alpha_i \leq 9, \quad \alpha_1 \neq 0.$$

Man bildet damit

$$a' := \begin{cases} 0.\alpha_1 \alpha_2 \ldots \alpha_t & \text{falls} \quad 0 \leq \alpha_{t+1} \leq 4, \\ 0.\alpha_1 \alpha_2 \ldots \alpha_t + 10^{-t} & \text{falls} \quad \alpha_{t+1} \geq 5, \end{cases}$$

d.h. man erhöht a_t um 1, falls die $(t+1)$-te Ziffer $a_{t+1} \geq 5$ ist, und schneidet nach der t-ten Ziffer ab. Schliesslich setzt man

$$\widetilde{\mathrm{rd}}(x) := \mathrm{sign}(x) \cdot a' \cdot 10^b.$$

Offensichtlich gilt für den relativen Fehler von $\widetilde{\mathrm{rd}}(x)$

$$\left| \frac{\widetilde{\mathrm{rd}}(x) - x}{x} \right| \leq \frac{5 \cdot 10^{-(t+1)}}{|a|} \leq 5 \cdot 10^{-t}$$

wegen $|a| \geq 10^{-1}$, oder mit der Abkürzung eps $:= 5 \cdot 10^{-t}$,

$$(1.2.2) \qquad \widetilde{rd}(x) = x(1 + \varepsilon) \quad \text{mit} \quad |\varepsilon| \leq \text{eps}.$$

Die Zahl eps $= 5 \cdot 10^{-t}$ heisst *Maschinengenauigkeit*. Für das Dualsystem kann man $\widetilde{rd}(x)$ analog definieren: Ausgehend von der Zerlegung $x = a \cdot 2^b$ mit $2^{-1} \leq |a| < 1$ und der Dualdarstellung

$$|a| = 0.\alpha_1 \ldots \alpha_t \alpha_{t+1} \ldots, \qquad \alpha_i = \mathbf{0} \quad \text{oder} \quad \alpha_i = \mathbf{L}$$

von $|a|$ bildet man

$$a' := \begin{cases} 0.\alpha_1 \ldots \alpha_t & \text{falls} \quad \alpha_{t+1} = \mathbf{0} \\ 0.\alpha_1 \ldots \alpha_t + 2^{-t} & \text{falls} \quad \alpha_{t+1} = \mathbf{L} \end{cases}$$

$$\widetilde{rd}(x) := \text{sign}(x) \cdot a' \cdot 2^b.$$

Auch hier gilt (1.2.2), wenn man die Maschinengenauigkeit durch eps $:= 2^{-t}$ definiert.

Sofern $\widetilde{rd}(x) \in A$ eine Maschinenzahl ist, besitzt $\widetilde{rd}$ die Eigenschaft (1.2.1) einer korrekten Rundung rd, so dass man $rd(x) := \widetilde{rd}(x)$ für alle x mit $\widetilde{rd}(x) \in A$ definieren kann. Leider gibt es aber wegen der endlichen Anzahl e der für die Exponentendarstellung vorgesehenen Stellen immer Zahlen $x \notin A$ mit $\widetilde{rd}(x) \notin A$.

Beispiel 2: $(t = 4, e = 2)$

$$\begin{array}{lll}
\text{a)} & \widetilde{rd}(0.31794_{10} 110) = 0.3179_{10} 110 & \notin A \\
\text{b)} & \widetilde{rd}(0.99997_{10} 99) = 0.1000_{10} 100 & \notin A \\
\text{c)} & \widetilde{rd}(0.012345_{10} \pm 99) = 0.1235_{10} \pm 100 & \notin A \\
\text{d)} & \widetilde{rd}(0.54321_{10} \pm 110) = 0.5432_{10} \pm 110 & \notin A
\end{array}$$

In den Fällen a) und b) ist der Exponent zu gross: *Exponentenüberlauf*. Fall b) ist besonders pathologisch: Hier tritt der Exponentenüberlauf erst nach dem Aufrunden ein. Die Fälle c) und d) sind Beispiele für *Exponentenunterlauf*, der Exponent der darzustellenden Zahl ist zu klein. In den Fällen c) und d) kann man sich durch die Definitionen

$$(1.2.3) \qquad \begin{aligned} rd(0.012345_{10} - 99) &:= 0.0123_{10} - 99 \in A \\ rd(0.54321_{10} - 110) &:= 0 \in A \end{aligned}$$

vor einem Exponentunterlauf retten, doch dann gilt für rd statt $\widetilde{rd}$ nicht mehr (1.2.2), der relative Fehler von $rd(x)$ kann grösser als eps sein! Alle Rechenanlagen melden einen Exponentenüberlauf als Fehler. Ein Exponentenunterlauf wird (in der Regel) nicht als Fehler gemeldet, sondern es wird $rd(x)$ ähnlich wie in Beispiel (1.2.3) gebildet. In den übrigen Fällen, $\widetilde{rd}(x) \in A$, wird gewöhnlich (nicht bei allen Anlagen!) $rd(x) := \widetilde{rd}(x)$ als Rundung genommen.

Da Exponentenüber- und -unterläufe verhältnismässig seltene Ereignisse sind (bei den heutigen Anlagen ist e ausreichend gross), die man überdies durch geeignete Umskalierung der Daten vermeiden kann, wollen wir für die folgende Diskussion die idealisierte Annahme $e = \infty$ machen, so dass für die Rundungsabbildung $\mathrm{rd} := \widetilde{\mathrm{rd}}$ gilt

$$(1.2.4) \qquad \begin{aligned} &\mathrm{rd} : \mathbb{R} \to A, \\ &\mathrm{rd}(x) = x(1 + \varepsilon) \quad \text{mit } |\varepsilon| \le \mathrm{eps} \quad \text{für alle} \quad x \in \mathbb{R}. \end{aligned}$$

Dementsprechend wird bei den künftigen Beispielen nur noch die Mantissenlänge t angegeben. Man beachte, dass für $e \ne \infty$ einige der folgenden Aussagen über Rundungsfehler im Falle von Exponentenüber- oder -unterlauf nicht gelten.

Da das Resultat einer arithmetischen Operation $x \pm y$, $x \times y$, x/y nicht eine Maschinenzahl sein muss, selbst wenn es die Operanden x und y sind, kann man nicht erwarten, dass diese Operationen auf einem Rechner exakt realisiert sind. Statt der exakten Operationen $+$, $-$, $\times$, $/$ werden Ersatzoperationen $+^*$, $-^*$, $\times^*$, $/^*$, sog. *Gleitpunktoperationen*, angeboten, die die arithmetischen Operationen möglichst gut approximieren (v. Neumann and Goldstein (1947)). Solche Ersatzoperationen kann man etwa mit Hilfe der Rundung so definieren:

$$(1.2.5) \qquad \begin{aligned} x +^* y &:= \mathrm{rd}(x + y) \\ x -^* y &:= \mathrm{rd}(x - y) \\ x \times^* y &:= \mathrm{rd}(x \times y) \\ x \mathbin{/^*} y &:= \mathrm{rd}(x/y) \end{aligned} \qquad \text{für} \quad x, y \in A.$$

Es gilt dann wegen (1.2.4)

$$(1.2.6) \qquad \begin{aligned} x +^* y &= (x + y)(1 + \varepsilon_1) \\ x -^* y &= (x - y)(1 + \varepsilon_2) \\ x \times^* y &= (x \times y)(1 + \varepsilon_3) \\ x \mathbin{/^*} y &= (x/y)(1 + \varepsilon_4) \end{aligned} \qquad |\varepsilon_i| \le \mathrm{eps}.$$

Bei den heutigen Anlagen sind die Gleitpunktoperationen $\pm^*, \ldots$ häufig nicht genau durch (1.2.5) definiert, doch in aller Regel so, dass trotzdem (1.2.6) mit eventuell etwas schlechteren Schranken $|\varepsilon_i| \le k \cdot \mathrm{eps}$, $k \ge 1$ eine kleine Zahl, gilt. Da dies für das folgende unwesentlich ist, nehmen wir der Einfachheit halber an, dass die Gleitpunktoperationen durch (1.2.5) definiert sind und deshalb die Eigenschaft (1.2.6) haben.

Es sei darauf hingewiesen, dass die Gleitpunktoperationen nicht den üblichen Gesetzen der arithmetischen Operationen genügen. So ist z.B.

$$x +^* y = x, \quad \text{falls} \quad |y| < \frac{\mathrm{eps}}{B} |x|, \quad x, y \in A,$$

wobei B die Basis des Zahlsystems ist. Die Maschinengenauigkeit eps kann man z.B. als die kleinste positive Maschinenzahl g mit $1 +^* g > 1$ definieren,

$$\text{eps} = \min\{\, g \in A \mid 1 +^* g > 1 \text{ und } g > 0 \,\}.$$

Ferner sind für die Gleitpunktoperationen die Assoziativ- und Distributivgesetze falsch.

Beispiel 3: $(t = 8)$ Für

$$
\begin{aligned}
a &:= 0.23371258_{10} - 4\\
b &:= 0.33678429_{10}2\\
c &:= -0.33677811_{10}2
\end{aligned}
$$

gilt

$$
\begin{aligned}
a +^* (b +^* c) &= 0.23371258_{10} - 4 +^* 0.61800000_{10} - 3\\
&= 0.64137126_{10} - 3,\\
(a +^* b) +^* c &= 0.33678452_{10}2 -^* 0.33677811_{10}2\\
&= 0.64100000_{10} - 3.
\end{aligned}
$$

Das exakte Resultat ist

$$a + b + c = 0.64137125_{10} - 3.$$

Man achte auf den Fall der *Auslöschung* bei der Subtraktion von Zahlen $x, y \in A$, die das gleiche Vorzeichen haben: Dieser Fall liegt vor, wenn die Zahlen x, y, wie in dem Beispiel

$$
\begin{aligned}
x &= 0.315876_{10}1\\
y &= 0.314289_{10}1
\end{aligned}
$$

Darstellungen (1.1.1) mit dem gleichen Exponenten besitzen und eine oder mehrere führende Ziffern in den Mantissen übereinstimmen. Bei der Subtraktion $x-y$ tritt „Auslöschung" der gemeinsamen führenden Ziffern der Mantisse ein, das exakte Resultat $x - y$ lässt sich als Maschinenzahl darstellen, sofern x und y Maschinenzahlen waren, so dass bei der Ausführung der Subtraktion kein *neuer* Rundungsfehler anfällt: $x -^* y = x - y$. In diesem Sinne ist die Subtraktion im Falle der Auslöschung eine sehr harmlose Operation. Wir werden jedoch im nächsten Abschnitt sehen, dass im Falle von Auslöschung eine ausserordentlich gefährliche Situation vorliegt, was die Fortpflanzung der *alten* Fehler angeht, die man bei der Berechnung von x und y bereits *vor* Ausführung der Subtraktion $x - y$ begangen hat.

Für das Ergebnis von Gleitpunktrechnungen hat sich eine bequeme aber etwas unpräzise Schreibweise eingebürgert, die wir im folgenden öfters benutzen wollen: Steht für einen arithmetischen Ausdruck E fest, wie er berechnet werden soll (dies wird evtl. durch geeignete Klammerung vorgeschrieben), so wird durch $\mathrm{gl}(E)$ der Wert des Ausdrucks bezeichnet, den man bei Gleitpunktrechnung erhält.

Beispiel 4:

$$\text{gl}(x \times y) := x \times^* y$$
$$\text{gl}(a + (b + c)) := a +^* (b +^* c)$$
$$\text{gl}((a + b) + c) := (a +^* b) +^* c$$

Man benutzt diese Schreibweise auch in Fällen wie $\text{gl}(\sqrt{x})$, $\text{gl}(\cos(x))$ etc., wenn auf einer Rechenanlage die betreffenden Funktionen $\sqrt{\ }, \cos, \ldots$ durch Ersatzfunktionen $\sqrt{\ }^*, \cos^*, \ldots$ realisiert sind, d.h. $\text{gl}(\sqrt{x}) := \sqrt{x}^*$ usw.

Die arithmetischen Operationen $+$, $-$, $\times$, $/$ sowie alle einfachen Funktionen, wie etwa $\sqrt{\ }$, $\cos$, für die Gleitpunkt-Ersatzfunktionen vorliegen, heissen im folgenden *elementare Operationen*.

1.3 Fehlerfortpflanzung

Im letzten Abschnitt sahen wir bereits (s. Beispiel 3), dass zwei verschiedene, mathematisch äquivalente Methoden, $(a + b) + c$, $a + (b + c)$, zur Auswertung des Ausdruckes $a + b + c$ bei Gleitpunktrechnung zu unterschiedlichen Resultaten führen können. Es ist deshalb aus numerischen Gründen wichtig, genau zwischen verschiedenen mathematisch äquivalenten Formulierungen einer Rechenmethode zu unterscheiden: Wir bezeichnen als *Algorithmus* eine der Reihenfolge nach eindeutig festgelegte Sequenz von endlich vielen „elementaren" Operationen (wie sie etwa in einem Rechner-Programm gegeben ist), mit denen man aus gewissen Eingabedaten die Lösung eines Problems berechnen kann.

Wir wollen den Begriff eines Algorithmus etwas formalisieren und dazu annehmen, dass das Problem darin besteht, aus endlich vielen Eingabedaten, gewissen reellen Zahlen $x_1, x_2, \ldots, x_n$, nur endlich viele Resultatdaten, nämlich weitere reelle Zahlen $y_1, y_2, \ldots, y_m$, zu berechnen. Ein Problem dieser Art zu lösen heisst, den Wert $y = \varphi(x)$ einer gewissen Funktion $\varphi : D \mapsto \mathbb{R}^m$, $D \subseteq \mathbb{R}^n$ zu bestimmen, wobei $y \in \mathbb{R}^m$, $x \in \mathbb{R}^n$ und φ durch m reelle Funktionen φ_i

$$y_i = \varphi_i(x_1, x_2, \ldots x_n), \quad i = 1, 2, \ldots, m,$$

gegeben ist. Ein Algorithmus ist eine eindeutige Rechenvorschrift zur Berechnung von $\varphi(x)$. In jedem Stadium des Algorithmus sind Zwischenergebnisse gegeben, die wir, etwa im i-ten Stadium, uns durch einen reellen Vektor

$$x^{(i)} = \begin{bmatrix} x_1^{(i)} \\ \vdots \\ x_{n_i}^{(i)} \end{bmatrix} \in \mathbb{R}^{n_i}$$

der Länge n_i repräsentiert denken. Der Übergang zum nächsten Stadium $i + 1$ wird durch eine *elementare Abbildung*

$$\varphi^{(i)} : D_i \mapsto D_{i+1}, \quad D_k \subseteq \mathbb{R}^{n_k},$$

vermittelt, $x^{(i+1)} = \varphi^{(i)}(x^{(i)})$. Die elementaren Abbildungen $\varphi^{(i)}$ sind eindeutig durch den Algorithmus bestimmt, wenn man von trivialen Mehrdeutigkeiten absieht, die von Permutationen der Komponenten der Vektoren $x^{(k)}$ herrühren, d.h. von der im Prinzip willkürlichen Anordnung der Zwischenresultate eines Rechenstadiums in einem Vektor.

Die endliche Sequenz der elementaren Operationen eines Algorithmus entspricht einer Zerlegung von φ in elementare Abbildungen

$$(1.3.1) \quad \begin{aligned} &\varphi^{(i)} : D_i \mapsto D_{i+1}, \quad i = 0, 1, \ldots, r, \quad D_j \subseteq \mathbb{R}^{n_j} \quad \text{mit} \\ &\varphi = \varphi^{(r)} \circ \varphi^{(r-1)} \circ \cdots \circ \varphi^{(0)}, \quad D_0 = D, \quad D_{r+1} \subseteq \mathbb{R}^{n_{r+1}} = \mathbb{R}^m. \end{aligned}$$

Beispiel 1: Für die Berechnung von $y = \varphi(a, b, c) := a + b + c$ hat man die beiden Algorithmen

$$\eta := a + b, \quad y := c + \eta, \quad \text{bzw.} \quad \eta := b + c, \quad y := a + \eta.$$

Die Zerlegungen (1.3.1) sind hier gegeben durch

$$\varphi^{(0)}(a, b, c) := \begin{bmatrix} a + b \\ c \end{bmatrix} \in \mathbb{R}^2, \quad \varphi^{(1)}(u, v) := u + v \in \mathbb{R},$$

bzw.

$$\varphi^{(0)}(a, b, c) := \begin{bmatrix} a \\ b + c \end{bmatrix} \in \mathbb{R}^2, \quad \varphi^{(1)}(u, v) := u + v \in \mathbb{R}.$$

Beispiel 2: Wegen $a^2 - b^2 = (a + b)(a - b)$ hat man für die Berechnung von $\varphi(a, b) := a^2 - b^2$ die beiden Algorithmen:

$$\begin{array}{ll} \text{Algorithmus 1:} \quad \eta_1 := a \times a, & \text{Algorithmus 2:} \quad \eta_1 := a + b, \\ \qquad\qquad\quad \eta_2 := b \times b, & \qquad\qquad\quad \eta_2 := a - b, \\ \qquad\qquad\quad y \ := \eta_1 - \eta_2, & \qquad\qquad\quad y \ := \eta_1 \times \eta_2. \end{array}$$

Die zugehörigen Zerlegungen (1.3.1) sind gegeben durch

Algorithmus 1:

$$\varphi^{(0)}(a, b) := \begin{bmatrix} a^2 \\ b \end{bmatrix}, \quad \varphi^{(1)}(u, v) := \begin{bmatrix} u \\ v^2 \end{bmatrix}, \quad \varphi^{(2)}(u, v) := u - v.$$

Algorithmus 2:

$$\varphi^{(0)}(a, b) := \begin{bmatrix} a \\ b \\ a + b \end{bmatrix}, \quad \varphi^{(1)}(a, b, v) := \begin{bmatrix} v \\ a - b \end{bmatrix}, \quad \varphi^{(2)}(u, v) := u \cdot v.$$

Wir wollen nun die Gründe dafür untersuchen, weshalb verschiedene Algorithmen zur Lösung eines Problems i.a. unterschiedliche Resultate liefern, um Kriterien für die Beurteilung der Güte von Algorithmen zu gewinnen. Dabei spielt die Fortpflanzung der Rundungsfehler eine wichtige Rolle, wie wir zunächst an dem Beispiel der mehrfachen Summe $y = a + b + c$ sehen werden (s. Beispiel 3 von 1.2). Bei Gleitpunktrechnung erhält man statt y einen Näherungswert $\tilde{y} = \text{gl}((a + b) + c)$, für den wegen (1.2.6) gilt

$$
\begin{aligned}
\eta :&= \text{gl}(a + b) = (a + b)(1 + \varepsilon_1) \\
\tilde{y} :&= \text{gl}(\eta + c) = (\eta + c)(1 + \varepsilon_2) \\
&= \big((a + b)(1 + \varepsilon_1) + c\big)(1 + \varepsilon_2) \\
&= (a + b + c)\Big(1 + \frac{a + b}{a + b + c}\varepsilon_1(1 + \varepsilon_2) + \varepsilon_2\Big).
\end{aligned}
$$

Für den relativen Fehler $\varepsilon_y := (\tilde{y} - y)/y$ von $\tilde{y}$ gilt daher

$$
\varepsilon_y = \frac{a + b}{a + b + c}\varepsilon_1(1 + \varepsilon_2) + \varepsilon_2
$$

oder in erster Näherung bei Vernachlässigung von Termen höherer Ordnung wie $\varepsilon_1\varepsilon_2$

$$
\varepsilon_y \doteq \frac{a + b}{a + b + c}\varepsilon_1 + 1 \cdot \varepsilon_2.
$$

Die Verstärkungsfaktoren $(a + b)/(a + b + c)$ bzw. 1 geben an, wie stark sich die Rundungsfehler $\varepsilon_1, \varepsilon_2$ im relativen Fehler ε_y des Resultats auswirken. Der kritische Faktor ist $(a + b)/(a + b + c)$: Je nachdem, ob $|a + b|$ oder $|b + c|$ kleiner ist, ist es günstiger („numerisch stabiler") die Summe $a + b + c$ nach der Formel $(a + b) + c$ bzw. $a + (b + c)$ zu bilden.

Im Beispiel des letzten Abschnittes ist

$$
\begin{aligned}
\frac{a + b}{a + b + c} &= \frac{0.33\ldots_{10}\,2}{0.64\ldots_{10} - 3} \approx \frac{1}{2}10^5, \\
\frac{b + c}{a + b + c} &= \frac{0.618\ldots_{10} - 3}{0.64\ldots_{10} - 3} \approx 0.97,
\end{aligned}
$$

was die höhere Genauigkeit von $\text{gl}(a + (b + c))$ erklärt.

Diese Methode, die Fortpflanzung spezieller Fehler durch Vernachlässigung von Grössen höherer Ordnung zu studieren, lässt sich systematisch zu einer *differentiellen Fehleranalyse* des Algorithmus (1.3.1)

$$
\varphi = \varphi^{(r)} \circ \varphi^{(r-1)} \circ \cdots \circ \varphi^{(0)}
$$

zur Berechnung von $\varphi(x)$ ausbauen. Dazu müssen wir untersuchen, wie sich die Eingangsfehler Δx von x und die im Laufe des Algorithmus begangenen Rundungsfehler auf das Endresultat $y = \varphi(x)$ auswirken. Wir wollen dies zunächst nur für die Eingangsfehler Δx ausführen und die dabei gewonnenen

Ergebnisse später auf die Fortpflanzung der Rundungsfehler anwenden. Wir setzen dazu voraus, dass die Funktion

$$\varphi : D \to \mathbb{R}^m, \quad \varphi(x) = \begin{bmatrix} \varphi_1(x_1, \ldots, x_n) \\ \vdots \\ \varphi_m(x_1, \ldots, x_n) \end{bmatrix}$$

auf einer offenen Teilmenge D des $\mathbb{R}^n$ definiert ist und die Komponentenfunktion φ_i, $i = 1, \ldots, n$, von φ auf D stetig differenzierbar sind. Sei $\tilde{x}$ ein Näherungswert für x. Mit

$$\Delta x_j := \tilde{x}_j - x_j, \quad \Delta x := \tilde{x} - x,$$

bezeichnen wir dann den *absoluten Fehler* von $\tilde{x}_i$ bzw. $\tilde{x}$ und als *relativen Fehler* von $\tilde{x}_i$ die Grössen

$$\varepsilon_{x_i} := \frac{\tilde{x}_i - x_i}{x_i}, \quad \text{falls} \quad x_i \neq 0.$$

Ersetzt man die Eingabedaten x durch $\tilde{x}$, so erhält man als Resultat $\tilde{y} := \varphi(\tilde{x})$ statt $y = \varphi(x)$. Durch Taylor-Entwicklung ergibt sich unter Vernachlässigung von Grössen höherer Ordnung

(1.3.2)
$$\Delta y_i := \tilde{y}_i - y_i = \varphi_i(\tilde{x}) - \varphi_i(x) \doteq \sum_{j=1}^{n} \frac{\partial \varphi_i(x)}{\partial x_j} (\tilde{x}_j - x_j)$$
$$= \sum_{j=1}^{n} \frac{\partial \varphi_i(x)}{\partial x_j} \Delta x_j, \quad i = 1, \ldots, m,$$

oder in Matrixschreibweise

(1.3.3)
$$\Delta y = \begin{bmatrix} \Delta y_1 \\ \vdots \\ \Delta y_m \end{bmatrix} \doteq \begin{bmatrix} \frac{\partial \varphi_1}{\partial x_1} & \cdots & \frac{\partial \varphi_1}{\partial x_n} \\ \vdots & & \vdots \\ \frac{\partial \varphi_m}{\partial x_1} & \cdots & \frac{\partial \varphi_m}{\partial x_n} \end{bmatrix} \begin{bmatrix} \Delta x_1 \\ \vdots \\ \Delta x_n \end{bmatrix} = D\varphi(x) \Delta x$$

mit der Funktionalmatrix $D\varphi(x)$.

Dabei soll „$\doteq$" statt „$=$" andeuten, dass die betr. Gleichungen nur in erster Näherung richtig sind. Der Proportionalitätsfaktor $\partial \varphi_i(x)/\partial x_j$ in (1.3.2) misst die Empfindlichkeit, mit der y_i auf absolute Änderungen Δx_j von x_j reagiert.

Ist $y_i \neq 0$ und $x_j \neq 0$ für alle i und j, so folgt aus (1.3.2) eine Fehlerfortpflanzungsformel für die relativen Fehler:

(1.3.4)
$$\varepsilon_{y_i} \doteq \sum_{j=1}^{n} \frac{x_j}{\varphi_i(x)} \cdot \frac{\partial \varphi_i(x)}{\partial x_j} \cdot \varepsilon_{x_j}.$$

Wiederum gibt der Faktor $(x_j/\varphi_i)\partial\varphi_i/\partial x_j$ an, wie stark sich ein relativer Fehler in x_j auf den relativen Fehler von y_i auswirkt. Die Verstärkungsfaktoren $(x_j/\varphi_i)\partial\varphi_i/\partial x_j$ für die relativen Fehler haben den Vorteil, dass sie von der Skalierung der y_i und x_j unabhängig sind. Sind sie gross, spricht man von einem *schlecht konditionierten*, andernfalls von einem *gut konditionierten* Problem. Bei schlecht konditionierten Problemen bewirken kleine relative Fehler in den Eingangsdaten x grosse relative Fehler in den Resultaten $y = \varphi(x)$. Die hier gegebene Definition der Konditionszahlen hat den Nachteil, dass sie nur für nichtverschwindende y_i, x_j sinnvoll ist. Ausserdem ist sie für viele Zwecke zu unpraktisch (die Kondition von φ wird durch $m \cdot n$ Zahlen beschrieben). Es werden deshalb auch andere einfachere Definitionen für die Kondition eines Problems gegeben. So ist es z.B. in der linearen Algebra vielfach üblich, Zahlen c, für die bzgl. einer geeigneten Norm $\|\cdot\|$ gilt

$$\frac{\|\varphi(\tilde{x}) - \varphi(x)\|}{\|\varphi(x)\|} \leq c \cdot \frac{\|\tilde{x} - x\|}{\|x\|}$$

als Konditionszahlen zu bezeichnen (s. Abschnitt 4.4).

Beispiel 3: Für $y = \varphi(a,b,c) := a + b + c$ hat man nach (1.3.4):

$$\varepsilon_y \doteq \frac{a}{a+b+c}\varepsilon_a + \frac{b}{a+b+c}\varepsilon_b + \frac{c}{a+b+c}\varepsilon_c.$$

Das Problem ist gut konditioniert, falls jeder Summand a, b, c klein gegenüber $a + b + c$ ist.

Beispiel 4: Sei $y = \varphi(p,q) := -p + \sqrt{p^2 + q}$. Es ist

$$\frac{\partial\varphi}{\partial p} = -1 + \frac{p}{\sqrt{p^2+q}} = \frac{-y}{\sqrt{p^2+q}}, \quad \frac{\partial\varphi}{\partial q} = \frac{1}{2\sqrt{p^2+q}},$$

so dass

$$\varepsilon_y \doteq \frac{-p}{\sqrt{p^2+q}}\varepsilon_p + \frac{q}{2y\sqrt{p^2+q}}\varepsilon_q = -\frac{p}{\sqrt{p^2+q}}\varepsilon_p + \frac{p+\sqrt{p^2+q}}{2\sqrt{p^2+q}}\varepsilon_q.$$

Wegen

$$\left|\frac{p}{\sqrt{p^2+q}}\right| \leq 1, \quad \left|\frac{p+\sqrt{p^2+q}}{2\sqrt{p^2+q}}\right| \leq 1 \quad \text{für} \quad q > 0,$$

ist φ gut konditioniert, falls $q > 0$, und schlecht konditioniert, falls etwa $q \approx -p^2$.

Für die arithmetischen Operationen erhält man aus (1.3.4) die Fehlerfortpflanzungsformeln (für $x \neq 0$, $y \neq 0$)

(1.3.5)

1. $\varphi(x,y) := x \cdot y$: $\varepsilon_{xy} \doteq \varepsilon_x + \varepsilon_y$,

2. $\varphi(x,y) := x/y$: $\varepsilon_{x/y} \doteq \varepsilon_x - \varepsilon_y$,

3. $\varphi(x,y) := x \pm y$: $\varepsilon_{x \pm y} = \dfrac{x}{x \pm y}\varepsilon_x \pm \dfrac{y}{x \pm y}\varepsilon_y$,   falls $x \pm y \neq 0$,

4. $\varphi(x) := \sqrt{x}$: $\varepsilon_{\sqrt{x}} \doteq \dfrac{1}{2}\varepsilon_x$.

Es folgt, dass das Multiplizieren, Dividieren und Wurzelziehen keine gefährlichen Operationen sind: Die relativen Fehler der Eingabedaten pflanzen sich nicht stark in das Resultat fort. Dieselbe Situation liegt bei der Addition vor, sofern die Summanden x und y gleiches Vorzeichen haben: Die Konditionszahlen $x/(x+y)$, $y/(x+y)$ liegen zwischen 0 und 1 und ihre Summe ist 1, somit gilt
$$|\varepsilon_{x+y}| \leq \max\{\,|\varepsilon_x|, |\varepsilon_y|\,\}.$$
Ist ein Summand klein gegenüber dem anderen und ist er mit einem grossen relativen Fehler behaftet, so hat trotzdem das Resultat $x + y$ nach (1.3.5) nur einen kleinen relativen Fehler, wenn der grössere Summand einen kleinen relativen Fehler hat. Man spricht dann von *Fehlerdämpfung*. Wenn dagegen bei der Addition die Summanden x und y verschiedenes Vorzeichen haben, ist mindestens einer der Faktoren $|x/x+y)|$, $|y/(x+y)|$ grösser als 1, und es wird mindestens einer der relativen Fehler ε_x, ε_y verstärkt. Diese Verstärkung ist dann besonders gross, wenn $x \approx -y$ und damit Auslöschung bei Bildung von $x + y$ auftritt.

Wir wollen nun die allgemeine Formel (1.3.3) benutzen, um die Fortpflanzung von Rundungsfehlern bei einem gegebenen Algorithmus zu studieren. Ein Algorithmus zur Berechnung der Funktion $\varphi : D \mapsto \mathbb{R}^m$, $D \subseteq \mathbb{R}^n$, für gegebenes $x = [x_1 \;\; \cdots \;\; x_n] \in D$ entspricht einer bestimmten Zerlegung der Abbildung φ in elementare Abbildungen $\varphi^{(i)}$ (1.3.1) und führt von $x^{(0)} := x$ über eine Kette von Zwischenergebnissen

(1.3.6) $x = x^{(0)} \to \varphi^{(0)}(x^{(0)}) = x^{(1)} \to \cdots \to \varphi^{(r)}(x^{(r)}) = x^{(r+1)} = y$

zum Resultat y. Wir nehmen für die folgende Diskussion wieder an, dass jedes $\varphi^{(i)}$ stetig differenzierbar ist und bezeichnen mit $\psi^{(i)}$ die „Restabbildung"

$$\psi^{(i)} = \varphi^{(r)} \circ \varphi^{(r-1)} \circ \cdots \circ \varphi^{(i)} : D_i \mapsto \mathbb{R}^m, \quad i = 0, 1, 2, \ldots, r.$$

Es ist dann $\psi^{(0)} \equiv \varphi$. Mit $D\varphi^{(i)}$ bzw. $D\psi^{(i)}$ bezeichnen wir die Funktionalmatrizen der Abbildungen $\varphi^{(i)}$ bzw. $\psi^{(i)}$. Bekanntlich multiplizieren sich die Funktionalmatrizen, wenn man Abbildungen zusammensetzt

$$D(f \circ g)(x) = Df(g(x))Dg(x).$$

Also gilt für $i = 0, 1, 2, \ldots, r$

$$\text{(1.3.7)} \quad \begin{aligned} D\varphi(x) &= D\varphi^{(r)}(x^{(r)}) D\varphi^{(r-1)}(x^{(r-1)}) \dots D\varphi^{(0)}(x), \\ D\psi^{(i)}(x^{(i)}) &= D\varphi^{(r)}(x^{(r)}) D\varphi^{(r-1)}(x^{(r-1)}) \dots D\varphi^{(i)}(x^{(i)}). \end{aligned}$$

In Gleitpunktarithmetik erhält man unter dem Einfluss der Eingangsfehler Δx und der Rundungsfehler statt der exakten Zwischenresultate $x^{(i)}$ Näherungswerte $\tilde{x}^{(i+1)} = \mathrm{gl}(\varphi^{(i)}(\tilde{x}^{(i)}))$. Für die Fehler $\Delta x^{(i)} = \tilde{x}^{(i)} - x^{(i)}$ gilt daher

$$\text{(1.3.8)} \quad \Delta x^{(i+1)} = \Big(\mathrm{gl}(\varphi^{(i)}(\tilde{x}^{(i)})) - \varphi^{(i)}(\tilde{x}^{(i)})\Big) + \Big(\varphi^{(i)}(\tilde{x}^{(i)}) - \varphi^{(i)}(x^{(i)})\Big).$$

Nun ist wegen (1.3.3) in erster Näherung

$$\text{(1.3.9)} \quad \varphi^{(i)}(\tilde{x}^{(i)}) - \varphi^{(i)}(x^{(i)}) \doteq D\varphi^{(i)}(x^{(i)}) \cdot \Delta x^{(i)}.$$

Wenn die elementaren Abbildungen $\varphi^{(i)}$ so beschaffen sind, dass man ähnlich wie bei den elementaren arithmetischen Operationen (s. (1.2.6)) bei der Gleitpunktauswertung von $\varphi^{(i)}$ das gerundete exakte Resultat erhält, so gilt

$$\text{(1.3.10)} \quad \mathrm{gl}(\varphi^{(i)}(u)) = \mathrm{rd}(\varphi^{(i)}(u)).$$

Man beachte, dass die Abbildung $\varphi^{(i)} : D_i \mapsto D_{i+1} \subseteq \mathbb{R}^{n_{i+1}}$ durch einen Vektor

$$\varphi^{(i)}(u) = \begin{bmatrix} \varphi_1^{(i)}(u) \\ \vdots \\ \varphi_{n_{i+1}}^{(i)}(u) \end{bmatrix}$$

von reellen Funktionen $\varphi_j^{(i)} : D_i \mapsto \mathbb{R}$ gegeben und (1.3.10) komponentenweise zu lesen ist:

$$\text{(1.3.11)} \quad \begin{aligned} \mathrm{gl}(\varphi_j^{(i)}(u)) &= \mathrm{rd}(\varphi_j^{(i)}(u)) = (1 + \varepsilon_j) \cdot \varphi_j^{(i)}(u), \\ |\varepsilon_j| &\leq \mathrm{eps}, \quad j = 1, 2, \dots, n_{i+1}. \end{aligned}$$

Dabei ist ε_j der bei der Berechnung der j-ten Komponente von $\varphi^{(i)}$ in Gleitpunktarithmetik auftretende *neue* relative Rundungsfehler. Die Gleichung (1.3.10) lässt sich also in der Form

$$\mathrm{gl}(\varphi^{(i)}(u)) = (I + E_{i+1}) \cdot \varphi^{(i)}(u)$$

mit der Einheitsmatrix I und der diagonalen Fehlermatrix

$$E_{i+1} := \begin{bmatrix} \varepsilon_1 & 0 & \cdots & 0 \\ 0 & \varepsilon_2 & \ddots & \vdots \\ \vdots & \ddots & \ddots & 0 \\ 0 & \cdots & 0 & \varepsilon_{n_{i+1}} \end{bmatrix}, \quad |\varepsilon_j| \leq \mathrm{eps}$$

schreiben. Damit lässt sich die erste Klammer in (1.3.8) umformen:

$$\mathrm{gl}\big(\varphi^{(i)}(\tilde{x}^{(i)})\big) - \varphi^{(i)}(\tilde{x}^{(i)}) = E_{i+1} \cdot \varphi^{(i)}(\tilde{x}^{(i)}).$$

Da $\tilde{x}^{(i)}$ in erster Näherung gleich $x^{(i)}$ ist, gilt ebenso in erster Näherung

$$(1.3.12) \qquad \begin{aligned} \mathrm{gl}\big(\varphi^{(i)}(\tilde{x}^{(i)})\big) - \varphi^{(i)}(\tilde{x}^{(i)}) &\doteq E_{i+1}\varphi^{(i)}(x^{(i)}) \\ &= E_{i+1}x^{(i+1)} =: \alpha_{i+1}. \end{aligned}$$

α_{i+1} lässt sich als der bei der Auswertung von $\varphi^{(i)}$ in Gleitpunktarithmetik *neu entstehende* absolute Rundungsfehler, die Diagonalelemente von E_{i+1} als die entsprechenden relativen Rundungsfehler interpretieren. Für $\Delta x^{(i+1)}$ gilt daher wegen (1.3.8), (1.3.9) und (1.3.12) in erster Näherung

$$\Delta x^{(i+1)} \doteq \alpha_{i+1} + D\varphi^{(i)}(x^{(i)})\Delta x^{(i)} = E_{i+1} \cdot x^{(i+1)} + D\varphi^{(i)}(x^{(i)})\Delta x^{(i)},$$

wobei $\Delta x^{(0)} := \Delta x$. Man erhält daraus

$$\Delta x^{(1)} \doteq D\varphi^{(0)}\Delta x + \alpha_1$$
$$\Delta x^{(2)} \doteq D\varphi^{(1)}[D\varphi^{(0)}\Delta x + \alpha_1] + \alpha_2$$
$$\Delta y = \Delta x^{(r+1)} \doteq D\varphi^{(r)}\cdots D\varphi^{(0)}\Delta x + D\varphi^{(r)}\cdots D\varphi^{(1)}\alpha_1 + \cdots + \alpha_{r+1}.$$

Wegen (1.3.7) bekommt man so schliesslich für den Einfluss des Eingangsfehlers Δx und der Rundungsfehler α_i auf das Resultat $y = x^{(r+1)} = \varphi(x)$ die Formeln

$$(1.3.13) \qquad \begin{aligned} \Delta y &\doteq D\varphi(x)\Delta x + D\psi^{(1)}(x^{(1)})\alpha_1 + \cdots + D\psi^{(r)}(x^{(r)})\alpha_r + \alpha_{r+1} \\ &= D\varphi(x)\Delta x + D\psi^{(1)}(x^{(1)})E_1 x^{(1)} + \cdots + D\psi^{(r)}(x^{(r)})E_r x^{(r)} \\ &\quad + E_{r+1}y. \end{aligned}$$

Die Grösse der Funktionalmatrix $D\psi^{(i)}$ der Restabbildung $\psi^{(i)}$ ist also entscheidend für den Einfluss des bei der Berechnung von $x^{(i)}$ begangenen neuen Rundungsfehlers α_i bzw. E_i.

Beispiel 5: Für die in Beispiel 2 eingeführten Algorithmen zur Berechnung von $y = \varphi(a,b) = a^2 - b^2$ hat man

Algorithmus 1:

$$x = x^{(0)} = \begin{bmatrix} a \\ b \end{bmatrix}, \quad x^{(1)} = \begin{bmatrix} a^2 \\ b \end{bmatrix}, \quad x^{(2)} = \begin{bmatrix} a^2 \\ b^2 \end{bmatrix}, \quad x^{(3)} = y = a^2 - b^2,$$

$$\psi^{(1)}(u,v) = u - v^2, \quad \psi^{(2)}(u,v) = u - v,$$

$$D\varphi(x) = \begin{bmatrix} 2a & -2b \end{bmatrix},$$

$$D\psi^{(1)}(x^{(1)}) = \begin{bmatrix} 1 & -2b \end{bmatrix}, \quad D\psi^{(2)}(x^{(2)}) = \begin{bmatrix} 1 & -1 \end{bmatrix},$$

$$\alpha_1 = \begin{bmatrix} \varepsilon_1 a^2 \\ 0 \end{bmatrix}, \quad E_1 = \begin{bmatrix} \varepsilon_1 & 0 \\ 0 & 0 \end{bmatrix}, \quad \alpha_2 = \begin{bmatrix} 0 \\ \varepsilon_2 b^2 \end{bmatrix}, \quad E_2 = \begin{bmatrix} 0 & 0 \\ 0 & \varepsilon_2 \end{bmatrix},$$

$$\alpha_3 = \varepsilon_3(a^2 - b^2), \quad |\varepsilon_i| \le \text{eps} \quad \text{für} \quad i = 1,2,3$$

wegen

$$\begin{bmatrix} a \times^* a \\ b \end{bmatrix} - \begin{bmatrix} a^2 \\ b \end{bmatrix} = \begin{bmatrix} \varepsilon_1 a^2 \\ 0 \end{bmatrix}, \quad \begin{bmatrix} a^2 \\ b \times^* b \end{bmatrix} - \begin{bmatrix} a^2 \\ b^2 \end{bmatrix} = \begin{bmatrix} 0 \\ \varepsilon_2 b^2 \end{bmatrix}$$

und $(a^2 -^* b^2) - (a^2 - b^2) = \varepsilon_3(a^2 - b^2)$. Für (1.3.13) erhält man mit $\Delta x = \begin{bmatrix} \Delta a \\ \Delta b \end{bmatrix}$

(1.3.14) $\qquad \Delta y \doteq 2a\Delta a - 2b\Delta b + a^2\varepsilon_1 - b^2\varepsilon_2 + (a^2 - b^2)\varepsilon_3.$

Für *Algorithmus 2* erhält man analog

$$x = x^{(0)} = \begin{bmatrix} a \\ b \end{bmatrix}, \quad x^{(1)} = \begin{bmatrix} a \\ b \\ a+b \end{bmatrix}, \quad x^{(2)} = \begin{bmatrix} a+b \\ a-b \end{bmatrix}, \quad x^{(3)} = y = a^2 - b^2,$$

$$\psi^{(1)}(a, b, u) := u(a - b), \quad \psi^{(2)}(u, v) = u \cdot v,$$

$$D\varphi(x) = \begin{bmatrix} 2a & -2b \end{bmatrix}, \quad D\psi^{(1)}(x^{(1)}) = \begin{bmatrix} a+b & -a-b & a-b \end{bmatrix},$$

$$D\psi^{(2)}(x^{(2)}) = \begin{bmatrix} a-b & a+b \end{bmatrix},$$

$$\alpha_1 = \begin{bmatrix} 0 \\ 0 \\ \varepsilon_1(a+b) \end{bmatrix}, \quad E_1 = \begin{bmatrix} 0 & 0 & 0 \\ 0 & 0 & 0 \\ 0 & 0 & \varepsilon_1 \end{bmatrix},$$

$$\alpha_2 = \begin{bmatrix} 0 \\ \varepsilon_1(a-b) \end{bmatrix}, \quad E_2 = \begin{bmatrix} 0 & 0 \\ 0 & \varepsilon_2 \end{bmatrix},$$

$$\alpha_3 = \varepsilon_3(a^2 - b^2), \quad E_3 = \varepsilon_3, \quad |\varepsilon_i| \leq \mathrm{eps},$$

und damit aus (1.3.13)

(1.3.15) $\qquad \Delta y \doteq 2a\Delta a - 2b\Delta b + (a^2 - b^2)(\varepsilon_1 + \varepsilon_2 + \varepsilon_3).$

Wählt man einen anderen Algorithmus, d.h. eine andere Zerlegung von φ in Elementarabbildungen $\varphi^{(1)}$, so ändert sich zwar $D\varphi$ nicht, wohl aber i.a. die Matrizen $D\psi^{(i)}$, die die Fortpflanzung der Rundungsfehler messen, und damit auch der gesamte Einfluss aller Rundungsfehler, der durch

(1.3.16) $\qquad D\psi^{(1)}\alpha_1 + \cdots + D\psi^{(r)}\alpha_r + \alpha_{r+1}$

gegeben ist.

Man nennt einen Algorithmus *numerisch stabiler* als einen zweiten Algorithmus zur Berechnung von $\varphi(x)$, falls der Gesamteinfluss der Rundungsfehler bei dem ersten Algorithmus kleiner ist als bei dem zweiten.

Beispiel: Der gesamte Rundungsfehlereinfluss von Algorithmus 1 in Beispiel 2 ist wegen (1.3.14)

(1.3.17) $\qquad |a^2\varepsilon_1 - b^2\varepsilon_2 + (a^2 - b^2)\varepsilon_3| \leq (a^2 + b^2 + |a^2 - b^2|)\,\mathrm{eps},$

der von Algorithmus 2 wegen (1.3.15)

(1.3.18) $\qquad |(a^2 - b^2)(\varepsilon_1 + \varepsilon_2 + \varepsilon_3)| \leq 3\,\mathrm{eps}\,|a^2 - b^2|.$

Genau für $1/3 \leq |a/b|^2 \leq 3$ gilt $3|a^2 - b^2| \leq a^2 + b^2 + |a^2 - b^2|$: Algorithmus 2 ist deshalb für $1/3 < |a/b|^2 < 3$ numerisch stabiler als Algorithmus 1, für die übrigen a, b ist Algorithmus 1 numerisch stabiler.

Zum Beispiel erhält man für $a := 0.3237$, $b := 0.3134$ bei 4-stelliger Rechnung ($t = 4$):

$$\begin{array}{lll}
\textit{Algorithmus 1:} & a \times^* a = 0.1048, \ b \times^* b = 0.9882_{10} - 1, \\
& (a \times^* a) -^* (b \times^* b) = 0.6580_{10} - 2, \\
\textit{Algorithmus 2:} & a +^* b = 0.6371, \ a -^* b = 0.1030_{10} - 1, \\
& (a \times^* b) \times^* (a -^* b) = 0.6562_{10} - 2, \\
\text{Exaktes Resultat:} & a^2 - b^2 = 0.656213_{10} - 2.
\end{array}$$

In der Fehlerfortpflanzungsformel (1.3.13) gilt unabhängig von dem benutzten Algorithmus zur Berechnung von $y = \varphi(x)$ für den letzten Term die Abschätzung [1]

$$|E_{r+1} y| \leq \text{eps} \, |y|.$$

Bei jedem Algorithmus muss man mindestens mit einem Fehler Δy dieser Grössenordnung $\text{eps}|y|$ rechnen. Weiter beachte man, dass bei Verwendung einer t-stelligen Maschine allein durch das Runden der Eingabedaten $x = \begin{bmatrix} x_1 & \cdots & x_n \end{bmatrix}^T$ auf t Stellen ein Eingangsfehler $\Delta^{(0)} x$ mit

$$|\Delta^{(0)} x| \leq \text{eps} \, |x|$$

entsteht, es sei denn, die Eingabedaten, etwa nicht zu grosse ganze Zahlen, sind bereits Maschinenzahlen und damit exakt darstellbar. Aus diesem Grunde muss man bei jedem Algorithmus zur Berechnung von $y = \varphi(x)$ ebenfalls mindestens mit einem weiteren Fehler der Grössenordnung $|D\varphi(x)| \, |x| \, \text{eps}$ rechnen, so dass insgesamt bei *jedem* Algorithmus mit einem Fehler der Grösse

$$(1.3.19) \qquad \Delta^{(0)} y := \text{eps} \left(|D\varphi(x)| \, |x| + |y| \right)$$

zu rechnen ist. $\Delta^{(0)} y$ heisst der *unvermeidbare Fehler* von y. Da man ohnehin mit einem Fehler dieser Grössenordnung zu rechnen hat, wäre es unbillig, von einem Rundungsfehler α_i bzw. E_i eines Algorithmus zu verlangen, dass sein Beitrag zum Gesamtfehler wesentlich kleiner als $\Delta^{(0)}$ ist. Wir nennen deshalb einen Rundungsfehler α_i bzw. E_i eines Algorithmus *harmlos*, falls in (1.3.13) sein Beitrag zum Gesamtfehler Δy höchstens dieselbe Grössenordnung wie der unvermeidbare Fehler $\Delta^{(0)} y$ (1.3.19) besitzt:

$$|D\psi^{(i)}(x^{(i)})\alpha_i| = |D\psi^{(i)}(x^{(i)})E_i x^{(i)}| \approx \Delta^{(0)} y.$$

Wenn alle Rundungsfehler eines Algorithmus harmlos sind, heisst der Algorithmus *gutartig* (vgl. Bauer (1965)). Eine der wichtigsten Aufgaben der numerischen Mathematik ist es, gutartige Algorithmen zu finden.

---

[1] Betragszeichen für Vektoren, Matrizen etc. sind komponentenweise zu verstehen, z.B. $|y| = \begin{bmatrix} |y_1| & \cdots & |y_m| \end{bmatrix}^T$.

Beispiel 6: Beide Algorithmen von Beispiel 2 sind für alle a und b gutartig. Für den unvermeidbaren Fehler $\Delta^{(0)}y$ hat man nämlich

$$\Delta^{(0)}y = \text{eps}\left(\begin{bmatrix} 2|a| & 2|b| \end{bmatrix} \begin{bmatrix} |a| \\ |b| \end{bmatrix} + |a^2 - b^2| \right) = \text{eps}\left(2(a^2 + b^2) + |a^2 - b^2| \right).$$

Ein Vergleich mit (1.3.17), (1.3.18) zeigt sogar, dass der *gesamte* Rundungsfehlereinfluss beider Algorithmen dem Betrage nach höchstens gleich $\Delta^{(0)}y$ ist.

Einfache weitere Beispiele für die eingeführten Begriffe findet man im nächsten Abschnitt.

Der Begriff der Gutartigkeit von Algorithmen ist zentral; die Terminologie ist hier aber, insbesondere bei der Definition der numerischen Stabilität, fliessend und oft wenig präzise. So nennt man häufig einen Algorithmus schlechthin *numerisch stabil*, wenn er sich wie ein gutartiger Algorithmus verhält. In diesem Buch verwenden wir den Begriff „numerisch stabil" nur zum Vergleich zweier Algorithmen, unabhängig davon ob diese Algorithmen gutartig sind oder nicht.

Wir wollen noch auf eine typische Situation hinweisen, in der sich der Begriff der Gutartigkeit bewährt. Häufig verwendet man *zweistufige Algorithmen*

$$x \to z = \tilde{\varphi}(x) \to y = \tilde{\psi}(z) = \varphi(x)$$

zur Berechnung einer Funktion $y = \varphi(x)$, $\varphi = \tilde{\psi} \circ \tilde{\varphi}$, die man durch Hintereinanderschalten zweier anderer Algorithmen (Unterprogramme !) zur Berechnung von $z = \tilde{\varphi}(x)$ und von $y = \tilde{\psi}(z)$ erhält. Wir wollen zeigen, dass dies nicht notwendig zu einem gutartigen Algorithmus zur Berechnung von $y = \varphi(x)$ führt, selbst wenn man gutartige Algorithmen zur Berechnung von $z = \tilde{\varphi}(x)$ und $y = \tilde{\psi}(z)$ benutzt. In der Tat erhält man bei der Berechnung von z in Gleitpunktarithmetik bestenfalls einen Näherungswert $\tilde{z}$ mit einem absoluten Fehler $\alpha_z = \tilde{z} - z$ des Betrages

$$|\alpha_z| \approx |z|\,\text{eps}.$$

Allein dieser Fehler steuert zum absoluten Fehler von y den Anteil $D\tilde{\psi}(z)\alpha_z$ bei, dessen Betrag die Grösse $|D\tilde{\psi}(z)||z|\text{eps}$ erreichen kann. Der zweistufige Algorithmus wird sicher *nicht* gutartig sein, falls dieser Betrag sehr viel grösser als der unvermeidliche Fehler (1.3.19) $\Delta^{(0)}y$ von y ist,

$$|D\tilde{\psi}(z)|\,|z|\,\text{eps} \gg \Delta^{(0)}y = \big(|D\varphi(x)||x| + |y|\big)\,\text{eps}.$$

Es kommt hier nur auf die Grössenordnung von $|D\tilde{\psi}(z)|\,|z|$ im Vergleich zu $|D\varphi(x)|\,|x|$ an, d.h. (vgl. (1.3.4)) auf die *Kondition* der Abbildung $\tilde{\psi}$ im Vergleich mit der Kondition der Abbildung φ: Der Stufenalgorithmus ist nicht gutartig, falls die Kondition von $\tilde{\psi}$ sehr viel schlechter als die von φ ist. Da die Abschätzung nur die *Abbildungen* φ und $\tilde{\psi}$ involviert, gelten diese Aussagen unabhängig davon, welche Teilalgorithmen man zur Berechnung von

$z = \tilde{\varphi}(x)$ und von $y = \tilde{\psi}(z)$ verwendet. Man sollte deshalb unbedingt Stufen-algorithmen vermeiden, in denen Zwischenresultate z berechnet werden, von denen das Endresultat y empfindlicher abhängt als von den Eingangsdaten x.

Ein Mittel dazu, für einen Algorithmus die Gutartigkeit nachzuweisen, ist die sog. *backward-analysis*, die von Wilkinson zur Analyse der Algorithmen der linearen Algebra benutzt wurde. Bei dieser Technik wird zunächst versucht zu zeigen, dass das Resultat $\tilde{y} = y + \Delta y$ eines Algorithmus zur Berechnung von $y = \varphi(x)$, das man in Gleitpunktarithmetik bei der Auswertung von $\varphi(x)$ erhält, sich in der Form $\tilde{y} = \varphi(x + \Delta x)$ schreiben lässt und damit als Resultat einer exakten Rechnung mit abgeänderten Eingabedaten $x + \Delta x$ interpretiert werden kann. Kann man zusätzlich zeigen, dass Δx höchstens dieselbe Grössenordnung wie $|\Delta^{(0)} x| \le \text{eps} \, |x|$ hat, so ist damit die Gutartigkeit des Algorithmus gezeigt.

Zum Schluss soll noch kurz anhand eines Beispiels dargestellt werden, wie man das Fehlerverhalten eines Algorithmus statt durch (1.3.13) auch mit Hilfe eines *Graphen* veranschaulichen kann, wie von Bauer (1974) vorgeschlagen wurde. Die Algorithmen 1 und 2 von Beispiel 2 werden so durch die Graphen von Fig. 1 beschrieben.

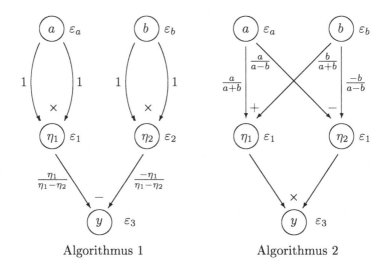

Algorithmus 1   Algorithmus 2

Fig. 1. Graphendarstellung der Fehlerfortpflanzung von Algorithmen

Die Knoten entsprechen den Zwischenresultaten. Knoten i wird mit Knoten j durch eine gerichtete Kante verbunden, falls das Zwischenresultat von Knoten i direkt in das Zwischenresultat von Knoten j eingeht. Dementsprechend entsteht an jedem Knoten ein neuer relativer Rundungsfehler, der neben den betreffenden Knoten geschrieben wird. Die Zahlen an den Kanten geben die Verstärkungsfaktoren für die relativen Fehler an. Z.B. kann man vom Graphen des Algorithmus 1 folgende Beziehungen ablesen:

$$\varepsilon_{\eta_1} = 1 \cdot \varepsilon_a + 1 \cdot \varepsilon_a + \varepsilon_1, \quad \varepsilon_{\eta_2} = 1 \cdot \varepsilon_b + 1 \cdot \varepsilon_b + \varepsilon_2,$$

$$\varepsilon_y = \frac{\eta_1}{\eta_1 - \eta_2} \cdot \varepsilon_{\eta_1} - \frac{\eta_2}{\eta_1 - \eta_2} \cdot \varepsilon_{\eta_2} + \varepsilon_3.$$

Will man den Faktor wissen, mit dem multipliziert der Rundungsfehler von Knoten i zum relativen Fehler des Zwischenresultats von Knoten j beiträgt, hat man für jeden gerichteten Weg von i nach j die Kantenfaktoren zu multiplizieren und diese Produkte zu summieren. Z.B. besagt der Graph von Algorithmus 2, dass zum Fehler ε_y der Eingangsfehler ε_a den Beitrag

$$\left(\frac{a}{a+b} \cdot 1 + \frac{a}{a-b} \cdot 1 \right) \cdot \varepsilon_a$$

liefert.

1.4 Beispiele

Beispiel 1: Dieses Beispiel schliesst sich an Beispiel 4 des letzten Abschnittes an. Es sei $p > 0$, $q > 0$, $p \gg q$ gegeben. Man bestimme die Wurzel

$$y = -p + \sqrt{p^2 + q}$$

kleinsten Betrages der quadratischen Gleichung

$$y^2 + 2py - q = 0.$$

Eingangsdaten: p, q. Resultat: $y = \varphi(p,q) = -p + \sqrt{p^2 + q}$.

Im letzten Abschnitt sahen wir, dass das Problem $\varphi(p,q)$ zu berechnen, für $p > 0$, $q > 0$ gut konditioniert ist, und die relativen Eingangsfehler ε_p, ε_q zum relativen Fehler des Resultates y folgenden Beitrag leisten:

$$\frac{-p}{\sqrt{p^2 + q}} \varepsilon_p + \frac{q}{2y\sqrt{p^2 + q}} \varepsilon_q = \frac{-p}{\sqrt{p^2 + q}} \varepsilon_p + \frac{p + \sqrt{p^2 + q}}{2\sqrt{p^2 + q}} \varepsilon_q.$$

Wegen

$$\left| \frac{p}{\sqrt{p^2 + q}} \right| \le 1, \quad \left| \frac{p + \sqrt{p^2 + q}}{2\sqrt{p^2 + q}} \right| \le 1$$

genügt der unvermeidbare Fehler $\Delta^{(0)} y$ des Resultates $y = \varphi(p,q)$ den Ungleichungen

$$\mathrm{eps} \le \varepsilon_y^{(0)} := \frac{\Delta^{(0)} y}{y} \le 3 \, \mathrm{eps}.$$

Wir untersuchen zwei Algorithmen zur Berechnung von $y = \varphi(p,q)$.

$$\text{\textit{Algorithmus 1:}} \qquad \begin{aligned} s &:= p^2, \\ t &:= s + q, \\ u &:= \sqrt{t}, \\ y &:= -p + u. \end{aligned}$$

Wie man sieht, tritt wegen $p \gg q$ bei $y := -p + u$ Auslöschung auf, und es steht zu erwarten, dass der Rundungsfehler

$$\Delta u := \varepsilon \cdot \sqrt{t} = \varepsilon \cdot \sqrt{p^2 + q},$$

der bei der Gleitpunktberechnung der Quadratwurzel

$$\mathrm{gl}(\sqrt{t}) = \sqrt{t} \cdot (1 + \varepsilon), \quad |\varepsilon| \le \mathrm{eps},$$

neu entsteht, verstärkt wird. In der Tat verursacht dieser Fehler folgenden relativen Fehler von y:

$$\varepsilon_y \doteq \frac{1}{y} \Delta u = \frac{\sqrt{p^2 + q}}{-p + \sqrt{p^2 + q}} \cdot \varepsilon = \frac{1}{q}(p\sqrt{p^2 + q} + p^2 + q)\varepsilon = k \cdot \varepsilon.$$

Wegen $p, q > 0$ gilt für den Verstärkungsfaktor k die Abschätzung

$$k > \frac{2p^2}{q} > 0.$$

Er kann für $p \gg q$ sehr gross sein und zeigt, dass der vorgeschlagene Algorithmus nicht gutartig ist, weil allein der Einfluss des Rundungsfehlers ε, der bei der Berechnung von $\sqrt{p^2 + q}$ anfällt, viel grösser als der relative unvermeidbare Fehler $\varepsilon_y^{(0)}$ ist.

$$\text{\textit{Algorithmus 2:}} \qquad \begin{aligned} s &:= p^2, \\ t &:= s + q, \\ u &:= \sqrt{t}, \\ v &:= p + u, \\ y &:= q/v. \end{aligned}$$

Bei diesem Algorithmus tritt bei der Berechnung von v keine Auslöschung auf. Der bei der Berechnung von $u = \sqrt{t}$ entstehende Rundungsfehler $\Delta u = \varepsilon\sqrt{p^2 + q}$ steuert, durch die entsprechende Restabbildung $\psi(u)$

$$u \to p + u \to \frac{q}{p + u} =: \psi(u)$$

verstärkt, folgenden Betrag zum relativen Fehler ε_y von y bei:

$$\begin{aligned} \frac{1}{y}\frac{\partial \varphi}{\partial u}\Delta u &= \frac{-q}{y(p + u)^2} \cdot \Delta u \\ &= \frac{-q\sqrt{p^2 + q}}{\left(-p + \sqrt{p^2 + q}\right)\left(p + \sqrt{p^2 + q}\right)^2} \cdot \varepsilon \\ &= -\frac{\sqrt{p^2 + q}}{p + \sqrt{p^2 + q}} \cdot \varepsilon = k \cdot \varepsilon. \end{aligned}$$

Der Verstärkungsfaktor k ist klein, $|k| < 1$, Algorithmus 2 ist gutartig.

Das folgende *Zahlenbeispiel* illustriert den Unterschied zwischen den Algorithmen 1 und 2 (wie bei weiteren numerischen Beispielen mit 40 Binär-Mantissenstellen gerechnet, was etwa 12 Dezimalstellen entspricht; unrichtige Ziffern sind unterstrichen):

$p = 1000, \quad q = 0.018\,000\,000\,081$

Resultat für y nach *Algorithmus 1:* $\qquad$ $0.900\,0\underline{30\,136\,108}_{10} - 5$

Resultat für y nach *Algorithmus 2:* $\qquad$ $0.899\,999\,999\,99\underline{9}_{10} - 5$

Exakter Wert von y: $\qquad$ $0.900\,000\,000\,000_{10} - 5$

Beispiel 2: Mit Hilfe der Formel

$$\cos(m+1)x = 2\cos x \cos mx - \cos(m-1)x, \quad m = 1, 2, \ldots, k-1,$$

kann man $\cos kx$ für festes x und ganzzahliges k rekursiv berechnen. Man hat dazu nur einmal mit $c := \cos x$ eine trigonometrische Funktion auszuwerten. Sei nun $|x| \neq 0$ eine kleine Zahl. Bei der Berechnung von c entstehe ein kleiner Rundungsfehler,

$$\tilde{c} = (1 + \varepsilon)\cos x, \quad |\varepsilon| \leq \text{eps}.$$

Wie wirkt sich dieser Rundungsfehler auf $\cos kx$ aus?
Antwort: $\cos kx$ hängt in folgender Weise von c ab:

$$\cos kx = \cos(k \arccos c) =: f(c).$$

Wegen

$$\frac{df}{dc} = \frac{k \sin kx}{\sin x}$$

bewirkt der absolute Fehler $\varepsilon \cos x$ von c in erster Näherung einen absoluten Fehler

(1.4.1) $\qquad \Delta \cos kx \doteq \varepsilon \frac{\cos x}{\sin x} k \sin kx = \varepsilon k \operatorname{ctg} x \sin kx$

in $\cos kx$.

Der unvermeidbare Fehler $\Delta^{(0)} c_k$ (1.3.19) des Resultats $c_k := \cos kx$ ist dagegen

$$\Delta^{(0)} c_k = \text{eps}\left(k|x \sin kx| + |\cos kx|\right).$$

Ein Vergleich mit (1.4.1) zeigt, dass $\Delta \cos kx$ für kleines $|x|$ wesentlich grösser als $\Delta^{(0)} c_k$ sein kann: Der Algorithmus ist für solche x nicht gutartig.

Beispiel 3: Für eine gegebene Zahl x und eine „grosse" ganze Zahl k sollen $\cos kx$ und $\sin kx$ rekursiv mit Hilfe der Formeln

$$\cos mx := \cos x \cos(m-1)x - \sin x \sin(m-1)x,$$
$$\sin mx := \sin x \cos(m-1)x + \cos x \sin(m-1)x, \quad m = 1, 2, \ldots, k,$$

berechnet werden.

Wie wirken sich kleine Fehler $\varepsilon_c \cos x$, $\varepsilon_s \sin x$ bei der Berechnung von $\cos x$, $\sin x$ auf die Endresultate $\cos kx$, $\sin kx$ aus? Setzt man zur Abkürzung $c_m := \cos mx$, $s_m := \sin mx$, $c := \cos x$, $s := \sin x$, so ist in Matrixschreibweise mit der unitären Matrix

$$U := \begin{bmatrix} c & -s \\ s & c \end{bmatrix},$$

die einer Drehung um den Winkel x entspricht,

$$\begin{bmatrix} c_m \\ s_m \end{bmatrix} = U \begin{bmatrix} c_{m-1} \\ s_{m-1} \end{bmatrix}, \quad m = 1, \ldots, k,$$

und daher

$$\begin{bmatrix} c_k \\ s_k \end{bmatrix} = U^k \begin{bmatrix} c_0 \\ s_0 \end{bmatrix} = U^k \begin{bmatrix} 1 \\ 0 \end{bmatrix}.$$

Nun ist

$$\frac{\partial U}{\partial c} = \begin{bmatrix} 1 & 0 \\ 0 & 1 \end{bmatrix}, \quad \frac{\partial U}{\partial s} = \begin{bmatrix} 0 & -1 \\ 1 & 0 \end{bmatrix} =: A$$

und daher

$$\frac{\partial}{\partial c} U^k = k U^{k-1},$$

$$\frac{\partial}{\partial s} U^k = A U^{k-1} + U A U^{k-2} + \cdots + U^{k-1} A = k A U^{k-1},$$

weil A mit U vertauschbar ist. Da U einer Drehung im $\mathbb{R}^2$ um den Winkel x entspricht, ist schliesslich

$$\frac{\partial}{\partial c} U^k = k \begin{bmatrix} \cos(k-1)x & -\sin(k-1)x \\ \sin(k-1)x & \cos(k-1)x \end{bmatrix},$$

$$\frac{\partial}{\partial s} U^k = k \begin{bmatrix} -\sin(k-1)x & -\cos(k-1)x \\ \cos(k-1)x & -\sin(k-1)x \end{bmatrix}.$$

Die relativen Fehler ε_c, ε_s von $c = \cos x$ und $s = \sin x$ bewirken daher bei $\cos kx$, $\sin kx$ folgende absolute Fehler:

(1.4.2)
$$\begin{bmatrix} \Delta c_k \\ \Delta s_k \end{bmatrix} \doteq \left[\frac{\partial}{\partial c} U^k \right] \begin{bmatrix} 1 \\ 0 \end{bmatrix} \varepsilon_c \cos x + \left[\frac{\partial}{\partial s} U^k \right] \begin{bmatrix} 1 \\ 0 \end{bmatrix} \varepsilon_s \sin x$$

$$= \varepsilon_c k \cos x \begin{bmatrix} \cos(k-1)x \\ \sin(k-1)x \end{bmatrix} + \varepsilon_s k \sin x \begin{bmatrix} -\sin(k-1)x \\ \cos(k-1)x \end{bmatrix}.$$

Die unvermeidbaren Fehler (1.3.19) $\Delta^{(0)} c_k$ und $\Delta^{(0)} s_k$ von $c_k = \cos kx$ und $s_k = \sin kx$ sind dagegen

(1.4.3)
$$\Delta^{(0)} c_k = \big(k|x \sin kx| + |\cos kx| \big) \, \text{eps},$$

$$\Delta^{(0)} s_k = \big(k|x \cos kx| + |\sin kx| \big) \, \text{eps}.$$

Ein Vergleich mit (1.4.2) zeigt, dass für grosses k und $|k \cdot x| \approx 1$ im Gegensatz zum Rundungsfehler ε_s der Einfluss von ε_c auf die Resultate wesentlich grösser als die unvermeidbaren Fehler sind. Der Algorithmus ist nicht gutartig, obwohl er als Algorithmus zur Berechnung von c_k allein numerisch stabiler als der Algorithmus von Beispiel 2 ist.

Beispiel 4: Die numerische Stabilität des Algorithmus in Beispiel 3 zur Berechnung von $c_m = \cos mx$, $s_m = \sin mx$, $m = 1, 2, \ldots$, für kleines $|x|$ lässt sich weiter verbessern: Es ist

$$\cos(m+1)x = \cos x \cos mx - \sin x \sin mx,$$

$$\sin(m+1)x = \sin x \cos mx + \cos x \sin mx,$$

und es gilt daher für die Differenzen dc_{m+1} und ds_{m+1} aufeinanderfolgender cos- und sin-Werte

$$dc_{m+1} := \cos(m+1)x - \cos mx$$
$$= 2(\cos x - 1)\cos mx - \sin x \sin mx - \cos x \cos mx + \cos mx$$
$$= -4\left(\sin^2 \frac{x}{2}\right)\cos mx + \left(\cos mx - \cos(m-1)x\right),$$
$$ds_{m+1} := \sin(m+1)x - \sin mx$$
$$= 2(\cos x - 1)\sin mx + \sin x \cos mx - \cos x \sin mx + \sin mx$$
$$= -4\left(\sin^2 \frac{x}{2}\right)\sin mx + \left(\sin mx - \sin(m-1)x\right).$$

Dies führt zu folgendem Algorithmus zur Berechnung von c_k, s_k für $x > 0$:

$$dc_1 := -2\sin^2 \frac{x}{2}, \quad t := 2\,dc_1,$$
$$ds_1 := \sqrt{-dc_1(2 + dc_1)},$$
$$s_0 := 0, \quad c_0 := 1,$$

und für $m := 1, 2, \ldots, k$:

$$c_m := c_{m-1} + dc_m, \quad dc_{m+1} := t \cdot c_m + dc_m,$$
$$s_m := s_{m-1} + ds_m, \quad ds_{m+1} := t \cdot s_m + ds_m.$$

Für die Fehleranalyse beachten wir, dass die Werte c_k und s_k Funktionen von $s = \sin(x/2)$ sind:

$$c_k = \cos(2k \arcsin s) =: \varphi_1(s),$$
$$s_k = \sin(2k \arcsin s) =: \varphi_2(s).$$

Ein Fehler $\Delta_s = \varepsilon_s \sin(x/2)$ bei der Berechnung von s bewirkt daher in erster Näherung folgende Fehler in c_k, s_k:

$$\Delta c_k \doteq \frac{\partial \varphi_1}{\partial s}\varepsilon_s \sin \frac{x}{2} = \varepsilon_s \frac{-2k \sin kx}{\cos \frac{x}{2}} \sin \frac{x}{2} = -2k \operatorname{tg} \frac{x}{2} \sin kx \cdot \varepsilon_s,$$

$$\Delta s_k \doteq \frac{\partial \varphi_2}{\partial s}\varepsilon_s \sin \frac{x}{2} = 2k \operatorname{tg} \frac{x}{2} \cos kx \cdot \varepsilon_s.$$

Ein Vergleich mit den unvermeidbaren Fehlern (1.4.3) zeigt, dass der Fehler ε_s für kleines $|x|$ harmlos ist.

Zahlenbeispiel: $x = 0.001$, $k = 1000$

Algorithmus	Resultat für $\cos kx$	relativer Fehler
Beispiel 2	0.540 302 <u>121 124</u>	$-0.34_{10}-6$
Beispiel 3	0.540 302 305 <u>776</u>	$-0.17_{10}-9$
Beispiel 4	0.540 302 305 86<u>5</u>	$-0.58_{10}-11$
Exakter Wert:	0.540 302 305 868 140...	

Beispiel 5: Dieses Beispiel nimmt einige Resultate vorweg, die bei der Analyse der Algorithmen zur Gleichungsauflösung in Abschnitt 4.5 nützlich sind. Gegeben seien die Zahlen $c, a_1, \ldots, a_n, b_1, \ldots, b_{n-1}$ mit $a_n \neq 0$. Gesucht ist die Lösung β_n der linearen Gleichung

$$(1.4.4) \qquad c - a_1 b_1 - \cdots - a_{n-1} b_{n-1} - a_n \beta_n = 0.$$

Bei Gleitpunktrechnung erhält man statt der exakten Lösung β_n einen Näherungswert

$$(1.4.5) \qquad b_n = \mathrm{gl}\left(\frac{c - a_1 b_1 - \cdots - a_{n-1} b_{n-1}}{a_n}\right)$$

auf die folgende Weise:

$$(1.4.6) \qquad \begin{aligned} s_0 &:= c; \\ \text{für} \quad j &:= 1, 2, \ldots, n-1 \\ s_j &:= \mathrm{gl}(s_{j-1} - a_j b_j) = (s_{j-1} - a_j b_j (1 + \mu_j))(1 + \alpha_j), \\ b_n &:= \mathrm{gl}(s_{n-1}/a_n) = (1 + \delta) s_{n-1}/a_n, \end{aligned}$$

mit $|\mu_j|, |a_j|, |\delta| \leq \mathrm{eps}$. Häufig ist in den Anwendungen $a_n = 1$, in diesem Fall ist $\delta = 0$, wegen $b_n := s_{n-1}$. Wir wollen zwei verschiedene nützliche Abschätzungen für das *Residuum*

$$r := c - a_1 b_1 - \cdots - a_n b_n$$

geben. Durch Summation der aus (1.4.6) folgenden Gleichungen

$$\begin{aligned} s_0 - c &= 0, \\ s_j - (s_{j-1} - a_j b_j) = s_j - \left(\frac{s_j}{1 + \alpha_j} + a_j b_j \mu_j\right) \\ &= s_j \frac{\alpha_j}{1 + \alpha_j} - a_j b_j \mu_j, \quad j = 1, 2, \ldots, n-1, \\ a_n b_n - s_{n-1} &= \delta s_{n-1}, \end{aligned}$$

erhält man

$$r = c - \sum_{i=1}^{n} a_i b_i = \sum_{j=1}^{n-1} \left(-s_j \frac{\alpha_j}{1 + \alpha_j} + a_j b_j \mu_j\right) - \delta s_{n-1}$$

und damit die erste der gesuchten Abschätzungen

$$(1.4.7) \qquad \begin{aligned} |r| &\leq \frac{\mathrm{eps}}{1 - \mathrm{eps}} \left(\delta' \cdot |s_{n-1}| + \sum_{j=1}^{n-1} (|s_j| + |a_j b_j|)\right), \\ \delta' &:= \begin{cases} 0 & \text{falls } a_n = 1, \\ 1 & \text{sonst.} \end{cases} \end{aligned}$$

Die folgende Abschätzung ist gröber als (1.4.7). Aus (1.4.6) folgt

$$(1.4.8) \qquad b_n = \left(c \prod_{k=1}^{n-1} (1 + \alpha_k) - \sum_{j=1}^{n-1} a_j b_j (1 + \mu_j) \prod_{k=j}^{n-1} (1 + \alpha_k)\right) \frac{1 + \delta}{a_n}.$$

Durch Auflösen nach c erhält man

$$(1.4.9) \qquad c = \sum_{j=1}^{n-1} a_j b_j (1 + \mu_j) \prod_{k=1}^{j-1} (1 + \alpha_k)^{-1} + a_n b_n (1 + \delta)^{-1} \prod_{k=1}^{n-1} (1 + \alpha_k)^{-1}.$$

Durch vollständige Induktion nach m zeigt man nun leicht, dass aus

$$(1 + \sigma) = \prod_{k=1}^{m} (1 + \sigma_k)^{\pm 1}, \quad |\sigma_k| \le \text{eps}, \quad m \cdot \text{eps} < 1$$

folgt

$$|\sigma| \le \frac{m \cdot \text{eps}}{1 - m \cdot \text{eps}}.$$

Wegen (1.4.9) ergibt dies die Existenz von Zahlen ε_j mit

$$
\begin{aligned}
& c = \sum_{j=1}^{n-1} a_j b_j (1 + j \cdot \varepsilon_j) + a_n b_n \big(1 + (n - 1 + \delta')\varepsilon_n\big), \\
(1.4.10) \\
& |\varepsilon_j| \le \frac{\text{eps}}{1 - n \cdot \text{eps}}, \quad \delta' := \begin{cases} 0 & \text{falls } a_n = 1, \\ 1 & \text{sonst,} \end{cases}
\end{aligned}
$$

so dass für $r = c - a_1 b_1 - a_2 b_2 - \cdots - a_n b_n$ gilt

$$(1.4.11) \qquad |r| \le \frac{\text{eps}}{1 - n \cdot \text{eps}} \left(\sum_{j=1}^{n-1} j |a_j b_j| + (n - 1 + \delta')|a_n b_n| \right).$$

Aus (1.4.8) folgt insbesondere die Gutartigkeit unseres Algorithmus zur Berechnung von β_n. In erster Näherung liefert nämlich z.B. der Rundungsfehler α_m folgenden Beitrag zum absoluten Fehler von β_n

$$\big((c - a_1 b_1 - a_2 b_2 - \cdots - a_m b_m)/a_n\big)\alpha_m.$$

Dieser Beitrag ist höchstens gleich dem Einfluss

$$\left| \frac{c \cdot \varepsilon_c - a_1 b_1 \varepsilon_{a_1} - \cdots - a_m b_m \varepsilon_{\alpha_m}}{a_n} \right| \le \text{eps} \frac{|c| + \sum_{i=1}^{m} |a_i b_i|}{|a_n|},$$

den allein Eingangsfehler ε_c, ε_{a_i} von c bzw. a_i, $i = 1, \ldots, m$, mit $|\varepsilon_c|$, $|\varepsilon_{a_i}| \le \text{eps}$ haben. Ähnlich kann man für die übrigen Rundungsfehler μ_k und δ argumentieren.

Gewöhnlich zeigt man die Gutartigkeit dadurch, dass man (1.4.10) im Sinne der „backward-analysis" interpretiert: Das berechnete b_n ist exakte Lösung der Gleichung

$$c - \bar{a}_1 b_1 - \cdots - \bar{a}_n b_n = 0,$$

deren Koeffizienten

$$
\begin{aligned}
\bar{a}_j &:= a_j (1 + j \cdot \varepsilon_j), \quad 1 \le j \le n - 1, \\
\bar{a}_j &:= a_j \big(1 + (n - 1 + \delta')\varepsilon_n\big)
\end{aligned}
$$

gegenüber den a_j nur leicht abgeändert sind.

Bei dieser Art von Analyse hat man die Schwierigkeit, erklären zu müssen, für wie grosse n Fehler der Form $n\varepsilon$, $|\varepsilon| \le \text{eps}$, noch als Fehler von der Grössenordnung der Maschinengenauigkeit eps gelten sollen.

1.5 Statistische Rundungsfehlerabschätzungen

Den Einfluss weniger Rundungsfehler kann man noch mit den Methoden von 1.3 abschätzen. Bei einem typischen Algorithmus ist jedoch die Zahl der arithmetischen Operationen und damit die Zahl der einzelnen Rundungsfehler zu gross, um auf diese Weise den Einfluss aller Rundungsfehler bestimmen zu können.

Grundlage von *statistischen* Rundungsfehlerabschätzungen (siehe Rademacher (1948)), ist die Annahme, dass die relativen Rundungsfehler ε (siehe (1.2.6)), die bei den elementaren arithmetischen Operationen entstehen als *Zufallsvariable* mit Werten im Intervall $[-\text{eps}, \text{eps}]$ aufgefasst werden können. Darüber hinaus nimmt man an, dass diese elementaren Zufallsvariablen ε unabhängig sind, wenn sie zu verschiedenen Elementaroperationen gehören. Mit μ_ε bezeichnen wir den Mittelwert, mit σ_ε die Streuung (σ_ε^2 die Varianz) der Zufallsvariablen ε. Für sie gelten mit dem Erwartungswert-Operator E die aus der mathematischen Statistik bekannten Beziehungen

$$\mu_\varepsilon = E(\varepsilon), \quad \sigma_\varepsilon^2 = E\big(\varepsilon - E(\varepsilon)\big)^2 = E(\varepsilon^2) - \big(E(\varepsilon)\big)^2 = \mu_{\varepsilon^2} - \mu_\varepsilon^2.$$

Unter der weiteren Annahme, dass die Zufallsvariable ε auf dem Intervall $[-\text{eps}, \text{eps}]$ *gleichverteilt* ist, erhält man die expliziten Formeln

$$(1.5.1) \quad \mu_\varepsilon = E(\varepsilon) = 0, \quad \sigma_\varepsilon^2 = E(\varepsilon^2) = \frac{1}{2\text{eps}} \int_{-\text{eps}}^{\text{eps}} t^2 dt = \frac{1}{3}\text{eps}^2 =: \bar{\varepsilon}^2.$$

Eine genauere Untersuchung zeigt jedoch (siehe Sterbenz (1974)), dass die Annahme der Gleichverteilung nicht ganz richtig ist. Man sollte deshalb nicht vergessen, dass man mit dieser Annahme ideale Rundungsfehler modelliert, die das Verhalten der tatsächlichen elementaren Rundungsfehler in Rechnern zwar sehr gut, aber nur näherungsweise beschreiben. Um bessere Ansätze als (1.5.1) für μ_ε und σ_ε^2 zu erhalten, wird man gegebenenfalls auf empirische Untersuchungen zurückgreifen müssen.

Die Resultate x eines Algorithmus werden unter dem Einfluss der Rundungsfehler selbst Zufallsvariable mit Erwartungswert μ_x und Varianz σ_x^2 sein, für die ebenfalls gilt

$$\sigma_x^2 = E\big(x - E(x)\big)^2 = E(x^2) - \big(E(x)\big)^2 = \mu_{x^2} - \mu_x^2.$$

Die Fortpflanzung früherer Rundungsfehler unter den Elementaroperationen werden für beliebige Zufallsvariable x, y und Zahlen $\alpha, \beta \in \mathbb{R}$ durch folgende Regeln beschrieben

$$\mu_{\alpha x \pm \beta y} = E(\alpha x \pm \beta y) = \alpha E(x) \pm \beta E(y) = \alpha \mu_x \pm \beta \mu_y,$$

$$(1.5.2) \quad \sigma_{\alpha x \pm \beta y}^2 = E\big((\alpha x \pm \beta y)^2\big) - \big(E(\alpha x \pm \beta y)\big)^2$$

$$= \alpha^2 E\big(x - E(x)\big)^2 + \beta^2 E\big(y - E(y)\big)^2 = \alpha^2 \sigma_x^2 + \beta^2 \sigma_y^2.$$

Die erste dieser Formeln gilt für beliebige Zufallsvariable wegen der Linearität des Erwartungswert-Operators E. Die zweite gilt nur für *unabhängige* Zufallsvariable x, y, da hier die Beziehung $E(x \cdot y) = E(x) \cdot E(y)$ zum Beweis benötigt wird. Ebenso erhält man für unabhängige Zufallsvariable x, y

$$\mu_{x \times y} = E(x \times y) = E(x)E(y) = \mu_x \mu_y,$$

(1.5.3) $\quad \sigma^2_{x \times y} = E\big((x \times y) - E(x)E(y)\big)^2 = \mu_{x^2}\mu_{y^2} - \mu_x^2\mu_y^2$

$$= \sigma_x^2\sigma_y^2 + \mu_x^2\sigma_y^2 + \mu_y^2\sigma_x^2.$$

Beispiel: Für die Berechnung von $y = a^2 - b^2$ (siehe Beispiel 2 in 1.3) findet man unter Verwendung von (1.5.1), $E(a) = a$, $\sigma_a^2 = 0$, $E(b) = b$, $\sigma_b^2 = 0$ und von (1.5.2), (1.5.3)

$$\eta_1 = a^2(1 + \varepsilon_1), \quad E(\eta_1) = a^2, \quad \sigma^2_{\eta_1} = a^4\bar\varepsilon^2,$$

$$\eta_2 = b^2(1 + \varepsilon_2), \quad E(\eta_2) = b^2, \quad \sigma^2_{\eta_2} = b^4\bar\varepsilon^2,$$

$$y = (\eta_1 - \eta_2)(1 + \varepsilon_3), \quad E(y) = E(\eta_1 - \eta_2)E(1 + \varepsilon_3) = a^2 - b^2,$$

(η_1, η_2, ε_3 werden hier als unabhängige Zufallsvariable angenommen),

$$\sigma_y^2 = \sigma^2_{\eta_1-\eta_2}\sigma^2_{1+\varepsilon_3} + \mu^2_{\eta_1-\eta_2}\sigma^2_{1+\varepsilon_3} + \mu^2_{1+\varepsilon_3}\sigma^2_{\eta_1-\eta_2}$$

$$= (\sigma^2_{\eta_1} + \sigma^2_{\eta_2})\bar\varepsilon^2 + (a^2-b^2)^2\bar\varepsilon^2 + 1(\sigma^2_{\eta_1} + \sigma^2_{\eta_2})$$

$$= (a^4 + b^4)\bar\varepsilon^4 + \big((a^2-b^2)^2 + a^4 + b^4\big)\bar\varepsilon^2.$$

Bei Vernachlässigung von $\bar\varepsilon^4$ gegenüber $\bar\varepsilon^2$ erhält man in erster Ordnung die Formel

$$\sigma_y^2 \doteq \big((a^2-b^2)^2 + a^4 + b^4\big)\bar\varepsilon^2.$$

Für $a := 0.3237$, $b = 0.3134$, $eps = 5 \times 10^{-4}$ (siehe Beispiel 5 in 1.3) finden wir die Streuung

$$\sigma_y \doteq 0.144\bar\varepsilon = 0.000\,0415,$$

die die gleiche Grössenordnung wie der wahre Fehler $\Delta y = 0.000\,01787$ besitzt, den wir bei 4-stelliger Rechnung erhalten. Man vergleiche σ_y mit der Fehlerschranke $0.000\,10478$, die von (1.3.17) geliefert wird.

Wir bezeichnen mit $M(x)$ die Menge aller Grössen, die bei einem gegebenen Algorithmus direkt oder indirekt in die Berechnung von x eingegangen sind. Falls $M(x) \cap M(y) \neq \emptyset$, werden die Zufallsvariablen x und y im allgemeinen abhängig sein. Die exakte statistische Rundungsfehlerabschätzung wird bei einem Algorithmus aber extrem schwierig, wenn man Abhängigkeiten berücksichtigen will. Sie motiviert die folgenden weiteren Voraussetzungen, die die Analyse erheblich vereinfachen:

(1.5.4)

a) *Die Operanden jeder arithmetischen Operation sind unabhängige Zufallsvariable.*

b) *Bei der Berechnung der Varianzen werden nur die Terme niedrigster Ordnung in* eps *berücksichtigt.*

c) *Alle Varianzen sind so klein, dass für jede arithmetische Operation $*$ in erster Näherung gilt*

$$E(x * y) \doteq E(x) * E(y) = \mu_x * \mu_y.$$

Wenn man zusätzlich die Erwartungswerte μ_x von x durch x ersetzt und *relative Varianzen* $\varepsilon_x^2 := \sigma_x^2/\mu_x^2 \approx \sigma_x^2/x^2$ einführt, erhält man aus (1.5.2), (1.5.3) (vergleiche (1.2.6), (1.3.5)) die Formeln

(1.5.5)
$$z = \mathrm{gl}(x \pm y): \quad \varepsilon_z^2 \doteq \left(\frac{x}{z}\right)^2 \varepsilon_x^2 + \left(\frac{y}{z}\right)^2 \varepsilon_y^2 + \bar{\varepsilon}^2,$$
$$z = \mathrm{gl}(x \pm y): \quad \varepsilon_z^2 \doteq \varepsilon_x^2 + \varepsilon_y^2 + \bar{\varepsilon}^2,$$
$$z = \mathrm{gl}(x/y): \quad \varepsilon_z^2 \doteq \varepsilon_x^2 + \varepsilon_y^2 + \bar{\varepsilon}^2.$$

Man beachte aber, dass diese Relationen nur unter der Annahme (1.5.4), insbesondere (1.5.4)a) gültig sind.

Es ist möglich, diese Formeln im Verlauf eines Algorithmus mitzuberechnen. Man erhält so Schätzwerte für die relativen Varianzen der Endresultate. Dies führt zu modifizierten Algorithmen, die mit Paaren (x, ε_x^2) von Grössen arbeiten, die über elementare Operationen entsprechend (1.5.5) oder analogen Formeln zusammenhängen. Fehlerschranken für die Endresultate r erhält man dann aus den relativen Varianzen ε_r^2 mit Hilfe der weiteren Annahme, dass die Endvariablen r *normalverteilt* sind. Diese Annahme ist in der Regel gerechtfertigt, weil die Verteilung von r und von Zwischenresultaten x umso besser durch eine Normalverteilung approximiert wird, je mehr unabhängige Rundungsfehler in ihre Berechnung eingeflossen sind. Unter dieser Normalitätsannahme folgt jedenfalls, dass der relative Fehler eines Resultats r mit der Wahrscheinlichkeit 0.9 dem Betrag nach höchstens gleich $2\varepsilon_r$ ist.

Übungsaufgaben zu Kapitel 1

1. Man zeige, dass bei t-stelliger dezimaler Gleitpunktrechnung analog zu (1.2.2) gilt
$$\mathrm{rd}(a) = \frac{a}{1+\varepsilon} \quad \text{mit} \quad |\varepsilon| \le 5 \cdot 10^{-t}.$$
(Daher gilt neben (1.2.6) auch $\mathrm{gl}(a * b) = (a * b)/(1 + \varepsilon)$ mit $|\varepsilon| \le 5 \cdot 10^{-t}$ für alle arithmetischen Operationen $* = +, -, /$.)
2. a, b, c seien Festkommazahlen mit N Dezimalstellen hinter dem Komma und $0 < a, b, c < 1$. Das Produkt $a * b$ sei wie folgt erklärt: Zu $a \cdot b$ wird $10^{-N}/2$ addiert, danach werden $(n+1)$-te und die folgenden Dezimalstellen weglassen.
   a) Man gebe eine Schranke für $\left|(a * b) * c - abc\right|$ an.
   b) Um wieviele Einheiten der N-ten Stelle können sich $(a * b) * c$ und $a * (b * c)$ unterscheiden?

3. Bei der Gleitpunktberechnung von $\sum_{i=1}^{n} a_j$ kann ein beliebig grosser relativer Fehler auftreten, der jedoch beschränkt bleibt, falls alle a_j das gleiche Vorzeichen haben. Man leite unter Vernachlässigung von Gliedern höherer Ordnung eine grobe Schranke für ihn her.

4. Die folgenden Ausdrücke sollen so umgeformt werden, dass ihre Auswertung gutartig wird:

$$\frac{1}{1+2x} - \frac{1-x}{1+x} \quad \text{für} \quad |x| \ll 1,$$

$$\sqrt{x + \frac{1}{x}} - \sqrt{x - \frac{1}{x}} \quad \text{für} \quad x \gg 1,$$

$$\frac{1 - \cos x}{x} \quad \text{für} \quad x \neq 0, \quad |x| \ll 1.$$

5. Für die Auswertung der Funktion $\arcsin y$ in t-stelliger dezimaler Gleitpunktarithmetik stehe ein Programm zur Verfügung, das für $|y| \leq 1$ den Funktionswert mit einem relativen Fehler ε liefert, wobei $|\varepsilon| \leq 5 \cdot 10^{-t}$ ist. Entsprechend der Identität

$$\arctan x = \arcsin \frac{x}{\sqrt{1 + x^2}}$$

könnte dieses Programm auch zur Auswertung von $\arctan x$ eingesetzt werden. Man untersuche durch eine Abschätzung des relativen Fehlers, für welche Werte x diese Methode $\arctan$ zu berechnen, gutartig ist.

6. Zu gegebenem z kann $\tan z/2$ mittels der Formel

$$\tan \frac{z}{2} = \pm \left(\frac{1 - \cos z}{1 + \cos z} \right)^{1/2}$$

berechnet werden. Ist die Auswertung dieser Formel für $z \approx 0$ und $z \approx \pi/2$ gutartig? Gegebenenfalls gebe man gutartige Methoden an.

7. Es soll ein Verfahren zur Berechnung der Funktion

$$f(\varphi, k_c) := \frac{1}{\sqrt{\cos^2 \varphi + k_c^2 \sin^2 \varphi}}$$

für $0 \leq \varphi \leq \pi/2$, $0 < k_c \leq 1$ angegeben werden. Die Methode

$$k^2 := 1 - k_c^2, \quad f(\varphi, k_c) := \frac{1}{\sqrt{1 - k^2 \sin^2 \varphi}},$$

vermeidet die Auswertung von $\cos \varphi$ und ist somit schneller. Man vergleiche diese Methode mit der direkten Auswertung des gegebenen Ausdrucks für $f(\varphi, k_c)$ im Hinblick auf die Gutartigkeit.

8. Für die lineare Funktion $f(x) := a + b \cdot x$ mit $a \neq 0$, $b \neq 0$ soll die erste Ableitung $f'(0) = b$ mit Hilfe der Differenzenformel

$$D_h f(0) = \frac{f(h) - f(-h)}{2h}$$

in dualer Gleitpunktarithmetik berechnet werden. Dabei seien a und b gegebene Gleitpunktzahlen, h sei eine Potenz von 2, so dass die Multiplikation mit h und die Division durch $2h$ exakt ausgeführt werden. Man gebe eine Schranke für den relativen Fehler von $D_h f(0)$ an. Wie verhält sich diese Schranke für $h \to 0$?

9. Die Quadratwurzel $\pm(u+iv)$ einer komplexen Zahl $x+iy$ mit $y \neq 0$ kann nach den Formeln

$$u = \pm\sqrt{\frac{x+\sqrt{x^2+y^2}}{2}}$$

$$v = \frac{y}{2u}$$

berechnet werden. Man vergleiche die Fälle $x \geq 0$ und $x < 0$ im Hinblick auf Gutartigkeit und ändere die Formeln nötigenfalls ab, um sie gutartig zu machen.

10. Zu den Messwerten $x_1, \ldots, x_n$ soll ein Schätzwert S^2 für die Varianz berechnet werden. Welche der Formeln

$$S^2 = \frac{1}{n-1}\left(\sum_{i=1}^{n} x_i^2 - n\bar{x}^2\right),$$

$$S^2 = \frac{1}{n-1}\sum_{i=1}^{n}(x_i - \bar{x})^2 \quad mit \quad \bar{x} := \frac{1}{n}\sum_{i=1}^{n} x_i$$

ist numerisch stabiler?

11. Die Koeffizienten a_r, b_r $r = 0, \ldots, n$, seien für festes x wie folgt miteinander verknüpft:

$$(*) \qquad \begin{aligned} b_n &:= a_n, \\ b_r &:= xb_{r+1} + a_r, \quad r = n-1, n-2, \ldots, 0. \end{aligned}$$

a) Man zeige, dass für die Polynome

$$A(z) := \sum_{r=0}^{n} a_r z^r, \quad B(z) := \sum_{r=1}^{n} b_r z^{r-1}$$

gilt:

$$A(z) = (z-x) \cdot B(z) + b_0.$$

b) $A(x) = b_0$ soll nach der Rekursion $(*)$ für festes x in Gleitpunktarithmetik berechnet werden, das Resultat sei b_0'. Man zeige unter Verwendung der Formeln (vgl. Aufg. 1)

$$\mathrm{gl}(u+v) = \frac{u+v}{1+\sigma}, \quad |\sigma| \leq \mathrm{eps},$$

$$\mathrm{gl}(u \cdot v) = \frac{u \cdot v}{1+\pi}, \quad |\pi| \leq \mathrm{eps},$$

dass für b_0' die Abschätzung

$$\left|A(x) - b_0'\right| \leq \frac{\mathrm{eps}}{1-\mathrm{eps}}\left(2e_0 - |b_0'|\right)$$

gilt, wo e_0 durch folgende Rekursion gewonnen wird:

$$\begin{aligned} e_n &:= |a_n|/2, \\ e_r &:= |x|a_{r+1} + |b_r'|, \quad r = n-1, n-2, \ldots, 0. \end{aligned}$$

[*Hinweis:* Mit

$$b'_n := a_n,$$

und

$$p_r := \mathrm{gl}(xb'_{r+1}) = \frac{xb'_{r+1}}{1 + \pi_{r+1}},$$

$$b_r := \mathrm{gl}(p_r + a_r) = \frac{p_r + a_r}{1 + \sigma_r} = xb'_{r+1} + a_r + \delta_r$$

zeige man zunächst für $r = n - 1, n - 2, \ldots, 0$

$$\delta_r = -xb'_{r+1}\frac{\pi_{r+1}}{1 + \pi_{r+1}} - \sigma_r b'_r,$$

zeige dann, $b'_0 = \sum_{k=0}^{n}(a_k + \delta_k)x^k$, $\delta_n := 0$, und schätze $\sum_0^n |\delta_k||x|^k$ ab.]

Literatur zu Kapitel 1

Bauer, F.L. (1974): Computational graphs and rounding error. SIAM J. Numer. Anal. **11**, 87–96.

Bauer, F.L., Heinhold, J., Samelson, K., Sauer, R. (1965): *Moderne Rechenanlagen.* Stuttgart: Teubner.

Edelman, A. (1997): The mathematics of the Pentium division bug. SIAM Rev. **39**, 54–67.

Goldberg, D. (1991): What every computer scientist should know about floating-point arithmetic. ACM Comput. Surv. **23**, 5–48.

Goldberg, D. (2003): Computer arithmetic. Appendix H in: Hennessy, J.L., Patterson, D.A. *Computer Architecture: A Quantitative Approach*, 3rd Edition. San Mateo, CA: Morgan Kaufmann.

Henrici, P. (1963): *Error Propagation for Difference Methods.* New York: Wiley.

Higham, N.J. (2002): *Accuracy and Stability of Numerical Algorithms*, 2nd Edition. Philadelphia: SIAM.

Knuth, D.E. (1997): *The Art of Computer Programming. Vol. 2. Seminumerical Algorithms*, 3rd Edition. Reading, MA: Addison-Wesley.

Neumann, J. von, Goldstein, H.H. (1947): Numerical inverting of matrices. Bull. Amer. Math. Soc. **53**, 1021-1099.

Overton, M.L. (2001): *Numerical Computing with IEEE Floating Point Arithmetic.* Philadelphia: SIAM.

Rademacher, H.A. (1948): On the accumulation of errors in processes of integration on high-speed calculating machines. Proceedings of a symposium on large-scale digital calculating machinery. Ann. Comput. Labor. Harvard Univ. **16**, 176–185.

Scarborough, J.B. (1966): *Numerical Mathematical Analysis*, 6th Edition. Baltimore: The Johns Hopkins Press.

Sterbenz, P.H. (1974): *Floating Point Computation.* Englewood Cliffs, NJ: Prentice Hall.

Wilkinson, J.H. (1960): Error analysis of floating-point computation. Numer. Math. **2**, 219–340.

Wilkinson, J.H. (1969): *Rundungsfehler.* Berlin-Heidelberg: Springer.

Wilkinson, J.H. (1994): *Rounding Errors in Algebraic Processes.* Mineola, NY: Dover.

Wilkinson, J.H. (1988): *The Algebraic Eigenvalue Problem,* Paperback Edition. Oxford: Oxford University Press.

2 Interpolation

2.0 Einleitung

Gegeben sei eine Funktion einer Variablen x

$$\Phi(x; a_0, \ldots, a_n),$$

die von $n+1$ weiteren reellen oder komplexen Parametern $a_0, \ldots, a_n$ abhängt. Ein Interpolationsproblem für Φ liegt dann vor, wenn die Parameter a_i so bestimmt werden sollen, dass für $n+1$ gegebene Paare von reellen oder komplexen Zahlen (x_i, f_i), $i = 0, \ldots, n$, mit $x_i \neq x_k$ für $i \neq k$ gilt

$$\Phi(x_i; a_0, \ldots, a_n) = f_i, \quad i = 0, \ldots, n.$$

Die Paare (x_i, f_i) werden als *Stützpunkte* bezeichnet; die x_i heissen *Stützabszissen*, die f_i *Stützordinaten*.

Manchmal werden auch Werte der Ableitungen von Φ an den Stützabszissen x_i vorgeschrieben.

Ein *lineares Interpolationsproblem* liegt vor, wenn Φ linear von den Parametern a_i abhängt:

$$\Phi(x; a_0, \ldots, a_n) \equiv a_0 \Phi_0(x) + a_1 \Phi_1(x) + \cdots + a_n \Phi_n(x).$$

Zu diesen linearen Problemen gehören das Problem der *Interpolation durch Polynome* (Abschnitt 2.1)

$$\Phi(x; a_0, \ldots, a_n) \equiv a_0 + a_1 x + a_2 x^2 + \cdots + a_n x^n$$

und der *trigonometrischen Interpolation* (Abschnitt 2.3)

$$\Phi(x; a_0, \ldots, a_n) \equiv a_0 + a_1 e^{xi} + a_2 e^{2xi} + \cdots + a_n e^{nxi} \qquad (i^2 = -1).$$

Während die Polynominterpolation früher häufig zur Interpolation von Funktionswerten aus Tafelwerken benutzt wurde, ist diese Anwendung seit dem Aufkommen der modernen elektronischen Digitalrechner selten geworden.

Sie ist nach wie vor wichtig, um Formeln für die numerische Integration von Funktionen abzuleiten. Neuerdings benutzt man sie und die rationale

Interpolation (s.u.) häufig im Rahmen von Algorithmen, die die Konvergenz gewisser Folgen beschleunigen (Richardson-Verfahren, Extrapolationsalgorithmen). Diese Verfahren sind für die Integration von Funktionen und von Differentialgleichungen wichtig (s. Abschnitte 3.3 und 3.4).

Die trigonometrische Interpolation wird in ausgedehntem Masse zur numerischen Fourieranalyse von Zeitreihen und anderer zyklischer Phänomene benutzt. In diesem Zusammenhang sind besonders die Methoden der schnellen Fouriertransformation (Abschnitt 2.3.2) wichtig.

Im Rahmen der Interpolation lässt sich ebenfalls die *„rechnergestützte Geometrie"* (Abschnitt 2.4) behandeln, die sich mit der Entwicklung, Analyse und Implementation numerischer Berechnungsverfahren von geometrischen Objekten beschäftigt, wie zum Beispiel Kurven, Flächen und Gebiete, die durch Flächen begrenzt werden. Die rechnergestützte Geometrie hat sich zu einem unverzichtbaren Werkzeug in nahezu allen Bereichen der geometrischen Modellierung und Simulation entwickelt. Sie basiert auf Methoden der affinen Geometrie und verwendet das Konzept polynomialer Kurven, die Darstellung durch Bézier-Kurven und deren effiziente Berechnung durch den de Casteljau Algorithmus.

Eng verwandt ist die sog. *„Spline-Interpolation"* , bei der (im Fall der kubischen Spline-Interpolation) Funktionen Φ benutzt werden, die zweimal stetig differenzierbar für $x \in [x_0, x_n]$ sind, und in jedem Teilintervall $[x_i, x_{i+1}]$ einer Partition $x_0 < x_1 < \cdots < x_n$ mit einem Polynom 3. Grades übereinstimmen.

Die Spline-Interpolation wird unter anderem für graphische Zwecke verwendet zur Gewinnung von Kurven, die „glatt" durch vorgegebene Punkte (x_i, f_i) gehen, und für die Approximation komplizierter Funktionen. In steigendem Masse werden Splinefunktionen auch bei der numerischen Behandlung von gewöhnlichen und partiellen Differentialgleichungen und bei der Analyse von Signalen eingesetzt.

Zu den nichtlinearen Interpolationsproblemen gehören die Interpolation durch *rationale Funktionen*

$$\Phi(x; a_0, \ldots, a_n, b_0, \ldots, b_m) \equiv \frac{a_0 + a_1 x + \cdots + a_n x^n}{b_0 + b_1 x + \cdots + b_m x^m},$$

und durch *Exponentialsummen*

$$\Phi(x; a_0, \ldots, a_n, \lambda_0, \ldots, \lambda_n) \equiv a_0 e^{\lambda_0 x} + a_1 e^{\lambda_1 x} + \cdots + a_n e^{\lambda_n x}.$$

Rationale Interpolation spielt eine Rolle bei der genauen Approximation der elementaren transzendenten Funktionen durch rationale Funktionen, die auf einem Digitalrechner leicht berechnet werden können. Sie wird ebenfalls im Rahmen von konvergenzbeschleunigenden Algorithmen verwendet. Die Exponentialsummen-Interpolation wird häufig in der Physik und Chemie zur Analyse von Zerfallsreihen benutzt.

2.1 Interpolation durch Polynome

2.1.1 Theoretische Grundlagen. Die Interpolationsformel von Lagrange

Mit Π_n bezeichnen wir im folgenden die Menge aller reellen oder komplexen Polynome P mit Grad $P \leq n$:

$$P(x) = a_0 + a_1 x + \cdots + a_n x^n.$$

Wir zeigen zunächst folgendes Resultat.

(2.1.1.1) **Theorem:** *Zu beliebigen $n+1$ Stützpunkten*

$$(x_i,\ f_i), \quad i = 0, \ldots, n,$$

mit $x_i \neq x_k$ für $i \neq k$ gibt es genau ein Polynom $P \in \Pi_n$ mit

$$P(x_i) = f_i \quad \textit{für} \quad i = 0, 1, \ldots, n.$$

Beweis: a) Eindeutigkeit. Wäre für zwei Polynome $P_1, P_2 \in \Pi_n$

$$P_1(x_i) = P_2(x_i) = f_i, \quad i = 0, 1, \ldots, n,$$

so hätte das Polynom $P := P_1 - P_2 \in \Pi_n$ höchstens den Grad n und mindestens $n+1$ verschiedene Nullstellen x_i, $i = 0, \ldots, n$, d.h. P muss identisch verschwinden und es gilt $P_1 \equiv P_2$.

b) Existenz. Wir geben das interpolierende Polynom P explizit an. Dazu konstruieren wir nach Lagrange spezielle Interpolationspolynome $L_i \in \Pi_n$, $i = 0, \ldots, n$, mit den Eigenschaften

(2.1.1.2) $$L_i(x_k) = \delta_{ik} = \begin{cases} 1 & \text{für } i = k, \\ 0 & \text{für } i \neq k. \end{cases}$$

Offenbar erfüllen folgende Polynome diese Forderungen:

(2.1.1.3)
$$L_i(x) :\equiv \frac{(x - x_0) \cdots (x - x_{i-1})(x - x_{i+1}) \cdots (x - x_n)}{(x_i - x_0) \cdots (x_i - x_{i-1})(x_i - x_{i+1}) \cdots (x_i - x_n)}$$
$$\equiv \frac{\omega(x)}{(x - x_i)\omega'(x_i)} \quad \text{mit} \quad \omega(x) := \prod_{i=0}^{n}(x - x_i).$$

Wegen a) sind die L_i durch (2.1.1.2) eindeutig bestimmt.

Mit Hilfe der L_i kann man nun die Lösung P des Interpolationsproblems direkt angeben (*Lagrangesche Interpolationsformel*):

(2.1.1.4) $$P(x) \equiv \sum_{i=0}^{n} f_i L_i(x) = \sum_{i=0}^{n} f_i \prod_{\substack{k=0 \\ k \neq i}}^{n} \frac{x - x_k}{x_i - x_k}.$$

Der Beweis ist damit vollständig. $\qquad\qquad\qquad\qquad\qquad\qquad\quad \square$

Diese Formel zeigt, dass P linear von den Stützwerten f_i abhängt. Für praktische Rechnungen ist sie weniger geeignet, falls n eine grössere Zahl ist. Sie ist jedoch nützlich, wenn man viele Interpolationsprobleme mit den gleichen Stützabszissen x_i, $i = 0, \ldots, n$, aber verschiedenen Sätzen von Stützwerten f_i lösen will.

Beispiel: Gegeben für $n = 2$:

x_i	0	1	3
f_i	1	3	2

Gesucht: $P(2)$, wobei $P \in \Pi_2$, $P(x_i) = f_i$ für $i = 0, 1, 2$.

Lösung:

$$L_0(x) \equiv \frac{(x-1)(x-3)}{(0-1)(0-3)}, \quad L_1(x) \equiv \frac{(x-0)(x-3)}{(1-0)(1-3)}, \quad L_2(x) \equiv \frac{(x-0)(x-1)}{(3-0)(3-1)},$$

$$P(2) = 1 \cdot L_0(2) + 3 \cdot L_1(2) + 2 \cdot L_2(2) = 1 \cdot \frac{-1}{3} + 3 \cdot 1 + 2 \cdot \frac{1}{3} = \frac{10}{3}.$$

2.1.2 Der Algorithmus von Neville-Aitken

Die Lösung des vollen Interpolationsproblems für $n + 1$ Stützpunkte kann man schrittweise aus den Lösungen für weniger als $n + 1$ Punkte aufbauen. Diese Idee liegt den Verfahren der beiden folgenden Abschnitte zugrunde.

Wir bezeichnen bei gegebenen Stützpunkten (x_i, f_i), $i = 0, 1, \ldots$, mit

$$P_{i_0 i_1 \ldots i_k} \in \Pi_k$$

dasjenige Polynom aus Π_k mit der Eigenschaft

$$P_{i_0 i_1 \ldots i_k}(x_{i_j}) = f_{i_j}, \quad j = 0, 1, \ldots, k.$$

Es gilt dann die Rekursionsformel

(2.1.2.1a) $P_i(x) \equiv f_i,$

(2.1.2.1b) $P_{i_0 i_1 \ldots i_k}(x) \equiv \dfrac{(x - x_{i_0}) P_{i_1 i_2 \ldots i_k}(x) - (x - x_{i_k}) P_{i_0 i_1 \ldots i_{k-1}}(x)}{x_{i_k} - x_{i_0}}.$

Beweis: (2.1.2.1a) ist trivial. Wir bezeichnen nun mit $R(x)$ die rechte Seite von (2.1.2.1b) und zeigen, dass R die Eigenschaften von $P_{i_0 i_1 \ldots i_k}$ besitzt. Natürlich ist Grad $R \le k$. Ferner haben wir nach Definition von $P_{i_1 \ldots i_k}$ und $P_{i_0 \ldots i_{k-1}}$

$$R(x_{i_0}) = P_{i_0 \ldots i_{k-1}}(x_{i_0}) = f_{i_0},$$
$$R(x_{i_k}) = P_{i_1 \ldots i_k}(x_{i_k}) \quad = f_{i_k},$$

und für $j = 1, 2, \ldots, k - 1$

$$R(x_{i_j}) = \frac{(x_{i_j} - x_{i_0})f_{i_j} - (x_{i_j} - x_{i_k})f_{i_j}}{x_{i_k} - x_{i_0}} = f_{i_j}.$$

Wegen der Eindeutigkeit der Polynominterpolation (Theorem (2.1.1.1)) gilt daher $R = P_{i_0 i_1 \ldots i_k}$. $\qquad \square$

Der Algorithmus von Neville besteht darin, mit Hilfe von (2.1.2.1) das folgende symmetrische Tableau zu konstruieren, das die Werte der interpolierenden Polynome $P_{i,i+1,\ldots,i+k}$ an einer festen Stelle x enthält:

(2.1.2.2)

	$k = 0$	1	2	3
x_0	$f_0 = P_0(x)$			
		$P_{01}(x)$		
x_1	$f_1 = P_1(x)$		$P_{012}(x)$	
		$P_{12}(x)$		$P_{0123}(x)$
x_2	$f_2 = P_2(x)$		$P_{123}(x)$	
		$P_{23}(x)$		
x_3	$f_3 = P_3(x)$			

Die 0-te Spalte ($k = 0$) enthält die Stützordinaten f_i, die Elemente der übrigen Spalten ($k \geq 1$) können aus ihren zwei linken Nachbarn berechnet werden, beispielsweise

$$P_{123}(x) = \frac{(x - x_1)P_{23}(x) - (x - x_3)P_{12}(x)}{x_3 - x_1}.$$

Beispiel: Berechne $P_{012}(2)$ mit denselben Stützpunkten wie im Beispiel von Abschnitt 2.1.1.

$x_0 = 0$	$f_0 = P_0(2) = 1$		
		$P_{01}(2) = 5$	
$x_1 = 1$	$f_1 = P_1(2) = 3$		$P_{012}(2) = \frac{10}{3}$
		$P_{12}(2) = \frac{5}{2}$	
$x_2 = 3$	$f_2 = P_2(2) = 2$		

wegen

$$P_{01}(2) = \frac{(2-0) \cdot 3 - (2-1) \cdot 1}{1-0} = 5,$$

$$P_{12}(2) = \frac{(2-1) \cdot 2 - (2-3) \cdot 3}{3-1} = \frac{5}{2},$$

$$P_{012}(2) = \frac{(2-0) \cdot 5/2 - (2-3) \cdot 5}{3-0} = \frac{10}{3}.$$

Den Nevilleschen Algorithmus kann man auch verwenden, um die Polynome $P_{i,i+1,\ldots,i+k}$ selbst, d.h. ihre Koeffizienten zu bestimmen. Dafür ist er aber nicht besonders gut geeignet. Für diese Aufgabe, ein bestimmtes Polynom an der Spitze von (2.1.2.2) zu bestimmen, gibt es sparsamere Algorithmen. Auch wenn die Werte eines einzigen Polynoms, etwa $P_{01\ldots k}$, an mehreren festen Stellen x benötigt werden, sind andere Algorithmen vorzuziehen (s. Abschnitt 2.1.3).

Häufig verwendet man in den Anwendungen die Abkürzung

$$(2.1.2.3) \qquad\qquad T_{i+k,k} := P_{i,i+1,\ldots,i+k}.$$

Mit dieser Schreibweise wird aus (2.1.2.2) das Tableau:

$$
\begin{array}{c|ccccc}
x_0 & f_0 = T_{00} & & & & \\[4pt]
 & & T_{11} & & & \\[4pt]
x_1 & f_1 = T_{10} & & T_{22} & & \\[4pt]
(2.1.2.4) & & T_{21} & & T_{33} & \\[4pt]
x_2 & f_2 = T_{20} & & T_{32} & & \\[4pt]
 & & T_{31} & & & \\[4pt]
x_3 & f_3 = T_{30} & & & &
\end{array}
$$

Nach Hinzufügung eines Stützpunktes (x_i, f_i) können die Elemente der neuen Schrägzeile $T_{i,0}, T_{i,1}, \ldots, T_{i,i}$ aus der letzten Schrägzeile berechnet werden entsprechend den folgenden Rekursionsformeln (s. (2.1.2.1)):

$$(2.1.2.5a) \qquad T_{i,0} := f_i$$

$$(2.1.2.5b) \qquad T_{i,k} := \frac{(x - x_{i-k})T_{i,k-1} - (x - x_i)T_{i-1,k-1}}{x_i - x_{i-k}}$$

$$= T_{i,k-1} + \frac{T_{i,k-1} - T_{i-1,k-1}}{\frac{x - x_{i-k}}{x - x_i} - 1}, \quad 1 \le k \le i, \quad i \ge 0.$$

Die durch den Algorithmus (2.1.2.5) erreichte Genauigkeit des interpolierten Polynomwertes lässt sich noch geringfügig verbessern: Für $i = 0, 1, \ldots,$ seien die Grössen Q_{ik}, D_{ik} definiert durch

$$Q_{i0} := D_{i0} := f_i,$$

$$\left.\begin{array}{l}
Q_{ik} := T_{ik} - T_{i,k-1}, \\
D_{ik} := T_{ik} - T_{i-1,k-1},
\end{array}\right\} \quad 1 \le k \le i.$$

Aus (2.1.2.5) gewinnt man die Rekursionsformeln

(2.1.2.6)

$$Q_{ik} := (D_{i,k-1} - Q_{i-1,k-1})\dfrac{x_i - x}{x_{i-k} - x_i}$$

$$D_{ik} := (D_{i,k-1} - Q_{i-1,k-1})\dfrac{x_{i-k} - x}{x_{i-k} - x_i} \left.\right\} \quad 1 \le k \le i, \quad i = 0, 1, \ldots,$$

mit denen ausgehend von $Q_{i0} := D_{i0} := f_i$ das Tableau der Q_{ik}, D_{ik} berechnet werden kann. Daraus erhält man anschliessend

$$P_{nn} := f_n + \sum_{k=1}^{n} Q_{nk}.$$

Wenn die Werte der f_i nur wenig voneinander verschieden sind, wie das z.B. bei der Tafel-Interpolation und der Anwendung auf Extrapolationsverfahren oft der Fall ist, sind die Grössen Q_{ik} klein im Vergleich zu den f_i. Man wird deshalb zur Vermeidung von unnötigen Rundungsfehlern zunächst die „Korrekturen" $Q_{n1}, \ldots, Q_{nn}$ aufsummieren und erst dann ihre Summe zu f_n addieren (im Gegensatz zu (2.1.2.5)).

Speziell für $x = 0$ wird die Rekursion (2.1.2.5) — bzw. die beschriebene Variante — später in den sog. Extrapolationsalgorithmen angewendet. In diesem Spezialfall erhält man:

a) $T_{i0} := f_i$

b) $T_{ik} := T_{i,k-1} + \dfrac{T_{i,k-1} - T_{i-1,k-1}}{\frac{x_{i-k}}{x_i} - 1}, \quad 1 \le k \le i.$

2.1.3 Die Newtonsche Interpolationsformel. Dividierte Differenzen

Das Verfahren von Neville ist unpraktisch, wenn man die *Koeffizienten* eines bestimmten interpolierenden Polynoms oder dieses Polynom auch nur an *mehreren* Stellen ξ_j ausrechnen will. In diesem Fall ist der *Newtonsche Algorithmus* vorzuziehen. Nach Newton arbeitet man mit dem Ansatz

(2.1.3.1)
$$\begin{aligned} P(x) &\equiv P_{01\ldots n}(x) \\ &= a_0 + a_1(x - x_0) + a_2(x - x_0)(x - x_1) + \cdots \\ &\quad + a_n(x - x_0)\cdots(x - x_{n-1}) \end{aligned}$$

für das interpolierende Polynom $P \in \Pi_n$ mit $P(x_i) = f_i$, $i = 0, 1, \ldots, n$. Man beachte, dass man (2.1.3.1) für $x = \xi$ mit einem Horner-artigen Schema (s. (5.8.1.1)) auswerten kann:

$$P(\xi) = \Big(\cdots \big(a_n(\xi - x_{n-1}) + a_{n-1}\big)(\xi - x_{n-2}) + \cdots + a_1\Big)(\xi - x_0) + a_0.$$

Die Koeffizienten a_i könnten nacheinander aus den Beziehungen

$$f_0 = P(x_0) = a_0$$
$$f_1 = P(x_1) = a_0 + a_1(x_1 - x_0)$$
$$f_2 = P(x_2) = a_0 + a_1(x_2 - x_0) + a_2(x_2 - x_0)(x_2 - x_1)$$
$$\dots$$

bestimmt werden. Dies erfordert n Divisionen und $n(n-1)$ Multiplikationen. Es gibt aber ein billigeres Verfahren, das lediglich $n(n+1)/2$ Divisionen erfordert und dabei zusätzliche nützliche Nebenresultate liefert.

Man geht von der Beobachtung aus, dass sich $P_{i_0 \dots i_{k-1}}(x)$ und $P_{i_0 \dots i_k}(x)$ um ein Polynom vom Grad k mit den k Nullstellen $x_{i_0}, x_{i_1}, \dots, x_{i_{k-1}}$ unterscheiden, da beide Polynome an diesen Stellen den gleichen Wert annehmen. Bezeichnet man daher mit

(2.1.3.2) $$f_{i_0 i_1 \dots i_k}$$

den eindeutig bestimmten (s. Theorem (2.1.1.1)) Koeffizienten von x^k des Polynoms $P_{i_0 \dots i_k}(x)$, so gilt

(2.1.3.3)
$$P_{i_0 i_1 \dots i_k}(x) = P_{i_0 i_1 \dots i_{k-1}}(x)$$
$$+ f_{i_0 i_1 \dots i_k}(x - x_{i_0})(x - x_{i_1}) \cdots (x - x_{i_{k-1}}).$$

(Man beachte, dass (2.1.3.2) im Einklang steht mit der Definition des konstanten interpolierenden Polynoms $P_i(x) = f_i$.) Wir erhalten als Konsequenz die Newtonsche Darstellung

(2.1.3.4)
$$P_{i_0 i_1 \dots i_k}(x) = f_{i_0} + f_{i_0 i_1}(x - x_{i_0}) + \cdots$$
$$+ f_{i_0 i_1 \dots i_k}(x - x_{i_0})(x - x_{i_1}) \cdots (x - x_{i_{k-1}})$$

des interpolierenden Polynoms $P_{i_0 i_1 \dots i_k}$. Die Zahlen $f_{i_0 i_1 \dots i_k}$ nennt man k-te *dividierte Differenzen*, weil für sie entsprechend der Nevilleschen Formel (2.1.2.1b) die Rekursionsformel

(2.1.3.5) $$f_{i_0 i_1 \dots i_k} = \frac{f_{i_1 \dots i_k} - f_{i_0 \dots i_{k-1}}}{x_{i_k} - x_{i_0}}$$

gilt. Dies ergibt ein Vergleich der Koeffizienten von x^k auf beiden Seiten von (2.1.2.1b).

Da das Polynom $P_{i_0 i_1 \dots i_k}(x)$ durch die Stützstellen (x_{i_j}, f_{i_j}), $j = 0, \dots, k$, eindeutig bestimmt ist (Theorem (2.1.1.1)), ändert es sich bei beliebiger Permutation der Indizes $i_0, i_1, \dots, i_k$ nicht, also auch nicht der Koeffizient $f_{i_0 \dots i_k}$ von x^k. Wir haben daher das folgende Resultat.

(2.1.3.6) **Theorem:** *Die dividierten Differenzen sind gegenüber Permutationen der Indizes $i_0, i_1, \dots, i_k$ invariant: Für eine beliebige Permutation*

$$(j_0, j_1, \dots, j_k) = (i_{s_0}, i_{s_1}, \dots, i_{s_k})$$

der Indizes $i_0, i_1, \dots, i_k$ gilt

$$f_{j_0 j_1 \dots j_k} = f_{i_0 i_1 \dots i_k}.$$

Gewöhnlich interessiert man sich für die dividierten Differenzen

$$f_{i,i+1,\ldots,i+k}$$

mit aufeinanderfolgenden Indizes, die man in einem sog. *Differenzenschema* anordnet (vgl. (2.1.2.2)):

(2.1.3.7)

	$k=0$	$k=1$	$k=2$	$\cdots$
x_0	f_0			
		f_{01}		
x_1	f_1		f_{012}	
		f_{12}	$\vdots$	$\ddots$
x_2	f_2	$\vdots$		
$\vdots$	$\vdots$			

Man kann es ausgehend von der ersten Spalte ($k = 0$) spaltenweise mittels (2.1.3.5) berechnen: Bei der Berechnung von

$$f_{i,i+1,\ldots,i+k} = \frac{f_{i+1,\ldots,i+k} - f_{i,\ldots,i+k-1}}{x_{i+k} - x_i}$$

benötigt man nur die beiden linken Nachbarn von $f_{i,i+1,\ldots,i+k}$. Beispielsweise hat man

$$f_{01} = \frac{f_1 - f_0}{x_1 - x_0}, \quad f_{12} = \frac{f_2 - f_1}{x_2 - x_1}, \quad f_{012} = \frac{f_{12} - f_{01}}{x_2 - x_0}.$$

Wegen (2.1.3.4) kann man aus der obersten Schrägzeile von (2.1.3.7) sofort die Koeffizienten der Newton-Darstellung von $P_{01\ldots n}(x)$ ablesen:

$$P_{01\ldots n}(x) = f_0 + f_{01}(x - x_0) + \cdots + f_{01\ldots n}(x - x_0)(x - x_1)\cdots(x - x_{n-1}).$$

Beispiel: Mit den Zahlen des Beispiels aus 2.1.1, 2.1.2 erhält man das Differenzenschema

$x_0 = 0$	$f_0 = 1$		
		$f_{01} = 2$	
$x_1 = 1$	$f_1 = 3$		$f_{012} = -\frac{5}{6}$
		$f_{12} = -\frac{1}{2}$	
$x_2 = 3$	$f_2 = 2$		

und damit

$$P_{012}(x) = 1 + 2 \cdot (x - 0) - \frac{5}{6}(x - 0)(x - 1),$$

$$P_{012}(2) = (-\frac{5}{6} \cdot (2 - 1) + 2)(2 - 0) + 1 = \frac{10}{3}.$$

Es sei bemerkt, dass die behandelten Methoden bei einer beliebigen Permutation der Stützpunkte (x_i, f_i), $i = 0, \ldots, n$ alle das gleiche interpolierende

Polynom $P_{i_0...i_n}(x) = P_{01...n}(x)$ liefern würden, wenn man rundungsfehlerfrei rechnen könnte. Den Rundungsfehlereinfluss kann man jedoch häufig durch einen Trick vermindern. Nimmt man an, dass die x_i der Grösse nach geordnet sind, $x_0 < x_1 < \cdots < x_n$, so kann die Wahl der folgenden Permutation $(i_0, i_1, \ldots, i_n)$ zu einem numerisch stabileren Algorithmus zur Berechnung von $P(\xi) := P_{01...n}(\xi)$ an der Stelle ξ führen:

$$|\xi - x_{i_0}| = \min\{ |\xi - x_i| \mid i = 0, 1, \ldots, n \},$$

$$|\xi - x_{i_k}| = \min\{ |\xi - x_i| \mid i = 0, 1, \ldots, n \text{ mit } i \neq i_j \text{ für } 0 \leq j \leq k-1 \},$$

d.h. x_{i_0} ist die Stützabszisse, die am nächsten bei ξ liegt, x_{i_1} die zweitnächste usw. Bei der Wahl dieser Permutation tritt sehr wahrscheinlich bei der Horner-artigen Berechnung von

(2.1.3.8)

$$
\begin{aligned}
P(\xi) &= P_{i_0 i_1 \ldots i_n}(\xi) \\
&= f_{i_0} + f_{i_0 i_1}(\xi - x_{i_0}) + \cdots + f_{i_0 i_1 \ldots i_n}(\xi - x_{i_0}) \cdots (\xi - x_{i_{n-1}}) \\
&= \Big(\cdots \big(f_{i_0 i_1 \ldots i_n}(\xi - x_{i_{n-1}}) + f_{i_0 i_1 \ldots i_{n-1}} \big) \cdots + f_{i_0 i_1} \Big)(\xi - x_{i_0}) + f_{i_0}
\end{aligned}
$$

Rundungsfehlerdämpfung ein. Wegen $x_0 < x_1 < \cdots < x_n$ folgt sofort

$$\{ i_0, i_1, \ldots, i_k \} = \{ i \mid \min_{j \leq k} i_j \leq i \leq \max_{j \leq k} i_j \} \quad \text{für} \quad k \leq n,$$

so dass $(i_0, i_1, \ldots, i_k)$ eine Permutation der Indizes $(l, l+1, \ldots, l+k)$ ist, wobei

$$l := \min\{ i_j \mid j \leq k \}, \quad l + k := \max\{ i_j \mid j \leq k \}.$$

Man findet deshalb die dividierten Differenzen $f_{i_0 i_1 \ldots i_k} = f_{l, l+1, \ldots, l+k}$ längs eines Zickzack-Weges in dem Differenzenschema (2.1.3.7).

Beispiel: Für $\xi = 2$ erhält man im letzten Beispiel die Permutation

$$i_0 = 1, \quad i_1 = 2, \quad i_2 = 0.$$

Der zugehörige Pfad ist im folgenden Differenzenschema markiert:

$$
\begin{array}{llll}
x_0 = 0 & f_0 = 1 & & \\
& & f_{01} = 2 & \\
x_1 = 1 & f_1 = 3 & & f_{012} = -\frac{5}{6} \\
& & f_{12} = -\frac{1}{2} & \\
x_2 = 3 & f_2 = 2 & &
\end{array}
$$

Man erhält so die Newtondarstellung

$$P_{120}(x) = 3 - \frac{1}{2}(x-1) - \frac{5}{6}(x-1)(x-3),$$

$$P_{120}(2) = -\frac{5}{6}(2-3) - \frac{1}{2}(2-1) + 3 = \frac{10}{3}.$$

Die dividierten Differenzen hängen lediglich von den Stützpunkten (x_i, f_i) ab. Häufig sind die f_i die Funktionswerte $f(x_i) = f_i$ einer Funktion $f(x)$, die man durch Interpolation approximieren will. In diesem Fall können die dividierten Differenzen $f_{i_0 i_1 \ldots i_k}$ als Funktionen der Argumente x_{i_j} aufgefasst werden, für die die historische Bezeichnung

$$f[x_{i_0}, x_{i_1}, \ldots, x_{i_k}]$$

üblich ist. Für sie gelten entsprechend (2.1.3.5) Formeln wie

$$f[x_0] = f(x_0)$$

$$f[x_0, x_1] = \frac{f[x_1] - f[x_0]}{x_1 - x_0} = \frac{f(x_1) - f(x_0)}{x_1 - x_0}$$

$$f[x_0, x_1, x_2] = \frac{f[x_1, x_2] - f[x_0, x_1]}{x_2 - x_0}$$

$$= \frac{f(x_0)(x_1 - x_2) + f(x_1)(x_2 - x_0) + f(x_2)(x_0 - x_1)}{(x_1 - x_0)(x_2 - x_1)(x_0 - x_2)}.$$

Aus (2.1.3.6) erhalten wir folgendes Resultat.

(2.1.3.9) Theorem: *Die dividierten Differenzen $f[x_{i_0}, \ldots, x_{i_k}]$ sind symmetrische Funktionen ihrer Argumente, d.h. sie sind invariant bei Permutationen der $x_{i_0}, \ldots, x_{i_k}$.*

Ist die Funktion $f(x)$ selbst wieder ein Polynom, so gilt das folgende Resultat.

(2.1.3.10) Theorem: *Ist $f(x)$ ein Polynom N-ten Grades und ist*

$$f_i = f(x_i), \quad i = 0, 1, \ldots,$$

so gilt $f[x_0, \ldots, x_k] = 0$ für $k > N$.

Beweis: Nach (2.1.3.2) ist $f[x_0, \ldots, x_k]$ der höchste Koeffizient des Polynoms $P_{01 \ldots k}(x)$. Nun gilt $P_{01 \ldots k}(x) \equiv f(x)$ für $k \geq N$ wegen der Eindeutigkeit der Interpolation, also $f[x_0, \ldots, x_k] = 0$ für $k > N$. $\square$

Beispiel: $f(x) = x^2$

x_i	k = 0	1	2	3	4
0	0				
		1			
1	1		1		
		3		0	
2	4		1		0
		5		0	
3	9		1		
		7			
4	16				

2.1.4 Das Restglied bei der Polynominterpolation

Nimmt man wieder an, dass die Stützwerte f_i von einer Funktion $f(x)$ herrühren, die man „interpolieren" möchte,

$$f_i = f(x_i), \quad i = 0, 1, \ldots, n,$$

so erhebt sich die Frage, wie gut das interpolierende Polynom $P(x) = P_{01\ldots n}(x) \in \Pi_n$ mit

$$P(x_i) = f_i, \quad i = 0, 1, \ldots, n,$$

$f(x)$ an den Stellen x wiedergibt, die von den Stützstellen x_i verschieden sind. Es ist klar, dass der Fehler

$$f(x) - P(x)$$

für $x \neq x_i$, $i = 0, 1, 2, \ldots$, bei geeigneter Wahl von f beliebig gross werden kann, wenn man keine weiteren Forderungen an f als $f(x_i) = f_i$ für $0 \leq i \leq n$ stellt. Unter zusätzlichen Bedingungen für f sind jedoch Fehlerabschätzungen möglich.

(2.1.4.1) **Theorem:** *Ist f $(n+1)$-mal differenzierbar, so gibt es zu jedem $\bar{x}$ eine Zahl ξ aus dem kleinsten Intervall $I[x_0, \ldots, x_n, \bar{x}]$, das alle x_i und $\bar{x}$ enthält, so dass*

$$f(\bar{x}) - P_{01\ldots n}(\bar{x}) = \frac{\omega(\bar{x}) f^{(n+1)}(\xi)}{(n+1)!}$$

gilt, wobei $\omega(x) := (x - x_0)(x - x_1) \cdots (x - x_n)$.

Beweis: Wir setzen $P(x) := P_{01\ldots n}(x)$ und betrachten für ein beliebiges festes $\bar{x} \neq x_i$, $i = 0, 1, \ldots, n$ (für $\bar{x} = x_i$ ist nichts zu zeigen) die Funktion

$$F(x) := f(x) - P(x) - K\omega(x).$$

Bestimmt man K so, dass F an der Stelle $x = \bar{x}$ verschwindet, dann besitzt $F(x)$ in $I[x_0, \ldots, x_n, \bar{x}]$ mindestens die $n+2$ Nullstellen

$$x_0, \ldots, x_n, \bar{x}.$$

Nach dem Satz von Rolle besitzt deshalb $F'(x)$ dort mindestens $n+1$ Nullstellen, $F''(x)$ mindestens n Nullstellen, ..., und schliesslich $F^{(n+1)}(x)$ mindestens eine Nullstelle $\xi \in I[x_0, \ldots, x_n, \bar{x}]$. Nun ist aber $P^{(n+1)}(x) \equiv 0$, also

$$F^{(n+1)}(\xi) = f^{(n+1)}(\xi) - K(n+1)! = 0$$

oder

$$K = \frac{f^{(n+1)}(\xi)}{(n+1)!} \, .$$

Daraus folgt die Behauptung

$$f(\bar{x}) - P(\bar{x}) = K\omega(\bar{x}) = \frac{\omega(\bar{x})}{(n+1)!}f^{(n+1)}(\xi),$$

und der Beweis ist vollständig.   □

Eine andere Restgliedform ergibt sich aus der Newtonschen Interpolationsformel (2.1.3.4). Wählt man nämlich zusätzlich zu den $n+1$ Stützpunkten

$$(x_i, f_i): \quad f_i = f(x_i), \quad i = 0, 1, \ldots, n,$$

einen $(n+2)$-ten Stützpunkt

$$(x_{n+1}, f_{n+1}): \quad x_{n+1} := \bar{x}, \quad f_{n+1} := f(\bar{x}), \quad \bar{x} \neq x_i, \quad i = 0, 1, \ldots, n,$$

so folgt

$$f(\bar{x}) = P_{0\ldots n+1}(\bar{x}) = P_{0\ldots n}(\bar{x}) + \omega(\bar{x})f[x_0, \ldots, x_n, \bar{x}]$$

oder

(2.1.4.2) $$f(\bar{x}) - P_{0\ldots n}(\bar{x}) = \omega(\bar{x})f[x_0, \ldots, x_n, \bar{x}].$$

Durch Vergleich mit der Abschätzung von Theorem (2.1.4.1) folgt

$$f[x_0, \ldots, x_n, \bar{x}] = \frac{f^{(n+1)}(\xi)}{(n+1)!} \quad \text{für ein} \quad \xi \in I[x_0, \ldots, x_n, \bar{x}],$$

und damit gilt allgemein

(2.1.4.3) $$f[x_0, \ldots, x_n] = \frac{f^{(n)}(\xi)}{n!} \quad \text{für ein} \quad \xi \in I[x_0, \ldots, x_n]$$

für die n-te dividierte Differenz $f[x_0, \ldots, x_n]$.

Beispiel: Für die Funktion $f(x) = \sin x$ und die Stützabszissen

$$x_i = \frac{\pi}{10} \cdot i, \quad i = 0, 1, 2, 3, 4, 5, \quad n = 5,$$

erhält man:

$$\sin x - P(x) = (x - x_0)(x - x_1)\ldots(x - x_5)\frac{-\sin \xi}{720}, \quad \xi = \xi(x),$$

$$|\sin x - P(x)| \leq \frac{1}{720}|(x - x_0)(x - x_1)\ldots(x - x_5)| = \frac{|\omega(x)|}{720}.$$

Ausserhalb des Intervalls $I[x_0, \ldots, x_n]$ wächst $|\omega(x)|$ sehr schnell an. Eine Verwendung des Interpolationspolynoms P zur Approximation von f an einer Stelle $\bar{x}$ ausserhalb des Intervalls $I[x_0, \ldots, x_n]$ — man spricht dann von *Extrapolation* — sollte deshalb nach Möglichkeit vermieden werden.

Andererseits sollte man nicht annehmen, dass man bei der Interpolation von f an mehr und mehr Stellen innerhalb eines festen Intervalls $[a, b] = I[x_0, \ldots, x_n]$ immer bessere Approximationen an f auf $[a, b]$ erhält. Sei etwa eine reelle Funktion f gegeben, die auf einem festen Intervall $[a, b]$ definiert ist. Zu jeder Intervalleinteilung $\Delta = \{a = x_0 < x_1 < \cdots < x_n = b\}$ gibt es ein interpolierendes Polynom $P_\Delta \in \Pi_n$ mit $P_\Delta(x_i) = f_i$ für $x_i \in \Delta$. Eine Folge Δ_m

$$\Delta_m = \{a = x_0^{(m)} < x_1^{(m)} < \cdots < x_{n_m}^{(m)} = b\}$$

gibt zu einer Folge von interpolierenden Polynomen P_{Δ_m} Anlass. Man könnte nun meinen, dass die Polynome P_{Δ_m} gegen f konvergieren, sofern nur die Feinheit

$$\|\Delta_m\| := \max_i \left| x_{i+1}^{(m)} - x_i^{(m)} \right|$$

für $m \to \infty$ gegen 0 konvergiert. Dies ist im allgemeinen falsch. Es gilt sogar das folgende Resultat (Satz von Faber).

(2.1.4.4) **Theorem:** *Zu jeder Folge von Intervalleinteilungen Δ_m von $[a, b]$ kann man eine auf $[a, b]$ stetige Funktion f finden, so dass die Polynome $P_{\Delta_m}(x)$ für $m \to \infty$ auf $[a, b]$ nicht gleichmässig gegen $f(x)$ konvergieren.*

Lediglich für ganze Funktionen f gilt für alle Zerlegungen Δ_m von $[a, b]$ mit $\|\Delta_m\| \to 0$, dass die P_{Δ_m} gleichmässig auf $[a, b]$ gegen f konvergieren. Zu jeder stetigen Funktion f gibt es aber individuelle Folgen Δ_m, so dass P_{Δ_m} gegen f konvergiert. Eine feste Wahl der Δ_m, etwa äquidistante Intervalleinteilungen, $x_i^{(m)} = a + i(b - a)/m$, $i = 0, \ldots, m$, garantiert nicht einmal die punktweise Konvergenz für nicht-ganze Funktionen, z.B. nicht für

$$f(x) = \frac{1}{1 + x^2}, \quad [a, b] = [-5, 5],$$

$$f(x) = \sqrt{x}, \quad [a, b] = [0, 1].$$

2.1.5 Hermite-Interpolation

Gegeben seien für $i = 0, 1, \ldots, m$, $k = 0, 1, \ldots, n_i - 1$, reelle Zahlen x_i und $f_i^{(k)}$ mit

$$x_0 < x_1 < \cdots < x_m.$$

Das *Hermitesche Interpolationsproblem* bezüglich dieser Daten besteht darin, ein Polynom P vom Grad $P \le n$, $P \in \Pi_n$, mit $n + 1 := \sum_{i=0}^m n_i$ zu bestimmen, das folgende Interpolationseigenschaften besitzt:

(2.1.5.1) $P^{(k)}(x_i) = f_i^{(k)}, \quad i = 0, 1, \ldots, m, \quad k = 0, 1, \ldots, n_i - 1.$

Im Unterschied zur gewöhnlichen Polynominterpolation, die man als Spezialfall $n_i = 1$ erhält, werden für das gesuchte Polynom nicht nur die Funktionswerte an den Stützabszissen x_i, sondern auch die ersten $n_i - 1$ Ableitungen vorgeschrieben. Die Bedingungen (2.1.5.1) stellen $\sum n_i = n + 1$ Bedingungen für die gesuchten $n + 1$ Koeffizienten von P dar, so dass die eindeutige Lösbarkeit des Problems zu erwarten ist.

(2.1.5.2) **Theorem:** *Zu beliebigen Zahlen* $x_0 < x_1 < \cdots < x_m$ *und* $f_i^{(k)}$, $i = 0, 1, \ldots, m$, $k = 0, 1, \ldots, n_i - 1$, *gibt es genau ein Polynom* $P \in \Pi_n$ *mit* $n + 1 := \sum_{i=0}^m n_i$, *das* (2.1.5.1) *erfüllt.*

Beweis: Wir zeigen zunächst die Eindeutigkeit. Für zwei Polynome P_1, $P_2 \in \Pi_n$ mit (2.1.5.1) gilt für das Differenzpolynom $Q(x) := P_1(x) - P_2(x)$

$$Q^{(k)}(x_i) = 0 \quad \text{für} \quad k = 0, 1, \ldots, n_i - 1, \quad i = 0, 1, \ldots, m.$$

Also ist x_i eine mindestens n_i-fache Nullstelle von Q, so dass Q mindestens $\sum n_i = n + 1$ Nullstellen (entsprechend ihrer Vielfachheit gezählt) besitzt. Da $Q \in \Pi_n$ höchstens den Grad n hat, muss Q identisch verschwinden.

Die Existenz folgt aus der Eindeutigkeit: Denn (2.1.5.1) stellt ein lineares Gleichungssystem von $n + 1$ Gleichungen für die $n + 1$ unbekannten Koeffizienten c_i von $P(x) = c_0 + c_1 x + \cdots + c_n x^n$ dar. Die Matrix dieses Gleichungssystems ist nichtsingulär wegen der eben bewiesenen Eindeutigkeit. Also besitzt das lineare Gleichungssystem (2.1.5.1) für beliebige $f_i^{(k)}$ eine eindeutig bestimmte Lösung. $\qquad\square$

Es ist möglich, auch für die Hermite-Interpolation analog zur Lagrange-schen Interpolationsformel (2.1.1.4) das interpolierende Polynom $P \in \Pi_n$ mit (2.1.5.1) explizit anzugeben. Es gilt

(2.1.5.3)
$$P(x) = \sum_{i=0}^m \sum_{k=0}^{n_i-1} f_i^{(k)} L_{ik}(x).$$

Dabei sind die verallgemeinerten Lagrangepolynome $L_{ik} \in \Pi_n$ auf folgende Weise erklärt: Mit den Hilfspolynomen $l_{ik} \in \Pi_n$ (vgl. (2.1.1.3))

$$l_{ik}(x) := \frac{(x - x_i)^k}{k!} \prod_{j=0, j\neq i}^m \left(\frac{x - x_j}{x_i - x_j} \right)^{n_j}, \quad 0 \leq i \leq m, \quad 0 \leq k \leq n_i,$$

definiert man die L_{ik} ausgehend von

$$L_{i,n_i-1}(x) := l_{i,n_i-1}(x), \quad i = 0, 1, \ldots, m,$$

für $k = n_i - 2, n_i - 3, \ldots, 0$ rekursiv durch

$$L_{ik}(x) := l_{ik}(x) - \sum_{\nu=k+1}^{n_i-1} l_{ik}^{(\nu)}(x_i) L_{i\nu}(x).$$

Durch Induktion zeigt man leicht für $k = n_i - 1, n_i - 2, \ldots, 0$

$$L_{ik}^{(\sigma)}(x_j) = \begin{cases} 1 & \text{falls } i = j \text{ und } k = \sigma, \\ 0 & \text{sonst,} \end{cases}$$

so dass in der Tat das Polynom P (2.1.5.3) die Interpolationseigenschaften (2.1.5.1) besitzt.

Um Methoden vom Neville- bzw. Newton-Typ (s. Abschnitte 2.1.2, 2.1.3) zur Bestimmung von P zu beschreiben, ist es zweckmässig, dividierte Differenzen $f[t_0, t_1, \ldots, t_n]$ zu verallgemeinern und sie auch für Abszissen mit Wiederholungen, $t_0 \leq t_1 \leq \cdots \leq t_n$, zu definieren. Dies ist insbesondere für die Einführung der B-Splines in Abschnitt 2.5.4 wichtig. Dazu wiederholen wir zunächst in der Folge der Abszissen $x_0 < x_1 < \cdots < x_m$ in (2.1.5.1) jedes x_i n_i-mal,

$$\underbrace{x_0 = \cdots = x_0}_{n_0} < \underbrace{x_1 = \cdots = x_1}_{n_1} < \cdots < \underbrace{x_m = \cdots = x_m}_{n_m},$$

und bezeichnen die Elemente dieser Folge von $n + 1 = \sum_{i=0}^{m} n_i$ Zahlen der Reihe nach mit

$$t_0 = x_0 \leq t_1 \leq \cdots \leq t_n = x_m.$$

Die t_j, $j = 0, 1, \ldots, n$, nennen wir *virtuelle Abszissen*.

Wir wollen nun in der Formulierung des Hermiteschen Interpolationsproblems (2.1.5.1) die „wahren" Abszisssen x_i und die n_i, $i = 0, 1, \ldots, m$, durch die virtuellen Abszissen t_j, $j = 0, 1, \ldots, n$, ersetzen. Dies ist möglich, weil die virtuellen Abszissen offensichtlich die x_i und n_i, $i = 0, 1, \ldots, m$ eindeutig bestimmen. Um die Abhängigkeit des Interpolationspolynoms $P(\cdot)$ von $t_0, t_1, \ldots, t_n$ anzudeuten, schreiben wir statt $P(\cdot)$ im folgenden auch $P_{01\ldots n}(\cdot)$. Ferner ist es zweckmässig, in (2.1.5.1) ausführlicher $f^{(r)}(x_i)$ statt $f_i^{(r)}$ zu schreiben. Das Interpolationspolynom $P_{01\ldots n}$ ist eindeutig durch die $n + 1 = \sum_{i=0}^{m} n_i$ Interpolationsbedingungen (2.1.5.1) bestimmt: Ihre Anzahl ist gleich der Anzahl der Indexpaare (i, k) mit $i = 0, 1, \ldots, m$, $k = 0, 1, \ldots, n_i - 1$, und damit gleich der Anzahl der virtuellen Abszissen t_j. Folgende Beobachtung ist wesentlich: Wenn man die Interpolationsbedingungen (2.1.5.1) entsprechend der folgenden Anordnung der Indexpaare (i, k),

$$(0,0), (0,1), \ldots, (0, n_0 - 1), (1,0), \ldots, (1, n_1 - 1), \ldots, (m, n_m - 1),$$

linear ordnet, dann erhalten diese Bedingungen die Form

$$(2.1.5.4) \qquad P_{01\ldots n}^{(s_j - 1)}(t_j) = f^{(s_j - 1)}(t_j), \quad j = 0, 1, \ldots, n.$$

Hier gibt die ganze Zahl s_j, $j = 0, 1, \ldots, n$, an, wie oft der *Wert* von t_j in der Teilfolge

$$t_0 \leq t_1 \leq \cdots \leq t_j,$$

der virtuellen Abszissen, die mit t_j endet, vorkommt. Die Äquivalenz von (2.1.5.1) und (2.1.5.4) folgt sofort aus

$$x_0 = t_0 = t_1 = \cdots = t_{n_0-1} < x_1 = t_{n_0} = \cdots = t_{n_0+n_1-1} < \cdots,$$

und der Definition der s_j,

$$s_0 = 1, \ s_1 = 2, \ \ldots, \ s_{n_0-1} = n_0, \ s_{n_0} = 1, \ \ldots, \ s_{n_0+n_1-1} = n_1, \ \ldots.$$

Wir wollen nun (2.1.5.4) verwenden, um das Existenz- und Eindeutigkeitsresultat von Theorem (2.1.5.2) algebraisch mittels einer Verallgemeinerung der bekannten Vandermonde-Matrizen zu formulieren. Man nutzt aus, dass sich jedes Polynom $P(t) \in \Pi_n$ eindeutig in der Form

$$P(t) = \sum_{j=0}^{n} b_j \frac{t^j}{j!} = \Pi(t)\, b, \quad b := \begin{bmatrix} b_0 & b_1 & \cdots & b_n \end{bmatrix}^T,$$

schreiben lässt. Hier ist $\Pi(t)$ der Zeilenvektor

$$\Pi(t) := \begin{bmatrix} 1 & t & \cdots & \dfrac{t^n}{n!} \end{bmatrix}.$$

Wegen Theorem (2.1.5.2) und (2.1.5.4) besitzt das lineare Gleichungssystem

$$\Pi^{(s_j-1)}(t_j)\, b = f^{(s_j-1)}(t_j), \quad j = 0, 1, \ldots, n,$$

eine eindeutig bestimmte Lösung b. Das folgende Korollar ist deshalb zu Theorem (2.1.5.2) äquivalent.

(2.1.5.5) **Korollar:** *Für jede nichtabnehmende endliche Folge von $n + 1$ reellen Zahlen*

$$t_0 \le t_1 \le \cdots \le t_n$$

ist die $(n+1) \times (n+1)$ Matrix

$$V_n(t_0, t_1, \ldots, t_n) := \begin{bmatrix} \Pi^{(s_0-1)}(t_0) \\ \Pi^{(s_1-1)}(t_1) \\ \vdots \\ \Pi^{(s_n-1)}(t_n) \end{bmatrix}$$

nichtsingulär.

Falls die Zahlen t_j alle verschieden sind (dann ist $s_j = 1$ für alle j), gibt es eine einfache Beziehung zwischen der Matrix $V_n(t_0, t_1, \ldots, t_n)$ und der Vandermonde-Matrix:

$$V_n(t_0, t_1, \ldots, t_n) = \begin{bmatrix} 1 & t_0 & \cdots & t_0^n \\ 1 & t_1 & \cdots & t_1^n \\ \vdots & \vdots & & \vdots \\ 1 & t_n & \cdots & t_n^n \end{bmatrix} \begin{bmatrix} 1! & 0 & \cdots & 0 \\ 0 & 2! & \ddots & \vdots \\ \vdots & \ddots & \ddots & 0 \\ 0 & \cdots & 0 & n! \end{bmatrix}^{-1}.$$

Beispiel 1: Für $t_0 = t_1 < t_2$ findet man

$$V_2(t_0, t_1, t_2) = \begin{bmatrix} 1 & t_0 & \dfrac{t_0^2}{2} \\ 0 & 1 & t_1 \\ 1 & t_2 & \dfrac{t_2^2}{2} \end{bmatrix}.$$

Zur Vorbereitung eines Interpolationsverfahrens vom Neville-Typ ordnen wir jedem Segment

$$t_i \le t_{i+1} \le \cdots \le t_{i+k}, \quad 0 \le i \le i + k \le n,$$

der virtuellen Abszissen die Lösung $P_{i,i+1,\ldots,i+k} \in \Pi_k$ des partiellen Hermiteschen Interpolationsproblems zu, das zu diesem Segment gehört, nämlich die Lösung (s. (2.1.5.4)) von

$$P_{i,i+1,\ldots,i+k}^{(s_j-1)}(t_j) = f^{(s_j-1)}(t_j), \quad j = i, i+1, \ldots, i+k.$$

Natürlich sind hier die ganzen Zahlen s_j, $i \le j \le i+k$, relativ zu dem Segment definiert: s_j $(j = i, i+1, i+k)$ gibt an, wie oft der Wert von t_j in dem Teilsegment $t_i \le t_{i+1} \le \cdots \le t_j$ vorkommt.

Beispiel 2: Zu dem Hermiteschen Interpolationsproblem mit $n_0 = 2$, $n_1 = 3$ und

$$x_0 = 0, \quad f_0^{(0)} = -1, \quad f_0^{(1)} = -2,$$
$$x_1 = 1, \quad f_1^{(0)} = 0, \quad f_1^{(1)} = 10, \quad f_1^{(2)} = 40,$$

gehören die virtuellen Abszissen t_j, $j = 0, 1, \ldots, 4$, mit

$$t_0 = t_1 := x_0 = 0, \quad t_2 = t_3 = t_4 := x_1 = 1.$$

Zu dem Segment $t_1 \le t_2 \le t_3$, d.h. $i = 1$ und $k = 2$, gehören

$$t_1 = x_0 < t_2 = t_3 = x_1, \quad s_1 = s_2 = 1, \quad s_3 = 2$$

und das Polynom $P_{123}(x) \in \Pi_2$ mit den Interpolationseigenschaften

$$P_{123}^{(s_1-1)}(t_1) = P_{123}(0) = f^{(s_1-1)}(t_1) = f^{(0)}(0) = -1,$$
$$P_{123}^{(s_2-1)}(t_2) = P_{123}(1) = f^{(s_2-1)}(t_2) = f^{(0)}(1) = 0,$$
$$P_{123}^{(s_3-1)}(t_3) = P_{123}'(1) = f^{(s_3-1)}(t_3) = f^{(1)}(1) = 10.$$

Mit diesen Bezeichnungen gelten folgende Analoga der Nevilleschen Formeln (2.1.2.1): Falls $t_i = t_{i+1} = \cdots = t_{i+k} = x_l$

(2.1.5.6a) $$P_{i,i+1,\ldots,i+k}(x) = \sum_{r=0}^{k} \frac{f_l^{(r)}}{r!}(x - x_l)^r,$$

und für $t_i < t_{i+k}$

(2.1.5.6b)
$$P_{i,i+1,\ldots,i+k}(x) = \frac{(x-t_i)P_{i+1,\ldots,i+k}(x) - (x-t_{i+k})P_{i,i+1,\ldots,i+k-1}(x)}{t_{i+k}-t_i}.$$

Die erste dieser Formeln folgt sofort aus der Definition (2.1.5.4), die zweite zeigt man genau so wie (2.1.2.1b): Man verifiziert, dass die rechte Seite $R(x)$ von (2.1.5.6b) dieselben Interpolationsbedingungen (2.1.5.4) erfüllt wie $P_{i,i+1,\ldots,i+k}(x)$, die nach Theorem (2.1.5.2) nur eine eindeutige Lösung zulassen. Der einfache Beweis sei dem Leser überlassen.

Wir definieren nun wie in (2.1.3.2) die *verallgemeinerte dividierte Differenz*

$$f[t_i,t_{i+1},\ldots,t_{i+k}]$$

als den Koeffizienten von x^k des Polynoms $P_{i,i+1,\ldots,i+k}(x) \in \Pi_k$. Für sie gelten die folgenden Formeln (vgl. (2.1.3.5)), die man sofort aus (2.1.5.6) durch Vergleich der Koeffizienten von x^k erhält: Falls $t_i = \cdots = t_{i+k} = x_l$

(2.1.5.7a)
$$f[t_i,t_{i+1},\ldots,t_{i+k}] = \frac{1}{k!}f_l^{(k)},$$

und für $t_i < t_{i+k}$

(2.1.5.7b)
$$f[t_i,t_{i+1},\ldots,t_{i+k}] = \frac{f[t_{i+1},\ldots,t_{i+k}] - f[t_i,t_{i+1},\ldots,t_{i+k-1}]}{t_{i+k}-t_i}.$$

Mit Hilfe der verallgemeinerten dividierten Differenzen

$$a_k := f[t_0,t_1,\ldots,t_k], \quad k = 0,1,\ldots,n,$$

lässt sich schliesslich die Lösung $P(x) = P_{01\cdots n}(x) \in \Pi_n$ der Hermiteschen Interpolationsaufgabe (2.1.5.1) explizit in seiner Newtonschen Form (vgl. (2.1.3.1)) angeben:

(2.1.5.8)
$$\begin{aligned}P_{01\cdots n}(x) = a_0 &+ a_1(x-t_0) + a_2(x-t_0)(x-t_1) + \cdots \\ &+ a_n(x-t_0)(x-t_1)\cdots(x-t_{n-1}).\end{aligned}$$

Diese Formel folgt sofort aus der Überlegung, dass das Polynom

$$Q(x) := P_{01\cdots n}(x) - P_{01\cdots(n-1)}(x) = f[t_0,t_1,\ldots,t_n]x^n + \cdots$$

höchstens den Grad n und wegen (2.1.5.1), (2.1.5.4) für $i \leq m-1$ die Zahl x_i als n_i-fache Nullstelle und x_m als $(n_m - 1)$-fache Nullstelle besitzt. Die gleichen Nullstellen mit den gleichen Vielfachheiten besitzt das Polynom n-ten Grades

$$(x-t_0)(x-t_1)\cdots(x-t_{n-1}).$$

Daraus folgt sofort

$$Q(x) = f[t_0,t_1,\ldots,t_n](x-t_0)(x-t_1)\cdots(x-t_{n-1})$$

und damit (2.1.5.8).

Beispiel 3: Wir erläutern die Berechnung der verallgemeinerten dividierten Differenzen anhand der Zahlen von Beispiel 2 ($m = 1, n_0 = 2, n_1 = 3$):

$$
\begin{array}{lllll}
t_0 = 0 & -1^* = f[t_0] \\
 & & -2^* = f[t_0, t_1] \\
t_1 = 0 & -1^* = f[t_1] & & 3 = f[t_0, t_1, t_2] \\
 & & 1 = f[t_1, t_2] & & 6 = f[t_0, \ldots, t_3] \\
t_2 = 1 & 0^* = f[t_2] & & 9 = f[t_1, t_2, t_3] & & 5 = f[t_0, \ldots, t_4] \\
 & & 10^* = f[t_2, t_3] & & 11 = f[t_1, \ldots, t_4] \\
t_3 = 1 & 0^* = f[t_3] & & 20^* = f[t_2, t_3, t_4] \\
 & & 10^* = f[t_3, t_4] \\
t_4 = 1 & 0^* = f[t_4]
\end{array}
$$

Die mit * gekennzeichneten Werte sind über (2.1.5.7a) aus den Daten berechnet worden, die übrigen mittels (2.1.5.7b). Die Koeffizienten des interpolierenden Polynoms P stehen wieder in der obersten Schrägzeile:

$$
\begin{aligned}
P(x) &= -1 - 2(x - 0) + 3(x - 0)(x - 0) + 6(x - 0)(x - 0)(x - 1) \\
&\quad + 5(x - 0)(x - 0)(x - 1)(x - 1) \\
&= -1 - 2x + 3x^2 + 6x^2(x - 1) + 5x^2(x - 1)^2.
\end{aligned}
$$

Den Interpolationsfehler kann man bei der Hermite-Interpolation genau so abschätzen wie bei der gewöhnlichen Polynominterpolation. Man beweist das folgende Ergebnis analog zu Theorem (2.1.4.1).

(2.1.5.9) Theorem: *Sei f auf $[a, b]$ $n + 1$ mal differenzierbar und $x_0 < x_1 < \cdots < x_m$, $x_i \in [a, b]$. Das Polynom $P(x)$ besitze höchstens den Grad n und erfülle die $n + 1$ Interpolationsbedingungen*

$$
P^{(k)}(x_i) = f^{(k)}(x_i), \quad i = 0, 1, \ldots, m, \quad k = 0, 1, \ldots, n_i - 1,
$$

wobei $\sum_{i=0}^{m} n_i = n + 1$. Dann gibt es zu jedem $\bar{x} \in [a, b]$ ein $\bar{\xi}$ aus dem kleinsten Intervall $I[x_0, \ldots, x_m, \bar{x}]$, das alle x_i und $\bar{x}$ enthält, mit

$$
f(\bar{x}) - P(\bar{x}) = \frac{\omega(\bar{x}) f^{(n+1)}(\bar{\xi})}{(n + 1)!},
$$

wobei $\omega(x) := (x - x_0)^{n_0}(x - x_1)^{n_1} \cdots (x - x_m)^{n_m}$.

Man benutzt die Hermite-Interpolation häufig, um zu einer gegebenen Zerlegung

$$
\Delta : a = x_0 < x_1 < \cdots < x_m = b
$$

eines Intervalls $[a, b]$ eine genügend oft differenzierbare Funktion $f : [a, b] \mapsto \mathbb{R}$ durch eine Funktion φ aus einem Hermiteschen Funktionenraum $H_\Delta^{(\nu)}$ zu approximieren. Dabei wird unter $H_\Delta^{(\nu)}$ die Menge aller Funktionen $\varphi : [a, b] \mapsto \mathbb{R}$ mit folgenden Eigenschaften verstanden:

(2.1.5.10)

1) $\varphi \in C^{\nu-1}[a,b] : \varphi$ *ist* $\nu - 1$ *mal stetig differenzierbar auf* $[a,b]$.

2) *Auf jedem Teilintervall* $I_i := [x_i, x_{i+1}]$, $0 \le i \le m-1$, *stimmt* φ
mit einem Polynom höchstens $(2\nu - 1)$-*ten Grades überein,* $\varphi \,|\, I_i \in \Pi_{2\nu-1}$.

φ ist also stückweise aus Polynomen $(2\nu-1)$-ten Grades so zusammengesetzt,
dass φ an den „Knoten" x_i noch $\nu - 1$ mal stetig differenzierbar ist.

Eine Funktion $f \in C^{\nu-1}[a,b]$ kann man auf folgende Weise mittels Her-
mitescher Interpolation durch ein $\varphi \in H_\Delta^{(\nu)}$ approximieren: Man wähle die
Teilpolynome $P_i = \varphi \,|\, I_i$ von φ aus $\Pi_{2\nu-1}$ so, dass die P_i für $i = 0, 1, \dots, m-1$
die Interpolationsbedingungen

$$P_i^{(k)}(x_i) = f^{(k)}(x_i), \quad P_i^{(k)}(x_{i+1}) = f^{(k)}(x_{i+1}), \quad k = 0, 1, \dots, \nu - 1,$$

erfüllen. Falls $f \in C^{2\nu}[a,b]$, approximieren die resultierenden P_i die Funktion
f für $x \in I_i$ wegen (2.1.5.9) bis auf einen Fehler

$$(2.1.5.11) \qquad |f(x) - P_i(x)| \le \frac{|(x - x_i)(x - x_{i+1})|^\nu}{(2\nu)!} \max_{\xi \in I_i} |f^{(2\nu)}(\xi)|$$

$$\le \frac{|x_{i+1} - x_i|^{2\nu}}{2^{2\nu} \cdot (2\nu)!} \max_{\xi \in I_i} |f^{(2\nu)}(\xi)|.$$

Es gilt also für f und die aus den P_i stückweise zusammengesetzte Funktion
$\varphi \in H_\Delta^{(\nu)}$

$$(2.1.5.12) \quad \|f - \varphi\|_\infty := \max_{x \in [a,b]} |f(x) - \varphi(x)| \le \frac{1}{2^{2\nu}(2\nu)!} \|f^{(2\nu)}\|_\infty \, \|\Delta\|^{2\nu},$$

wobei

$$\|\Delta\| = \max_{0 \le i \le m-1} |x_{i+1} - x_i|$$

die Feinheit der Zerlegung Δ ist: Der Approximationsfehler geht also mit der
(2ν)-ten Potenz der Feinheit $\|\Delta_j\|$ gegen 0, wenn man $[a,b]$ durch eine Folge
von Zerlegungen Δ_j mit $\|\Delta_j\| \to 0$, teilt.

Man kann dieses Resultat noch verschärfen und zeigen, dass auch die
ersten ν Ableitungen von φ noch die entsprechenden Ableitungen von f gut
approximieren: Ciarlet, Schultz und Varga (1967) konnten für $f \in C^{2\nu}[a,b]$
zeigen
(2.1.5.13)

$$\left| f^{(k)}(x) - P_i^{(k)}(x) \right| \le \frac{|(x - x_i)(x - x_{i+1})|^{\nu-k}}{k!(2\nu - 2k)!} (x_{i+1} - x_i)^k \max_{\xi \in I_i} |f^{(2\nu)}(\xi)|$$

für alle $x \in I_i$, $i = 0, 1, \dots, m-1$, $k = 0, 1, \dots, \nu$, und deshalb

$$(2.1.5.14) \qquad \|f^{(k)} - \varphi^{(k)}\|_\infty \le \frac{\|\Delta\|^{2\nu-k}}{2^{2\nu-2k}k!\,(2\nu - 2k)!} \|f^{(2\nu)}\|_\infty$$

für $k = 0, 1, \dots, \nu$.

2.2 Interpolation mit rationalen Funktionen

2.2.1 Allgemeine Eigenschaften der rationalen Interpolation

Gegeben seien wieder Stützpunkte (x_i, f_i), $i = 0, 1, \ldots$, mit $x_i \neq x_k$ für $i \neq k$. Wir wollen versuchen, zur Interpolation rationale Funktionen

$$\Phi^{\mu,\nu}(x) \equiv \frac{P^{\mu,\nu}(x)}{Q^{\mu,\nu}(x)} \equiv \frac{a_0 + a_1 x + \cdots + a_\mu x^\mu}{b_0 + b_1 x + \cdots + b_\nu x^\nu}$$

heranzuziehen, deren Zählergrad höchstens μ und deren Nennergrad höchstens ν ist. $\Phi^{\mu,\nu}$ ist durch seine $\mu + \nu + 2$ Koeffizienten

$$a_0, a_1, \ldots, a_\mu, \quad b_0, b_1, \ldots, b_\nu$$

gegeben. Andererseits sind diese Koeffizienten durch $\Phi^{\mu,\nu}$ offenbar nur bis auf einen gemeinsamen Faktor $\rho \neq 0$ bestimmt. Es liegt deshalb nahe, $\Phi^{\mu,\nu}$ durch $\mu + \nu + 1$ Interpolationsbedingungen

$$(2.2.1.1) \qquad \Phi^{\mu,\nu}(x_i) = f_i, \quad i = 0, 1, \ldots, \mu + \nu,$$

zu bestimmen. Wir bezeichnen diese Aufgabe mit $A^{\mu,\nu}$. Die Koeffizienten a_r, b_s einer Lösung $\Phi^{\mu,\nu}$ von $A^{\mu,\nu}$ lösen sicher auch das homogene lineare Gleichungssystem

$$(2.2.1.2) \qquad P^{\mu,\nu}(x_i) - f_i Q^{\mu,\nu}(x_i) = 0, \quad i = 0, 1, \ldots, \mu + \nu,$$

oder ausgeschrieben

$$a_0 + a_1 x_i + \cdots + a_\mu x_i^\mu - f_i(b_0 + b_1 x_i + \cdots + b_\nu x_i^\nu) = 0, \quad i = 0, 1, \ldots, \mu + \nu.$$

Dieses System bezeichnen wir mit $S^{\mu,\nu}$.

Auf den ersten Blick scheint die Ersetzung von $A^{\mu,\nu}$ durch $S^{\mu,\nu}$ unproblematisch zu sein. Ein Beispiel soll zeigen, dass dies leider nicht zutrifft und im Gegensatz zur Polynominterpolation bei der rationalen Interpolation kompliziertere Verhältnisse vorliegen.

Beispiel: Für die Stützpunkte

x_i	0	1	2
f_i	1	2	2

und $\mu = \nu = 1$ findet man als Lösung von $S^{1,1}$

$$
\begin{aligned}
a_0 \qquad\quad - b_0 \qquad\quad &= 0, \\
a_0 + a_1 - 2(b_0 + b_1) &= 0, \\
a_0 + 2a_1 - 2(b_0 + 2b_1) &= 0,
\end{aligned}
$$

die bis auf einen Faktor $\neq 0$ eindeutig bestimmt ist, die Koeffizienten

$$a_0 = 0, \quad b_0 = 0, \quad a_1 = 2, \quad b_1 = 1$$

und damit den rationalen Ausdruck

$$\Phi^{1,1}(x) \equiv \frac{2x}{x},$$

der für $x = 0$ die unbestimmte Form $0/0$ annimmt. Durch Kürzen des gemeinsamen Faktors x erhält man den rationalen Ausdruck

$$\tilde{\Phi}^{1,1}(x) \equiv 2,$$

der natürlich die gleiche rationale Funktion darstellt wie $\Phi^{1,1}$, nämlich die konstante Funktion mit Wert 2. Diese Funktion verfehlt den Stützpunkt $(x_0, f_0) = (0, 1)$. Da jede Lösung von $A^{1,1}$ auch $S^{1,1}$ lösen muss und $S^{1,1}$ keine andere Lösung als $\Phi^{1,1}$ besitzt, ist $A^{1,1}$ unlösbar: (x_0, f_0) ist ein *unerreichbarer Punkt*.

Das letzte Beispiel zeigt, dass die rationale Interpolationsaufgabe $A^{\mu,\nu}$ nicht immer lösbar ist. Zwar löst jede Lösung von $A^{\mu,\nu}$ auch $S^{\mu,\nu}$, aber nicht notwendig umgekehrt. Um dies detaillierter zu untersuchen, müssen wir zwischen einer rationalen Funktion und ihren Darstellungen durch verschiedene rationale Ausdrücke unterscheiden, die man durch Kürzen bzw. Erweitern auseinander erhält. Dabei verstehen wir unter einem *rationalen Ausdruck* $\Phi(x) := P(x)/Q(x)$ ein Paar von Polynomen $(P(x), Q(x))$ mit $Q(x) \not\equiv 0$, wobei wir zwei rationale Ausdrücke als gleich ansehen, wenn die entsprechenden Polynompaare sich nur um einen konstanten Faktor unterscheiden.

Wir sagen, dass zwei rationale Ausdrücke

$$\Phi_1(x) := \frac{P_1(x)}{Q_1(x)}, \quad \Phi_2(x) := \frac{P_2(x)}{Q_2(x)}, \quad \text{mit} \quad Q_1(x) \not\equiv 0, \quad Q_2(x) \not\equiv 0$$

äquivalent sind, in Zeichen

$$\Phi_1 \sim \Phi_2,$$

wenn

$$P_1(x)Q_2(x) \equiv P_2(x)Q_1(x),$$

d.h. wenn man sie durch Kürzen oder Erweitern ineinander überführen kann und sie deshalb die gleiche *rationale Funktion* darstellen.

Mit $\tilde{\Phi}$ bezeichnen wir den eindeutig bestimmten zu Φ äquivalenten rationalen Ausdruck, dessen Zähler und Nenner minimalen Grad haben und deshalb teilerfremd sind. Wir sagen schliesslich, dass ein rationaler Ausdruck $\Phi^{\mu,\nu}$ Lösung von $S^{\mu,\nu}$ ist, wenn seine Koeffizienten Lösung von $S^{\mu,\nu}$ sind.

Wenn $\Phi^{\mu,\nu}$ Lösung von $A^{\mu,\nu}$ ist, so ist $\Phi^{\mu,\nu}$ auch Lösung von $S^{\mu,\nu}$. Die Umkehrung bereitet Schwierigkeiten. Zunächst gilt das folgende Resultat.

(2.2.1.3) **Theorem:** a) *$S^{\mu,\nu}$ hat stets nichttriviale Lösungen, und jede Lösung gehört zu einem rationalen Ausdruck*

$$\Phi^{\mu,\nu} \equiv \frac{P^{\mu,\nu}(x)}{Q^{\mu,\nu}(x)} \quad \text{mit} \quad Q^{\mu,\nu}(x) \not\equiv 0.$$

b) *Wenn Φ_1 und Φ_2 Lösungen von $S^{\mu,\nu}$ sind, so gilt $\Phi_1 \sim \Phi_2$, d.h. sie bestimmen dieselbe rationale Funktion.*

Beweis: a) $S^{\mu,\nu}$ besitzt als homogenes lineares Gleichungssystem mit $\mu + \nu + 1$ Gleichungen für $\mu + \nu + 2$ Unbekannte stets nichttriviale Lösungen

$$(a_0, a_1, \ldots, a_\mu, b_0, \ldots, b_\nu) \neq (0, 0, \ldots, 0, 0, \ldots, 0).$$

Nimmt man an, dass für eine solche Lösung

$$Q^{\mu,\nu}(x) \equiv b_0 + b_1 x + \cdots + b_\nu x^\nu \equiv 0$$

gilt, so folgt für $P^{\mu,\nu}(x) \equiv a_0 + a_1 x + \cdots + a_\mu x^\mu$

$$P^{\mu,\nu}(x_i) = 0 \quad \text{für} \quad i = 0, 1, \ldots, \mu + \nu,$$

d.h. das Polynom $P^{\mu,\nu}$ von höchstens μ-tem Grad hat mindestens $\mu + 1 \leq \mu + \nu + 1$ verschiedene Nullstellen. Also ist $P^{\mu,\nu}(x) \equiv 0$ im Widerspruch zu

$$(a_0, a_1, \ldots, a_\mu, b_0, \ldots, b_\nu) \neq (0, 0, \ldots, 0, 0, \ldots, 0).$$

b) Sind $\Phi_1(x) \equiv P_1(x)/Q_1(x)$ und $\Phi_2(x) \equiv P_2(x)/Q_2(x)$ beide Lösungen von $S^{\mu,\nu}$, so folgen sofort für das Polynom

$$P(x) := P_1(x)Q_2(x) - P_2(x)Q_1(x)$$

für $i = 0, 1, \ldots, \mu + \nu$, die Beziehungen

$$
\begin{aligned}
P(x_i) &= P_1(x_i)Q_2(x_i) - P_2(x_i)Q_1(x_i) \\
&= f_i Q_1(x_i)Q_2(x_i) - f_i Q_2(x_i)Q_1(x_i) = 0,
\end{aligned}
$$

sowie Grad $P \leq \mu + \nu$. Also verschwindet $P(x)$ identisch, $\Phi_1(x) \sim \Phi_2(x)$. $\square$

Ist nun $\Phi^{\mu,\nu}(x) \equiv P^{\mu,\nu}(x)/Q^{\mu,\nu}(x)$ Lösung von $S^{\mu,\nu}$, so können für jedes $i \in \{0, 1, \ldots, \mu + \nu\}$ nur zwei Fälle eintreten:

$$
\begin{aligned}
1) \quad & Q^{\mu,\nu}(x_i) \neq 0, \\
2) \quad & Q^{\mu,\nu}(x_i) = 0.
\end{aligned}
$$

Im ersten Fall ist $\Phi^{\mu,\nu}(x_i) = f_i$. Im zweiten folgt zunächst wegen $S^{\mu,\nu}$

$$P^{\mu,\nu}(x_i) = 0,$$

d.h. der rationale Ausdruck $\Phi^{\mu,\nu}$ ist durch den Faktor $x - x_i$ kürzbar und deshalb nicht teilerfremd. Dies zeigt die folgende Bemerkung.

(2.2.1.4) **Bemerkung:** Falls $S^{\mu,\nu}$ eine Lösung $\Phi^{\mu,\nu}(x)$ besitzt, die teilerfremd ist, treten keine unerreichbaren Punkte auf: $A^{\mu,\nu}$ ist lösbar.

Darüber hinaus gilt das folgende Resultat.

(2.2.1.5) Theorem: a) $\Phi^{\mu,\nu}$ *sei eine Lösung von* $S^{\mu,\nu}$ *und* $\tilde{\Phi}^{\mu,\nu}$ *der zu* $\Phi^{\mu,\nu}$ *äquivalente teilerfremde rationale Ausdruck. Dann ist* $A^{\mu,\nu}$ *genau dann lösbar, wenn auch* $\tilde{\Phi}^{\mu,\nu}$ *das System* $S^{\mu,\nu}$ *löst.*

b) *Falls* $S^{\mu,\nu}$ *maximalen Rang hat, ist* $A^{\mu,\nu}$ *genau dann lösbar, wenn die Lösung* $\Phi^{\mu,\nu}$ *von* $S^{\mu,\nu}$ *teilerfremd ist.*

Beweis: a) Falls $\tilde{\Phi}^{\mu,\nu}$ das System $S^{\mu,\nu}$ löst, dann ist $A^{\mu,\nu}$ wegen (2.2.1.4) lösbar. Andernfalls ist $A^{\mu,\nu}$ unlösbar, denn jeder rationale Ausdruck $\Phi^{\mu,\nu}$ der zu einer Lösung von $A^{\mu,\nu}$ gehört, also auch $\tilde{\Phi}^{\mu,\nu}$, löst $S^{\mu,\nu}$.

b) Das Resultat folgt aus Teil a), weil die Koeffizienten der rationalen Ausdrücke, die ein System $S^{\mu,\nu}$ maximalen Ranges lösen, bis auf gemeinsamen konstanten Faktor $\neq 0$ eindeutig bestimmt sind.   □

Dass es sich beim Auftreten unerreichbarer Punkte um Entartungserscheinungen handelt, zeigen folgende Überlegungen.

Wir sagen, dass sich die Stützpunkte (x_i, f_i), $i = 0, 1, \ldots, \sigma$, in *spezieller Lage* befinden, falls sie bereits durch einen rationalen Ausdruck vom Typ $\Phi^{\kappa,\lambda}$ mit $\kappa + \lambda < \sigma$ interpoliert werden können, d.h. wenn man zur Interpolation weniger Freiheitsgrade (nämlich nur $\kappa + \lambda + 1$) benötigt als es die Anzahl $\sigma + 1$ der Stützpunkte erwarten lässt. Es gilt das folgende Resultat.

(2.2.1.6) Theorem: *Die erreichbaren Stützpunkte eines unlösbaren Interpolationsproblems* $A^{\mu,\nu}$ *befinden sich in spezieller Lage.*

Beweis: Seien $i_1, \ldots, i_\alpha$ die Indizes, die den unerreichbaren Stützpunkten von $A^{\mu,\nu}$ entsprechen, und sei $\Phi^{\mu,\nu}$ eine Lösung von $S^{\mu,\nu}$. Wir sahen oben, dass dann Zähler- und Nennerpolynom von $\Phi^{\mu,\nu}$ einen gemeinsamen Faktor

$$(x - x_{i_1}) \cdots (x - x_{i_\alpha})$$

besitzen. Kürzen führt daher zu einem rationalen Ausdruck $\Phi^{\kappa,\lambda}$ mit $\kappa = \mu - \alpha$, $\lambda = \nu - \alpha$, der das Interpolationsproblem $A^{\kappa,\lambda}$ löst, das aus den $\mu + \nu + 1 - \alpha$ erreichbaren Punkten von $A^{\mu,\nu}$ besteht. Wegen

$$\kappa + \lambda + 1 = \mu + \nu + 1 - 2\alpha < \mu + \nu + 1 - \alpha$$

befinden sich die erreichbaren Punkte von $A^{\mu,\nu}$ in spezieller Lage.   □

Weitere Untersuchungen findet man bei Milne (1950) und Maehly und Witzgall (1960).

Da man diese Entartungen durch kleinste Änderungen der Stützpunkte aufheben kann und ihr Auftreten daher sehr unwahrscheinlich ist, nehmen wir im folgenden an, dass keine dieser Ausnahmen vorliegt, also keine unerreichbaren Punkte auftreten und die Systeme $S^{\mu,\nu}$ Höchstrang besitzen.

Die zu besprechenden Algorithmen zur Lösung von $A^{\mu,\nu}$ bzw. $S^{\mu,\nu}$ sind rekursiver Natur, in denen die Grade μ bzw. ν jeweils um 1 erhöht werden.

Entsprechend den beiden Freiheitsgraden μ und ν kann man die von dem betreffenden Algorithmus benutzten (μ, ν)-Kombinationen durch einen Weg in der (μ, ν)-Ebene kennzeichnen:

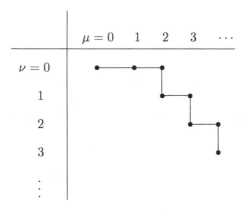

Wir unterscheiden zwei Typen von Algorithmen. Beim ersten wird analog zum Newtonschen Interpolationsverfahren zunächst ein Differenzenschema berechnet, mit dessen Hilfe die Koeffizienten eines interpolierenden rationalen Ausdrucks gewonnen werden. Der zweite Algorithmus entspricht dem Neville-Aitken-Algorithmus. Er verknüpft die $\Phi^{\mu,\nu}$ direkt miteinander.

2.2.2 Inverse und reziproke Differenzen. Der Thielesche Kettenbruch

Die in diesem Abschnitt zu besprechenden Algorithmen dienen dazu, die rationalen Ausdrücke längs der Hauptdiagonalen der (μ, ν)-Ebene zu berechnen:

	$\mu = 0$	1	2	3	$\cdots$
$\nu = 0$					
1					
2					
3					
$\vdots$					

(2.2.2.1)

Dazu berechnet man ausgehend von den Stützpunkten (x_i, f_i), $i = 0, 1, \ldots$, zunächst eine Tafel von sog. *inversen Differenzen*:

i	x_i	f_i			
0	x_0	f_0			
1	x_1	f_1	$\varphi(x_0, x_1)$		
2	x_2	f_2	$\varphi(x_0, x_2)$	$\varphi(x_0, x_1, x_2)$	
3	x_3	f_3	$\varphi(x_0, x_3)$	$\varphi(x_0, x_1, x_3)$	$\varphi(x_0, x_1, x_2, x_3)$
$\vdots$	$\vdots$	$\vdots$	$\vdots$	$\vdots$	$\vdots$

Diese sind definiert durch die Formeln

$$\varphi(x_i, x_j) = \frac{x_i - x_j}{f_i - f_j},$$

$$(2.2.2.2) \qquad \varphi(x_i, x_j, x_k) = \frac{x_j - x_k}{\varphi(x_i, x_j) - \varphi(x_i, x_k)},$$

$$\varphi(x_i, \ldots, x_l, x_m, x_n) = \frac{x_m - x_n}{\varphi(x_i, \ldots, x_l, x_m) - \varphi(x_i, \ldots, x_l, x_n)}.$$

Dabei kann es vorkommen, dass gewisse Differenzen ∞ werden, weil die Nenner in (2.2.2.2) verschwinden.

Die inversen Differenzen sind *keine* symmetrischen Funktionen ihrer Argumente.

Im folgenden bezeichnen wir mit P^μ, Q^ν jeweils Polynome mit Grad $P^\mu \le \mu$, Grad $Q^\nu \le \nu$. Wir versuchen nun, mit Hilfe der inversen Differenzen einen rationalen Ausdruck

$$\Phi^{n,n}(x) = \frac{P^n(x)}{Q^n(x)}$$

zu bestimmen mit

$$\Phi^{n,n}(x_i) = f_i \quad \text{für} \quad i = 0, 1, \ldots, 2n.$$

Daraus folgt zunächst:

$$\frac{P^n(x)}{Q^n(x)} = f_0 + \frac{P^n(x)}{Q^n(x)} - \frac{P^n(x_0)}{Q^n(x_0)}$$

$$= f_0 + (x - x_0)\frac{P^{n-1}(x)}{Q^n(x)} = f_0 + \frac{(x - x_0)}{Q^n(x)/P^{n-1}(x)}.$$

Der rationale Ausdruck $Q^n(x)/P^{n-1}(x)$ erfüllt also die Beziehungen

$$\frac{Q^n(x_i)}{P^{n-1}(x_i)} = \frac{x_i - x_0}{f_i - f_0} = \varphi(x_0, x_i)$$

für $i = 1, 2, \ldots, 2n$. Es folgt wiederum

$$\frac{Q^n(x)}{P^{n-1}(x)} = \varphi(x_0, x_1) + \frac{Q^n(x)}{P^{n-1}(x)} - \frac{Q^n(x_1)}{P^{n-1}(x_1)}$$

$$= \varphi(x_0, x_1) + (x - x_1)\frac{Q^{n-1}(x)}{P^{n-1}(x)}$$

$$= \varphi(x_0, x_1) + \frac{x - x_1}{P^{n-1}(x)/Q^{n-1}(x)}$$

und deshalb

$$\frac{P^{n-1}(x_i)}{Q^{n-1}(x_i)} = \frac{x_i - x_1}{\varphi(x_0, x_i) - \varphi(x_0, x_1)} = \varphi(x_0, x_1, x_i), \quad i = 2, 3, \dots, 2n.$$

Fährt man auf diese Weise fort, so erhält man für $\Phi^{n,n}(x)$ den Ausdruck

$$\Phi^{n,n}(x) = \frac{P^n(x)}{Q^n(x)} = f_0 + \frac{x - x_0}{Q^n(x)/P^{n-1}(x)}$$

$$= f_0 + \cfrac{x - x_0}{\varphi(x_0, x_1) + \cfrac{x - x_1}{P^{n-1}(x)/Q^{n-1}(x)}} = \cdots$$

$$= f_0 + \cfrac{x - x_0}{\varphi(x_0, x_1) + \cfrac{x - x_1}{\varphi(x_0, x_1, x_2) + \cfrac{}{\ddots \cfrac{}{\cfrac{x - x_{2n-1}}{\varphi(x_0, \dots, x_{2n})}}}}}.$$

$\Phi^{n,n}(x)$ ist somit in der Form eines *Kettenbruchs* dargestellt:

(2.2.2.3)
$$\Phi^{n,n}(x) = f_0 + \overline{x - x_0/\varphi(x_0, x_1)} + \overline{x - x_1/\varphi(x_0, x_1, x_2)} + \cdots$$
$$+ \overline{x - x_{2n-1}/\varphi(x_0, x_1, \dots, x_{2n})}.$$

Man prüft leicht nach, dass die Teilbrüche dieses Kettenbruchs gerade die rationalen Ausdrücke $\Phi^{\mu,\mu}(x)$ bzw. $\Phi^{\mu+1,\mu}(x)$, $\mu = 0, 1, \dots, n - 1$ mit der Eigenschaft (2.2.1.1) sind, die im Tableau (2.2.2.1) markiert sind, also

$$\Phi^{0,0}(x) = f_0,$$
$$\Phi^{1,0}(x) = f_0 + \overline{x - x_0/\varphi(x_0, x_1)},$$
$$\Phi^{1,1}(x) = f_0 + \overline{x - x_0/\varphi(x_0, x_1)} + \overline{x - x_1/\varphi(x_0, x_1, x_2)}, \quad \text{usw.}$$

Beispiel:

i	x_i	f_i	$\varphi(x_0, x_i)$	$\varphi(x_0, x_1, x_i)$	$\varphi(x_0, x_1, x_2, x_i)$
0	0	0			
1	1	-1	-1		
2	2	$-\frac{2}{3}$	-3	$-\frac{1}{2}$	
3	3	9	$\frac{1}{3}$	$\frac{3}{2}$	$\frac{1}{2}$

$$\Phi^{2,1}(x) = 0 + \overline{x/-1} + \overline{x - 1/-1/2} + \overline{x - 2/1/2} = (4x^2 - 9x)/(-2x + 7).$$

Wegen der fehlenden Symmetrie der inversen Differenzen nimmt man häufig stattdessen die sog. *reziproken Differenzen*

$$\rho(x_i, x_{i+1}, \ldots, x_{i+k}),$$

die durch die Rekursionsformeln

$$\rho(x_i) := f_i,$$

$$\rho(x_i, x_{i+1}) := \frac{x_i - x_{i+1}}{f_i - f_{i+1}},$$

(2.2.2.4) $\vdots$

$$\rho(x_i, x_{i+1}, \ldots, x_{i+k}) := \frac{x_i - x_{i+k}}{\rho(x_i, \ldots, x_{i+k-1}) - \rho(x_{i+1}, \ldots, x_{i+k})} + \rho(x_{i+1}, \ldots, x_{i+k-1})$$

definiert sind. Man kann zeigen, dass die reziproken Differenzen symmetrische Funktionen der Argumente sind. Für einen Beweis siehe etwa Milne-Thompson (1951). Sie hängen mit den inversen Differenzen auf folgende Weise zusammen.

(2.2.2.5) **Theorem:** *Für $p = 1, 2, \ldots$ gilt (mit $\rho(x_0, \ldots, x_{p-2}) := 0$ für $p = 1$)*

$$\varphi(x_0, x_1, \ldots, x_p) = \rho(x_0, \ldots, x_p) - \rho(x_0, \ldots, x_{p-2}).$$

Beweis: Durch vollständige Induktion nach p. Für $p = 1$ ist (2.2.2.5) trivial. Wenn (2.2.2.5) für ein p richtig ist, dann gilt

$$\varphi(x_0, x_1, \ldots, x_{p+1}) = \frac{x_p - x_{p+1}}{\varphi(x_0, \ldots, x_p) - \varphi(x_0, \ldots, x_{p-1}, x_{p+1})}$$

$$= \frac{x_p - x_{p+1}}{\rho(x_0, \ldots, x_p) - \rho(x_0, \ldots, x_{p-1}, x_{p+1})}.$$

Wegen (2.2.2.4) gilt aber

$$\frac{x_p - x_{p+1}}{\rho(x_p, x_0, \ldots, x_{p-1}) - \rho(x_0, \ldots, x_{p-1}, x_{p+1})}$$
$$= \rho(x_p, x_0, \ldots, x_{p-1}, x_{p+1}) - \rho(x_0, \ldots, x_{p-1}).$$

Aus der Symmetrie der $\rho(\cdots)$ folgt daher

$$\varphi(x_0, x_1, \ldots, x_{p+1}) = \rho(x_0, \ldots, x_{p+1}) - \rho(x_0, \ldots, x_{p-1}),$$

was zu zeigen war. $\square$

Die reziproken Differenzen ordnet man in einer Tafel wie folgt an:

$$
\begin{array}{c|c}
x_0 & f_0 \\
 & & \rho(x_0,x_1) \\
x_1 & f_1 & & \rho(x_0,x_1,x_2) \\
 & & \rho(x_1,x_2) & & \rho(x_0,x_1,x_2,x_3) \\
(2.2.2.6) \quad x_2 & f_2 & & \rho(x_1,x_2,x_3) & \vdots \\
 & & \rho(x_2,x_3) & \vdots \\
x_3 & f_3 & \vdots \\
\vdots & \vdots
\end{array}
$$

Aus (2.2.2.3) wird bei Verwendung reziproker Differenzen wegen (2.2.2.5) der sog. *Thielesche Kettenbruch*:

(2.2.2.7)
$$
\Phi^{n,n}(x) = f_0 + x - x_0/\overline{\rho(x_0,x_1)} + x - x_1/\overline{\rho(x_0,x_1,x_2) - \rho(x_0)} + \cdots
$$
$$
+ x - x_{2n-1}/\overline{\rho(x_0,\ldots,x_{2n}) - \rho(x_0,\ldots,x_{2n-2})}.
$$

2.2.3 Neville-artige Algorithmen

Wir wollen nun einen Algorithmus zur rationalen Interpolation herleiten, der dem Nevilleschen Algorithmus zur Polynominterpolation entspricht. Es sei daran erinnert, dass wir am Ende von 2.2.1 generell vorausgesetzt haben, dass keine Entartungsfälle vorliegen.

Wir bezeichnen mit

$$
\Phi_s^{\mu,\nu}(x) \equiv \frac{P_s^{\mu,\nu}(x)}{Q_s^{\mu,\nu}(x)}
$$

den rationalen Ausdruck mit

$$
\Phi_s^{\mu,\nu}(x_i) = f_i \quad \text{für} \quad i = s, s+1, \ldots, s+\mu+\nu.
$$

Dabei sind $P_s^{\mu,\nu}$, $Q_s^{\mu,\nu}$ Polynome mit Grad $P_s^{\mu,\nu} \le \mu$ und Grad $Q_s^{\mu,\nu} \le \nu$; ihre höchsten Koeffizienten nennen wir $p_s^{\mu,\nu}$ bzw. $q_s^{\mu,\nu}$:

$$
P_s^{\mu,\nu}(x) = p_s^{\mu,\nu} x^\mu + \cdots, \quad Q_s^{\mu,\nu}(x) = q_s^{\mu,\nu} x^\nu + \cdots .
$$

Wir schreiben zur Abkürzung

$$
\alpha_i := x - x_i, \quad T^{\mu,\nu}(x,y) := P_s^{\mu,\nu}(x) - y \cdot Q_s^{\mu,\nu}(x),
$$

es gilt also

$$
T_s^{\mu,\nu}(x_i, f_i) = 0, \quad i = s, s+1, \ldots, s+\mu+\nu.
$$

(2.2.3.1) **Theorem:** *Mit den Startwerten*

$$P_s^{0,0}(x) = f_s, \quad Q_s^{0,0}(x) = 1,$$

gelten die folgenden Rekursionsformeln:
a) *Übergang* $(\mu - 1, \nu) \to (\mu, \nu)$:

$$P_s^{\mu,\nu}(x) = \alpha_s q_s^{\mu-1,\nu} P_{s+1}^{\mu-1,\nu}(x) - \alpha_{s+\mu+\nu}\, q_{s+1}^{\mu-1,\nu} P_s^{\mu-1,\nu}(x),$$
$$Q_s^{\mu,\nu}(x) = \alpha_s q_s^{\mu-1,\nu} Q_{s+1}^{\mu-1,\nu}(x) - \alpha_{s+\mu+\nu}\, q_{s+1}^{\mu-1,\nu} Q_s^{\mu-1,\nu}(x).$$

b) *Übergang* $(\mu, \nu - 1) \to (\mu, \nu)$:

$$P_s^{\mu,\nu}(x) = \alpha_s p_s^{\mu,\nu-1} P_{s+1}^{\mu,\nu-1}(x) - \alpha_{s+\mu+\nu}\, p_{s+1}^{\mu,\nu-1} P_s^{\mu,\nu-1}(x),$$
$$Q_s^{\mu,\nu}(x) = \alpha_s p_s^{\mu,\nu-1} Q_{s+1}^{\mu,\nu-1}(x) - \alpha_{s+\mu+\nu}\, p_{s+1}^{\mu,\nu-1} Q_s^{\mu,\nu-1}(x).$$

Beweis: Wir zeigen nur a), der Beweis für b) verläuft analog. Dazu nehmen wir an, dass die rationalen Ausdrücke $\Phi_s^{\mu-1,\nu}$ und $\Phi_{s+1}^{\mu-1,\nu}$ die Interpolationsforderungen erfüllen, d.h.

(2.2.3.2)
$$T_s^{\mu-1,\nu}(x_i, f_i) = 0 \quad \text{für} \quad i = s, \dots, s + \mu + \nu - 1,$$
$$T_{s+1}^{\mu-1,\nu}(x_i, f_i) = 0 \quad \text{ür} \quad i = s + 1, \dots, s + \mu + \nu.$$

Definiert man $P_s^{\mu,\nu}(x)$, $Q_s^{\mu,\nu}(x)$ durch (2.2.3.1)a) so gilt Grad $P_s^{\mu,\nu} \le \mu$ und Grad $Q_s^{\mu,\nu} \le \nu$, weil der Koeffizient von $x^{\nu+1}$ verschwindet. Ferner ist

$$T_s^{\mu,\nu}(x,y) = \alpha_s q_s^{\mu-1,\nu} T_{s+1}^{\mu-1,\nu}(x,y) - \alpha_{s+\mu+\nu}\, q_{s+1}^{\mu-1,\nu} T_s^{\mu-1,\nu}(x,y).$$

Daraus folgt mit (2.2.3.2)

$$T_s^{\mu,\nu}(x_i, f_i) = 0 \text{ für } i = s, \dots, s + \mu + \nu.$$

Unter der generellen Voraussetzung, dass für keine Kombination (μ, ν, s) unerreichbare Punkte auftreten, erhalten wir also in (2.2.3.1)a) tatsächlich Zähler und Nenner von $\Phi_s^{\mu,\nu}$. $\qquad\square$

In den Rekursionsformeln von (2.2.3.1) treten leider noch die Koeffizienten $p_s^{\mu,\nu-1}$, $q_s^{\mu-1,\nu}$ usw. auf, sie liefern deshalb noch keinen effizienten Algorithmus zur Berechnung von $\Phi_s^{m,n}(x)$ für ein festes gegebenes x. Man kann diese Koeffizienten jedoch eliminieren, dazu dient das folgende Ergebnis.

(2.2.3.3) **Theorem:** *Es gilt*

a) $\qquad \Phi_s^{\mu-1,\nu}(x) - \Phi_{s+1}^{\mu-1,\nu-1}(x) = k_1 \dfrac{(x - x_{s+1}) \cdots (x - x_{s+\mu+\nu-1})}{Q_s^{\mu-1,\nu}(x) Q_{s+1}^{\mu-1,\nu-1}(x)}$

mit $k_1 = -p_{s+1}^{\mu-1,\nu-1} q_s^{\mu-1,\nu}$, *und*

b) $\Phi_{s+1}^{\mu-1,\nu}{}'(x) - \Phi_{s+1}^{\mu-1,\nu-1}(x) = k_2 \dfrac{(x-x_{s+1})\cdots(x-x_{s+\mu+\nu-1})}{Q_{s+1}^{\mu-1,\nu}(x)Q_{s+1}^{\mu-1,\nu-1}(x)}$

mit $k_2 = -p_{s+1}^{\mu-1,\nu-1}q_{s+1}^{\mu-1,\nu}$.

Beweis: Zum Beweis von a) beachte man, dass der Zähler von

$$\Phi_s^{\mu-1,\nu}(x) - \Phi_{s+1}^{\mu-1,\nu-1}(x)$$

$$= \frac{P_s^{\mu-1,\nu}(x)Q_{s+1}^{\mu-1,\nu-1}(x) - P_{s+1}^{\mu-1,\nu-1}(x)Q_s^{\mu-1,\nu}(x)}{Q_s^{\mu-1,\nu}(x)Q_{s+1}^{\mu-1,\nu-1}(x)}$$

ein Polynom höchstens $(\mu-1+\nu)$-ten Grades ist, dessen höchster Koeffizient gerade $-p_{s+1}^{\mu-1,\nu-1}q_s^{\mu-1,\nu} = k_1$ ist und das nach Definition von $\Phi_s^{\mu-1,\nu}$ und $\Phi_{s+1}^{\mu-1,\nu-1}$ an den $\mu+\nu-1$ Stellen

$$x_i, \quad i = s+1, s+2, \ldots, s+\mu+\nu-1$$

verschwindet. Es hat daher die Form

$$k_1(x-x_{s+1})\cdots(x-x_{s+\mu+\nu-1}),$$

so dass a) gilt. Teil b) wird analog bewiesen. $\square$

(2.2.3.4) Theorem: *Für* $\mu \geq 1$, $\nu \geq 1$ *gelten die Rekursionsformeln*

a) $\Phi_s^{\mu,\nu}(x) = \Phi_{s+1}^{\mu-1,\nu}(x) + \dfrac{\Phi_{s+1}^{\mu-1,\nu}(x) - \Phi_s^{\mu-1,\nu}(x)}{\dfrac{\alpha_s}{\alpha_{s+\mu+\nu}}\left(1 - \dfrac{\Phi_{s+1}^{\mu-1,\nu}(x) - \Phi_s^{\mu-1,\nu}(x)}{\Phi_{s+1}^{\mu-1,\nu}(x) - \Phi_{s+1}^{\mu-1,\nu-1}(x)}\right) - 1}$,

b) $\Phi_s^{\mu,\nu}(x) = \Phi_{s+1}^{\mu,\nu-1}(x) + \dfrac{\Phi_{s+1}^{\mu,\nu-1}(x) - \Phi_s^{\mu,\nu-1}(x)}{\dfrac{\alpha_s}{\alpha_{s+\mu+\nu}}\left(1 - \dfrac{\Phi_{s+1}^{\mu,\nu-1}(x) - \Phi_s^{\mu,\nu-1}(x)}{\Phi_{s+1}^{\mu,\nu-1}(x) - \Phi_{s+1}^{\mu-1,\nu-1}(x)}\right) - 1}$.

Beweis: a) Nach (2.2.3.1)a) hat man

$$\Phi_s^{\mu,\nu}(x) = \frac{\alpha_s q_s^{\mu-1,\nu} P_{s+1}^{\mu-1,\nu}(x) - \alpha_{s+\mu+\nu}\, q_{s+1}^{\mu-1,\nu} P_s^{\mu-1,\nu}(x)}{\alpha_s q_s^{\mu-1,\nu} Q_{s+1}^{\mu-1,\nu}(x) - \alpha_{s+\mu+\nu}\, q_{s+1}^{\mu-1,\nu} Q_s^{\mu-1,\nu}(x)}.$$

Wir nehmen an, dass $p_{s+1}^{\mu-1,\nu-1} \neq 0$ ist, erweitern diesen Bruch mit

$$\frac{-p_{s+1}^{\mu-1,\nu-1}(x-x_{s+1})(x-x_{s+2})\cdots(x-x_{s+\mu+\nu-1})}{Q_{s+1}^{\mu-1,\nu}(x)Q_s^{\mu-1,\nu}(x)Q_{s+1}^{\mu-1,\nu-1}(x)}$$

und erhalten unter Beachtung von (2.2.3.3)

(2.2.3.5) $\qquad \Phi_s^{\mu,\nu}(x) = \dfrac{\alpha_s \Phi_{s+1}^{\mu-1,\nu}(x) \, [\qquad]_1 - \alpha_{s+\mu+\nu} \Phi_s^{\mu-1,\nu}(x) \, [\qquad]_2}{\alpha_s \, [\qquad]_1 - \alpha_{s+\mu+\nu} \, [\qquad]_2}$

mit

$$[\qquad]_1 = \Phi_s^{\mu-1,\nu}(x) - \Phi_{s+1}^{\mu-1,\nu-1}(x),$$

$$[\qquad]_2 = \Phi_{s+1}^{\mu-1,\nu}(x) - \Phi_{s+1}^{\mu-1,\nu-1}(x).$$

Durch einfache Umformung folgt daraus die Formel a). Formel b) lässt sich analog herleiten. $\qquad\qquad\qquad\qquad\qquad\qquad\qquad\qquad\qquad\qquad\qquad$ $\square$

Man kann nun mit den Formeln (2.2.3.4)a) und b) nacheinander rationale Ausdrücke (für festes x) berechnen, deren Zähler- und Nennergrad abwechselnd um 1 steigen, was in der (μ, ν)-Tafel einem Zick-Zack-Weg entspricht:

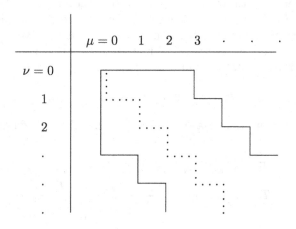

(2.2.3.6)

Dazu benötigt man allerdings noch spezielle Formeln für Schritte auf dem linken und dem oberen Rand der Tafel:

Solange für $\nu = 0$ nur μ erhöht wird, handelt es sich um reine Polynominterpolation. Man rechnet dann mit den Nevilleschen Formeln (s. (2.1.2.1))

$$\Phi_s^{0,0}(x) := f_s,$$

$$\Phi_s^{\mu,0}(x) := \frac{\alpha_s \Phi_{s+1}^{\mu-1,0} - \alpha_{s+\mu} \Phi_s^{\mu-1,0}(x)}{\alpha_s - \alpha_{s+\mu}}, \quad \mu = 1, 2, \ldots,$$

die für $\nu = 0$ mit unter (2.2.3.4)a) fallen, wenn man dort den Quotienten

$$\frac{\Phi_{s+1}^{\mu-1,\nu}(x) - \Phi_s^{\mu-1,\nu}(x)}{\Phi_{s+1}^{\mu-1,\nu}(x) - \Phi_{s+1}^{\mu-1,\nu-1}(x)}$$

durch Null ersetzt, d.h. formal $\Phi_{s+1}^{\mu-1,-1} := \infty$ setzt.

Wird für $\mu = 0$ nur ν erhöht, so kann man dies offenbar auf Polynominterpolation mit den Stützpunkten $(x_i, 1/f_i)$ zurückführen und deshalb mit den Formeln

$$\Phi_s^{0,0}(x) := f_s,$$

(2.2.3.7) $\qquad \Phi_s^{0,\nu}(x) := \dfrac{\alpha_s - \alpha_{s+\nu}}{\dfrac{\alpha_s}{\Phi_{s+1}^{0,\nu-1}(x)} - \dfrac{\alpha_{s+\nu}}{\Phi_s^{0,\nu-1}(x)}}, \qquad \nu = 1, 2, \ldots,$

rechnen, die in (2.2.3.4)b) enthalten sind, wenn man dort $\Phi_{s+1}^{-1,\nu-1}(x) := 0$ setzt.

Für die praktische Anwendung der Formeln (2.2.3.4) hat sich die (μ, ν)-Sequenz

$$(0,0) \to (0,1) \to (1,1) \to (1,2) \to (2,2) \to \cdots$$

als besonders günstig erwiesen (punktierte Linie in (2.2.3.6)). Das gilt insbesondere für das wichtige Anwendungsgebiet der Extrapolationsverfahren (s. 3.4, 3.5, und Band 2), bei denen man nur an den Werten $\Phi_s^{\mu,\nu}(x)$ für $x = 0$ interessiert ist. Verwendet man diese (μ, ν)-Sequenz , so genügt die Angabe von $\mu + \nu$ statt μ und ν und man schreibt kürzer

$$T_{i,k} := \Phi_s^{\mu,\nu}(x) \quad \text{mit} \quad i = s + \mu + \nu, \quad k = \mu + \nu.$$

Aus den Formeln (2.2.3.4)a) und b) sowie (2.2.3.7) wird dann der Algorithmus

$$T_{i,0} := f_i, \quad T_{i,-1} := 0,$$

(2.2.3.8) $\qquad T_{i,k} := T_{i,k-1} + \dfrac{T_{i,k-1} - T_{i-1,k-1}}{\dfrac{x - x_{i-k}}{x - x_i}\left(1 - \dfrac{T_{i,k-1} - T_{i-1,k-1}}{T_{i,k-1} - T_{i-1,k-2}}\right) - 1}$

für $1 \le k \le i$, $i = 0, 1, \ldots$. Man beachte, dass sich diese Rekursionsformel nur durch die grosse runde Klammer von der entsprechenden Formel (2.1.2.5) für die Polynominterpolation unterscheidet, wo die Klammer durch 1 ersetzt ist.

Ordnet man die Werte $T_{i,k}$ wie folgt in einem Tableau an, so sind durch die Rekursionsformel immer die 4 Ecken eines Rhombus miteinander verknüpft:

$$(\mu, \nu) = \qquad (0,0) \qquad (0,1) \qquad (1,1) \qquad (1,2) \qquad \cdots$$

$$
\begin{array}{l}
\phantom{0 = T_{0,-1}} \quad f_0 = T_{0,0} \\[4pt]
0 = T_{0,-1} \qquad\qquad\qquad T_{1,1} \\[4pt]
\phantom{0 = T_{0,-1}} \quad f_1 = T_{1,0} \qquad\qquad\qquad T_{2,2} \\[4pt]
\phantom{0=T_{0,-1}xxxxxxxxxxxxxxxxxxxxxxx} \searrow \\[2pt]
0 = T_{1,-1} \qquad\qquad\qquad T_{2,1} \quad \longrightarrow \qquad T_{3,3} \\[2pt]
\phantom{0=T_{0,-1}xxxxxxxxxxxxxxxxxxxxxxx} \nearrow \\[4pt]
\phantom{0 = T_{0,-1}} \quad f_2 = T_{2,0} \qquad\qquad\qquad T_{3,2} \qquad \vdots \quad \ddots \\[4pt]
0 = T_{2,-1} \qquad\qquad\qquad T_{3,1} \qquad \vdots \\[4pt]
\phantom{0 = T_{0,-1}} \quad f_3 = T_{3,0} \qquad \vdots \\[4pt]
\phantom{0 = T_{0,-}} \vdots \qquad\qquad \vdots
\end{array}
$$

(2.2.3.9)

2.2.4 Anwendungen und Vergleich der beschriebenen Algorithmen

Interpolationsformeln werden benutzt, um eine an gewissen Stellen x_i, z.B. durch eine Tafel, gegebene Funktion $f(x)$ mit Hilfe der Werte $f_i = f(x_i)$ auch an anderen Stellen $x \neq x_i$ näherungsweise zu bestimmen. Für gewöhnlich gibt die Interpolation mit Polynomen genügend genaue Resultate. Anders ist es, wenn die Stelle x, für die man einen Näherungswert für $f(x)$ durch Interpolation bestimmen will, in der Nähe eines Pols von $f(x)$ liegt, z.B. wenn $\mathrm{tg}(x)$ für ein nahe bei $\frac{\pi}{2}$ gelegenes x bestimmt werden soll. In solchen Fällen liefert die Polynominterpolation völlig ungenügende Werte, während die rationale Interpolation wegen ihrer grösseren Flexibilität (Möglichkeit von Polen einer rationalen Funktion) durchaus befriedigende Resultate liefert.

Beispiel (entnommen aus Bulirsch und Rutishauser (1968)): Für die Funktion $f(x) = \mathrm{ctg}(x)$ liegen in einer Tafel die Werte für $\mathrm{ctg}(1°), \mathrm{ctg}(2°), \ldots$, vor. Durch Interpolation soll daraus ein Näherungswert für $\mathrm{ctg}(2°30')$ berechnet werden.

Polynom-Interpolation 4. Ordnung nach den Formeln (2.1.2.5) ergibt das folgende Tableau:

x_i	$f_i = \mathrm{ctg}(x_i)$				
1°	57.28996163				
		14.30939911			
2°	28.63625328		21.47137102		
		23.85869499		22.36661762	
3°	19.08113669		23.26186421		22.63519158
		21.47137190		23.08281486	
4°	14.30066626		22.18756808		
		18.60658719			
5°	11.43005230				

Rationale Interpolation mit $(\mu, \nu) = (2,2)$ nach den Formeln (2.2.3.8) ergibt demgegenüber:

1°	57.28996163			
		22.90760673		
2°	28.63625328		22.90341624	
		22.90201805		22.90369573
3°	19.08113669		22.90411487		22.90376552
		22.91041916		22.90384141
4°	14.30066626		22.90201975	
		22.94418151		
5°	11.43005230			

Der exakte Wert ist ctg(2°30′) = 22.9037655484... (ungenaue Ziffern sind unterstrichen).

Interessiert man sich für die Koeffizienten der interpolierenden rationalen Funktion, so sind die Methoden aus 2.2.2 (inverse Differenzen etc.) vorzuziehen. Interessieren aber nur die Werte der interpolierenden Funktionen für ein bestimmtes x, so ist der durch die Formeln (2.2.3.4) gegebene Neville-artige Algorithmus vorteilhafter. Insbesondere liegt diese Situation bei der Anwendung dieses Algorithmus innerhalb der modernen Extrapolationsverfahren zur Konvergenzbeschleunigung vor (s. Abschnitte 3.4, 3.5, und Band 2). Es hat sich gezeigt, dass Extrapolation mit rationalen Funktionen durchweg bessere Resultate liefert als die auf der Polynominterpolation beruhenden Extrapolationsmethoden. Aus diesem Grunde sind die Extrapolationsformeln (2.2.3.8) von besonderer Bedeutung für die Praxis.

2.3 Trigonometrische Interpolation

2.3.1 Theoretische Grundlagen

Die trigonometrische Interpolation benutzt man zur Analyse periodischer Vorgänge, etwa der Periode 2π. Gegeben seien wieder N Stützpunkte (x_k, f_k), $k = 0, 1, \ldots, N-1$. Wenn die Stützordinaten $f_k = f(x_k) \in \mathbb{C}$ Werte einer 2π-periodischen Funktion sind, $f(x \pm 2\pi) = f(x)$ für alle $x \in \mathbb{R}$, können wir ohne Einschränkung der Allgemeinheit

$$0 \leq x_0 < x_1 < \cdots < x_{N-1} < 2\pi$$

voraussetzen. Da die elementaren trigonometrischen Funktionen $\cos hx$ und $\sin hx$ für ganzes h alle die Periode 2π besitzen, liegt es nahe, geeignete Linearkombinationen $\psi(x)$ von N dieser Funktionen zur Interpolation der N Stützpunkte zu verwenden, $\psi(x_k) = f_k$ für $k = 0, 1, \ldots, N-1$. Es stellt sich als zweckmässig heraus, für ungerades $N = 2M + 1$ einen trigonometrischen Ausdruck der Form

(2.3.1.1a) $$\psi(x) := \frac{A_0}{2} + \sum_{h=1}^{M}(A_h \cos hx + B_h \sin hx)$$

und für gerades $N = 2M$ einen der Form

(2.3.1.1b) $\psi(x) := \dfrac{A_0}{2} + \displaystyle\sum_{h=1}^{M-1} (A_h \cos hx + B_h \sin hx) + \dfrac{A_M}{2} \cos Mx$

zu nehmen.

Die Formeln werden bei komplexer Rechnung durchsichtiger. Für komplexe Zahlen $c = a + ib \in \mathbb{C}$, a, b reell, i die imaginäre Einheit, bezeichne $\bar{c} := a - ib$ die konjugiert komplexe Zahl, a den Realteil, b den Imaginärteil und $|c| := (c\bar{c})^{1/2} = (a^2 + b^2)^{1/2}$ den Betrag von c.

Zusätzliche Vereinfachungen ergeben sich für den Fall einer äquidistanten Einteilung des Intervalls $[0, 2\pi]$,

$$x_k := 2\pi k / N, \quad k = 0, 1, \ldots, N - 1,$$

auf den wir uns im folgenden beschränken. In diesem Fall ist die Interpolation durch trigonometrische Ausdrücke $\psi(x)$ (2.3.1.1) äquivalent zu dem Problem, ein interpolierendes *trigonometrisches Polynom* der *Ordnung N* (sie gibt die Zahl der Koeffizienten an)

(2.3.1.2) $p(x) := \beta_0 + \beta_1 e^{ix} + \beta_2 e^{2ix} + \cdots + \beta_{N-1} e^{(N-1)ix}$,

mit

$$p(x_k) = f_k, \quad k = 0, 1, \ldots, N - 1,$$

zu bestimmen. Dies folgt leicht aus der Moivreschen Formel

$$e^{ikx} = \cos kx + i \sin kx$$

und der Definition der x_k,

$$e^{-hix_k} = e^{-2\pi ihk/N} = e^{2\pi i(N-h)k/N} = e^{(N-h)ix_k},$$

so dass

(2.3.1.3) $\cos hx_k = \dfrac{e^{hix_k} + e^{(N-h)ix_k}}{2}, \quad \sin hx_k = \dfrac{e^{hix_k} - e^{(N-h)ix_k}}{2i}$.

Ersetzt man in $\psi(x)$ (2.3.1.1) für $x = x_k$ die Terme $\cos hx_k$ und $\sin hx_k$ durch (2.3.1.3) und ordnet man die Summanden nach Potenzen von e^{ix_k} um, so findet man ein trigonometrisches Polynom $p(x)$ (2.3.1.2) mit $p(x_k) = \psi(x_k)$ für $k = 0, 1, \ldots, N - 1$, dessen Koeffizienten β_j mit den Koeffizienten A_h, B_h folgendermassen zusammenhängen.

(2.3.1.4) **Theorem:** a) *Für ungerades $N = 2M + 1$ gilt*

$$\beta_0 = \frac{A_0}{2}, \quad \beta_j = \frac{1}{2}(A_j - iB_j), \quad \beta_{N-j} = \frac{1}{2}(A_j + iB_j), \quad j = 1, \ldots, M,$$
$$A_0 = 2\beta_0, \quad A_h = \beta_h + \beta_{N-h}, \quad B_h = i(\beta_h - \beta_{N-h}), \quad h = 1, \ldots, M.$$

b) *Für gerades $N = 2M$ gilt*

$$\beta_0 = \frac{A_0}{2}, \quad \beta_j = \frac{1}{2}(A_j - iB_j), \quad \beta_{N-j} = \frac{1}{2}(A_j + iB_j), \quad j = 1, \dots, M-1,$$

$$\beta_M = \frac{A_M}{2},$$

$$A_0 = 2\beta_0, \quad A_h = \beta_h + \beta_{N-h}, \quad B_h = i(\beta_h - \beta_{N-h}), \quad h = 1, \dots, M-1,$$

$$A_M = 2\beta_M.$$

Entsprechend der Herleitung von (2.3.1.4) stimmen der trigonometrische Ausdruck $\psi(x)$ und das entsprechende trigonometrische Polynom $p(x)$ an den Stützabszissen $x = x_k = 2\pi k/N$, $k = 0, \dots, N-1$, überein, im allgemeinen jedoch nicht für $x \neq x_k$. Die Interpolationsprobleme für $\psi(x)$ und $p(x)$ sind deshalb nur in dem Sinne äquivalent, dass die Lösung eines Problems vermöge (2.3.1.4) sofort eine Lösung des anderen Problems liefert.

Die trigonometrischen Polynome $p(x)$ (2.3.1.2) besitzen eine einfachere Struktur als die trigonometrischen Ausdrücke $\psi(x)$ (2.3.1.1). Mit den Abkürzungen

$$\omega := e^{ix}, \quad \omega_k := e^{ix_k} = e^{2k\pi i/N},$$

$$P(\omega) := \beta_0 + \beta_1\omega + \cdots + \beta_{N-1}\omega^{N-1},$$

ist es wegen $\omega_j \neq \omega_k$ für $j \neq k$, $0 \leq j, k \leq N-1$, klar, dass das oben betrachtete trigonometrische Interpolationsproblem mit einem Interpolationsproblem für Polynome identisch ist, nämlich ein (komplexes) Polynom P mit Grad $P \leq N-1$ und

$$P(\omega_k) = f_k, \quad k = 0, 1, \dots, N-1,$$

zu finden. Aus Theorem (2.1.1.1) erhalten wir daher sofort das folgende Resultat.

(2.3.1.5) **Theorem:** *Zu beliebigen Stützpunkten (x_k, f_k), $k = 0, 1, \dots, N-1$, mit komplexem f_k und $x_k := 2\pi k/N$, gibt es genau ein trigonometrisches Polynom*

$$p(x) = \beta_0 + \beta_1 e^{ix} + \cdots + \beta_{N-1} e^{(N-1)ix}$$

mit $p(x_k) = f_k$ für $k = 0, 1, \dots, N-1$.

Die Koeffizienten β_j des interpolierenden trigonometrischen Polynoms können explizit angegeben werden. Wir benötigen dazu einige Eigenschaften der ω_k. Zunächst gilt für $0 \leq j, h \leq N-1$

(2.3.1.6) $$\omega_h^j = \omega_j^h, \quad \omega_h^{-j} = \overline{\omega_h^j},$$

und insbesondere die wichtige Formel

(2.3.1.7) $$\sum_{k=0}^{N-1} \omega_k^j \omega_k^{-h} = \begin{cases} N & \text{für } j = h, \\ 0 & \text{für } j \neq h. \end{cases}$$

Beweis: ω_{j-h} ist eine Nullstelle des Polynoms

$$\omega^N - 1 = (\omega - 1)(\omega^{N-1} + \omega^{N-2} + \cdots + 1),$$

so dass entweder $\omega_{j-h} = 1$, also $j = h$ gilt, oder

$$\sum_{k=0}^{N-1} \omega_k^j \omega_k^{-h} = \sum_{k=0}^{N-1} \omega_k^{j-h} = \sum_{k=0}^{N-1} \omega_{j-h}^k = 0.$$

Damit ist (2.3.1.7) bewiesen. $\square$

Führt man auf dem N-dimensionalen komplexen Vektorraum $\mathbb{C}^N$ aller komplexen Vektoren $u = \begin{bmatrix} u_0 & u_1 & \cdots & u_{N-1} \end{bmatrix}$ der Länge N das übliche Skalarprodukt

$$[u, v] := \sum_{j=0}^{N-1} u_j \bar{v}_j$$

ein, so besagt (2.3.1.7), dass die speziellen Vektoren

$$w^{(j)} := \begin{bmatrix} \omega_0^j & \omega_1^j & \cdots & \omega_{N-1}^j \end{bmatrix}, \quad j = 0, 1, \dots, N-1,$$

eine *Orthogonalbasis* des $\mathbb{C}^N$ bilden,

$$(2.3.1.8) \qquad [w^{(j)}, w^{(h)}] = \begin{cases} N & \text{für } j = h \\ 0 & \text{für } j \neq h. \end{cases}$$

Insbesondere haben die Vektoren $w^{(j)}$ alle die Länge $[w^{(j)}, w^{(j)}]^{1/2} = \sqrt{N}$. Die Beziehungen (2.3.1.7) heissen daher auch *Orthogonalitätsrelationen*. Mit ihrer Hilfe kann man eine explizite Formel für die Koeffizienten β_j von $p(x)$ herleiten.

(2.3.1.9) Theorem: *Für das trigonometrische Polynom $p(x) = \sum_{j=0}^{N-1} \beta_j e^{jix}$ gilt*

$$p(x_k) = f_k, \quad k = 0, 1, \dots, N-1,$$

für komplexes f_k und $x_k = 2\pi k/N$ genau dann, wenn

$$(2.3.1.10) \quad \beta_j = \frac{1}{N} \sum_{k=0}^{N-1} f_k \omega_k^{-j} = \frac{1}{N} \sum_{k=0}^{N-1} f_k e^{-2\pi ijk/N}, \quad j = 0, \dots, N-1.$$

Beweis: Aus $f_k = p(x_k)$ folgt für den N-Vektor $f := \begin{bmatrix} f_0 & f_1 & \cdots & f_{N-1} \end{bmatrix}$

$$f = \sum_{j=0}^{N-1} \beta_j w^{(j)},$$

so dass

$$\sum_{k=0}^{N-1} f_k \omega_k^{-j} = [f, w^{(j)}] = [\beta_0 w^{(0)} + \beta_1 w^{(1)} + \cdots + \beta_{N-1} w^{(N-1)}, w^{(j)}] = N\beta_j.$$

Der Beweis ist damit vollständig.   □

Die Abschnittspolynome

$$p_s(x) := \beta_0 + \beta_1 e^{ix} + \cdots + \beta_s e^{six}, \quad s \le N - 1,$$

des interpolierenden trigonometrischen Polynoms $p(x)$ haben eine interessante Minimaleigenschaft.

(2.3.1.11) Theorem: *Für jedes $s = 0, 1, \ldots, N - 1$ minimiert unter allen trigonometrischen Polynomen q der Form*

$$q(x) = \gamma_0 + \gamma_1 e^{ix} + \cdots + \gamma_s e^{six}$$

gerade das s-te Abschnittspolynom $p_s(x)$ von $p(x)$ die „Fehlerquadratsumme"

$$S(q) := \sum_{k=0}^{N-1} |f_k - q(x_k)|^2.$$

Insbesondere ist $S(p) = 0$. Das Abschnittspolynom $p_s(x)$ ist durch diese Minimaleigenschaft eindeutig bestimmt.

Beweis: Mit den N-Vektoren

$$p_s := \begin{bmatrix} p_s(x_0) & \cdots & p_s(x_{N-1}) \end{bmatrix}, \quad q := \begin{bmatrix} q(x_0) & \cdots & q(x_{N-1}) \end{bmatrix}$$

gilt

$$S(q) = [f - q, f - q].$$

Nun ist wegen (2.3.1.9) $[f, w^{(j)}] = N\beta_j$ für $j = 0, \ldots, N - 1$ und daher

$$[f - p_s, w^{(j)}] = [f - \sum_{h=0}^{s} \beta_h w^{(h)}, w^{(j)}] = N\beta_j - N\beta_j = 0, \quad j = 0, 1, \ldots, s,$$

sowie

$$[f - p_s, p_s - q] = \sum_{j=0}^{s} [f - p_s, (\beta_j - \gamma_j) w^{(j)}] = 0.$$

Damit gilt aber

$$\begin{aligned} S(q) &= [f - q, \, f - q] \\ &= [(f - p_s) + (p_s - q), (f - p_s) + (p_s - q)] \\ &= [f - p_s, f - p_s] + [p_s - q, p_s - q] \\ &\ge [f - p_s, f - p_s] = S(p_s) \end{aligned}$$

mit Gleichheit nur für $[p_s - q, p_s - q] = 0$, d.h. $q(x_j) = p_s(x_j)$ für $0 \le j \le N-1$. Wegen des Eindeutigkeitstheorems (2.3.1.5) folgt dann $p_s = q$.   □

Wir kehren nun zu den trigonometrischen Ausdrücken (2.3.1.1) zurück. Für sie gilt das folgende Analogon der Theoreme (2.3.1.5) und (2.3.1.9).

(2.3.1.12) **Theorem:** *Die trigonometrischen Ausdrücke* (2.3.1.1),

$$\psi(x) := \frac{A_0}{2} + \sum_{h=1}^{M}(A_h \cos hx + B_h \sin hx),$$

$$\psi(x) := \frac{A_0}{2} + \sum_{h=1}^{M-1}(A_h \cos hx + B_h \sin hx) + \frac{A_M}{2}\cos Mx,$$

mit $N = 2M + 1$ *bzw.* $N = 2M$ *genügen*

$$\psi(x_k) = f_k, \quad k = 0, 1, \ldots N - 1,$$

für $x_k = 2\pi k/N$ *genau dann, wenn für ihre Koeffizienten gilt*

$$A_h = \frac{2}{N}\sum_{k=0}^{N-1} f_k \cos hx_k = \frac{2}{N}\sum_{k=0}^{N-1} f_k \cos \frac{2\pi hk}{N},$$

$$B_h = \frac{2}{N}\sum_{k=0}^{N-1} f_k \sin hx_k = \frac{2}{N}\sum_{k=0}^{N-1} f_k \sin \frac{2\pi hk}{N}.$$

Beweis: Für die Koeffizienten A_h, B_h gilt nach (2.3.1.4), (2.3.1.9)

$$A_h = \beta_h + \beta_{N-h} = \frac{1}{N}\sum_{k=0}^{N-1} f_k(e^{-hix_k} + e^{-(N-h)ix_k}),$$

$$B_h = i(\beta_h - \beta_{N-h}) = \frac{i}{N}\sum_{k=0}^{N-1} f_k(e^{-hix_k} - e^{-(N-h)ix_k}).$$

Die Formeln des Theorems folgen damit aus (2.3.1.3).   □

Man beachte, dass für reelle Stützordinaten f_k auch die A_h, B_h in (2.3.1.12) reell sind.

Wir wollen die Abbildung

$$(f_0, f_1, \ldots, f_{N-1}) \mapsto \beta = (\beta_0, \beta_1, \ldots, \beta_{N-1}),$$

die durch (2.3.1.10) gegeben ist, näher studieren und schreiben sie zunächst mit der Abkürzung $\varepsilon := e^{2\pi i/N}$ in der Form

$$\beta_j = \frac{1}{N}\sum_{k=0}^{N-1} f_k \varepsilon^{-jk}, \quad j = 0, 1, \ldots, N - 1.$$

Lässt man hier den Index j alle ganzen Zahlen durchlaufen, $j \in \mathbb{Z}$, so folgt wegen $\varepsilon^N = 1$ sofort

$$\beta_j = \beta_{j+N} \quad \text{für alle} \quad j \in \mathbb{Z}.$$

Dies legt es nahe, die Menge

$$\mathbb{F}_N := \{ (f_k)_{k \in \mathbb{Z}} \mid f_k \in \mathbb{C}, \ f_{k+N} = f_k \text{ für alle } k \in \mathbb{Z} \}$$

aller N-periodischen Folgen $f = (\dots, f_{-1}, f_0, f_1, \dots)$ komplexer Zahlen einzuführen. Dann beschreibt die (2.3.1.10) entsprechende Formel

$$\beta_j = \frac{1}{N} \sum_{k=0}^{N-1} f_k \varepsilon^{-jk}, \quad j \in \mathbb{Z},$$

eine lineare Abbildung $\mathcal{F}$ von $\mathbb{F}_N$ in sich, $f \mapsto \beta := \mathcal{F}(f)$, die *diskrete Fouriertransformation* (*DFT*) heisst. Wir wollen ihre wichtigsten Eigenschaften beschreiben. Dabei wird uns das folgende Resultat helfen.

(2.3.1.13) **Theorem:** *Für alle $f \in \mathbb{F}_N$ und $r \in \mathbb{Z}$ sind die Summen*

$$S_k := \sum_{j=0}^{N-1} f_{j-k} \varepsilon^{r(j-k)}, \quad k \in \mathbb{Z},$$

von k unabhängig.

Beweis: Dies folgt aus $S_k - S_{k-1} = f_k \varepsilon^{-rk} - f_{N-k} \varepsilon^{r(N-k)} = 0.$ $\qquad \square$

Wegen Theorem (2.3.1.9) besitzt $\mathcal{F}$ eine Inverse $\beta \mapsto f = \mathcal{F}^{-1}(\beta)$, die der *Fouriersynthese* entspricht, nämlich der Berechnung eines trigonometrischen Polynoms $p(x)$ (2.3.1.2) an den äquidistanten Stellen $x_k = 2\pi k / N$,

$$f_k = \sum_{j=0}^{N-1} \beta_j e^{2\pi i j k / N} = \sum_{j=0}^{N-1} \beta_j \varepsilon^{jk}, \quad k \in \mathbb{Z}.$$

Hier kann k wieder alle ganzen Zahlen durchlaufen, so dass $f_k = f_{k+N}$ und $(f_k)_{k \in \mathbb{Z}} \in \mathbb{F}_N$. Wegen $\bar{f}_k = \sum_{j=0}^{N-1} \bar{\beta}_j \varepsilon^{-jk}$ kann man $\mathcal{F}^{-1}$ durch $\mathcal{F}$ ausdrücken,

(2.3.1.14) $$f = \mathcal{F}^{-1}(\beta) = N \overline{\mathcal{F}(\bar{\beta})}.$$

Man kann deshalb zur Fouriersynthese die gleichen Algorithmen wie zur Berechnung von $\mathcal{F}$ verwenden, z.B. die Methoden der schnellen Fouriertransformation, die im nächsten Abschnitt 2.3.2 beschrieben werden.

Für Anwendungen besonders wichtig ist die *Faltung* $f * g \in \mathbb{F}_N$ zweier Elemente f und g aus $\mathbb{F}_N$, die durch

(2.3.1.15) $$(f * g)_j := \sum_{k=0}^{N-1} f_k g_{j-k}, \quad j \in \mathbb{Z},$$

definiert ist und offensichtlich wieder in $\mathbb{F}_N$ liegt. Für ihre Fouriertrans-
formierte $\mathcal{F}(f * g)$ gilt die wichtige Formel

(2.3.1.16) $\qquad (\mathcal{F}(f * g))_j = N(\mathcal{F}(f))_j \cdot (\mathcal{F}(g))_j, \quad j \in \mathbb{Z}$

oder kürzer, $\mathcal{F}(f * g) = N\mathcal{F}(f) \circ \mathcal{F}(g)$, wenn man $f \circ g$ in $\mathbb{F}_N$ als komponen-
tenweises Produkt erklärt, $(f \circ g)_j := f_j \cdot g_j, j \in \mathbb{Z}$. Es folgt

(2.3.1.17) $\qquad f * g = N\mathcal{F}^{-1}(\mathcal{F}(f) \circ \mathcal{F}(g)),$

so dass man in $\mathbb{F}_N$ die Faltung mit Hilfe von drei Fouriertransformationen
und N Multiplikationen berechnen kann. Dieses Verfahren ist ausserordentlich effizient, wenn man zur Berechnung von $\mathcal{F}$ die Methoden der schnellen
Fouriertransformation verwendet (s. Abschnitt 2.3.2).

Als nächstes beweisen wir (2.3.1.16).

Beweis: Aus der Definition von $f * g$ folgt für $r \in \mathbb{Z}$

$$
\begin{aligned}
N(\mathcal{F}(f * g))_r &= \sum_{j=0}^{N-1} \sum_{k=0}^{N-1} f_k \varepsilon^{-rk} g_{j-k} \varepsilon^{-r(j-k)} \\
&= \sum_{k=0}^{N-1} f_k \varepsilon^{-rk} \cdot \sum_{j=0}^{N-1} g_{j-k} \varepsilon^{-r(j-k)} \\
&= \sum_{k=0}^{N-1} f_k \varepsilon^{-rk} \cdot \sum_{j=0}^{N-1} g_j \varepsilon^{-rj} \\
&= N^2 (\mathcal{F}(f))_r \cdot (\mathcal{F}(g))_r.
\end{aligned}
$$

Im Beweis der vorletzten Zeile wurde (2.3.1.13) verwendet. $\qquad\qquad \square$

In den Anwendungen wird in der Regel die Faltung $c = a * b$ zweier
Vektoren

$$
a = \begin{bmatrix} a_0 & a_1 & \cdots & a_{N_a-1} \end{bmatrix}, \quad b = \begin{bmatrix} b_0 & b_1 & \cdots & b_{N_b-1} \end{bmatrix}
$$

der Längen N_a bzw. N_b als der Vektor

$$
c = \begin{bmatrix} c_0 & c_1 & \cdots & c_{N-1} \end{bmatrix}
$$

der Länge $N := N_a + N_b - 1$ mit den Komponenten

(2.3.1.18) $\qquad c_j := \sum_{k=\max\{0, j-N_b+1\}}^{\min\{j, N_a-1\}} a_k b_{j-k}, \quad j = 0, 1, \ldots, N-1,$

definiert. Die kompliziert erscheinenden oberen bzw. unteren Schranken bei
der Summation stellen lediglich sicher, dass nur wohldefinierte Werte der a_k,
b_{j-k} verwendet werden.

Die Faltung von Vektoren spielt in der Signalverarbeitung und in der Statistik bei der Zeitreihenanalyse eine wichtige Rolle. Ein innermathematisches Beispiel liefert die Multiplikation zweier Polynome

$$a(x) = a_0 + a_1 x + \cdots + a_{N_a-1} x^{N_a-1}, \quad b(x) = b_0 + b_1 x + \cdots + b_{N_b-1} x^{N_b-1}$$

vom Grad $N_a - 1$ bzw. $N_b - 1$. Die Koeffizienten c_j des Produktpolynoms $c(x) := a(x)b(x)$,

$$c(x) = c_0 + c_1 x + \cdots + c_{N-1} x^{N-1}, \quad N = N_a + N_b - 1,$$

sind durch (2.3.1.18) gegeben.

Der Zusammenhang der Faltung von Vektoren mit der Faltung im $\mathbb{F}_N$ ist einfach: Zunächst erweitert man die Vektoren a und b der Längen N_a bzw. N_b zu Vektoren der Länge $N = N_a + N_b - 1$, indem man sie durch zusätzliche Nullkomponenten auffüllt (engl.: padding), d.h. man setzt

$$a_j := 0 \quad \text{für} \quad N_a \le j \le N - 1,$$
$$b_j := 0 \quad \text{für} \quad N_b \le j \le N - 1.$$

Sie werden anschliessend N-periodisch zu Elementen $\hat{a}, \hat{b} \in \mathbb{F}_N$ fortgesetzt. Ihre Faltung $\hat{c} := \hat{a} * \hat{b}$ im Sinne von (2.3.1.15) liefert dann genau die Koeffizienten c_j, die durch (2.3.1.18) definiert sind:

$$\hat{c}_j = (\hat{a} * \hat{b})_j = c_j, \quad j = 0, 1, \ldots, N - 1.$$

Beweis: Sei $0 \le j \le N - 1 = N_a + N_b - 2$ und $\hat{c} = \hat{a} * \hat{b}$. Dann gilt zunächst

$$\hat{c}_j = \sum_{k=0}^{N-1} \hat{a}_k \hat{b}_{j-k} = \sum_{k=0}^{N_a-1} a_k \hat{b}_{j-k}$$

wegen

$$\hat{a}_k = \begin{cases} 0 & \text{für } N_a \le k \le N - 1, \\ a_k & \text{für } 0 \le k < N_a. \end{cases}$$

Schliesslich folgt aus

$$\hat{b}_j = \hat{b}_{j-N} = \begin{cases} 0 & \text{für } N_b \le j \le N - 1, \\ b_j & \text{für } 0 \le j < N_b, \end{cases}$$

die Behauptung

$$\hat{c}_j = \sum_{k=\max\{0, j-N_b+1\}}^{\min\{j, N_a-1\}} a_k b_{j-k} = c_j.$$

Damit ist der Beweis vollständig.   □

Man kann deshalb auch die Faltung von Vektoren wegen (2.3.1.17) mit Hilfe von drei Fouriertransformationen in $\mathbb{F}_N$, $N = N_a + N_b - 1$, und N Multiplikationen berechnen.

2.3.2 Algorithmen zur schnellen Fouriertransformation

Die Interpolation von Stützpunkten (x_k, f_k), $k = 0, 1, \ldots, N-1$, $x_k = 2\pi k/N$ äquidistant, durch ein trigonometrisches Polynom $p(x) = \sum_{j=0}^{N-1} \beta_j e^{jix}$, und damit die diskrete Fouriertransformation, führt auf Summen der Form (s. Theorem (2.3.1.9))

$$(2.3.2.1) \qquad \beta_j = \frac{1}{N} \sum_{k=0}^{N-1} f_k e^{-2\pi ijk/N}, \quad j = 0, 1, \ldots, N-1.$$

Die Berechnung solcher Summen ist in der Fourieranalysis von grosser Wichtigkeit. Summen dieser Art erhält man auch bei der diskreten Approximation (an äquidistanten Stellen s) von *Fourierintegralen*

$$H(s) = \int_{-\infty}^{\infty} f(t) e^{-2\pi ist} \, dt,$$

die in vielen Anwendungen vorkommen. Die direkte Auswertung aller N Summen (2.3.2.1) erfordert $O(N^2)$ Multiplikationen, so dass sie für sehr grosses N völlig ungeeignet ist. Es ist deshalb von grösster praktischer Bedeutung, dass von Cooley und Tukey (1965) erstmals ein Verfahren gefunden wurde, das zur Berechnung aller Summen (2.3.2.1) (für spezielle Werte von N) lediglich $O(N \log N)$ Multiplikationen benötigt. Verfahren dieser Art sind unter den Namen *schnelle Fouriertransformation* und *FFT-Verfahren* (*Fast-Fourier-Transform*) bekannt. Eine eingehende Beschreibung dieser Methoden findet man z.B. bei Brigham (1974) und Bloomfield (2000).

Es gibt zwei Zugänge zu diesen Methoden: Neben dem urprünglichen Ansatz von Cooley und Tukey ist ein weiteres Verfahren unter dem Namen *Sande–Tukey-Verfahren* bekannt geworden, das von Gentleman und Sande (1966) beschrieben wurde. Beide Verfahren beruhen auf der Darstellung von $N = N_1 N_2 \cdots N_n$ als Produkt kleiner ganzer Zahlen N_m, und beide reduzieren das Problem (2.3.2.1) der Grösse N auf kleinere Probleme der Grösse N_m. Die Verfahren arbeiten am besten für

$$N = 2^n, \quad n > 0 \quad \text{ganz},$$

und auf diesen Spezialfall wollen wir uns beschränken.

Wir beschreiben zunächst das Verfahren von Sande und Tukey. Mit der Abkürzung

$$\varepsilon_m := e^{-2\pi i/2^m}$$

lässt sich (2.3.2.1) in der Form

$$(2.3.2.2) \qquad N\beta_j = \sum_{k=0}^{N-1} f_k \varepsilon_n^{jk}, \quad j = 0, 1, \ldots, N-1,$$

schreiben. Bei der Methode von Sande und Tukey betrachtet man diese Summen getrennt für gerades $j = 2h$ und ungerades $j = 2h + 1$, fasst in beiden Summen für $k = 0, 1, \ldots, M - 1$, wobei $M := N/2$, die „komplementären" Terme $f_k \varepsilon_n^{jk}$ und $f_{k+M} \varepsilon_n^{j(k+M)}$ zusammen und reduziert so die Summen (2.3.2.2) auf entsprechende Summen halber Länge. Wegen $\varepsilon_n^2 = \varepsilon_{n-1}$, $\varepsilon_n^M = -1$ erhält man so

(2.3.2.3)

$$N\beta_{2h} = \sum_{k=0}^{N-1} f_k \varepsilon_n^{2hk} = \sum_{k=0}^{M-1} (f_k + f_{k+M})\varepsilon_{n-1}^{hk} =: \sum_{k=0}^{M-1} f_k' \varepsilon_{n-1}^{hk},$$

$$N\beta_{2h+1} = \sum_{k=0}^{N-1} f_k \varepsilon_n^{(2h+1)k} = \sum_{k=0}^{M-1} ((f_k - f_{k+M})\varepsilon_n^k)\varepsilon_{n-1}^{hk} =: \sum_{k=0}^{M-1} f_k'' \varepsilon_{n-1}^{hk}$$

für $h = 0, 1, \ldots, M - 1$.

Diese Summen der Länge $M = N/2$ lassen sich auf die gleiche Weise weiter verkürzen usw. Man erhält so in Verallgemeinerung von (2.3.2.2), (2.3.2.3) für $m = n, n - 1, \ldots, 0$ mit den Abkürzungen $M := 2^{m-1}$, $R := 2^{n-m}$ die Beziehungen

(2.3.2.4)

$$N\beta_{jR+r} = \sum_{k=0}^{2M-1} f_{r,k}^{(m)} \varepsilon_m^{jk}, \quad r = 0, 1, \ldots, R - 1, \quad j = 0, 1, \ldots 2M - 1,$$

wobei die $f_{r,k}^{(m)}$ ausgehend von den Startwerten

(2.3.2.5) $$f_{0,k}^{(n)} := f_k, \quad k = 0, 1, \ldots, N - 1,$$

rekursiv definiert sind durch

(2.3.2.6)
$$\left. \begin{array}{l} f_{r,k}^{(m-1)} = f_{r,k}^{(m)} + f_{r,k+M}^{(m)} \\ f_{r+R,k}^{(m-1)} = (f_{r,k}^{(m)} - f_{r,k+M}^{(m)})\varepsilon_m^k \end{array} \right\} \quad \left\{ \begin{array}{l} m = n, n - 1, \ldots, 1, \\ r = 0, 1, \ldots, R - 1, \\ k = 0, 1, \ldots, M - 1. \end{array} \right.$$

Beweis: Der Beweis wird durch Induktion nach m geführt. (2.3.2.4) ist richtig für $m = n$ ($M = N/2$, $R = 1$) wegen (2.3.2.2) und (2.3.2.5). Sei nun (2.3.2.4) richtig für ein $m \leq n$, und sei $M' := M/2 = 2^{m-2}$, $R' := 2R = 2^{n-m+1}$. Es folgt dann für $j = 2h$ bzw. $j = 2h + 1$ durch Zusammenfassen komplementärer Terme in (2.3.2.4) wegen (2.3.2.6)

$$N\beta_{hR'+r} = N\beta_{jR+r} = \sum_{k=0}^{M-1} (f_{r,k}^{(m)} + f_{r,k+M}^{(m)})\varepsilon_m^{jk} = \sum_{k=0}^{2M'-1} f_{r,k}^{(m-1)}\varepsilon_{m-1}^{hk},$$

$$N\beta_{hR'+r+R} = N\beta_{jR+r} = \sum_{k=0}^{M-1} (f_{r,k}^{(m)} - f_{r,k+M}^{(m)})\varepsilon_m^{jk}$$

$$= \sum_{k=0}^{M-1} (f_{r,k}^{(m)} - f_{r,k+M}^{(m)})\varepsilon_m^k \varepsilon_{m-1}^{hk} = \sum_{k=0}^{2M'-1} f_{r+R,k}^{(m-1)}\varepsilon_{m-1}^{hk}$$

für $r = 0, 1, \ldots, R-1$, $j = 0, 1, \ldots, 2M-1$. $\square$

Ausgehend von den Startwerten (2.3.2.5) liefern die Rekursionsformeln (2.3.2.6) des Sande–Tukey-Verfahrens so schliesslich für $m = 0$ ($M = 1/2$, $R = N$) wegen (2.3.2.4) die gesuchten

$$\beta_r = \frac{1}{N} f_{r,0}^{(0)}, \quad r = 0, 1, \ldots, N-1.$$

Die Programmierung des Verfahrens ist leicht, wenn zwei arrays der Länge N zur gleichzeitigen Speicherung der alten Werte $f_{*,*}^{(m)}$ und der neuen Werte $f_{*,*}^{(m-1)}$ zur Verfügung stehen, die in (2.3.2.6) erzeugt werden. Für sehr grosses N kann dies zu Schwierigkeiten führen. Es ist deshalb wichtig, dass man zur Realisierung des Verfahrens mit nur einem linearen array $\tilde{f}[0 : N-1]$ zur Speicherung der N Grössen $f_{r,k}^{(m)}$, $r = 0, 1, \ldots, R-1$, $k = 0, 1, \ldots, 2M-1$ auskommt, wenn man nach Auswertung von (2.3.2.6) $f_{r,k}^{(m)}$ und $f_{r,k+M}^{(m)}$ mit $f_{r,k}^{(m-1)}$ und $f_{r+R,k}^{(m-1)}$ überschreibt. Dies läuft darauf hinaus, dass man $f_{r,k}^{(m)} = \tilde{f}[\tau(m,r,k)]$ als τ-te Komponente von $\tilde{f}[\ ]$ speichert, wobei $\tau = \tau(m,r,k)$ eine Indexabbildung τ ist, die den Bedingungen

$$\begin{array}{cc}
(2.3.2.7) & \tau(m-1,r,k) = \tau(m,r,k), \\
& \tau(m-1, r+2^{n-m}, k) = \tau(m, r, k+2^{m-1})
\end{array}$$

für $m = n, n-1, \ldots, 1$, $r = 0, 1, \ldots, 2^{n-m}-1$ und $k = 0, 1, \ldots, 2^{m-1}-1$ genügen muss. Als Startwerte nimmt man

$$(2.3.2.8) \qquad \tau(n,0,k) := k \quad \text{für} \quad k = 0, 1, \ldots, N-1,$$

was der Speicherung der f_k in ihrer natürlichen Ordnung entspricht,

$$(2.3.2.9) \qquad \tilde{f}[k] := f_k, \quad k = 0, 1, \ldots, N-1.$$

Eine explizite Formel für die Indexabbildung $\tau(m,r,k)$ erhält man mit Hilfe der Binärdarstellung der ganzen Zahlen t mit $0 \le t < 2^n$

$$t = \alpha_0 + \alpha_1 \cdot 2 + \cdots + \alpha_{n-1} \cdot 2^{n-1}, \quad \alpha_j = 0, 1 \quad \text{für} \quad j = 0, 1, \ldots, n-1.$$

Dazu bezeichnen wir mit

$$(2.3.2.10) \qquad \rho(t) := \alpha_{n-1} + \alpha_{n-2} \cdot 2 + \cdots + \alpha_0 \cdot 2^{n-1}$$

die ganze Zahl mit $0 \le \rho(t) < 2^n$, die man aus t durch die *Bit-Umkehrabbildung* (*bit-reversal*) ρ erhält. Offensichtlich beschreibt ρ eine selbstinverse Permutation, d.h. $\rho(\rho(t)) = t$. Mit diesen Bezeichnungen gilt für die Indexabbildung

$$(2.3.2.11) \qquad \tau(m, r, k) = k + \rho(r)$$

für alle $m = n, n-1, \ldots, 0$, $r = 0, 1, \ldots, 2^{n-m} - 1$ und $k = 0, 1, \ldots, 2^m - 1$.

Beweis: Die Behauptung ist für $m = n$ wegen (2.3.2.8) richtig. Wenn sie für ein m mit $n \ge m > 0$ richtig ist, dann auch für $m - 1$. Dies kann man so zeigen: Jedes $k = 0, 1, \ldots, 2^{m-1} - 1$ und jedes $r = 0, 1, \ldots, 2^{n-m} - 1$ besitzen eine Binärdarstellung der Form ($\alpha_j = 0, 1$)

$$k = \alpha_0 + \alpha_1 \cdot 2 + \cdots + \alpha_{m-2} \cdot 2^{m-2} + 0 \cdot 2^{m-1},$$
$$r = \alpha_{n-1} + \alpha_{n-2} \cdot 2 + \cdots + \alpha_m \cdot 2^{n-m-1} + 0 \cdot 2^{n-m}.$$

Es gilt deshalb (vgl. (2.3.2.7))

$$k + \rho(r + 2^{n-m}) = k + 2^{m-1} + \rho(r)$$
$$= \alpha_0 + \alpha_1 \cdot 2 + \cdots + \alpha_{m-2} \cdot 2^{m-2} + 1 \cdot 2^{m-1}$$
$$+ \alpha_m \cdot 2^m + \cdots + \alpha_{n-1} \cdot 2^{n-1}.$$

Daraus folgt die Behauptung. $\qquad\qquad\qquad\qquad\qquad\qquad\qquad\qquad\square$

Für $m = 0$ folgt insbesondere aus (2.3.2.11)

$$(2.3.2.12) \qquad \tau(0, r, 0) = \rho(r) \quad r = 0, 1, \ldots, N - 1.$$

Das folgende Programm für das Sande–Tukey-Verfahren beruht auf (2.3.2.6) und verwendet die Speicherabbbildung $\tau(m, r, k)$:

$$\text{für } m := n-1, n-2, \ldots, 1:$$
$$\text{für } k := 0, 1, \ldots, 2^{m-1} - 1:$$
$$e := \varepsilon_m^k;$$
$$\text{für } \bar{r} := 0, 2^m, 2^{m+1}, \ldots, 2^n - 1:$$
$$u := \tilde{f}[\bar{r} + k]; \quad v := \tilde{f}[\bar{r} + k + 2^{m-1}];$$
$$\tilde{f}[\bar{r} + k] := u + v; \quad \tilde{f}[\bar{r} + k + 2^{m-1}] := (u - v) \times e;$$

Initialisiert man den array $\tilde{f}$ entsprechend (2.3.2.9), so gilt nach Verlassen des Programms wegen (2.3.2.4) und (2.3.2.12)

$$\tilde{f}[\rho(r)] = N\beta_r, \quad r = 0, 1, \ldots, N - 1.$$

Man erhält die β_j (bis auf den Faktor N) durch eine Permutation der Komponenten von $\tilde{f}$.

Zur Herleitung des Verfahrens von Cooley und Tukey (1965) geht man von den Interpolationseigenschaften (Theorem (2.3.1.9))

$$p(x_k) = f_k, \quad k = 0, 1, \ldots, N - 1, \quad x_k := 2\pi k/N,$$

des trigonometrischen Polynoms $p(x) := \beta_0 + \beta_1 e^{ix} + \cdots + \beta_{N-1} e^{(N-1)ix}$ der Ordnung N aus. Sei wieder $N = 2^n$. Ferner seien $q(x)$ und $r(x)$ diejenigen trigonometrischen Polynome der halben Ordnung $M := N/2$ mit

$$q(x_{2h}) = f_{2h}, \quad r(x_{2h}) = f_{2h+1}, \quad h = 0, 1, \ldots, M - 1.$$

Dann interpoliert $q(x)$ alle *geradzahlig* indizierten Stützpunkte und $\hat{r}(x) := r(x - 2\pi/N) = r(x - \pi/M)$ alle Stützpunkte (x_k, f_k) mit *ungeradem* Index k. Wegen

$$e^{Mix_k} = e^{2\pi iMk/N} = e^{\pi ik} = \begin{cases} 1 & \text{für gerades } k, \\ -1 & \text{für ungerades } k, \end{cases}$$

interpoliert daher das trigonometrische Polynom

$$(2.3.2.13) \qquad \tilde{p}(x) := q(x)\left(\frac{1 + e^{Mix}}{2}\right) + r(x - \pi/M)\left(\frac{1 - e^{Mix}}{2}\right)$$

der Ordnung $2M = N$ *alle* Stützpunkte (x_k, f_k), $k = 0, 1, \ldots, N - 1$, stimmt also mit $p(x)$ überein (s. Theorem (2.3.1.5)). Wir haben so die Bestimmung von $p(x)$ auf die Bestimmung zweier anderer trigonometrischer Polynome halber Ordnung zurückgeführt. Dieses Vorgehen kann man natürlich wiederholen. Man bekommt so ein n-stufiges Rekursionsverfahren. Für $m \leq n$ setzen wir wieder $M := 2^{m-1}$ und $R := 2^{n-m}$. Schritt m des Verfahrens besteht dann darin, R trigonometrische Polynome der Form $(r = 0, 1, \ldots, R - 1)$

$$p_r^{(m)}(x) = \beta_{r,0}^{(m)} + \beta_{r,1}^{(m)} e^{ix} + \cdots + \beta_{r,2M-1}^{(m)} e^{(2M-1)ix},$$

mit den Interpolationseigenschaften

$$(2.3.2.14) \quad p_r^{(m)}(x_{Rh}) = f_{Rh+r}, \quad h = 0, 1, \ldots, 2M - 1, \quad r = 0, 1, \ldots, R - 1,$$

aus $2R$ trigonometrischen Polynomen $p_r^{(m-1)}(x)$, $r = 0, 1, \ldots, 2R - 1$, der Ordnung M mittels der Rekursionsformel (2.3.2.13) zu bestimmen,

$$2p_r^{(m)}(x) = p_r^{(m-1)}(x) \cdot (1 + e^{Mix}) + p_{R+r}^{(m-1)}(x - \pi/M) \cdot (1 - e^{Mix}).$$

Dies liefert folgende Rekursion für die Koeffizienten dieser trigonometrischen Polynome

$$
(2.3.2.15) \qquad
\left.
\begin{array}{l}
2\beta_{r,j}^{(m)} = \beta_{r,j}^{(m-1)} + \beta_{R+r,j}^{(m-1)}\varepsilon_m^j \\[2mm]
2\beta_{r,M+j}^{(m)} = \beta_{r,j}^{(m-1)} - \beta_{R+r,j}^{(m-1)}\varepsilon_m^j
\end{array}
\right\}
\quad
\left\{
\begin{array}{l}
r = 0,1,\ldots,R-1, \\[2mm]
j = 0,1,\ldots,M-1,
\end{array}
\right.
$$

wobei wieder $\varepsilon_m := \exp(-2\pi i/2^m) = \exp(-\pi i/M)$. Wegen (2.3.2.14) gilt für die Startwerte der Rekursion

$$
\beta_{k,0}^{(0)} := f_k, \quad k = 0,1,\ldots,N-1,
$$

und sie liefert für $m = n$ schliesslich die gesuchten

$$
\beta_j := \beta_{0,j}^{(n)}, \quad j = 0,1,\ldots,N-1.
$$

Zur praktischen Realisierung dieses Verfahrens benötigt man wieder nur einen linearen array $\tilde\beta\,[0:N-1]$ zur Speicherung der Koeffizienten $\beta_{r,j}^{(m)}$, wenn man nach der Auswertung von (2.3.2.15) $\beta_{r,j}^{(m-1)}$ und $\beta_{R+r,j}^{(m-1)}$ durch $\beta_{r,j}^{(m)}$ bzw. $\beta_{r,M+j}^{(m)}$ überschreibt. Dies läuft auf die Benutzung der gleichen Indexabbildung $\tau(m,r,k)$ (2.3.2.11) hinaus,

$$
\tilde\beta\,[\tau(m,r,k)] = \beta_{r,k}^{(m)},
$$

wie sie oben definiert wurde. Insbesondere ist

$$
\tau(0,k,0) = \rho(k), \quad \tau(n,0,k) = k \quad \text{für} \quad k = 0,1,\ldots,N-1.
$$

Wir haben also jetzt wegen der veränderten Laufrichtung der Rekursion (2.3.2.15) gegenüber (2.3.2.6) die Komponenten des *Startvektors* $\tilde\beta[\ ]$ entsprechend $\rho(\ )$ zu permutieren:

$$
\tilde\beta\,[\rho(k)] := f_k, \quad k = 0,1,\ldots,N-1.
$$

Das folgende Pseudo-Programm des Cooley-Tukey Algorithmus liefert dann schliesslich

$$
\tilde\beta\,[k] = N\beta_k, \quad k = 0,1,\ldots,N-1,
$$

in der natürlichen Anordnung. (Der Faktor $N = 2^n$ erklärt sich daraus, dass in dem Programm der Faktor 2 in (2.3.2.15) fortgelassen wurde.)

$$
\begin{array}{l}
\text{für } m := 1,2,\cdots,n: \\
\quad \text{für } j := 0,1,\cdots,2^{m-1}-1: \\
\quad\quad e := \varepsilon_m^j; \\
\quad\quad \text{für } \bar r := 0,2^m,2^{m+1},\cdots,2^n-1: \\
\quad\quad\quad u := \tilde\beta\,[\bar r + j];\ v := \tilde\beta\,[\bar r + j + 2^{m-1}] \times e; \\
\quad\quad\quad \tilde\beta\,[\bar r + j] := u + v;\ \tilde\beta\,[\bar r + j + 2^{m-1}] := u - v;
\end{array}
$$

Falls alle f_k reell sind und $N = 2M$ gerade ist, lässt sich die Berechnung der Ausdrücke (2.3.2.1) ebenfalls vereinfachen. Setzt man

$$g_h := f_{2h} + i\, f_{2h+1}, \quad h = 0, 1, \ldots, M - 1,$$

sowie

$$\gamma_j := \frac{1}{M} \sum_{h=0}^{M-1} g_h e^{-2\pi i j h / M}, \quad j = 0, 1, \ldots, M - 1,$$

so kann man die β_j mit Hilfe der γ_j, $j = 0, 1, \ldots, M - 1$, berechnen. Es gilt nämlich mit $\gamma_M := \gamma_0$

$$(2.3.2.16) \quad \begin{aligned} \beta_j &= \frac{1}{4}(\gamma_j + \bar{\gamma}_{M-j}) + \frac{1}{4i}(\gamma_j - \bar{\gamma}_{M-j}) e^{-2\pi i j / N}, \quad j = 0, 1, \ldots, M \\ \beta_{N-j} &= \bar{\beta}_j, \quad j = 1, 2, \ldots, M - 1. \end{aligned}$$

Beweis: Man bestätigt leicht anhand der Definition der γ_h

$$\frac{1}{4}(\gamma_j + \bar{\gamma}_{M-j}) = \frac{1}{N} \sum_{h=0}^{M-1} f_{2h} e^{-2\pi i j\, 2h / N},$$

$$\frac{1}{4i}(\gamma_j - \bar{\gamma}_{M-j}) = \frac{1}{N} \sum_{h=0}^{M-1} f_{2h+1} e^{-2\pi i j (2h+1)/N + 2\pi i j / N},$$

woraus sofort (2.3.2.16) folgt.   □

Die Berechnung von Summen

$$A_j := \frac{2}{N} \sum_{k=0}^{N-1} f_k \cos \frac{2\pi j k}{N}, \quad B_j := \frac{2}{N} \sum_{k=0}^{N-1} f_k \sin \frac{2\pi j k}{N}, \quad j = 0, 1, \ldots, M,$$

für reelles f_k, $N = 2M$, an denen man häufig interessiert ist (s. Theorem (2.3.1.12)), führt man mittels (2.3.1.4) auf die Berechnung der β_j (2.3.2.1) zurück.

2.3.3 Die Algorithmen von Goertzel und Reinsch

Bei der *Fouriersynthese*, nämlich der Auswertung der trigonometrischen Ausdrücke $\psi(x)$ in (2.3.1.1) oder der trigonometrischen Polynome $p(x)$ (2.3.1.2) für ein *beliebiges* Argument[2] $x = \xi$, hat man Summen der Form

$$\sum_{k=0}^{N-1} y_k \cos k\xi, \quad \sum_{k=1}^{N-1} y_k \sin k\xi$$

---

[2] Für Argumente $\xi = \xi_k = 2\pi k / N$, $k = 0, 1, \ldots, N - 1$, sind die Methoden der schnellen Fouriertransformation (s. Abschnitt 2.3.2) sehr viel effektiver.

für gegebene Zahlen ξ und y_k, $k = 0, \ldots, N-1$, zu berechnen. Es liegt nahe, dabei die Funktionswerte $\cos k\xi$, $\sin k\xi$, $k = 0, 1, \ldots$, rekursiv zu bestimmen, doch sollte man auf die numerische Stabiliät achten.

So kann man für beliebiges N solche Summen leicht mit Hilfe eines von Goertzel (1958) angegebenen Algorithmus berechnen, der jedoch leider nicht gutartig ist. Goertzels Algorithmus beruht auf folgendem Resultat.

(2.3.3.1) **Theorem:** *Für $\xi \neq r\pi$, $r = 0, \pm 1, \pm 2, \ldots$, gelten für die Grössen*

$$U_j := \frac{1}{\sin \xi} \sum_{k=j}^{N-1} y_k \sin(k - j + 1)\xi, \quad j = 0, 1, \ldots, N-1,$$

$$U_N := U_{N+1} := 0,$$

die Rekursionsformeln

(2.3.3.2a) $U_j = y_j + 2U_{j+1}\cos \xi - U_{j+2}, \quad j = N-1, N-2, \ldots, 0.$

Insbesondere gilt

(2.3.3.2b) $\displaystyle\sum_{k=1}^{N-1} y_k \sin k\xi = U_1 \sin \xi,$

(2.3.3.2c) $\displaystyle\sum_{k=0}^{N-1} y_k \cos k\xi = y_0 + U_1 \cos \xi - U_2.$

Beweis: b) folgt sofort aus der Definition von U_1. Zum Beweis von a) sei für ein j mit $0 \leq j \leq N-1$

$$A := y_j + 2U_{j+1}\cos \xi - U_{j+2}.$$

Es ist dann

$$A = y_j + \frac{1}{\sin \xi}\left(2\cos \xi \sum_{k=j+1}^{N-1} y_k \sin(k-j)\xi - \sum_{k=j+2}^{N-1} y_k \sin(k-j-1)\xi\right)$$

$$= y_j + \frac{1}{\sin \xi} \sum_{k=j+1}^{N-1} y_k \big(2\cos \xi \,\sin(k-j)\xi - \sin(k-j-1)\xi\big).$$

Wegen $2\cos \xi \,\sin(k-j)\xi = \sin(k-j+1)\xi + \sin(k-j-1)\xi$ folgt

$$A = \frac{1}{\sin \xi}\left(y_j \sin \xi + \sum_{k=j+1}^{N-1} y_k \sin(k-j+1)\xi\right) = U_j.$$

Formel c) wird ebenso bewiesen unter Verwendung von

$$U_2 = \frac{1}{\sin \xi} \sum_{k=2}^{N-1} y_k \sin(k-1)\xi = \frac{1}{\sin \xi} \sum_{k=1}^{N-1} y_k \sin(k-1)\xi$$

und

$$\sin(k-1)\xi = \cos \xi \, \sin k\xi - \sin \xi \, \cos k\xi.$$

Der Beweis ist damit vollständig.   □

Die Anwendung der Formeln von Theorem (2.3.3.1) liefert Goertzels Algorithmus zur Berechnumg der Summen

$$s1 = \sum_{k=0}^{N-1} y_k \cos k\xi, \quad s2 = \sum_{k=1}^{N-1} y_k \sin k\xi :$$

$$U_N := U_{N+1} := 0; \quad c := \cos \xi; \quad cc := 2 \cdot c;$$
$$\text{für } j := N-1, N-2, \ldots, 1 :$$
$$U_j := y_j + cc \cdot U_{j+1} - U_{j+2};$$
$$s1 := y_0 + U_1 \cdot c - U_2;$$
$$s2 := U_1 \cdot \sin \xi;$$

Leider ist dieser Algorithmus für kleines $|\xi| \ll 1$ nicht gutartig. Nach Berechnung von $c := \cos \xi$ hängt die Grösse $s1 = \sum_{k=0}^{N-1} y_k \cos k\xi$ nur noch von c und den y_k ab, $s1 = \varphi(c, y_0, \ldots, y_{N-1})$:

$$\varphi(c, y_0, \ldots, y_{N-1}) = \sum_{k=0}^{N-1} y_k \cos(k \arccos c).$$

Wie in Abschnitt 1.2 sei eps $= 5 \cdot 10^{-t}$ die relative Maschinengenauigkeit. Der Rundungsfehler $\Delta c = \varepsilon_c c$, $|\varepsilon_c| \leq$ eps, den man bei der Berechnung von c begeht, bewirkt in erster Näherung folgenden absoluten Fehler in $s1$:

$$\Delta_c s1 \doteq \frac{\partial \varphi}{\partial c} \Delta c = \frac{\varepsilon_c \cos \xi}{\sin \xi} \sum_{k=0}^{N-1} k \, y_k \sin k\xi$$

$$= \varepsilon_c \, \mathrm{ctg}\, \xi \sum_{k=0}^{N-1} k \, y_k \sin k\xi.$$

Ein Fehler $\Delta \xi = \varepsilon_\xi \xi$, $|\varepsilon_\xi| \leq$ eps, in ξ würde dagegen nur den absoluten Fehler

$$\Delta_\xi s1 \doteq \frac{\partial}{\partial \xi} \left(\sum_{k=0}^{N-1} y_k \cos k\xi \right) \cdot \Delta \xi$$

$$= -\varepsilon_\xi \xi \sum_{k=0}^{N-1} k \, y_k \sin k\xi$$

in $s1$ bewirken. Für kleines $|\xi|$ ist wegen $\operatorname{ctg}\xi \approx 1/\xi$ der Einfluss des bei der Berechnung von c begangenen Rundungsfehlers um Grössenordnungen schlimmer als der eines entsprechenden Fehlers in ξ. Der Algorithmus ist daher nicht gutartig.

Von Reinsch stammt eine gutartige Variante (siehe etwa Bulirsch und Stoer (1968)). Er unterscheidet zwei Fälle: a) $\cos\xi > 0$ und b) $\cos\xi \leq 0$.

a) $\cos\xi > 0$: Mit $\delta U_j := U_j - U_{j+1}$ ist wegen (2.3.3.2a)

$$\delta U_j = U_j - U_{j+1} = y_j + (2\cos\xi - 2)U_{j+1} + U_{j+1} - U_{j+2}$$
$$= y_j + \lambda U_{j+1} + \delta U_{j+1}.$$

Dabei ist $\lambda := 2(\cos\xi - 1) = -4\sin^2(\xi/2)$. Man hat somit in diesem Fall den Algorithmus:

$$\lambda := -4\sin^2(\xi/2);$$
$$U_{N+1} := \delta U_N := 0;$$
$$\text{für } j := N-1, N-2, \ldots, 0:$$
$$U_{j+1} := \delta U_{j+1} + U_{j+2};$$
$$\delta U_j := \lambda \cdot U_{j+1} + \delta U_{j+1} + y_j;$$
$$s1 := \delta U_0 - \lambda \cdot U_1/2;$$
$$s2 := U_1 \cdot \sin\xi;$$

Dieser Algorithmus ist gutartig bzgl. der Fortpflanzung des Rundungsfehlers $\Delta\lambda = \varepsilon_\lambda\lambda$, $|\varepsilon_\lambda| \leq \text{eps}$, bei der Berechnung von λ. Er liefert nur folgenden Beitrag $\Delta_\lambda s1$ zum Fehler von $s1$:

$$\Delta_\lambda s1 \doteq \frac{\partial s1}{\partial\lambda}\Delta\lambda = \varepsilon_\lambda\lambda\frac{\partial s1}{\partial\xi}\Big/\frac{\partial\lambda}{\partial\xi}$$
$$= -\varepsilon_\lambda\frac{\sin^2(\xi/2)}{\sin(\xi/2)\cdot\cos(\xi/2)}\cdot\sum_{k=0}^{N-1} k\,y_k\sin k\xi$$
$$= -\varepsilon_\lambda\left(\operatorname{tg}\frac{\xi}{2}\right)\sum_{k=0}^{N-1} k\,y_k\sin k\xi.$$

Für $\cos\xi > 0$ ist $|\operatorname{tg}(\xi/2)| < 1$, insbesondere ist $|\operatorname{tg}(\xi/2)|$ für kleines $|\xi|$ klein!

b) $\cos\xi \leq 0$: Mit $\delta U_j := U_j + U_{j+1}$ hat man jetzt

$$\delta U_j = U_j + U_{j+1} = y_j + (2\cos\xi + 2)U_{j+1} - U_{j+1} - U_{j+2}$$
$$= y_j + \lambda U_{j+1} - \delta U_{j+1},$$

wobei nun $\lambda := 2(\cos\xi + 1) = 4\cos^2(\xi/2)$ ist. Man hat jetzt den Algorithmus:

$$\lambda := 4\cos^2(\xi/2);$$
$$U_{N+1} := \delta U_N := 0;$$
$$\text{für } j := N-1, N-2, \ldots, 0:$$
$$U_{j+1} := \delta U_{j+1} - U_{j+2};$$
$$\delta U_j := \lambda \cdot U_{j+1} - \delta U_{j+1} + y_j;$$
$$s1 := \delta U_0 - U_1 \cdot \lambda/2;$$
$$s2 := U_1 \cdot \sin\xi;$$

Wiederum bestätigt man, dass ein Rundungsfehler $\Delta\lambda = \varepsilon_\lambda \lambda$, $|\varepsilon_\lambda| \le$ eps, bei der Berechnung von λ nur folgenden Fehler in $s1$ bewirkt:

$$\Delta_\lambda s1 \doteq \varepsilon_\lambda \left(\operatorname{ctg} \frac{\xi}{2} \right) \sum_{k=0}^{N-1} k\, y_k \sin k\xi.$$

Für $\cos\xi \le 0$ ist $|\operatorname{ctg}(\xi/2)| \le 1$ klein, also ist der Algorithmus gutartig, was die Fortpflanzung des Fehlers ε_λ betrifft.

2.3.4 Die näherungsweise Berechnung von Fourierkoeffizienten. Abminderungsfaktoren

Sei $\mathcal{K}$ die Menge aller absolutstetigen[3] 2π-periodischen reellen Funktionen $f : \mathbb{R} \mapsto \mathbb{R}$. Es ist bekannt (s. z.B. Achieser (1967)), dass sich jede Funktion $f \in \mathcal{K}$ in eine für alle $x \in \mathbb{R}$ gegen $f(x)$ konvergente Fourierreihe

$$(2.3.4.1) \qquad f(x) = \sum_{j=-\infty}^{\infty} c_j e^{jix}$$

mit den Koeffizienten

$$(2.3.4.2) \qquad c_j = c_j(f) := \frac{1}{2\pi} \int_0^{2\pi} f(x) e^{-jix}\, dx, \quad j = 0, \pm 1, \pm 2, \ldots,$$

entwickeln lässt. Häufig kennt man in der Praxis von der Funktion f nur die Werte $f_k := f(x_k)$ an äquidistanten Stellen $x_k := 2\pi k/N$, k ganz, wobei N eine gegebene feste ganze Zahl ist. Es stellt sich das Problem, unter diesen Einschränkungen noch vernünftige Näherungswerte für die Fourierkoeffizienten $c_j(f)$ zu berechnen. Die Methoden der trigonometrischen Interpolation lassen sich bei der Lösung dieses Problems folgendermassen verwenden:

---

[3] Eine reelle Funktion $f : [a,b] \mapsto \mathbb{R}$ heisst *absolutstetig* auf $[a,b]$, falls es zu jedem $\varepsilon > 0$ ein $\delta > 0$ gibt, so dass $\sum_i |f(b_i) - f(a_i)| < \varepsilon$ für alle a_i, b_i, $a \le a_1 < b_1 < a_2 < b_2 < \cdots < b_n \le b$ mit $\sum_i |b_i - a_i| \le \delta$ gilt. Diese Funktionen sind für fast alle $x \in [a,b]$ differenzierbar und es gilt $f(x) = f(a) + \int_a^x f'(t)\, dt$ für $x \in [a,b]$. Für absolutstetige f, g gelten die Regeln der partiellen Integration, $\int_a^b f(x) g'(x)\, dx = f(x) g(x) \big|_a^b - \int_a^b f'(x) g(x)\, dx$.

Nach Theorem (2.3.1.9) gelten für die Koeffizienten β_j des interpolierenden trigonometrischen Polynoms

$$p(x) = \beta_0 + \beta_1 e^{ix} + \cdots + \beta_{N-1} e^{(N-1)ix}$$

mit $p(x_k) = f_k$ für $k = 0, \pm 1, \pm 2, \ldots$, die Formeln

$$\beta_j = \frac{1}{N} \sum_{k=0}^{N-1} f_k e^{-jix_k}, \quad j = 0, 1, \ldots, N-1.$$

Wegen $f_0 = f_N$ lässt sich β_j als eine Trapezsumme (s. (3.1.7))

$$\beta_j = \frac{1}{N} \left(\frac{f_0}{2} + f_1 e^{-jix_1} + \cdots + f_{N-1} e^{-jix_{N-1}} + \frac{f_N}{2} e^{-jix_N} \right)$$

zur näherungsweisen Berechnung des Integrals (2.3.4.2) auffassen, so dass es nahe liegt, die Summen

$$(2.3.4.3) \qquad \beta_j(f) = \beta_j := \frac{1}{N} \sum_{k=0}^{N-1} f_k e^{-jix_k}$$

für alle $j = 0, \pm 1, \ldots$, als Näherungswerte für die gesuchten $c_j(f)$ zu nehmen. Dieses Vorgehen hat zumindest den Vorteil, dass man die Summen $\beta_j(f)$ sehr effektiv z.B. mit Hilfe des Algorithmus von Cooley und Tukey (s. 2.3.2) berechnen kann. Andererseits ist $\beta_j(f)$ zumindest für grosses j eine schlechte Approximation für $c_j(f)$, denn offensichtlich gilt $\beta_{j+kN} = \beta_j$ für alle ganzen Zahlen j und k, während $\lim_{|j| \to \infty} c_j = 0$ gilt. Für die Funktionen $f \in \mathcal{K}$ folgt letzteres sofort aus der Konvergenz der Fourierreihe

$$f(0) = \sum_{j=-\infty}^{\infty} c_j.$$

Näherhin hängt das asymptotische Verhalten der $c_j(f)$ von den Differenzierbarkeitseigenschaften von f ab.

(2.3.4.4) Theorem: *Falls f eine absolutstetige r-te Ableitung $f^{(r)}$ besitzt, gilt*

$$|c_j| = \mathcal{O}\left(\frac{1}{|j|^{r+1}} \right).$$

Beweis: Wegen der Periodizität von f findet man durch partielle Integration

$$c_j = \frac{1}{2\pi} \int_0^{2\pi} f(x) e^{-jix}\, dx$$

$$= \frac{1}{2\pi ji} \int_0^{2\pi} f'(x) e^{-jix}\, dx$$

$$= \cdots$$

$$= \frac{1}{2\pi (ji)^r} \int_0^{2\pi} f^{(r)}(x) e^{-jix}\, dx$$

$$= \frac{1}{2\pi (ji)^{r+1}} \int_0^{2\pi} e^{-jix}\, df^{(r)}(x).$$

Daraus folgt die Behauptung. □

Um zumindest Näherungswerte mit dem richtigen asymptotischen Verhalten für die gesuchten $c_j(f)$ zu erhalten, liegt folgende Idee nahe: Man bestimme zu den gegebenen Werten f_k, $k = 0, \pm 1, \pm 2, \ldots$, durch ein Interpolations- oder allgemeiner ein Approximationsverfahren eine möglichst einfache Funktion $g \in \mathcal{K}$, die f in einem gewissen Sinne approximiert (z.B. f an den Stellen x_k interpoliert, $g(x_k) = f_k$, $k = 0, \pm 1, \ldots$) und dieselbe Differenzierbarkeitsordnung wie f besitzt. Als Näherungswerte für die gesuchten $c_j(f)$ nehme man dann die Fourierkoeffizienten $c_j(g)$ von g. Es ist nun überraschend, dass man für sehr allgemeine Approximationsverfahren die gesuchten $c_j(g)$ auf einfache Weise direkt aus den Koeffizienten $\beta_j(f)$ (2.3.4.3) berechnen kann: Es gibt nämlich für diese Approximationsverfahren Konstanten τ_j, $j = 0, \pm 1, \ldots$, die nur von N und dem Approximationsverfahren, aber nicht von der Folge f_k, $k = 0, \pm 1, \ldots$, abhängen, mit der Eigenschaft

$$c_j(g) = \tau_j \beta_j(f), \quad j = 0, \pm 1, \ldots .$$

Diese Konstanten heissen *Abminderungsfaktoren*.

Um den Begriff „Approximationsverfahren" zu präzisieren, führen wir zusätzlich zu der Menge $\mathcal{K}$ aller absolutstetigen 2π-periodischen reellen Funktionen $f : \mathbb{R} \mapsto \mathbb{R}$ noch die Menge

$$\mathbb{F} = \{\, (f_k)_{k \in \mathbb{Z}} \mid f_k \in \mathbb{R},\ f_{k+N} = f_k \text{ für alle } k \in \mathbb{Z} \,\}, \quad \mathbb{Z} := \{\, k \mid k \text{ ganz} \,\},$$

aller N-periodischen reellen Zahlenfolgen

$$f = (\ldots, f_{-1}, f_0, f_1, \ldots)$$

ein. (Der Einfachheit halber benutzen wir dieselbe Bezeichnung f auch für die der Funktion $f \in \mathcal{K}$ zugeordnete Folge $(f_k)_{k \in \mathbb{Z}}$ mit $f_k = f(x_k)$. Die jeweilige Bedeutung folgt aus dem Zusammenhang.) Das Approximationsverfahren ordnet jeder Folge $f \in \mathbb{F}$ eine Funktion $g = P(f)$ aus $\mathcal{K}$ zu und wird somit durch eine Abbildung $P : \mathbb{F} \mapsto \mathcal{K}$ beschrieben. In $\mathcal{K}$ und $\mathbb{F}$ kann man die Addition von Elementen und Multiplikation mit einem Skalar auf die übliche

Weise erklären, so dass $\mathcal{K}$ und $\mathbb{F}$ als reelle Vektorräume aufgefasst werden können. Der Vektorraum $\mathbb{F}$ hat die Dimension N, eine Basis ist z.B. gegeben durch die speziellen Folgen

$$(2.3.4.5) \qquad e^{(k)} = \left(e_j^{(k)}\right)_{j \in \mathbb{Z}}, \quad k = 0, 1, \ldots, N-1,$$

mit

$$e_j^{(k)} := \begin{cases} 1 & \text{falls } k \equiv j \mod N, \\ 0 & \text{sonst.} \end{cases}$$

Zusätzlich führen wir in $\mathbb{F}$ und $\mathcal{K}$ Translationsoperatoren $E : \mathbb{F} \mapsto \mathbb{F}$ bzw. $E : \mathcal{K} \mapsto \mathcal{K}$ ein (wir bezeichnen sie der Einfachheit halber mit demselben Buchstaben) durch

$$\begin{aligned} (Ef)_k &:= f_{k-1} && \text{für alle } k \in \mathbb{Z}, \text{ falls } f \in \mathbb{F}, \\ (Eg)(x) &:= g(x-h) && \text{für alle } x \in \mathbb{R}, \text{ falls } g \in \mathcal{K}, h := 2\pi/N = x_1. \end{aligned}$$

Der Approximationsoperator $P : \mathbb{F} \mapsto \mathcal{K}$ heisst schliesslich *translationsinvariant*, falls $P(E(f)) = E(P(f))$ für alle $f \in \mathbb{F}$ (d.h. der „verschobenen" Folge wird die entsprechend „verschobene" Funktion zugeordnet). Aus $P(E(f)) = E(P(f))$ folgt natürlich sofort $P(E^k(f)) = E^k(P(f))$, wobei $E^2 = E \circ E$, $E^3 = E \circ E \circ E$, usw. Damit können wir folgendes Theorem beweisen, das von Gautschi und Reinsch stammt (weitere Einzelheiten s. Gautschi (1972)).

(2.3.4.6) Theorem: *Zu einem Approximationsverfahren $P : \mathbb{F} \mapsto \mathcal{K}$ gibt es von $f \in \mathbb{F}$ unabhängige Zahlen (Abminderungsfaktoren) τ_j, $j \in \mathbb{Z}$, mit*

$$(2.3.4.7) \qquad c_j(Pf) = \tau_j \beta_j(f) \quad \text{für alle } j \in \mathbb{Z} \text{ und alle } f \in \mathbb{F}$$

genau dann, wenn P linear und translationsinvariant ist.

Beweis: 1) Sei zunächst P linear und translationsinvariant. Jedes $f \in \mathbb{F}$ besitzt in der Basis (2.3.4.5) die Darstellung

$$f = \sum_{k=0}^{N-1} f_k e^{(k)} = \sum_{k=0}^{N-1} f_k E^k e^{(0)}.$$

Es folgt wegen der Linearität und Translationsinvarianz von P

$$g := Pf = \sum_{k=0}^{N-1} f_k E^k P e^{(0)},$$

also

$$g(x) = \sum_{k=0}^{N-1} f_k \eta_0(x - x_k),$$

wenn $\eta_0 := Pe^{(0)}$ die der Folge $e^{(0)}$ durch P zugeordnete Funktion ist. Es folgt wegen der Periodizität von g sofort

$$c_j(Pf) = c_j(g) = \sum_{k=0}^{N-1} \frac{f_k}{2\pi} \int_0^{2\pi} \eta_0(x - x_k) e^{-jix} \, dx$$

$$= \sum_{k=0}^{N-1} \frac{f_k}{2\pi} e^{-jix_k} \int_0^{2\pi} \eta_0(x) e^{-jix} \, dx$$

$$= \tau_j \beta_j(f)$$

mit

(2.3.4.8) $$\tau_j := N c_j(\eta_0).$$

Die Faktoren τ_j hängen offensichtlich nur von N und der Approximations-methode P ab.

2) Sei umgekehrt (2.3.4.7) erfüllt und $f \in \mathbb{F}$ beliebig. Da alle Funktionen aus $\mathcal{K}$ durch ihre Fourierreihen dargestellt werden, folgt wegen $Pf \in \mathcal{K}$ und (2.3.4.7) für Pf die Darstellung

(2.3.4.9) $$(Pf)(x) = \sum_{j=-\infty}^{\infty} c_j(Pf) e^{jix} = \sum_{j=-\infty}^{\infty} \tau_j \beta_j(f) e^{jix}.$$

Offensichtlich gilt nun nach Definition von $\beta_j(f)$ (2.3.4.3) für $f, g \in \mathbb{F}$

$$\beta_j(f + g) = \beta_j(f) + \beta_j(g)$$

sowie

$$\beta_j(Ef) = \frac{1}{N} \sum_{k=0}^{N-1} f_{k-1} e^{-jix_k} = \frac{1}{N} e^{-jih} \sum_{k=0}^{N-1} f_k e^{-jix_k} = e^{-jih} \cdot \beta_j(f).$$

So folgen aus (2.3.4.9) sofort die Linearität und Translationsinvarianz von P:

$$(P(E(f)))(x) = \sum_{j=-\infty}^{\infty} \tau_j \beta_j(f) e^{ji(x-h)} = (Pf)(x - h) = (E(P(f)))(x),$$

und der Beweis ist damit komplett. $\square$

Als Nebenresultat haben wir die explizite Formel (2.3.4.8) für die Abmin-derungsfaktoren erhalten. Eine andere Methode, zu einem gegebenen Approxi-mationsoperator P die Abminderungsfaktoren τ_j zu bestimmen, besteht in der Auswertung der Formel

(2.3.4.10) $$\tau_j = \frac{c_j(Pf)}{\beta_j(f)}$$

für ein geeignetes $f \in \mathbb{F}$.

Beispiel 1: Für eine gegebene Folge $f \in \mathbb{F}$ sei $g := Pf$ diejenige stetige Funktion g mit $g(x_k) = f_k$ für $k = 0$, $k \in \mathbb{Z}$, die auf jedem Teilintervall $[x_k, x_{k+1}]$ linear ist. Offensichtlich ist für $f \in \mathbb{F}$ die Funktion $g = Pf$ absolutstetig und 2π-periodisch, also $Pf \in \mathcal{K}$. Ferner sieht man sofort, dass P linear und translationsinvariant ist und deshalb Abminderungsfaktoren existieren (Theorem (2.3.4.6)). Für die spezielle Folge $f = e^{(0)}$ (2.3.4.5) hat man

$$\beta_j(f) = \frac{1}{N},$$

$$Pf(x) = \begin{cases} 1 - \frac{1}{h}|x - x_{kN}| & \text{falls } |x - x_{kN}| \le h, \ k = 0, \pm 1, \ldots, \\ 0 & \text{sonst,} \end{cases}$$

$$c_j(Pf) = \frac{1}{2\pi} \int_0^{2\pi} Pf(x)e^{-jix} \, dx = \frac{1}{2\pi} \int_{-h}^{h} \left(1 - \frac{|x|}{h}\right) e^{-jix} \, dx.$$

Wegen der Symmetrieeigenschaften des Integranden folgt

$$c_j(Pf) = \frac{1}{\pi} \int_0^h \left(1 - \frac{x}{h}\right) \cos jx \, dx = \frac{2}{j^2 \pi h} \sin^2 \left(\frac{jh}{2}\right).$$

Mit $h = 2\pi/N$ folgt aus (2.3.4.10) für die Abminderungsfaktoren

$$\tau_j = \left(\frac{\sin z}{z}\right)^2 \quad \text{mit} \quad z := \frac{\pi j}{N}, \quad j = 0, \pm 1, \ldots \ .$$

Beispiel 2: $g = Pf$ sei die kubische periodische Splinefunktion (s. Abschnitt 2.5) mit $g(x_k) = f_k$, $k \in \mathbb{Z}$. Auch in diesem Fall ist P linear und translationsinvariant. Für die τ_j findet man im Prinzip wie eben

$$\tau_j = \left(\frac{\sin z}{z}\right)^4 \frac{3}{1 + 2\cos^2 z}, \quad \text{wobei} \quad z := \frac{\pi j}{N}.$$

2.4 Grundlagen der rechnergestützten Geometrie

2.4.1 Polynomiale Kurven

Eine polynomiale Kurve vom Grad $m, m \in \mathbb{N}_0$, im euklidischen Raum $\mathbb{R}^n$, $n \in \mathbb{N}$, $n \ge 2$, ist eine Abbildung $P : \mathbb{R} \mapsto \mathbb{R}^n$ von der Gestalt

(2.4.1.1) $$P(t) = \sum_{i=1}^{n} p_i(t) e_i,$$

wobei $p_i \in P_m(\mathbb{R})$ und e_i, $1 \le i \le n$, die Einheitsvektoren im $\mathbb{R}^n$ bezeichnen. Mit der Darstellung

$$p_i(t) = \sum_{k=0}^{m} a_{ik} t^k, \quad a_{ik} \in \mathbb{R}, \quad 0 \le k \le m,$$

erhalten wir

$$(2.4.1.2) \qquad P(t) = \begin{bmatrix} a_{10} + a_{11}t + \cdots + a_{1m}t^m \\ a_{20} + a_{21}t + \cdots + a_{2m}t^m \\ \vdots \\ a_{n0} + a_{n1}t + \cdots + a_{nm}t^m \end{bmatrix}.$$

Die polynomiale Kurve heisst nichtdegeneriert, falls sie exakt vom Grad m ist, d.h. falls $\sum_{i=1}^{n} a_{im}^2 > 0$. Wir bezeichnen

$$\Gamma_P := \{ (t, P(t)) \mid t \in \mathbb{R} \} \subset \mathbb{R}^{n+1}$$

als den Graphen der polynomialen Kurve P. Für $[a, b] \subset \mathbb{R}$, $a < b$, wird die Restriktion $P|_{[a,b]}$ von p auf $[a, b]$ polynomiales Kurvensegment vom Grad m genannt.

Beispiel: Wir betrachten die Fälle $n = 2$ und $0 \le m \le 2$.
Für $m = 0$ erhält man

$$P(t) = \mathbf{a}_0 = \begin{bmatrix} a_{10} \\ a_{20} \end{bmatrix} \in \mathbb{R}^2,$$

d.h. polynomiale Kurven vom Grad 0 sind Punkte in der Ebene.
Für $m = 1$ ergibt sich

$$P(t) = \begin{bmatrix} x(t) \\ y(t) \end{bmatrix} := \begin{bmatrix} p_1(t) \\ p_2(t) \end{bmatrix} = \begin{bmatrix} a_{10} + a_{11}t \\ a_{20} + a_{21}t \end{bmatrix}.$$

Im nichtdegenerierten Fall kann t eliminiert werden, und man erhält mit

$$a_{11}y - a_{21}x + a_{10}a_{21} - a_{11}a_{20} = 0$$

die implizite Form einer Geradengleichung, d.h. nichtdegenerierte polynomiale Kurven vom Grad 1 sind Geraden in der Ebene.
Für $m = 2$ hat man

$$P(t) = \begin{bmatrix} x(t) \\ y(t) \end{bmatrix} := \begin{bmatrix} p_1(t) \\ p_2(t) \end{bmatrix} = \begin{bmatrix} a_{10} + a_{11}t + a_{12}t^2 \\ a_{20} + a_{21}t + a_{22}t^2 \end{bmatrix}.$$

Im nichtdegenerierten Fall ergibt sich vermittels der Koordinatentransformation (Rotation)

$$\begin{bmatrix} \overline{x} \\ \overline{y} \end{bmatrix} = \frac{1}{r} \begin{bmatrix} a_{22} & -a_{12} \\ a_{12} & a_{22} \end{bmatrix} \begin{bmatrix} x \\ y \end{bmatrix}, \quad r := (a_{12}^2 + a_{22}^2)^{1/2},$$

die Form

$$\begin{bmatrix} \overline{x}(t) \\ \overline{x}(t) \end{bmatrix} = \begin{bmatrix} \overline{a}_{10} + \overline{a}_{11}t \\ \overline{a}_{20} + \overline{a}_{21}t + \overline{a}_{22}t^2 \end{bmatrix},$$

wobei $\overline{a}_{11} := r^{-1}(a_{11}a_{22} - a_{12}a_{21})$ und $\overline{a}_{22} := r$. Unter der Annahme $\overline{a}_{11} \ne 0$ führen dann die Parametertransformation $t = s - \overline{a}_{11}/(2r^2)$ und die anschliessende Koordinatentransformation

$$\begin{bmatrix} \hat{x}(s) \\ \hat{y}(s) \end{bmatrix} = \begin{bmatrix} \overline{x}(s - \kappa) - a'_{10} \\ \overline{y}(s - \kappa) - a'_{20} \end{bmatrix}$$

auf

$$[\hat{x}(s) = \hat{y}(s)] = \begin{bmatrix} \hat{a}_{11}s \\ \hat{a}_{22}s^2 \end{bmatrix}.$$

Dies ist die implizite Form einer Parabel, d.h. nichtdegenerierte polynomiale Kurven vom Grad 2 sind Parabeln in der Ebene.

Eine Abbildung $p : \mathbb{R}^n \mapsto \mathbb{R}$ heisst ein **affines Polynom** (eine polynomiale Funktion) vom **polaren Grad** $m \in \mathbb{N}$, falls eine symmetrische, m-affine (m-lineare) Abbildung $f : (\mathbb{R}^n)^m \mapsto \mathbb{R}$ existiert mit der Eigenschaft

$$(2.4.1.3) \qquad p(x) = f(x, \ldots, x), \quad x \in \mathbb{R}^n.$$

Die Funktion f wird als die m-**polare Form** von p bezeichnet. Zur Vereinfachung der Notation definieren wir ein affines Polynom (eine polynomiale Funktion) vom Grad $m = 0$ als eine skalare Grösse $p_0 \in \mathbb{R}$.

Eine Abbildung $p : \mathbb{R}^n \mapsto \mathbb{R}$ heisst eine **polynomiale Funktion** vom polaren Grad $m \in \mathbb{N}_0$, falls m symmetrische k-lineare Abbildungen $f_k : (\mathbb{R}^n)^m \mapsto \mathbb{R}$, $0 \le k \le m$, existieren, so dass

$$(2.4.1.4) \qquad p(x) = \sum_{k=0}^{m} f_k(x, \ldots, x), \quad x \in \mathbb{R}^n.$$

Beispiel: Es sei $p : \mathbb{R}^n \mapsto \mathbb{R}$ das Polynom

$$p(x_1, \ldots, x_n) = \sum_{i=1}^{n} x_i^2$$

vom Grad 2. Die bipolare Form f von p ist die bilineare Abbildung

$$f((x_1, \ldots, x_n), (y_1, \ldots, y_n)) = \sum_{i=1}^{n} x_i y_i,$$

d.h. die bipolare Form entspricht dem euklidischen inneren Produkt im $\mathbb{R}^n$.

Jedoch stimmen im allgemeinen der Grad eines Polynoms und sein polarer Grad nicht überein: Sei $p : \mathbb{R} \mapsto \mathbb{R}$ das Polynom zweiten Grades $p(x_1) = 3x_1^2$. Die polare Form f von p ist die trilineare Abbildung $f : \mathbb{R}^3 \mapsto \mathbb{R}$ mit

$$f(x_1, x_2, x_3) = \sum_{1 \le i < j \le 3} x_i x_j,$$

d.h. p ist eine homogene polynomiale Funktion vom polaren Grad 3.

Unter der polaren Form einer polynomialen Funktion $p : \mathbb{R}^n \mapsto \mathbb{R}$ vom Grad $m \in \mathbb{N}_0$ versteht man ein affines Polynom vom polaren Grad m.

Beispiel: Es sei $p : \mathbb{R} \mapsto \mathbb{R}$ das affine Polynom

$$p(x) := a_0 + a_1 x + a_2 x^2, \quad a_i \in \mathbb{R}, \quad 0 \le i \le 2.$$

Die zugehörige bipolare Form $f : \mathbb{R}^2 \mapsto \mathbb{R}$ ist die symmetrische, biaffine Abbildung

$$f(x_1, x_2) = a_0 + \frac{a_1}{2}(x_1 + x_2) + a_2 x_1 x_2.$$

(2.4.1.5) **Theorem:** *Die polare Form* $f : (\mathbb{R}^n)^m \mapsto \mathbb{R}$ *einer polynomialen Funktion* p *vom Grad* m *ist eindeutig bestimmt. Setzt man* $I_m := \{1, \ldots, m\}$ *und* $I_m^{(k)} := \{I \subset I_m \mid \mathrm{card}(I) = k\}$, $k \in \mathbb{N}$, *so hat man für* $x_i \in \mathbb{R}^n$, $1 \le i \le m$, *die Darstellung*

$$f(x_1, \ldots, x_m) = \frac{1}{m!} \sum_{k=1}^{m} \sum_{I \in I_m^{(k)}} (-1)^{m-k} k^m p\Big(k^{-1} \sum_{i \in I} x_i\Big).$$

Beweis: Es seien $\emptyset \neq I \subset I_m$, χ_I die charakteristische Funktion von I, d.h. $\chi_I(i) = 1$, falls $i \in I$ und $\chi_I(i) = 0$, falls $i \notin I$, sowie

$$z := \Big(\sum_{i=1}^{m} \chi_I(i)\Big)^{-1} \sum_{i=1}^{m} \chi_I(i) x_i.$$

Gemäss (2.4.1.3) gilt $p(z) = f(z, \ldots, z)$. Da f eine m-affine Abbildung ist, erschliesst man

$$\sum_{\emptyset \neq I \subset I_m} (-1)^{\sum_{i=1}^{m} \chi_I(i)} \sum_{i=1}^{m} (\chi_I(i))^m p(z)$$

$$(2.4.1.6) \quad = \sum_{\emptyset \neq I \subset I_m} (-1)^{\sum_{i=1}^{m} \chi_I(i)} \Big(\sum_{(i_1, \ldots, i_m) \in I_m^m} \prod_{\nu=1}^{m} \chi_I(i_\nu)\, f(x_{i_1}, \ldots, x_{i_m}) \Big)$$

$$= \sum_{(i_1, \ldots, i_m) \in I_m^m} \Big(\sum_{\emptyset \neq I \subset I_m} (-1)^{\sum_{i=1}^{m} \chi_I(i)} \prod_{\nu=1}^{m} \chi_I(i_\nu) \Big)\, f(x_{i_1}, \ldots, x_{i_m}).$$

Es bezeichne $\pi(I_m)$ die Menge aller Permutationen von I_m. Wir unterscheiden die Fälle

$$\text{(a)} \quad (i_1, \ldots, i_m) \notin \pi(I_m), \qquad \text{(b)} \quad (i_1, \ldots, i_m) \in \pi(I_m).$$

Falls (a) zutrifft, gibt es ein $j \in I_m$ mit $j \neq i_\nu$, $1 \le \nu \le m$. Für $J \in I_{m/j} := \{\emptyset \neq I \subset I_m \mid \chi_I(j) = 0\}$ definieren wir

$$\hat{\chi}_J(i) := \begin{cases} \chi_J(i), & 1 \le i \neq j \le m, \\ 1, & i = j. \end{cases}$$

Da $\sum_{i=1}^{m} \hat{\chi}_J(i) = \sum_{i=1}^{m} \chi_J(i) + 1$, folgt

$$\sum_{\emptyset \neq I \subset I_m} (-1)^{\sum_{i=1}^{m} \chi_I(i)} \prod_{\nu=1}^{m} \chi_I(i_\nu)$$

$$= \sum_{J \subset I_{m/j}} (-1)^{\sum_{i=1}^{m} \chi_J(i)} \prod_{\nu=1}^{m} \chi_J(i_\nu) + \sum_{J \subset I_{m/j}} (-1)^{\sum_{i=1}^{m} \hat{\chi}_J(i)} \prod_{\nu=1}^{m} \hat{\chi}_J(i_\nu).$$

Offensichtlich gilt

$$(-1)^{\sum_{i=1}^m \hat{\chi}_J(i)} \prod_{\nu=1}^m \hat{\chi}_J(i_\nu)$$

$$= (-1)^{\sum_{i=1}^m \chi_J(i)+1} \prod_{\nu=1}^m \chi_J(i_\nu) = -(-1)^{\sum_{i=1}^m \chi_J(i)+1} \prod_{\nu=1}^m \chi_J(i_\nu)$$

und somit

(2.4.1.7) $$\qquad\qquad (-1)^{\sum_{i=1}^m \chi_J(i)+1} \prod_{\nu=1}^m \chi_J(i_\nu) = 0.$$

Im Falle (b) hat man wegen der Symmetrie von f

$$f(x_{i_1},\ldots,x_{i_m}) = f(x_1,\ldots,x_m).$$

Ferner gilt $\prod_{\nu=1}^m \chi_I(i_\nu) \neq 0$ genau dann, wenn $\chi_I(i) = 1$ für alle $i \in I_m$, und folglich

(2.4.1.8) $$\qquad \sum_{\emptyset \neq I \subset I_m} (-1)^{\sum_{i=1}^m \chi_I(i)} \prod_{\nu=1}^m \chi_I(i_\nu) = (-1)^m.$$

Da $\operatorname{card}(\pi(I_m)) = m!$ gilt, erhält man unter Beachtung von (2.4.1.7) und (2.4.1.8) aus (2.4.1.6)

$$(-1)^m m! f(x_1,\ldots,x_m) = \sum_{I \in I_m^{(k)}} (-1)^k k^m p\Big(k^{-1} \sum_{i \in I} x_i\Big).$$

Der Beweis ist damit vollständig. $\qquad\qquad\qquad\qquad\qquad\qquad\qquad\square$

Die polare Form einer polynomialen Kurve $P : \mathbb{R} \mapsto \mathbb{R}^n$ vom Grad $m \in \mathbb{N}_0$ ist eine symmetrische m-affine Abbildung $f : \mathbb{R}^m \mapsto \mathbb{R}^n$ mit

$$P(t) = f(t,\ldots,t), \quad t \in \mathbb{R}.$$

2.4.2 Bézier-Kurven und Bézier-Kontrollpunkte

Wie wir in Abschnitt 2.4.1 gesehen haben, entsprechen polynomiale Kurven vom Grad $m = 1$ bzw. $m = 2$ im $\mathbb{R}^2$ den geometrischen Objekten einer Geraden bzw. einer quadratischen Kurve in der Ebene. Der Vorteil der zugehörigen, durch $m + 1$ Punkte eindeutig bestimmten polaren Form vom Grad m besteht in der einfachen Bestimmung beliebiger Punkte auf dem Graphen der polynomialen Kurve durch Interpolation.

Wir werden nun zeigen, dass sich in der Umkehrung $m + 1$ Punkten eine eindeutig bestimmte polynomiale Kurve vom Grad m zuordnen lässt. Die entsprechende Darstellung der polynomialen Kurve basiert auf den Bernstein-Polynomen vom Grad m.

Es seien $m \in \mathbb{N}_0$ und $k \in \mathbb{N}_0$, $0 \le k \le m$, sowie $I := [0,1]$. Die durch

$$(2.4.2.1) \qquad B_k^m(t) := \binom{m}{k}(1-t)^{m-k}t^k, \quad t \in I$$

gegebenen Polynome werden als *Bernstein- Polynome* vom Grad m über I bezeichnet.

(2.4.2.2) Lemma: *Die Bernstein-Polynome B_k^m, $0 \le k \le m$, $m \in \mathbb{N}_0$, bilden eine Basis des linearen Raumes $P_m(I)$ der Polynome vom Grad m über I*

$$(2.4.2.3) \qquad P_m(I) = \operatorname{span}\{B_0^m, B_1^m, \ldots, B_m^m\}.$$

Sie sind nichtnegativ auf I und stellen eine Zerlegung der Eins dar

$$(2.4.2.4) \qquad 0 \le B_k^m(t) \le 1, \quad \sum_{k=0}^m B_k^m(t) = 1, \quad t \in I.$$

Die Bernstein-Polynome besitzen ferner die Symmetrieeigenschaft

$$(2.4.2.5) \qquad B_k^m(t) = B_{m-k}^m(1-t), \quad 0 \le k \le m, \quad t \in I$$

und genügen der Rekursion

$$(2.4.2.6) \qquad B_k^m(t) = tB_{k-1}^{m-1}(t) + (1-t)B_k^{m-1}(t), \quad t \in I.$$

Die Ableitung von B_k^m ist gegeben durch

$$(2.4.2.7) \qquad \frac{d}{dt}\, B_k^m(t) = \begin{cases} -mB_0^{m-1}(t), & k = 0 \\ m\big(B_{k-1}^{m-1}(t) - B_k^{m-1}(t)\big), & 1 \le k \le m-1, \\ mB_{m-1}^{m-1}(t), & k = m. \end{cases}$$

Schliesslich besitzen die Bernstein-Polynome in I genau ein Maximum

$$(2.4.2.8) \qquad \max_{t \in I} B_k^m(t) = B_k^m\left(\frac{k}{m}\right).$$

Beweis: Offenbar gilt $B_k^m \in P_m(I)$, $0 \le k \le m$. Zum Nachweis der linearen Unabhängigkeit sei

$$\sum_{k=0}^m a_k B_k^m(t) = 0, \quad t \in I, \quad a_k \in \mathbb{R}, \quad 0 \le k \le m.$$

Für $t = 1$ hat man

$$\sum_{k=0}^{m} a_k B_k^m(1) = a_m B_m^m(1) = a_m = 0.$$

Man erschliesst dann rekursiv, dass auch $a_k = 0$, $0 \leq k \leq m - 1$.

Die Nichtnegativität von B_k^m auf I und die Symmetrie (2.4.2.5) folgen sofort aus der Definition (2.4.2.1), wohingegen sich die Eigenschaft, eine Zerlegung der Eins darzustellen, aus dem binomischen Entwicklungssatz ergibt.

Die Rekursion (2.4.2.6) folgt leicht unter Verwendung von

$$\binom{m}{k} = \binom{m-1}{k-1} + \binom{m-1}{k}.$$

Zum Beweis von (2.4.2.7) erhalten wir

$$(2.4.2.9) \quad \frac{d}{dt} B_k^m(t) = \binom{m}{k} \left(k(1-t)^{m-k} t^{k-1} - (m-k)(1-t)^{m-k-1} t^k \right).$$

Die behauptete Darstellung folgt für $k = 0$ und $k = m$ aus den Beziehungen

$$B_0^m(t) = (1-t) B_0^{m-1}(t) \quad , \quad B_m^m(t) = t B_{m-1}^{m-1}(t)$$

sowie für $1 \leq k \leq m - 1$ aus der Rekursion (2.4.2.6).
Die Behauptung (2.4.2.8) folgt aus (2.4.2.9). $\qquad\qquad\square$

Wir stellen nun vorbereitend einige fundamentale Eigenschaften von symmetrischen, m-affinen Abbildungen bereit.

(2.4.2.10) **Lemma:** *Es seien $m \in \mathbb{N}_0$, $n \in \mathbb{N}$, und $I_m := \{ 1, 2, \ldots, m \}$ sowie $a, b \in \mathbb{R}$, $a < b$. Ferner sei $f : \mathbb{R}^m \mapsto \mathbb{R}^n$ eine symmetrische, m-affine Abbildung. Setzen wir für $s_\nu \in \mathbb{R}$, $\nu = 1, 2, \ldots, m$,*

$$t_\nu := \frac{s_\nu - a}{b - a}, \quad 1 \leq \nu \leq m,$$

so besitzt f die Darstellung

$$f(s_1, \ldots, s_m) = \sum_{k=0}^{m} p_k^m(t_1, \ldots, t_m) f(a^{m-k}, b^k),$$

wobei für $0 \leq k \leq m$

$$(2.4.2.11) \qquad p_k^{(m)}(t_1, \ldots, t_m) = \sum_{\substack{I, I^c \subset I_m \\ \mathrm{card}(I^c) = k}} \prod_{\nu \in I} (1 - t_\nu) \prod_{\mu \in I^c} t_\mu$$

mit $I^c := I_m \setminus I$ als der zu $I \subset I_m$ komplementären Menge und

$$(2.4.2.12) \qquad f(a^{m-k}, b^k) := f(\underbrace{a, \ldots, a}_{m-k}, \underbrace{b, \ldots, b}_{k}), \quad 0 \leq k \leq m.$$

Beweis: Der Beweis wird durch vollständige Induktion über m geführt. Der Induktionsanfang $m = 0$ ist trivial. Sei die Behauptung für $m - 1$ erfüllt. Mit

$$f^a(s_1, \ldots, s_{m-1}) := f(s_1, \ldots, s_{m-1}, a),$$
$$f^b(s_1, \ldots, s_{m-1}) := f(s_1, \ldots, s_{m-1}, b)$$

ergibt sich dann für m unter Ausnutzung der Symmetrie von f:

$$\begin{aligned}
f(s_1, \ldots, s_m) &= (1 - t_m)f^a(s_1, \ldots, s_{m-1}) + t_m f^b(s_1, \ldots, s_{m-1}) \\
&= (1 - t_m) \sum_{k=0}^{m-1} p_k^{(m-1)}(t_1, \ldots, t_{m-1})f(a^{m-k-1}, b^{k+1}) \\
&\quad + t_m \sum_{k=0}^{m-1} p_k^{(m-1)}(t_1, \ldots, t_{m-1})f(a^{m-k}, b^k) \\
&= \sum_{k=1}^{m} (1 - t_m)p_{k-1}^{(m-1)}(t_1, \ldots, t_{m-1})f(a^{m-k}, b^k) \\
&\quad + \sum_{k=0}^{m-1} t_m p_k^{(m-1)}(t_1, \ldots, t_{m-1})f(a^{m-k}, b^k),
\end{aligned}$$

woraus wegen

$$p_0^{(m)}(t_1, \ldots, t_m) = t_m p_0^{(m-1)}(t_1, \ldots, t_{m-1}),$$
$$\begin{aligned}
p_k^{(m)}(t_1, \ldots, t_m) &= (1 - t_m)p_{k-1}^{(m-1)}(t_1, \ldots, t_{m-1}) \\
&\quad + t_m p_k^{(m-1)}(t_1, \ldots, t_{m-1}), \quad 1 \le k \le m - 1,
\end{aligned}$$
$$p_m^{(m)}(t_1, \ldots, t_m) = (1 - t_m)p_{(m-1)}^{m-1}(t_1, \ldots, t_{m-1})$$

die Behauptung folgt. $\qquad\qquad\qquad\qquad\qquad\qquad\qquad\qquad\qquad\qquad\square$

(2.4.2.13) **Lemma:** *Unter den Voraussetzungen von Lemma (2.4.2.10) gibt es zu vorgegebenen $m+1$ Punkten $b_k \in \mathbb{R}^n$, $0 \le k \le m$, eine eindeutig bestimmte symmetrische, m-affine Abbildung $f : \mathbb{R}^m \mapsto \mathbb{R}^n$, für die mit $f(a^{m-k}, b^k)$ aus (2.4.2.12) gilt*

(2.4.2.14) $b_k = f(a^{m-k}, b^k), \quad 0 \le k \le m.$

Beweis: Die durch

(2.4.2.15) $$f(s_1, \ldots, s_m) = \sum_{k=0}^{m} p_k^{(m)}(t_1, \ldots, t_m)\, b_k$$

mit $p_k^{(m)}(t_1, \ldots, t_m)$ aus (2.4.2.11) gegebene Abbildung ist offensichtlich symmetrisch, m-affin und erfüllt (2.4.2.14). Zum Beweis der Eindeutigkeit sei

$g : \mathbb{R}^m \mapsto \mathbb{R}^n$ eine weitere, der Bedingung (2.4.2.14) mit g anstelle von f genügende, symmetrische, m-affine Abbildung. Nach Lemma (2.4.2.10) besitzt g die Darstellung

$$g(s_1, \ldots, s_m) = \sum_{k=0}^{m} p_k^{(m)}(t_1, \ldots, t_m) \, g(a^{m-k}, b^k),$$

woraus man $g \equiv f$ erschliesst.   □

(2.4.2.16) **Theorem:** *Es seien* $m \in \mathbb{N}_0$, $n \in \mathbb{N}$, *und* $a, b \in \mathbb{R}$, $a < b$, *sowie*

$$b_0, b_1, \ldots, b_m \in \mathbb{R}^n.$$

Dann gibt es eine eindeutig bestimmte polynomiale Kurve $P_m(a, b) : \mathbb{R} \mapsto \mathbb{R}^n$ *vom Grad* m *mit der Darstellung*

$$(2.4.2.17) \qquad P_m(a, b)(t) = \sum_{k=0}^{m} b_k B_k^m\left(\frac{t-a}{b-a}\right), \quad t \in [a, b].$$

Beweis: Nach Lemma (2.4.2.13) existiert eine eindeutig bestimmte symmetrische, m-affine Abbildung f von der Gestalt (2.4.2.15), die

$$b_k = f(a^{m-k}, b^k), \quad 0 \le k \le m,$$

erfüllt (vgl. (2.4.2.14)). Die Abbildung f ist gemäss $f(t, \ldots, t) = P_m(a, b)(t)$ die polare Form einer polynomialen Kurve $P_m(a, b) : \mathbb{R} \mapsto \mathbb{R}^n$ vom Grad m. Mit $p_k^{(m)}$ aus (2.4.2.11) erhält man somit

$$P_m(a, b)(t) = \sum_{k=0}^{m} p_k^{(m)}(t, \ldots, t) \, b_k,$$

woraus sich wegen

$$p_k^{(m)}(t, \ldots, t) = B_k^m\left(\frac{t-a}{b-a}\right)$$

die Darstellung (2.4.2.17) ergibt.   □

(2.4.2.18) **Definition:** *Eine polynomiale Kurve vom Grad* $m \in \mathbb{N}_0$ *in* $\mathbb{R}^n$, $n \in \mathbb{N}$, $n \ge 2$, *von der Gestalt* (2.4.2.17) *wird als Bézier-Kurve oder als Bézier-Polygon bezeichnet. Die Punkte* b_k, $0 \le k \le m$, *heissen Bézier-Kontrollpunkte.*

Im folgenden ist es oft zweckmässig, die Bézier-Kontrollpunkte $b_k \in \mathbb{R}^n$, $0 \le k \le m$ in der Matrix

$$\mathbf{b} := \begin{bmatrix} b_0 & b_1 & \cdots & b_m \end{bmatrix} \in \mathbb{R}^{n \times (m+1)}$$

zusammenzufassen.

Wir stellen im folgenden einige signifikante Eigenschaften von Bézier-Kurven bereit.

(2.4.2.19) **Lemma:** *Bézier-Kurven sind affin-kovariant, d.h. sie sind invariant bezüglich affiner Transformationen im Bildraum. Ist*

$$F : \mathbb{R}^n \mapsto \mathbb{R}^n$$

$$x \longmapsto Fx := Bx + b$$

eine affine Transformation mit $B \in \mathbb{R}^{n \times n}$, $b \in \mathbb{R}^n$ und ist $\hat{P}_m(a,b)$ die mit den Kontrollpunkten

$$\mathbf{b_F} := \begin{bmatrix} F(b_0) & F(b_1) & \cdots & F(b_m) \end{bmatrix} \in \mathbb{R}^{n \times (m+1)}$$

assoziierte Bézier-Kurve, so gilt

$$F(P_m(a,b)) = \hat{P}_m(a,b).$$

Beweis: Der Beweis ergibt sich sofort aus der Eigenschaft (2.4.2.4) (Zerlegung der Eins) der Bernstein-Polynome.   □

(2.4.2.20) **Lemma:** *Bézier-Kurven sind affin-kontravariant, d.h. sie sind invariant bezüglich affiner Transformationen im Urbild. Sind $[a,b]$, $[\hat{a},\hat{b}] \subset \mathbb{R}$ mit $a < b$, $\hat{a} < \hat{b}$, und ist*

$$[\hat{a},\hat{b}] \mapsto [a,b]$$

$$\hat{t} \longmapsto t := \alpha \hat{t} + \beta$$

eine Parametertransformation mit $\alpha := (b-a)/(\hat{b}-\hat{a})$, $\beta := (a\hat{b}-b\hat{a})/(\hat{b}-\hat{a})$, so gilt

$$P_m(\hat{a},\hat{b})(\hat{t}) = P_m(a,b)(\alpha\hat{t}+\beta).$$

Beweis: Der Beweis folgt unmittelbar aus der entsprechenden Eigenschaft der Bernstein-Polynome.   □

(2.4.2.21) **Lemma:** *Das Bild einer Bézier-Kurve liegt in der konvexen Hülle der Bézier-Kontrollpunkte, d.h. es gilt*

$$P_m(a,b)(t) \in \text{conv}\{ b_0, b_1, \ldots, b_m \}.$$

Beweis: Die Behauptung folgt wiederum sofort aus (2.4.2.4).   □

Fig. 2 zeigt den Graphen einer Bézier-Kurve $P_2(0,1)$ vom Grad 2 in der konvexen Hülle der drei Kontrollpunkte $b_0 = \begin{bmatrix} 0 \\ 0 \end{bmatrix}$, $b_1 = \begin{bmatrix} 0.5 \\ 1 \end{bmatrix}$, $b_2 = \begin{bmatrix} 1 \\ 0 \end{bmatrix}$.

Das folgende Ergebnis zeigt, wie sich Störungen in den Bézier Kontrollpunkten auf die Bézier-Kurve auswirken.

(2.4.2.22) **Lemma:** *Es seien $a = 0$, $b = 1$ und*

$$\mathbf{b} := \begin{bmatrix} b_0 & b_1 & \cdots & b_m \end{bmatrix} \in \mathbb{R}^{n \times (m+1)},$$

$$\hat{\mathbf{b}} := \begin{bmatrix} b_0 & b_1 & \cdots & b_{k-1} & \hat{b}_k & b_{k+1} & \cdots & b_m \end{bmatrix} \in \mathbb{R}^{n \times (m+1)}$$

mit $\hat{b}_k := b_k + \varepsilon e_k$, $\varepsilon \in \mathbb{R}$, sowie $P_m(0,1)$ und $\hat{P}_m(0,1)$ die zugehörigen Bézier-Kurven. Die Abweichung der gestörten Bézier-Kurve $\hat{P}_m(0,1)$ von der ungestörten Kurve $P_m(0,1)$ ist am grössten in $t = k/m$.

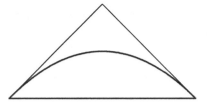

Fig. 2. Bézier-Kurve in der konvexen Hülle der Kontrollpunkte

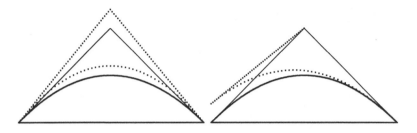

Fig. 3. Störungen in den Bézier-Kontrollpunkten von $P_2(0,1)$

Beweis: Es gilt

$$\hat{P}_m(0,1)(t) - P_m(0,1)(t) = \varepsilon B_k^m(t)e_k.$$

Gemäss (2.4.2.8) nimmt B_k^m sein Maximum in $t_{\max} := k/m$ an. □

Fig. 3 zeigt die ungestörte Bézier-Kurve $\hat{P}_2(0,1)$ aus Fig. 2 (durchgezogene Kurve) und die gestörte Bézier-Kurve $P_2(0,1)$ (gestrichelte Kurve) mit einer Störung in b_1 (links) und in b_0 (rechts).

2.4.3 Der Algorithmus von de Casteljau

Der *de Casteljau Algorithmus* zur Approximation polynomialer Kurven vom Grad m bzw. von Kurvensegmenten bezüglich $[a,b] \subset \mathbb{R}$ basiert auf der Darstellung der polynomialen Kurve als Bézier-Kurve $P_m(a,b)$. Der Algorithmus benötigt dazu ausser der Vorgabe der $m+1$ Bézier-Kontrollpunkte und des Parameterwerts $t^* \in \mathbb{R}$, in dem $P_m(a,b)$ ausgewertet werden soll, keine weitere a priori Kenntnis der Kurve und verwendet allein eine iterative Kombination der Kontrollpunkte. Diese stellt eine interpolierende Konvexkombination dar, falls $t^* \in [a,b]$, und beruht auf einer Extrapolation des Interpolanden, falls $t^* \notin [a,b]$. Die praktische Durchführung erfolgt in m Schritten, wobei im k-ten Schritt die Berechnung von $m+1-k$ Kombinationen von Kontrollpunkten erforderlich ist. Der letzte Schritt liefert als Resultat den Punkt $P_m(a,b)(t^*)$ der Kurve für den präspezifizierten Parameterwert t^*.

Bevor wir zu einer allgemeinen Beschreibung des Algorithmus übergehen, sei er exemplarisch an einem Beispiel erläutert.

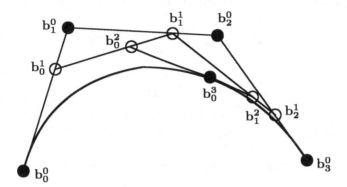

Fig. 4. Zum Algorithmus von de Casteljau

Beispiel: Es seien $d = 2$, $m = 3$ sowie vier Bézier-Kontrollpunkte $b_k \in \mathbb{R}^2$, $0 \le k \le 3$, und $t^* \in \mathbb{R}$ vorgegeben (siehe Fig. 4). Wir verfahren wie folgt:

Initialisierung: Setze $b_k^0 := b_k$, $0 \le k \le 3$.

1.Schritt: Für $0 \le k \le 2$, berechne die Bézier-Kurven $P_{1,k}^{(1)}(a,b)$ vom Grad 1 zu den Kontrollpunkten b_k^0, b_{k+1}^0

$$(2.4.3.1) \qquad P_{1,k}^{(1)}(a,b)(t) = \frac{b-t}{b-a}\, b_k^0 + \frac{t-a}{b-a}\, b_{k+1}^0, \quad 0 \le k \le 2$$

und werte in t^* aus

$$(2.4.3.2) \qquad b_k^1 = P_{1,k}(a,b)(t^*), \quad 0 \le k \le 2.$$

2.Schritt: Für $0 \le k \le 1$, berechne die Bézier-Kurven $P_{1,k}^{(2)}(a,b)$ vom Grad 1 zu den Kontrollpunkten b_k^1, b_{k+1}^1

$$(2.4.3.3) \qquad P_{1,k}^{(2)}(a,b)(t) = \frac{b-t}{b-a}\, b_k^1 + \frac{t-a}{b-a}\, b_{k+1}^1, \quad 0 \le k \le 1$$

und werte in t^* aus

$$(2.4.3.4) \qquad b_k^2 = P_{1,k}^{(2)}(a,b)(t^*), \quad 0 \le k \le 1.$$

Setzt man die im ersten Schritt gemäss (2.4.3.2) berechneten Werte $b_k^1, 0 \le k \le 2$, in (2.4.3.4) ein, so erhält man

$$b_k^2 = \left(\frac{b-t^*}{b-a}\right)^2 b_k^0 + 2\frac{b-t^*}{b-a}\frac{t^*-a}{b-a}\, b_{k+1}^0 + \left(\frac{t^*-a}{b-a}\right)^2 b_{k+2}^0$$

$$= \sum_{j=0}^{2} B_j^2\left(\frac{t^*-a}{b-a}\right) b_{k+j}^0 = P_{2,k}(a,b)(t^*),$$

wobei $P_{2,k}(a,b)$ die Bézier-Kurve vom Grad 2 zu den Kontrollpunkten b_{k+j}^0, $0 \leq j \leq 2$, bezeichnet.

3.Schritt: Berechne die Bézier-Kurve $P_{1,0}^{(3)}(a,b)$ vom Grad 1 zu den Kontrollpunkten b_0^2, b_1^2

$$(2.4.3.5) \qquad P_{1,0}^{(3)}(a,b)(t) = \frac{b-t}{b-a} b_0^2 + \frac{t-a}{b-a} b_1^2$$

und werte in t^* aus

$$(2.4.3.6) \qquad b_0^3 = P_{1,0}^{(3)}(a,b)(t^*).$$

Ersetzt man b_0^2 und b_1^2 in (2.4.3.5) durch (2.4.3.4), so erschliesst man analog zum vorherigen Schritt

$$b_0^3 = \sum_{k=0}^{3} B_k^3 \left(\frac{t^* - a}{b-a} \right) b_k^0 = P_3(a,b)(t^*)$$

mit $P_3(a,b)$ als der eindeutig bestimmten, den vorgegebenen vier Bézier-Kontrollpunkten zugeordneten Bézier-Kurve vom Grad 3.

Im allgemeinen Fall von $m+1$ vorgegebenen Bézier-Kontrollpunkten $b_j \in \mathbb{R}^n$, $0 \leq j \leq m$, verfährt man entsprechend und erhält im k-ten Schritt des de Casteljau Algorithmus mit

$$(2.4.3.7) \qquad P_{k,i}(a,b)(t) := \sum_{j=0}^{k} B_j^k \left(\frac{t-a}{b-a} \right) b_{i+j}, \quad 0 \leq i \leq m-k,$$

die Bézier-Kurven $P_{k,i}(a,b)$ vom Grad k zu den Kontrollpunkten b_{i+j}, $0 \leq j \leq k$, die gemäss

$$b_i^k := P_{k,i}(a,b)(t^*), \quad 1 \leq k \leq m, \quad 0 \leq i \leq m-k$$

die intermediären Kontrollpunkte erzeugen.

(2.4.3.8) Lemma: *Die durch (2.4.3.7) gegebenen intermediären Bézier-Kurven $P_{k,i}(a,b)$ genügen für $1 \leq k \leq m$, $0 \leq i \leq m-k$, der Rekursion*

$$(2.4.3.9) \qquad P_{k,i}(a,b)(t) := \frac{b-t}{b-a} P_{k-1,i}(a,b)(t) + \frac{t-a}{b-a} P_{k-1,i+1}(a,b)(t).$$

Beweis: Wie im voranstehenden Beispiel verifiziert man die Behauptung durch Einsetzen von $P_{k-1,i+j}(a,b)$, $0 \leq j \leq 1$, in (2.4.3.9) und Anwendung der Rekursion (2.4.2.6) für die Bernstein-Polynome. $\square$

Man erkennt deutlich die Analogie des de Casteljau Algorithmus mit dem Aitken-Neville Schema zur Auswertung von Interpolationspolynomen, die sich in dem in Fig. 5 dargestellten Berechnungsschema des de Casteljau Algorithmus widerspiegelt.

Der de Casteljau Algorithmus lässt sich auch in leicht modifizierter Form zur Berechnung der mit einer Bézier-Kurve assoziierten polaren Form $f : \mathbb{R}^m \mapsto \mathbb{R}^n$ für beliebige $t_j \in \mathbb{R}$, $1 \leq j \leq m$, verwenden.

$$b_m^0$$
$$\searrow$$
$$b_{m-1}^0 \quad \rightarrow \quad b_{m-1}^1$$

$$\vdots \qquad\qquad\qquad \ddots$$

$$b_1^0 \quad \rightarrow \quad \cdots \quad \rightarrow \quad b_1^{m-1}$$
$$\searrow \qquad\qquad\qquad\qquad \searrow$$
$$b_0^0 \quad \rightarrow \quad \cdots \quad \rightarrow \quad b_0^{m-1} \quad \rightarrow \quad b_0^m$$

Fig. 5. Berechnungsschema des de Casteljau Algorithmus

(2.4.3.10) **Lemma:** *Es seien $m, n \in \mathbb{N}$, $n \geq 2$, und $b_k \in \mathbb{R}^n$, $0 \leq k \leq m$, sowie $t_j \in \mathbb{R}$, $1 \leq j \leq m$. Ersetzt man bei der Initialisierung des de Casteljau Algorithmus b_k^0 durch $f(a^{m-k}, b^k) = b_k$, $0 \leq k \leq m$, (vgl. (2.4.2.12)) und berechnet im k-ten Schritt*

$$f(t_1, \ldots, t_k, a^{m-i-k}, b^i) := f(t_1, \ldots, t_k, \underbrace{a, \ldots, a}_{m-i-k}, \underbrace{b, \ldots, b}_{i})$$

gemäss

$$f(t_1, \ldots, t_k, a^{m-i-k}, b^i) =$$
$$\frac{b - t_k}{b - a} f(t_1, \ldots, t_{k-1}, a^{m-i-k+1}, b^i) + \frac{t_k - a}{b - a} f(t_1, \ldots, t_{k-1}, a^{m-i-k}, b^{i+1}),$$

so erhält man nach m Schritten $f(t_1, \ldots, t_m)$.

Beweis: Da für $t^* = t_j, 1 \leq j \leq m$, mit b_i^k aus dem de Casteljau Algorithmus gilt

$$b_i^k = f(t_1, \ldots, t_k, a^{m-i-k}, b^i), \quad 0 \leq i \leq m - k,$$

folgt mit Lemma (2.4.3.8)

$$P_m(t^*)(a, b)(t^*) = f(t^*, \ldots, t^*),$$

d.h. f ist die eindeutig bestimmte polare Form von $P_m(a, b)$. $\qquad\square$

(2.4.3.11) **Bemerkung:** Die modifizierte Version des de Casteljau Algorithmus liefert auch einen „geometrischen Beweis", dass die durch ihn generierte Funktion $f : \mathbb{R}^m \mapsto \mathbb{R}^n$ eine symmetrische, m-affine Abbildung ist. Da die Konstruktion auf iterierten affinen Interpolationen beruht, ist f eine multiaffine Abbildung. Da ferner jede Permutation das Produkt von Vertauschungen ist, genügt es zum Beweis der Symmetrie zu zeigen, dass $f(t_1, \ldots, t_m)$ invariant bezüglich der Vertauschung zweier Argumente ist. Dies jedoch ist eine einfache Konsequenz aus dem Theorem von Menelaos.

Die intermediären Kontrollpunkte b_i^k aus dem Algorithmus von de Castel-jau sind eng mit den Ableitungen der Bézier-Kurve $P_m(a, b)$ verbunden. Dieser Zusamenhang wird durch das folgende Ergebnis dokumentiert, das auch eine wesentliche Rolle bei der im nächsten Abschnitt zu diskutierenden glatten Zusammensetzung polynomialer Kurvensegmente spielt.

(2.4.3.12) **Theorem:** *Es sei $P_m(a, b)$, $m \in \mathbb{N}_0$, $a, b \in \mathbb{R}$, $a < b$, eine Bézier-Kurve in der durch (2.4.2.17) gegebenen polynomialen Darstellung. Dann gilt für $0 \le k \le m$*

(2.4.3.13) $$\frac{d^k}{dt^k} P_m(a, b)(t) = \frac{m!}{(m-k)!} (b-a)^{-k} \Delta^k P_{m-k,0}(a, b)(t).$$

Dabei ist der Vorwärtsdifferenzenoperator Δ auf den zweiten Index von $P_{k,i}$ anzuwenden, d.h. $\Delta P_{k,i}(a, b)(t) = P_{k,i+1}(a, b)(t) - P_{k,i}(a, b)(t)$.

Beweis: Unter Verwendung von (2.4.2.7) zeigt man durch vollständige Induktion über k

(2.4.3.14) $$\frac{d^k}{dt^k} P_m(a, b)(t) = \frac{m!}{(m-k)!} (b-a)^{-k} \sum_{i=0}^{m-k} \Delta^k b_i B_i^{m-k} \left(\frac{t-a}{b-a} \right),$$

wobei $\Delta^0 b_i := b_i$ und $\Delta^k b_i := \Delta^{k-1} b_{i+1} - \Delta^{k-1} b_i$, $k \ge 1$.

Vertauschung von Summation und Vorwärtsdifferenzenoperator liefert

$$\frac{d^k}{dt^k} P_m(a, b)(t) = \frac{m!}{(m-k)!} (b-a)^{-k} \Delta^k \sum_{i=0}^{m-k} b_i B_i^{m-k} \left(\frac{t-a}{b-a} \right)$$

$$= \frac{m!}{(m-k)!} (b-a)^{-k} \Delta^k P_{m-k,0}(a, b)(t).$$

Damit ist der Beweis komplett.   □

Als Nebenprodukt von Theorem (2.4.3.12) erhalten wir das folgende Resultat.

(2.4.3.15) **Korollar:** *Für die k-ten Ableitungen der Bézier-Kurve $P_m(a, b)$ in den Randpunkten $t = a$ und $t = b$ gilt*

$$\frac{d^k}{dt^k} P_m(a, b)(a) = \frac{m!}{(m-k)!} (b-a)^{-k} \Delta^k b_0,$$

$$\frac{d^k}{dt^k} P_m(a, b)(b) = \frac{m!}{(m-k)!} (b-a)^{-k} \Delta^k b_{m-k}.$$

Beweis: Unter Beachtung von (2.4.2.1) folgen die Behauptungen sofort aus (2.4.3.14).   □

Korollar (2.4.3.15) besagt, dass der Wert der Bézier-Kurve $P_m(a,b)$ und die Werte ihrer ersten k Ableitungen in $t = a$ bzw. $t = b$ durch die k benachbarten Kontrollpunkte b_j bzw. b_{m-j}, $0 \leq j \leq k$, bestimmt sind. Es gilt die folgende Umkehrung.

(2.4.3.16) **Lemma:** *Die Bézier-Kurve $P_{k,0}(a,b)$ vom Grad k zu den Kontrollpunkten b_j bzw. b_{m-j}, $0 \leq j \leq k$, ist eindeutig bestimmt durch die Werte von $P_m(a,b)$ bis zur k-ten Ableitung in $t = a$ bzw. $t = b$.*

Beweis: Aus Korollar (2.4.3.15) folgt für $0 \leq j \leq k$

$$\frac{d^j}{dt^j} P_m(a,b)(a) = \frac{(m)!}{(m-j)!}(b-a)^{-j} \Delta^j b_0,$$

$$\frac{d^j}{dt^j} P_{k,0}(a,b)(b) = \frac{k!}{(k-j)!}(b-a)^{-j} \Delta^j b_0.$$

Der Beweis bezüglich der Kontrollpunkte b_{m-j}, $0 \leq j \leq k$, wird analog geführt. □

2.4.4 Zusammensetzung polynomialer Kurvensegmente

Das Gegenstück zur Unterteilung polynomialer Kurven in Kurvensegmente ist die Zusammensetzung verschiedener polynomialer Kurvensegmente. Dazu betrachten wir für $[a,b] \subset \mathbb{R}$ und $[b,c] \subset \mathbb{R}$ mit $a < b < c$ zwei polynomiale Kurvensegmente $P|_{[a,b]}$ und $Q|_{[b,c]}$ vom polaren Grad m sowie die gemäss

$$(2.4.4.1) \qquad R|_{[a,c]}(t) := \begin{cases} P|_{[a,b]}(t), & t \in [a,b), \\ Q|_{[b,c]}(t), & t \in [b,c], \end{cases}$$

zusammengesetzte polynomiale Kurve $R|_{[a,c]}$. Im allgemeinen wird $R|_{[a,c]}$ im gemeinsamen Parameterwert $t = b$ der Kurvensegmente $P|_{[a,b]}$ und $Q|_{[b,c]}$ eine Unstetigkeit aufweisen. Die glatte Zusammensetzung der Kurvenbedingung erfordert daher geeignete Übergangsbedingungen in $t = b$.

(2.4.4.2) **Definition:** *Die durch (2.4.4.1) gegebene, aus zwei polynomialen Kurvensegmenten $P|_{[a,b]}$, $a < b$, und $Q|_{[b,c]}$, $b < c$, vom polaren Grad m bestehende polynomiale Kurve $R|_{[a,c]}$ heisst C^k-glatt, $0 \leq k \leq m$, falls*

$$(2.4.4.3) \qquad \frac{d^j}{dt^j} P|_{[a,b]}(t)|_{t=b} = \frac{d^j}{dt^j} Q|_{[b,c]}(t)|_{t=b}, \qquad 0 \leq j \leq k.$$

Unter Verwendung der in Theorem (2.4.3.12) bewiesenen Darstellung der Ableitungen polynomialer Kurven können wir die C^k-Glattheit zusammengesetzter polynomialer Kurvensegmente mittels der mit den Segmenten assoziierten intermediären Bézier-Kurven charakterisieren.

(2.4.4.4) Theorem: *Es seien* $[a, b] \subset \mathbb{R}$ *und* $[b, c] \subset \mathbb{R}$ *mit* $a < b < c$ *und* $P|_{[a,b]}$ *und* $Q|_{[b,c]}$ *zwei polynomiale Kurvensegmente vom polaren Grad* m *mit den Bézier-Darstellungen*

$$P_m(a, b)(t) = \sum_{i=0}^{m} p_i B_i^m \left(\frac{t - a}{b - a} \right), \quad Q_m(a, b)(t) = \sum_{i=0}^{m} q_i B_i^m \left(\frac{t - b}{c - b} \right).$$

Ferner seien $P_{\ell,i}(a, b)(t)$ *und* $Q_{\ell,i}(a, b)(t)$, $1 \leq \ell \leq m$, $0 \leq i \leq m - \ell$, *die assoziierten intermediären Bézier-Kurven. Dann ist die zusammengesetzte polynomiale Kurve* $R|_{[a,c]}$ *genau dann* C^k*-glatt, falls gilt*

(2.4.4.5a) $q_\ell = P_{m-\ell,\ell}(a, b)(c), \quad 0 \leq \ell \leq k, \; bzw.$

(2.4.4.5b) $p_{m-\ell} = Q_{\ell,0}(b, c)(a), \quad 0 \leq \ell \leq k.$

Beweis: Lemma (2.4.3.12) besagt, dass $P_m(a, b)(t)$ und $Q_m(b, c)(t)$ in $t = b$ bis zur k-ten Ableitung einschliesslich genau dann übereinstimmen, wenn für $0 \leq \ell \leq k$ die entsprechenden intermediären Bézier-Kurven übereinstimmen, d.h.

(2.4.4.6) $P_{m-\ell,\ell}(a, b)(t) = Q_{\ell,0}(b, c)(t), \quad a \leq t \leq b.$

Setzen wir $t = c$, so erhalten wir (2.4.4.5a). Andererseits folgt aus (2.4.4.5a) auch (2.4.4.6), da die Polynome durch ihre Bézier-Koeffizienten eindeutig bestimmt sind. Die Äquivalenz von (2.4.4.5b) und (2.4.4.6) beweist man analog. □

Wir haben die C^k-Glattheit zusammengesetzter polynomialer Kurvensegmente vermittels der Bézier-Darstellungen der Kurvensegmente untersucht. Ein alternativer Zugang ist die Charakterisierung unter Verwendung der assoziierten polaren Formen (vgl. Abschnitt 2.4.1).

(2.4.4.7) Theorem: *Es seien* $P|_{[a,b]}$ *und* $Q_{[b,c]}$, $[a, b] \subset \mathbb{R}$, $[b, c] \subset \mathbb{R}$, $a < b < c$, *zwei polynomiale Kurvensegmente vom polaren Grad* m *und* $p, q : \mathbb{R}^m \mapsto \mathbb{R}$ *ihre* m*-polaren Formen. Dann ist die gemäss (2.4.4.1) zusammengesetzte polynomiale Kurve* $R|_{[a,c]}$ *genau dann* C^k*-glatt, falls*

$$p(x_1, \ldots, x_k, b, \ldots, b) = q(x_1, \ldots, x_k, b, \ldots, b)$$

für alle $x_i \neq b$, $1 \leq i \leq k$, $0 \leq k \leq m$.

Beweis: Wir verweisen auf Gallier (2000).   □

2.5 Spline-Interpolation

Man wendet die Spline-Interpolation hauptsächlich dazu an, um gegebene Punkte — etwa für zeichnerische Zwecke — durch eine „möglichst glatte"

Kurve zu verbinden. Innerhalb der numerischen Mathematik werden Spline-funktionen auch als Ansatzfunktionen im Rayleigh-Ritz-Galerkin-Verfahren zur Lösung von Randwertproblemen für gewöhnliche oder partielle Differentialgleichungen verwendet (s. Höllig (2003)). Eine eingehende Behandlung von Splinefunktionen findet man in Greville (1969), Schultz (1973), Böhmer (1974) und de Boor (1972, 2001).

2.5.1 Theoretische Grundlagen

Durch $\Delta := \{a = x_0 < x_1 < \cdots < x_n = b\}$ sei eine Unterteilung des Intervalls $[a, b]$ gegeben.

(2.5.1.1) **Definition:** *Unter einer zu Δ gehörigen kubischen Spline-Funktion S_Δ versteht man eine reelle Funktion $S_\Delta : [a, b] \mapsto \mathbb{R}$ mit den Eigenschaften*

a) $S_\Delta \in C^2[a, b] : S_\Delta$ ist auf $[a, b]$ zweimal stetig differenzierbar.
b) Auf jedem Teilintervall $[x_i, x_{i+1}]$, $i = 0, 1, \ldots, n-1$, stimmt S_Δ mit einem kubischen Polynom überein.

Eine Splinefunktion ist somit stückweise aus n kubischen Polynomen so zusammengesetzt, dass die Funktion S_Δ selbst und ihre beiden ersten Ableitungen an den *Knoten* x_i, $i = 1, 2, \ldots, n - 1$, keine Sprungstellen besitzen.

Splinefunktionen sind vielfach verallgemeinert worden, so sind z.B. Splinefunktionen k-ten Grades $(k - 1)$-mal differenzierbare Funktionen, die stückweise aus Polynomen k-ten Grades zusammengesetzt sind. Diese Funktionen teilen viele Eigenschaften mit kubischen Splinefunktionen (s. Greville (1969), de Boor (1972)). In den folgenden beiden Abschnitten beschränken wir uns der Einfachheit halber auf den kubischen Fall. Allgemeinere stückweise Polynomfunktionen werden erst in den Abschnitten 2.5.4 und 2.5.5 behandelt, Grundzüge ihrer Anwendungen in der Signal-Verarbeitung werden im letzten Abschnitt 2.5.6 beschrieben.

Ist ferner $Y := (y_0, y_1, \ldots, y_n)$ eine Familie von $n + 1$ reellen Zahlen, so bezeichnen wir mit $S_\Delta(Y; \cdot)$ eine interpolierende Splinefunktion S_Δ mit $S_\Delta(Y; x_i) = y_i$ für $i = 0, 1, \ldots, n$. Durch Y allein ist $S_\Delta(Y; \cdot)$ noch nicht eindeutig bestimmt, weil man, grob gesprochen, noch zwei Freiheitsgrade offen hat, so dass man zwei geeignete Zusatzforderungen stellen kann, um Eindeutigkeit zu erzwingen. Insbesondere ist es üblich, eine der folgenden drei Zusatzbedingungen zu verlangen:

(2.5.1.2a) $S_\Delta''(Y; a) = S_\Delta''(Y; b) = 0,$

(2.5.1.2b) $S_\Delta^{(k)}(Y; a) = S_\Delta^{(k)}(Y; b)$ für $k = 0, 1, 2 :$ $S_\Delta(Y; \cdot)$ ist periodisch,

(2.5.1.2c) $f'(a) = S_\Delta'(Y; a), f'(b) = S_\Delta'(Y; b).$

Für die Bedingung (2.5.1.2b) ist natürlich $y_0 = y_n$ vorausgesetzt. Wir werden zeigen, dass jede dieser drei Bedingungen die Eindeutigkeit von $S_\Delta(Y; \cdot)$ sichert.

Wir führen zunächst einige weitere Bezeichnungen und Begriffe ein. Für ganzes $m > 0$ sei

(2.5.1.3) $\mathcal{K}^m[a,b]$

die Menge aller reellen Funktionen f auf $[a,b]$ bezeichnet, für die die $m-1$-te Ableitung $f^{(m-1)}$ auf $[a,b]$ noch absolutstetig[4] ist und $f^{(m)} \in L^2[a,b]$.[5] Unter

$$\mathcal{K}_p^m[a,b]$$

verstehen wir die Menge aller Funktionen aus $\mathcal{K}^m[a,b]$ mit $f^{(k)}(a) = f^{(k)}(b)$ für $k = 0, 1, \ldots, m-1$. Diese Funktionen heissen auch *periodisch*, weil sie Restriktionen von Funktionen der Periode $b-a$ auf das Intervall $[a,b]$ sind.

Man beachte, dass $S_\Delta \in \mathcal{K}^3[a,b]$ gilt, und $S_\Delta(Y;\cdot) \in \mathcal{K}_p^3[a,b]$ im Falle von (2.5.1.2b).

Für Funktionen $f \in \mathcal{K}^2(a,b)$ bezeichnen wir schliesslich mit $\|f\|^2$ die Grösse

$$\|f\|^2 := \int_a^b |f''(x)|^2\,dx.$$

Man beachte, dass $\|f\|$ nur eine Seminorm ist, es gibt Funktionen $f(x) \not\equiv 0$ mit $\|f\| = 0$, z.B. alle linearen Funktionen $f(x) \equiv cx + d$.

Wir zeigen zunächst eine fundamentale Identität, die von Holladay stammt (s. z.B. Ahlberg Nilson und Walsh (1967)).

(2.5.1.4) **Theorem:** *Ist* $f \in \mathcal{K}^2(a,b)$, $\Delta = \{\, a = x_0 < x_1 < \cdots < x_n = b \,\}$ *eine Unterteilung von* $[a,b]$ *und* S_Δ *eine Splinefunktion zu* Δ, *so gilt*

$$\|f - S_\Delta\|^2 = \|f\|^2 - \|S_\Delta\|^2 -$$
$$- 2\left(\left(f'(x) - S_\Delta'(x)\right)S_\Delta''(x)\big|_a^b - \sum_{i=1}^n \left(f(x) - S_\Delta(x)\right)S_\Delta'''\big|_{x_{i-1}^+}^{x_i^-} \right).$$

Wie in der Integralrechnung bedeutet hier $g(x)|_v^u := g(u) - g(v)$. Man beachte ferner, dass die Funktion $S_\Delta'''(x)$ stückweise konstant ist mit den Knoten $x_1, \ldots, x_{n-1}$ als möglichen Sprungstellen: Deshalb erscheinen in der obigen Formel an den Stellen x_i und x_{i-1} die links- und rechtsseitigen Grenzwerte x_i^- bzw. x_{i-1}^+.

Beweis: Es ist nach Definition von $\|\cdot\|$

---

[4] s. Fussnote 3 in Abschnitt 2.3.4

[5] Funktionen, die auf $[a,b]$ quadratisch integrierbar sind, d.h. $\int_a^b |f(t)|^2\,dt$ existiert und ist endlich.

$$\|f - S_\Delta\|^2 = \int_a^b |f''(x) - S_\Delta''(x)|^2 \, dx$$

$$= \|f\|^2 - 2 \int_a^b f''(x) S_\Delta''(x) \, dx + \|S_\Delta\|^2$$

$$= \|f\|^2 - 2 \int_a^b \left(f''(x) - S_\Delta''(x) \right) S_\Delta''(x) \, dx - \|S_\Delta\|^2.$$

Partielle Integration ergibt für $i = 1, 2, \ldots, n$

$$\int_{x_{i-1}}^{x_i} \left(f''(x) - S_\Delta''(x) \right) S_\Delta''(x) \, dx = \left(f'(x) - S_\Delta'(x) \right) S_\Delta''(x) \Big|_{x_{i-1}}^{x_i}$$

$$- \int_{x_{i-1}}^{x_i} (f'(x) - S_\Delta'(x)) S_\Delta'''(x) \, dx$$

$$= \left(f'(x) - S_\Delta'(x) \right) S_\Delta''(x) \Big|_{x_{i-1}}^{x_i} - \left(f(x) - S_\Delta(x) \right) S_\Delta'''(x) \Big|_{x_{i-1}^+}^{x_i^-}$$

$$+ \int_{x_{i-1}}^{x_i} \left(f(x) - S_\Delta(x) \right) S_\Delta^{(4)}(x) \, dx.$$

Nun ist $S^{(4)}(x) \equiv 0$ auf den Teilintervallen (x_{i-1}, x_i), und f', S_Δ', S_Δ'' sind stetig auf $[a, b]$. Man erhält daher die Behauptung des Theorems durch Addition dieser Beziehungen für $i = 1, 2, \ldots, n$ wegen

$$\sum_{i=1}^n (f'(x) - S_\Delta'(x)) S_\Delta''(x) \Big|_{x_{i-1}}^{x_i} = (f'(x) - S_\Delta'(x)) S_\Delta''(x) \Big|_a^b.$$

Damit ist der Beweis vollständig.   □

Mit Hilfe dieses Theorems kann man nun leicht die folgende wichtige *Minimum-Norm-Eigenschaft* der Splinefunktionen nachweisen.

(2.5.1.5) **Theorem:** *Gegeben sei eine Partition $\Delta := \{ a = x_0 < x_1 < \cdots < x_n = b \}$ des Intervalls $[a, b]$, Werte $Y := \{ y_0, \ldots, y_n \}$ und eine Funktion $f \in \mathcal{K}^2(a, b)$ mit $f(x_i) = y_i$ für $i = 0, 1, \ldots, n$. Dann gilt die Ungleichung $\|f\| \geq \|S_\Delta(Y; \cdot)\|$. Insbesondere gilt*

$$\|f - S_\Delta(Y; \cdot)\|^2 = \|f\|^2 - \|S_\Delta(Y; \cdot)\|^2 \geq 0$$

für jede Splinefunktion $S_\Delta(Y; \cdot)$, die zusätzlich eine der folgenden drei Bedingungen erfüllt (vgl. (2.5.1.2))

      a) $S_\Delta''(Y; a) = S_\Delta''(Y; b) = 0$

      b) $f \in \mathcal{K}_p^2[a, b], S_\Delta(Y; \cdot)$ *periodisch,*

      c) $f'(a) = S_\Delta'(Y; a), f'(b) = S_\Delta'(Y; b)$.

In jedem dieser Fälle ist die Splinefunktion $S_\Delta(Y; \cdot)$ eindeutig bestimmt.

Die Existenz solcher Splinefunktionen wird in Abschnitt 2.5.2 gezeigt.

Beweis: In jedem der Fälle a), b), c) verschwindet in der Identität von (2.5.1.4) der Ausdruck

$$\left(f'(x) - S'_\Delta(x)\right) S''_\Delta(x)\big|_a^b - \sum_{i=1}^{n} \left(f(x) - S_\Delta(x)\right) S'''_\Delta(x)\big|_{x_{i-1}^+}^{x_i^-} = 0,$$

falls $S_\Delta \equiv S_\Delta(Y;\cdot)$. Die Eindeutigkeit von $S_\Delta(Y;\cdot)$ folgt so: Gäbe es eine weitere Splinefunktion $\bar{S}_\Delta(Y;\cdot)$ mit den angegebenen Eigenschaften, so wäre $f(x) := \bar{S}_\Delta(Y;x)$ eine Funktion f der im Theorem betrachteten Art. Es ist daher

$$\|\bar{S}_\Delta(Y;\cdot) - S_\Delta(Y;\cdot)\|^2 = \|\bar{S}_\Delta(Y;\cdot)\|^2 - \|S_\Delta(Y;\cdot)\|^2 \geq 0$$

und somit, da $S_\Delta(Y;\cdot)$ und $\bar{S}_\Delta(Y;\cdot)$ vertauscht werden können,

$$\|\bar{S}_\Delta(Y;\cdot) - S_\Delta(Y;\cdot)\|^2 = \int_a^b \left|\bar{S}''_\Delta(Y;x) - S''_\Delta(Y;x)\right|^2 dx = 0.$$

Da $\bar{S}''_\Delta(Y;\cdot)$ und $S''_\Delta(Y;\cdot)$ beide stetig sind, folgt $\bar{S}''_\Delta(Y;x) \equiv S''_\Delta(Y;x)$, und daher durch Integration

$$\bar{S}_\Delta(Y;x) \equiv S_\Delta(Y;x) + cx + d.$$

Wegen $\bar{S}_\Delta(Y;x) = S_\Delta(Y;x)$ für $x = a, b$ folgt sofort $c = d = 0$ und damit die Eindeutigkeit, $\bar{S}_\Delta(Y;\cdot) = S_\Delta(Y;\cdot)$.   □

Theorem (2.5.1.5) beschreibt eine Minimaleigenschaft der Splinefunktionen. Beispielsweise minimiert im Falle a) unter allen Funktionen f aus $\mathcal{K}^2(a,b)$ mit $f(x_i) = y_i$, $i = 0, 1, \ldots, n$, gerade die Splinefunktion $S_\Delta(Y;\cdot)$ mit $S''_\Delta(Y;x) = 0$ für $x = a, b$ das Integral

$$\|f\|^2 = \int_a^b |f''(x)|^2 dx.$$

Man nennt deshalb die Splinefunktionen mit (2.5.1.2a) auch *natürliche* Splinefunktionen (in den Fällen b) und c) gelten analoge Minimalaussagen). Da $|f''(x)|$ die Krümmung von f an der Stelle x approximiert[6], kann man $\|f\|$ als Mass der Gesamtkrümmung ansehen. Die Minimaleigenschaft besagt deshalb, dass unter allen auf $[a,b]$ 2mal stetig differenzierbaren Funktionen f mit $f(x_i) = y_i$ für $i = 0, 1, \ldots, n$, die natürliche Splinefunktion $S_\Delta(Y;\cdot)$ die „glatteste" Funktion in dem Sinne ist, dass sie die kleinste Gesamtkrümmung besitzt.

---

[6] Die exakte Krümmung $\kappa(x) = f''(x)/(1 + f'(x)^2)^{3/2}$ an der Stelle x ist für kleines $|f'(x)|$ näherungsweise gleich $f''(x)$.

2.5.2 Die Berechnung von kubischen Splinefunktionen

In diesem Abschnitt werden Methoden zur Berechnung der Splinefunktionen $S_\Delta(Y; \cdot)$ beschrieben, die eine der Nebenbedingungen (2.5.1.2) erfüllen. Insbesondere wird sich dabei auch die Existenz der Splinefunktionen zeigen, deren Eindeutigkeit bereits in Theorem (2.5.1.5) bewiesen wurde.

Für das folgende sei $\Delta = \{ x_i \mid i = 0, 1, \ldots, n \}$ eine feste Zerlegung des Intervalls $[a, b]$ mit $a = x_0 < x_1 < \cdots < x_n = b$ und $Y = \{ y_i \mid i = 0, 1, \ldots, n \}$ eine Menge von $n + 1$ reellen Zahlen. Ferner seien

$$h_{j+1} := x_{j+1} - x_j, \quad j = 0, 1, \ldots, n - 1.$$

Als *Momente* M_j,

(2.5.2.1) $\qquad M_j := S_\Delta''(Y; x_j), \quad j = 0, 1, \ldots, n,$

bezeichnen wir die zweiten Ableitungen der gesuchten Splinefunktion $S_\Delta(Y; \cdot)$ an den Knoten $x_j \in \Delta$. Wir wollen zeigen, dass sich die M_j als Lösung eines linearen Gleichungssystems berechnen lassen und dass man mit Hilfe der M_j allein die interessierende Splinefunktion $S_\Delta(Y; \cdot)$ angeben kann.

Zur Herleitung von Bestimmungsgleichungen für die M_j beachte man zunächst, dass $S_\Delta''(Y; \cdot)$ in jedem Intervall $[x_j, x_{j+1}]$, $j = 0, \ldots, n - 1$, eine lineare Funktion ist, die man mit Hilfe der M_j beschreiben kann:

$$S_\Delta''(Y; x) = M_j \frac{x_{j+1} - x}{h_{j+1}} + M_{j+1} \frac{x - x_j}{h_{j+1}} \text{ für } x \in [x_j, x_{j+1}].$$

Durch Integration erhält man für $x \in [x_j, x_{j+1}]$, $j = 0, 1, \ldots, n - 1$:

(2.5.2.2)
$$S_\Delta'(Y; x) = -M_j \frac{(x_{j+1} - x)^2}{2h_{j+1}} + M_{j+1} \frac{(x - x_j)^2}{2h_{j+1}} + A_j,$$
$$S_\Delta(Y; x) = M_j \frac{(x_{j+1} - x)^3}{6h_{j+1}} + M_{j+1} \frac{(x - x_j)^3}{6h_{j+1}} + A_j(x - x_j) + B_j,$$

mit gewissen Integrationskonstanten A_j, B_j.

Wegen $S_\Delta(Y; x_j) = y_j$, $S_\Delta(Y; x_{j+1}) = y_{j+1}$ erhält man für A_j und B_j die Gleichungen

$$M_j \frac{h_{j+1}^2}{6} + B_j = y_j,$$

$$M_{j+1} \frac{h_{j+1}^2}{6} + A_j h_{j+1} + B_j = y_{j+1},$$

und daher

(2.5.2.3)
$$B_j = y_j - M_j \frac{h_{j+1}^2}{6},$$
$$A_j = \frac{y_{j+1} - y_j}{h_{j+1}} - \frac{h_{j+1}}{6}(M_{j+1} - M_j).$$

Für $S_\Delta(Y;\cdot)$ selbst bekommt man so für $x \in [x_j, x_{j+1}]$ die Darstellung

(2.5.2.4) $$S_\Delta(Y;x) = \alpha_j + \beta_j(x - x_j) + \gamma_j(x - x_j)^2 + \delta_j(x - x_j)^3$$

mit

$$\alpha_j := y_j, \quad \gamma_j := \frac{M_j}{2},$$

$$\beta_j := S'_\Delta(Y;x_j) = -\frac{M_j h_{j+1}}{2} + A_j$$

$$= \frac{y_{j+1} - y_j}{h_{j+1}} - \frac{2M_j + M_{j+1}}{6} h_{j+1},$$

$$\delta_j := \frac{S'''_\Delta(Y;x_j^+)}{6} = \frac{M_{j+1} - M_j}{6h_{j+1}}.$$

Damit ist $S_\Delta(Y;\cdot)$ mit Hilfe der M_j ausgedrückt, und es bleibt nur noch das Problem, die Momente zu berechnen. Wenn man die Stetigkeit von $S_\Delta(Y;\cdot)$ an den Stellen $x = x_j$, $j = 1, 2, \ldots, n-1$, ausnutzt, erhält man $n-1$ Bestimmungsgleichungen. Setzt man die Werte (2.5.2.3) für A_j und B_j in (2.5.2.2) ein, so erhält man zunächst für $x \in [x_j, x_{j+1}]$ die Darstellung

$$S'_\Delta(Y;x) = -M_j \frac{(x_{j+1} - x)^2}{2h_{j+1}} + M_{j+1} \frac{(x - x_j)^2}{2h_{j+1}}$$

$$+ \frac{y_{j+1} - y_j}{h_{j+1}} - \frac{h_{j+1}}{6}(M_{j+1} - M_j).$$

Also gilt für $j = 1, 2, \ldots, n-1$,

$$S'_\Delta(Y;x_j^-) = \frac{y_j - y_{j-1}}{h_j} + \frac{h_j}{3}M_j + \frac{h_j}{6}M_{j-1},$$

$$S'_\Delta(Y;x_j^+) = \frac{y_{j+1} - y_j}{h_{j+1}} - \frac{h_{j+1}}{3}M_j - \frac{h_{j+1}}{6}M_{j+1},$$

und daher wegen $S'_\Delta(Y;x_j^+) = S'_\Delta(Y;x_j^-)$

(2.5.2.5) $$\frac{h_j}{6}M_{j-1} + \frac{h_j + h_{j+1}}{3}M_j + \frac{h_{j+1}}{6}M_{j+1} = \frac{y_{j+1} - y_j}{h_{j+1}} - \frac{y_j - y_{j-1}}{h_j}$$

für $j = 1, 2, \ldots, n-1$. Dies sind $n-1$ Bedingungen für die $n+1$ Unbekannten $M_0, M_1, \ldots, M_n$. Je zwei weitere Bedingungen erhält man aus (2.5.1.2).

Fall a): $S''_\Delta(Y;a) = M_0 = 0 = M_n = S''_\Delta(Y;b),$

Fall b): $S''_\Delta(Y;a) = S''_\Delta(Y;b) \Rightarrow M_0 = M_n,$

$$S'_\Delta(Y;a) = S'_\Delta(Y;b) \Rightarrow \frac{h_n}{6}M_{n-1} + \frac{h_n + h_1}{3}M_n + \frac{h_1}{6}M_1$$

$$= \frac{y_1 - y_n}{h_1} - \frac{y_n - y_{n-1}}{h_n}.$$

Letztere Bedingung ist mit (2.5.2.5) für $j = n$ identisch, wenn man

$$h_{n+1} := h_1, \quad M_{n+1} := M_1, \quad y_{n+1} := y_1,$$

setzt. Man beachte, dass $y_n = y_0$ in (2.5.1.2b) verlangt wird.

Fall c): $S'_\Delta(Y; a) = y'_0 \Rightarrow \dfrac{h_1}{3} M_0 + \dfrac{h_1}{6} M_1 = \dfrac{y_1 - y_0}{h_1} - y'_0,$

$\qquad\qquad S'_\Delta(Y; b) = y'_n \Rightarrow \dfrac{h_n}{6} M_{n-1} + \dfrac{h_n}{3} M_n = y'_n - \dfrac{y_n - y_{n-1}}{h_n}.$

Die letzten Gleichungen sowie die Gleichungen (2.5.2.5) lassen sich übersichtlicher in der Form

$$\mu_j M_{j-1} + 2M_j + \lambda_j M_{j+1} = d_j, \quad j = 1, 2, \ldots, n - 1$$

schreiben, wenn man für $j = 1, 2, \ldots, n - 1$ folgende Abkürzungen einführt:

(2.5.2.6)
$$\lambda_j := \frac{h_{j+1}}{h_j + h_{j+1}}, \quad \mu_j := 1 - \lambda_j = \frac{h_j}{h_j + h_{j+1}},$$
$$d_j := \frac{6}{h_j + h_{j+1}} \left(\frac{y_{j+1} - y_j}{h_{j+1}} - \frac{y_j - y_{j-1}}{h_j} \right).$$

Definiert man zusätzlich im Fall a)

(2.5.2.7) $\qquad \lambda_0 := 0, \quad d_0 := 0, \quad \mu_n := 0, \quad d_n := 0,$

bzw. im Fall c)

(2.5.2.8)
$$\lambda_0 := 1, \quad d_0 := \frac{6}{h_1} \left(\frac{y_1 - y_0}{h_1} - y'_0 \right),$$
$$\mu_n := 1, \quad d_n := \frac{6}{h_n} \left(y'_n - \frac{y_n - y_{n-1}}{h_n} \right),$$

so erhält man in den Fällen a) und c) folgende Bestimmungsgleichungen für die Momente M_i, die man am übersichtlichsten mit Hilfe von Matrizen und Vektoren schreibt:

(2.5.2.9)
$$
\begin{bmatrix}
2 & \lambda_0 & 0 & \cdots & & 0 \\
\mu_1 & 2 & \lambda_1 & \ddots & & \vdots \\
0 & \mu_2 & \ddots & \ddots & & 0 \\
\vdots & & \ddots & \ddots & 2 & \lambda_{n-1} \\
0 & & \cdots & 0 & \mu_n & 2
\end{bmatrix}
\begin{bmatrix}
M_0 \\ M_1 \\ \vdots \\ \vdots \\ M_n
\end{bmatrix}
=
\begin{bmatrix}
d_0 \\ d_1 \\ \vdots \\ \vdots \\ d_n
\end{bmatrix}
$$

Im periodischen Fall b) erhält man mit den zusätzlichen Abkürzungen

$$(2.5.2.10)$$
$$\lambda_n := \frac{h_1}{h_n + h_1}, \quad \mu_n := 1 - \lambda_n = \frac{h_n}{h_n + h_1},$$
$$d_n := \frac{6}{h_n + h_1}\left(\frac{y_1 - y_n}{h_1} - \frac{y_n - y_{n-1}}{h_n}\right),$$

das folgende Gleichungssystem für $M_1, M_2, \ldots, M_n = M_0$:

$$(2.5.2.11)$$
$$\begin{bmatrix} 2 & \lambda_1 & 0 & \cdots & 0 & \mu_1 \\ \mu_2 & 2 & \lambda_2 & \ddots & & \vdots & 0 \\ 0 & \mu_3 & 2 & \ddots & 0 & \vdots \\ \vdots & 0 & \ddots & \ddots & \lambda_{n-2} & 0 \\ 0 & \vdots & \ddots & \mu_{n-1} & 2 & \lambda_{n-1} \\ \lambda_n & 0 & \cdots & 0 & \mu_n & 2 \end{bmatrix} \begin{bmatrix} M_1 \\ M_2 \\ \vdots \\ \vdots \\ \vdots \\ M_n \end{bmatrix} = \begin{bmatrix} d_1 \\ d_2 \\ \vdots \\ \vdots \\ \vdots \\ d_n \end{bmatrix}.$$

Die Koeffizienten λ_i, μ_i, d_i in (2.5.2.9), (2.5.2.11) sind dabei durch (2.5.2.6), (2.5.2.7), (2.5.2.8) bzw. (2.5.2.10) wohlbestimmt. Insbesondere beachte man, dass in (2.5.2.9) und (2.5.2.11) für alle λ_i, μ_i gilt

$$(2.5.2.12) \qquad \lambda_i \geq 0, \quad \mu_i \geq 0, \quad \lambda_i + \mu_i = 1,$$

und dass die λ_i, μ_i nur von der Zerlegung Δ abhängen und nicht von den $y_i \in Y$ (und den y_0', y_n' im Fall c)). Dies kann man zum Beweis des folgenden Theorems benutzen.

(2.5.2.13) Theorem: *Die Matrizen der linearen Gleichungssysteme* (2.5.2.9) *und* (2.5.2.11) *sind für jede Zerlegung Δ von $[a, b]$ nichtsingulär.*

Damit sind diese Gleichungen für beliebige rechte Seiten eindeutig lösbar und das Problem der Splineinterpolation besitzt in den Fällen a), b), c) von (2.5.1.2) stets eine eindeutig bestimmte Lösung.

Beweis: Sei A die $(n+1) \times (n+1)$-Matrix

$$A = \begin{bmatrix} 2 & \lambda_0 & 0 & \cdots & 0 \\ \mu_1 & 2 & \lambda_1 & \ddots & \vdots \\ 0 & \mu_2 & \ddots & \ddots & 0 \\ \vdots & \ddots & \ddots & 2 & \lambda_{n-1} \\ 0 & \cdots & 0 & \mu_n & 2 \end{bmatrix}$$

des Gleichungssystems (2.4.2.9). Sie besitzt folgende Eigenschaft: Für jedes Paar von Vektoren $z = \begin{bmatrix} z_0 & \cdots & z_n \end{bmatrix}^T$, $w = \begin{bmatrix} w_0 & \cdots & w_n \end{bmatrix}^T \in \mathbb{R}^{n+1}$ gilt

$$(2.5.2.14) \qquad Az = w \quad \Rightarrow \quad \max_i |z_i| \leq \max_i |w_i|.$$

Dazu sei r so gewählt, dass $|z_r| = \max_i |z_i|$. Wegen $Az = w$ ist

$$\mu_r z_{r-1} + 2 z_r + \lambda_r z_{r+1} = w_r \qquad (\mu_0 := \lambda_n := 0).$$

Nach Definition von r und wegen $\mu_r + \lambda_r = 1$ ist also

$$\max_i |w_i| \geq |w_r| \geq 2|z_r| - \mu_r |z_{r-1}| - \lambda_r |z_{r+1}|$$
$$\geq 2|z_r| - \mu_r |z_r| - \lambda_r |z_r|$$
$$= (2 - \mu_r - \lambda_r)|z_r|$$
$$= |z_r| = \max_i |z_i|.$$

Wäre nun A singulär, dann gäbe es eine Lösung $z \neq 0$ von $Az = 0$. Dann führt (2.5.2.14) zu dem Widerspruch

$$0 < \max_i |z_i| \leq 0.$$

Die Nichtsingularität der Matrix von (2.5.2.11) zeigt man analog. $\square$

Die Gleichungen (2.5.2.9) werden durch Elimination gelöst: Man subtrahiert zunächst das $\mu_1/2$-fache der ersten Gleichung von der zweiten, um μ_1 zu eliminieren, dann ein geeignetes Vielfaches der so erhaltenen zweiten Gleichung von der dritten, um μ_2 zu eliminieren, usw. Man erhält so ein gestaffeltes System von Gleichungen, das sofort gelöst werden kann (dieses Verfahren ist das Gausssche Eliminationsverfahren, angewendet auf (2.5.2.9); vgl. Abschnitt 4.1):

(2.5.2.15)

$$q_0 := -\lambda_0/2; \quad u_0 := d_0/2; \quad \lambda_n := 0;$$
$$\text{für } k := 1, 2, \ldots, n :$$
$$p_k := \mu_k q_{k-1} + 2;$$
$$q_k := -\lambda_k / p_k;$$
$$u_k := (d_k - \mu_k u_{k-1})/p_k;$$
$$M_n := u_n;$$
$$\text{für } k := n-1, n-2, \ldots, 0 :$$
$$M_k := q_k M_{k+1} + u_k;$$

(Man kann zeigen, dass $p_k > 0$ gilt, so dass (2.5.2.15) wohldefiniert ist; s. Aufgabe 28). Im Fall b) kann man (2.5.2.11) nach dem gleichen Prinzip lösen, allerdings nicht ganz so einfach.

Ein Programm, das von Reinsch stammt, findet man in Bulirsch und Rutishauser (1968).

Zusätzliche Resultate findet der Leser in Greville (1969) und de Boor (1972), Programme bei de Boor (2001). Diese Literatur enthält auch Informationen und Algorithmen für Splinefunktionen vom Grad $k \geq 3$ und für B-Splines, die hier in den Abschnitten 2.5.4 und 2.5.5 behandelt werden.

2.5.3 Konvergenzeigenschaften kubischer Splinefunktionen

Interpolierende Polynome konvergieren im allgemeinen nicht gegen die Funktion f, die sie interpolieren, selbst wenn die Feinheit der Partition Δ gegen Null strebt (s. Abschnitt 2.1.4). Im Gegensatz dazu konvergieren interpolierende Splinefunktionen unter schwachen Bedingungen für f und die Partition Δ gegen die Funktion f, wenn die Feinheit von Δ beliebig klein wird.

Wir zeigen zunächst, dass die Momente (2.5.2.1) einer f interpolierenden Splinefunktion gegen die zweiten Ableitungen der Funktion f konvergieren. Dazu betrachten wir eine feste Partition $\Delta = \{\, a = x_0 < x_1 < \cdots < x_n = b \,\}$ von $[a, b]$ und den Vektor

$$M = \begin{bmatrix} M_0 \\ \vdots \\ M_n \end{bmatrix}$$

der Momente $M_j = S''_\Delta(Y; x_j)$ der Splinefunktion mit $y_j = f(x_j)$ für $j = 0, 1, \ldots, n$, und (vgl. (2.5.1.2c))

$$S'_\Delta(Y; a) = f'(a), \quad S'_\Delta(Y; b) = f'(b).$$

Der Vektor M genügt der Gleichung (2.5.2.9), die wir in Matrixform schreiben,

$$AM = d.$$

Die Komponenten d_j von d sind dabei durch (2.5.2.6) und (2.5.2.8) gegeben. Seien nun F und r die Vektoren

$$F := \begin{bmatrix} f''(x_0) \\ f''(x_1) \\ \vdots \\ f''(x_n) \end{bmatrix}, \quad r := d - AF = A(M - F).$$

Mit $\|z\| := \max_i |z_i|$ für Vektoren z und

(2.5.3.1) $$\|\Delta\| := \max |x_{j+1} - x_j|$$

für die *Feinheit* von Δ, zeigen wir zunächst die folgende Abschätzung.

(2.5.3.2) **Lemma:** *Falls* $f \in C^4[a, b]$ *und* $|f^{(4)}(x)| \leq L$ *für* $x \in [a, b]$, *dann gilt*

$$\|M - F\| \leq \|r\| \leq \frac{3}{4} L \|\Delta\|^2.$$

Beweis: Es ist $r_0 = d_0 - 2f''(x_0) - f''(x_1)$ und deshalb wegen (2.5.2.8)

$$r_0 = \frac{6}{h_1}\left(\frac{y_1 - y_0}{h_1} - y'_0\right) - 2f''(x_0) - f''(x_1).$$

Taylorentwicklung von $y_1 = f(x_1)$ und $f''(x_1)$ um x_0 ergibt

$$r_0 = \frac{6}{h_1}\left(f'(x_0) + \frac{h_1}{2}f''(x_0) + \frac{h_1^2}{6}f'''(x_0) + \frac{h_1^3}{24}f^{(4)}(\tau_1) - f'(x_0)\right)$$

$$- 2f''(x_0) - \left(f''(x_0) + h_1 f'''(x_0) + \frac{h_1^2}{2}f^{(4)}(\tau_2)\right)$$

$$= \frac{h_1^2}{4}f^{(4)}(\tau_1) - \frac{h_1^2}{2}f^{(4)}(\tau_2)$$

mit $\tau_1, \tau_2 \in (x_0, x_1)$. Also ist

$$|r_0| \le \frac{3}{4}L\|\Delta\|^2.$$

Analog erhält man für

$$r_n = d_n - f''(x_{n-1}) - 2f''(x_n)$$

die Abschätzung

$$|r_n| \le \frac{3}{4}L\|\Delta\|^2.$$

Wir betrachten nun die übrigen Komponenten von $r = d - AF$,

$$r_j = d_j - \mu_j f''(x_{j-1}) - 2f''(x_j) - \lambda_j f''(x_{j+1})$$

$$= \frac{6}{h_j + h_{j+1}}\left(\frac{y_{j+1} - y_j}{h_{j+1}} - \frac{y_j - y_{j-1}}{h_j}\right)$$

$$- \frac{h_j}{h_j + h_{j+1}}f''(x_{j-1}) - 2f''(x_j) - \frac{h_{j+1}}{h_j + h_{j+1}}f''(x_{j+1}).$$

Taylorentwicklung um x_j ergibt

$$r_j = \frac{6}{h_j + h_{j+1}}\left(f'(x_j) + \frac{h_{j+1}}{2}f''(x_j) + \frac{h_{j+1}^2}{6}f'''(x_j) + \frac{h_{j+1}^3}{24}f^{(4)}(\tau_1)\right.$$

$$- f'(x_j) + \frac{h_j}{2}f''(x_j) - \frac{h_j^2}{6}f'''(x_j) + \left.\frac{h_j^3}{24}f^{(4)}(\tau_2)\right)$$

$$- \frac{h_j}{h_j + h_{j+1}}\left(f''(x_j) - h_j f'''(x_j) + \frac{h_j^2}{2}f^{(4)}(\tau_3)\right) - 2f''(x_j)$$

$$- \frac{h_{j+1}}{h_j + h_{j+1}}\left(f''(x_j) + h_{j+1}f'''(x_j) + \frac{h_{j+1}^2}{2}f^{(4)}(\tau_4)\right)$$

$$= \frac{1}{h_j + h_{j+1}}\left(\frac{h_{j+1}^3}{4}f^{(4)}(\tau_1) + \frac{h_j^3}{4}f^{(4)}(\tau_2) - \frac{h_j^3}{2}f^{(4)}(\tau_3) - \frac{h_{j+1}^3}{2}f^{(4)}(\tau_4)\right).$$

Dabei ist $\tau_i \in [x_{j-1}, x_{j+1}]$ für $i = 1, 2, 3, 4$. Also gilt für $j = 1, 2, \ldots, n-1$

$$|r_j| \le \frac{3}{4}L\frac{1}{h_j + h_{j+1}}(h_{j+1}^3 + h_j^3) \le \frac{3}{4}L\|\Delta\|^2.$$

Insgesamt folgt

$$\|r\| \leq \frac{3}{4} L \|\Delta\|^2$$

und daraus wegen $r = A(M - F)$ und (2.4.2.14)

$$\|M - F\| \leq \|r\| \leq \frac{3}{4} L \|\Delta\|^2.$$

Damit ist der Beweis vollständig.   □

Allgemein gilt das folgende Theorem.

(2.5.3.3) Theorem: *Sei $f \in C^4[a,b]$ und $|f^{(4)}(x)| \leq L$ für $x \in [a,b]$. Sei weiter $\Delta = \{ a = x_0 < x_1 < \cdots < x_n = b \}$ eine Partition von $[a,b]$ und K eine Konstante mit*

$$\frac{\|\Delta\|}{|x_{j+1} - x_j|} \leq K \quad \text{für} \quad j = 0, 1, \ldots, n-1.$$

Sei schliesslich S_Δ die interpolierende Splinefunktion mit $S_\Delta(x_j) = f(x_j)$ für $j = 0, 1, \ldots, n$, und $S'_\Delta(x) = f'(x)$ für $x = a, b$. Dann gibt es von Δ unabhängige Konstanten $c_k(\leq 2)$, so dass für $x \in [a,b]$ gilt

$$\left| f^{(k)}(x) - S^{(k)}_\Delta(x) \right| \leq \begin{cases} c_k L \|\Delta\|^{4-k} & \text{für } k = 0, 1, 2, \\ c_3 L K \|\Delta\| & \text{für } k = 3. \end{cases}$$

Man beachte, dass $K \geq 1$ eine Schranke für die Ungleichförmigkeit der Partition Δ ist und nur die Schranke für die dritten Ableitungen von K abhängt.

Beweis: Wir zeigen die Behauptung des Theorems zunächst für $k = 3$. Für $x \in [x_{j-1}, x_j]$ ist

$$\begin{aligned} S'''_\Delta(x) - f'''(x) =& \frac{M_j - M_{j-1}}{h_j} - f'''(x) \\ =& \frac{M_j - f''(x_j)}{h_j} - \frac{M_{j-1} - f''(x_{j-1})}{h_j} \\ &+ \frac{f''(x_j) - f''(x) - \left(f''(x_{j-1}) - f''(x) \right)}{h_j} - f'''(x). \end{aligned}$$

Durch Taylorentwicklung um x erhält man wegen (2.5.3.2)

$$\begin{aligned} \left| S'''(x) - f'''(x) \right| \leq & \frac{3}{2} L \frac{\|\Delta\|^2}{h_j} + \frac{1}{h_j} \Big| (x_j - x) f'''(x) + \frac{(x_j - x)^2}{2} f^{(4)}(\eta_1) \\ & - (x_{j-1} - x) f'''(x) - \frac{(x_{j-1} - x)^2}{2} f^{(4)}(\eta_2) - h_j f'''(x) \Big| \\ \leq & \frac{3}{2} L \frac{\|\Delta\|^2}{h_j} + \frac{L}{2} \frac{\|\Delta\|^2}{h_j} = 2L \frac{\|\Delta\|^2}{h_j} \leq 2LK \|\Delta\|, \end{aligned}$$

wobei $\eta_1, \eta_2 \in [x_{j-1}, x_j]$, da nach Voraussetzung $\|\Delta\|/h_j \leq K$ für alle j gilt.

Die Behauptung des Theorems für $k = 2$ erhält man auf folgende Weise: Für jedes $x \in (a, b)$ gibt es einen nächsten Knoten $x_j = x_j(x)$, o.B.d.A. sei $x \leq x_j(x) = x_j$, so dass $x \in [x_{j-1}, x_j]$ und $|x_j(x) - x| \leq h_j/2$. Es folgt daher aus

$$f''(x) - S''_\Delta(x) = f''(x_j(x)) - S''_\Delta(x_j(x)) + \int_{x_j(x)}^x (f'''(t) - S'''_\Delta(t))\, dt$$

mit Hilfe der eben bewiesenen Abschätzungen sofort

$$\left| f''(x) - S''_\Delta(x) \right| \leq \frac{3}{4} L \|\Delta\|^2 + \frac{1}{2} h_j \cdot 2L \frac{\|\Delta\|^2}{h_j} \leq \frac{7}{4} L \|\Delta\|^2, \quad x \in [a, b].$$

Als nächstes betrachten wir den Fall $k = 1$. Wegen

$$f(x_{j-1}) = S_\Delta(x_{j-1}), \quad f(x_j) = S_\Delta(x_j)$$

existieren nach dem Satz von Rolle ausser den Randpunkten $\xi_0 := a$, $\xi_{n+1} := b$ weitere n Punkte $\xi_j \in (x_{j-1}, x_j)$, $j = 1, 2, \ldots, n$, mit

$$f'(\xi_j) = S'_\Delta(\xi_j), \quad j = 0, 1, \ldots, n + 1.$$

Es gibt also für jedes $x \in [a, b]$ ein nächstes $\xi_j = \xi_j(x)$ mit

$$|\xi_j(x) - x| < \|\Delta\|.$$

Für $x \in [a, b]$ gilt daher

$$f'(x) - S'_\Delta(x) = \int_{\xi_j(x)}^x (f''(t) - S''_\Delta(t))\, dt,$$

so dass für alle $x \in [a, b]$

$$\left| f'(x) - S'_\Delta(x) \right| \leq \frac{7}{4} L \|\Delta\|^2 \cdot \|\Delta\| = \frac{7}{4} L \|\Delta\|^3.$$

Für den Fall $k = 0$ folgt schliesslich auf dieselbe Weise

$$f(x) - S_\Delta(x) = \int_{x_j(x)}^x (f'(t) - S'_\Delta(t))\, dt,$$

so dass für alle $x \in [a, b]$ gilt

$$\left| f(x) - S_\Delta(x) \right| \leq \frac{7}{4} L \|\Delta\|^3 \cdot \frac{1}{2} \|\Delta\| = \frac{7}{8} L \|\Delta\|^4.$$

Damit ist das Theorem bewiesen.[7]   □

---

[7] Eine schärfere Abschätzung $\left| f^{(k)}(x) - S_\Delta^{(k)}(x) \right| \leq c_k L \|\Delta\|^{4-k}$, $k = 0, 1, 2, 3$, mit $c_0 = 5/384$, $c_1 = 1/24$, $c_2 = 3/8$, $c_3 = (K + K^{-1})/2$ wurde von Hall und Meyer (1976) bewiesen. Dabei sind c_0 und c_1 optimal.

Natürlich ergibt dieses Theorem für Folgen

$$\Delta_m = \{\, a = x_0^{(m)} < x_1^{(m)} < \cdots < x_n^{(m)} = b \,\}$$

von Partitionen von $[a, b]$ mit $\lim_m \|\Delta_m\| = 0$ und

$$\sup_{m,j} \frac{\|\Delta_m\|}{|x_{j+1}^{(m)} - x_j^{(m)}|} \le K < +\infty,$$

dass die entsprechenden Splinefunktionen S_{Δ_m} und ihre ersten drei Ableitungen gleichmässig auf $[a, b]$ gegen f und die entsprechenden Ableitungen von f konvergieren. Man beachte, dass sogar die dritte Ableitung f''' gleichmässig durch die stückweise konstanten Funktionen S_{Δ_m}''' approximiert wird.

2.5.4 B-Splines

Splinefunktionen sind Beispiele von stückweisen Polynomfunktionen zu einer Unterteilung

$$\Delta = \{\, a = x_0 < x_1 < \cdots < x_n = b \,\}$$

des Intervalls $[a, b]$ durch Abszissen oder *Knoten* x_i. Allgemein nennen wir eine Funktion $f : [a, b] \mapsto \mathbb{R}$ eine *stückweise Polynomfunktion* der *Ordnung* r und des *Grades* $r - 1$ zur Partition Δ, wenn f auf jedem offenen Teilintervall (x_i, x_{i+1}), $i = 0, \ldots, n - 1$, mit einem Polynom $p_i(x)$ vom Grad $\le r - 1$ übereinstimmt. Um die Zuordnung von f zu der Sequenz $(p_0(x), p_1(x), \ldots, p_{n-1}(x))$ von Polynomen eineindeutig zu machen, definieren wir f an den Knoten x_i, $i = 0, \ldots, n - 1$ so, dass f rechtsseitig stetig wird, $f(x_i) := f(x_i + 0)$, $0 \le i \le n - 1$, und $f(x_n) = f(b) := f(x_n - 0)$ gilt.

Beispielsweise sind die früher eingeführten Splinefunktionen S_Δ vom Grad k stückweise Polynomfunktionen der Ordnung $k + 1$, die an den inneren Knoten x_i, $1 \le i \le n - 1$, von Δ mindestens $(k - 1)$-mal differenzierbar sind. Mit $S_{\Delta,k}$ bezeichnen wir die Menge aller Splinefunktionen vom Grad k. Diese Menge ist ein reeller Vektorraum der Dimension $n + k$, wie man leicht durch Abzählen der Freiheitsgrade bestätigt: Das Polynom $S_\Delta|_{[x_0, x_1]}$ ist durch seine $k + 1$ Koeffizienten eindeutig bestimmt; nach Wahl dieses Polynoms sind für das nächste Polynom $S_\Delta|_{[x_1, x_2]}$ die Werte der ersten $k - 1$ Ableitungen in x_1 bestimmt (= k Bedingungen), so dass für die Wahl von $S_\Delta|_{[x_1, x_2]}$ nur 1 Freiheitsgrad verbleibt. Das Gleiche gilt für die Wahl der weiteren Polynome $S_\Delta|_{[x_i, x_{i+1}]}$, $i = 2, \ldots, n - 1$. Insgesamt sieht man so $\dim S_{\Delta,k} = k + 1 + (n - 1) \cdot 1 = k + n$.

B-Splines sind spezielle stückweise Polynomfunktionen mit bemerkenswerten Eigenschaften: Sie sind nichtnegativ und nur auf wenigen benachbarten Intervallen $[x_i, x_{i+1}]$ von Null verschieden. Insbesondere werden wir sehen, dass man eine auch für die numerische Rechnung brauchbare Basis von $S_{\Delta,k}$ angeben kann, die aus B-Splines besteht.

Um die Definition von B-Splines vorzubereiten, führen wir zunächst zu einem reellen Parameter x die Funktion $f_x : \mathbb{R} \mapsto \mathbb{R}$,

$$f_x(t) := (t - x)_+ := \max(t - x, 0) = \begin{cases} t - x & \text{für } t > x, \\ 0 & \text{für } t \leq x, \end{cases}$$

und ihre Potenzen f_x^r, $f_x^r(t) := (t - x)_+^r$, $r \geq 0$, ein, wobei wir f_x^0 durch

$$f_x^0(t) := \begin{cases} 1 & \text{für } t > x, \\ 0 & \text{für } t \leq x, \end{cases}$$

definieren. Die Funktion $f_x^r(\cdot)$ ist stückweise aus zwei Polynomen vom Grad $\leq r$ zusammengesetzt, nämlich dem 0-Polynom $P_0(t) := 0$ für $t \leq x$ und dem Polynom $P_1(t) := (t - x)^r$ für $t > x$. Man beachte, dass $f_x^r(t)$ von dem reellen Parameter x abhängt und so definiert ist, dass diese Funktion als Funktion von x für festes t rechtsseitig stetig ist. Ferner ist $f_x^r(t)$ für $r \geq 1$ sowohl nach x wie nach t $(r - 1)$-mal stetig differenzierbar.

Weiter erinnern wir daran, dass unter bestimmten Bedingungen für beliebige Segmente $t_i \leq t_{i+1} \leq \cdots \leq t_{i+r}$ reeller Zahlen t_j die verallgemeinerte dividierte Differenz $f[t_i, t_{i+1}, \ldots, t_{i+r}]$ einer reellen Funktion $f(t)$, $f : \mathbb{R} \mapsto \mathbb{R}$, auch dann erklärt ist, wenn die t_j nicht alle verschieden sind (s. Abschnitt 2.1.5 und (2.1.5.4)). Einzige Voraussetzung dafür ist, dass die Funktion f an den Stellen $t = t_j$, $i \leq j \leq i + r$, $s_j - 1$-mal differenzierbar ist, falls der *Wert* von t_j in dem Teilsegment $t_i \leq t_{i+1} \leq \cdots \leq t_j$, das mit t_j endet, s_j-mal vorkommt. Nach (2.1.5.7) gilt dann

(2.5.4.1)
$$f[t_i, \ldots, t_{i+r}] := \frac{f^{(r)}(t_i)}{r!}, \quad \text{falls } t_i = t_{i+r},$$

$$f[t_i, \ldots, t_{i+r}] := \frac{f[t_{i+1}, \ldots, t_{i+r}] - f[t_i, \ldots, t_{i+r-1}]}{t_{i+r} - t_i}, \quad \text{sonst.}$$

Es folgt sofort aus (2.5.4.1) durch Induktion über r, dass die verallgemeinerten dividierten Differenzen von f Linearkombinationen ihrer Ableitungen in den Punkten t_j sind:

(2.5.4.2)
$$f[t_i, t_{i+1}, \ldots, t_{i+r}] = \sum_{j=i}^{i+r} \alpha_j f^{(s_j - 1)}(t_j),$$

wobei insbesondere $\alpha_{i+r} \neq 0$ gilt.

Sei nun $r \geq 1$ eine ganze Zahl und $\mathbf{t} = (t_i)_{i \in \mathbb{Z}}$ irgendeine unendliche nichtabnehmende Folge reeller Zahlen mit

$$\inf t_i = -\infty, \quad \sup t_i = +\infty, \quad t_i < t_{i+r} \quad \text{für alle} \quad i.$$

Dann definiert man als i-ten B-Spline der Ordnung r zur Folge $\mathbf{t}$ die Funktion

$$(2.5.4.3) \qquad B_{i,r,\mathbf{t}}(x) := (t_{i+r} - t_i)f_x^{r-1}[t_i, t_{i+1}, \ldots, t_{i+r}],$$

für die wir auch kurz B_i oder $B_{i,r}$ schreiben, wenn keine Missverständnisse zu befürchten sind (s. Fig. 6 für einfache Beispiele).

Die Funktion $B_{i,r,\mathbf{t}}(x)$ ist zunächst für $x \neq t_i, t_{i+1}, \ldots, t_{i+r}$ wohldefiniert und nach (2.5.4.2), (2.5.4.3) eine Linearkombination der Funktionen

$$(2.5.4.4a) \qquad (t_j - x)_+^{r-s_j}, \quad i \leq j \leq i+r,$$

wobei s_j wieder angibt, wie oft der *Wert* von t_j in dem Teilsegment

$$t_i \leq t_{i+1} \leq \cdots \leq t_j$$

vorkommt. Kommt der Wert von t_j insgesamt n_j-mal in dem vollen Segment $t_i \leq t_{i+1} \leq \cdots \leq t_{i+r}$ vor, so gibt es nach Definition der s_j zu jeder ganzen Zahl σ mit $1 \leq \sigma \leq n_j$ genau einen Index $l = l(\sigma)$ mit

$$t_l = t_j, \quad s_l = \sigma, \quad i \leq l \leq i+r.$$

Also lässt sich $B_{i,r,\mathbf{t}}(x)$ auch als Linearkombination der Funktionen

$$(2.5.4.4b) \qquad (t_j - x)_+^s, \quad r - n_j \leq s \leq r-1, \quad i \leq j \leq i+r,$$

schreiben.

Die Funktion $B_{i,r,\mathbf{t}}(x)$ stimmt daher auf jedem der offenen Intervalle der Menge

$$(-\infty, t_i) \cup \left\{ (t_j, t_{j+1}) \mid i \leq j < i+r \text{ und } t_j < t_{j+1} \right\} \cup (t_{i+r}, +\infty)$$

mit einem Polynom vom Grade $\leq r - 1$ überein. Also ist sie eine stückweise Polynomfunktion der Ordnung r zu der Unterteilung der reellen Achse, die durch die t_k mit $k \in T_{i,r}$ gegeben ist, wobei

$$T_{i,r} := \{ j \mid i \leq j < i+r \text{ und } t_j < t_{j+1} \} \cup \{ i+r \}.$$

Die Funktion $B_{i,r,\mathbf{t}}(x)$ kann nur an den Knoten $x = t_j$ mit $i \leq j \leq i + r$ Sprungstellen besitzen. Sie ist aber stets rechtsseitig stetig, weil die Funktionen $(t_j - x)_+^s$, die in (2.5.4.4) vorkommen, alle rechtsseitig stetige Funktionen in x sind, auch für $s = 0$. Zu einer gegebenen Folge $\mathbf{t} = (t_j)$ ist wegen (2.5.4.4) der B-Spline $B_{i,r}(x) \equiv B_{i,r,\mathbf{t}}(x)$ in $x = t_j \in \mathbf{t}$ $(r - n_j - 1)$-mal differenzierbar, falls der Wert von t_j n_j-mal unter den $t_i, t_{i+1}, \ldots, t_{i+r}$ vorkommt (für $n_j = r$ besitzt $B_{i,r,\mathbf{t}}$ eine Sprungstelle in $x = t_j$). Man kann deshalb die Differenzierbarkeitsordnung der $B_{i,r,\mathbf{t}}(x)$ in $x = t_j$ mit Hilfe der Anzahl der Wiederholungen von t_j in $\mathbf{t}$ steuern.

(2.5.4.5) **Theorem:** *Die B-Splines haben die folgenden Eigenschaften:*

a) *Für $x \notin [t_i, t_{i+r}]$ gilt $B_{i,r,\mathbf{t}}(x) = 0$.*

b) *Für $t_i < x < t_{i+r}$ gilt $B_{i,r,\mathbf{t}}(x) > 0$.*

c) *Für jedes $x \in \mathbb{R}$ gilt*

$$\sum_i B_{i,r,\mathbf{t}}(x) = 1,$$

und die angegebene Summe enthält nur endlich viele Terme $\neq 0$.

Diese Aussagen besagen unter anderem, dass die Funktionen $B_{i,r} \equiv B_{i,r,\mathbf{t}}(x)$ nichtnegative Gewichtsfunktionen mit der Summe 1 sind, die das Intervall $[t_i, t_{i+r}]$ als Träger besitzen,

$$\operatorname{supp} B_{i,r} := \overline{\{\, x \mid B_{i,r}(x) \neq 0 \,\}} = [t_i, t_{i+r}],$$

und die $B_{i,r}$ eine „Partition der Einheit" bilden.

Beispiel: Für $r = 5$ und eine Folge $\mathbf{t}$ mit $\cdots \leq t_0 < t_1 = t_2 = t_3 < t_4 = t_5 < t_6 \leq \cdots$ ist der B-Spline $B_{1,5}$ der Ordnung 5 eine stückweise Polynomfunktion des Grades 4 bezüglich der Partition $t_3 < t_5 < t_6$ von $\mathbb{R}$. Für $x = t_3$, t_5, t_6 besitzt $B_{1,5}(x)$ wegen $n_3 = 3$, $n_5 = 2$, $n_6 = 1$ stetige Ableitungen bis zur Ordnung 1, 2 bzw. 3.

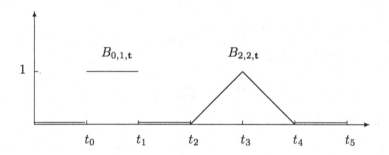

Fig. 6. Einige einfache B-Splines

Beweis: a) Für $x < t_i \leq t \leq t_{i+r}$ ist $f_x^{r-1}(t) = (t - x)^{r-1}$ ein Polynom $(r - 1)$-ten Grades in t, für das nach Theorem (2.1.3.10) die r-te dividierte Differenz verschwindet,

$$f_x^{r-1}[t_i, t_{i+1}, \ldots, t_{i+r}] = 0 \quad \Longrightarrow \quad B_{i,r}(x) = 0.$$

Für $t_i \leq t \leq t_{i+r} < x$ ist dagegen $f_x^{r-1}(t) = (t - x)_+^{r-1} = 0$, so dass ebenfalls $B_{i,r}(x) = 0$ gilt.

b) Für $r = 1$ und $t_i < x < t_{i+1}$ folgt dies aus der Definition von $B_{i,1}$

$$B_{i,1}(x) = (t_{i+1} - x)_+^0 - (t_i - x)_+^0 = 1 - 0 = 1.$$

Für $r > 1$, $t_i < x < t_{i+r}$ wird $B_{i,r}(x) > 0$ später mit Hilfe einer Rekursionsformel (2.5.5.2) für die Funktionen $N_{i,r} := B_{i,r}/(t_{i+r} - t_i)$ gezeigt.

c) Zu jedem $x \in \mathbb{R}$ gibt es genau ein j mit $t_j \leq x < t_{j+1}$. Sei zunächst $t_j < x < t_{j+1}$. Dann gilt wegen a) $B_{i,r}(x) = 0$ für alle i, r mit $i + r \leq j$ und für alle $i \geq j + 1$, so dass

$$\sum_i B_{i,r}(x) = \sum_{i=j-r+1}^{j} B_{i,r}(x).$$

Wegen (2.5.4.1) gilt aber

$$B_{i,r}(x) = f_x^{r-1}[t_{i+1}, t_{i+2}, \ldots, t_{i+r}] - f_x^{r-1}[t_i, t_{i+1}, \ldots, t_{i+r-1}],$$

so dass

$$\sum_i B_{i,r}(x) = f_x^{r-1}[t_{j+1}, \ldots, t_{j+r}] - f_x^{r-1}[t_{j-r+1}, \ldots, t_j] = 1 - 0.$$

Dies gilt, weil die Funktion $f_x^{r-1}(t) = (t - x)^{r-1}$ für $t_j < x < t_{j+1} \leq t \leq t_{j+r}$ ein Polynom $(r - 1)$-ten Grades in t ist, für das $f_x^{r-1}[t_{j+1}, \ldots, t_{j+r}] = 1$ wegen (2.1.4.3) gilt, und weil für $t_{j-r+1} \leq t \leq t_j < x < t_{j+1}$ die Funktion $f_x^{(r-1)}(t) = (t - x)_+^{r-1} = 0$ verschwindet.

Für $x = t_j < t_{j+1}$ folgt die Behauptung aus dem eben Bewiesenen und der rechtsseitigen Stetigkeit von $B_{i,r}$,

$$B_{i,r}(t_j) = \lim_{y \downarrow t_j} B_{i,r}(y).$$

Der Beweis ist damit komplett.   □

Wir kehren nun zu den Räumen $S_{\Delta,k}$ der Splinefunktionen k-ten Grades zurück und konstruieren eine Folge $\mathbf{t} = (t_j)$ derart, dass die B-Splines $B_{i,k+1,\mathbf{t}}(x)$ der Ordnung $k + 1$ eine Basis von $S_{\Delta,k}$ bilden. Dazu ordnen wir der Partition

$$\Delta = \{ a = x_0 < x_1 < \cdots < x_n = b \}$$

irgendeine unendliche Folge $\mathbf{t} = (t_j)_{j \in \mathbb{Z}}$ zu mit

$$t_j < t_{j+k+1} \quad \text{für alle} \quad j,$$
$$t_{-k} \leq \cdots \leq t_0 := x_0 < t_1 := x_1 < \cdots < t_n := x_n.$$

Im folgenden spielt nur die Teilfolge

$$t_{-k}, t_{-k+1}, \ldots, t_{n+k}$$

eine Rolle. Das folgende wichtige Ergebnis stammt von Curry und Schoenberg (1966).

(2.5.4.6) **Theorem:** *Die Restriktionen $B_{i,k+1,t}|_{[a,b]}$ der $n+k$ B-Splines $B_i \equiv B_{i,k+1,t}$, $i = -k, -k+1, \ldots, n-1$, auf $[a,b]$ bilden eine Basis von $S_{\Delta,k}$.*

Beweis: Jeder B-Spline B_i, $-k \le i \le n-1$, stimmt mit einem Polynom vom Grade $\le k$ auf den Teilintervallen $[x_j, x_{j+1}]$ von $[a,b]$ überein. Ferner besitzt er Ableitungen bis zur Ordnung $k - n_j = k - 1$ in den inneren Knoten $t_j = x_j$, $j = 1, 2, \ldots, n-1$, von Δ, weil diese t_j nur einmal in t vorkommen, $n_j = 1$. Dies zeigt $B_i|_{[a,b]} \in S_{\Delta,k}$ für alle $i = -k, \ldots, n-1$. Andererseits haben wir bereits gesehen, dass $S_{\Delta,k}$ die Dimension $n+k$ besitzt. Also bleibt nur noch zu zeigen, dass die Funktionen B_i, $-k \le i \le n-1$ auf $[a,b]$ linear unabhängig sind.

Angenommen, es gebe Konstanten a_i, so dass $\sum_{i=-k}^{n-1} a_i B_i(x) = 0$ für alle $x \in [a,b]$. Wir betrachten zunächst das erste Teilintervall $[x_0, x_1]$ von $[a,b]$. Aus Theorem (2.5.4.5)a) folgt dann

$$\sum_{i=-k}^{0} a_i B_i(x) = 0 \quad \text{für} \quad x \in [x_0, x_1]$$

wegen $B_i|_{[x_0,x_1]} = 0$ für $i \ge 1$. Wir zeigen nun die lineare Unabhängigkeit der B-Splines $B_{-k}, \ldots, B_0$ auf $[x_0, x_1]$, so dass $a_{-k} = a_{-k+1} = \cdots = a_0 = 0$.

Nun gilt für $x \in [x_0, x_1]$

$$\text{span}\{ B_{-k}(x), \ldots, B_0(x) \} = \text{span}\{ (t_1 - x)^{k+1-s_1}, \ldots, (t_{k+1} - x)^{k+1-s_{k+1}} \},$$

falls der Wert von t_j genau s_j-mal in dem Segment $t_{-k} \le t_{-k+1} \le \cdots \le t_j$ vorkommt. Dies zeigt man leicht durch Induktion, weil wegen (2.5.4.2), (2.5.4.4a) jedes $B_i(x)$, $-k \le i \le 0$, mit einer Konstanten $\alpha_{i+k+1} \ne 0$ folgende Form besitzt:

$$B_i(x) = \alpha_1 (t_1 - x)^{k+1-s_1} + \cdots + \alpha_{i+k+1}(t_{i+k+1} - x)^{k+1-s_{i+k+1}}.$$

Also genügt es, die lineare Unabhängigkeit der Funktionen

$$(t_1 - x)^{k-(s_1-1)}, \ldots, (t_{k+1} - x)^{k-(s_{k+1}-1)}$$

auf $[x_0, x_1]$ zu zeigen, oder die damit äquivalente lineare Unabhängigkeit der normalisierten Funktionen

(2.5.4.7) $$p^{(s_j-1)}(t_j - x), \quad j = 1, 2, \ldots, k+1,$$

mit

$$p(t) := \frac{1}{k!} t^k.$$

Angenommen es gibt Konstante $c_1, c_2, \ldots, c_{k+1}$ mit

$$\sum_{j=1}^{k+1} c_j p^{(s_j-1)}(t_j - x) = 0 \quad \text{für alle} \quad x \in [x_0, x_1].$$

Die Taylorreihenentwicklung um t_j liefert dann ein Polynom

$$\sum_{j=1}^{k+1} c_j \sum_{l=0}^{k} p^{(l+s_j-1)}(t_j) \frac{(-x)^l}{l!} = 0 \quad \text{für} \quad x \in [x_0, x_1],$$

das auf $[x_0, x_1]$ verschwindet, so dass es das Null-Polynom sein muss. Es folgt für alle $l = 0, 1, \ldots, k$

$$\sum_{j=1}^{k+1} c_j p^{(l+s_j-1)}(t_j) = 0$$

und daraus

$$\sum_{j=1}^{k+1} c_j \Pi^{(s_j-1)}(t_j) = 0,$$

wobei $\Pi(t)$ der folgende Zeilenvektor ist:

$$\Pi(t) := \begin{bmatrix} p^{(k)}(t) & p^{(k-1)}(t) & \cdots & p(t) \end{bmatrix} = \begin{bmatrix} 1 & t & \cdots & \dfrac{t^k}{k!} \end{bmatrix}.$$

Nun sind aber wegen Korollar (2.1.5.5) die Vektoren $\Pi^{(s_j-1)}(t_j)$, $j = 1, 2, \ldots, k+1$, linear unabhängig (wegen der eindeutigen Lösbarkeit des Hermiteschen Interpolationsproblems bezüglich der Sequenz $t_1 \leq t_2 \leq \cdots \leq t_{k+1}$ von virtuellen Abszissen). Also folgt $c_1 = \cdots = c_{k+1} = 0$ und deshalb auch $a_i = 0$ for $i = -k, -k+1, \ldots, 0$.

Durch Anwendung der gleichen Argumente auf jedes weitere Teilintervall $[x_j, x_{j+1}]$ von $[a, b]$, $j = 1, 2, \ldots, n-1$, findet man schliesslich $a_i = 0$ für alle $i = -k, -k+1, \ldots, n-1$. Also sind alle B_i, $-k \leq i \leq n-1$ auf $[a, b]$ linear unabhängige Funktionen, ihre Restriktionen auf $[a, b]$ bilden daher eine Basis von $S_{\Delta, k}$. $\qquad\square$

2.5.5 Die Berechnung von B-Splines

B-Splines können mit Hilfe einer einfachen Rekursionsformel berechnet werden. Um diese Formel herzuleiten, benötigen wir die folgende Verallgemeinerung der Leibnizschen Formel für dividierte Differenzen.

(2.5.5.1) Theorem: *Sei $t_i \leq t_{i+1} \leq \cdots \leq t_{i+k}$. Falls $f(t) = g(t)h(t)$ Produkt zweier Funktionen ist, die hinreichend oft für die $t = t_j$, $j = i, i+1, \ldots, i+k$, differenzierbar sind, so dass $g[t_i, t_{i+1}, \ldots, t_{i+k}]$ und $h[t_i, t_{i+1}, \ldots, t_{i+k}]$ definiert sind (s. (2.5.4.1)), dann gilt*

$$f[t_i, t_{i+1}, \ldots, t_{i+k}] = \sum_{r=i}^{i+k} g[t_i, t_{i+1}, \ldots, t_r] \, h[t_r, t_{r+1}, \ldots, t_{i+k}].$$

Beweis: Wegen (2.1.5.7) interpolieren die Polynome

$$\sum_{r=i}^{i+k} g[t_i, \dots, t_r](t - t_i) \cdots (t - t_{r-1}),$$

$$\sum_{s=i}^{i+k} h[t_s, \dots, t_{i+k}](t - t_{s+1}) \cdots (t - t_{i+k})$$

die Funktionen g bzw. h an den Stellen $t = t_i, t_{i+1}, \dots, t_{i+k}$ (im Sinne der Hermite-Interpolation, s. Abschnitt 2.1.5, falls die $t_i, \dots, t_{i+k}$ nicht alle verschieden sind). Also interpoliert auch das Produktpolynom

$$F(t) := \sum_{r=i}^{i+k} g[t_i, \dots, t_r](t - t_i) \cdots (t - t_{r-1})$$

$$\times \sum_{s=i}^{i+k} h[t_s, \dots, t_{i+k}](t - t_{s+1}) \cdots (t - t_{i+k})$$

für $t = t_i, \dots, t_{i+k}$ die Funktion $f(t)$. Nun lässt sich aber dieses Produkt als Summe zweier Polynome in t schreiben

$$F(t) = \sum_{r,s=i}^{i+k} \cdots = \sum_{r \leq s} \cdots + \sum_{r > s} \cdots = P_1(t) + P_2(t),$$

wobei jeder Term der zweiten Summe $\sum_{r>s} \cdots$ das Polynom $\prod_{j=i}^{i+k}(t-t_j)$ als Faktor enthält, so dass $P_2(t)$ die 0-Funktion für $t = t_i, \dots, t_{i+k}$ interpoliert. Daher interpoliert auch das Polynom $P_1(t)$, das höchstens den Grad k besitzt, die Funktion $f(t)$ für $t = t_i, \dots, t_{i+k}$, so dass $P_1(t)$ die eindeutig bestimmte (Hermite-) Interpolierende von f vom Grad $\leq k$ ist.

Nach (2.1.5.7) besitzt P_1 den höchsten Koeffizienten $f[t_i, \dots, t_{i+k}]$. Ein Vergleich mit dem Koeffizienten von t^k in der Summendarstellung $P_1(t) = \sum_{r \leq s} \cdots$ von $P_1(t)$ liefert die gewünschte Formel

$$f[t_i, \dots, t_{i+k}] = \sum_{r=i}^{i+k} g[t_i, \dots, t_r]\, h[t_r, \dots, t_{i+k}].$$

Damit ist der Beweis komplett. $\qquad\qquad\qquad\qquad\qquad\qquad\qquad\qquad$ $\square$

Mit Hilfe von (2.5.5.1) können wir nun eine Rekursionsformel für die B-Splines $B_{i,r}(x) \equiv B_{i,r,\mathbf{t}}(x)$ (2.5.4.3) herleiten. Dazu ist es zweckmässig, die Funktionen $B_{i,r}(x)$ anders zu normieren und stattdessen die Funktionen

$$N_{i,r}(x) := \frac{B_{i,r}(x)}{t_{i+r} - t_i} \equiv f_x^{r-1}[t_i, t_{i+1}, \dots, t_{i+r}]$$

einzuführen. Für sie gilt folgende einfache Rekursionsformel für $r \geq 2$ und $t_i < t_{i+r}$:

$$(2.5.5.2) \qquad N_{i,r}(x) = \frac{x - t_i}{t_{i+r} - t_i} N_{i,r-1}(x) + \frac{t_{i+r} - x}{t_{i+r} - t_i} N_{i+1,r-1}(x).$$

Beweis: Sei zunächst $x \neq t_j$ für alle j. Wir wenden die Leibnizformel (2.5.5.1) auf das Produkt

$$f_x^{r-1} \equiv (t - x)_+^{r-1} \equiv (t - x)(t - x)_+^{r-2} \equiv g(t)f_x^{r-2}(t)$$

an und erhalten wegen

$$g[t_i] = t_i - x, \quad g[t_i, t_{i+1}] = 1, \quad g[t_i, \ldots, t_j] = 0 \quad \text{für} \quad j > i + 1,$$

(Dies folgt aus (2.1.4.3), da $g(t)$ ein lineares Polynom in t ist.) die Beziehung

$$
\begin{aligned}
f_x^{r-1}[t_i, \ldots, t_{i+r}] &= (t_i - x)f_x^{r-2}[t_i, \ldots, t_{i+r}] + 1 \cdot f_x^{r-2}[t_{i+1}, \ldots, t_{i+r}] \\
&= \frac{t_i - x}{t_{i+r} - t_i}\left(f_x^{r-2}[t_{i+1}, \ldots, t_{i+r}] - f_x^{r-2}[t_i, \ldots, t_{i+r-1}] \right) \\
&\quad + 1 \cdot f_x^{r-2}[t_{i+1}, \ldots, t_{i+r}] \\
&= \frac{x - t_i}{t_{i+r} - t_i} f_x^{r-2}[t_i, \ldots, t_{i+r-1}] + \frac{t_{i+r} - x}{t_{i+r} - t_i} f_x^{r-2}[t_{i+1}, \ldots, t_{i+r}],
\end{aligned}
$$

was (2.5.5.2) für $x \neq t_i, \ldots, t_{i+r}$ zeigt. Dass damit (2.5.5.2) auch für alle x gilt, folgt wegen $t_i < t_{i+r}$ aus der rechtsseitigen Stetigkeit der $B_{i,r}(x)$. $\qquad \square$

Wir können jetzt den Beweis von (2.5.4.5)b) nachholen.

Beweis: Nach (2.5.5.2) ist $N_{i,r}(x)$ für $t_i < x < t_{i+r}$ konvexe Linearkombination von $N_{i,r-1}(x)$ und $N_{i+1,r-1}(x)$ mit positiven Gewichten $\lambda_i(x) = (x - t_i)/(t_{i+r} - t_i) > 0$ und $1 - \lambda_i(x) > 0$. Nun haben $N_{i,r}(x)$ und $B_{i,r}(x)$ das gleiche Vorzeichen, und wir wissen bereits, dass $B_{i,1}(x) = 0$ für $x \notin [t_i, t_{i+1}]$ und $B_{i,1}(x) > 0$ für $t_i < x < t_{i+1}$ gilt. Durch Induktion bezüglich r mit Hilfe von (2.5.5.2) folgt daher $B_{i,r}(x) > 0$ für $t_i < x < t_{i+r}$. $\qquad \square$

Die zu (2.5.5.2) äquivalente Formel (falls $t_i < t_{i+r-1}$ und $t_{i+1} < t_{i+r}$)

$$(2.5.5.3) \qquad B_{i,r}(x) = \frac{x - t_i}{t_{i+r-1} - t_i} B_{i,r-1}(x) + \frac{t_{i+r} - x}{t_{i+r} - t_{i+1}} B_{i+1,r-1}(x)$$

stellt den Wert $B_{i,r}(x)$ als Linearkombination der Werte von $B_{i,r-1}(x)$ und $B_{i+1,r-1}(x)$ dar. Man kann sie benutzen, um die Werte aller Splinefunktionen $B_{i,r}(x) = B_{i,r,\mathbf{t}}(x)$ für jedes feste x zu berechnen.

Um dies zu zeigen, nehmen wir an, dass es ein $t_j \in \mathbf{t}$ mit $t_j \leq x < t_{j+1}$ gibt, denn sonst gilt sicher $B_{i,r}(x) = 0$ für alle i, r, für die $B_{i,r,\mathbf{t}}$ definiert ist. Ferner ist wegen (2.5.4.5)a) $B_{i,r}(x) = 0$ für alle i, r mit $x \notin [t_i, t_{i+r}]$, d.h. für

$i \leq j - r$ und für $i \geq j + 1$. In dem folgenden Tableau aller $B_{i,r} := B_{i,r}(x)$ verschwindet $B_{i,r}$ an den mit 0 bezeichneten Stellen:

$$(2.5.5.4) \quad
\begin{matrix}
0 & 0 & 0 & 0 & \cdots \\
0 & 0 & 0 & B_{j-3,4} & \cdots \\
0 & 0 & B_{j-2,3} & B_{j-2,4} & \cdots \\
0 & B_{j-1,2} & B_{j-1,3} & B_{j-1,4} & \cdots \\
B_{j,1} & B_{j,2} & B_{j,3} & B_{j,4} & \cdots \\
0 & 0 & 0 & 0 & \cdots \\
\vdots & \vdots & \vdots & \vdots &
\end{matrix}$$

Wegen $t_j \leq x < t_{j+1}$ gilt definitionsgemäss $B_{j,1} = B_{j,1}(x) = 1$. Ausgehend von der ersten Spalte von (2.5.5.4) können die übrigen Spalten mittels (2.5.5.3) berechnet werden. Jedes $B_{i,r}$ erhält man aus seinen beiden linken Nachbarn $B_{i,r-1}$ und $B_{i+1,r-1}$ entsprechend dem folgenden Schema

$$
\begin{matrix}
B_{i,r-1} & \to & B_{i,r} \\
 & \nearrow & \\
B_{i+1,r-1} & &
\end{matrix}
$$

Da bei diesem Verfahren nur nichtnegative Vielfache nichtnegativer Zahlen addiert werden, ist das Verfahren numerisch sehr stabil.

Beispiel: Für $t_i = i$, $i = 0, 1, \ldots$, und $x = 3.5 \in [t_3, t_4]$ erhält man folgendes Tableau der $B_{i,r} = B_{i,r}(x)$:

$r =$	1	2	3	4
$i = 0$	0	0	0	1/48
$i = 1$	0	0	1/8	23/48
$i = 2$	0	1/2	6/8	23/48
$i = 3$	1	1/2	1/8	1/48
$i = 4$	0	0	0	0

Zum Beispiel erhält man $B_{2,4}$ aus

$$B_{2,4} = B_{2,4}(3.5) = \frac{3.5 - 2}{5 - 2} \cdot \frac{6}{8} + \frac{6 - 3.5}{6 - 3} \cdot \frac{1}{8} = \frac{23}{48}.$$

Wir betrachten nun Interpolationsprobleme für Splinefunktionen, nämlich das Problem, eine Splinefunktion $S \in S_{\Delta,k}$ zu bestimmen, die an bestimmten Stellen vorgeschriebene Werte annimmt. Da der Vektorraum $S_{\Delta,k}$ eine Basis von B-Splines besitzt (s. das Ende von Abschnitt 2.5.4), ist dieses Problem ein Spezialfall der Interpolation durch Linearkombinationen von B-Splines: Sei $r \geq 1$ eine ganze Zahl, $\mathbf{t} = (t_i)_{1 \leq i \leq N+r}$ irgendeine Folge mit

$$t_1 \leq t_2 \leq \cdots \leq t_{N+r}$$

und $t_i < t_{i+r}$ für alle $i = 1, 2, \ldots, N$, und seien $B_i(x) \equiv B_{i,r,\mathbf{t}}(x)$, $i = 1, \ldots, N$, die zugehörigen B-Splines. Mit

$$\mathcal{S}_{r,\mathbf{t}} = \left\{ \sum_{i=1}^{N} \alpha_i B_i(x) \,\middle|\, \alpha_i \in \mathbb{R} \right\}$$

bezeichnen wir den Vektorraum, der von den B_i, $i = 1, \ldots, N$, aufgespannt wird. Wegen Korollar (2.5.4.6) besitzt er die Dimension $\dim \mathcal{S}_{r,\mathbf{t}} = N$. Seien schliesslich N Stützpunkte (ξ_j, f_j), $j = 1, \ldots, N$, mit

$$\xi_1 < \xi_2 < \cdots < \xi_N$$

gegeben. Das Interpolationsproblem besteht dann darin, eine Funktion $S \in \mathcal{S}_{r,\mathbf{t}}$ zu bestimmen, die den Interpolationsbedingungen

$$(2.5.5.5) \qquad S(\xi_j) = f_j, \quad j = 1, \ldots, N,$$

genügt. Da sich jede Funktion $S \in \mathcal{S}_{r,\mathbf{t}}$ als Linearkombination der B_i, $i = 1, \ldots, N$, schreiben lässt, ist dieses Problem damit äquivalent, das folgende lineare Gleichungssystem

$$(2.5.5.6) \qquad \sum_{i=1}^{N} \alpha_i B_i(\xi_j) = f_j, \quad j = 1, \ldots, N,$$

zu lösen. Seine Koeffizientenmatrix

$$A = \begin{bmatrix} B_1(\xi_1) & \cdots & B_N(\xi_1) \\ \vdots & & \vdots \\ B_1(\xi_N) & \cdots & B_N(\xi_N) \end{bmatrix}$$

besitzt Bandstruktur: Da der Träger der Funktion $B_i(x) = B_{i,r,\mathbf{t}}(x)$ nach (2.5.4.5) gerade das Intervall $[t_i, t_{i+r}]$ ist, verschwinden in der j-ten Zeile von A alle Elemente $B_i(\xi_j)$ mit $t_{i+r} < \xi_j$ oder $t_i > \xi_j$, so dass in jeder Zeile höchstens r Elemente von 0 verschieden sind. Die Elemente $B_i(\xi_j)$ der Matrix können wir mit dem oben angegebenen Algorithmus zur Bestimmung der B-Splines berechnen. Das Gleichungssystem (und damit die Interpolationsaufgabe) ist eindeutig lösbar, falls die Matrix A nichtsingulär ist. Dafür haben Schoenberg und Whitney (1953) ein einfaches Kriterium angegeben, das wir hier ohne Beweis zitieren.

(2.5.5.7) **Theorem:** *Die Koeffizientenmatrix* $A = \left[B_i(\xi_j) \right]$ *von* (2.5.5.6) *ist genau dann nichtsingulär, falls die Diagonalelemente von* A *nicht verschwinden, d.h.* $B_i(\xi_i) \neq 0$ *für* $i = 1, 2, \ldots, N$.

Man kann ferner zeigen (Karlin (1968)), dass die Matrix A *total positiv* in folgendem Sinne ist: Alle $r \times r$-Untermatrizen B von A der Form

$$B = \left[a_{i_p,j_q}\right]_{p,q=1}^{r} \quad \text{mit} \quad r \geq 1, \quad i_1 < i_2 < \cdots < i_r, \quad j_1 < j_2 < \cdots < j_r,$$

haben eine nichtnegative Determinante, $\det(B) \geq 0$. Falls A nichtsingulär ist, kann man deshalb zur Lösung von (2.5.5.6) die Gauss-Elimination ohne Pivotsuche (s. Abschnitt 4.1) anwenden (de Boor und Pinkus (1977)). Dabei sind weitere Einsparungen möglich, weil A Bandstruktur besitzt.

Bezüglich weiterer Eigenschaften von B-Splines, Anwendungen und Algorithmen sei auf die Literatur verwiesen, insbesondere auf de Boor (2001), wo man auch zahlreiche Programme findet.

2.5.6 Multi-Resolutions-Verfahren und B-Splines

B-Splines spielen auch in *Multi-Resolutions-Verfahren* zur Approximation von reell- oder komplexwertigen Funktionen $f : \mathbb{R} \mapsto \mathbb{C}$ eine wichtige Rolle. Wir betrachten im folgenden nur quadratisch integrierbare Funktionen f, für die gilt $\int_{-\infty}^{\infty} |f(x)|^2 \, dx < \infty$. Die Menge aller solcher Funktionen bildet bekanntlich einen euklidischen Vektorraum $L_2(\mathbb{R})$ bezüglich des Skalarprodukts

$$\langle f, g \rangle := \int_{-\infty}^{\infty} f(x)\overline{g(x)} \, dx$$

und der zugehörigen euklidischen Norm $\|f\| := \langle f, f \rangle^{1/2}$ (sie bildet sogar einen Hilbertraum). Mit ℓ_2 bezeichnen wir die Menge aller Folgen $(c_k)_{k \in \mathbb{Z}}$ komplexer Zahlen c_k mit $\sum_{k \in \mathbb{Z}} |c_k|^2 < \infty$.

Bei der *Multi-Resolutions-Analyse* (MRA) von Funktionen $f \in L_2(\mathbb{R})$ spielen abgeschlossene lineare Teilräume V_j, $j \in \mathbb{Z}$, von $L_2(\mathbb{R})$ mit folgenden Eigenschaften eine zentrale Rolle:

(S1) $$V_j \subset V_{j+1}, \quad j \in \mathbb{Z},$$

(S2) $$f(x) \in V_j \;\Leftrightarrow\; f(2x) \in V_{j+1}, \quad j \in \mathbb{Z},$$

(S3) $$f(x) \in V_j \;\Leftrightarrow\; f(x + 2^{-j}) \in V_j, \quad j \in \mathbb{Z},$$

(S4) $$\overline{\bigcup_{j \in \mathbb{Z}} V_j} = L_2(\mathbb{R}),$$

(S5) $$\bigcap_{j \in \mathbb{Z}} V_j = \{0\}.$$

Solche Teilräume werden in der Regel durch eine Funktion $\Phi(x) \in L_2(\mathbb{R})$ auf folgende Weise erzeugt: Durch Translation und Dilatation von Φ gewinnt man zunächst die weiteren Funktionen

$$\Phi_{j,k}(x) := 2^{j/2}\Phi(2^j x - k), \quad j, k \in \mathbb{Z}.$$

Der Raum V_j wird dann als der abgeschlossene lineare Teilraum von $L_2(\mathbb{R})$ definiert, der von den $\Phi_{j,k}$, $k \in \mathbb{Z}$, erzeugt wird,

$$V_j := \overline{\text{span}\{\,\Phi_{j,k} \mid k \in \mathbb{Z}\,\}} = \overline{\{\,\sum_{|k|\leq n} c_k \Phi_{j,k} \mid c_k \in \mathbb{C},\ n \geq 0\,\}}.$$

Offensichtlich sind dann (S2) und (S3) erfüllt.

(2.5.6.1) **Definition:** *Die Funktion $\Phi \in L_2(\mathbb{R})$ heisst* Skalierungsfunktion, *wenn die zugehörigen V_j die Bedingungen (S1)–(S5) erfüllen und überdies die $\Phi_{0,k}$, $k \in \mathbb{Z}$, eine sog.* Riesz-Basis *von V_0 bilden, d.h. falls es positive Konstanten $0 < A \leq B$ gibt mit*

$$A \sum_{k\in\mathbb{Z}} |c_k|^2 \leq \left\| \sum_{k\in\mathbb{Z}} c_k \Phi_{0,k} \right\|^2 \leq B \sum_{k\in\mathbb{Z}} |c_k|^2$$

für alle Folgen $(c_k)_{k\in\mathbb{Z}} \in \ell_2$ (dann bilden auch die Funktionen $\Phi_{j,k}$, $k \in \mathbb{Z}$, für jedes $j \in \mathbb{Z}$ eine Riesz-Basis von V_j).

Ist Φ eine Skalierungsfunktion, dann lässt sich für jedes $j \in \mathbb{Z}$ jede Funktion $f \in V_j$ als eine in $L_2(\mathbb{R})$ konvergente Reihe

$$(2.5.6.2) \qquad\qquad f = \sum_{k\in\mathbb{Z}} c_{j,k} \Phi_{j,k}$$

mit eindeutig bestimmten Koeffizienten $c_{j,k}$, $k \in \mathbb{Z}$, wobei $(c_{j,k})_{k\in\mathbb{Z}} \in \ell_2$, schreiben.

Ferner ist für eine Skalierungsfunktion Φ die Bedingung (S1) damit äquivalent, dass Φ einer sog. *Zwei-Stufen-Formel*

$$(2.5.6.3) \qquad\qquad \Phi(x) = \sum_{k\in\mathbb{Z}} h_k \Phi_{1,k}(x) = \sqrt{2} \sum_{k\in\mathbb{Z}} h_k \Phi(2x - k)$$

mit Koeffizienten $(h_k)_{k\in\mathbb{Z}} \in \ell_2$ genügt. Denn (2.5.6.3) ist mit $\Phi \in V_0 \subset V_1$ äquivalent. Damit gilt aber auch $V_j \subset V_{j+1}$ für jedes $j \in \mathbb{Z}$ wegen

$$\begin{aligned}
\Phi_{j,l}(x) &= 2^{j/2}\Phi(2^j x - l) = 2^{j/2}\sqrt{2} \sum_{k\in\mathbb{Z}} h_k \Phi(2^{j+1}x - 2l - k) \\
&= \sum_{k\in\mathbb{Z}} h_k \Phi_{j+1,k+2l}(x).
\end{aligned}$$

Beispiel: Ein besonders einfaches Beispiel einer Skalierungsfunktion ist die sog. *Haar-Funktion*

$$(2.5.6.4) \qquad\qquad \Phi(x) := \begin{cases} 1 & \text{für } 0 \leq x < 1, \\ 0 & \text{sonst.} \end{cases}$$

Sie genügt der einfachen Zwei-Stufen-Formel

$$\Phi(x) = \Phi(2x) + \Phi(2x - 1).$$

Einige der $\Phi_{j,k}$ sind in Fig. 7 abgebildet.

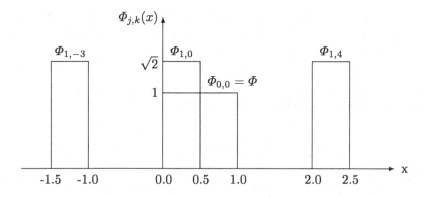

Fig. 7. Einige Derivate $\Phi_{j,k}$ der Haar-Funktion

Skalierungsfunktionen und die von ihnen erzeugten Räume V_j spielen in der modernen Signal- und Bildverarbeitung eine grosse Rolle: Jede Funktion $f \in V_j = \sum_k c_{j,k}\Phi_{j,k}$ kann als eine „gerasterte" Funktion (z.B. ein abgetastetes Signal, oder, in zwei Dimensionen, ein gescanntes Bild) endlicher Auflösung aufgefasst werden, bei der gerade noch Details der „Feinheit" 2^{-j} aufgelöst sind (dies illustrieren z.B. die V_j, die zur Haar-Funktion gehören). In den Anwendungen will man häufig eine Funktion f „hoher Auflösung" (d.h. ein $f \in V_j$ mit grossem j) durch eine Funktion $\hat{f}$ geringerer Auflösung (d.h. ein $\hat{f} \in V_k$ mit $k < j$) ohne unnötige Genauigkeitsverluste approximieren. Dies ist das Ziel von *Multi-Resolutions-Verfahren*, deren Prinzipien wir in diesem Abschnitt beschreiben. Dazu wollen wir zunächst weitere Skalierungsfunktionen kennen lernen.

Die Haar-Funktion Φ ist der einfachste B-Spline der Ordnung $r = 1$ bezüglich der speziellen Folge $\Delta := (k)_{k\in\mathbb{Z}}$ aller ganzen Zahlen. Die Definition (2.5.4.3) zeigt nämlich

$$B_{0,1,\Delta}(x) = f_x^0[0,1] = (1-x)_+^0 - (0-x)_+^0 = \Phi(x).$$

Gleichzeitig sieht man für alle $k \in \mathbb{Z}$

$$B_{k,1,\Delta}(x) = f_x^0[k, k+1] = B_{0,1,\Delta}(x-k) = \Phi(x-k) = \Phi_{0,k}.$$

Dies legt es nahe, allgemein B-Splines

$$(2.5.6.5) \qquad M_r(x) := B_{0,r,\Delta}(x) = rf_x^{r-1}[0, 1, \ldots, r]$$

beliebiger Ordnung $r \geq 1$ als Skalierungsfunktionen in Betracht zu ziehen, die ebenfalls sämtliche B-Splines

$$B_{k,r,\Delta}(x) = r f_x^{r-1}[k, k+1, \ldots, k+r], \quad k \in \mathbb{Z},$$

durch Translation erzeugen, $B_{k,r,\Delta}(x) = B_{0,r,\Delta}(x-k) = M_r(x-k)$. Nach Definition ist $M_r(x) = B_{0,r,\Delta}(x)$ eine $r-2$ mal stetig differenzierbare Funktion. Mit wachsendem r werden also die Skalierungsfunktionen $\Phi := M_r$ immer glatter.

Beispiele: Für niedrige Ordnungen r findet man folgende B-Splines: $M_1(x)$ ist die Haar-Funktion (2.5.6.4) und für $r = 2, 3$ gilt:

$$M_2(x) = \begin{cases} x & \text{für } 0 \leq x \leq 1, \\ 2 - x & \text{für } 1 \leq x \leq 2, \\ 0 & \text{sonst,} \end{cases}$$

$$M_3(x) = \frac{1}{2} \begin{cases} x^2 & \text{für } 0 \leq x \leq 1, \\ -2x^2 + 6x - 3 & \text{für } 1 \leq x \leq 2, \\ (3 - x)^2 & \text{für } 2 \leq x \leq 3, \\ 0 & \text{sonst.} \end{cases}$$

Die translatierte Funktion $H(x) := M_2(x + 1)$ von $M_2(x)$,

(2.5.6.6) $$H(x) = \begin{cases} 1 - |x| & \text{für } -1 \leq x \leq 1, \\ 0 & \text{sonst,} \end{cases}$$

ist unter dem Namen *Hutfunktion* bekannt.

Diese Formeln sind Spezialfälle der folgenden allgemeinen Darstellung von $M_r(x)$ für beliebiges $r \geq 1$:

(2.5.6.7) $$M_r(x) = \frac{1}{(r-1)!} \sum_{l=0}^{r} (-1)^l \binom{r}{l} (x - l)_+^{r-1}.$$

Man bestätigt diese Formel sofort durch vollständige Induktion nach k anhand der Rekursionsformel (2.1.3.5) für die dividierten Differenzen

$$f_x^{r-1}[i, i+1, \ldots, i+k] = \frac{1}{k}\left(f_x^{r-1}[i+1, \ldots, i+k] - f_x^{r-1}[i, \ldots, i+k-1]\right),$$

wenn man $f_x^{r-1}(t) = (t - x)_+^{r-1}$ berücksichtigt.

Wir wollen deshalb die Eigenschaften der M_r als Skalierungsfunktionen näher studieren, uns aber dabei der Einfachheit halber auf B-Splines niedriger Ordnung beschränken. Eine Behandlung des allgemeinen Falls findet man in Chui (1992).

Im folgenden beschreiben wir Multi-Resolutions-Verfahren näher. Ein Ziel dieser Verfahren ist es, eine gegebene „hoch aufgelöste" Funktion $v_{j+1} \in V_{j+1}$ möglichst gut durch eine Funktion geringerer Auflösung zu approximieren, etwa durch ein $v_j \in V_j$ mit

$$\|v_{j+1} - v_j\| = \min_{v \in V_j} \|v_{j+1} - v\|.$$

Da dann $v_{j+1} - v_j$ orthogonal zu V_j ist, spielen in diesem Zusammenhang auch die Orthogonalräume W_j von V_j in V_{j+1} eine Rolle,

$$W_j := \{ w \in V_{j+1} \mid \langle w, v \rangle = 0 \text{ für alle } v \in V_j \}, \quad j \in \mathbb{Z}.$$

Wir schreiben dann kurz $V_{j+1} = V_j \oplus W_j$, weil jedes $v_{j+1} \in V_{j+1}$ eine eindeutige Zerlegung $v_{j+1} = v_j + w_j$ in zueinander orthogonale Funktionen $v_j \in V_j$ und $w_j \in W_j$ besitzt.

Die Räume W_j sind untereinander orthogonal: $W_j \perp W_k$ für $j \neq k$, d.h. $\langle v, w \rangle = 0$ für $v \in W_j$, $w \in W_k$. Dies folgt für $j < k$ sofort aus $W_j \subset V_{j+1} \subset V_k$ und $W_k \perp V_k$. Wegen (S4) und (S5) folgt weiter

$$L_2(\mathbb{R}) = \bigoplus_{j \in \mathbb{Z}} W_j = \cdots \oplus W_{-1} \oplus W_0 \oplus W_1 \oplus \cdots .$$

In Multi-Resolutions-Verfahren werden für ein gegebenes $v_{j+1} \in V_{j+1}$ für $m \leq j$ die Orthogonalzerlegungen $v_{m+1} = v_m + w_m$, $v_m \in V_m$, $w_m \in W_m$, entsprechend dem folgenden Schema berechnet:

(2.5.6.8)
$$\begin{array}{ccccccc} v_{j+1} & \rightarrow & v_j & \rightarrow & v_{j-1} & \rightarrow & \cdots \\ & \searrow & & \searrow & & \searrow & \\ & & w_j & & w_{j-1} & & \cdots \end{array}$$

Es ist dann $v_m \in V_m$ für $m \leq j$ die beste Approximation von v_{j+1} durch ein Element aus V_m,

$$\| v_{j+1} - v_m \| = \min_{v \in V_m} \| v_{j+1} - v \|.$$

Denn die w_k sind untereinander orthogonal, und es gilt $w_k \perp V_m$ für $k \geq m$. Für beliebiges $v \in V_m$ folgt daher wegen $v_m - v \in V_m$ und

$$v_{j+1} - v = w_j + w_{j-1} + \cdots + w_m + (v_m - v)$$

sofort

$$\| v_{j+1} - v \|^2 = \| w_j \|^2 + \cdots + \| w_m \|^2 + \| v_m - v \|^2 \geq \| v_{j+1} - v_m \|^2.$$

Bevor wir beschreiben, wie man für ein gegebenes $v_{j+1} \in V_{j+1}$ die Orthogonalzerlegung $v_{j+1} = v_j + w_j$ berechnet, benötigen wir das wichtige Hilfsmittel der *dualen Funktion* $\tilde{\Phi}$ der Skalierungsfunktion Φ. Sie besitzt die folgende Eigenschaft:

(2.5.6.9)
$$\langle \Phi_{0,k}, \tilde{\Phi} \rangle = \int_{-\infty}^{\infty} \Phi(x - k) \overline{\tilde{\Phi}(x)} \, dx = \delta_{k,0}, \quad k \in \mathbb{Z}.$$

Mit ihrer Hilfe kann man die Koeffizienten c_k der Reihendarstellung (2.5.6.2) von $f = \sum_{l \in \mathbb{Z}} c_l \Phi_{0,l}$ einer Funktion $f \in V_0$ berechnen. Es gilt nämlich

$$\langle f(x), \tilde{\Phi}(x-k)\rangle = \sum_l c_l \int_{-\infty}^{\infty} \Phi(x-l)\overline{\tilde{\Phi}(x-k)}\,dx$$

$$= \sum_l c_l \int_{-\infty}^{\infty} \Phi(x-l+k)\overline{\tilde{\Phi}(x)}\,dx = c_k.$$

Da für jedes $j \in \mathbb{Z}$ die Funktionen $\tilde{\Phi}_{j,k}(x) := 2^{j/2}\tilde{\Phi}(2^j x - k)$, $k \in \mathbb{Z}$, die Eigenschaften

(2.5.6.10)

$$\langle \Phi_{j,k}, \tilde{\Phi}_{j,l}\rangle = 2^j \int_{-\infty}^{\infty} \Phi(2^j x - k)\overline{\tilde{\Phi}(2^j x - l)}\,dx$$

$$= \int_{-\infty}^{\infty} \Phi(x-k+l)\overline{\tilde{\Phi}(x)}\,dx$$

$$= \delta_{k-l,0}, \quad k,l \in \mathbb{Z},$$

besitzen, kann man mit Hilfe von $\tilde{\Phi}$ auch die Koeffizienten $c_{j,l}$ einer Funktion $f = \sum_{k \in \mathbb{Z}} c_{j,k}\Phi_{j,k}$ aus V_j berechnen:

(2.5.6.11) $$\langle f, \tilde{\Phi}_{j,l}\rangle = \sum_k c_{j,k}\langle \Phi_{j,k}, \tilde{\Phi}_{j,l}\rangle = c_{j,l}.$$

Die Existenz dualer Funktionen ist durch folgendes Theorem gesichert.

(2.5.6.12) **Theorem:** *Zu jeder Skalierungsfunktion Φ existiert genau eine duale Funktion $\tilde{\Phi} \in V_0$.*

Beweis: Weil die $\Phi_{0,k}$, $k \in \mathbb{Z}$, eine Riesz-Basis von V_0 bilden, ist $\Phi_{0,0} = \Phi$ nicht in dem Teilraum

$$V := \overline{\text{span}\{\,\Phi_{0,k} \mid |k| \geq 1\,\}}$$

von V_0 enthalten. Es gibt also genau eine Funktion $g = \Phi - u \neq 0$ mit $u \in V$, so dass

$$\|g\| = \min_{v \in V}\|\Phi - v\|.$$

u ist die Orthogonalprojektion von Φ auf V, es ist daher $g \perp V$, d.h. $\langle v, g\rangle = 0$ für alle $v \in V$, also insbesondere

$$\langle \Phi_{0,k}, g\rangle = 0 \quad \text{für alle} \quad |k| \geq 1,$$

sowie $0 < \|g\|^2 = \langle \Phi - u, \Phi - u\rangle = \langle \Phi - u, g\rangle = \langle \Phi, g\rangle$. Die Funktion $\tilde{\Phi} := g/\langle \Phi, g\rangle$ leistet das Verlangte. $\square$

Beispiel: Die Haar-Funktion (2.5.6.4) ist selbstdual, $\tilde{\Phi} = \Phi$. Dies folgt aus der Orthonormalitätseigenschaft $\langle \Phi, \Phi_{0,k}\rangle = \delta_{k,0}$, $k \in \mathbb{Z}$.

Mit Hilfe der dualen Funktion $\tilde{\Phi}$ kann man die beste Approximation $v_j \in V_j$ für ein gegebenes $v_{j+1} \in V_{j+1}$ berechnen. Wir nehmen dazu an, dass $v_{j+1} \in V_{j+1}$ durch seine Reihenentwicklung $v_{j+1} = \sum_{k \in \mathbb{Z}} c_{j+1,k} \Phi_{j+1,k}$ gegeben ist. Wegen $v_j \in V_j$ besitzt die gesuchte Funktion v_j die Form $v_j = \sum_{k \in \mathbb{Z}} c_{j,k} \Phi_{j,k}$. Die Koeffizienten $c_{j,k}$ sind so zu bestimmen, dass $v_{j+1} - v_j \perp V_j$ gilt, d.h.

$$\langle v_j, v \rangle = \langle v_{j+1}, v \rangle \quad \text{für alle} \quad v \in V_j.$$

Nun gehören alle Funktionen $\tilde{\Phi}_{j,k}$, $k \in \mathbb{Z}$, wegen $\tilde{\Phi} \in V_0$ zu V_j, also gilt wegen (2.5.6.11)

$$
\begin{aligned}
c_{j,l} = \langle v_j, \tilde{\Phi}_{j,l} \rangle &= \langle v_{j+1}, \tilde{\Phi}_{j,l} \rangle \\
&= \sum_{k \in \mathbb{Z}} c_{j+1,k} \langle \Phi_{j+1,k}, \tilde{\Phi}_{j,l} \rangle \\
&= \sum_{k \in \mathbb{Z}} c_{j+1,k} 2^{j+1/2} \int_{-\infty}^{\infty} \Phi(2^{j+1}x - k)\overline{\tilde{\Phi}(2^j x - l)}\, dx \\
&= \sum_{k \in \mathbb{Z}} c_{j+1,k} \sqrt{2} \int_{-\infty}^{\infty} \Phi(2x + 2l - k)\overline{\tilde{\Phi}(x)}\, dx.
\end{aligned}
$$

Dies führt zu folgendem Verfahren zur Bestimmung der $c_{j,k}$ aus den $c_{j+1,k}$: Als erstes berechnet man die (von j unabhängigen) Zahlen

$$(2.5.6.13) \qquad \gamma_i := \sqrt{2} \int_{-\infty}^{\infty} \Phi(2x + i)\overline{\tilde{\Phi}(x)}\, dx, \quad i \in \mathbb{Z}.$$

Die Koffizienten $c_{j,l}$ erhält man dann mittels der Formel

$$(2.5.6.14) \qquad c_{j,l} = \sum_{k \in \mathbb{Z}} c_{j+1,k} \gamma_{2l-k}, \quad l \in \mathbb{Z}.$$

Beispiel: Für die Haar-Funktion sind wegen $\tilde{\Phi} = \Phi$ die γ_i gegeben durch

$$\gamma_i := \begin{cases} 1/\sqrt{2} & \text{für } i = 0, -1, \\ 0 & \text{sonst.} \end{cases}$$

Wegen der Kompaktheit des Trägers von Φ sind nur endlich viele der γ_i von 0 verschieden, so dass auch die Summen (2.5.6.14) in diesem Fall endlich sind:

$$c_{j,l} = \frac{1}{\sqrt{2}}(c_{j+1,2l} + c_{j+1,2l+1}), \quad l \in \mathbb{Z}.$$

Da die Summen in (2.5.6.14) im allgemeinen unendliche Summen sind, die man durch endliche Summen (Abbruch nach endlich vielen Gliedern) approximiert, hängt die Effizienz des Verfahrens davon ab, wie schnell die Zahlen γ_i für $|i| \to \infty$ gegen 0 konvergieren.

Man kann das Verfahren entsprechend dem Schema (2.5.6.8) wiederholen. Man beachte dabei, dass man die γ_i nur einmal berechnen muss, weil sie von j unabhängig sind. Man erhält so folgendes Multi-Resolutions-Verfahren zur Bestimmung der Koeffizienten $c_{m,k}$, $k \in \mathbb{Z}$, von $v_m = \sum_{k \in \mathbb{Z}} c_{m,k} \Phi_{m,k}$ für alle $m \leq j$.

(2.5.6.15) Algorithmus:
> *Gegeben:* $c_{j+1,k}$, $k \in \mathbb{Z}$, und γ_i, $i \in \mathbb{Z}$, s. (2.5.6.13).
> *Für* $m = j, j-1, \ldots$
>> *für* $l \in \mathbb{Z}$
>> $$c_{m,l} := \sum_{k \in \mathbb{Z}} c_{m+1,k} \gamma_{2l-k}.$$

Wir haben gesehen, dass bei der Haar-Funktion als Skalierungsfunktion besonders einfache Verhältnisse vorliegen.

Wir betrachten nun Skalierungsfunktionen, die durch B-Splines höherer Ordnung geliefert werden, $\Phi(x) = \Phi_r(x) := M_r(x)$, $r > 1$. Der Einfachheit halber behandeln wir nur den hinreichend typischen Fall $r = 2$. Da die Funktion $M_2(x)$ und die Hutfunktion $H(x) = M_2(x+1)$ als Skalierungsfunktionen die gleichen Räume V_j, $j \in \mathbb{Z}$, erzeugen, genügt die Untersuchung von $\Phi(x) := H(x)$.

Wir zeigen als Erstes die Eigenschaft (S1), $V_j \subset V_{j+1}$, für die linearen Räume, die von $\Phi(x) = H(x)$ und den zugehörigen Funktionen $\Phi_{j,k}(x) = 2^{j/2}\Phi(2^j x - k)$, $j, k \in \mathbb{Z}$, erzeugt werden. Dies folgt sofort aus der Zwei-Stufen-Formel für $H(x)$,

$$H(x) = \frac{1}{2}\bigl(H(2x+1) + 2H(2x) + H(2x-1)\bigr),$$

die man anhand der Definition von $H(x)$ (2.5.6.6) bestätigt. Der Nachweis, dass $H(x)$ auch die übrigen Eigenschaften einer Skalierungsfunktion erfüllt, sei dem Leser überlassen (s. Übungsaufgabe 35).

Die Funktionen $f \in V_j$ haben eine anschauliche Bedeutung: Sie sind auf $\mathbb{R}$ stetige Funktionen, die bezüglich der Intervallunterteilung (ein Raster der Feinheit 2^{-j})

$$(2.5.6.16) \qquad \Delta^j := \{\, k \cdot 2^{-j} \mid k \in \mathbb{Z} \,\}$$

der reellen Zahlen stückweise linear sind. Die Koeffizienten $c_{j,k}$ ihrer Darstellung $f = \sum_{k \in \mathbb{Z}} c_{j,k} \Phi_{j,k}$ sind bis auf einen Faktor durch die Funktionswerte von f auf Δ^j gegeben:

$$(2.5.6.17) \qquad c_{j,k} = 2^{-j/2} f(k \cdot 2^{-j}), \quad k \in \mathbb{Z}.$$

Leider bilden die Funktionen $\Phi_{0,k}(x) = H(x-k)$, $k \in \mathbb{Z}$, kein Orthogonalsystem: Durch Ausrechnen findet man

$$(2.5.6.18) \qquad \int_{-\infty}^{\infty} H(x-j)H(x)\,dx = \begin{cases} 2/3 & \text{für } j = 0, \\ 1/6 & \text{für } |j| = 1, \\ 0 & \text{sonst,} \end{cases}$$

so dass

$$\langle \Phi_{0,k}, \Phi_{0,l} \rangle = \int_{-\infty}^{\infty} H(x - k + l) H(x)\, dx = \begin{cases} 2/3 & \text{für } k = l, \\ 1/6 & \text{für } |k - l| = 1, \\ 0 & \text{sonst.} \end{cases}$$

Die duale Funktion $\tilde{H}$ ist also von H verschieden, wir wollen sie berechnen. Nach dem Beweis von Theorem (2.5.6.12) ist $\tilde{H}$ ein skalares Vielfaches der Funktion

$$g(x) = H(x) - \sum_{|k| \geq 1} a_k H(x - k),$$

wobei die Folge $(a_k)_{|k| \geq 1}$ die eindeutig bestimmte Lösung der folgenden Gleichungen mit $\sum_k |a_k|^2 < \infty$ ist:

$$\langle g, \Phi_{0,k} \rangle = \Big\langle H(x) - \sum_{|l| \geq 1} a_l H(x - l), H(x - k) \Big\rangle = 0 \quad \text{für alle} \quad |k| \geq 1.$$

Wegen (2.5.6.18) führt dies für $k \geq 1$ auf die Gleichungen

$$(2.5.6.19) \qquad \begin{aligned} 4a_1 + a_2 &= 1 & (k = 1), \\ a_{k-1} + 4a_k + a_{k+1} &= 0 & (k \geq 2), \end{aligned}$$

und für $k \leq -1$ auf

$$\begin{aligned} 4a_{-1} + a_{-2} &= 1 & (k = -1), \\ a_{k-1} + 4a_k + a_{k+1} &= 0 & (k \leq -2). \end{aligned}$$

Man sieht, dass mit der Folge (a_k) auch die Folge (a_{-k}) Lösung dieser Gleichungen ist, so dass wegen der Eindeutigkeit der Lösung $a_k = a_{-k}$ für alle $|k| \geq 1$ gilt. Es genügt deshalb, die Lösung a_k, $k \geq 1$, der Gleichungen (2.5.6.19) zu bestimmen.

Nach diesen Gleichungen ist die Folge $(a_k)_{k \geq 1}$ Lösung der homogenen linearen Differenzengleichung

$$c_{k-1} + 4c_k + c_{k+1} = 0, \quad k = 2, 3, \ldots .$$

Durch Einsetzen bestätigt man, dass die Folge $c_k := \theta^k$, $k \geq 1$, eine Lösung dieser Gleichungen ist, wenn θ eine Nullstelle des Polynoms $x^2 + 4x + 1 = 0$ ist. Nun besitzt dieses Polynom die beiden Nullstellen

$$\lambda := -2 + \sqrt{3} = \frac{-1}{2 + \sqrt{3}}, \quad \mu := -2 - \sqrt{3} = 1/\lambda$$

mit $|\lambda| < 1 < |\mu|$. Die allgemeine Lösung der Differenzengleichung ist eine beliebige Linearkombination der speziellen Lösungen $(\lambda^k)_{k \geq 1}$ und $(\mu^k)_{k \geq 1}$, d.h. die gesuchten a_k haben die Form $a_k = C\lambda^k + D\mu^k$, $k \geq 1$, mit geeignet zu wählenden Konstanten C, D. Da $\sum_k |a_k|^2 < \infty$ gelten muss, folgt $D = 0$ wegen $|\mu| > 1$. Die Konstante C ist so zu wählen, dass auch die erste Gleichung (2.5.6.19), $4a_1 + a_2 = 1$, erfüllt ist, d.h.

$$1 = C\lambda(4 + \lambda) = C\lambda(2 + \sqrt{3}) = -C.$$

Also ist $a_k = a_{-k} = -\lambda^k = -(-1)^k(2 + \sqrt{3})^{-k}$ für $k \geq 1$ und daher

$$g(x) = H(x) + \sum_{k \geq 1} (-1)^k(2 + \sqrt{3})^{-k}\big(H(x + k) + H(x - k)\big).$$

Die gesuchte duale Funktion $\tilde{H}(x) = \gamma g(x)$ ist ein skalares Vielfaches von g, wobei γ so zu wählen ist, dass $\langle H, \tilde{H} \rangle = 1$ gilt. Diese Bedingung führt wegen (2.5.6.18) auf

$$\frac{1}{\gamma} = \langle H, H \rangle - (2 + \sqrt{3})^{-1}\Big(\langle H(x), H(x - 1) \rangle + \langle H(x), H(x + 1) \rangle\Big)$$

$$= \frac{2}{3} - \frac{1}{3(2 + \sqrt{3})} = \frac{1}{\sqrt{3}}.$$

Die duale Funktion $\tilde{H}(x)$ ist also durch die Reihenentwicklung

$$\tilde{H}(x) = \sum_{k \in \mathbb{Z}} b_k H(x - k)$$

mit den Koeffizienten

$$b_k := \frac{(-1)^k \sqrt{3}}{(2 + \sqrt{3})^{|k|}}, \quad k \in \mathbb{Z},$$

gegeben. Die Berechnung der Zahlen γ_i (2.5.6.13) für das Multi-Resolutions-Verfahren (2.5.6.15) führt auf einfache endliche Summen mit bekannten Termen:

(2.5.6.20)
$$\gamma_i = \sqrt{2}\langle H(2x + i), \tilde{H}(x)\rangle$$

$$= \sqrt{2} \sum_{k \in \mathbb{Z}} b_k \langle H(2x + i), H(x - k)\rangle$$

$$= \sqrt{2} \sum_{k \in \mathbb{Z}} b_k \langle H(2x + i + 2k), H(x)\rangle$$

$$= \sqrt{2} \sum_{k:\, |2k+i| \leq 2} b_k \langle H(2x + i + 2k), H(x)\rangle.$$

Eine elementare Rechnung zeigt nämlich

$$\langle H(2x + j), H(x)\rangle = \begin{cases} 5/12 & \text{für } j = 0, \\ 1/4 & \text{für } |j| = 1, \\ 1/24 & \text{für } |j| = 2, \\ 0 & \text{sonst.} \end{cases}$$

Wegen $2 + \sqrt{3} = 3.73\ldots$ konvergieren die Zahlen $b_k = \mathcal{O}\big((2 + \sqrt{3})^{-|k|}\big)$ und deshalb auch die Zahlen γ_k für $|k| \to \infty$ einigermassen rasch gegen 0. Die Summen (2.5.6.14) des Multi-Resolutions-Verfahrens kann man deshalb noch recht gut durch nicht zu grosse endliche Summen approximieren.

Beispiel: Für kleines i findet man folgende Werte der γ_i:

i	γ_i
0	0.96592 58262
1	0.44828 77361
2	−0.16408 46996
3	−0.12011 83369
4	0.04396 63628
5	0.03218 56114
6	−0.01178 07514
7	−0.00862 41086
8	0.00315 66428
9	0.00231 08229
10	−0.00084 58199

Übrigens gilt $\gamma_{-i} = \gamma_i$ für alle $i \in \mathbb{Z}$ (s. Übungsaufgabe 36).

Das Multi-Resolutions-Verfahren kann einfach interpretiert werden: Eine Funktion $f = \sum_{k \in \mathbb{Z}} c_{j+1,k} \Phi_{j+1,k} \in V_{j+1}$, also eine stetige Funktion, die bzgl. der Intervallunterteilung $\Delta^{j+1} = \{\, k \cdot 2^{-(j+1)} \mid k \in \mathbb{Z} \,\}$ stückweise linear ist, mit (s. (2.5.6.17))

$$c_{j+1,k} = 2^{-(j+1)/2} f(k \cdot 2^{-(j+1)}), \quad k \in \mathbb{Z},$$

wird durch eine stetige Funktion $\hat{f} = \sum_{k \mathbb{Z}} c_{j,k} \Phi_{j,k}$, die bzgl. des gröberen Rasters $\Delta^j = \{\, l \cdot 2^{-j} \mid l \in \mathbb{Z} \,\}$ stückweise linear ist, optimal approximiert, wenn man für $l \in \mathbb{Z}$ setzt

$$\begin{aligned}
\hat{f}(l \cdot 2^{-j}) &= 2^{j/2} c_{j,l} = 2^{j/2} \sum_{k \in \mathbb{Z}} c_{j+1,k} \gamma_{2l-k} \\
&= \frac{1}{\sqrt{2}} \sum_{k \in \mathbb{Z}} \gamma_{2l-k} f(k \cdot 2^{-(j+1)}).
\end{aligned}$$

Die Zahlen γ_i haben deshalb folgende anschauliche Bedeutung: Die stetige und bzgl. des Rasters $\Delta^0 = \{\, l \mid l \in \mathbb{Z} \,\}$ stückweise lineare Funktion $\hat{f}(x)$ mit $\hat{f}(l) := \gamma_{2l}/\sqrt{2}$, $l \in \mathbb{Z}$, ist die optimale Approximation in V_0 an die gestauchte Hutfunktion $f(x) := H(2x) \in V_1$. Die verschobene Funktion $f_1(x) := H(2x - 1) \in V_1$ wird durch die Funktion $\hat{f}_1 \in V_0$ mit $\hat{f}_1(l) := \gamma_{2l-1}/\sqrt{2}$, $l \in \mathbb{Z}$, optimal approximiert (s. Fig. 8).

Wir kehren zu allgemeinen Skalierungsfunktionen zurück. Im Rahmen des Multi-Resolutions-Verfahrens haben wir wesentlich verwendet, dass die Räume V_j die Funktionen $\Phi_{j,k}$, $k \in \mathbb{Z}$, als Riesz-Basis besitzen. Genauso

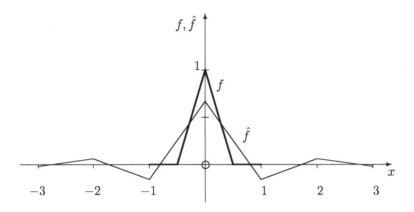

Fig. 8. Die Funktionen f und $\hat{f}$

wichtig ist es, dass auch die Orthogonalräume W_j der V_j in V_{j+1} ähnlich einfache Riesz-Basen besitzen: Man kann zeigen (Beweise findet man z.B. in Daubechies (1992), Louis et al. (1994)), dass es zu jeder Skalierungsfunktion Φ, die die Räume V_j einer MRA erzeugt, eine Funktion $\Psi \in W_0$ mit folgenden Eigenschaften gibt:

a) *Die Funktionen* $\Psi_{0,k}(x) := \Psi(x - k)$, $k \in \mathbb{Z}$, *bilden eine Riesz-Basis* (s. (2.5.6.1)) *von* W_0; *also sind für jedes* $j \in \mathbb{Z}$ *die Funktionen* $\Psi_{j,k}(x) := 2^{j/2}\Psi(2^j x - k)$, $k \in \mathbb{Z}$, *eine Riesz-Basis von* W_j.
b) *Alle* $\Psi_{j,k}$, $j, k \in \mathbb{Z}$, *bilden eine Riesz-Basis von* $L_2(\mathbb{R})$.

Jede Funktion mit diesen Eigenschaften heisst ein *Wavelet* zur Skalierungsfunktion Φ (Wavelets sind nicht eindeutig durch Φ bestimmt). Ψ heisst *orthonormales Wavelet*, wenn die $\Psi_{0,k}$, $k \in \mathbb{Z}$, eine Orthonormalbasis von W_0 bilden, $\langle \Psi_{0,k}, \Psi_{0,l} \rangle = \delta_{k,l}$. Dann bilden alle $\Psi_{j,k}$, $j, k \in \mathbb{Z}$, eine Orthonormalbasis von $L_2(\mathbb{R})$,

$$\langle \Psi_{j,k}, \Psi_{l,m} \rangle = \delta_{j,l}\delta_{k,m}.$$

Beispiel: Zur Haar-Funktion Φ (2.5.6.4) gehört das *Haar-Wavelet*

$$\Psi(x) := \begin{cases} 1 & \text{für } 0 \le x < 1/2, \\ -1 & \text{für } 1/2 \le x < 1, \\ 0 & \text{sonst.} \end{cases}$$

Aus $\Psi(x) = \Phi(2x) - \Phi(2x - 1)$ folgt nämlich zunächst $\Psi_{0,k} \in V_1$ für alle $k \in \mathbb{Z}$. Aus der Orthogonalitätseigenschaft

$$\langle \Psi_{0,k}, \Phi_{0,l} \rangle = 0 \quad \text{für alle} \quad k, l \in \mathbb{Z}$$

folgt weiter $\Psi_{0,k} \in W_0$ für alle $k \in \mathbb{Z}$. Schliesslich liefert

$$\Phi_{1,k}(x) = \frac{1}{\sqrt{2}} \big(\Phi_{0,k}(x) + \Psi_{0,k}(x) \big), \quad k \in \mathbb{Z},$$

die Gleichung $V_1 = V_0 \oplus W_0$. Wegen $\langle \Psi, \Psi_{0,k} \rangle = \delta_{k,0}$ ist das Haar-Wavelet orthonormal.

Man kann zeigen, dass jede orthonormale Skalierungsfunktion Φ ein orthonormales Wavelet besitzt, das man sogar mit Hilfe der Zwei-Stufen-Formel von Φ explizit angeben kann (s. die angegebene Literatur). Für nichtorthonormales Φ ist es aber im allgemeinen sehr schwierig, ein zugehöriges Wavelet zu bestimmen. Für die Skalierungsfunktionen $\Phi = \Phi_r := M_r$, die durch B-Splines gegeben werden, ist die Situation besser. Hier kennt man sogar Formeln für die speziellen Wavelets Ψ_r, die unter allen Wavelets einen minimalen kompakten Träger (nämlich das Intervall $[0, 2r - 1]$) besitzen: Sie lassen sich als eine endliche Summe der Form

$$\Psi_r(x) = \sum_{k=0}^{3r-2} q_k M_r(2x - k)$$

schreiben. Diese Wavelets sind für $r > 1$ sicher nicht orthonormal, man kennt aber die zugehörigen dualen Funktionen $\tilde{\Psi}_r \in W_0$ mit den üblichen Eigenschaften $\langle \Psi_r(x - k), \tilde{\Psi}_r(x) \rangle = \delta_{k,0}$ für $k \in \mathbb{Z}$ (s. Chui (1992) für eine zusammenfassende Darstellung).

Das Beispiel der Haar-Funktion zeigt, wie einfach die Verhältnisse werden, wenn die Skalierungsfunktion Φ und das Wavelet Ψ orthonormal sind und beide Funktionen einen kompakten Träger besitzen. Nachteil der Haar-Funktion ist ihre fehlende Glattheit. Andererseits wächst für die B-Splines M_r mit r die Glattheit der Skalierungsfunktion $\Phi_r = M_r$ und der zugehörigen Wavelets Ψ_r. Ferner haben sowohl Φ_r als auch die oben angegebenen zugehörigen Wavelets Ψ_r für alle $r \geq 1$ kompakte Träger, aber leider sind weder Φ_r noch Ψ_r für $r > 1$ orthonormal.

Umso bemerkenswerter ist ein tiefes Resultat von Daubechies: Sie gab erstmals Skalierungsfunktionen und zugehörige Wavelets beliebig hoher Differenzierbarkeitsordnung an, die orthonormal sind und kompakte Träger besitzen. Für eine eingehende Darstellung dieser wichtigen Resultate und ihrer Anwendungen sei auf die einschlägige Literatur verwiesen, z.B. auf Louis et al. (1994), Mallat (1997), und insbesondere auf Daubechies (1992).

Übungsaufgaben zu Kapitel 2

1. Zu den verschiedenen Stützstellen $x_0, \ldots, x_n$ seien $L_i(x)$ die Lagrange-Polynome aus (2.1.1.3) und $c_i := L_i(0)$. Man zeige:

$$\sum_{i=0}^{n} c_i x_i^j = \begin{cases} 1 & \text{für } j = 0, \\ 0 & \text{für } j = 1, 2, \ldots, n, \\ (-1)^n x_0 x_1 \ldots x_n & \text{für } j = n+1, \end{cases}$$

$$\sum_{i=0}^{n} L_i(x) \equiv 1.$$

2. Die Funktion $\ln(x)$ werde quadratisch interpoliert. Als Stützstellen verwende man $x = 10, 11, 12$.
   a) Man schätze den Interpolationsfehler für $x = 11.1$ ab.
   b) Wie hängt das Vorzeichen dieses Fehlers von x ab?

3. Die auf $I = [-1, 1]$ zweimal stetig differenzierbare Funktion f werde durch ein lineares Polynom an den Stellen $(x_i, f(x_i))$, $i = 0, 1$, mit $x_0, x_1 \in I$ interpoliert. Dann ist

$$\alpha = \frac{1}{2} \max_{\xi \in I} |f''(\xi)| \max_{x \in I} |(x - x_0)(x - x_1)|$$

   eine obere Schranke für den absoluten Interpolationsfehler auf I. Wie hat man x_0, x_1 zu wählen, damit α möglichst klein wird? Welcher Zusammenhang besteht zwischen $(x - x_0)(x - x_1)$ und $\cos(2 \arccos x)$?

4. Eine Funktion $f(x)$ werde auf dem Intervall $[a, b]$ durch ein Polynom $P_n(x)$ höchstens n-ten Grades interpoliert, Stützstellen seien $x_0, \ldots, x_n$ mit $a \leq x_0 < x_1 < \cdots < x_n \leq b$. f sei auf $[a, b]$ beliebig oft differenzierbar, und es gelte $|f^{(i)}(x)| \leq M$ für $i = 0, 1, \ldots$ und alle $x \in [a, b]$. Konvergiert $P_n(x)$ für $n \to \infty$ (ohne weitere Voraussetzung über die Lage der Stützstellen) gleichmässig auf $[a, b]$ gegen $f(x)$?

5 Die Besselsche Funktion nullter Ordnung

$$J_0(x) = \frac{1}{\pi} \int_0^\pi \cos(x \sin t) \, dt$$

   soll an äquidistanten Stellen $x_i = x_0 + ih$, $i = 0, 1, 2, \ldots$, tabelliert werden.
   a) Welche Schrittweite h ist zu wählen, wenn bei linearer Interpolation mit Hilfe dieser Tafel der Interpolationsfehler kleiner als 10^{-6} ausfallen soll?
   b) Wie verhält sich der Interpolationsfehler

$$\max_{0 \leq x \leq 1} |P_n(x) - J_0(x)|$$

   für $n \to \infty$, wenn $P_n \in \Pi_n$ die Funktion $J_0(x)$ an den Stellen $x = x_i^{(n)} := i/n$, $i = 0, 1, \ldots, n$, interpoliert.
   [*Hinweis:* Es genügt $|J_0^{(k)}(x)| \leq 1$ für $k = 0, 1, \ldots$ zu zeigen.]
   c) Man vergleiche dieses Resultat mit dem Verhalten des Fehlers

$$\max_{0 \leq x \leq 1} |S_{\Delta_n}(x) - J_0(x)|$$

   für $n \to \infty$, wo S_{Δ_n} die interpolierende Splinefunktion zur Zerlegung $\Delta_n = \{x_i^{(n)}\}$ von $[0, 1]$ mit $S'_{\Delta_n}(x) = J_0'(x)$ für $x = 0, 1$ bezeichnet.

6. *Interpolation auf Produkträumen:* Für die Funktionen $\varphi_0, \varphi_1, \ldots, \varphi_n$ sei jedes lineare Interpolationsproblem eindeutig lösbar, d.h. zu gegebenen Abszissen $x_0, \ldots, x_n$, mit $x_i \neq x_j$, $i \neq j$, und Stützwerten $f_0, \ldots, f_n$, existiere eindeutig eine Linearkombination

$$\Phi(x) = \sum_{i=0}^{n} \alpha_i \varphi_i(x)$$

mit $\Phi(x_k) = f_k$, $k = 0, \ldots, n$. Man zeige: Ist auch für die Funktionen $\psi_0, \ldots, \psi_m$ jedes lineare Interpolationsproblem eindeutig lösbar, so existiert für jede Wahl von Abszissen

$$x_0, x_1, \ldots, x_n, \quad x_i \neq x_j, \quad i \neq j,$$
$$y_0, y_1, \ldots, y_m, \quad y_i \neq y_j, \quad i \neq j,$$

und Stützwerten

$$f_{ik}, \quad i = 0, \ldots, n, \quad k = 0, \ldots, m,$$

eindeutig eine Funktion der Form

$$\Phi(x, y) = \sum_{\nu=0}^{n} \sum_{\mu=0}^{m} \alpha_{\nu\mu} \varphi_\nu(x) \psi_\mu(y)$$

mit $\Phi(x_i, y_k) = f_{ik}$, $i = 0, \ldots, n$, $k = 0, \ldots, m$.

7. Welche Aussage folgt daraus im Spezialfall der Polynominterpolation? Man stelle $\Phi(x, y)$ in diesem Fall explizit dar.

8. Gegeben seien die Abszissen

$$y_0, y_1, \ldots, y_m, \quad y_i \neq y_j, \quad i \neq j,$$

sowie für $k = 0, \ldots, m$ die Zahlen

$$x_0^{(k)}, x_1^{(k)}, \ldots, x_{n_k}^{(k)}, \quad x_i^{(k)} \neq x_j^{(k)}, \quad i \neq j,$$

und die Stützwerte

$$f_{ik}, \quad i = 0, \ldots, n_k, \quad k = 0, \ldots, m.$$

O.E.d.A. seien die y_k bereits so numeriert, dass gilt

$$n_0 \geq n_1 \geq \cdots \geq n_m.$$

Man zeige durch Induktion über m, dass es genau ein Polynom

$$P(x, y) \equiv \sum_{\mu=0}^{m} \sum_{\nu=0}^{n_\mu} \alpha_{\nu\mu} x^\nu y^\mu$$

gibt mit der Eigenschaft

$$P(x_i^{(k)}, y_k) = f_{ik}, \quad i = 0, \ldots, n_k, \quad k = 0, \ldots, m.$$

9. Kann das Interpolationsproblem in Aufgabe 8 auch durch andere Polynome

$$P(x, y) = \sum_{\mu=0}^{M} \sum_{\nu=0}^{N_\mu} \alpha_{\nu\mu} x^\nu y^\mu$$

gelöst werden, für die lediglich die Anzahl der Parameter $\alpha_{\nu\mu}$ mit der Anzahl der Stützwerte übereinstimmt, d.h.

$$\sum_{\mu=0}^{m} (n_\mu + 1) = \sum_{\mu=0}^{M} (N_\mu + 1) \,?$$

[*Hinweis:* Man untersuche einfache Beispiele.]

10. Man berechne für die Stützpunkte

x_i	0	1	-1	2	-2
f_i	1	3	3/5	3	3/5

die inversen oder reziproken Differenzen und bestimme damit den rationalen Ausdruck $\Phi^{2,2}(x)$ (mit quadratischem Zähler und Nenner) mit $\Phi^{2,2}(x_i) = f_i$ in der Form eines Kettenbruches. Man gebe auch das Zähler- und das Nennerpolynom an.

11. $\Phi^{m,n}$ sei die rationale Funktion, die für gegebene Stützpunkte (x_k, f_k), $k = 0, 1, \ldots, m+n$, Lösung des Systems $S^{m,n}$ ist:

$$\left(a_0 + a_1 x_k + \cdots + a_m x_k^m\right) - f_k\left(b_0 + b_1 x_k + \cdots + b_n x_k^n\right) = 0,$$
$$k = 0, 1, \ldots, m+n.$$

Man zeige, dass sich $\Phi^{m,n}(x)$ durch Determinanten darstellen lässt:

$$\Phi^{m,n}(x) = \frac{\left|f_k, x_k - x, \ldots, (x_k - x)^m, (x_k - x)f_k, \ldots, (x_k - x)^n f_k\right|_{k=0}^{m+n}}{\left|1, x_k - x, \ldots, (x_k - x)^m, (x_k - x)f_k, \ldots, (x_k - x)^n f_k\right|_{k=0}^{m+n}}$$

Dabei steht $\left|\alpha_k, \beta_k, \ldots, \zeta_k\right|_{k=0}^{m+n}$ zur Abkürzung für

$$\det \begin{bmatrix} \alpha_0 & \beta_0 & \cdots & \zeta_0 \\ \alpha_1 & \beta_1 & \cdots & \zeta_1 \\ \vdots & \vdots & & \vdots \\ \alpha_{m+n} & \beta_{n+m} & \cdots & \zeta_{m+n} \end{bmatrix}.$$

12. Man verallgemeinere Theorem (2.3.1.12):
a) Zu $2n + 1$ Stützstellen x_k mit

$$a \le x_0 < x_1 < \cdots < x_{2n} < a + 2\pi$$

und Stützwerten $y_0, \ldots, y_{2n}$ existiert eindeutig ein trigonometrisches Polynom

$$T(x) = \frac{1}{2}a_0 + \sum_{j=1}^{n} (a_j \cos jx + b_j \sin jx)$$

mit $T(x_k) = y_k$ für $k = 0, 1, \ldots, 2n$.

b) Sind $y_0, \ldots, y_{2n}$ reell, dann auch die Koeffizienten a_j, b_j.
[*Hinweis:* Man führe a) durch eine Umformung $T(x) = \sum_{j=-n}^{n} c_j e^{ijx}$ auf die (komplexe) Polynominterpolation zurück. Für b) ist $c_{-j} = \bar{c}_j$ zu zeigen.]

13 a) Man zeige, dass für reelle $x_1, \ldots, x_{2n}$ die Funktion

$$t(x) = \prod_{k=1}^{2n} \sin \frac{x - x_k}{2}$$

ein trigonometrisches Polynom der Form

$$\frac{1}{2} a_0 + \sum_{j=1}^{n} (a_j \cos jx + b_j \sin jx)$$

mit reellen a_j, b_j ist.

[*Hinweis:* Man verwende $\sin \varphi = (1/2i)(e^{i\varphi} - e^{-i\varphi})$.]

b) Man zeige mit Hilfe von a), dass das interpolierende trigonometrische Polynom zu den Stützstellen x_k mit

$$0 \leq x_0 < x_1 \cdots < x_{2n} < 2\pi$$

und den Stützwerten $y_0, \ldots, y_{2n}$ identisch mit

$$T(x) = \sum_{j=0}^{2n} y_j t_j(x)$$

ist, wobei

$$t_j(x) := \prod_{\substack{k=0 \\ k \neq j}}^{2n} \sin \frac{x - x_k}{2} \bigg/ \prod_{\substack{k=0 \\ k \neq j}}^{2n} \sin \frac{x_j - x_k}{2}.$$

14. Man zeige, dass zu $n + 1$ Stützstellen x_k mit

$$a \leq x_0 < x_1 < \cdots < x_n < a + \pi$$

und Werten $y_0, \ldots, y_n$ eindeutig ein „Cosinus-Polynom"

$$C(x) = \sum_{j=0}^{n} a_j \cos jx$$

existiert mit

$$C(x_k) = y_k, \quad k = 0, 1, \ldots, n.$$

[*Hinweis:* s. Aufgabe 12]

15 a) Man zeige für ganzes j und $x_k := 2\pi k/(2m + 1)$, $k = 0, 1, \ldots, 2m$,

$$\sum_{k=0}^{2m} \cos jx_k = (2m + 1)\, h(j), \quad \sum_{k=0}^{2m} \sin jx_k = 0.$$

Dabei ist

$$h(j) := \begin{cases} 1 & \text{für } j = 0 \mod 2m + 1, \\ 0 & \text{sonst.} \end{cases}$$

b) Man leite damit für ganzzahlige j, k folgende Orthogonalitätsrelationen her:

$$\sum_{i=0}^{2m} \sin jx_i \sin kx_i = \frac{2m+1}{2}\big(h(j-k) - h(j+k)\big),$$

$$\sum_{i=0}^{2m} \cos jx_i \cos kx_i = \frac{2m+1}{2}\big(h(j-k) + h(j+k)\big),$$

$$\sum_{i=0}^{2m} \cos jx_i \sin kx_i = 0.$$

16. Die Funktion $f : \mathbb{R} \to \mathbb{R}$ mit der Periode 2π besitze eine absolut konvergente Fourierreihe

$$f(x) = \frac{1}{2}a_0 + \sum_{j=1}^{\infty}\big(a_j \cos jx + b_j \sin jx\big).$$

Für den trigonometrischen Ausdruck

$$\Psi(x) = \frac{1}{2}A_0 + \sum_{j=1}^{m}\big(A_j \cos jx + B_j \sin jx\big)$$

gelte für $k = 0, 1, \ldots, 2m$

$$\Psi(x_k) = f(x_k) \quad \text{mit} \quad x_k = \frac{2\pi k}{2m+1}.$$

Man zeige:

$$A_k = a_k + \sum_{p=1}^{\infty}\big(a_{p(2m+1)+k} + a_{p(2m+1)-k}\big), \quad 0 \le k \le m,$$

$$B_k = b_k + \sum_{p=1}^{\infty}\big(b_{p(2m+1)+k} - b_{p(2m+1)-k}\big), \quad 1 \le k \le m.$$

17. Man gebe eine Cooley-Tukey Methode für den Fall an, dass der Vektor $\tilde{\beta}[\cdot]$ mit $\tilde{\beta}[j] = f_j$ für alle j initiiert wird.
    [*Hinweis:* Man bestimme die Abbildung $\sigma = \sigma(m, r, j)$ mit (2.3.2.7) und $\sigma(0, r, 0) = r$ statt (2.3.2.8).]

18. Für $N = 2^n$ betrachte man die Vektoren

$$f := \begin{bmatrix} f_0 & \cdots & f_{N-1} \end{bmatrix}^T, \quad \beta := \begin{bmatrix} \beta_0 & \cdots & \beta_{N-1} \end{bmatrix}^T.$$

(2.3.2.1) beschreibt eine lineare Abbildung zwischen f und β, $\beta = (1/N)Tf$, mit der Matrix

$$T = \begin{bmatrix} t_{jk} \end{bmatrix}, \quad t_{jk} := e^{-2\pi ijk/N}.$$

a) Man zeige, dass T wie folgt faktorisiert werden kann:

$$T = QSP(D_{n-1}SP)\cdots(D_1SP),$$

mit der $N \times N$-Matrix S

$$
S = \begin{bmatrix} 1 & 1 & & & & \\ 1 & -1 & & & & \\ & & \ddots & & & \\ & & & & 1 & 1 \\ & & & & 1 & -1 \end{bmatrix},
$$

der Diagonalmatrix $D_l = \mathrm{diag}\big(1, \delta_1^{(l)}, 1, \delta_3^{(l)}, \cdots, 1, \delta_{N-1}^{(l)}\big)$, $l = 1, \ldots, n-1$, mit $\delta_r^{(l)} = \exp(-2\pi i \tilde{r}/2^{n-l-1})$, $\tilde{r} = \lfloor r/2^l \rfloor$, r ungerade, der Permutationsmatrix Q, die zur Bitumkehrabbildung ϱ (2.3.2.10) gehört, und der Permutationsmatrix P, die zur *zyklischen Bit-Permutation* ζ gehört:

$$
\zeta\big(\alpha_0 + \alpha_1 2 + \cdots + \alpha_{n-1} 2^{n-1}\big) := \alpha_{n-1} + \alpha_0 2 + \alpha_1 4 + \cdots + \alpha_{n-2} 2^{n-1}.
$$

b) Man zeige, dass man die Sande–Tukey-Methode erhält, wenn man den Vektor f von links mit den Matrizen der Faktorisierung von T multipliziert.

c) Welche Faktorisierung von T entspricht der Cooley-Tukey-Methode?
[*Hinweis:* T^H unterscheidet sich von T durch eine Permutation.]

19. Man untersuche die numerische Stabilität der Methoden der schnellen Fouriertransformation aus Abschnitt 2.3.2.
[*Hinweis:* Die Faktoren von T aus Aufgabe 18 sind fast orthogonal.]

20. Man betrachte die durch die jeweils fünf Kontrollpunkte

(i) $b_0 = \begin{bmatrix} 6 \\ 0 \end{bmatrix}$, $b_1 = \begin{bmatrix} 0 \\ 0 \end{bmatrix}$, $b_2 = \begin{bmatrix} 6 \\ 6 \end{bmatrix}$, $b_3 = \begin{bmatrix} 0 \\ 6 \end{bmatrix}$, $b_4 = \begin{bmatrix} 6 \\ -1 \end{bmatrix}$

(ii) $b_0 = \begin{bmatrix} 6 \\ 0 \end{bmatrix}$, $b_1 = \begin{bmatrix} 3 \\ -1 \end{bmatrix}$, $b_2 = \begin{bmatrix} 6 \\ 6 \end{bmatrix}$, $b_3 = \begin{bmatrix} 0 \\ 6 \end{bmatrix}$, $b_4 = \begin{bmatrix} 6.5 \\ -1 \end{bmatrix}$

definierten Kurven P_4 und verwende den Algorithmus von de Casteljau zur Bestimmung der Koordinaten der Punkte $P_4(1/4)$ und $P_4(1/2)$. Man visualisiere die Kurvensegmente in der konvexen Hülle der Kontrollpolygone.

21. Es seien $P_3(0,1)$ und $\tilde{P}_3(0,1)$ die durch die Kontrollpunkte b_k und $\tilde{b}_k$, $0 \le k \le 3$, gegebenen Kurven. Man zeige, dass

$$
\big\| \tilde{P}_3(0,1)(x) - P_3(0,1)(x) \big\| = B_k^3(x) \big\| \tilde{b}_k - b_k \big\|,
$$

wobei B_k^3 das k-te Bernstein-Polynom vom Grad 3 bezeichnet.

22. Es seien $f \in C^1([0,1])$ und $H(x) = f(0)H_0^3(x) + f'(0)H_1^3(x) + f'(1)H_2^3(x) + f(1)H_3^3(x)$ das assoziierte kubische Hermitesche Interpolationspolynom. Ferner seien B_k^3, $0 \le k \le 3$, die Bernstein-Polynome vom Grad 3. Man zeige:

$$
H_0^3(x) = B_0^3(x) + B_1^3(x), \quad H_1^3(x) = \frac{1}{3}B_1^3(x),
$$

$$
H_2^3(x) = -\frac{1}{3}B_2^3(x), \quad H_3^3(x) = B_2^3(x) + B_3^3(x).
$$

23. Gegeben seien eine Zerlegung $\Delta = \{x_0 < x_1 < \cdots < x_n\}$ und Werte $Y := \{y_0, \ldots, y_n\}$. Man zeige unabhängig von Theorem (2.5.1.5) die Eindeutigkeit der Splinefunktion $S_\Delta(Y; \cdot)$ mit der Eigenschaft $x_0 = x_n = 0$.
[*Hinweis:* Die Annahme der Existenz von 2 verschiedenen derartigen Funktionen S_Δ und $\tilde{S}_\Delta$ führt zu einem Widerspruch, was die Zahl der Nullstellen von $S_\Delta'' - \tilde{S}_\Delta''$ betrifft.]

24. Die Existenz von $S_\Delta(Y;\cdot)$ in den Fällen (2.5.1.2)a), b), c) lässt sich auch ohne die in 2.5.2 durchgeführte explizite Berechnung von $S_\Delta(Y;\cdot)$ beweisen:

a) Der Ansatz (2.5.2.4) enthält die $4n$ Parameter α_j, β_j, γ_j, δ_j. Man zeige, dass man aus ihm in jedem der Fälle a), b), c) ein System von $4n$ linearen Gleichungen für diese Parameter erhält ($n+1$ = Anzahl der Knoten).

b) Man zeige, dass aus der Eindeutigkeit (Aufgabe 23) von $S_\Delta(Y;\cdot)$ folgt, dass die Matrix dieses Gleichungssystems nichtsingulär ist, womit die Existenz von $S_\Delta(Y;\cdot)$ gesichert ist.

25. Für die in (2.5.2.6), (2.5.2.8) eingeführten Grössen d_j gilt

$$d_j = 3f''(x_j) + \mathcal{O}(\|\Delta\|), \quad j = 0, 1, \ldots, n,$$

bei äquidistanter Unterteilung sogar

$$d_j = 3f''(x_j) + \mathcal{O}(\|\Delta\|^2), \quad j = 1, 2, \ldots, n-1.$$

26. Man zeige im Anschluss an Theorem (2.5.1.4): Ist die Zerlegung Δ' von $[a,b]$ eine Verfeinerung von Δ, $\Delta' \supset \Delta$, so gilt in jedem der Fälle a), b), c)

$$\|f\| \geq \|S_{\Delta'}(Y';\cdot)\| \geq \|\cdot\|.$$

27. Es sei $f \in \mathcal{K}^4(a,b)$ und $S_\Delta(x)$ eine Splinefunktion auf

$$\Delta = \{\, a = x_0 < x_1 < \cdots < x_n = b \,\}$$

mit $S_\Delta(x_i) = f(x_i)$, $i = 0, 1, \ldots, n$. Man beweise

$$\|f - S_\Delta\|^2 = \int_a^b \big(f(x) - S_\Delta(x)\big) f^{(4)}(x)\, dx,$$

falls zusätzlich eine der folgenden Bedingungen erfüllt ist:

a) $f'(x) = S_\Delta'(x)$ für $x = a$, b.

b) $f''(x) = S_\Delta''(x)$ für $x = a$, b.

c) S_Δ ist periodisch und $f \in \mathcal{K}_p^4(a,b)$.

28. Für die Grössen p_k, $k = 1, \ldots, n$, des Eliminationsverfahrens (2.5.2.15) gilt $p_k > 1$. Alle Divisionen sind also ausführbar.

29. Zu den äquidistanten Knoten $x_i = a + ih$, $h > 0$, $i = 0, \ldots, n$, seien die Splinefunktionen S_j definiert durch $S_j(x_k) = \delta_{jk}$, j, $k = 0, \ldots, n$, $S_j''(x_0) = S_j''(x_n) = 0$. Man zeige für die Momente $M_1, \ldots, M_{n-1}$ von S_j:

$$M_i = -\frac{1}{\rho_i} M_{i+1}, \quad i = 1, \ldots, j-2,$$

$$M_i = -\frac{1}{\rho_{n-i}} M_{i-1}, \quad i = j+2, \ldots, n-1,$$

$$\left.\begin{aligned}
M_j &= \frac{-6}{h^2} \cdot \frac{2 + 1/\rho_{j-1} + 1/\rho_{n-j-1}}{4 - 1/\rho_{j-1} - 1/\rho_{n-j-1}} \\
M_{j-1} &= \frac{1}{\rho_{j-1}}\big(6h^{-2} - M_j\big) \\
M_{j+1} &= \frac{1}{\rho_{n-j-1}}\big(6h^{-2} - M_j\big)
\end{aligned}\right\} \quad \text{falls} \quad j \neq 0, 1, n-1, n,$$

wobei die Zahlen ρ_i durch $\rho_1 := 4$ und $\rho_i := 4 - 1/\rho_{i-1}$ für $i = 2, 3, \ldots$, erklärt sind. Wie man leicht nachprüft, erfüllen sie die Ungleichungen

$$4 = \rho_1 > \rho_2 > \cdots > \rho_i > \rho_{i+1} > 2 + \sqrt{3} > 3.7, \quad 0.25 < 1/\rho_i < 0.3.$$

30. Man zeige unter den gleichen Voraussetzungen wie in Aufgabe 29: Für $j = 2, 3, \ldots, n-2$ und $x \in [x_i, x_{i+1}]$, $j+1 \leq i \leq n-1$ oder $x \in [x_{i-1}, x_i]$, $1 \leq i \leq j-1$ gilt

$$|S_j(x)| \leq \frac{h^2}{8} |M_i|.$$

31. $S_{\Delta;f}$ bezeichne die Splinefunktion, die f an den Stellen $x \in \Delta$ interpoliert und für die gilt

$$S''_{\Delta;f}(x_0) = S''_{\Delta;f}(x_n) = 0.$$

Die Zuordnung $f \mapsto S_{\Delta;f}$ ist linear, d.h.

$$S_{\Delta;f+g} = S_{\Delta;f} + S_{\Delta;g}, \quad S_{\Delta;\alpha f} = \alpha S_{\Delta;f}.$$

Die Wirkung einer Änderung eines Wertes $f(x_j)$ auf $S_{\Delta;f}$ hängt deshalb nur vom Verlauf der speziellen Splinefunktion S_j ab, die in Aufgabe 29 definiert wurde. Man weise nach, dass die Störung von $S_{\Delta;f}$ in den benachbarten Intervallen rasch „abklingt". Man setze dazu wieder eine äquidistante Zerlegung Δ voraus und verwende die Resultate der Aufgaben 29 und 30.

Zum Vergleich: Wie verhalten sich interpolierende Polynome in dieser Hinsicht? Man betrachte dazu die analog definierten Lagrange-Polynome L_i in (2.1.1.2).

32. Es sei $\Delta = \{ x_0 < x_1 < \cdots < x_n \}$.

a) Man zeige: Eine Splinefunktion S_Δ mit den Randbedingungen

$$(*) \qquad S^{(k)}_\Delta(x_0) = S^{(k)}_\Delta(x_n) = 0, \quad k = 0, 1, 2,$$

verschwindet für $n < 4$ identisch.

b) Für $n = 4$ existiert zu jedem Wert c eindeutig eine Splinefunktion S_Δ mit $(*)$ und der Normierungsbedingung

$$S_\Delta(x_2) = c.$$

[*Hinweis:* Man beweise zunächst die Eindeutigkeit von S_Δ für $c = 0$ durch Abschätzung der Zahl der Nullstellen von S''_Δ in (x_0, x_4). Daraus folgt die Existenz von S_Δ wie in Aufgabe 24.]

c) Man berechne S_Δ explizit für folgenden Spezialfall von b):

$$x_i := -2, -1, 0, 1, 2, \quad c := 1.$$

33. S sei der Raum aller Splinefunktionen S_Δ zu $\Delta = \{ x_0 < x_1 < \cdots < x_n \}$ mit $S''_\Delta(x_0) = S''_\Delta(x_n) = 0$. $S_0, \ldots, S_n$ seien wie in Aufgabe 29 definiert. Man zeige, dass für $Y := \{ y_0, \ldots, y_n \}$ gilt

$$S_\Delta(Y; x) \equiv \sum_{j=0}^{n} y_j S_j(x).$$

Welche Dimension hat S?

34. $E_{\Delta,f}(x)$ bezeichne diejenige Spline-ähnliche Funktion $y \in \mathcal{K}^2(a, b)$ mit $y(x_i) = f(x_i)$, $y'(x) = f'(x)$ für $x = a$, b, die zu gegebenen λ_i das Funktional

$$E[y] = \sum_{i=0}^{N-1} \int_{x_i}^{x_{i+1}} \left((y''(x))^2 + \lambda_i^2 (y'(x))^2 \right) dx$$

über $\mathcal{K}^2(a, b)$ minimiert (vgl. Theorem (2.5.1.5c)).

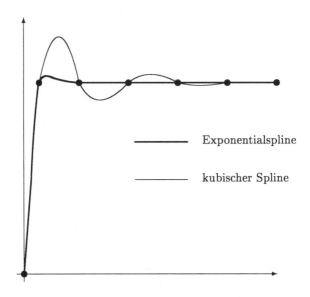

Fig. 9. Vergleich von Splinefunktionen

a) Man zeige:
$E_{\Delta,f}$ hat für $x_i \leq x \leq x_{i+1}$, $i = 0, 1, \ldots, N-1$ die Darstellung:

$$E_{\Delta,f} = \alpha_i + \beta_i(x - x_i) + \gamma_i \psi_i(x - x_i) + \delta_i \varphi_i(x - x_i)$$

mit

$$\psi_i(x) = \frac{2}{\lambda_i^2}\left(\cos h(\lambda_i x) - 1\right), \quad \varphi_i(x) = \frac{6}{\lambda_i^3}\left(\sin h(\lambda_i x) - \lambda_i x\right),$$

und Integrationskonstanten α_i, β_i, γ_i, δ_i.
$E_{\Delta,f}$ bezeichnet man auch als *Exponentialspline*. Figur 9 zeigt das qualitative Verhalten von kubischen Splines und Exponentialsplines.
b) Was erhält man im Grenzfall $\lambda_i \to 0$?
35. Man weise für die Hutfunktion $H(x)$ (2.5.6.6) alle Eigenschaften einer Skalierungsfunktion nach (Definition (2.5.6.1)).
36. Für die durch (2.5.6.20) definierten Zahlen γ_k zeige man:
   a) $\gamma_k = \gamma_{-k}$ für alle $k \in \mathbb{Z}$,
   b) $\sum_{k \in \mathbb{Z}} \gamma_k = \sqrt{2}$,
   c) $\gamma_{2k-1} + 2\gamma_{2k} + \gamma_{2k+1} = 0$ für alle $k \in \mathbb{Z}$, $k \neq 0$.
   [*Hinweis:* Man nutze aus, dass das Multi-Resolutions-Verfahren (2.5.6.8) jede Funktion $v_1 \in V_1$ mit $v_1 \in V_0$ durch sich selbst approximiert, $v_0 = v_1 \in V_0$.]

Literatur zu Kapitel 2

Achieser, N.I. (1967): *Vorlesungen über Approximationstheorie*, 2. Auflage. Berlin: Akademie-Verlag.

Ahlberg, J.H., Nilson, E.N., Walsh, J.L. (1967): *The Theory of Splines and Their Applications*. New York: Academic Press.

Bezhaev, A.Y., Vasilenko, V.A. (2001): *Variational Theory of Splines*. Amsterdam: Kluwer.

Bloomfield, P. (2000): *Fourier Analysis of Time Series*, 2nd Edition. New York: Wiley.

Böhmer, E.O. (1974): *Spline-Funktionen*. Stuttgart: Teubner.

Briggs, W.L., Henson, V.E. (1995): *The DFT: An Owners' Manual for the Discrete Fourier Transform*. Philadelphia: SIAM.

Brigham, E.O. (1974): *The Fast Fourier Transform*. Englewood Cliffs, NJ: Prentice Hall.

Bulirsch, R., Rutishauser, H. (1968): Interpolation und genäherte Quadratur. In: Sauer, Szabó.

Bulirsch, R., Stoer, J. (1968): Darstellung von Funktionen in Rechenautomaten. In: Sauer, Szabó.

Chui, C.K. (1992): *An Introduction to Wavelets*. San Diego: Academic Press.

Chui, C.K., Schumaker, L.L., Stockler, J. (Eds.) (2002): *Approximation Theory X: Wavelets, Splines, and Applications*. Nashville: Vanderbilt University Press.

Ciarlet, P.G., Schultz, M.H., Varga, R.S. (1967): Numerical methods of high-order accuracy for nonlinear boundary value problems I. One dimensional problems. Numer. Math. **9**, 294–430.

Cooley, J.W., Tukey, J.W. (1965): An algorithm for the machine calculation of complex Fourier series. Math. Comput. **19**, 297–301.

Curry, H.B., Schoenberg, I.J. (1966): On Polya frequency functions, IV: The fundamental spline functions and their limits. J. d'Analyse Math. **17**, 73–82.

Daubechies, I. (1992): *Ten Lectures on Wavelets*. Philadelphia: SIAM.

Davis, P.J. (1975): *Interpolation and Approximation*. Mineola, NY: Dover.

de Berg, M., van Krefeld, M., Overmars, M., Schwarzkopf, O. (2000): *Computational Geometry. Algorithms and Applications*, 2nd Edition. Berlin-Heidelberg-New York: Springer.

de Boor, C. (1972): On calculating with B-splines. J. Approximation Theory **6**, 50–62.

de Boor, C. (2001): *A Practical Guide to Splines*, Revised Edition. Berlin-Heidelberg-New York: Springer.

de Boor, C., Höllig, K., Riemenschneider, S.D. (1993): *Box Splines*. Berlin-Heidelberg-New York: Springer.

de Boor, C., Pinkus, A. (1977): Backward error analysis for totally positive linear systems. Numer. Math. **27**, 485–490.

Diercks, P. (1995): *Curve and Surface Fitting with Splines*. Oxford: Oxford University Press.

Farin, G.E. (Ed.) (1991): *NURBS for Curve and Surface Design*. Philadelphia: SIAM.

Farin, G.E. (2002): *Curves and Surfaces for CAGD. A Practical Guide*, 5th Edition. New York: Academic Press.

Gallier, J.H. (2000): *Curves and Surfaces in Geometric Modeling: Theory and Algorithms*. San Francisco: Morgan Kaufman.

Gautschi, W. (1972): Attenuation factors in practical Fourier analysis. Numer. Math. **18**, 373–400.

Gentleman, W.M., Sande, G. (1966): Fast Fourier transforms — For fun and profit. In: Proc. AFIPS 1966 Fall Joint Computer Conference, **29**, 503–578. Washington, D.C.: Spartan Books.

Goertzel, G. (1958): An algorithm for the evaluation of finite trigonometric series. Amer. Math. Monthly **65**, 34–35.

Greville, T. N. E. (1969): Introduction to spline functions. In: *Theory and Applications of Spline Functions*. Edited by T. N. E. Greville. New York: Academic Press.

Hall, C.A., Meyer, W.W. (1976): Optimal error bounds for cubic spine interpolation. J. Approximation Theory **16**, 105–122.

Höllig, K. (2003): *Finite Element Methods with B-Splines*. Philadelphia: SIAM.

Karlin, S. (1968): *Total Positivity*, Vol. 1. Stanford: Stanford University Press.

Knott, G.D. (2000): *Interpolating Cubic Splines*. Berlin-Heidelberg-New York: Springer.

Kuntzmann, J. (1959): *Méthodes Numériques, Interpolation — Dérivées*. Paris: Dunod.

Louis, A., Maass, P., Rieder, A. (1994): *Wavelets*. Stuttgart: Teubner.

Maehly, H., Witzgall, C. (1960): Tschebyscheff-Approximationen in kleinen Intervallen II. Numer. Math. **2**, 293–307.

Mallat, S. (1997): *A Wavelet Tour of Signal Processing*. San Diego, CA.: Academic Press.

Micula, G., Micula, S. (1998): *Handbook of Splines*. Amsterdam: Kluwer.

Milne, E.W. (1950): *Numerical Calculus*, 2nd Edition. Princeton, NJ: Princeton University Press.

Milne-Thomson, L.M. (1951): *The Calculus of Finite Differences*. Neuauflage. London: Macmillan.

Reinsch, C.: Unpublished manuscript.

Sauer, R., Szabó, I. (Eds.) (1968): *Mathematische Hilfsmittel des Ingenieurs*, Teil III. Berlin-Heidelberg-New York: Springer.

Schoenberg, I.J., Whitney, A. (1953): On Polya frequency functions, III: The positivity of translation determinants with an application to the interpolation problem by spline curves. Trans. Amer. Math. Soc. **74**, 246-259.

Schultz, M.H. (1973): *Spline Analysis*. Englewood Cliffs, NJ: Prentice-Hall.

Singleton, R.C. (1967): On computing the fast Fourier transform. Comm. ACM **10**, 647–654.

Van Loan, C.F. (1992): *Computational Frameworks for the Fast Fourier Transform.* Philadelphia: SIAM.

3 Integration

3.0 Einleitung

Die Berechnung des bestimmten Integrals

$$\int_a^b f(x)\,dx$$

einer gegebenen reellen Funktion ist ein klassisches Problem. Für einige einfache Integranden $f(x)$ kann man das unbestimmte Integral

$$\int f(x)\,dx = F(x), \quad F'(x) = f(x),$$

in geschlossener Form durch algebraische Funktionen von x und bekannten transzendenten Funktionen von x ausdrücken. Es ist dann natürlich

$$\int_a^b f(x)\,dx = F(b) - F(a).$$

Eine umfangreiche Sammlung von unbestimmten Integralen und vieler wichtiger bestimmter Integrale findet man in Gröbner und Hofreiter (1961), Gradshteyn und Ryzhik (2000).

In der Regel muss man jedoch bestimmte Integrale mittels Diskretisierungsmethoden berechnen, die das Integral entsprechend einer Partitionierung des Integrationsintervalls $[a, b]$ durch eine endliche Summe approximieren („numerische Quadratur"). Ein typischer Vertreter dieser Klasse von Methoden ist die sogenannte Simpson-Regel, die noch immer die am besten bekannte und meistbenutzte Integrationsmethode ist. Sie wird in Abschnitt 3.1 zusammen mit einigen anderen elementaren Integrationsverfahren beschrieben. Abschnitt 3.2 enthält die elegante und systematische Darstellung der Approximationsfehler von Integrationsregeln, die von Peano stammt. Die nähere Untersuchung der Trapezsummen in Abschnitt 3.3 zeigt, dass ihr Integrationsfehler eine asymptotische Entwicklung nach Potenzen des Diskretisierungsparameters h besitzt, die der klassischen Summationsformel von Euler und Maclaurin entspricht. Derartige asymptotische Entwicklungen werden systematisch in den sogenannten „Extrapolationsverfahren" ausgenutzt, um die Genauigkeit von Diskretisierungsverfahren zu steigern. Die

Anwendung dieser Extrapolationsmethoden auf die Integration („Romberg-Integration") wird in Abschnitt 3.4 studiert. Allgemeine Extrapolations-methoden werden in 3.5 behandelt. Eine Beschreibung der Gaussschen Integrationsmethode folgt in Abschnitt 3.6. In Abschnitt 3.7 werden einige Bemerkungen zur Integration von Funktionen mit Singularitäten gemacht. Schliesslich beinhaltet Abschnitt 3.8 die Herleitung und Analyse adaptiver Quadraturformeln.

Eine eingehende Behandlung der Integration von Funktionen findet man in Davis und Rabinowitz (1984); numerische Details zu vielen modernen Integrationsmethoden und Programme werden in Piessens et al. (1983) beschrieben.

3.1 Elementare Integrationsformeln. Abschätzungen des Quadraturfehlers

Die Integrationsformeln von Newton und Cotes erhält man, wenn man den Integranden f durch ein passendes interpolierendes Polynom P ersetzt und $\int_a^b P(x)\,dx$ als Näherungswert für $\int_a^b f(x)\,dx$ nimmt. Wir betrachten dazu eine äquidistante Intervalleinteilung von $[a, b]$

$$x_i = a + ih, \quad i = 0, \ldots, n,$$

zur Schrittweite $h := (b-a)/n$, $n > 0$ ganz. Ferner sei $P_n \in \Pi_n$ (s. Abschnitt 2.1.1) dasjenige interpolierende Polynom vom Grad $\leq n$ mit

$$P_n(x_i) = f_i := f(x_i) \quad \text{für} \quad i = 0, 1, \ldots, n.$$

Dann gilt wegen der Interpolationsformel von Lagrange (2.1.1.4)

$$P_n(x) \equiv \sum_{i=0}^{n} f_i L_i(x), \quad L_i(x) = \prod_{\substack{k=0 \\ k \neq i}}^{n} \frac{x - x_k}{x_i - x_k}.$$

Mit $x = a + ht$ und t als neuer Variablen erhält man

$$L_i(x) = \varphi_i(t) := \prod_{\substack{k=0 \\ k \neq i}}^{n} \frac{t - k}{i - k}.$$

Die Integration von P_n ergibt

$$\int_a^b P_n(x)\,dx = \sum_{i=0}^{n} f_i \int_a^b L_i(x)\,dx$$

$$= h \sum_{i=0}^{n} f_i \int_0^n \varphi_i(t)\,dt$$

$$= h \sum_{i=0}^{n} f_i \alpha_i.$$

Dabei hängen die Koeffizienten ("Gewichte")

$$\alpha_i := \int_0^n \varphi_i(t)\,dt$$

nur von n ab und nicht von der zu integrierenden Funktion f oder den Intervallgrenzen a, b.

Zum Beispiel erhält man für $n = 2$

$$\alpha_0 = \int_0^2 \frac{t-1}{0-1}\cdot\frac{t-2}{0-2}\,dt = \frac{1}{2}\int_0^2 (t^2 - 3t + 2)\,dt = \frac{1}{2}\left(\frac{8}{3} - \frac{12}{2} + 4\right) = \frac{1}{3},$$

$$\alpha_1 = \int_0^2 \frac{t-0}{1-0}\cdot\frac{t-2}{1-2}\,dt = -\int_0^2 (t^2 - 2t)\,dt = -\left(\frac{8}{3} - 4\right) = \frac{4}{3},$$

$$\alpha_2 = \int_0^2 \frac{t-0}{2-0}\cdot\frac{t-1}{2-1}\,dt = \frac{1}{2}\int_0^2 (t^2 - t)\,dt = \frac{1}{2}\left(\frac{8}{3} - \frac{4}{2}\right) = \frac{1}{3}.$$

Man erhält den Näherungswert

$$\int_a^b P_2(x)\,dx = \frac{h}{3}(f_0 + 4f_1 + f_2)$$

für das Integral $\int_a^b f(x)\,dx$. Dies ist gerade die *Simpsonsche Regel*. Allgemein erhält man für alle natürlichen Zahlen n zur näherungsweisen Berechnung von $\int_a^b f(x)\,dx$ Integrationsformeln der Form

$$(3.1.1) \qquad \int_a^b P_n(x)\,dx = h\sum_{i=0}^n f_i\alpha_i, \quad f_i := f(a + ih), \quad h := \frac{b-a}{n},$$

die sogenannten *Newton–Cotes-Formeln*. Die Gewichte α_i liegen tabelliert vor. Es sind rationale Zahlen mit der Eigenschaft

$$(3.1.2) \qquad \sum_{i=0}^n \alpha_i = n.$$

Dies folgt aus (3.1.1) mit $f(x) :\equiv 1$ also $P_n(x) \equiv 1$ wegen der Eindeutigkeit der Polynominterpolation. Wählt man s als Hauptnenner der rationalen Zahlen α_i so werden die Zahlen

$$\sigma_i := s\alpha_i, \quad i = 0, 1, \ldots, n,$$

ganzzahlig, und man erhält aus (3.1.1)

$$(3.1.3) \qquad \int_a^b P_n(x)\,dx = h\sum_{i=0}^n f_i\alpha_i = \frac{b-a}{ns}\sum_{i=0}^n \sigma_i f_i.$$

Man kann zeigen, dass der Approximationsfehler eine Darstellung der Form

$$(3.1.4) \qquad \int_a^b P_n(x)\,dx - \int_a^b f(x)\,dx = h^{p+1} \cdot K \cdot f^{(p)}(\xi), \quad \xi \in (a,b),$$

besitzt (s. Steffensen (1950)), falls f auf $[a,b]$ genügend oft differenzierbar ist. Hierbei hängen p und K natürlich von n aber nicht von f ab.

Wir sagen, dass ein Verfahren die *Ordnung* p besitzt, wenn p die grösste ganze Zahl ist, für die das Verfahren alle Polynome kleineren Grades als p exakt integriert.

Für $n = 1, 2, \ldots, 6$ erhält man die folgenden Newton–Cotes-Formeln:

n	σ_i							ns	Fehler	Name
1	1	1						2	$h^3 \frac{1}{12} f^{(2)}(\xi)$	Trapezregel
2	1	4	1					6	$h^5 \frac{1}{90} f^{(4)}(\xi)$	Simpson-Regel
3	1	3	3	1				8	$h^5 \frac{3}{80} f^{(4)}(\xi)$	3/8-Regel
4	7	32	12	32	7			90	$h^7 \frac{8}{945} f^{(6)}(\xi)$	Milne-Regel
5	19	75	50	50	75	19		288	$h^7 \frac{275}{12096} f^{(6)}(\xi)$	—
6	41	216	27	272	27	216	41	840	$h^9 \frac{9}{1400} f^{(8)}(\xi)$	Weddle-Regel

Für grössere Werte von n treten leider negative Gewichte σ_i auf und die Formeln werden numerisch unbrauchbar, weil sich kleine Änderungen $f \to f + \Delta f$ des Integranden,

$$\max_{x \in (a,b)} |\Delta f(x)| \leq \alpha \max_{x \in (a,b)} |f(x)|, \quad \alpha \quad \text{klein},$$

weniger stark auf das Integral $\int_a^b f(x)\,dx$ als auf die Summe (3.1.3) auswirken.

Weitere Integrationsregeln erhält man, wenn man bei der Approximation des Integranden f durch Polynome $P_n \in \Pi_n$ vom Grad $\leq n$ Hermite-Interpolation benutzt. Im einfachsten Fall ersetzt man $f(x)$ durch ein Polynom $P \in \Pi_3$ mit

$$P(\xi) = f(\xi), \quad P'(\xi) = f'(\xi) \quad \text{für} \quad \xi = a, b.$$

Man erhält für P im Spezialfall $a = 0$, $b = 1$ aus der verallgemeinerten Lagrangeformel (2.1.5.3)

$$\begin{aligned} P(t) = & f(0)\big((t-1)^2 + 2t(t-1)^2\big) + f(1)\big(t^2 - 2t^2(t-1)\big) \\ & + f'(0)t(t-1)^2 + f'(1)t^2(t-1). \end{aligned}$$

Die Integration von P ergibt

$$\int_0^1 P(t)\,dt = \frac{1}{2}\big(f(0) + f(1)\big) + \frac{1}{12}\big(f'(0) - f'(1)\big).$$

Durch Variablentransformation erhält man daraus für allgemeines $a < b$ mit $h := b - a$ die Regel

$$(3.1.5) \qquad \int_a^b f(x)\,dx \approx M(h) := \frac{h}{2}\big(f(a) + f(b)\big) + \frac{h^2}{12}\big(f'(a) - f'(b)\big).$$

Für den Approximationsfehler dieser Regel kann man mit der Methode von Abschnitt 3.2 für $f \in C^4[a,b]$ zeigen:

$$(3.1.6) \qquad M(h) - \int_a^b f(x)\,dx = \frac{-h^5}{720} f^{(4)}(\xi), \quad \xi \in (a,b).$$

Wenn man bei der Interpolation des Integranden $f(x)$ in $\int_a^b f(x)\,dx$ auf die Äquidistanz der Stützabszissen x_i, $i = 0, \ldots, n$, in $[a,b]$ verzichtet, erhält man weitere Integrationsregeln, darunter auch eine von Gauss angegebene: Sie wird in Abschnitt 3.6 näher beschrieben.

Gewöhnlich benutzt man die Newton–Cotes-Formeln oder ähnliche Formeln nicht für das gesamte Intervall $[a,b]$, sondern man unterteilt das Intervall $[a,b]$ in eine Reihe kleinerer Intervalle, wendet die Formel auf jedes der Teilintervalle an und addiert die so erhaltenen Näherungswerte für die Teilintegrale. Man spricht dann von *wiederholter Anwendung* der betreffenden Formel.

Für die Trapezregel ($n = 1$) erhält man beispielsweise für das Teilintervall $[x_i, x_{i+1}]$ der Unterteilung $x_i = a + ih$, $i = 0, 1, \ldots, N$, $h := (b-a)/N$, den Näherungswert

$$I_i := \frac{h}{2}\big(f(x_i) + f(x_{i+1})\big).$$

Für das gesamte Intervall $[a,b]$ ergibt sich so der Näherungswert

$$(3.1.7) \qquad \begin{aligned} T(h) &:= \sum_{i=0}^{N-1} I_i \\ &= h\Big(\frac{f(a)}{2} + f(a+h) + f(a+2h) + \cdots + f(b-h) + \frac{f(b)}{2}\Big), \end{aligned}$$

die *Trapezsumme* zur Schrittweite h.

Für jedes Teilintervall $[x_i, x_{i+1}]$ lässt sich der Fehler angeben zu

$$I_i - \int_{x_i}^{x_{i+1}} f(x)\,dx = \frac{h^3}{12} f^{(2)}(\xi_i), \quad \xi_i \in (x_i, x_{i+1}).$$

Es ist daher für $f \in C^2[a,b]$

$$\begin{aligned} T(h) - \int_a^b f(x)\,dx &= \frac{h^2}{12}(b-a) \cdot \sum_{i=0}^{N-1} \frac{1}{N} f^{(2)}(\xi_i) \\ &= \frac{h^2(b-a)}{12} f^{(2)}(\xi) \quad \text{für ein} \quad \xi \in (a,b), \end{aligned}$$

da

$$\min_i f^{(2)}(\xi_i) \le \frac{1}{N} \sum_{i=0}^{N-1} f^{(2)}(\xi_i) \le \max_i f^{(2)}(\xi_i)$$

und es deshalb für stetiges $f^{(2)}$ ein $\xi \in \left(\min_i \xi_i, \max_i \xi_i\right) \subset (a, b)$ geben muss mit

$$f^{(2)}(\xi) = \frac{1}{N} \sum_{i=0}^{N-1} f^{(2)}(\xi_i).$$

Bei der Trapezsumme handelt es sich um ein Verfahren zweiter Ordnung, da sie alle Polynome kleineren Grades als zwei exakt integriert. Gleichzeitig sieht man, dass ihr Integrationsfehler bei einer Verkleinerung der Teilintervalle von $[a, b]$, d.h. Vergrösserung von N, mit h^2 gegen 0 geht.

Ist N gerade, kann man die Simpsonregel auf jedes der $N/2$ Teilintervalle $[x_{2i}, x_{2i+2}]$, $i = 0, 1, \ldots, (N/2) - 1$, anwenden. Sie liefert dort den Näherungswert $I_i = \frac{h}{3}(f(x_{2i}) + 4f(x_{2i+1}) + f(x_{2i+2}))$. Durch Summation erhält man als Näherungswert für das Integral über das gesamte Intervall

$$S(h) := \frac{h}{3}\Big(f(a) + 4f(a+h) + 2f(a+2h) + 4f(a+3h) + \cdots$$
$$\cdots + 2f(b-2h) + 4f(b-h) + f(b)\Big).$$

Wie für die Trapezsumme zeigt man unter Benutzung des Fehlergliedes für die Simpsonregel für den Fehler von $S(h)$ die Formel

$$S(h) - \int_a^b f(x)\,dx = \frac{b-a}{180} h^4 f^{(4)}(\xi), \quad \xi \in (a, b),$$

sofern $f \in C^4[a, b]$. Man hat also ein Verfahren 4. Ordnung vor sich.

Die wiederholte Anwendung der Regel $M(h)$ (3.1.5) ist besonders bemerkenswert, weil sich bei der Summation der Näherungswerte für die Teilintegrale $\int_{x_i}^{x_{i+1}} f(x)\,dx$ für $i = 0, 1, \ldots, N-1$ alle *inneren* Ableitungen $f'(x_i)$, $0 < i < n$, herausheben. Man erhält für $\int_a^b f(x)\,dx$ den Näherungswert:

$$U(h) := h\left(\frac{f(a)}{2} + f(a+h) + \cdots + f(b-h) + \frac{f(b)}{2} \right) + \frac{h^2}{12}\big(f'(a) - f'(b) \big)$$
$$= T(h) + \frac{h^2}{12}\big(f'(a) - f'(b) \big).$$

Diese Formel kann man als eine Korrektur der Trapezsumme $T(h)$ ansehen; sie hängt eng mit der Euler–Maclaurinschen Summenformel zusammen, die eingehend in Abschnitt 3.3 untersucht wird. Mit Hilfe von (3.1.6) zeigt man wie eben für den Fehler von $U(h)$:

(3.1.8) $$U(h) - \int_a^b f(x)\,dx = -\frac{b-a}{720} h^4 f^{(4)}(\xi), \quad \xi \in (a, b),$$

falls $f \in C^4[a, b]$. Verglichen mit dem Fehler der Trapezsumme $T(h)$ hat sich die Ordnung des Verfahrens um 2 erhöht, und dies praktisch ohne Mehraufwand: Man hat nur $f'(a)$ und $f'(b)$ zusätzlich zu berechnen. Ersetzt man $f'(a)$, $f'(b)$ durch Differenzenquotienten hinreichend hoher Fehlerordnung, so erhält man einfache Modifikationen der Trapezsumme („Randkorrekturen" (s. Henrici (1964)) mit höherer Ordnung als zwei. So ergibt bereits folgende Variante der Trapezsumme ein Verfahren 3. Ordnung.

$$\hat{T}(h) := h\left(\frac{5}{12}f(a) + \frac{13}{12}f(a + h) + f(a + 2h) + \cdots + f(b - 2h)\right.$$
$$\left. + \frac{13}{12}f(b - h) + \frac{5}{12}f(b)\right).$$

Für eine Beschreibung weiterer Integrationsverfahren und ihre systematische Untersuchung sei auf die Spezialliteratur verwiesen z.B. Davis, Rabinowitz (1984).

3.2 Peanosche Fehlerdarstellung

Die bisherigen Formeln für die Approximation von $I(f) = \int_a^b f(x)\, dx$ haben alle die Gestalt

$$(3.2.1) \quad \tilde{I}(f) := \sum_{k=0}^{m_0} a_{k0} f(x_{k0}) + \sum_{k=0}^{m_1} a_{k1} f'(x_{k1}) + \cdots + \sum_{k=0}^{m_n} a_{kn} f^{(n)}(x_{kn}).$$

Den Integrationsfehler

$$(3.2.2) \qquad\qquad R(f) := \tilde{I}(f) - \int_a^b f(x)\, dx$$

kann man als *lineares Funktional* auffassen, das auf einem gewissen linearen Vektorraum V von Funktionen jeder Funktion $f \in V$ eine Zahl, nämlich den Integrationsfehler $R(f)$ zuordnet. Als V kann man dabei beliebige Vektorräume von Funktionen f wählen, für die $R(f)$ definiert ist, z.B. $V = \Pi_n$, die Menge aller Polynome P vom Grad $\leq n$, oder $V = C^n[a, b]$, die Menge aller n-mal stetig differenzierbaren reellen Funktionen auf $[a, b]$ usw. Offensichtlich ist R auf solchen Räumen linear:

$$R(\alpha f + \beta g) = \alpha R(f) + \beta R(g) \quad \text{für} \quad f, g \in V, \quad \alpha, \beta \in \mathbb{R}.$$

Von Peano stammt folgende elegante Integraldarstellung von $R(f)$.

(3.2.3) Theorem: *Für alle Polynome $P \in \Pi_n$ gelte $R(P) = 0$, d.h. alle Polynome P vom Grad $\leq n$ werden durch $\tilde{I}(\cdot)$ exakt integriert. Dann gilt für alle Funktionen $f \in C^{n+1}[a, b]$*

$$R(f) = \int_a^b f^{(n+1)}(t) K(t) \, dt$$

mit

$$K(t) := \frac{1}{n!} R_x\big((x-t)_+^n\big), \quad (x-t)_+^n := \begin{cases} (x-t)^n & \text{für } x \geq t, \\ 0 & \text{für } x < t. \end{cases}$$

Dabei bedeutet $R_x\big((x-t)_+^n\big)$, dass das Funktional R auf $(x-t)_+^n$ aufgefasst als Funktion von x anzuwenden ist. $K(t)$ heisst *Peano-Kern* des Funktionals R.

Beweis: Die Taylorentwicklung von $f(x)$ um $x = a$ ergibt

$$(3.2.4) \qquad f(x) = f(a) + f'(a)(x-a) + \cdots + \frac{f^{(n)}(a)}{n!}(x-a)^n + r_n(x),$$

wobei das Restglied

$$r_n(x) = \frac{1}{n!} \int_a^x f^{(n+1)}(t)(x-t)^n \, dt,$$

nach Definition von $(x-t)_+^n$ auch in der Form

$$(3.2.5) \qquad r_n(x) = \frac{1}{n!} \int_a^b f^{(n+1)}(t)(x-t)_+^n \, dt$$

geschrieben werden kann. Wendet man das Funktional R auf (3.2.4) an, so folgt wegen $R(P) = 0$ für $P \in \Pi_n$ sofort

$$(3.2.6) \qquad R(f) = R(r_n) = \frac{1}{n!} R_x\left(\int_a^b f^{(n+1)}(t)(x-t)_+^n \, dt\right).$$

Nun ist der Integrand in $r_n(x)$ eine $(n-1)$ mal stetig differenzierbare Funktion von x. Nach bekannten Sätzen der Analysis über die Vertauschbarkeit von Limiten gilt daher

$$\int_a^b \left(\int_a^b f^{(n+1)}(t)(x-t)_+^n \, dt\right) dx = \int_a^b f^{(n+1)}(t)\left(\int_a^b (x-t)_+^n \, dx\right) dt$$

sowie für $k < n$

$$\frac{d^k}{dx^k}\left(\int_a^b f^{(n+1)}(t)(x-t)_+^n \, dt\right) = \int_a^b f^{(n+1)}(t)\left(\frac{d^k}{dx^k}\big((x-t)_+^n\big)\right) dt,$$

weil $(x-t)_+^n$ bezüglich x $(n-1)$ mal stetig differenzierbar ist.

Letztere Beziehung bleibt auch noch für $k = n$ richtig wegen:

$$\frac{d^n}{dx^n}\left(\int_a^b f^{(n+1)}(t)(x-t)_+^n\,dt\right) = \frac{d}{dx}\left(\frac{d^{n-1}}{dx^{n-1}}\int_a^b f^{(n+1)}(t)(x-t)_+^n\,dt\right)$$

$$= \frac{d}{dx}\left(\int_a^b f^{(n+1)}(t)\frac{d^{n-1}}{dx^{n-1}}(x-t)_+^n\,dt\right) = \frac{d}{dx}n!\int_a^x f^{(n+1)}(t)(x-t)\,dt$$

$$= n!\,f^{(n+1)}(x)(x-x) + n!\int_a^x f^{(n+1)}(t)\,dt$$

$$= \int_a^b f^{(n+1)}(t)\left(\frac{d^n}{dx^n}(x-t)_+^n\right)dt.$$

Wegen der Struktur von R (3.2.2) kann man daher in (3.2.6) das Funktional R_x mit dem Integral vertauschen,

$$R(f) = \frac{1}{n!}\int_a^b f^{(n+1)}(t)R_x\big((x-t)_+^n\big)\,dt = \int_a^b f^{(h+1)}(t)K(t)\,dt,$$

was zu zeigen war. □

Anmerkung: Die Integraldarstellung von Peano ist nicht auf Funktionale R der Form (3.2.1) beschränkt. Sie gilt für alle linearen Funktionale R, für die man in (3.2.6) den Operator R_x mit dem Integral vertauschen kann.

Bei vielen Anwendungen besitzt der Peano-Kern K auf $[a,b]$ ein konstantes Vorzeichen. Dann lässt sich der Mittelwertsatz der Integralrechnung anwenden, und man findet die Darstellung

$$(3.2.7) \qquad R(f) = f^{(n+1)}(\xi)\int_a^b K(t)\,dt \quad\text{für ein}\quad \xi\in(a,b).$$

Das Integral über K hängt nicht von f ab, man kann es deshalb durch Anwendung von (3.2.7) auf $f(x) := x^{n+1}$ berechnen. Dies liefert für $f\in C^{n+1}[a,b]$ die Darstellung

$$(3.2.8) \qquad R(f) = \frac{R(x^{n+1})}{(n+1)!}f^{(n+1)}(\xi) \quad\text{für ein}\quad \xi\in(a,b).$$

Beispiel: Wir wollen Theorem (3.2.3) auf das Restglied der Simpson-Regel

$$R(f) = \frac{1}{3}f(-1) + \frac{4}{3}f(0) + \frac{1}{3}f(1) - \int_{-1}^1 f(x)\,dx$$

anwenden. Wir benutzen zunächst, dass diese Regel jedes Polynom $P\in\Pi_3$ exakt integriert. Um dies zu zeigen, sei $Q\in\Pi_2$ das Polynom mit $Q(-1) = P(-1)$, $Q(0) = P(0)$, $Q(1) = P(1)$. Für $S(x) := P(x) - Q(x)$ gilt dann $R(P) = R(S)$. Da das Polynom S höchstens den Grad 3 und mindestens die drei Nullstellen $-1, 0, 1$ besitzt, muss $S(x)$ die Form $S(x) = a(x^2-1)x$ haben. Es folgt daher

$$R(P) = R(S) = -a\int_{-1}^1 x(x^2-1)\,dx = 0.$$

Also kann man Theorem (3.2.3) mit $n = 3$ anwenden, und man erhält den Peano-Kern

$$K(t) = \frac{1}{6} R_x \big((x - t)_+^3 \big)$$
$$= \frac{1}{6} \left(\frac{1}{3}(-1 - t)_+^3 + \frac{4}{3}(0 - t)_+^3 + \frac{1}{3}(1 - t)_+^3 - \int_{-1}^{1} (x - t)_+^3 \, dx \right).$$

Berücksichtigt man die Definition von $(x - t)_+^3$, so folgt für $-1 \leq t \leq 1$

$$\int_{-1}^{1} (x - t)_+^3 \, dx = \int_{t}^{1} (x - t)^3 \, dx = \frac{(1 - t)^4}{4},$$

$$(-1 - t)_+^3 = 0, \quad (1 - t)_+^3 = (1 - t)^3, \quad (-t)_+^3 = \begin{cases} 0 & \text{für } t \geq 0, \\ -t^3 & \text{für } t < 0. \end{cases}$$

Der Peano-Kern der Simpson-Regel für das Intervall $[-1, 1]$ ist daher

$$K(t) = \begin{cases} \frac{1}{72}(1 - t)^3(1 + 3t) & \text{für } 0 \leq t \leq 1, \\ K(-t) & \text{für } -1 \leq t \leq 0. \end{cases}$$

Wir sehen, dass K auf $[-1, 1]$ konstantes Vorzeichen hat, $K(t) \geq 0$ für $-1 \leq t \leq 1$; (3.2.8) ist daher anwendbar und liefert wegen

$$\frac{R(x^4)}{4!} = \frac{1}{24} \left(\frac{1}{3} \cdot 1 + \frac{4}{3} \cdot 0 + \frac{1}{3} \cdot 1 - \int_{-1}^{1} x^4 \, dx \right) = \frac{1}{90}$$

das Restglied der Simpson-Regel

$$\frac{1}{3} f(-1) + \frac{4}{3} f(0) + \frac{1}{3} f(1) - \int_{-1}^{1} f(t) \, dt = \frac{1}{90} f^{(4)}(\xi), \quad \xi \in (a, b).$$

Es gilt generell, dass die Newton–Cotes-Formel zum Grad n für ungerades n alle Polynome $P \in \Pi_n$ und für gerades n sogar alle Polynome $P \in \Pi_{n+1}$ exakt integriert (s. Übungsaufgabe 2). Ferner kann man zeigen (s. Steffensen (1950)), dass die Peano-Kerne $R = R_n$ der n-ten Newton–Cotes-Formeln konstante Vorzeichen besitzen, so dass aus (3.2.8) die Fehlerglieder von Abschnitt 3.1 folgen:

$$R_n(f) = \begin{cases} \dfrac{R_n(x^{n+1})}{(n + 1)!} f^{(n+1)}(\xi) & \text{für ungerades } n, \\[3mm] \dfrac{R_n(x^{n+2})}{(n + 2)!} f^{(n+2)}(\xi) & \text{für gerades } n, \end{cases} \quad \xi \in (a, b).$$

Schliesslich kann man aus (3.2.8) auch die Fehlerformel (3.1.6) für die Regel (3.1.5) herleiten: Ihr Fehler

$$R(f) = \frac{h}{2} \big(f(a) + f(b) \big) + \frac{h^2}{12} \big(f'(a) - f'(b) \big) - \int_{b}^{b} f(x) \, dx, \quad h := b - a,$$

verschwindet für alle Polynome $P \in \Pi_3$. Für $n = 3$ erhält man aus (3.2.3) den Peanokern für $a \le t \le b$

$$
\begin{aligned}
K(t) &= \frac{1}{6} R_x \left((x - t)_+^3 \right) \\
&= \frac{1}{6} \left(\frac{h}{2} \left((a - t)_+^3 + (b - t)_+^3 \right) + \frac{h^2}{4} \left((a - t)_+^2 - (b - t)_+^2 \right) - \int_a^b (x - t)_+^3 \, dx \right) \\
&= \frac{1}{6} \left(\frac{h}{2} (b - t)^3 - \frac{h^2}{4} (b - t)^2 - \frac{1}{4} (b - t)^4 \right) \\
&= -\frac{1}{24} (b - t)^2 (a - t)^2.
\end{aligned}
$$

Wegen $K(t) \le 0$ für $a \le t \le b$ ist (3.2.8) anwendbar. Für $a = 0$, $b = 1$ erhält man

$$
\frac{R(x^4)}{4!} = \frac{1}{24} \left(\frac{1}{2} \cdot 1 + \frac{1}{12} \cdot (-4) - \frac{1}{5} \right) = -\frac{1}{720},
$$

und es folgt für $f \in C^4[a, b]$

$$
R(f) = -\frac{1}{24} \int_a^b f^{(4)}(t)(b - t)^2 (a - t)^2 \, dt = -\frac{(b - a)^5}{720} f^{(4)}(\xi), \quad \xi \in (a, b),
$$

was mit (3.1.6) übereinstimmt.

3.3 Euler–Maclaurinsche Summenformel

Die Fehlerformeln (3.1.6), (3.1.8) sind Spezialfälle der berühmten *Euler–Maclaurinschen Summenformel*, die für $g \in C^{2m+2}[0, 1]$ in ihrer einfachsten Form lautet:

$$
\begin{aligned}
\int_0^1 g(t) \, dt ={}& \frac{g(0)}{2} + \frac{g(1)}{2} + \sum_{k=1}^m \frac{B_{2k}}{(2k)!} \left(g^{(2k-1)}(0) - g^{(2k-1)}(1) \right) \\
& - \frac{B_{2m+2}}{(2m+2)!} g^{(2m+2)}(\xi), \quad 0 < \xi < 1.
\end{aligned}
$$

(3.3.1)

Hier sind die B_k die Bernoulli-Zahlen

$$
(3.3.2) \qquad B_2 = \frac{1}{6}, \quad B_4 = -\frac{1}{30}, \quad B_6 = \frac{1}{42}, \quad B_8 = -\frac{1}{30}, \quad \ldots,
$$

deren allgemeine Definition weiter unten gegeben wird. Bei wiederholter Anwendung von (3.3.1) auf die Integrale $\int_i^{i+1} g(t) \, dt$ und Summation über i, erhält man wie in Abschnitt 3.1 für $g \in C^{2m+2}[0, N]$, $N \ge 1$ ganz, die übliche Form dieser Summenformel

$$\frac{g(0)}{2} + g(1) \cdots + g(N-1) + \frac{g(N)}{2} = \int_0^N g(t)\, dt$$

$$(3.3.3) \qquad + \sum_{k=1}^{m} \frac{B_{2k}}{(2k)!} \left(g^{(2k-1)}(N) - g^{(2k-1)}(0) \right)$$

$$+ \frac{B_{2m+2}}{(2m+2)!} N g^{(2m+2)}(\xi), \quad 0 < \xi < N.$$

Für ein beliebiges Intervall $[a,b]$ mit äquidistanten Teilpunkten $x_i = a + ih$, $i = 0, \ldots, N$, $h = (b-a)/N$, erhält man aus (3.3.3) für $f \in C^{2m+2}[a,b]$ durch Variablentransformation

$$T(h) = \int_a^b f(t)\, dt + \sum_{k=1}^{m} h^{2k} \frac{B_{2k}}{(2k)!} \left(f^{(2k-1)}(b) - f^{(2k-1)}(a) \right)$$

$$(3.3.4)$$

$$+ h^{2m+2} \frac{B_{2m+2}}{(2m+2)!} (b-a) f^{(2m+2)}(\xi), \quad a < \xi < b,$$

wobei $T(h)$ die Trapezsumme (3.1.7) zur Schrittweite h bedeutet

$$T(h) = h \left(\frac{f(a)}{2} + f(a+h) + \cdots + f(b-h) + \frac{f(b)}{2} \right).$$

Durch (3.3.4) wird eine Entwicklung der Trapezsumme $T(h)$ nach Potenzen von $h = (b-a)/N$ gegeben, die für die Anwendung von „Extrapolationsmethoden" (s. 3.4, 3.5) zur Integration grundlegend ist.

Wir beweisen nun die Euler–Maclaurinsche Summenformel (3.3.1).

Beweis: Wir formen $\int_0^1 g(t)\, dt$ durch partielle Integration sukzessiv um, wobei beginnend mit $B_1(x) := x - \frac{1}{2}$ weitere Polynome $B_k(x)$ vom Grad k auftreten:

$$\int_0^1 g(t)\, dt = B_1(t)g(t) \Big|_0^1 - \int_0^1 B_1(t)g'(t)\, dt,$$

$$(3.3.5) \qquad \int_0^1 B_1(t)g'(t)\, dt = \frac{1}{2}B_2(t)g'(t)\, dt \Big|_0^1 - \frac{1}{2} \int_0^1 B_2(t)g''(t)\, dt,$$

$$\cdots$$

$$\int_0^1 B_{k-1}(t)g^{(k-1)}(t)\, dt = \frac{1}{k}B_k(t)g^{(k-1)}(t) \Big|_0^1 - \frac{1}{k} \int_0^1 B_k(t)g^{(k)}(t)\, dt,$$

wobei

$$(3.3.6) \qquad B'_{k+1}(x) = (k+1)B_k(x), \quad k = 1, 2, \ldots .$$

Es folgt aus (3.3.6), dass $B_k(x)$ ein Polynom vom Grad k der Form $B_k(x) = x^k + c_{k-1}x^{k-1} + \cdots + c_0$ ist. Für gegebenes $B_k(x)$ bestimmt (3.3.6) $B_{k+1}(x)$

bis auf eine additive Integrationskonstante. Wir wählen diese Konstanten so, dass

(3.3.7) $B_{2k+1}(0) = B_{2k+1}(1) = 0$ für $k > 0$

gilt. Dadurch sind alle $B_k(x)$ eindeutig bestimmt. Denn aus

$$B_{2k-1}(x) = x^{2k-1} + c_{2k-2}x^{2k-2} + \cdots + c_1 x + c_0$$

folgt durch Integration mit den Integrationskonstanten c, d

$$B_{2k+1}(x) = x^{2k+1} + \frac{(2k+1)2k}{2k(2k-1)}c_{2k-2}x^{2k} + \cdots + (2k+1)cx + d.$$

Die Bedingungen $B_{2k+1}(0) = B_{2k+1}(1) = 0$ bestimmen c und d eindeutig. Die so definierten Polynome

$$B_0(x) \equiv 1, \quad B_1(x) \equiv x - \frac{1}{2}, \quad B_2(x) \equiv x^2 - x + \frac{1}{6},$$

$$B_3(x) \equiv x^3 - \frac{3}{2}x^2 + \frac{1}{2}x, \quad B_4(x) \equiv x^4 - 2x^3 + x^2 - \frac{1}{30}, \quad \cdots$$

heissen *Bernoulli-Polynome*, ihre konstanten Terme $B_k := B_k(0)$ *Bernoulli-Zahlen*. Die Polynome $B_k(x)$ genügen der Symmetriebeziehung

(3.3.8) $(-1)^k B_k(1-x) = B_k(x).$

Dies folgt daraus, dass die Polynome $(-1)^k B_k(1-x)$ den gleichen Rekursionsformeln (3.3.6) und (3.3.7) wie $B_k(x)$ genügen und (3.3.8) für $k = 0, 1$ richtig ist.

Die weitere Beziehung

(3.3.9) $B_k(0) = B_k(1) = B_k$ für $k > 1,$

die nach (3.3.7) für ungerades $k > 1$ gilt, ist wegen (3.3.8) auch für gerades k richtig. Daraus folgt:

(3.3.10) $\displaystyle\int_0^1 B_k(t)\, dt = \frac{1}{k+1}\left(B_{k+1}(1) - B_{k+1}(0)\right) = 0$ für $k \geq 1.$

Wegen (3.3.9) gilt nun in (3.3.5) für $k > 1$

$$\frac{1}{k}B_k(t)g^{(k-1)}(t)\Big|_0^1 = -\frac{B_k}{k}\left(g^{k-1}(0) - g^{k-1}(1)\right),$$

so dass wegen (3.3.7), $B_{2k+1} = 0$, aus (3.3.5) folgt

$$\int_0^1 g(t)\, dt = \frac{1}{2}\left(g(0) + g(1)\right) + \sum_{k=1}^m \frac{B_{2k}}{(2k)!}\left(g^{(2k-1)}(0) - g^{(2k-1)}(1)\right) + r_{m+1},$$

wobei für das Restglied r_{m+1} gilt

$$r_{m+1} := \frac{-1}{(2m+1)!} \int_0^1 B_{2m+1}(t) g^{(2m+1)}(t)\, dt.$$

Nochmalige partielle Integration führt zu

$$\int_0^1 B_{2m+1}(t) g^{(2m+1)}(t)\, dt = \frac{1}{2m+2}\left(B_{2m+2}(t) - B_{2m+2}\right) g^{(2m+1)}(t)\Big|_0^1$$
$$- \frac{1}{2m+2} \int_0^1 \left(B_{2m+2}(t) - B_{2m+2}\right) g^{(2m+2)}(t)\, dt.$$

Hier verschwindet der erste Term wegen (3.3.9), so dass schliesslich

$$(3.3.11) \qquad r_{m+1} = \frac{1}{(2m+2)!} \int_0^1 \left(B_{2m+2}(t) - B_{2m+2}\right) g^{(2m+2)}(t)\, dt.$$

Um den Beweis von (3.3.1) zu vervollständigen, genügt es zu zeigen, dass $B_{2m+2}(t) - B_{2m+2}$ auf $[0,1]$ das Vorzeichen nicht ändert. Denn dann folgt durch eine Anwendung des Mittelwertsatzes auf (3.3.11) sofort (3.3.1), wenn man $\int_0^1 B_{2m+2}(t)\, dt = 0$, (s. (3.3.10)) berücksichtigt. Wir zeigen etwas allgemeiner durch Induktion über $m \geq 1$

$$(3.3.12) \qquad \begin{array}{ll} \text{a)} \ (-1)^m B_{2m-1}(x) > 0 & \text{für} \ \ 0 < x < \tfrac{1}{2}, \\ \text{b)} \ (-1)^m (B_{2m}(x) - B_{2m}) > 0 & \text{für} \ \ 0 < x < 1, \\ \text{c)} \ (-1)^{m+1} B_{2m} > 0. \end{array}$$

Für $m = 1$ ist a) richtig. Sei nun a) für ein $m \geq 1$ bewiesen. Dann gilt für $0 < x \leq \tfrac{1}{2}$ wegen (3.3.6)

$$\frac{(-1)^m}{2m}\left(B_{2m}(x) - B_{2m}\right) = (-1)^m \int_0^x B_{2m-1}(t)\, dt > 0.$$

Wegen der Symmetrie (3.3.8) gilt dies auch für $\tfrac{1}{2} \leq x < 1$, also b) für den Index m. Zusammen mit (3.3.10) beweist dies ebenfalls Behauptung c) wegen

$$(-1)^{m+1} B_{2m} = (-1)^m \int_0^1 \left(B_{2m}(t) - B_{2m}\right) dt > 0.$$

Wir zeigen nun a) für den Index $m+1$: Es ist $B_{2m+1}(0) = B_{2m+1}(\tfrac{1}{2}) = 0$ wegen (3.3.7) und (3.3.8). Würde $B_{2m+1}(x)$ in $(0, \tfrac{1}{2})$ eine Nullstelle besitzen, so hätte $B_{2m+1}''(x)$, also $B_{2m-1}(x)$ eine Nullstelle $\tilde{x}$ in $(0, \tfrac{1}{2})$, im Widerspruch zur Induktionsvoraussetzung (3.3.12)a). Also besitzt $B_{2m+1}(x)$ auf $(0, \tfrac{1}{2})$ konstantes Vorzeichen, das durch das Vorzeichen von $B_{2m+1}'(0) = (2m+1)B_{2m}(0) = (2m+1)B_{2m}$ bestimmt ist, nämlich $(-1)^{m+1}$ wegen (3.3.12)c). Dies beweist (3.3.12) und (3.3.1). $\square$

3.4 Anwendung der Extrapolation auf die Integration

Für eine Funktion $f \in C^{2m+2}[a,b]$ liefert (3.3.4) eine Entwicklung von $T(h)$ nach Potenzen von $h = (b-a)/n$ der Form

$$(3.4.1) \qquad T(h) = \tau_0 + \tau_1 h^2 + \tau_2 h^4 + \cdots + \tau_m h^{2m} + \alpha_{m+1}(h) h^{2m+2}.$$

Hier ist $\tau_0 = \int_a^b f(x)\,dx$ das gesuchte Integral. Die Koeffizienten

$$\tau_k := \frac{B_{2k}}{(2k)!}\left(f^{(2k-1)}(b) - f^{(2k-1)}(a)\right), \quad k = 1, 2, \ldots, m,$$

sind von h unabhängig, und für $f \in C^{2m+2}[a,b]$ ist der Restgliedkoeffizient

$$\alpha_{m+1}(h) = \frac{B_{2m+2}}{(2m+2)!}(b-a)f^{(2m+2)}\big(\xi(h)\big), \quad a < \xi(h) < b$$

eine beschränkte Funktion von h: Es gibt eine von h unabhängige Konstante M_{m+1}, nämlich

$$M_{m+1} := \left|\frac{B_{2m+2}}{(2m+2)!}(b-a)\right| \max_{x \in [a,b]}\left|f^{(2m+2)}(x)\right|,$$

so dass

$$(3.4.2) \qquad |\alpha_{m+1}(h)| \le M_{m+1} \quad \text{für alle} \quad h = (b-a)/n, \quad n = 1, 2, \ldots.$$

Entwicklungen der Form (3.4.1) heissen *asymptotische Entwicklungen* in h, wenn die Koeffizienten τ_k für $k \le m$ von h unabhängig sind und für das Restglied (3.4.2) gilt. Man beachte, dass selbst für beliebig oft differenzierbare Funktionen $f \in C^\infty[a,b]$ die (3.4.1) für $m = \infty$ formal entsprechende unendliche Reihe

$$\tau_0 + \tau_1 h^2 + \tau_2 h^4 + \cdots$$

für jedes $h \ne 0$ divergieren kann. Trotzdem behalten asymptotische Entwicklungen ihren Wert. So kann man wegen (3.4.2) für kleines h den Fehlerterm in (3.4.1) gegenüber den übrigen Termen vernachlässigen, so dass sich $T(h)$ für kleines h wie ein Polynom in h^2 verhält, dessen Wert an der Stelle $h = 0$ das Integral τ_0 liefert. Dies legt folgendes Verfahren zur Bestimmung von τ_0 nahe (diese Integrationsmethode, die sogenannte Romberg-Integration, wurde von Romberg (1955) eingeführt und von Bauer, Rutishauser und Stiefel (1963) näher untersucht):

Zu einer Reihe von Schrittweiten

$$h_0 = \frac{b-a}{n_0}, \ h_1 = \frac{h_0}{n_1}, \ \ldots, h_m = \frac{h_0}{n_m},$$

die zu einer Folge von ganzen Zahlen n_i mit $0 < n_0 < n_1 < \cdots < n_m$ gehört, bestimme man die zugehörigen Trapezsummen

$$T_{i0} := T(h_i), \quad i = 0, 1, \ldots, m,$$

und weiter durch Interpolation dasjenige Polynom

$$\widetilde{T}_{mm}(h) := a_0 + a_1 h^2 + \cdots + a_m h^{2m}$$

höchstens m-ten Grades in h^2, für das gilt

$$\widetilde{T}_{mm}(h_i) = T(h_i), \quad i = 0, 1, \ldots, m.$$

Der „extrapolierte" Wert $\widetilde{T}_{mm}(0)$ wird dann in der Regel ein guter Näherungswert für das gesuchte Integral sein. Er lässt sich mittels des Algorithmus von Neville-Aitken (s. 2.1.2) wie folgt berechnen: Für i, k mit $1 \le k \le i \le m$ sei $\widetilde{T}_{ik}(h)$ das Polynom vom Grad $\le k$ in h^2 mit

$$\widetilde{T}_{ik}(h_j) = T(h_j), \quad j = i-k, i-k+1, \ldots, i.$$

Es folgt für die extrapolierten Werte $T_{ik} := \widetilde{T}_{ik}(0)$ nach (2.1.2.7) (dort ist $x_i = h_i^2$ zu setzen)

$$(3.4.3) \qquad T_{ik} = T_{i,k-1} + \frac{T_{i,k-1} - T_{i-1,k-1}}{\left(\dfrac{h_{i-k}}{h_i}\right)^2 - 1}, \quad 1 \le k \le i \le m.$$

Die T_{ik} werden wie in (2.1.2.4) zweckmässig in einem Tableau angeordnet und nach (3.4.3) ausgehend von der ersten Spalte berechnet; jedes Element erhält man dabei aus seinen zwei linken Nachbarn.

$$(3.4.4)$$

$$
\begin{array}{c|c}
h_0^2 & T(h_0) = T_{00} \\
 & \qquad\qquad T_{11} \\
h_1^2 & T(h_1) = T_{10} \qquad\qquad\qquad T_{22} \\
 & \qquad\qquad T_{21} \qquad\searrow \\
 & \qquad\qquad\qquad\searrow\quad\nearrow \qquad T_{33} \\
h_2^2 & T(h_2) = T_{20} \qquad\qquad T_{32} \qquad \vdots \\
 & \qquad\qquad\searrow\quad\nearrow \\
 & \qquad\qquad T_{31} \qquad \vdots \\
 & \qquad\nearrow \\
h_3^2 & T(h_3) = T_{30} \qquad \vdots \\
\vdots & \qquad\quad \vdots
\end{array}
$$

Beispiel: Zur Berechnung des Integrals $\int_0^1 t^5 \, dt = 1/6$ erhält man bei Benutzung der Schrittweiten $h_0 = 1$, $h_1 = 1/2$, $h_2 = 1/4$ und 6-stelliger Rechnung folgendes Tableau (3.4.4) (in Klammern die exakten Werte):

$h_0^2 = 1$ $\bigg|$ $T_{00} = 0.500\,000\ (= \frac{1}{2})$

$\qquad\qquad\qquad\qquad\qquad T_{11} = 0.187\,500\ (= \frac{3}{16})$

$h_1^2 = \frac{1}{4}$ $\bigg|$ $T_{10} = 0.265\,625\ (= \frac{17}{64})$ $\qquad\qquad\qquad\qquad T_{22} = 0.166\,667\ (= \frac{1}{6})$

$\qquad\qquad\qquad\qquad\qquad T_{21} = 0.167\,969\ (= \frac{43}{256})$

$h_2^2 = \frac{1}{16}$ $\bigg|$ $T_{20} = 0.192\,383\ (= \frac{197}{1024})$

Jedes T_{ik} im Tableau (3.4.4) stellt im übrigen eine lineare Integrationsregel zu einer Schrittweite $\tilde{h}_i = (b-a)/m_i$, $m_i > 0$ ganz, der folgenden Form dar

$$T_{ik} = \alpha_0 f(a) + \alpha_1 f(a + \tilde{h}_i) + \cdots + \alpha_{m_i-1} f(b - \tilde{h}_i) + \alpha_{m_i} f(b).$$

Einige davon (nicht alle) entsprechen gewissen Newton–Cotes-Verfahren (s. Abschnitt 3.1). Beispielsweise erhält man für $h_1 = h_0/2 = (b-a)/2$ für T_{11} die Simpsonregel:

$$T_{00} = (b-a)\left(\frac{1}{2}f(a) + \frac{1}{2}f(b)\right),$$

$$T_{10} = \frac{1}{2}(b-a)\left(\frac{1}{2}f(a) + f\left(\frac{a+b}{2}\right) + \frac{1}{2}f(b)\right),$$

so dass wegen (3.4.3)

$$T_{11} = T_{10} + \frac{T_{10} - T_{00}}{3} = \frac{4}{3}T_{10} - \frac{1}{3}T_{00}$$

$$= \frac{1}{2}(b-a)\left(\frac{1}{3}f(a) + \frac{4}{3}f\left(\frac{a+b}{2}\right) + \frac{1}{3}f(b)\right).$$

Ganz analog erhält man für $h_2 = h_1/2 = h_0/4 = (b-a)/4$ als T_{22} die Milne-Regel, aber für $h_3 = h_2/2$ ist T_{33} keine Newton–Cotes Formel mehr (s. Aufgabe 9).

Gewöhnlich benutzt man bei dem beschriebenen Extrapolationsverfahren eine der Folgen

$$(3.4.5)\quad
\begin{aligned}
&\text{a)}\ \ h_0 = b - a,\ h_1 = \frac{h_0}{2},\ \ldots,\ h_i = \frac{h_{i-1}}{2},\quad i = 2,3,\ldots\\[2mm]
&\text{b)}\ \ h_0 = b - a,\ h_1 = \frac{h_0}{2},\ h_2 = \frac{h_0}{3},\ \ldots,\ h_i = \frac{h_{i-2}}{2},\quad i = 3,4,\ldots\ .
\end{aligned}$$

Die erste Folge wird im ursprünglichen Romberg-Verfahren verwendet (siehe Romberg (1955)). Die Folge b), die von Bulirsch (1964) vorgeschlagen wurde, hat den Vorteil, dass bei ihr die Rechenarbeit für die Berechnung neuer $T(h_i)$ mit i nicht so rasch ansteigt wie bei a).

Bei der praktischen Durchführung beachte man, dass man bei der Berechnung von $T(h_{i+1})$ auf die schon für $T(h_i)$ berechneten Funktionswerte zurückgreifen kann. Zum Beispiel gilt für die Rombergfolge:

$$T(h_{i+1}) = T\left(\frac{1}{2}h_i\right)$$

$$= \frac{1}{2}T(h_i) + h_{i+1}\big(f(a + h_{i+1}) + f(a + 3h_{i+1}) + \cdots + f(b - h_{i+1})\big).$$

Im folgenden wird ein Programm angegeben, das für die Schrittweitenfolge (3.4.5)a) das Tableau (3.4.4) berechnet. Es sei dazu $[a, b]$ das Integrationsintervall, f der Integrand und m die Zahl der gewünschten Intervallverfeinerungen. Um Speicherplatz zu sparen, wird dabei das Tableau Schrägzeile für Schrägzeile berechnet und jeweils nur die letzte Schrägzeile in dem Feld $t[\cdot]$ der Länge m gespeichert:

$$h := b - a; \quad n := 1;$$
$$t[0] := 0.5 \times h \times (f(a) + f(b));$$
$$\text{für } k := 1, 2, \ldots, m:$$
$$\quad s := 0; \quad h := 0.5 \times h; \quad n := 2 \times n; \quad q := 1;$$
$$\quad \text{für } i := 1, 3, 5, \ldots, n - 1:$$
$$\quad\quad s := s + f(a + i \times h);$$
$$\quad t[k] := 0.5 \times t[k - 1] + s \times h;$$
$$\quad \text{für } i := k - 1, k - 2, \ldots, 0:$$
$$\quad\quad q := q \times 4;$$
$$\quad\quad t[i] := t[i + 1] + (t[i + 1] - t[i])/(q - 1);$$

Es sei betont, dass dieses Programm nur zur Illustration des beschriebenen Verfahrens dienen soll. Für den praktischen Gebrauch ist es weniger geeignet, da man z.B. gewöhnlich nicht weiss, wie gross man den Parameter m zu wählen hat. Statt m benutzt man daher in der Praxis einen Parameter ε, der die gewünschte Genauigkeit für das gesuchte Integral angibt, berechnet nur wenige Spalten des Tableaus, z.B. etwa sieben, und beendet die Rechnung, falls das erste Mal $|T_{i,6} - T_{i+1,6}| \le \varepsilon\, s$ erfüllt ist; dabei nimmt man für s einen groben Näherungswert von $\int_a^b |f(x)|\, dx$, den man bei der Berechnung der $T(h)$ leicht mitgewinnen kann. Darüber hinaus benutzt man statt der Polynominterpolation besser rationale Interpolation und die Schrittweitenfolge (3.4.5)b). Ein Programm, das alle diese Modifikationen berücksichtigt, findet man in Bulirsch und Stoer (1967).

Beim Arbeiten mit rationaler Interpolation (siehe 2.2) statt mit Polynominterpolation erhält man folgende Methode: Für i, k mit $1 \le k \le i \le m$ werde jetzt mit

$$\widetilde{T}_{ik}(h) := \frac{p_0 + p_1 h^2 + \cdots + p_\mu h^{2\mu}}{q_0 + q_1 h^2 + \cdots + q_\nu h^{2\nu}}, \quad \mu + \nu = k, \quad \mu = \nu \quad \text{oder} \quad \mu = \nu - 1,$$

die interpolierende rationale Funktion bezeichnet, für die gilt

$$\widetilde{T}_{ik}(h_j) = T(h_j), \quad j = i - k, i - k + 1, \ldots, i.$$

Setzt man wieder $T_{i0} := T(h_i)$ für $i = 0, 1, \ldots, m$, und definiert man formal $T_{i,-1} := 0$ für $i = 0, 1, \ldots, m - 1$, so lassen sich die extrapolierten Werte $T_{ik} := \widetilde{T}_{ik}(0)$ nach (2.2.3.8) wie folgt berechnen:
(3.4.6)

$$T_{ik} = T_{i,k-1} + \cfrac{T_{i,k-1} - T_{i-1,k-1}}{\left(\dfrac{h_{i-k}}{h_i}\right)^2 \left(1 - \dfrac{T_{i,k-1} - T_{i-1,k-1}}{T_{i,k-1} - T_{i-1,k-2}}\right) - 1}, \qquad 1 \le k \le i \le m.$$

Dem entspricht das Tableau (2.2.3.9), in dem jedes Element aus drei linken Nachbarn berechnet wird.

In Abschnitt 3.5 leiten wir allgemeine Fehlerabschätzungen für Extrapolationsverfahren her, die sich auf asymptotische Entwicklungen der Form (3.4.1) stützen. Unter schwachen Voraussetzungen für die Schrittweitenfolge $h_0, h_1, h_2, \ldots$ wird es sich für asymptotische Entwicklungen (3.4.1), die nur gerade Potenzen von h enthalten, zeigen, dass die Fehler von T_{i0} wie h_i^2, die von T_{i1} wie $h_{i-1}^2 h_i^2$ und die von T_{ik} wie $h_{i-k}^2 h_{i-k+1}^2 \cdots h_i^2$ für $i \to \infty$ gegen 0 konvergieren. Also approximieren für jedes feste k die T_{ik} für $i \to \infty$ das Integral τ_0 wie ein Verfahren der Ordnung $2k + 2$. Für die spezielle Folge (3.4.5)a) kennt man ein schärferes Resultat:

$$(3.4.7) \quad T_{ik} - \int_a^b f(x)\, dx = (b - a) h_{i-k}^2 h_{i-k+1}^2 \cdots h_i^2 \frac{(-1)^k B_{2k+2}}{(2k+2)!} f^{(2k+2)}(\xi),$$

für ein $\xi \in (a, b)$ falls $f \in C^{2k+2}[a, b]$ (s. Bauer, Rutishauser und Stiefel (1963), Bulirsch (1964)).

3.5 Allgemeines über Extrapolationsverfahren

Viele der Integrationsverfahren in diesem Kapitel sind Beispiele von *Diskretisierungsverfahren*: Hier wird das eigentlich zu lösende Problem diskretisiert und so durch ein Ersatzproblem approximiert (z.B. wird ein Integral durch eine endliche Summe approximiert). Die Feinheit und damit die Güte der Approximation wird gewöhnlich durch eine „Schrittweite" $h \ne 0$ bestimmt. Zur Schrittweite $h \ne 0$ gehört eine Näherungslösung $T(h)$, die für $h \to 0$ gegen die gesuchte Lösung des eigentlichen Problems konvergiert. Solche Diskretisierungsverfahren sind für viele Probleme bekannt, nicht nur für die Berechnung von Integralen. In vielen dieser Fälle besitzt das Resultat $T(h)$ des Diskretisierungsverfahrens eine asymptotische Entwicklung der Form

$$(3.5.1) \quad \begin{aligned} T(h) &= \tau_0 + \tau_1 h^{\gamma_1} + \tau_2 h^{\gamma_2} + \cdots + \tau_m h^{\gamma_m} + \alpha_{m+1}(h) h^{\gamma_{m+1}}, \\ & 0 < \gamma_1 < \gamma_2 < \cdots < \gamma_{m+1}, \end{aligned}$$

wobei die Exponenten γ_i nicht notwendig ganzzahlig sind. Hier sind die Koeffizienten τ_i von h unabhängig, $\alpha_{m+1}(h)$ ist eine Funktion von h, die für $h \to 0$ beschränkt bleibt, $|\alpha_{m+1}(h)| \le M_{m+1}$ für $|h| \le H$ (vgl. (3.4.2)), und $\tau_0 = \lim_{h \to 0} T(h)$ ist die exakte Lösung des eigentlichen Problems.

Beispiel: Bei der *numerischen Differentiation* liefert der *zentrale Differenzenquotient*

$$T(h) = \frac{f(x+h) - f(x-h)}{2h}$$

für $h \neq 0$ eine Approximation an $f'(x)$. Durch Taylorentwicklung um den Punkt x findet man für Funktionen $f \in C^{2m+3}[x - a, x + a]$ und $|h| \leq |a|$

$$T(h) = \frac{1}{2h}\left(f(x) + hf'(x) + \frac{h^2}{2!}f''(x) + \cdots + \frac{h^{2m+3}}{(2m+3)!}\left(f^{(2m+3)}(x) + o(1)\right)\right.$$

$$\left. - f(x) + hf'(x) - \frac{h^2}{2!}f''(x) + \cdots + \frac{h^{2m+3}}{(2m+3)!}\left(f^{(2m+3)}(x) + o(1)\right)\right)$$

$$= \tau_0 + \tau_1 h^2 + \cdots + \tau_m h^{2m} + h^{2m+2}\alpha_{m+1}(h)$$

mit $\tau_0 = f'(x)$, $\tau_k = f^{(2k+1)}(x)/(2k+1)!$, $k = 1, 2, \ldots, m+1$, und $\alpha_{m+1}(h) = \tau_{m+1} + o(1)$.

Der *einseitige Differenzenquotient*

$$T(h) := \frac{f(x+h) - f(x)}{h}, \quad h \neq 0,$$

besitzt dagegen eine Entwicklung der Form

$$T(h) = \tau_0 + \tau_1 h + \tau_2 h^2 + \cdots + \tau_m h^m + h^{m+1}\left(\tau_{m+1} + o(1)\right)$$

mit

$$\tau_k = \frac{f^{(k+1)}(x)}{(k+1)!}, \quad k = 0, 1, 2, \ldots, m+1.$$

Es wird sich später zeigen, dass es aus Konvergenzgründen günstiger ist, zentrale Differenzen als Basis von Extrapolationsverfahren zu verwenden, weil in ihrer asymptotischen Entwicklung nur gerade Potenzen von h vorkommen.

Weitere wichtige Beispiele liefern bestimmte Diskretisierungsverfahren zur Lösung von gewöhnlichen Differentialgleichungen (s. Band 2).

Um ein Diskretisierungsverfahren im Rahmen eines Extrapolationsverfahrens zu verwenden, wählt man eine Folge von Schrittweiten

$$F = \{h_0, h_1, h_2, \ldots\}, \quad h_0 > h_1 > h_2 > \cdots > 0,$$

und berechnet die zugehörigen $T(h_i)$, $i = 0, 1, 2, \ldots$.

Für $i \geq k$ bezeichnen wir mit $\widetilde{T}_{ik}(h)$ die interpolierenden „Polynome" der Form (ihre Exponenten werden (3.5.1) entnommen)

$$\widetilde{T}_{ik}(h) = b_0 + b_1 h^{\gamma_1} + \cdots + b_k h^{\gamma_k},$$

mit

$$\widetilde{T}_{ik}(h_j) = T(h_j), \quad j = i - k, i - k + 1, \ldots, i,$$

und betrachten ihre Werte

$$T_{ik} := \widetilde{T}_{ik}(0)$$

an der Stelle $h = 0$ als Näherungswerte für τ_0.

Gewöhnlich sind die Exponenten γ_j ganzzahlig, etwa $\gamma_j = j$ oder $\gamma_j = 2j$. Es kommen jedoch auch nichtganzzahlige Exponenten vor (s. Abschnitt 3.7). Auch verwendet man häufig rationale Funktionen statt Polynome zur Extrapolation (s. Bulirsch und Stoer (1964)).

Wir beschränken uns im folgenden der Einfachheit halber auf den häufig vorkommenden Fall, dass die Exponenten γ_j nicht beliebig, sondern Vielfache einer festen Zahl $\gamma > 0$ sind, $\gamma_j = j\gamma$, $j = 1, 2, \ldots$, und auf den Fall der Polynomextrapolation. Es sind dann die $\widetilde{T}_{i,k}(h)$ Polynome vom Grad k in h^γ. Wir nehmen zunächst $i = k$ an und verwenden die Abkürzungen

$$z := h^\gamma, \quad z_j := h_j^\gamma, \quad j = 0, 1, \ldots .$$

Wendet man die Lagrangesche Interpolationsformel (2.1.1.3) auf das Polynom

$$\widetilde{T}_{kk}(h) = P_k(z) = b_0 + b_1 z + b_2 z^2 + \cdots + b_k z^k$$

für $z = 0$ an, so erhält man

$$T_{kk} = P_k(0) = \sum_{j=0}^{k} c_j P_k(z_j) = \sum_{j=0}^{k} c_j T(h_j)$$

mit

$$c_j := \prod_{\substack{s=0 \\ s \neq j}}^{k} \frac{z_s}{z_s - z_j}.$$

Nun gilt

$$(3.5.2) \qquad \sum_{j=0}^{k} c_j z_j^\tau = \begin{cases} 1 & \text{für } \tau = 0, \\ 0 & \text{für } \tau = 1, 2, \ldots, k, \\ (-1)^k z_0 z_1 \cdots z_k & \text{für } \tau = k + 1. \end{cases}$$

Beweis: Wegen der Lagrangeschen Interpolationsformel und der Eindeutigkeit der Polynominterpolation gilt

$$p(0) = \sum_{j=0}^{k} c_j p(z_j)$$

für jedes Polynom $p(z)$ vom Grad $\leq k$. Man erhält (3.5.2), wenn man für $p(z)$ nacheinander folgende Polynome wählt:

$$z^\tau, \quad \tau = 0, 1, \ldots, k, \quad \text{und } z^{k+1} - (z - z_0)(z - z_1) \cdots (z - z_k).$$

Damit ist der Beweis von (3.5.2) vollständig.   □

Wenn die Schrittweiten h_j genügend stark gegen 0 konvergieren, etwa wenn

$$(3.5.3) \qquad 0 < h_{j+1}/h_j \le b < 1 \quad \text{für alle} \quad j \ge 0,$$

kann (3.5.2) verschärft werden. Es existiert dann eine Konstante C_k, die nur von b abhängt, so dass

$$(3.5.4) \qquad \sum_{j=0}^{k} |c_j| z_j^{k+1} \le C_k z_0 z_1 \cdots z_k.$$

Im folgenden Beweis zeigen wir dies für den Spezialfall einer geometrischen Folge $\{h_j\}$ mit

$$h_j = h_0 b^j, \quad 0 < b < 1, \quad j = 0, 1, \ldots$$

(für den allgemeinen Fall s. Bulirsch und Stoer (1964)).

Beweis: Mit der Abkürzung $\theta := b^\gamma$ gilt

$$z_j^\tau = (h_0 b^j)^{\gamma\tau} = z_0^\tau \theta^{j\tau}.$$

Wegen (3.5.2) hat man für das Polynom

$$P_k(z) = \sum_{j=0}^{k} c_j z^j$$

die Beziehung

$$P_k(\theta^\tau) = \sum_{j=0}^{k} c_j \theta^{j\tau} = z_0^{-\tau} \sum_{j=0}^{k} c_j z_j^\tau = \begin{cases} 1 & \text{für } \tau = 0, \\ 0 & \text{für } \tau = 1, 2, \ldots, k, \end{cases}$$

so dass P_k die k verschiedenen Nullstellen θ^τ, $\tau = 1, 2, \ldots, k$, besitzt. Wegen $P_k(1) = 1$ folgt daher für $P_k(z)$ die Darstellung

$$P_k(z) = \prod_{l=1}^{k} \frac{z - \theta^l}{1 - \theta^l}.$$

Die Koeffizienten von $P_k(z)$ haben also alternierendes Vorzeichen, $c_j c_{j+1} < 0$, so dass

$$\sum_{j=0}^{k} |c_j| z_j^{k+1} = z_0^{k+1} \sum_{j=0}^{k} |c_j| (\theta^{(k+1)})^j = z_0^{k+1} |P_k(-\theta^{k+1})|$$

$$= z_0^{k+1} \prod_{l=1}^{k} \frac{\theta^{k+1} + \theta^l}{1 - \theta^l}$$

$$= z_0^{k+1} \theta^{1+2+\cdots+k} \prod_{l=1}^{k} \frac{1 + \theta^l}{1 - \theta^l}$$

$$= C_k(\theta) z_0 z_1 \cdots z_k,$$

mit

$$C_k = C_k(\theta) := \prod_{l=1}^{k} \frac{1 + \theta^l}{1 - \theta^l}.$$

Dies zeigt (3.5.4) für geometrische Folgen $\{h_j\}$.   □

Wir benutzen nun die asymptotische Entwicklung (3.5.1) für $k \leq m$ und finden wegen $z_j = h_j^\gamma$, $\gamma_j = j\gamma$

$$T_{kk} = \sum_{j=0}^{k} c_j T(h_j) = \sum_{j=0}^{k} c_j \big(\tau_0 + \tau_1 z_j + \tau_2 z_j^2 + \cdots + \tau_k z_j^k + \alpha_{k+1}(h_j) z_j^{k+1}\big),$$

wobei natürlich für $k < m$

$$\alpha_{k+1}(h_j) h_j^{\gamma_{k+1}} := \tau_{k+1} h_j^{\gamma_{k+1}} + \cdots + \tau_m h_j^{\gamma_m} + \alpha_{m+1} h_j^{\gamma_{m+1}}.$$

Aus (3.5.2) folgt daher sofort

(3.5.5) $$T_{kk} = \tau_0 + \sum_{j=0}^{k} c_j \alpha_{k+1}(h_j) z_j^{k+1}.$$

Die Beziehungen (3.5.2) und die Abschätzungen (3.5.4) geben so schliesslich für Schrittfolgen $\{h_j\}$ mit (3.5.3)

(3.5.6) $$|T_{mm} - \tau_0| \leq M_{m+1} C_m z_0 z_1 \cdots z_m.$$

Für $k < m$ ist $\alpha_{k+1}(h_j) = \tau_{k+1} + O(h_j^\gamma)$. Es folgt daher aus (3.5.2)–(3.5.5)

(3.5.7) $$T_{kk} - \tau_0 = (-1)^k z_0 z_1 \cdots z_k \big(\tau_{k+1} + \mathcal{O}(h_0^\gamma)\big).$$

Im allgemeinen Fall $i \geq k$ erhält man entsprechende Abschätzungen für den Fehler von T_{ik} einfach dadurch, dass man in (3.5.6), (3.5.7) $z_0, z_1, \ldots, z_k$ durch $z_{i-k}, z_{i-k+1}, \ldots, z_i$, und h_0 durch h_{i-k} ersetzt, weil T_{ik} durch Extrapolation aus $T(h_j)$, $j = i - k, i - k + 1, \ldots, i$, gewonnen wird. Man erhält so unter Berücksichtigung von $z_j = h_j^\gamma$ allgemein für Schrittweitenfolgen $\{h_j\}$ mit (3.5.3), für $i \geq k$ und $k = m$

(3.5.8) $$|T_{im} - \tau_0| \leq M_{m+1} C_m h_{i-m}^\gamma h_{i-m+1}^\gamma \cdots h_i^\gamma,$$

und für $k < m$

(3.5.9) $$T_{ik} - \tau_0 = (-1)^k h_{i-k}^\gamma h_{i-k+1}^\gamma \cdots h_i^\gamma \big(\tau_{k+1} + \mathcal{O}(h_{i-k}^\gamma)\big).$$

Also gilt für festes $k \leq m$ asymptotisch für $i \to \infty$

$$T_{ik} - \tau_0 = \mathcal{O}\big(h_{i-k}^{(k+1)\gamma}\big),$$

d.h. die Elemente T_{ik} der $(k + 1)$-ten Spalte des (3.4.4) entsprechenden Tableaus konvergieren gegen τ_0 wie bei einem Verfahren der Ordnung $(k+1)\gamma$. Je grösser also γ ist, desto bessere Resultate liefert der Extrapolationsalgorithmus. Darin liegt die Bedeutung derjenigen Diskretisierungsverfahren, deren asymptotische Entwicklung (3.5.1) nur gerade h-Potenzen enthält (wie z.B. die Entwicklung (3.4.1) der Trapezsumme oder des zentralen Differenzenquotienten in diesem Abschnitt).

Aus der Fehlerformel (3.5.9) kann man ferner schliessen, dass der Fehler $T_{ik} = \tau_0$ für festes $k < m$ für genügend grosses i konstantes Vorzeichen besitzt, falls $\tau_{k+1} \neq 0$, dass also T_{ik} schliesslich für $i \to \infty$ monoton gegen τ_0 konvergiert. Für genügend grosses i gilt dann wegen (3.5.9)

$$ 0 < \frac{T_{i+1,k} - \tau_0}{T_{i,k} - \tau_0} \approx \frac{h_{i+1}^{\gamma}}{h_{i-k}^{\gamma}} \leq b^{\gamma(k+1)}. $$

In vielen Fällen ist nun $b^{\gamma(k+1)} < \frac{1}{2}$. Für die Fehler der Grössen

$$ U_{ik} := 2T_{i+1,k} - T_{ik} $$

folgt

$$ U_{ik} - \tau_0 = 2(T_{i+1,k} - \tau_0) - (T_{ik} - \tau_0) $$

und daher wegen $s := \text{sign}(T_{i+1,k} - \tau_0) = \text{sign}(T_{ik} - \tau_0)$ die Abschätzung

$$ s(U_{ik} - \tau_0) = 2|T_{i+1,k} - \tau_0| - |T_{ik} - \tau_0| \approx -|T_{ik} - \tau_0| < 0. $$

Ein Vergleich der Fehler von T_{ik} und U_{ik} zeigt daher, dass für genügend grosses i und festes k die Grössen $T_{ik} - \tau_0$, $U_{ik} - \tau_0$ ungefähr gleich grossen Betrag aber entgegengesetztes Vorzeichen haben, dass also T_{ik} und U_{ik} für genügend grosses i das gesuchte Resultat τ_0 einschliessen und von verschiedenen Seiten her monoton gegen τ_0 konvergieren. Man kann dieses Verhalten der T_{ik} und U_{ik} benutzen, um die Grösse des Fehlers $T_{ik} - \tau_0$ bzw. $U_{ik} - \tau_0$ abzuschätzen, und damit ein Abbruchkriterium gewinnen.

Beispiel: Der exakte Wert des Integrals

$$ \int_0^{\pi/2} 5(e^{\pi} - 2)^{-1} e^{2x} \cos x \, dx $$

ist 1. Verwendet man als Polynom-Extrapolationsverfahren das Verfahren von Romberg (s. 3.4), so erhält man bei 12-stelliger Rechnung folgende T_{ik}, U_{ik} für $0 \leq i \leq k \leq 6$, $0 \leq k \leq 3$:

i	T_{i0}	T_{i1}	T_{i2}	T_{i3}
0	0.185 755 068 924			
1	0.724 727 335 089	0.904 384 757 145		
2	0.925 565 035 158	0.992 510 935 182	0.998 386 013 717	
3	0.981 021 630 069	0.999 507 161 706	0.999 973 576 808	0.999 998 776 222
4	0.995 232 017 388	0.999 968 813 161	0.999 999 589 925	1.000 000 002 83
5	0.998 806 537 974	0.999 998 044 836	0.999 999 993 614	1.000 000 000 02
6	0.999 701 542 775	0.999 999 877 709	0.999 999 999 901	1.000 000 000 00

i	U_{i0}	U_{i1}	U_{i2}	U_{i3}
0	1.263 699 601 26			
1	1.126 402 735 23	1.080 637 113 22		
2	1.036 478 224 98	1.006 503 388 23	1.001 561 139 90	
3	1.009 442 404 71	1.000 430 464 62	1.000 025 603 04	1.000 001 229 44
4	1.002 381 058 56	1.000 027 276 51	1.000 000 397 30	0.999 999 997 211
5	1.000 596 547 58	1.000 001 710 58	1.000 000 006 19	0.999 999 999 978
6	1.000 149 217 14	1.000 000 107 00	1.000 000 000 09	1.000 000 000 00

3.6 Gausssche Integrationsmethode

In diesem Abschnitt betrachten wir allgemeiner als bisher Integrale der Form

$$I(f) = \int_a^b \omega(x) f(x)\, dx,$$

wobei $\omega(x)$ eine gegebene nichtnegative *Gewichtsfunktion* auf dem Intervall $[a, b]$ ist. Dabei lassen wir auch unendliche Intervalle wie $[0, \infty]$ oder $[-\infty, \infty]$ zu. Die Gewichtsfunktion soll folgende Voraussetzungen erfüllen.

(3.6.1) **Voraussetzungen:**

a) $\omega(x) \geq 0$ *ist auf* $[a, b]$ *nichtnegativ und messbar.*
b) *Alle Momente* $\mu_k := \int_a^b x^k \omega(x)\, dx$, $k = 0, 1, \ldots,$ *existieren und sind endlich.*
c) *Für jedes Polynom* $s(x)$ *mit* $\int_a^b \omega(x) s(x)\, dx = 0$ *und* $s(x) \geq 0$ *für* $x \in [a, b]$ *gilt* $s(x) \equiv 0$.

Diese Voraussetzungen sind z.B. für Gewichtsfunktionen $\omega(x)$ erfüllt, die auf $[a, b]$ positiv und stetig sind. (3.6.1)c) ist mit der Bedingung $\mu_0 > 0$ äquivalent (siehe Aufgabe 12).

Wir betrachten wieder Integrationsregeln der Form

(3.6.2) $$\tilde{I}(f) := \sum_{i=1}^n w_i f(x_i).$$

Bereits die Formeln von Newton–Cotes (s. Abschnitt 3.1) hatten diese Gestalt, nur waren dort die Abszissen x_i in $[a, b]$ äquidistant gewählt. Wir wollen uns von dieser Einschränkung befreien und versuchen, die w_i und x_i so zu wählen, dass der Integrationsfehler

$$\tilde{I}(f) - I(f)$$

von $\tilde{I}$ für Polynome möglichst hohen Grades verschwindet, d.h. die Ordnung von $\tilde{I}$ möglichst gross ist. Dies ist möglich, und man erhält so die Gaussschen Integrationsmethoden oder die Gaussschen Quadraturformeln (s. z.B. Stroud und Secrest (1966)). Wir werden sehen, dass diese Methoden eindeutig bestimmt sind, die Ordnung $2n - 1$ besitzen und $w_i > 0$ sowie $a < x_i < b$ für $i = 1, 2, \ldots, n$ gilt. Um dies zu beweisen benötigen wir einige elementare Eigenschaften von orthogonalen Polynomen.

Sei zunächst

$$\bar{\Pi}_j := \left\{ p \in \Pi_j \mid p(x) = x^j + a_1 x^{j-1} + \cdots + a_j \right\}$$

die Menge aller *normierten* reellen Polynome vom Grad j und wie bisher Π_j der lineare Raum aller reellen Polynome vom Grad $\leq j$. Weiter führen wir das Skalarprodukt

$$(f, g) := \int_a^b \omega(x) f(x) g(x) \, dx$$

auf dem linearen Raum $L^2[a, b]$ aller reellen Funktionen f ein, für die das Integral

$$(f, f) = \int_a^b \omega(x) f(x)^2 \, dx$$

existiert und endlich ist. Die Funktionen f, $g \in L^2[a, b]$ heissen *orthogonal*, falls $(f, g) = 0$. Das folgende Ergebnis zeigt die Existenz von *Orthogonalpolynomen* zur Gewichtsfunktion $\omega(x)$.

(3.6.3) **Theorem:** *Es gibt für* $j = 0, 1, \ldots$, *eindeutig bestimmte Polynome* $p_j \in \bar{\Pi}_j$ *mit*

(3.6.4) $(p_i, p_k) = 0 \quad$ *für* $\ i \neq k.$

Diese Polynome genügen der Rekursionsformel

(3.6.5a) $p_0(x) \equiv 1,$

(3.6.5b) $p_{i+1}(x) \equiv (x - \delta_{i+1}) p_i(x) - \gamma_{i+1}^2 p_{i-1}(x) \quad$ *für* $\ i \geq 0,$

wobei $p_{-1}(x) :\equiv 0$ *und*[8]

(3.6.6a) $\delta_{i+1} := (x\, p_i, p_i)/(p_i, p_i) \quad$ *für* $\ i \geq 0,$

(3.6.6b) $\gamma_{i+1}^2 := \begin{cases} 1 & \text{für} \quad i = 0, \\ (p_i, p_i)/(p_{i-1}, p_{i-1}) & \text{für} \quad i \geq 1. \end{cases}$

---

[8] (x, p_i, p_i) steht für $\int_a^b \omega(x) x p_i^2(x) \, dx.$

Beweis: Die Polynome können mit Hilfe des Schmidtschen Orthogonalisierungsverfahrens rekursiv konstruiert werden. Offensichtlich ist $p_0(x) \equiv 1$. Wir nehmen induktiv an, dass bereits eindeutig bestimmte Polynome $p_j \in \bar{\Pi}_j$ für alle $j \leq i$ mit den angegebenen Eigenschaften existieren. Wir haben zu zeigen, dass es dann ein eindeutig bestimmtes Polynom $p_{i+1} \in \bar{\Pi}_{i+1}$ gibt mit

$$(3.6.7) \qquad (p_{i+1}, p_j) = 0 \quad \text{für} \quad j \leq i$$

und dass dieses Polynom der Beziehung (3.6.5b) genügt. Wegen der Normierungsbedingung für die Polynome aus $\bar{\Pi}_j$, lässt sich jedes Polynom $p_{i+1} \in \bar{\Pi}_{i+1}$ in der Form

$$p_{i+1}(x) \equiv (x - \delta_{i+1})p_i(x) + c_{i-1}p_{i-1}(x) + c_{i-2}p_{i-2}(x) + \cdots + c_0 p_0(x)$$

mit eindeutig bestimmten Koeffizienten δ_{i+1}, c_k, $k \leq i-1$, schreiben. Wegen $(p_j, p_k) = 0$ für alle $j \neq k$, j, $k \leq i$, gilt (3.6.7) genau dann, wenn

$$(3.6.8a) \qquad (p_{i+1}, p_i) = (xp_i, p_i) - \delta_{i+1}(p_i, p_i) = 0,$$

$$(3.6.8b) \qquad (p_{i+1}, p_{j-1}) = (xp_{j-1}, p_i) + c_{j-1}(p_{j-1}, p_{j-1}) = 0 \quad \text{für} \quad j \leq i.$$

Diese Gleichungen sind nach δ_{i+1}, c_{j-1} auflösbar, weil $p_i \not\equiv 0$, $p_{j-1} \not\equiv 0$ und daher wegen (3.6.1) auch $(p_i, p_i) > 0$, $(p_{j-1}, p_{j-1}) > 0$ gilt. Aus (3.6.8a) folgt sofort die Formel (3.6.6a) für δ_{i+1}. Weiter ist für $j \leq i$ nach Induktionsvoraussetzung

$$p_j(x) \equiv (x - \delta_j)p_{j-1}(x) - \gamma_j^2 p_{j-2}(x),$$

und es folgt durch Auflösen nach $x p_{j-1}(x)$ sofort

$$(xp_{j-1}, p_i) = (p_j, p_i) \quad \text{für} \quad j \leq i.$$

(3.6.8b) ergibt damit

$$c_{j-1} = -\frac{(p_j, p_i)}{(p_{j-1}, p_{j-1})} = \begin{cases} -\gamma_{i+1}^2 & \text{für } j = i, \\ 0 & \text{für } j < i. \end{cases}$$

Damit ist (3.6.3) bewiesen. $\qquad\qquad\qquad\qquad\qquad\qquad\qquad\qquad\qquad$ □

Da sich jedes Polynom $p \in \Pi_k$ als Linearkombination der p_i, $i \leq k$, schreiben lässt, hat man auch das folgende Resultat.

(3.6.9) Korollar: *Es ist $(p, p_n) = 0$ für alle $p \in \Pi_{n-1}$.*

(3.6.10) Theorem: *Die Nullstellen x_i, $i = 1, \ldots, n$, von p_n sind reell, einfach und liegen alle im offenen Intervall (a, b).*

Beweis: Es seien $a < x_1 < \cdots < x_l < b$ die Nullstellen von p_n in (a, b), an denen p_n sein Vorzeichen wechselt, d.h. die reellen Nullstellen ungerader Vielfachheit in (a, b). Wir zeigen $l = n$. Andernfalls hätte das Polynom

$q(x) := \prod_{j=1}^{l}(x - x_j) \in \bar{\Pi}_l$ den Grad $l < n$, so dass wegen (3.6.9) $(p_n, q) = 0$ gilt. Nun ändert $p_n(x)q(x)$ auf (a,b) nach Definition von q sein Vorzeichen nicht, so dass $(p_n, q) = \int_a^b \omega(x)p_n(x)q(x)\,dx \neq 0$ gilt, im Widerspruch zu $(p_n, q) = 0$. Also ist $l = n$, d.h. alle Nullstellen von p_n sind reell, einfach und liegen in (a,b). $\qquad\square$

Ferner hat man das folgende Resultat.

(3.6.11) Theorem: *Für beliebige t_i mit $t_1 < t_2 < \cdots < t_n$ ist die $n \times n$-Matrix*

$$A := \begin{bmatrix} p_0(t_1) & \cdots & p_0(t_n) \\ \vdots & & \vdots \\ p_{n-1}(t_1) & \cdots & p_{n-1}(t_n) \end{bmatrix}$$

nichtsingulär.

Beweis: Wäre A singulär, so gäbe es einen Vektor $c^T = \begin{bmatrix} c_0 & \cdots & c_{n-1} \end{bmatrix}$, $c^T \neq 0$, mit $c^T A = 0$, d.h. das Polynom

$$q(x) := \sum_{i=0}^{n-1} c_i p_i(x)$$

vom Grad $q \leq n-1$ hätte $t_1, \ldots, t_n$ als n verschiedene Nullstellen, also müsste $q(x)$ identisch verschwinden. Da die $p_i(.)$ linear unabhängig sind, folgt aus $q(x) \equiv 0$ sofort der Widerspruch $c = 0$. $\qquad\square$

Theorem (3.6.11) ist übrigens damit äquivalent, dass die Interpolationsaufgabe, eine Funktion p der Form

$$p(x) \equiv \sum_{i=0}^{n-1} c_i p_i(x)$$

mit $p(t_i) = f_i$, $i = 1, 2, \ldots, n$, zu finden, stets eindeutig lösbar ist. Funktionssysteme mit dieser Eigenschaft, wie hier $p_0, p_1, \ldots$, heissen *Tschebyscheff-Systeme*, die Bedingung des Theorems *Haar-Bedingung*.
Wir kommen nun zu dem folgenden Hauptresultat.

(3.6.12) Theorem: 1) *Es seien $x_1, x_2, \ldots, x_n$ die Nullstellen von p_n und $w_1, w_2, \ldots, w_n$ die Lösung des linearen Gleichungssystems*

(3.6.13) $$\sum_{i=1}^{n} p_k(x_i)w_i = \begin{cases} (p_0, p_0) & \text{falls } k = 0, \\ 0 & \text{falls } k = 1, 2, \ldots, n-1. \end{cases}$$

Dann gilt $w_i > 0$ für $i = 1, 2, \ldots, n$, sowie

(3.6.14) $$\int_a^b \omega(x)p(x)\,dx = \sum_{i=1}^{n} w_i p(x_i)$$

für alle Polynome $p \in \Pi_{2n-1}$. *Die Zahlen* w_i *heissen „Gewichte".*

2) *Ist umgekehrt für gewisse reelle Zahlen* w_i, x_i, $i = 1, \ldots, n$, (3.6.14) *für alle* $p \in \Pi_{2n-1}$ *richtig, so sind die* x_i *die Nullstellen von* p_n *und die* w_i *erfüllen* (3.6.13).

3) *Es gibt keine reellen Zahlen* x_i, w_i, $i = 1, \ldots, n$, *so dass* (3.6.14) *für alle Polynome* $p \in \Pi_{2n}$ *gilt.*

Beweis: 1) Nach Theorem (3.6.10) sind die Nullstellen x_i, $i = 1, \ldots, n$, von p_n verschiedene reelle Zahlen in (a, b), so dass nach Theorem (3.6.11) die Matrix

$$(3.6.15) \qquad A := \begin{bmatrix} p_0(x_1) & \cdots & p_0(x_n) \\ \vdots & & \vdots \\ p_{n-1}(x_1) & \cdots & p_{n-1}(x_n) \end{bmatrix}$$

nichtsingulär ist und deshalb das Gleichungssystem (3.6.13) genau eine Lösung w besitzt. Sei nun $p \in \Pi_{2n-1}$ beliebig. Dann lässt sich p in der Form

$$(3.6.16) \qquad p(x) \equiv p_n(x)q(x) + r(x)$$

schreiben, wobei q, r Polynome aus Π_{n-1} sind und daher die Gestalt

$$q(x) \equiv \sum_{k=0}^{n-1} \alpha_k p_k(x), \quad r(x) \equiv \sum_{k=0}^{n-1} \beta_k p_k(x)$$

haben. Es folgt wegen (3.6.9) und $p_0(x) \equiv 1$,

$$\int_a^b \omega(x)p(x)\,dx = (p_n, q) + (r, p_0) = \beta_0(p_0, p_0).$$

Andererseits ist wegen (3.6.16), $p_n(x_i) = 0$, und wegen (3.6.13)

$$\sum_{i=1}^{n} w_i p(x_i) = \sum_{i=1}^{n} w_i r(x_i) = \sum_{k=0}^{n-1} \beta_k \left(\sum_{i=1}^{n} w_i p_k(x_i) \right) = \beta_0(p_0, p_0),$$

d.h. (3.6.14) ist erfüllt.

Setzt man die speziellen Polynome

$$(3.6.17) \qquad \bar{p}_i(x) := \prod_{j=1, j \neq i}^{n} (x - x_j)^2 \in \Pi_{2n-2}, \quad i = 1, \ldots, n,$$

in (3.6.14) ein, folgt sofort $w_i > 0$ für $i = 1, \ldots, n$. Damit ist Teil 1) bewiesen.

Wir zeigen als nächstes 3). Die Annahme, dass es Zahlen w_i, x_i, $i = 1, \ldots, n$, gibt, so dass (3.6.14) auch für alle $p \in \Pi_{2n}$ richtig ist, führt mit $\bar{p}(x) := \prod_{j=1}^{n}(x - x_j)^2 \in \Pi_{2n}$ sofort zu einem Widerspruch zu (3.6.1),

$$0 < \int_a^b \omega(x)\bar{p}(x)\,dx = \sum_{i=1}^n w_i\bar{p}(x_i) = 0.$$

Zum Beweis von 2) wenden wir (3.6.14) auf $p = p_k$, $k = 0, 1, \ldots, n-1$, an und finden

$$\sum_{i=1}^n w_i p_k(x_i) = \int_a^b \omega(x)p_k(x)\,dx$$

$$= (p_k, p_0) = \begin{cases} (p_0, p_0) & \text{falls } k = 0, \\ 0 & \text{falls } 1 \le k \le n-1, \end{cases}$$

d.h. die w_i müssen (3.6.13) erfüllen. Wählt man $p(x) := p_k(x)p_n(x)$, $k = 0, \ldots, n-1$, in (3.6.14), so folgt

$$0 = (p_k, p_n) = \sum_{i=1}^n w_i p_n(x_i)p_k(x_i), \quad k = 0, \ldots, n-1,$$

d.h., der Vektor $c := \begin{bmatrix} w_1 p_n(x_1) & \cdots & w_n p_n(x_n) \end{bmatrix}^T$ erfüllt das Gleichungssystem

$$Ac = 0,$$

wobei A die Matrix (3.6.15) ist. Aus 3) folgt sofort $x_1 < \cdots < x_n$. Damit ist nach Theorem (3.6.11) A nichtsingulär, also muss $c = 0$ sein, d.h.

$$w_i p_n(x_i) = 0 \quad \text{für} \quad i = 1, \ldots, n.$$

Wie eben folgt $w_i > 0$ durch Einsetzen von $p = \bar{p}_i$ (3.6.17) in (3.6.14), und daher schliesslich $p_n(x_i) = 0$, $i = 1, \ldots, n$. Damit ist auch Teil 2) bewiesen. $\square$

Für die in der Praxis wichtigste Gewichtsfunktion $\omega(x) :\equiv 1$ und das Intervall $[-1, 1]$ stammen die Resultate des letzten Theorems von Gauss. Die zugehörigen Orthogonalpolynome

$$(3.6.18) \qquad p_k(x) := \frac{k!}{(2k)!}\frac{d^k}{dx^k}(x^2 - 1)^k, \quad k = 0, 1, \ldots,$$

sind bis auf einen Normierungsfaktor gerade die *Legendre-Polynome*. (Für diese p_k ist offensichtlich $p_k \in \bar{\Pi}_k$ und durch partielle Integration verifiziert man sofort $(p_i, p_k) = 0$ für $i \neq k$). Im folgenden sind einige w_i, x_i für diesen Spezialfall tabelliert (für weitere Werte siehe Abramowitz und Stegun (1965), *Handbook of mathematical functions*):

n	w_i	x_i
1	$w_1 = 2$	$x_1 = 0$
2	$w_1 = w_2 = 1$	$x_2 = -x_1 = 0.577\ 350\ 2692\ldots$
3	$w_1 = w_3 = \frac{5}{9}$	$x_3 = -x_1 = 0.774\ 596\ 6692\ldots$
	$w_2 = \frac{8}{9}$	$x_2 = 0$
4	$w_1 = w_4 = 0.347\ 854\ 8451\ldots$	$x_4 = -x_1 = 0.861\ 136\ 3116\ldots$
	$w_2 = w_3 = 0.652\ 145\ 1549\ldots$	$x_3 = -x_2 = 0.339\ 981\ 0436\ldots$
5	$w_1 = w_5 = 0.236\ 926\ 8851\ldots$	$x_5 = -x_1 = 0.906\ 179\ 8459\ldots$
	$w_2 = w_4 = 0.478\ 628\ 6705\ldots$	$x_4 = -x_2 = 0.538\ 469\ 3101\ldots$
	$w_3 = \frac{128}{225} = 0.568\ 888\ 8889\ldots$	$x_3 = 0$

Weitere für die Gewinnung von Integrationsformeln praktisch wichtige Beispiele sind in folgender Tabelle ausgeführt:

$[a, b]$	$\omega(x)$	Name der Orthogonalpolynome
$[-1, 1]$	$(1 - x^2)^{-1/2}$	$T_n(x)$, Tschebyscheff-Polynome
$[0, \infty]$	e^{-x}	$L_n(x)$, Laguerre-Polynome
$[-\infty, \infty]$	e^{-x^2}	$H_n(x)$, Hermite-Polynome

Es bleibt die Frage, wie man im allgemeinen Fall die Zahlen w_i, x_i bestimmt. Wir wollen dieses Problem unter der Voraussetzung betrachten, dass die Koeffizienten δ_i, γ_i der Rekursionsformel (3.6.5) bekannt sind (eine Bestimmung der δ_i, γ_i ist im übrigen ein numerisch recht schwieriges Problem. Methoden dazu findet man in Golub und Welsch (1969) und in Gautschi (1968, 1970, 2004)).

Die Theorie der Orthogonalpolynome ist eng mit reellen Tridiagonalmatrizen

$$(3.6.19) \qquad J_n = \begin{bmatrix} \delta_1 & \gamma_2 & & 0 \\ \gamma_2 & \ddots & \ddots & \\ & \ddots & \ddots & \gamma_n \\ 0 & & \gamma_n & \delta_n \end{bmatrix}$$

und ihren Hauptuntermatrizen

$$J_j := \begin{bmatrix} \delta_1 & \gamma_2 & & 0 \\ \gamma_2 & \ddots & \ddots & \\ & \ddots & \ddots & \gamma_j \\ 0 & & \gamma_j & \delta_j \end{bmatrix}$$

verknüpft. Solche Matrizen werden in den Abschnitten 5.8 und in Band 2 näher studiert. In 5.8 wird gezeigt, dass die charakteristischen Polynome $p_j(x) \equiv \det(J_j - xI)$ der J_j den Rekursionsformeln (3.6.5) mit den Koeffizienten δ_j, γ_j genügen. Insbesondere ist p_n das charakteristische Polynom von J_n, und es gilt das folgende Resultat.

(3.6.20) **Theorem:** *Die Nullstellen* x_i, $i = 1, 2, \ldots, n$, *des* n-*ten Orthogonal-polynoms* p_n *sind die Eigenwerte der Tridiagonalmatrix* J_n (3.6.19).

Eigenwerte von Tridiagonalmatrizen können z.B. mit der Bisektions-methode von Abschnitt 5.8 oder mit dem QR-Verfahren (s. Band 2) berechnet werden. Für die Gewichte w_i gilt (s. Szegö (1975), Golub und Welsch (1969)) das folgende Resultat.

(3.6.21) **Theorem:** *Es ist*

$$w_k = (v_1^{(k)})^2, \quad k = 1, \ldots, n,$$

wenn $v^{(k)} = \begin{bmatrix} v_1^{(k)} & \cdots & v_n^{(k)} \end{bmatrix}^T$ *Eigenvektor zum Eigenwert* x_k *von* J_n (3.6.19),

$$J_n v^{(k)} = x_k v^{(k)},$$

mit der Normierung $(v^{(k)})^T v^{(k)} = (p_0, p_0) = \int_a^b \omega(x)\, dx$ *ist.*

Beweis: Man bestätigt leicht, dass der Vektor von Polynomen

$$\tilde{v}(x) := \begin{bmatrix} \rho_0 p_0(x) & \rho_1 p_1(x) & \cdots & \rho_{n-1} p_{n-1}(x) \end{bmatrix}^T$$

mit (wegen (3.6.6) gilt $\gamma_j \neq 0$)

$$\rho_j := 1/(\gamma_1 \gamma_2 \ldots \gamma_{j+1}) \quad \text{für} \quad j = 0, 1, \ldots, n-1,$$

wegen (3.6.5) folgender Gleichung genügt

$$(J_n - xI)\tilde{v}(x) \equiv -\rho_{n-1} p_n(x) e_n, \quad e_n := \begin{bmatrix} 0 & \cdots & 0 & 1 \end{bmatrix}^T \in \mathbb{R}^n.$$

Beispielsweise ist wegen $\gamma_n \rho_{n-2} = \gamma_n^2 \rho_{n-1}$ die letzte dieser n Gleichungen äquivalent mit

$$\gamma_n \rho_{n-2} p_{n-2}(x) + (\delta_n - x)\rho_{n-1} p_{n-1}(x)$$
$$\equiv \rho_{n-1}\big(\gamma_n^2 p_{n-2}(x) + (\delta_n - x)p_{n-1}(x)\big)$$
$$\equiv -\rho_{n-1} p_n(x),$$

die sofort aus (3.6.5) für $i = n - 1$ folgt. Setzt man für x die Nullstellen x_k, $k = 1, 2, \ldots, n$, von $p_n(x)$ ein, so folgt sofort, dass die Vektoren

$$\tilde{v}^{(k)} := \tilde{v}(x_k), \quad k = 1, \ldots, n$$

nicht verschwinden (wegen $\rho_0 = 1$, $p_0(x) \equiv 1$ gilt $\tilde{v}_1(x) \equiv 1$) und Eigenvek-toren von J_n zum Eigenwert x_k sind, $J_n \tilde{v}^{(k)} = x_k \tilde{v}^{(k)}$.

Ferner ist das Gleichungssystem (3.6.13) für die w_i wegen $\rho_j \neq 0$, $j = 0, 1, \ldots, n-1$, äquivalent mit

(3.6.22) $\begin{bmatrix} \tilde{v}^{(1)} & \tilde{v}^{(2)} & \cdots & \tilde{v}^{(n)} \end{bmatrix} w = (p_0, p_0) \cdot e_1,$

wobei $w := \begin{bmatrix} w_1 & w_2 & \cdots & w_n \end{bmatrix}^T$, $e_1 := \begin{bmatrix} 1 & 0 & \cdots & 0 \end{bmatrix}^T$.

Eigenvektoren von symmetrischen Matrizen zu verschiedenen Eigenwerten sind orthogonal zueinander. Wegen $x_i \neq x_k$ für $i \neq k$ folgt daher aus (3.6.22) durch Linksmultiplikation mit $\tilde{v}^{(k)T}$

(3.6.23) $(\tilde{v}^{(k)T}\tilde{v}^{(k)})w_k = (p_0, p_0)\tilde{v}^{(k)T}e_1 = (p_0, p_0),$

da $\tilde{v}^{(k)T}e_1 = \tilde{v}_1^{(k)} = 1$.

Wegen $\tilde{v}_1^{(k)} = 1$ folgt $v_1^{(k)}\tilde{v}^{(k)} = v^{(k)}$ für den normierten Eigenvektor $v^{(k)}$. Multipliziert man (3.6.23) mit $(v_1^{(k)})^2$, so erhält man daher

$$v^{(k)T}v^{(k)}w_k = (v_1^{(k)})^2(p_0, p_0),$$

also $w_k = (v_1^{(k)})^2$ wegen $v^{(k)T}v^{(k)} = (p_0, p_0)$. $\square$

Die interessierende erste Komponente $v_1^{(k)}$ des Eigenvektors $v^{(k)}$ und damit auch w_k kann bei dem QR-Verfahren zur Bestimmung der Eigenwerte leicht mitberechnet werden (s. Golub, Welsch (1969)).

Wir wollen schliesslich noch eine Abschätzung für den Fehler der Gaussschen Integrationsmethode angeben.

(3.6.24) **Theorem:** *Für* $f \in C^{2n}[a, b]$ *gilt*

$$\int_a^b \omega(x)f(x)\,dx - \sum_{i=1}^n w_i f(x_i) = \frac{f^{(2n)}(\xi)}{(2n)!}(p_n, p_n)$$

mit einem ξ *aus* (a, b).

Beweis: Man betrachte die Lösung $h \in \Pi_{2n-1}$ des Hermiteschen Interpolationsproblems (s. Abschnitt 2.1.5)

$$h(x_i) = f(x_i), \quad h'(x_i) = f'(x_i), \quad i = 1, 2, \ldots, n.$$

Wegen Grad $h < 2n$ und Theorem (3.6.12) folgt

$$\int_a^b \omega(x)h(x)\,dx = \sum_{i=1}^n w_i h(x_i) = \sum_{i=1}^n w_i f(x_i).$$

Also besitzt der Integrationsfehler die Integraldarstellung

$$\int_a^b \omega(x)f(x)\,dx - \sum_{i=1}^n w_i f(x_i) = \int_a^b \omega(x)\big(f(x) - h(x)\big)\,dx.$$

Wegen Theorem (2.1.5.9) und weil die x_k die Nullstellen von p_n sind, gilt

$$f(x) - h(x) = \frac{f^{(2n)}(\zeta)}{(2n)!}(x - x_1)^2 \cdots (x - x_n)^2 = \frac{f^{(2n)}(\zeta)}{(2n)!}p_n^2(x)$$

für ein $\zeta = \zeta(x)$ in dem kleinsten Intervall $I[x, x_1, \ldots, x_n]$, das x und alle x_k enthält. Weiter ist die Funktion

$$\frac{f^{(2n)}(\zeta(x))}{(2n)!} = \frac{f(x) - h(x)}{p_n^2(x)}$$

stetig auf $[a, b]$. Der Mittelwertsatz der Integralrechnung ergibt daher

$$\int_a^b \omega(x)\big(f(x) - h(x)\big)\,dx = \frac{1}{(2n)!}\int_a^b \omega(x)f^{(2n)}(\zeta(x))p_n^2(x)\,dx$$
$$= \frac{f^{(2n)}(\xi)}{(2n)!}(p_n, p_n)$$

für ein $\xi \in (a, b)$.   □

Vergleicht man die verschiedenen Integrationsmethoden (Newton–Cotes-Formeln, Extrapolationsverfahren, Gausssche Methode) miteinander, so stellt man zunächst fest, dass bei gleichem Rechenaufwand (gemessen an der Zahl der Funktionsauswertungen) die Gaussssche Methode die höchste Ordnung besitzt und vermutlich deshalb die genauesten Resultate liefert. Wenn man zu einer gewünschten Genauigkeit ε wüsste, welches n man zu nehmen hätte, um mit der Gauss-Formel zum Index n ein bestimmtes Integral $\int_a^b f(x)\,dx$ mit der Genauigkeit ε zu approximieren, wäre die Gauss-Methode sicherlich den anderen Methoden überlegen. Leider ist es aber meistens unmöglich, etwa mittels der Fehlerformel in Theorem (3.6.24) ein passendes n zu finden, da es in der Regel sehr schwierig ist, eine vernünftige Abschätzung für $f^{(2n)}(\xi)$, $a \leq \xi \leq b$, anzugeben. Deshalb wendet man gewöhnlich die Gauss-Formeln für wachsende Werte n so lange an, bis die Näherungswerte für das Integral mit der gewünschten Genauigkeit übereinstimmen. Dabei ist es sehr nachteilig, dass anders als bei Extrapolationsverfahren die für ein n berechneten Funktionswerte nicht für $n + 1$ wiederverwendet werden können, so dass die theoretischen Vorteile der Gauss-Integration bald verloren gehen. Es gibt jedoch Verfahren [s. z.B. Kronrod (1965)], bei denen diese Nachteile des Gauss-Verfahrens weitgehend vermieden werden. In Piessens et al. (1983) findet man eine Sammlung von Programmen zur Integration von Funktionen.

3.7 Integrale mit Singularitäten

Die bisher behandelten Integrationsmethoden zur Berechnung von Integralen

$$\int_a^b f(x)\,dx$$

setzen gewöhnlich voraus, dass der Integrand auf dem abgeschlossenen Intervall $[a,b]$ genügend oft differenzierbar ist. Nun gibt es in der Praxis oft Probleme, bei denen der Integrand an den Intervallenden oder an isolierten Punkten im Inneren des Intervalls $[a,b]$ diese Voraussetzung nicht erfüllt. Häufig kann man sich dann folgendermassen helfen:

1) $f(x)$ sei eine auf den Teilintervallen $[a_i, a_{i+1}]$, $i = 1, \ldots, m$, mit $a = a_1 < a_2 < a_3 \cdots < a_{m+1} = b$ hinreichend oft stetig differenzierbare Funktion. Setzt man $f_i(x) := f(x)$ für $x \in [a_i, a_{i+1}]$ und definiert man die Ableitungen von f_i für a_i als rechts- bzw. für a_{i+1} als linksseitige Grenzwerte der Ableitungen von f, so erfüllt f_i auf $[a_i, a_{i+1}]$ die üblichen Differenzierbarkeitsvoraussetzungen. Man sollte deshalb die f_i separat integrieren und die Teilintegrale summieren

$$\int_a^b f(x)\,dx = \sum_{i=1}^m \int_{a_i}^{a_{i+1}} f_i(x)\,dx.$$

2) Für ein $\tilde{x} \in [a,b]$ mögen auch die einseitigen Grenzwerte der Ableitungen von $f(x)$ nicht existieren, z.B. $f(x) = \sqrt{x}\sin x$, $\tilde{x} = a = 0$, $b > 0$. Hier lässt sich $f''(0)$ für $\tilde{x} = 0$ nicht einmal einseitig stetig erklären. Es führt dann oft eine Substitution zum Ziel; in unserem Falle ergibt sich mit $t := \sqrt{x}$

$$\int_0^b \sqrt{x}\sin x\,dx = \int_0^{\sqrt{b}} 2t^2 \sin t^2\,dt.$$

Der neue Integrand ist jetzt auf $[0, \sqrt{b}]$ beliebig oft differenzierbar.

3) Eine andere Möglichkeit, diesen Fall zu behandeln, besteht in einer Aufspaltung des Integrals:

$$\int_0^b \sqrt{x}\sin x\,dx = \int_0^\varepsilon \sqrt{x}\sin x\,dx + \int_\varepsilon^b \sqrt{x}\sin x\,dx, \quad \varepsilon > 0.$$

Der zweite Integrand ist beliebig oft in $[\varepsilon, b]$ differenzierbar und das erste Integral lässt sich in eine Reihe entwickeln, die wegen ihrer gleichmässigen Konvergenz gliedweise integriert werden darf

$$\int_0^\varepsilon \sqrt{x}\sin x\,dx = \int_0^\varepsilon \sqrt{x}\Big(x - \frac{x^3}{3!} \pm \cdots \Big)\,dx$$

$$= \sum_{\nu=0}^\infty (-1)^\nu \frac{\varepsilon^{2\nu+5/2}}{(2\nu+1)!(2\nu+5/2)}.$$

Für genügend kleines ε kann man diese Reihe nach wenigen Schritten abbrechen, ohne einen grossen Fehler zu begehen. Die Schwierigkeit liegt in der Wahl von ε: Wählt man ε zu klein, so wirkt sich bei der Berechnung von $\int_\varepsilon^b \sqrt{x} \sin x \, dx$ die Singularität bei $x = 0$ sehr störend auf die Konvergenzgeschwindigkeit des benutzten Verfahrens aus.

4) Eine mit 3) verwandte Möglichkeit besteht darin, von $f(x)$ eine Funktion zu subtrahieren, die dieselbe Singularität wie $f(x)$ besitzt und deren Stammfunktion bekannt ist. In dem obigen Beispiel leistet das die Funktion $x\sqrt{x}$:

$$\int_0^b \sqrt{x} \sin x \, dx = \int_0^b \left(\sqrt{x} \sin x - \sqrt{x}\, x\right) dx + \int_0^b \sqrt{x}\, x \, dx$$

$$= \int_0^b \sqrt{x}(\sin x - x) \, dx + \frac{2}{5} b^{5/2}.$$

Der neue Integrand ist dreimal stetig differenzierbar. Wie man jedoch sieht, tritt wegen $x \approx \sin x$ für x nahe bei 0 bei der Berechnung des Integranden die Gefahr der Auslöschung auf. Zur Berechnung der Differenz $\sin x - x$ sollte man deshalb für kleines x z.B. die Potenzreihe benutzen

$$\sin x - x = -x^3 \left(\frac{1}{3!} - \frac{1}{5!}x^2 \pm \cdots\right).$$

5) Für gewisse Typen von Integralen mit Singularitäten, etwa für

$$I = \int_0^b x^\alpha f(x) \, dx, \quad \alpha > 0,$$

wo f eine genügend oft auf $[0, b]$ stetig differenzierbare Funktion ist, weiss man, dass die Trapezsumme $T(h)$ statt der in (3.4.1) angegebenen Entwicklung eine asymptotische Entwicklung der Form (3.5.1)

$$T(h) \sim \tau_0 + \tau_1 h^{\gamma_1} + \tau_2 h^{\gamma_2} + \cdots$$

mit

$$\{\gamma_i\} = \{\, 1 + \alpha, 2, 2 + \alpha, 4, 4 + \alpha, 6, 6 + \alpha, \ldots \,\}$$

besitzt (s. Bulirsch (1964)). Statt der in 3.4 beschriebenen Extrapolationsalgorithmen, die auf die „normale" Folge $\{\gamma_i\} = \{\, 2, 4, 6, \ldots \,\}$ abgestellt sind, könnte man in diesem Fall andere Extrapolationsalgorithmen verwenden, die die geänderte Exponentenfolge berücksichtigen (s. Bulirsch und Stoer (1964)).

6) Folgende Methode führt häufig zu überraschend guten Resultaten: Wenn etwa ein Integral $I = \int_a^b f(x) \, dx$ zu berechnen ist und der Integrand nur für $x = a$ nicht oder nicht genügend oft differenzierbar ist, so betrachte man für eine monoton fallende Folge, etwa $a_j := a + (b - a)/j, j = 1, 2, \ldots$, die Teilingrale

$$I_j := \int_{a_{j+1}}^{a_j} f(x)\,dx.$$

Jedes dieser Integrale kann dann mit den Standardmethoden schnell und genau berechnet werden, da f auf $[a_{j+1}, a_j]$ nach Voraussetzung genügend oft differenzierbar ist. Nun ist

$$I = I_1 + I_2 + I_3 + \cdots .$$

Die Konvergenz dieser unendlichen Reihe kann häufig mittels eines konvergenzbeschleunigenden Verfahrens (etwa Aitkens Δ^2-Algorithmus, siehe Abschnitt 5.7) so stark beschleunigt werden, dass man nur wenige I_j berechnen muss.

Ähnlich kann man auch bei uneigentlichen Integralen vorgehen, indem man eine geeignete divergente monoton wachsende Folge a_j wählt und setzt

$$I = \int_0^\infty f(x)\,dx = \sum_{j=1}^\infty I_j, \quad I_j := \int_{a_j}^{a_{j+1}} f(x)\,dx.$$

7) Allgemein lässt sich bei uneigentlichen Integralen das Integrationsintervall durch eine geeignete Substitution endlich machen. Zum Beispiel gilt mit der Substitution $x = 1/t$

$$\int_1^\infty f(x)\,dx = \int_0^1 \frac{1}{t^2} f\left(\frac{1}{t}\right) dt.$$

Wenn der neue Integrand am Intervallende 0 jetzt eine Singularität besitzt, so wende man eine der vorher besprochenen Methoden an.

Man beachte, dass man mit Hilfe der Gauss-Integration (s. Abschnitt 3.6) bei Verwendung von Laguerre- oder Hermite-Polynomen uneigentliche Integrale der Form

$$\int_0^\infty e^{-x} f(x)\,dx, \quad \int_{-\infty}^\infty e^{-x^2} f(x)\,dx,$$

für genügend oft differenzierbares f direkt berechnen kann.

3.8 Adaptive Quadratur

Für Integrale $I_{[a,b]}(f) := \int_a^b f(x)\,dx$, bei denen der Integrand $f : [a,b] \mapsto \mathbb{R}$ auf $[a,b]$ ein stark unterschiedliches Wachstumsverhalten aufweist, ist eine äquidistante Zerlegung des Integrationsbereichs unangebracht. Aus Genauigkeitsgründen müsste die Schrittweite h der Zerlegung global hinreichend klein gewählt werden, wobei dann in Bereichen, in denen sich der Integrand vergleichsweise wenig ändert, unnötiger Rechenaufwand betrieben wird. Sicherlich kann man im Einzelfall aufgrund von a priori Information über den Integranden entsprechend angepasste nichtäquidistante Zerlegungen manuell konstruieren. Im Interesse universell verwendbarer Algorithmen ist man jedoch an solchen Qudraturformeln $\tilde{I}_{[a,b]}(f)$ interessiert, bei denen eine das Verhalten des Integranden widerspiegelnde nichtäquidistante Zerlegung automatisch, d.h. während des Berechnungsprozesses, generiert wird. Derartige Berechnungsverfahren werden als *adaptive Quadratur* bezeichnet. Sie beruhen auf einer *a posteriori Schätzung* des durch (3.2.2) gegebenen Integrationsfehlers $R_{[a,b]}(f) := \tilde{I}_{[a,b]}(f) - I_{[a,b]}(f)$.

Hinsichtlich einer umfassenden Darstellung adaptiver Quadratur verweisen wir auf Gander und Gautschi (2000). Dort sind auch Programme zur praktischen Durchführung adaptiver Quadratur zu finden, die inzwischen zum Standard in Matlab zählen.

Adaptive Diskretisierungsverfahren auf der Grundlage einer a posteriori Schätzung des Diskretisierungsfehlers bzw. problemspezifischer Fehlerfunktionale sind nicht nur für die Quadratur von Bedeutung, sondern spielen auch eine wesentliche Rolle bei der numerischen Lösung gewöhnlicher und partieller Differentialgleichungen (siehe Band 2).

Verfahren der adaptiven Quadratur bestehen in der sukzessiven Durchführung eines Zyklus, der aus den Schritten

„Lösung" $\Longrightarrow$ „Schätzung" $\Longrightarrow$ „Markierung" $\Longrightarrow$ „Verfeinerung"

besteht. Dabei bedeutet „Lösung" die Berechnung eines Näherungswertes $\tilde{I}_{[a,b]}^{(\ell)}(f)$, $\ell \in \mathbb{N}_0$, unter Verwendung einer zugrundeliegenden Quadraturformel, z.B. der Trapezregel, bezüglich einer gegebenen Zerlegung

$$\Delta_\ell := \{\, a =: x_0^{(\ell)} < x_1^{(\ell)} < \cdots < x_{n_\ell}^{(\ell)} := b \,\}$$

des Integrationsbereichs $[a,b]$ mit den Teilintervallen

$$\Delta_{\ell,i} := \big[x_i^{(\ell)}, x_{i+1}^{(\ell)}\big] \quad \text{der Länge} \quad \big|\Delta_{\ell,i}\big| := x_{i+1}^{(\ell)} - x_i^{(\ell)}, \quad 0 \le i \le n_\ell - 1.$$

Wir bezeichnen diese Quadraturformel im folgenden als Basisverfahren and ℓ als die Stufe des Verfeinerungsprozesses.

Der zweite Schritt „Schätzung" erfordert die Schätzung des Integrationsfehlers $\tilde{R}_{[a,b]}^{(\ell)}(f) := \tilde{I}_{[a,b]}^{(\ell)}(f) - I_{[a,b]}(f)$ auf der Basis von a posteriori Information, die aus dem berechneten Näherungswert möglichst ohne grossen Rechenaufwand extrahiert werden kann.

Der dritte Schritt „Markierung" dient der auf einer Verwendung des Fehlerschätzers beruhenden Kennzeichnung derjenigen Teilintervalle von Δ_ℓ, die im Interesse der Gewinnung einer genaueren Approximation verfeinert werden sollen. Für $\ell \ge 1$ und $i \in \{1,\ldots,n_\ell - 1\}$ nennen wir $\Delta_{\ell,i}$ ein Intervall der Stufe $s(\Delta_{\ell,i}) = \ell$, falls $\Delta_{\ell,i}$ durch Bisektion eines Intervalls aus $\Delta_{\ell-1}^M$ hervorgegangen ist. Andernfalls stimmt $\Delta_{\ell,i}$ mit einem Intervall der Zerlegung $\Delta_{\ell-1}$ überein, und wir haben $s(\Delta_{\ell,i}) \le \ell - 1$. Wir bezeichnen die Menge der zur Verfeinerung markierten Intervalle mit Δ_ℓ^M.

Der abschliessende Schritt „Verfeinerung" beinhaltet die praktische Realisierung des Verfeinerungsprozesses. Als „Verfeinerung" eines Intervalls $\Delta_{\ell,i} \in \Delta_\ell^M$ verwenden wir die Bisektion von $\Delta_{\ell,i} = [x_i^{(\ell)}, x_{i+1}^{(\ell)}]$ in zwei Teilintervalle

$$\Delta_{\ell,i}^- := [x_i^{(\ell)}, (x_i^{(\ell)} + x_{i+1}^{(\ell)})/2], \quad \Delta_{\ell,i}^+ := [(x_i^{(\ell)} + x_{i+1}^{(\ell)})/2, x_{i+1}^{(\ell)}].$$

In den Abschnitten 3.1–3.7 haben wir bereits zahlreiche Quadraturformeln zur Durchführung des ersten Schrittes „Lösung" kennen gelernt. Wir befassen uns daher in diesem Abschnitt mit den nachfolgenden Schritten „Schätzung" und „Markierung" des adaptiven Zyklus.

Zur Schätzung des Integrationsfehlers $\tilde{R}_{[a,b]}^{(\ell)}(f)$ ist man an einem einfach zu berechnenden und lokalisierbaren Schätzer η_ℓ von der Gestalt

$$(3.8.1) \qquad\qquad \eta_\ell = \sum_{i=0}^{n_\ell-1} \eta_{\Delta_{\ell,i}}$$

interessiert, wobei die Grössen $\eta_{\ell,i}$, $0 \le i \le n_\ell - 1$, Schätzungen des Integrationsfehlers $\tilde{R}_{\Delta_{\ell,i}}^{(\ell)}(f)$ bezüglich der Teilintervalle $\Delta_{\ell,i}$ darstellen.

Der durch (3.8.1) gegebene Schätzer η_ℓ wird *zuverlässig* genannt, falls mit einer Konstanten $\Gamma > 0$

$$(3.8.2) \qquad\qquad |R_{[a,b]}^\ell(f)| \le \Gamma\eta_\ell,$$

und er heisst *effizient*, falls

$$(3.8.3) \qquad\qquad \gamma\eta_\ell \le |R_{[a,b]}^\ell(f)|$$

mit einer Konstanten $0 < \gamma \le \Gamma$. Der Grund für diese Bezeichnungsweise liegt darin, dass man bei der Realisierung der adaptiven Quadratur bezüglich einer vorgegebenen Toleranz tol > 0 den adaptiven Verfeinerungsprozess abbrechen wird, wenn

$$\eta_\ell \le \text{tol}$$

erfüllt ist. Zuverlässige Schätzer im Sinne von (3.8.2) garantieren, dass dann auch der Integrationsfehler von gleicher Grössenordnung wie tol ist. Andererseits kann bei lediglich zuverlässigen Schätzern der Integrationsfehler überschätzt werden, was zu einer zu starken Verfeinerung des Integrationsintervalls und somit zu einem unvertretbar hohen Rechenaufwand führt. Effiziente Schätzer im Sinne von (3.8.3) stellen sicher, dass es nicht zu einer solchen Überschätzung kommt. Aus diesem Grunde ist man an a posteriori Schätzern interessiert, die sowohl zuverlässig als auch effizient sind. Es ist ferner offensichtlich, dass die Schätzung umso besser ausfällt, je näher die beiden Konstanten γ und Γ bei Eins liegen.

Zur Konstruktion eines effizienten und zuverlässigen Schätzers ziehen wir lokal als Vergleichsverfahren eine Quadraturformel $\hat{I}_{\Delta_{\ell,i}}^{(\ell)}(f)$ höherer Ordnung als die des Basisverfahrens heran (z.B. die Simpson-Regel bei Wahl der Trapezregel als Basisverfahren), d.h. wir nehmen an, dass

$$\left|\hat{R}^{(\ell)}_{\Delta_{\ell,i}}(f)\right| \le q\left|\tilde{R}^{(\ell)}_{\Delta_{\ell,i}}(f)\right|, \quad 0 \le q < 1.$$

Wir definieren demgemäss

$$\eta_{\Delta_{\ell,i}} := \left|\tilde{I}^{(\ell)}_{\Delta_{\ell,i}} - \hat{I}^{(\ell)}_{\Delta_{\ell,i}}\right|$$

als Schätzer des lokalen Integrationsfehlers $\tilde{R}^{(\ell)}_{\Delta_{\ell,i}}(f)$. Die Dreiecksungleichung liefert dann einerseits

$$\left|\tilde{R}^{(\ell)}_{\Delta_{\ell,i}}(f)\right| \le \eta_{\Delta_{\ell,i}} + \left|\hat{R}^{(\ell)}_{\Delta_{\ell,i}}(f)\right| \le \eta_{\Delta_{\ell,i}} + q\left|\tilde{R}^{(\ell)}_{\Delta_{\ell,i}}(f)\right|,$$

und andererseits

$$\left|\tilde{R}^{(\ell)}_{\Delta_{\ell,i}}(f)\right| \ge \eta_{\Delta_{\ell,i}} - \left|\hat{R}^{(\ell)}_{\Delta_{\ell,i}}(f)\right| \ge \eta_{\Delta_{\ell,i}} - q\left|\tilde{R}^{(\ell)}_{\Delta_{\ell,i}}(f)\right|.$$

Durch Summation über alle Teilintervalle $\Delta_{\ell,i}$ erschliesst man daraus die Effizienz und Zuverlässigkeit des Schätzers η mit $\gamma := 1/(1+q)$ und $\Gamma := 1/(1-q)$.

Zur Durchführung des Schrittes „Markierung" im adaptiven Zyklus nehmen wir ferner an, dass sich die lokalen Schätzer $\eta_{\Delta_{\ell,i}}$ mit Konstanten $\kappa > 1$ und $C > 0$ wie

$$(3.8.4) \qquad\qquad \eta_{\Delta_{\ell,i}} \doteq C|\Delta_{\ell,i}|^{\kappa}$$

verhalten. Wir bezeichnen mit $\Delta_{\ell-1,j_i}$, $j_i \in \{1,\ldots,n_{\ell-1}-1\}$, dasjenige Intervall der Stufe $\ell-1$, das $\Delta_{\ell,i}$ enthält. Gilt $\Delta_{\ell-1,j_i} \in \Delta^M_{\ell-1}$, so hat man $|\Delta_{\ell-1,j_i}| = 2|\Delta_{\ell,i}|$, und es folgt aus (3.8.4)

$$\eta_{\Delta_{\ell-1,j_i}} \doteq 2^{\kappa}|\eta_{\Delta_{\ell,i}}|.$$

Unter Beachtung von $|\Delta^{\pm}_{\ell,i}| = |\Delta_{\ell,i}|/2$ erhält man somit

$$\eta_{\Delta^{\pm}_{\ell,i}} \doteq C2^{-\kappa}|\Delta_{\ell,i}| \doteq \frac{\eta^2_{\Delta_{\ell,i}}}{\eta_{\Delta_{\ell-1,j_i}}}.$$

Wir definieren

$$(3.8.5) \qquad\qquad \overline{\eta}_{\Delta_{\ell,i}} := \frac{\eta^2_{\Delta_{\ell,i}}}{\eta_{\Delta_{\ell-1,j_i}}}.$$

Die durch (3.8.5) gegebene Grösse $\overline{\eta}_{\Delta_{\ell,i}}$ lässt sich im Sinne von Abschnitt 3.4 interpretieren als der durch *lokale Extrapolation* auf die Schrittweite $|\Delta^{\pm}_{\ell,i}| = |\Delta_{\ell,i}|/2$ aus $\eta_{\Delta_{\ell-1,j_i}}$ und $\eta_{\Delta_{\ell,i}}$ gewonnene Wert.

Zur Durchführung des Schrittes „Markierung" im adaptiven Zyklus verwenden wir das Maximum

$$m_{\eta_\ell} := \max_{s(\Delta_{\ell,i})=\ell} \overline{\eta}_{\ell,i}$$

der lokalen Fehlerschätzer $\eta_{\ell,i}$ mit $s(\Delta_{\ell,i}) = \ell$. Für vorgegebenes $\Theta \in (0,1)$ markieren wir alle Teilintervalle $\Delta_{\ell,i}$ zur Verfeinerung, für die

(3.8.6) $$\eta_{\ell,i} \geq \Theta m_{\eta_\ell}$$

erfüllt ist. Als Abbruchkriterium für den adaptiven Zyklus vergleichen wir die aktuelle Approximation $\hat{I}^{(\ell)}_{[a,b]}(f)$ beüglich des Gitters Δ_ℓ mit dem entsprechenden Wert $\hat{I}^{(\ell-1)}_{[a,b]}(f)$ bezüglich des gröberen Gitters $\Delta_{\ell-1}$. Wir brechen ab, falls der relative Fehler die vorgebenen Toleranz tol unterschreitet, d.h. falls

$$\varepsilon^{(\ell)}_{\text{rel}} := \frac{\left| \hat{I}^{(\ell)}_{[a,b]}(f) - \hat{I}^{(\ell-1)}_{[a,b]}(f) \right|}{\left| \hat{I}^{(\ell)}_{[a,b]}(f) \right|} \leq \text{tol}.$$

Der vollständige Algorithmus zur adaptiven Quadratur lautet somit wie folgt.

(3.8.7) **Algorithmus:** *Gegeben:* $\Delta_0, \Theta \in (0,1)$ *und* tol > 0;
$\qquad$ *Für* $\ell = 0, 1, 2, \ldots$
$\qquad\qquad$ *Für* $i = 0, 1, \ldots, n_\ell - 1$
$\qquad\qquad\qquad$ *Berechne* $\tilde{I}^{(\ell)}_{\Delta_{\ell,i}}$, $\bar{I}^{(\ell)}_{\Delta_{\ell,i}}$, $\eta_{\ell,i}$ *und* $\hat{I}^{(\ell)}_{[a,b]}(f)$;
$\qquad\qquad$ *Falls* $\ell \geq 1$, *berechne* $\varepsilon^{(\ell)}_{\text{rel}}$;
$\qquad\qquad$ *Breche mit Lösung* $\hat{I}^{(\ell)}_{[a,b]}(f)$ *ab, falls* $\varepsilon^{(\ell)}_{\text{rel}} \leq$ tol;
$\qquad\qquad$ *Andernfalls:*
$\qquad\qquad$ *Für* $i = 0, 1, \ldots, n_\ell - 1$
$\qquad\qquad\qquad$ *Berechne* $\bar{\eta}_{\ell,i}$ *für* $\Delta_{\ell,i}$
$\qquad\qquad$ *Berechne* m_{η_ℓ};
$\qquad\qquad$ *Erzeuge* $\Delta_{\ell+1}$ *durch Bisektion aller* $\Delta_{\ell,i}$, *für die* $\eta_{\ell,i} \geq \Theta m_{\eta_\ell}$;

Übungsaufgaben zu Kapitel 3

1. Sei durch $a \leq x_0 < x_1 < x_2 < \cdots < x_n \leq b$ eine beliebige Unterteilung des Intervalls $[a,b]$ gegeben. Man zeige, dass es eindeutig bestimmte Zahlen $\gamma_0, \gamma_1, \ldots, \gamma_n$ gibt mit

$$\sum_{i=0}^{n} \gamma_i P(x_i) = \int_a^b P(x)\, dx$$

   für alle Polynome $P(x)$ vom Grad $\leq n$.
   [*Hinweis:* Wähle $P(x) \equiv 1, x, \ldots, x^n$ und studiere die entstehenden linearen Gleichungen für die γ_i.]

2. Die n-te Newton–Cotes-Formel ist so konstruiert, dass sie Polynome vom Grad $\leq n$ exakt integriert. Man zeige, dass sie für gerades n sogar Polynome $(n+1)$-ten Grades exakt integriert.
   [*Hinweis:* Betrachte den Integranden x^{2k+1} auf dem Intervall $[-k,k]$.]

3. Für $f \in C^2[a, b]$ lässt sich für die Trapezregel zeigen:

$$\int_a^b f(x)\, dx - \frac{1}{2}(b-a)\big(f(a) + f(b)\big) = -\frac{(b-a)^3}{12} f''(\tilde{x}), \quad \tilde{x} \in (a, b).$$

[*Hinweis:* Man benutze Theorem (2.1.4.1) und zeige, dass dort $f''(\xi(x))$ stetig von x abhängt.]

4. Man beweise (3.1.6) mit Hilfe von Theorem (2.1.5.9).
   [*Hinweis:* Siehe Aufgabe 3]

5. Sei $f \in C^6[-1, 1]$ und $P \in \Pi_5$ Lösung der Hermiteschen Interpolationsaufgabe $P(x_i) = f(x_i)$, $P'(x_i) = f'(x_i)$, $x_i = -1, 0, 1$.
   a) Man zeige

$$\int_{-1}^1 P(t)\, dt = \frac{7}{15} f(-1) + \frac{16}{15} f(0) + \frac{7}{15} f(1) + \frac{1}{15} f'(-1) - \frac{1}{15} f'(1).$$

   b) Diese Integrationsregel ist für alle Polynome $p \in \Pi_5$ exakt. Man zeige, dass sie nicht mehr für alle $p \in \Pi_6$ exakt ist.
   c) Man leite mit Hilfe von Theorem (2.1.5.9) eine Fehlerformel für die Integrationsregel aus a) ab.

6. Sei $\Delta = \{a = x_0 < \cdots < x_n = b\}$ eine Partition des Intervalls $[a, b]$. Man leite eine Integrationsregel zur Berechnung von $\int_a^b f(t)\, dt$ her, indem man f durch die natürliche Splinefunktion S_Δ mit $S_\Delta(x_i) = f(x_i)$, $i = 0, \ldots, n$, und (2.5.1.2)a) ersetzt.

7. Betrachte die Integrationsregel von Aufgabe 5.
   a) Zeige, dass ihr Peanokern auf $[-1, 1]$ konstantes Vorzeichen besitzt.
   b) Bestimme eine Fehlerformel mittels (3.2.8).

8. Zeige mit Hilfe der Euler–Maclaurinschen Summenformel

$$\sum_{k=0}^n k^3 = \left(\frac{n(n+1)}{2}\right)^2.$$

9. Die Romberg-Integration über das Intervall $[0, 1]$ liefert das Tableau (3.4.4) von Näherungswerten T_{ik}. In 3.4 wurde gezeigt, dass T_{11} der Simpsonregel entspricht.
   a) Man zeige, dass T_{22} die Milne-Regel liefert.
   b) T_{33} entspricht *nicht* der Newton–Cotes-Formel für $n = 8$.

10. Für die Schrittweiten $h_0 := b - a$, $h_1 := h_0/3$ liefert T_{11} in (3.4.4) gerade die 3/8-Regel.

11. Es soll die Zahl e mittels eines Extrapolationsverfahrens näherungsweise berechnet werden.
    a) Man zeige: $T(h) := (1+h)^{1/h}$, $h \neq 0$, $|h| < 1$, besitzt eine für alle h, $|h| < 1$, konvergente Entwicklung

$$T(h) = e + \sum_{i=1}^\infty \tau_i h^i.$$

    b) Wie ist $T(h)$ abzuändern, damit Extrapolation für $h = 0$ einen Näherungswert für e^x, x fest, liefert?

12. Betrachte eine Gewichtsfunktion $\omega(x) \geq 0$, die (3.6.1)a) und b) erfüllt. Man zeige, dass dann (3.6.1)c) zu $\mu_0 = \int_a^b \omega(x)\, dx > 0$ äquivalent ist.
[*Hinweis:* Wende den Mittelwertsatz der Integralrechnung für geeignete Teilintervalle von $[a,b]$ an.]

13. Für Funktionen $f, g \in C[-1, 1]$ definiere man das Skalarprodukt

$$(f, g) := \int_{-1}^{1} f(x) g(x)\, dx.$$

Man zeige: Sind $f(x)$, $g(x)$ Polynome vom Grade $\leq n$, x_i, $i = 1, 2, \ldots, n$, die Nullstellen des n-ten Legendrepolynoms (3.6.18) und

$$\gamma_i := \int_{-1}^{1} L_i(x)\, dx \quad \text{mit} \quad L_i(x) := \prod_{k \neq i, k=1}^{n} \frac{x - x_k}{x_i - x_k}, \quad i = 1, 2, \ldots, n,$$

so gilt

$$(f, g) = \sum_{i=1}^{n} \gamma_i f(x_i) g(x_i).$$

14. Betrachte die durch (3.6.18) definierten Legendrepolynome $p_j(x)$.
a) Zeige, dass der höchste Koeffizient von $p_j(x)$ gleich 1 ist.
b) Verifiziere die Orthogonalität dieser Polynome, $(p_i, p_j) = 0$ für $i < j$.
[*Hinweis:* Partielle Integration, unter Verwendung von

$$\frac{d^{2i+1}}{dx^{2i+1}} (x^2 - 1)^i \equiv 0$$

und der Teilbarkeit der Polynome

$$\frac{d^l}{dx^l} (x^2 - 1)^k$$

für $l < k$ durch $x^2 - 1$.]

15. Betrachte die Gauss-Integration, $[a, b] = [-1, 1]$, $\omega(x) \equiv 1$.
a) Zeige $\delta_i = 0$ für $i > 0$ in der Rekursion (3.6.5) für die zugehörigen Orthogonalpolynome $p_j(x)$.
[*Hinweis:* Es gilt $p_j(x) \equiv (-1)^{j+1} p_j(-x)$.]
b) Zeige mittels partieller Integration

$$\int_{-1}^{1} (x^2 - 1)^j\, dx = \frac{(-1)^j 2^{2j+1}}{\binom{2j}{j}(2j + 1)}.$$

c) Berechne (p_j, p_j) unter Verwendung von b) und Aufgabe 14. Zeige so für $j > 0$

$$\gamma_j^2 = \frac{j^2}{(2j + 1)(2j - 1)}$$

für die Konstanten γ_j in (3.6.5).

16. Man betrachte die Gauss-Integration auf dem Intervall $[-1, +1]$ zur Gewichtsfunktion $\omega(x) := (1 - x^2)^{-1/2}$. In diesem Fall sind die Orthogonalpolynome $p_j(x)$ bis auf einen konstanten Faktor gerade die Tschebyscheff-Polynome $T_0(x) \equiv 1$, $T_1(x) \equiv x$, $T_{j+1}(x) \equiv 2x T_j(x) - T_{j-1}(x)$ für $j \geq 1$.

a) Zeige $p_j(x) = (1/2^{j-1})T_j(x)$ für $j \geq 1$. Bestimme die Tridiagonalmatrix (3.6.19).

b) Stelle für $n = 3$ das Gleichungssystem (3.6.13) auf und zeige $w_1 = w_2 = w_3 = \pi/3$. (Im Tschebyscheff-Fall sind die Gewichte $w_1, \ldots, w_n$ für jedes n gleich).

17. $T(f; h)$ sei die Trapezsumme zur Schrittweite h für das Integral $\int_0^1 f(x)\,dx$. Es lässt sich zeigen, dass für $\alpha > 1$, $T(x^\alpha; h)$ folgende asymptotische Entwicklung besitzt

$$T(x^\alpha; h) \sim \int_0^1 x^\alpha\,dx + a_1 h^{1+\alpha} + a_2 h^2 + a_4 h^4 + a_6 h^6 + \cdots .$$

Man zeige, dass zu jeder Funktion $f(x)$, die für $|x| < r$, $r > 1$, analytisch ist, dann folgende asymptotische Entwicklung gilt

$$T(x^\alpha f(x); h) \sim \int_0^1 x^\alpha f(x)\,dx + b_1 h^{1+\alpha} + b_2 h^{2+\alpha} + b_3 h^{3+\alpha} + \cdots$$

$$\cdots + c_2 h^2 + c_4 h^4 + c_6 h^6 + \cdots .$$

[*Hinweis:* Entwickle f in eine Taylorreihe und verwende $T(\varphi + \psi; h) = T(\varphi; h) + T(\psi; h)$.]

Literatur zu Kapitel 3

Abramowitz, M., Stegun, I.A. (Eds.) (1965): *Handbook of Mathematical Functions.* Mineola, NY: Dover.

Bauer, F.L., Rutishauser, H., Stiefel, E. (1963): New aspects in numerical quadrature. Proc. of Symposia in Applied Mathematics **15**, 199–218, Amer. Math. Soc.

Bulirsch, R. (1964): Bemerkungen zur Romberg-Integration. Numer. Math. **6**, 6–16.

Bulirsch, R., Stoer, J. (1964): Fehlerabschätzungen und Extrapolation mit rationalen Funktionen bei Verfahren vom Richardson-Typus. Numer. Math. **6**, 413–427.

Bulirsch, R., Stoer, J. (1967): Numerical quadrature by extrapolation. Numer. Math. **9**, 271–278.

Davis, P.J. (1975): *Interpolation and Approximation.* Mineola, NY: Dover.

Davis, P.J., Rabinowitz, P. (1984): *Methods of Numerical Integration*, 2nd Edition. New York: Academic Press.

Engels, H. (1980): *Numerical Quadrature and Cubature.* London: Academic Press.

Erdelyi, A. (1956): *Asymptotic Expansions.* Mineola, NY: Dover.

Gander, W., Gautschi, W. (2000): Adaptive quadrature — revisited. BIT **40**, 84–101.

Gautschi, W. (1968): Construction of Gauss-Christoffel quadrature formulas. Math. Comp. **22**, 251–270.

Gautschi, W. (1970): On the Construction of Gaussian quadrature rules from modified moments. Math. Comp. **24**, 245–260.

Gautschi, W. (2004): *Orthogonal Polynomials: Computation and Approximation.* Oxford: Oxford University Press.

Golub, G.H., Welsch, J.H. (1969): Calculation of Gauss quadrature rules. *Math. Comp.* **23**, 221–230.

Gradshteyn, I.S., Ryzhik, I.M. (2000): *Table of Integrals, Series and Products*, 6th Edition. New York: Academic Press.

Gröbner, W., Hofreiter, N. (1961): *Integraltafel*, Band 1, 2. Berlin-Heidelberg-New York: Springer.

Henrici, P. (1964): *Elements of Numerical Analysis.* New York: Wiley.

Kronrod, A.S. (1965): *Nodes and weights of quadrature formulas.* Übersetzung aus dem Russischen. New York: Consultants Bureau.

Olver, F.W.J. (1997): *Asymptotics and Special Functions.* Wellesley, MA: AK Peters.

Piessens, R., De Doncker-Kapenga, E., Überhuber, C.W., Kahaner, D.K. (1983): *Quadpack. A Subroutine Package for Automatic Integration.* Berlin-Heidelberg-New York: Springer.

Romberg, W. (1955): Vereinfachte numerische Integration. Det. Kong. Norske Videnskabers Selskab Forhandlinger **28**, Nr. 7, Trondheim.

Schoenberg, I.J. (1969): Monosplines and quadrature formulae. In: *Theory and Applications of Spline Functions.* Ed. by T.N.E. Greville. 157–207. New York: Academic Press.

Steffensen, J.F. (1950): *Interpolation*, 2nd Edition. New York: Chelsea.

Stroud, A.H., Secrest, D. (1966): *Gaussian Quadrature Formulas.* Englewood Cliffs, NJ: Prentice Hall.

Szegö, G. (1975): *Orthogonal Polynomials*, 4th Edition. Providence, RI: American Mathematical Society.

4 Lineare Gleichungssysteme

4.0 Einleitung

In diesem Abschnitt werden direkte Methoden zur Lösung von linearen Gleichungssystemen

$$Ax = b, \quad \text{wobei} \quad A = \begin{bmatrix} a_{11} & \cdots & a_{1n} \\ \vdots & & \vdots \\ a_{n1} & \cdots & a_{nn} \end{bmatrix} \quad \text{und} \quad b = \begin{bmatrix} b_1 \\ \vdots \\ b_n \end{bmatrix},$$

dargestellt. Hier ist A eine gegebene $n \times n$-Matrix, $b \in \mathbb{R}^n$ ein gegebener Vektor. Wir nehmen zusätzlich an, dass A und b reell sind, obwohl diese Einschränkung bei den meisten Verfahren unwesentlich ist. Im Gegensatz zu den iterativen Methoden (s. Band 2), liefern die hier besprochenen direkten Verfahren die Lösung in endlich vielen Schritten, rundungsfehlerfreie Rechnung vorausgesetzt.

Das gestellte Problem ist eng damit verwandt, die Inverse A^{-1} der Matrix A zu berechnen, sofern diese existiert. Kennt man nämlich A^{-1}, so erhält man die Lösung x von $Ax = b$ als Ergebnis einer Matrixmultiplikation $x = A^{-1}b$; umgekehrt ist die i-te Spalte $\bar{a}_i$ von $A^{-1} = \begin{bmatrix} \bar{a}_1 & \cdots & \bar{a}_n \end{bmatrix}$ Lösung $x = \bar{a}_i$ des linearen Gleichungssystems

$$Ax = e_i,$$

wobei

$$e_i = \begin{bmatrix} 0 & \cdots & 0 & 1 & 0 & \cdots & 0 \end{bmatrix}^T$$

der i-te Achsenvektor ist.

Allgemeine Einführungen in das Rechnen mit Matrizen findet man bei Stewart (1973, 1998), Golub und Van Loan (1996), Trefethen and Bau (1997), Demmel (1997), Meyer (2000), und Hogben (2006), FORTRAN-Programme in Dongarra et al. (1979) und Andersen et al. (1999), FORTRAN 95-Programme in Barker et al. (2001).

4.1 Gauss-Elimination. Dreieckszerlegung einer Matrix

Beim Gaussschen Eliminationsverfahren zur Lösung eines Gleichungssystems

$$(4.1.1) \qquad\qquad Ax = b,$$

A eine $n \times n$-Matrix, $b \in \mathbb{R}^n$, wird das gegebene System (4.1.1) durch geeignete Vertauschungen und Linearkombinationen von Gleichungen schrittweise in ein Gleichungssystem der Form

$$Rx = c, \quad \text{wobei} \quad R = \begin{bmatrix} r_{11} & r_{12} & \cdots & r_{1n} \\ 0 & r_{22} & \ddots & \vdots \\ \vdots & \ddots & \ddots & r_{n-1,n} \\ 0 & \cdots & 0 & r_{nn} \end{bmatrix},$$

transformiert, das dieselben Lösungen wie (4.1.1) besitzt. R ist eine obere Dreiecksmatrix, $Rx = c$ also ein „gestaffeltes" Gleichungssystem, das man leicht lösen kann (sofern $r_{ii} \neq 0$, $i = 1, \ldots, n$):

$$x_i := \left(c_i - \sum_{k=i+1}^{n} r_{ik} x_k \right) \bigg/ r_{ii} \quad \text{für} \quad i = n, n-1, \ldots, 1.$$

Im ersten Schritt des Algorithmus subtrahiert man ein geeignetes Vielfaches der ersten Gleichung von den übrigen Gleichungen, derart, dass die Koeffizienten von x_1 in diesen Gleichungen verschwinden, also die Variable x_1 nur noch in der ersten Gleichung vorkommt. Dies ist natürlich nur dann möglich, wenn $a_{11} \neq 0$ ist, was man ggf. durch Vertauschen der Gleichungen erreichen kann, sofern überhaupt ein $a_{i1} \neq 0$ ist. Statt mit den Gleichungen (4.1.1) selbst zu arbeiten, führt man diese Operationen an der (4.1.1) entsprechenden Matrix

$$[A \quad b] = \begin{bmatrix} a_{11} & a_{12} & \cdots & a_{1n} & b_1 \\ a_{21} & a_{22} & \cdots & a_{2n} & b_2 \\ \vdots & \vdots & & \vdots & \vdots \\ a_{n1} & a_{n2} & \cdots & a_{nn} & b_n \end{bmatrix}$$

aus. Der erste Schritt des Gaussschen Eliminationsverfahrens führt zu einer Matrix $[A' \quad b']$ der Form

$$(4.1.2) \qquad [A' \quad b'] = \begin{bmatrix} a'_{11} & a'_{12} & \cdots & a'_{1n} & b'_1 \\ 0 & a'_{22} & \cdots & a'_{2n} & b'_2 \\ \vdots & \vdots & & \vdots & \vdots \\ 0 & a'_{n2} & \cdots & a'_{nn} & b'_n \end{bmatrix}$$

und kann formal so beschrieben werden:

(4.1.3)

a) *Bestimme ein Element $a_{r1} \neq 0$ und fahre mit b) fort.*
   Falls kein solches r existiert, stop: setze $[A' \quad b'] := [A \quad b]$, A ist sin-
   gulär.
b) *Vertausche die Zeilen r und 1 von $[A \quad b]$. Das Resultat ist die Matrix*
   $[\bar{A} \quad \bar{b}]$.
c) *Subtrahiere für $i = 2, 3, \ldots, n$, das l_{i1}-fache,*

$$l_{i1} := \bar{a}_{i1}/\bar{a}_{11},$$

der ersten Zeile der Matrix $[\bar{A} \quad \bar{b}]$ von Zeile i. Als Resultat erhält man
die gesuchte Matrix $[A' \quad b']$.

Formal kann man den Übergang $[A \quad b] \rightarrow [\bar{A} \quad \bar{b}] \rightarrow [A' \quad b']$ mit Hilfe
von Matrixmultiplikationen beschreiben. Es ist

(4.1.4) $[\bar{A} \quad \bar{b}] = P_1 [A \quad b]$, $[A' \quad b'] = G_1 [\bar{A} \quad \bar{b}] = G_1 P_1 [A \quad b]$,

wobei P_1 eine Permutationsmatrix und G_1 eine untere Dreiecksmatrix ist,
(4.1.5)

$$P_1 := \begin{bmatrix} 0 & & & 1 & & 0 \\ & 1 & & & & \\ & & \ddots & & & \\ & & & 1 & & \\ 1 & & & & 0 & \\ & & & & 1 & \\ & & & & & \ddots \\ 0 & & & & & 1 \end{bmatrix} \leftarrow r \,, \qquad G_1 := \begin{bmatrix} 1 & 0 & \cdots & 0 \\ -l_{21} & 1 & \ddots & \vdots \\ \vdots & & \ddots & 0 \\ -l_{n1} & 0 & \cdots & 1 \end{bmatrix}.$$

Matrizen wie G_1, die höchstens in einer Spalte von einer Einheitsmatrix verschieden sind, heissen *Frobeniusmatrizen*. Beide Matrizen P_1 und G_1 sind
nichtsingulär, und es gilt

$$P_1^{-1} = P_1, \qquad G_1^{-1} = \begin{bmatrix} 1 & 0 & \cdots & 0 \\ l_{21} & 1 & \ddots & \vdots \\ \vdots & & \ddots & 0 \\ l_{n1} & 0 & \cdots & 1 \end{bmatrix}.$$

Aus diesem Grunde besitzen die Gleichungssysteme $Ax = b$ und $A'x = b'$ die
gleichen Lösungen: Aus $Ax = b$ folgt $A'x = G_1 P_1 Ax = G_1 P_1 b = b'$, und aus
$A'x = b'$ folgt $Ax = P_1^{-1} G_1^{-1} A'x = P_1^{-1} G_1^{-1} b' = b$.

Das Element $a_{r1} = \bar{a}_{11}$, das in (4.1.3)a) bestimmt wird, heisst *Pivotelement*, Teilschritt a) selbst *Pivotsuche*. Bei der Pivotsuche kann man theoretisch jedes $a_{r1} \neq 0$ als Pivotelement wählen. Aus Gründen des gutartigen Verhaltens (s. Abschnitt 4.5) empfiehlt es sich, nicht irgendein $a_{r1} \neq 0$ zu nehmen. Gewöhnlich trifft man folgende Wahl

$$|a_{r1}| = \max_i |a_{i1}|,$$

man wählt also unter den in Betracht kommenden Elementen der ersten Spalte das betragsgrösste. (Bei dieser Methode wird jedoch vorausgesetzt, s. Abschnitt 4.5, dass die Matrix A „equilibriert" ist, d.h. dass die Grössenordnung der Elemente von A „ungefähr gleich" ist.) Diese Art der Pivotsuche heisst auch *Teilpivotsuche* oder *Spaltenpivotsuche*, im Gegensatz zur *Totalpivotsuche*, bei der man die Pivotsuche nicht auf die erste Spalte beschränkt: In (4.1.3) werden hier a) und b) durch a′) bzw. b′) ersetzt:

a′) *Bestimme r und s, so dass*

$$|a_{rs}| = \max_{i,j} |a_{ij}|,$$

und fahre fort mit b′)*, falls* $a_{rs} \neq 0$.
Andernfalls stop: setze $\begin{bmatrix} A' & b' \end{bmatrix} := \begin{bmatrix} A & b \end{bmatrix}$, A *ist singulär.*
b′) *Vertausche die Zeilen r und* 1 *sowie die Spalten s und* 1 *von* $\begin{bmatrix} A & b \end{bmatrix}$. *Das Resultat sei die Matrix* $\begin{bmatrix} \bar{A} & \bar{b} \end{bmatrix}$.

Als Resultat des ersten Eliminationsschritts erhält man eine Matrix $\begin{bmatrix} A' & b' \end{bmatrix}$ der Form (4.1.2):

$$\begin{bmatrix} A' & b' \end{bmatrix} = \left[\begin{array}{c:c:c} a'_{11} & a'^T & b'_1 \\ \hdashline 0 & \tilde{A} & \tilde{b} \end{array}\right]$$

mit einer $(n-1)$-reihigen Matrix $\tilde{A}$. Der nächste Eliminationsschritt besteht einfach darin, dass man die Elimination (4.1.3) statt auf $\begin{bmatrix} A & b \end{bmatrix}$ auf die kleinere Matrix $\begin{bmatrix} \tilde{A} & \tilde{b} \end{bmatrix}$ anwendet. Man erhält so eine Kette von Matrizen

$$\begin{bmatrix} A & b \end{bmatrix} := \begin{bmatrix} A^{(0)} & b^{(0)} \end{bmatrix} \rightarrow \begin{bmatrix} A^{(1)} & b^{(1)} \end{bmatrix} \rightarrow \cdots \rightarrow \begin{bmatrix} A^{(n-1)} & b^{(n-1)} \end{bmatrix} =: \begin{bmatrix} R & c \end{bmatrix},$$

die mit der gegebenen Matrix $\begin{bmatrix} A & b \end{bmatrix}$ (4.1.1) beginnt und mit der gesuchten Matrix $\begin{bmatrix} R & c \end{bmatrix}$ endet. Dabei hat die j-te Zwischenmatrix $\begin{bmatrix} A^{(j)} & b^{(j)} \end{bmatrix}$ die Gestalt

$$(4.1.6) \qquad \begin{bmatrix} A^{(j)} & b^{(j)} \end{bmatrix} = \left[\begin{array}{cccc:cccc:c} * & \cdots & & * & * & \cdots & & * & * \\ & \ddots & & \vdots & \vdots & & & \vdots & \vdots \\ 0 & & & * & * & \cdots & & * & * \\ \hdashline 0 & \cdots & 0 & & * & \cdots & & * & * \\ \vdots & & & \vdots & \vdots & & & \vdots & \vdots \\ 0 & \cdots & 0 & & * & \cdots & & * & * \end{array}\right] = \left[\begin{array}{c:c:c} A^{(j)}_{11} & A^{(j)}_{12} & b^{(j)}_1 \\ \hdashline 0 & A^{(j)}_{22} & b^{(j)}_2 \end{array}\right]$$

mit einer j-reihigen oberen Dreiecksmatrix $A_{11}^{(j)}$. Der Schritt

$$\left[A^{(j)} \quad b^{(j)}\right] \rightarrow \left[A^{(j+1)} \quad b^{(j+1)}\right]$$

besteht in der Anwendung von (4.1.3) auf die $(n-j) \times (n-j+1)$-Matrix $\left[A_{22}^{(j)} \quad b_2^{(j)}\right]$. Die Elemente von $A_{11}^{(j)}$, $A_{12}^{(j)}$, $b_1^{(j)}$ ändern sich dabei (und in den folgenden Schritten) nicht mehr und stimmen daher bereits mit den entsprechenden Elementen von $\left[R \quad c\right]$ überein. Wie der erste Schritt (4.1.4), (4.1.5) können auch die weiteren Schritte mit Hilfe von Matrixmultiplikationen beschrieben werden. Man bestätigt sofort

$$(4.1.7) \qquad \begin{aligned} \left[A^{(j)} \quad b^{(j)}\right] &= G_j P_j \left[A^{(j-1)} \quad b^{(j-1)}\right] \\ \left[R \quad c\right] &= G_{n-1} P_{n-1} G_{n-2} P_{n-2} \cdots G_1 P_1 \left[A \quad b\right] \end{aligned}$$

mit Permutationsmatrizen P_j und nichtsingulären Frobeniusmatrizen G_j der Form

$$(4.1.8) \qquad G_j = \begin{bmatrix} 1 & & & & & 0 \\ & \ddots & & & & \\ & & 1 & & & \\ & & -l_{j+1,j} & 1 & & \\ & & \vdots & \vdots & \ddots & \\ 0 & & -l_{n,j} & 0 & & 1 \end{bmatrix}.$$

Im j-ten Eliminationsschritt $\left[A^{(j-1)} \quad b^{(j-1)})\right] \rightarrow \left[A^{(j)} \quad b^{(j)}\right]$ werden in der j-ten Spalte die Elemente unterhalb der Diagonale annulliert. Den so freiwerdenden Platz benutzt man bei der Realisierung des Algorithmus auf einer Rechenanlage zum Abspeichern der wesentlichen Elemente l_{ij}, $i \geq j+1$ von G_j, d.h. man arbeitet mit Matrizen der Form

$$\begin{bmatrix} r_{11} & r_{12} & \cdots & r_{1j} & r_{1,j+1} & \cdots & r_{1n} & c_1 \\ \lambda_{21} & r_{22} & \cdots & r_{2j} & \vdots & & \vdots & \vdots \\ \lambda_{31} & \lambda_{32} & \ddots & \vdots & \vdots & & \vdots & \vdots \\ \vdots & \vdots & \ddots & r_{jj} & r_{j,j+1} & \cdots & r_{j,n} & c_j \\ \vdots & \vdots & & \lambda_{j+1,j} & a_{j+1,j+1}^{(j)} & \cdots & a_{j+1,n}^{(j)} & b_{j+1}^{(j)} \\ \vdots & \vdots & & \vdots & \vdots & & \vdots & \vdots \\ \lambda_{n1} & \lambda_{n2} & \cdots & \lambda_{n1} & a_{n,j+1}^{(j)} & \cdots & a_{n,n}^{(j)} & b_n^{(j)} \end{bmatrix}.$$

Dabei sind die Subdiagonal-Elemente $\lambda_{k+1,k}, \lambda_{k+2,k}, \ldots, \lambda_{nk}$ der k-ten Spalte eine Permutation der wesentlichen Elemente $l_{k+1,k}, \ldots, l_{n,k}$ von G_k (4.1.8). Beim Start des Verfahrens ist $T^{(0)} := \left[A \quad b\right]$.

Mit Hilfe dieser Matrizen lässt sich der j-te Schritt $T^{(j-1)} \to T^{(j)}$ folgendermassen beschreiben. Der Einfachheit halber bezeichnen wir dabei die Elemente von $T^{(j-1)}$ mit t_{ik}, die von $T^{(j)}$ mit t'_{ik}:

a) *Spaltenpivotsuche: Bestimme r, so dass*

$$|t_{rj}| = \max_{i \geq j} |t_{ij}|.$$

Falls $t_{rj} = 0$, setze $T^{(j)} := T^{(j-1)}$, stop: A ist singulär.
Andernfalls fahre fort mit b).

b) *Vertausche die Zeilen r und j von $T^{(j-1)}$ und bezeichne das Ergebnis mit $\bar{T} = [\bar{t}_{ik}]$.*

c) *Setze*

$$t'_{ij} := l_{ij} := \bar{t}_{ij}/\bar{t}_{jj} \quad \text{für} \quad i = j+1, j+2, \ldots, n,$$

$$t'_{ik} := \bar{t}_{ik} - l_{ij}\bar{t}_{jk} \quad \text{für} \quad i = j+1, \ldots, n \quad \text{und} \quad k = j+1, \ldots, n+1.$$

$$t'_{ik} = \bar{t}_{ik} \quad \text{sonst.}$$

Man beachte, dass die wesentlichen Elemente $l_{j+1,j}, \ldots, l_{nj}$ von G_j in Schritt c) zunächst in ihrer natürlichen Reihenfolge als $t'_{j+1,j}, \ldots, t'_{nj}$ abgespeichert werden. Diese Reihenfolge wird jedoch in den folgenden Eliminationsschritten $T^{(k)} \to T^{(k+1)}$, $k \geq j$, eventuell verändert, weil in Schritt b) die Zeilen der *gesamten* Matrix $T^{(k)}$ vertauscht werden. Dies hat folgenden Effekt: Die Dreiecksmatrizen L und R

$$L := \begin{bmatrix} 1 & 0 & \cdots & 0 \\ t_{21} & 1 & \ddots & \vdots \\ \vdots & \ddots & \ddots & 0 \\ t_{n1} & \cdots & t_{n,n-1} & 1 \end{bmatrix}, \quad R := \begin{bmatrix} t_{11} & \cdots & \cdots & t_{1n} \\ 0 & \ddots & & \vdots \\ \vdots & \ddots & \ddots & \vdots \\ 0 & \cdots & 0 & t_{nn} \end{bmatrix}$$

die man aus der Endmatrix $T^{(n-1)} = [t_{ik}]$ erhält, liefern eine *Dreieckszerlegung* der Matrix PA:

(4.1.9) $LR = PA.$

Dabei ist P gerade das Produkt

$$P = P_{n-1}P_{n-2} \cdots P_1$$

aller in (4.1.7) auftretenden Permutationen. Wir wollen dies nur für den Fall zeigen, dass im Laufe des Eliminationsverfahrens keine Zeilenvertauschungen nötig waren, $P_1 = \cdots = P_{n-1} = P = I$. In diesem Fall ist natürlich

$$L = \begin{bmatrix} 1 & 0 & \cdots & 0 \\ l_{21} & 1 & \ddots & \vdots \\ \vdots & \ddots & \ddots & 0 \\ l_{n1} & \cdots & l_{n,n-1} & 1 \end{bmatrix},$$

da in allen Teilschritten b) nichts vertauscht wurde. Nun ist wegen (4.1.7)

$$R = G_{n-1} \cdots G_1 A,$$

also

(4.1.10)
$$G_1^{-1} \cdots G_{n-1}^{-1} R = A.$$

Mit Hilfe von

$$G_j^{-1} = \begin{bmatrix} 1 & & & & & 0 \\ & \ddots & & & & \\ & & 1 & & & \\ & & l_{j+1,j} & 1 & & \\ & & \vdots & & \ddots & \\ 0 & & l_{n,j} & & & 1 \end{bmatrix}$$

verifiziert man sofort

$$G_1^{-1} \cdots G_{n-1}^{-1} = \begin{bmatrix} 1 & 0 & \cdots & 0 \\ l_{21} & 1 & \ddots & \vdots \\ \vdots & \ddots & \ddots & 0 \\ l_{n1} & \cdots & l_{n,n-1} & 1 \end{bmatrix} = L.$$

Aus (4.1.10) folgt dann die Behauptung.

Beispiel: Gauss-Elimination angewendet auf das Gleichungssystem

$$\begin{bmatrix} 3 & 1 & 6 \\ 2 & 1 & 3 \\ 1 & 1 & 1 \end{bmatrix} \begin{bmatrix} x_1 \\ x_2 \\ x_3 \end{bmatrix} = \begin{bmatrix} 2 \\ 7 \\ 4 \end{bmatrix}$$

ergibt die folgenden Schritte:

$$\begin{bmatrix} 3^* & 1 & 6 & 2 \\ 2 & 1 & 3 & 7 \\ 1 & 1 & 1 & 4 \end{bmatrix} \rightarrow \begin{bmatrix} 3 & 1 & 6 & 2 \\ \frac{2}{3} & \frac{1}{3} & -1 & \frac{17}{3} \\ \frac{1}{3} & \frac{2}{3}^* & -1 & \frac{10}{3} \end{bmatrix} \rightarrow \begin{bmatrix} 3 & 1 & 6 & 2 \\ \frac{1}{3} & \frac{2}{3} & -1 & \frac{10}{3} \\ \frac{2}{3} & \frac{1}{2} & -\frac{1}{2}^* & 4 \end{bmatrix}$$

Die Pivotelemente sind mit „*" markiert. Das gestaffelte Gleichungssystem lautet

$$\begin{bmatrix} 3 & 1 & 6 \\ 0 & \frac{2}{3} & -1 \\ 0 & 0 & -\frac{1}{2} \end{bmatrix} \begin{bmatrix} x_1 \\ x_2 \\ x_3 \end{bmatrix} = \begin{bmatrix} 2 \\ \frac{10}{3} \\ 4 \end{bmatrix}.$$

Seine Lösung ist

$$x_3 = -8$$
$$x_2 = \tfrac{3}{2}\left(\tfrac{10}{3} + x_3\right) = -7$$
$$x_1 = \tfrac{1}{3}\left(2 - x_2 - 6x_3\right) = 19.$$

Ferner ist

$$P = \begin{bmatrix} 1 & 0 & 0 \\ 0 & 0 & 1 \\ 0 & 1 & 0 \end{bmatrix}, \quad PA = \begin{bmatrix} 3 & 1 & 6 \\ 1 & 1 & 1 \\ 2 & 1 & 3 \end{bmatrix},$$

und die Matrix PA besitzt die Dreieckszerlegung $PA = LR$ mit

$$L = \begin{bmatrix} 1 & 0 & 0 \\ \frac{1}{3} & 1 & 0 \\ \frac{2}{3} & \frac{1}{2} & 1 \end{bmatrix}, \quad R = \begin{bmatrix} 3 & 1 & 6 \\ 0 & \frac{2}{3} & -1 \\ 0 & 0 & -\frac{1}{2} \end{bmatrix}.$$

Dreieckszerlegungen (4.1.9) sind für die Praxis der Gleichungsauflösung sehr wichtig. Kennt man für eine Matrix A die Zerlegung (4.1.9), d.h. die Matrizen L, R, P, kann sofort jedes Gleichungssystem $Ax = b$ mit beliebiger rechter Seite b gelöst werden: Es folgt nämlich

$$PAx = LRx = Pb,$$

so dass x durch Lösen der beiden gestaffelten Gleichungssysteme

$$Lu = Pb, \quad Rx = u$$

gefunden werden kann (sofern alle $r_{ii} \neq 0$ sind).

Mit Hilfe des Gaussschen Algorithmus ist also konstruktiv gezeigt, dass jede quadratische nichtsinguläre Matrix A eine Dreieckszerlegung der Form (4.1.9) besitzt. Dagegen muss nicht jede Matrix A eine Dreieckszerlegung im engeren Sinne $A = LR$ besitzen, wie das Beispiel

$$A = \begin{bmatrix} 0 & 1 \\ 1 & 0 \end{bmatrix}$$

zeigt. Im allgemeinen hat man vorher die Zeilen von A geeignet zu permutieren.

Die Dreieckszerlegung (4.1.9) lässt sich auch direkt berechnen, ohne die Zwischenmatrizen $T^{(j)}$ zu bilden. Wir zeigen dies der Einfachheit halber unter der zusätzlichen Annahme, dass die Zeilen von A nicht permutiert werden müssen, damit eine Dreieckszerlegung $A = LR$ existiert. Dazu fasse man die Gleichung $A = LR$ als n^2 Bestimmungsgleichungen für die n^2 unbekannten Grössen

$$r_{jk}, \quad j \leq k,$$
$$l_{ij}, \quad i \geq j \quad (l_{jj} = 1),$$

auf:

$$(4.1.11) \qquad a_{ik} = \sum_{j=1}^{\min\{i,k\}} l_{ij} r_{jk} \quad (l_{jj} = 1).$$

Dabei bleibt offen, in welcher Reihenfolge die l_{ij}, r_{jk} berechnet werden. Folgende Varianten sind üblich:

Nach Crout wird die $n \times n$-Matrix $A = LR$ in folgender Weise parkettiert

und die Zeilen von R bzw. die Spalten von L in der entsprechenden Reihenfolge berechnet.

In Einzelschritten: mit $l_{ii} = 1$

1. $$a_{1i} = \sum_{j=1}^{1} l_{1j}r_{ji}, \qquad r_{1i} := a_{1i}, \qquad\qquad i = 1, 2, \ldots, n,$$

2. $$a_{i1} = \sum_{j=1}^{1} l_{ij}r_{j1}, \qquad l_{i1} := a_{i1}/r_{11}, \qquad i = 2, 3, \ldots, n,$$

3. $$a_{2i} = \sum_{j=1}^{2} l_{2j}r_{ji}, \qquad r_{2i} := a_{2i} - l_{21}r_{1i}, \quad i = 2, 3, \ldots, n, \quad \text{usw.}$$

Allgemein für $i = 1, 2, \ldots, n$:

$$
\begin{aligned}
r_{ik} &:= a_{ik} - \sum_{j=1}^{i-1} l_{ij}r_{jk}, && k = i, i+1, \ldots, n, \\
l_{ki} &:= \left(a_{ki} - \sum_{j=1}^{i-1} l_{kj}r_{ji} \right) \Big/ r_{ii}, && k = i+1, i+2, \ldots, n.
\end{aligned}
$$

(4.1.12)

Nach Banachiewicz verwendet man die Parkettierung

d.h. L und R werden zeilenweise berechnet.

Obige Formeln gelten nur, wenn keine Pivotsuche durchgeführt wird. Die Dreieckszerlegung nach Crout bzw. Banachiewicz mit Pivotsuche führt zu einem komplexeren Algorithmus, der bei Wilkinson (1988) angegeben ist.

Gauss-Elimination und direkte Dreieckszerlegung unterscheiden sich nur in der Reihenfolge der Operationen. Beide Algorithmen sind theoretisch und numerisch völlig äquivalent: Durch die j-ten Partialsummen

$$(4.1.13) \qquad a_{ik}^{(j)} := a_{ik} - \sum_{s=1}^{j} l_{is} r_{sk}$$

von (4.1.12) werden nämlich gerade die Elemente der Matrix $A^{(j)}$ (4.1.6) geliefert, wie man sich leicht überzeugen kann. Bei der Gauss-Elimination werden daher die Skalarprodukte (4.1.12) nur stückweise, unter zeitweiliger Abspeicherung der Zwischenresultate, bei der direkten Dreieckszerlegung dagegen in einem Zuge gebildet. Deshalb verdient die direkte Dreieckszerlegung nur in den Fällen aus numerischen Gründen den Vorzug, wenn zur Reduktion der Rundungsfehler diese Skalarprodukte in doppelter Genauigkeit akkumuliert werden sollen (keine Zwischenspeicherung von doppelt genauen Zahlen!). Im übrigen benötigt man bei der Dreieckszerlegung ca. $n^3/3$ Operationen (1 Operation = 1 Multiplikation + 1 Addition). Sie bietet damit auch eine einfache Möglichkeit, die *Determinante* einer Matrix A zu bestimmen: Aus (4.1.9) folgt nämlich wegen $\det(P) = \pm 1$, $\det(L) = 1$

$$\det(PA) = \pm \det(A) = \det(R) = r_{11} r_{22} \cdots r_{nn}.$$

Bis auf ein Vorzeichen ist $\det(A)$ gerade das Produkt der Pivotelemente. (Man beachte, dass die direkte Auswertung der Formel

$$\det(A) = \sum_{\substack{\mu_1, \dots, \mu_n = 1 \\ \mu_i \neq \mu_k \text{ für } i \neq k}}^{n} \operatorname{sign}(\mu_1, \dots, \mu_n)\, a_{1\mu_1} a_{2\mu_2} \cdots a_{n\mu_n}$$

$n! \gg n^3/3$ Operationen erfordert!)

Für den Fall $P = I$ sind die Pivotelemente r_{ii} als Quotienten der Hauptabschnittsdeterminanten von A darstellbar. Partitioniert man nämlich in der Darstellung $LR = A$ die Matrizen entsprechend

$$\begin{bmatrix} L_{11} & 0 \\ L_{21} & L_{22} \end{bmatrix} \begin{bmatrix} R_{11} & R_{12} \\ 0 & R_{22} \end{bmatrix} = \begin{bmatrix} A_{11} & A_{21} \\ A_{12} & A_{22} \end{bmatrix},$$

so findet man $L_{11} R_{11} = A_{11}$, also $\det(R_{11}) = \det(A_{11})$, d.h.

$$r_{11} \cdots r_{ii} = \det(A_{11}),$$

falls A_{11} eine $i \times i$-Matrix ist. Bezeichnet man allgemein mit A_i die i-te Hauptabschnittsmatrix von A, so folgt die Formel

$$r_{ii} = \det(A_i) / \det(A_{i-1}), \quad i \geq 2,$$
$$r_{11} = \det(A_1).$$

Eine weitere praktisch wichtige Eigenschaft der Dreieckszerlegungsmethode ist es, dass für *Bandmatrizen* der Bandbreite m

$$A = \begin{bmatrix} * & \cdots & * & 0 & \cdots & 0 \\ \vdots & \ddots & & \ddots & \ddots & \vdots \\ * & & \ddots & & \ddots & 0 \\ 0 & \ddots & & \ddots & & * \\ \vdots & \ddots & \ddots & & \ddots & \vdots \\ 0 & \cdots & 0 & * & \cdots & * \end{bmatrix} \Big\} m \quad , \quad a_{ij} = 0 \quad \text{für} \quad |i-j| \geq m,$$

$$\underbrace{}_{m}$$

die Matrizen L und R der Dreieckszerlegung $LR = PA$ von A wieder „dünn" besetzt sind: R ist Bandmatrix der Breite $2m-1$

$$R = \begin{bmatrix} * & \cdots & * & 0 & \cdots & 0 \\ 0 & \ddots & & \ddots & \ddots & \vdots \\ \vdots & \ddots & \ddots & & \ddots & 0 \\ \vdots & & \ddots & \ddots & & * \\ \vdots & & & \ddots & \ddots & \vdots \\ 0 & \cdots & \cdots & \cdots & 0 & * \end{bmatrix} \Big\} 2m-1 \quad ,$$

und in jeder Spalte von L sind höchstens m Elemente von 0 verschieden. Dagegen sind die Inversen A^{-1} von Bandmatrizen gewöhnlich voll besetzt. Dies bringt natürlich für $m \ll n$ eine erhebliche Einsparung an Speicherplatz und Rechenoperationen. Zusätzliche Einsparungen sind aufgrund der Symmetrie von A möglich, wenn A eine positiv definite Matrix ist (s. Abschnitte 4.3 und 4.10).

4.2 Gauss–Jordan-Algorithmus

Mit Hilfe des Gauss–Jordan-Algorithmus kann man die Inverse A^{-1} einer nichtsingulären $n \times n$-Matrix A berechnen. Dies ist eine in der Praxis überraschend seltene Aufgabe, die man im Prinzip und mit sogar dem gleichen Aufwand auch mit Hilfe der Dreieckszerlegung (4.1.9), $PA = LR$, lösen kann: Man erhält die i-te Spalte $\bar{a}_i$ von A^{-1} leicht als Lösung des Systems

$$(4.2.1) \qquad\qquad\qquad LR\bar{a}_i = Pe_i,$$

wobei e_i der i-te Achsenvektor ist. Bei Berücksichtigung der einfachen Struktur der rechten Seite Pe_i von (4.2.1) kann man die n Gleichungssysteme (4.2.1) ($i = 1, \ldots, n$) mit ca. $\frac{2}{3}n^3$ Operationen lösen und damit A^{-1} mit einem Gesamtaufwand von n^3 Operationen bestimmen. Das Gauss–Jordan-Verfahren erfordert den gleichen Aufwand und bietet im Grunde nur Vorteile organisatorischer Natur. Man erhält dieses Verfahren, wenn man versucht, die durch die Matrix A vermittelte Abbildung $x \mapsto Ax = y$, $x \in \mathbb{R}^n$, $y \in \mathbb{R}^n$ auf systematische Weise umzukehren. Dazu betrachten wir das System $Ax = y$:

$$a_{11}x_1 + \cdots + a_{1n}x_n = y_1,$$

(4.2.2)
$$\vdots$$

$$a_{n1}x_1 + \cdots + a_{nn}x_n = y_n.$$

Im ersten Schritt des Gauss–Jordan-Verfahrens tauscht man die Variable x_1 gegen eine der Variablen y_r aus. Dazu sucht man ein $a_{r1} \neq 0$, etwa (Spaltenpivotsuche!)

$$|a_{r1}| = \max_i |a_{i1}|,$$

und vertauscht die Gleichungen r und 1 von (4.2.2). Man erhält so ein System

$$\bar{a}_{11}x_1 + \cdots + \bar{a}_{1n}x_n = \bar{y}_1,$$

(4.2.3)
$$\vdots$$

$$\bar{a}_{n1}x_1 + \cdots + \bar{a}_{nn}x_n = \bar{y}_n.$$

Dabei sind die Variablen $\bar{y}_1, \ldots, \bar{y}_n$ eine Permutation der $y_1, \ldots, y_n$, und es gilt $\bar{a}_{11} = a_{r1}$, $\bar{y}_1 = y_r$. Nun ist $\bar{a}_{11} \neq 0$, denn andernfalls wäre $a_{i1} = 0$ für alle i und damit A entgegen der Voraussetzung singulär. Durch Auflösen der ersten Gleichung (4.2.3) nach x_1 und Einsetzen des Resultats in die übrigen Gleichungen erhält man das System

$$a'_{11}\bar{y}_1 + a'_{12}x_2 + \cdots + a'_{1n}x_n = x_1,$$
$$a'_{21}\bar{y}_1 + a'_{22}x_2 + \cdots + a'_{2n}x_n = \bar{y}_2,$$

(4.2.4)
$$\vdots$$

$$a'_{n1}\bar{y}_1 + a'_{n2}x_2 + \cdots + a'_{nn}x_n = \bar{y}_n$$

mit

(4.2.5)
$$a'_{11} := \frac{1}{\bar{a}_{11}}, \quad a'_{1k} := -\frac{\bar{a}_{1k}}{\bar{a}_{11}}, \quad a'_{i1} := \frac{\bar{a}_{i1}}{\bar{a}_{11}},$$

$$a'_{ik} := \bar{a}_{ik} - \frac{\bar{a}_{i1}\bar{a}_{1k}}{\bar{a}_{11}} = \bar{a}_{ik} - a'_{i1}\bar{a}_{1k} \quad \text{für} \quad i, k = 2, 3, \ldots, n.$$

Im nächsten Schritt versucht man die Variable x_2 gegen eine der Variablen $\bar{y}_2, \ldots, \bar{y}_n$ zu tauschen, dann x_3 gegen eine der noch nicht getauschten y-Variablen usw. Stellt man die sukzessiven Gleichungssysteme (4.2.2), (4.2.4) durch ihre Matrizen dar, so erhält man ausgehend von der Matrix $A^{(0)} := A$ eine Sequenz von Matrizen

$$A^{(0)} \to A^{(1)} \to \cdots \to A^{(n)}.$$

Die Matrix $A^{(j)} = \left[a_{ik}^{(j)}\right]$ steht für ein „gemischtes Gleichungssystem" der Form

$$
\begin{aligned}
a_{11}^{(j)}\tilde{y}_1 + \cdots + a_{1j}^{(j)}\tilde{y}_j \quad &+a_{1,j+1}^{(j)}x_{j+1} + \cdots + a_{1n}^{(j)}x_n \quad = x_1, \\
&\vdots \\
a_{j1}^{(j)}\tilde{y}_1 + \cdots + a_{jj}^{(j)}\tilde{y}_j \quad &+a_{j,j+1}^{(j)}x_{j+1} + \cdots + a_{jn}^{(j)}x_n \quad = x_j, \\
a_{j+1,1}^{(j)}\tilde{y}_1 + \cdots + a_{j+1,j}^{(j)}\tilde{y}_j \,&+a_{j+1,j+1}^{(j)}x_{j+1} + \cdots + a_{j+1,n}^{(j)}x_n = \tilde{y}_{j+1}, \\
&\vdots \\
a_{n1}^{(j)}\tilde{y}_1 + \cdots + a_{nj}^{(j)}\tilde{y}_j \quad &+a_{n,j+1}^{(j)}x_{j+1} + \cdots + a_{nn}^{(j)}x_n \quad = \tilde{y}_n.
\end{aligned}
$$

(4.2.6)

Dabei ist $\tilde{y}_1, \ldots, \tilde{y}_j, \tilde{y}_{j+1}, \ldots, \tilde{y}_n$ eine gewisse Permutation der ursprünglichen Variablen $y_1, \ldots, y_n$. Beim Übergang $A^{(j-1)} \to A^{(j)}$ wurde die Variable x_j gegen $\tilde{y}_j$ getauscht. Man erhält deshalb $A^{(j)}$ aus $A^{(j-1)}$ nach den folgenden Regeln. Dabei werden der Einfachheit halber die Elemente von $A^{(j-1)}$ mit a_{ik}, die von $A^{(j)}$ mit a'_{ik} bezeichnet:

(4.2.7)

a) *Spaltenpivotsuche: Bestimme r, so dass*

$$
|a_{rj}| = \max_{i \ge j} |a_{ij}|.
$$

Falls $a_{rj} = 0$, stop: die Matrix ist singulär.
b) *Vertausche die Zeilen r und j von $A^{(j-1)}$ und nenne das Resultat $\bar{A} = [\bar{a}_{ik}]$.*
c) *Berechne $A^{(j)} = [a'_{ik}]$ nach den Formeln (vgl. (4.2.5))*

$$
a'_{jj} := 1/\bar{a}_{jj},
$$

$$
a'_{jk} := -\frac{\bar{a}_{jk}}{\bar{a}_{jj}}, \quad a'_{ij} = \frac{\bar{a}_{ij}}{\bar{a}_{jj}} \quad \text{für} \ \ i, k \ne j,
$$

$$
a'_{ik} := \bar{a}_{ik} - a'_{ij}\bar{a}_{jk} \quad \text{für} \ \ i, k \ne j.
$$

Wegen (4.2.6) gilt

(4.2.8) $\qquad A^{(n)}\hat{y} = x, \quad \hat{y} = \begin{bmatrix} \hat{y}_1 & \cdots & \hat{y}_n \end{bmatrix}^T,$

wobei $\hat{y}_1, \ldots, \hat{y}_n$ eine gewisse Permutation der ursprünglichen Variablen $y_1, \ldots, y_n$ ist, $\hat{y} = Py$, die entsprechend den Vertauschungsschritten (4.2.7) b) leicht bestimmt werden kann. Aus (4.2.8) folgt sofort

$$
(A^{(n)}P)y = x,
$$

und daher wegen $Ax = y$

$$
A^{-1} = A^{(n)}P.
$$

Beispiel:

$$A = A^{(0)} := \begin{bmatrix} 1^* & 1 & 1 \\ 1 & 2 & 3 \\ 1 & 3 & 6 \end{bmatrix} \rightarrow A^{(1)} = \begin{bmatrix} 1 & -1 & -1 \\ 1 & 1^* & 2 \\ 1 & 2 & 5 \end{bmatrix}$$

$$\rightarrow A^{(2)} = \begin{bmatrix} 2 & -1 & 1 \\ -1 & 1 & -2 \\ -1 & 2 & 1^* \end{bmatrix} \rightarrow A^{(3)} = \begin{bmatrix} 3 & -3 & 1 \\ -3 & 5 & -2 \\ 1 & -2 & 1 \end{bmatrix} = A^{-1}.$$

Die Pivotelemente sind mit „*" markiert.

Folgendes Matlab-Programm ist eine Formulierung des Gauss–Jordan-Verfahrens mit Spaltenpivotsuche. Die $n \times n$-Matrix A wird mit der Inversen von A überschrieben. Der Zeilenvektor p der Länge n dient zur Speicherung der Information über die vorgenommenen Zeilenvertauschungen.

```
p = [1 : n];
for j = 1 : n
% Pivotsuche:
    h = 0;
    for i = j : n
        if abs(A(i,j) > h
            h = abs(A(i,j);
            r = i;
        end
    end
    if h == 0, error('A ist singulär'), end
% Zeilentausch:
    if r > j
        z = A(j,1 : n);  t = p(j);
        A(j,1 : n) = A(r,1 : n);  p(j) = p(r);
        A(r,1 : n) = z;  p(r) = t;
    end
% Transformation:
    I = [1 : j − 1  j + 1 : n];
    h = 1/A(j,j);
    A(j,j) = h;
    A(I,j) = h * A(I,j);
    A(I,I) = A(I,I) − A(I,j) * A(j,I);
    A(j,I) = −h * A(j,I);
end
% Spaltentausch:
for i = 1 : n
    z(p) = A(i,1:n);
    A(i,1:n) = z;
end
```

4.3 Cholesky-Verfahren

Die bisher besprochenen Verfahren zur Gleichungsauflösung können versagen, wenn man keine Pivotsuche durchführt und versucht, sich auf die starre Diagonalpivotreihenfolge zu beschränken. Darüber hinaus wird es sich in den nächsten Abschnitten zeigen, dass auch aus Gründen der numerischen Stabilität eine Pivotsuche ratsam ist. Es gibt jedoch eine wichtige Klasse von Matrizen, für die eine Pivotsuche unnnötig ist. Eine beliebige Diagonalpivotwahl führt hier stets zu nicht verschwindenden Pivotelementen. Darüber hinaus ist das Verfahren bei dieser Pivotwahl numerisch stabil. Es handelt sich um die Klasse der positiv definiten Matrizen.

(4.3.1) Definition: *Eine (komplexe) $n \times n$-Matrix A heisst positiv definit, falls gilt:*

a) $A = A^H$, *d.h. A ist eine hermitesche Matrix,*
b) $x^H A x > 0$ *für alle $x \in \mathbb{C}^n$, $x \neq 0$.*

$A = A^H$ *heisst positiv semi-definit, falls $x^H A x \geq 0$ für alle $x \in \mathbb{C}^n$.*

Wir zeigen zunächst das folgende Resultat.

(4.3.2) Theorem: *Für positiv definite Matrizen A existiert A^{-1}, und A^{-1} ist wieder positiv definit. Alle Hauptuntermatrizen einer positiv definiten Matrix sind positiv definit, und alle Hauptminoren einer positiv definiten Matrix sind positiv.*

Beweis: Es existiert die Inverse einer positiven definiten Matrix A: Wäre dies nicht der Fall, so existierte ein $x \neq 0$ mit $A x = 0$ und $x^H A x = 0$, im Widerspruch zur Definitheit von A. A^{-1} ist wieder positiv definit: Es ist $(A^{-1})^H = (A^H)^{-1} = A^{-1}$ und für $y \neq 0$ gilt $x = A^{-1} y \neq 0$. Daher gilt auch $y^H A^{-1} y = x^H A^H A^{-1} A x = x^H A x > 0$. Wir zeigen weiter, dass jede Hauptuntermatrix

$$\tilde{A} = \begin{bmatrix} a_{i_1 i_1} & \cdots & a_{i_1 i_k} \\ \vdots & & \vdots \\ a_{i_k i_1} & \cdots & a_{i_k i_k} \end{bmatrix}$$

einer positiv definiten Matrix A wieder positiv definit ist: Offensichtlich ist $\tilde{A}^H = \tilde{A}$. Ausserdem lässt sich jeder Vektor

$$\tilde{x} = \begin{bmatrix} \tilde{x}_1 \\ \vdots \\ \tilde{x}_k \end{bmatrix} \in \mathbb{C}^k, \quad \tilde{x} \neq 0,$$

zu einem Vektor

$$x = \begin{bmatrix} x_1 \\ \vdots \\ x_n \end{bmatrix} \in \mathbb{C}^n, \quad x \neq 0, \quad x_\mu := \begin{cases} \tilde{x}_j & \text{falls } \mu = i_j, \ j = 1, \ldots, k, \\ 0 & \text{sonst,} \end{cases}$$

erweitern, und es gilt

$$\tilde{x}^H \tilde{A} \tilde{x} = x^H A x > 0.$$

Es bleibt zu beweisen, dass alle Hauptminoren einer positiv definiten Matrix positiv sind. Dazu genügt es zu zeigen, dass $\det(A) > 0$ für positiv definite Matrizen A gilt. Dies beweisen wir durch vollständige Induktion nach n.

Für $n = 1$ ist dies wegen (4.3.1)b) richtig. Nehmen wir nun an, dass das Theorem für $n - 1$-reihige positiv definite Matrizen richtig ist, und sei A eine n-reihige positiv definite Matrix. Nach dem bereits Bewiesenen ist

$$A^{-1} =: \begin{bmatrix} \alpha_{11} & \cdots & \alpha_{1n} \\ \vdots & & \vdots \\ \alpha_{n1} & \cdots & \alpha_{nn} \end{bmatrix}$$

wieder positiv definit und daher auch $\alpha_{11} > 0$. Nun gilt nach einer bekannten Formel

$$\alpha_{11} = \det \left(\begin{bmatrix} a_{22} & \cdots & a_{2n} \\ \vdots & & \vdots \\ a_{n2} & \cdots & a_{nn} \end{bmatrix} \right) \Big/ \det(A).$$

Nach Induktionsvoraussetzung ist aber

$$\det \left(\begin{bmatrix} a_{22} & \cdots & a_{2n} \\ \vdots & & \vdots \\ a_{n2} & \cdots & a_{nn} \end{bmatrix} \right) > 0,$$

und daher $\det(A) > 0$ wegen $\alpha_{11} > 0$. $\qquad\square$

Man zeigt nun leicht das folgende Resultat.

(4.3.3) **Theorem:** *Zu jeder positiv definiten $n \times n$-Matrix A gibt es genau eine untere $n \times n$-Dreiecksmatrix L, $l_{ik} = 0$ für $k > i$, mit $l_{ii} > 0$, $i = 1, 2, \ldots, n$, so dass $A = LL^H$. Für reelles A ist auch L reell.*

Man beachte, dass $l_{ii} = 1$ *nicht* gefordert wird!

Beweis: Den Beweis führt man durch Induktion nach n. Für $n = 1$ ist das Theorem trivial: Eine positive definite 1×1-Matrix $A = [\alpha]$ ist eine positive Zahl $\alpha > 0$, die eindeutig in der Form

$$\alpha = l_{11} \bar{l}_{11}, \quad l_{11} = +\sqrt{\alpha},$$

geschrieben werden kann. Wir nehmen nun an, dass das Theorem für $(n-1)$-reihige positive definite Matrizen gültig ist. Eine positiv definite $n \times n$-Matrix A kann man so partitionieren

$$A = \begin{bmatrix} A_{n-1} & b \\ b^H & a_{nn} \end{bmatrix},$$

dass $b \in \mathbb{C}^{n-1}$ gilt und A_{n-1} eine positiv definite $(n-1)$-reihige Matrix ist. Nach Induktionsannahme gibt es genau eine $(n-1)$-reihige Matrix L_{n-1} mit

$$A_{n-1} = L_{n-1}L_{n-1}^H, \quad l_{ik} = 0 \quad \text{für} \quad k > i, \ l_{ii} > 0.$$

Wir setzen nun die gesuchte Matrix L in der Form

$$L = \begin{bmatrix} L_{n-1} & 0 \\ c^H & \alpha \end{bmatrix}$$

an und versuchen $c \in \mathbb{C}^{n-1}$, $\alpha > 0$ so zu bestimmen, dass

(4.3.4)
$$\begin{bmatrix} L_{n-1} & 0 \\ c^H & \alpha \end{bmatrix} \begin{bmatrix} L_{n-1}^H & c \\ 0 & \alpha \end{bmatrix} = \begin{bmatrix} A_{n-1} & b \\ b^H & a_{nn} \end{bmatrix} = A$$

gilt. Dazu muss zunächst gelten

$$L_{n-1}c = b,$$
$$c^H c + \alpha^2 = a_{nn}.$$

Die erste dieser Gleichungen besitzt genau eine Lösung $c = L_{n-1}^{-1}b$, denn als Dreiecksmatrix mit positiven Diagonalelementen ist L_{n-1} nichtsingulär und es gilt $\det(L_{n-1}) > 0$, so dass (4.3.4) für jedes $\alpha \in \mathbb{C}$ mit $\alpha^2 := a_{nn} - c^H c$ erfüllt ist. Aus (4.3.4) folgt, dass

$$\det(A) = |\det(L_{n-1})|^2 \alpha^2,$$

und da wegen Theorem (4.3.4) $\det(A) > 0$, gilt $\alpha^2 > 0$. Deshalb existiert genau ein $\alpha > 0$ mit $LL^H = A$, nämlich

$$\alpha = +\sqrt{a_{nn} - c^H c}.$$

Damit ist der Beweis vollständig.   □

Die Zerlegung $A = LL^H$ bestimmt man ähnlich wie in Abschnitt 4.1. Nimmt man an, dass alle l_{ij} mit $j \leq k-1$ bereits bekannt sind, so folgen aus $A = LL^H$ für l_{kk} und l_{ik}, $i \geq k+1$, die Bestimmungsgleichungen

(4.3.5)
$$a_{kk} = |l_{k1}|^2 + |l_{k2}|^2 + \cdots + |l_{kk}|^2, \quad l_{kk} > 0,$$
$$a_{ik} = l_{i1}\bar{l}_{k1} + l_{i2}\bar{l}_{k2} + \cdots + l_{ik}\bar{l}_{kk}.$$

Für reelles A erhält man so einen Algorithmus mir der folgenden Matlab-Implementierung:

```
for i = 1 : n
    for k = i : n
        x = A(i, k);
        for j = i - 1 :  -1 :  1
            x = x - A(k, j) * A(i, j);
        end
        if i == k
            if x <= 0, error('A ist nicht positiv definit'), end
            p(i) = 1/ sqrt(x);
        else
            A(k, i) = x * p(i);
        end
    end
end
```

Bei diesem Algorithmus wird nur die Information aus dem oberen Dreieck von A benutzt. Die untere Dreiecksmatrix L wird auf dem unteren Dreieck von A gespeichert mit Ausnahme der Diagonalelemente von L, deren reziproke Werte in p gespeichert sind.

Dieses Verfahren stammt von Cholesky. In seinem Verlauf müssen n Quadratwurzeln gezogen werden. Wegen Theorem (4.3.3) ist sichergestellt, dass die Radikanden stets positiv sind. Eine Abschätzung ergibt, dass man ausser n Quadratwurzeln noch ca. $n^3/6$ wesentliche Operationen (Multiplikationen und Additionen) benötigt. Für dünn besetzte positiv definite Matrizen sind weitere erhebliche Einsparungen möglich (s. Abschnitt 4.10).

Zum Schluss weisen wir auf eine wichtige Folgerung aus (4.3.5) hin. Es ist

$$(4.3.6) \qquad |l_{kj}| \leq \sqrt{a_{kk}}, \quad j = 1, \ldots, k, \quad k = 1, 2, \ldots, n.$$

Die Elemente der Matrix L können nicht zu gross werden.

4.4 Fehlerabschätzungen

Bestimmt man mit einer der beschriebenen Methoden die Lösung eines linearen Gleichungssystems $Ax = b$, so erhält man in der Regel nur eine Näherungslösung $\tilde{x}$ für die wahre Lösung x, und es erhebt sich die Frage, wie man die Genauigkeit von $\tilde{x}$ beurteilt. Um den Fehler

$$\tilde{x} - x$$

zu messen, muss man eine Möglichkeit haben, die „Grösse" eines Vektors $x \in \mathbb{C}^n$ zu messen. Dies geschieht durch die Einführung einer *Norm*

$$(4.4.1) \qquad \qquad \|x\|$$

im $\mathbb{C}^n$. Man versteht darunter eine reellwertige Funktion

$$\|\cdot\| : \mathbb{C}^n \mapsto \mathbb{R},$$

die jedem Vektor $x \in \mathbb{C}^n$ eine reelle Zahl $\|x\|$ zuordnet, die als Mass für die „Grösse" von x dienen soll. Diese Funktion soll die folgenden Eigenschaften besitzen:

(4.4.2) **Definition:** *Die Abbildung* $\|\cdot\| : \mathbb{C}^n \mapsto \mathbb{R}$ *heisst eine Norm, wenn gilt*

a) $\|x\| > 0$ *für alle* $x \in \mathbb{C}^n$, $x \neq 0$ (Definitheit),
b) $\|\alpha x\| = |\alpha| \, \|x\|$ *für alle* $\alpha \in \mathbb{C}$, $x \in \mathbb{C}^n$ (Homogenität),
c) $\|x + y\| \leq \|x\| + \|y\|$ *für alle* $x, y \in \mathbb{C}^n$ (Dreiecksungleichung).

Wir benutzen im folgenden nur die Normen

(4.4.3)
$$\|x\|_2 := \sqrt{x^H x} = \left(\sum_{i=1}^{n} |x_i|^2 \right)^{1/2} \quad \text{(euklidische Norm)},$$

$$\|x\|_\infty := \max_i |x_i| \quad \text{(Maximumnorm)}.$$

Die Normeigenschaften a), b), c) bestätigt man hier leicht.

Für jede Norm $\|\cdot\|$ gilt

(4.4.4) $\qquad \|x - y\| \geq \big| \|x\| - \|y\| \big| \quad$ für alle $\quad x, y \in \mathbb{C}^n$.

Aus (4.4.2)c) folgt nämlich:

$$\|x\| = \|(x - y) + y\| \leq \|x - y\| + \|y\|,$$

also $\|x - y\| \geq \|x\| - \|y\|$. Durch Vertauschen von x und y und wegen (4.4.2)b) folgt

$$\|x - y\| = \|y - x\| \geq \|y\| - \|x\|,$$

also (4.4.4).

Man zeigt nun leicht das folgende Resultat.

(4.4.5) **Theorem:** *Jede Norm* $\|\cdot\|$ *auf dem* $\mathbb{R}^n$ *(bzw.* $\mathbb{C}^n$*) ist eine gleichmässig stetige Funktion bezüglich der Metrik* $\varrho(x, y) := \max_i |x_i - y_i|$ *des* $\mathbb{R}^n$ *(*$\mathbb{C}^n$*).*

Beweis: Aus (4.4.4) folgt

$$\big| \|x + h\| - \|x\| \big| \leq \|h\|.$$

Nun ist $h = \sum_{i=1}^{n} h_i e_i$, wenn $h = \begin{bmatrix} h_1 & \cdots & h_n \end{bmatrix}^T$ und e_i die Achsenvektoren des $\mathbb{R}^n$ ($\mathbb{C}^n$) sind. Also gilt

$$\|h\| \leq \sum_{i=1}^{n} |h_i| \, \|e_i\| \leq \max_i |h_i| \sum_{j=1}^{n} \|e_j\| = M \max_i |h_i|$$

mit $M := \sum_{j=1}^{n} \|e_j\|$. Also gilt für jedes $\varepsilon > 0$ und alle h mit $\max_i |h_i| \leq \varepsilon/M$ die Ungleichung

$$\big| \|x + h\| - \|x\| \big| \leq \varepsilon,$$

d.h. $\|\cdot\|$ ist gleichmässig stetig. $\qquad\qquad\qquad\qquad\qquad\qquad\qquad\qquad \square$

Mit Hilfe dieses Resultates beweisen wir nun das folgende Theorem.

(4.4.6) **Theorem:** *Alle Normen auf dem $\mathbb{R}^n$ ($\mathbb{C}^n$) sind äquivalent in folgendem Sinne: Für jedes Paar von Normen $p_1(x)$, $p_2(x)$ gibt es Konstanten $m > 0$ und $M > 0$, so dass für alle x gilt*

$$m\,p_2(x) \leq p_1(x) \leq M\,p_2(x).$$

Beweis: Wir beweisen dies nur für den Fall $p_2(x) := \|x\| := \max_i |x_i|$ und für den $\mathbb{C}^n$. Der allgemeine Fall folgt leicht aus diesem speziellen Resultat. Die Menge

$$S = \left\{ x \in \mathbb{C}^n \mid \max_i |x_i| = 1 \right\}$$

ist eine kompakte Menge des $\mathbb{C}^n$. Da nach Theorem (4.4.5) $p_1(x)$ stetig ist, existieren $\max_{x \in S} p_1(x) = M > 0$ und $\min_{x \in S} p_1(x) = m > 0$. Es gilt daher für alle $y \neq 0$ wegen $y/\|y\| \in S$

$$m \leq p_1 \left(\frac{y}{\|y\|} \right) = \frac{1}{\|y\|} p_1(y) \leq M,$$

und daher

$$m\,\|y\| \leq p_1(y) \leq M\,\|y\|.$$

Damit ist der Beweis komplett.   □

Auch für Matrizen $A \in M(m,n)$, d.h. für $m \times n$-Matrizen, kann man Normen $\|A\|$ einführen. Man verlangt hier analog zu (4.4.2):

$$\|A\| > 0 \quad \text{für alle} \quad A \neq 0, \quad A \in M(m,n)$$
$$\|\alpha A\| = |\alpha|\,\|A\|$$
$$\|A + B\| \leq \|A\| + \|B\|.$$

Die Matrixnorm $\|\cdot\|$ heisst mit den Vektornormen $\|\cdot\|_a$ auf dem $\mathbb{C}^n$ und $\|\cdot\|_b$ auf dem $\mathbb{C}^m$ *verträglich*, falls

$$\|Ax\|_b \leq \|A\|\,\|x\|_a \quad \text{für alle} \quad x \in \mathbb{C}^n, \quad A \in M(m,n).$$

Eine Matrixnorm $\|\cdot\|$ für quadratische Matrizen $A \in M(n,n)$ nennt man *submultiplikativ* falls

$$\|AB\| \leq \|A\|\,\|B\| \quad \text{für alle} \quad A, B \in M(n,n).$$

Häufig benutzte Matrixnormen sind

(4.4.7a) $$\|A\| = \max_i \sum_{k=1}^{n} |a_{ik}|$$ (Zeilensummennorm),

(4.4.7b) $$\|A\| = \left(\sum_{i,k=1}^{n} |a_{ik}|^2 \right)^{1/2}$$ (Schur-Norm),

(4.4.7c) $$\|A\| = \max_{i,k} |a_{ik}|.$$

a) und b) sind submultiplikativ, c) nicht, b) ist mit der euklidischen Vektornorm verträglich.

Zu einer Vektornorm $\|x\|$ kann man eine zugehörige Matrixnorm für quadratische Matrizen, die *Grenzennorm*, definieren durch

(4.4.8)
$$\text{lub}(A) := \max_{x \neq 0} \frac{\|Ax\|}{\|x\|}.$$

Eine solche Matrixnorm ist verträglich mit der zugrunde liegenden Vektornorm $\|\cdot\|$:

(4.4.9)
$$\|Ax\| \leq \text{lub}(A) \|x\|.$$

Offensichtlich ist $\text{lub}(A)$ unter allen mit einer Vektornorm $\|x\|$ verträglichen Matrixnormen $\|A\|$ die kleinste Matrixnorm,

$$\|Ax\| \leq \|A\| \, \|x\| \quad \text{für alle } x \quad \Rightarrow \quad \text{lub}(A) \leq \|A\|.$$

Jede Grenzennorm $\text{lub}(\cdot)$ ist submultiplikativ:

$$\text{lub}(AB) = \max_{x \neq 0} \frac{\|ABx\|}{\|x\|} \leq \max_{x \neq 0} \text{lub}\,(A) \frac{\|Bx\|}{\|x\|}$$
$$= \text{lub}(A) \, \text{lub}(B),$$

und es gilt $\text{lub}(I) = 1$.

(4.4.9) zeigt, dass $\text{lub}(A)$ als grösste *Abbildungsdehnung* von A verstanden werden kann. Sie gibt an, um wieviel $\|Ax\|$, die Norm des Bildes, grösser als die Norm $\|x\|$ des Urbildes sein kann.

Beispiel: a) Zur Maximumnorm $\|x\|_\infty = \max_\nu |x_\nu|$ gehört die Grenzennorm

$$\text{lub}_\infty(A) = \max_{x \neq 0} \frac{\|Ax\|_\infty}{\|x\|_\infty} = \max_{x \neq 0} \left(\frac{\max_i |\sum_{k=1}^n a_{ik} x_k|}{\max_k |x_k|} \right) = \max_i \sum_{k=1}^n |a_{ik}|.$$

b) Zur euklidischen Norm $\|x\|_2 = \sqrt{x^H x}$ gehört die Grenzennorm

$$\text{lub}_2(A) = \max_{x \neq 0} \sqrt{\frac{x^H A^H A x}{x^H x}} = \sqrt{\lambda_{\max}(A^H A)},$$

die man mit Hilfe des grössten Eigenwertes $\lambda_{\max}(A^H A)$ der Matrix $A^H A$ ausdrücken kann. Für diese Grenzennorm merken wir an, dass für unitäre Matrizen U, die durch $U^H U = I$ definiert sind, gilt

(4.4.10)
$$\text{lub}_2(U) = 1.$$

Wir nehmen für das folgende an, dass $\|x\|$ eine beliebige Vektornorm und $\|A\|$ eine damit verträgliche submultiplikative Matrixnorm mit $\|I\| = 1$ ist. Speziell kann man für die Matrixnorm $\|A\|$ stets die Grenzennorm $\text{lub}(A)$

nehmen, wenn man besonders gute Abschätzungen erhalten will. Wir wollen diese Normen verwenden, um bei einem linearen Gleichungssystem

$$Ax = b$$

den Einfluss von Änderungen von A und b auf die Lösung x abzuschätzen. Gehört zur rechten Seite $b + \Delta b$ die Lösung $x + \Delta x$,

$$A(x + \Delta x) = b + \Delta b,$$

so folgt aus $A\Delta x = \Delta b$ die Beziehung

$$\Delta x = A^{-1}\Delta b$$

und die Abschätzung:

$$(4.4.11) \qquad \|\Delta x\| \leq \|A^{-1}\| \, \|\Delta b\|.$$

Für die relative Änderung $\|\Delta x\| \,/\, \|x\|$ folgt wegen $\|b\| = \|Ax\| \leq \|A\| \, \|x\|$ die (i.a. schlechte) Abschätzung:

$$(4.4.12) \qquad \frac{\|\Delta x\|}{\|x\|} \leq \|A\| \, \|A^{-1}\| \, \frac{\|\Delta b\|}{\|b\|} = \operatorname{cond}(A) \, \frac{\|\Delta b\|}{\|b\|}.$$

Dabei bezeichnet $\operatorname{cond}(A) := \|A\| \, \|A^{-1}\|$, im speziellen Fall

$$\operatorname{cond}(A) := \operatorname{lub}(A) \operatorname{lub}(A^{-1}),$$

die sog. *Kondition* von A. $\operatorname{cond}(A)$ ist ein Mass für die Empfindlichkeit des relativen Fehlers der Lösung x gegenüber Änderungen der rechten Seite b. Für $\operatorname{cond}(A)$ gilt wegen $AA^{-1} = I$

$$\operatorname{lub}(I) = 1 \leq \operatorname{lub}(A) \operatorname{lub}(A^{-1}) \leq \|A\| \, \|A^{-1}\| = \operatorname{cond}(A).$$

Die Abschätzung (4.4.11) lässt sich auch folgendermassen interpretieren: Ist $\tilde{x}$ eine Näherungslösung von $Ax = b$ mit dem *Residuum*

$$r(\tilde{x}) := b - A\tilde{x} = A(x - \tilde{x}),$$

so ist $\tilde{x}$ exakte Lösung von

$$A\tilde{x} = b - r(\tilde{x}),$$

und es gilt für den Fehler $\Delta x = \tilde{x} - x$ die Abschätzung:

$$(4.4.13) \qquad \|\Delta x\| \leq \|A^{-1}\| \, \|r(\tilde{x})\|.$$

Wir wollen nun den Einfluss von Änderungen der Matrix A auf die Lösung x von $Ax = b$ untersuchen. Wir zeigen zunächst das folgende Resultat.

(4.4.14) **Hilfssatz:** *Ist F eine $n \times n$-Matrix mit $\|F\| < 1$, so ist die Matrix $I + F$ nichtsingulär, und für die Inverse $(I + F)^{-1}$ gilt*

$$\|(I + F)^{-1}\| \le \frac{1}{1 - \|F\|}.$$

Beweis: Wegen (4.4.4) gilt für alle x die Ungleichung

$$\|(I + F)x\| = \|x + Fx\| \ge \|x\| - \|Fx\| \ge (1 - \|F\|)\,\|x\|.$$

Wegen $1 - \|F\| > 0$ folgt $\|(I + F)x\| > 0$ für $x \ne 0$, d.h. $(I + F)x = 0$ hat nur die triviale Lösung $x = 0$ und $I + F$ ist nichtsingulär.

Mit der Abkürzung $C := (I + F)^{-1}$ folgt

$$\begin{aligned}
1 = \|I\| = \|(I + F)C\| &= \|C + FC\| \\
&\ge \|C\| - \|C\|\,\|F\| \\
&= \|C\|\,(1 - \|F\|) > 0
\end{aligned}$$

und daher das Resultat von (4.4.14)

$$\|(I + F)^{-1}\| \le \frac{1}{1 - \|F\|}.$$

Der Beweis ist somit vollständig. $\qquad\square$

Man kann nun das folgende Resultat zeigen.

(4.4.15) **Theorem:** *Sei A eine nichtsinguläre $n \times n$-Matrix, $B = A(I + F)$, $\|F\| < 1$ und x und Δx definiert durch $Ax = b$, $B(x + \Delta x) = b$. Dann gilt*

$$\frac{\|\Delta x\|}{\|x\|} \le \frac{\|F\|}{1 - \|F\|},$$

sowie, falls $\operatorname{cond}(A) \cdot \|B - A\|\,/\,\|A\| < 1$,

$$\frac{\|\Delta x\|}{\|x\|} \le \frac{\operatorname{cond}(A)}{1 - \operatorname{cond}(A)\frac{\|B-A\|}{\|A\|}}\,\frac{\|B - A\|}{\|A\|}.$$

Beweis: Wegen (4.4.14) existiert B^{-1} und es gilt

$$\Delta x = B^{-1}b - A^{-1}b = B^{-1}(A - B)A^{-1}b, \quad x = A^{-1}b,$$

$$\frac{\|\Delta x\|}{\|x\|} \le \|B^{-1}(A - B)\| = \|{-}(I + F)^{-1}A^{-1}AF\|$$

$$\le \|(I + F)^{-1}\|\,\|F\| \le \frac{\|F\|}{1 - \|F\|}.$$

Wegen $F = A^{-1}(B - A)$ und $\|F\| \le \|A^{-1}\|\,\|A\|\,\|B - A\|\,/\,\|A\|$ folgt sofort der Rest des Theorems. $\qquad\square$

Nach Theorem (4.4.15) misst cond(A) auch die Störempfindlichkeit der Lösung x von $Ax = b$ gegenüber Änderungen der Matrix A.

Berücksichtigt man die Beziehungen

$$C = (I + F)^{-1} = B^{-1}A, \quad F = A^{-1}B - I,$$

so folgt aus (4.4.14)

$$\|B^{-1}A\| \leq \frac{1}{1 - \|I - A^{-1}B\|}.$$

Vertauscht man nun A und B, so folgt aus $A^{-1} = A^{-1}BB^{-1}$ sofort:

$$(4.4.16) \qquad \|A^{-1}\| \leq \|A^{-1}B\| \, \|B^{-1}\| \leq \frac{\|B^{-1}\|}{1 - \|I - B^{-1}A\|}.$$

Insbesondere folgt aus der Residuenabschätzung (4.4.13) die Abschätzung von Collatz:

$$(4.4.17) \qquad \|\tilde{x} - x\| \leq \frac{\|B^{-1}\|}{1 - \|I - B^{-1}A\|} \, \|r(\tilde{x})\|, \quad r(\tilde{x}) = b - A\tilde{x},$$

wobei B^{-1} eine „näherungsweise" Inverse von A ist: $\|I - B^{-1}A\| < 1$.

Alle diese Ungleichungen zeigen die Bedeutung der Zahl cond(A) für den Einfluss von Änderungen der Eingangsdaten auf die Lösung. Die Abschätzungen geben Schranken für den Fehler $\tilde{x} - x$ an, und für die Auswertung der Schranken muss man zumindest näherungsweise die Inverse A^{-1} von A kennen. Die nun zu besprechenden Abschätzungen von Prager und Oettli (1964) beruhen auf einem anderen Prinzip und benötigen nicht die Kenntnis von A^{-1}.

Man kommt zu den Resultaten durch folgende Überlegung: Gewöhnlich sind die Ausgangsdaten A_0, b_0 eines Gleichungssystems $A_0x = b_0$ ungenau, z.B. mit Messfehlern ΔA, Δb behaftet. Es ist daher sinnvoll, eine näherungsweise Lösung $\tilde{x}$ des Systems $A_0x = b_0$ als „richtig" zu akzeptieren, wenn $\tilde{x}$ exakte Lösung eines „benachbarten" Gleichungssystems

$$A\tilde{x} = b$$

mit

$$(4.4.18) \qquad \begin{aligned} A &\in \mathcal{A} := \{\, A \mid |A - A_0| \leq \Delta A \,\}, \\ b &\in \mathcal{B} := \{\, b \mid |b - b_0| \leq \Delta b \,\} \end{aligned}$$

ist. Hier bedeuten

$$|A| = \big[|\alpha_{ik}|\big], \quad \text{falls} \quad A = [\alpha_{ik}],$$
$$|b| = \big[|\beta_1| \;\; \cdots \;\; |\beta_n|\big]^T, \quad \text{falls} \quad b = \big[\beta_1 \;\; \cdots \;\; \beta_n\big]^T,$$

und das Zeichen „$\leq$" zwischen Vektoren, Matrizen usw. ist komponentenweise zu verstehen. Prager und Oettli bewiesen das folgende Resultat.

(4.4.19) Theorem: *Sei $\Delta A \geq 0$, $\Delta b \geq 0$ und $\mathcal{A}$, $\mathcal{B}$ durch (4.4.18) definiert. Zu einer näherungsweisen Lösung $\tilde{x}$ des Gleichungssystems $A_0 x = b_0$ gibt es genau dann eine Matrix $A \in \mathcal{A}$ und einen Vektor $b \in \mathcal{B}$ mit*

$$A\tilde{x} = b,$$

wenn gilt

$$|r(\tilde{x})| \leq \Delta A \, |\tilde{x}| + \Delta b.$$

Hier ist $r(\tilde{x}) := b_0 - A_0\tilde{x}$ das Residuum von $\tilde{x}$.

Beweis: 1) Wir nehmen zunächst an, dass für ein $A \in \mathcal{A}$, $b \in \mathcal{B}$ gilt

$$A\tilde{x} = b.$$

Dann folgt aus

$$A = A_0 + \delta A, \quad \text{mit} \quad |\delta A| \leq \Delta A,$$
$$b = b_0 + \delta b, \quad \text{mit} \quad |\delta b| \leq \Delta b,$$

sofort

$$\begin{aligned}
|r(\tilde{x})| = |b_0 - A_0\tilde{x}| &= |b - \delta b - (A - \delta A)\tilde{x}| \\
&= |-\delta b + (\delta A)\tilde{x}| \leq |\delta b| + |\delta A| \, |\tilde{x}| \\
&\leq \Delta b + \Delta A \, |\tilde{x}|.
\end{aligned}$$

2) Sei nun umgekehrt

(4.4.20) $$|r(\tilde{x})| \leq \Delta b + \Delta A \, |\tilde{x}|.$$

Mit den Bezeichnungen

$$\tilde{x} =: \begin{bmatrix} \xi_1 & \cdots & \xi_n \end{bmatrix}^T, \quad b_0 =: \begin{bmatrix} \beta_1 & \cdots & \beta_n \end{bmatrix}^T,$$
$$r := r(\tilde{x}) = \begin{bmatrix} \rho_1 & \cdots & \rho_n \end{bmatrix}^T,$$
$$s := \Delta b + \Delta A \, |\tilde{x}| \geq 0, \quad s =: \begin{bmatrix} \sigma_1 & \cdots & \sigma_n \end{bmatrix}^T,$$

setze man

$$\delta A := \begin{bmatrix} \delta\alpha_{ij} \end{bmatrix}, \quad \delta b := \begin{bmatrix} \delta\beta_1 \\ \vdots \\ \delta\beta_n \end{bmatrix},$$
$$\delta\alpha_{ij} := \rho_i \Delta\alpha_{ij} \, \text{sign}(\xi_j)/\sigma_i,$$
$$\delta\beta_i := -\rho_i \Delta\beta_i/\sigma_i, \quad \text{mit} \quad \rho_i/\sigma_i := 0, \quad \text{falls} \quad \sigma_i = 0.$$

Aus (4.4.20) folgt sofort $|\rho_i/\sigma_i| \leq 1$ und daher

$$A = A_0 + \delta A \in \mathcal{A}, \quad b = b_0 + \delta b \in \mathcal{B},$$

sowie für $i = 1, 2, \ldots, n$:

$$\rho_i = \beta_i - \sum_{j=1}^{n} \alpha_{ij} \xi_j = \left(\Delta \beta_i + \sum_{j=1}^{n} \Delta \alpha_{ij} |\xi_j| \right) \frac{\rho_i}{\sigma_i}$$

$$= -\delta \beta_i + \sum_{j=1}^{n} \delta \alpha_{ij} \xi_j$$

oder

$$\sum_{j=1}^{n} (\alpha_{ij} + \delta \alpha_{ij}) \xi_j = \beta_i + \delta \beta_i,$$

d.h. $A\tilde{x} = b$, was zu beweisen war. $\square$

Das Kriterium von Theorem (4.4.19) erlaubt es, aus der Kleinheit des Residuums auf die Brauchbarkeit einer Lösung zu schliessen. Besitzen z.B. alle Komponenten von A_0 und b_0 dieselbe relative Genauigkeit ε,

$$\Delta A = \varepsilon |A_0|, \quad \Delta b = \varepsilon |b_0|,$$

so ist (4.4.19) erfüllt, falls gilt

$$|A_0 \tilde{x} - b_0| \leq \varepsilon \big(|b_0| + |A_0| \, |\tilde{x}| \big).$$

Aus dieser Ungleichung kann man sofort das kleinste ε berechnen, für welches ein gegebenes $\tilde{x}$ noch als brauchbare Lösung akzeptiert werden kann.

4.5 Rundungsfehleranalyse der Gaussschen Eliminationsmethode

Bei der Diskussion der Verfahren zur Gleichungsauflösung spielte die Pivotsuche bisher nur folgende Rolle: Sie stellt sicher, dass bei nichtsingulären Matrizen A der Algorithmus nicht vorzeitig abbricht, weil ein Pivotelement verschwindet. Wir werden nun zeigen, dass auch die Gutartigkeit der Gleichungsauflösung von der rechten Pivotwahl abhängt. Um dies zu illustrieren, betrachten wir folgendes einfache Beispiel. Gegeben sei das Problem, die Lösung des Gleichungssystems

$$(4.5.1) \qquad \begin{bmatrix} 0.005 & 1 \\ 1 & 1 \end{bmatrix} \begin{bmatrix} x \\ y \end{bmatrix} = \begin{bmatrix} 0.5 \\ 1 \end{bmatrix}$$

mit Hilfe der Gaussschen Eliminationsmethode zu berechnen. Seine exakte Lösung ist $x = 5000/9950 = 0.503\ldots$, $y = 4950/9950 = 0.497\ldots$. Nimmt man das Element $a_{11} = 0.005$ im ersten Schritt als Pivotelement, so erhält man bei 2-stelliger Gleitpunktrechnung folgende Resultate

$$\begin{bmatrix} 0.005 & 1 \\ 0 & -200 \end{bmatrix} \begin{bmatrix} \tilde{x} \\ \tilde{y} \end{bmatrix} = \begin{bmatrix} 0.5 \\ -99 \end{bmatrix}, \quad \tilde{y} = 0.5, \quad \tilde{x} = 0.$$

Wählt man im ersten Schritt $a_{21} = 1$ als Pivotelement, so erhält man bei 2-stelliger Rechnung

$$\begin{bmatrix} 1 & 1 \\ 0 & 1 \end{bmatrix} \begin{bmatrix} \tilde{x} \\ \tilde{y} \end{bmatrix} = \begin{bmatrix} 1 \\ 0.5 \end{bmatrix}, \quad \tilde{y} = 0.50, \quad \tilde{x} = 0.50.$$

Im zweiten Fall ist die Genauigkeit des Resultats erheblich grösser. Dies könnte den Eindruck erwecken, dass in jedem Fall das betragsgrösste Element einer Spalte als Pivot die numerisch günstigsten Ergebnisse liefert. Eine einfache Überlegung zeigt aber, dass dies nur bedingt richtig sein kann. Multipliziert man etwa die erste Zeile des Gleichungssystems (4.5.1) mit 200, so erhält man das System

(4.5.2)
$$\begin{bmatrix} 1 & 200 \\ 1 & 1 \end{bmatrix} \begin{bmatrix} x \\ y \end{bmatrix} = \begin{bmatrix} 100 \\ 1 \end{bmatrix},$$

das dieselbe Lösung wie (4.5.1) besitzt. Das Element $\tilde{a}_{11} = 1$ ist jetzt ebenso gross wie $\tilde{a}_{21} = 1$. Die Wahl von $\tilde{a}_{11}$ als Pivotelement führt jedoch zu demselben ungenauen Resultat wie vorher. Bei der betrachteten Operation hat man die Matrix A von (4.5.1) durch $\tilde{A} = DA$ ersetzt, wobei D die Diagonalmatrix

$$D = \begin{bmatrix} 200 & 0 \\ 0 & 1 \end{bmatrix}$$

ist. Offensichtlich kann man auch die Spalten von A umnormieren, d.h. A durch $\tilde{A} = AD$, wobei D eine Diagonalmatrix ist, ersetzen, ohne die Lösung von $Ax = b$ wesentlich zu ändern: Ist x Lösung von $Ax = b$, so ist $y = D^{-1}x$ Lösung von $\tilde{A}y = (AD)(D^{-1}x) = b$. Allgemein spricht man von einer *Skalierung* einer Matrix A, wenn man A durch D_1AD_2, D_1, D_2 Diagonalmatrizen, ersetzt. Das Beispiel zeigt, dass es nicht sinnvoll ist, eine bestimmte Pivotsuche ohne Voraussetzungen über die Skalierung einer Matrix zu empfehlen. Leider ist es bisher nicht befriedigend geklärt, wie man eine Matrix A skalieren muss, damit etwa die Teilpivotsuche zu einem gutartigen Algorithmus führt. Praktische Erfahrungen legen jedoch für die Teilpivotsuche folgende Skalierung nahe: Man wähle D_1 und D_2 so, dass für $\tilde{A} = D_1AD_2$ näherungsweise

$$\sum_{k=1}^{n} |\tilde{a}_{ik}| \approx \sum_{j=1}^{n} |\tilde{a}_{jl}|$$

für alle $i, l = 1, 2, \ldots, n$ gilt: Die Summe der Beträge der Elemente in den Zeilen bzw. Spalten von $\tilde{A}$ sollten ungefähr die gleiche Grössenordnung haben.

Man nennt solche Matrizen $\tilde{A}$ *equilibriert*. Leider ist es i.a. recht schwierig D_1 und D_2 so zu bestimmen, dass D_1AD_2 equilibriert ist. Gewöhnlich behilft man sich auf folgende Weise: Man wählt $D_2 = I$, $D_1 = \text{diag}(s_1, \ldots, s_n)$ mit

$$s_i := \frac{1}{\sum_{k=1}^n |a_{ik}|}.$$

Es gilt dann jedenfalls für $\tilde{A} = D_1AD_2$

$$\sum_{k=1}^n |\tilde{a}_{ik}| = 1 \quad \text{für} \quad i = 1, 2, \ldots, n.$$

Statt nun A durch $\tilde{A}$ zu ersetzen, d.h. die Skalierung wirklich durchzuführen, bevor man auf $\tilde{A}$ den Eliminationsalgorithmus mit Teilpivotsuche anwendet, ersetzt man, um die explizite Skalierung von A zu vermeiden, die Pivotsuche im j-ten Eliminationsschritt $A^{(j-1)} \to A^{(j)}$ durch die folgende Regel.

(4.5.3)

Bestimme $r \geq j$ so, dass

$$s_r|a_{rj}^{(j-1)}| = \max_{i \geq j}(s_i|a_{ij}^{(j-1)}|) \neq 0.$$

$a_{rj}^{(j-1)}$ *wird dann als Pivotelement genommen.*

Obiges Beispiel zeigt auch, dass es i.a. nicht genügt, die Matrix A vor einer Teilpivotsuche so zu skalieren, dass die betragsgrössten Elemente in jeder Zeile und Spalte von A ungefähr den gleichen Betrag haben:

(4.5.4) $\max_k |a_{ik}| \approx \max_j |a_{jl}|$ für alle $i, l = 1, 2, \ldots, n.$

Wählt man nämlich die Skalierungsmatrizen

$$D_1 = \begin{bmatrix} 200 & 0 \\ 0 & 1 \end{bmatrix}, \quad D_2 = \begin{bmatrix} 1 & 0 \\ 0 & 0.005 \end{bmatrix}$$

so wird die Matrix A aus dem Beispiel (4.5.1) zu

$$\tilde{A} = D_1AD_2 = \begin{bmatrix} 1 & 1 \\ 1 & 0.005 \end{bmatrix},$$

die die Normierungsbedingung (4.5.4) erfüllt und für die trotzdem $\tilde{a}_{11} = 1$ betragsgrösstes Element in der ersten Spalte ist.

Wir wollen nun den Einfluss der Rundungsfehler, die bei der Gauss-Elimination bzw. Dreieckszerlegung (s. 4.1) auftreten, im Detail studieren. Dabei setzen wir voraus, dass die Zeilen der $n \times n$-Matrix A bereits so geordnet sind, dass A eine Dreieckszerlegung der Form $A = LR$ besitzt. L und R

können dann mittels der Formeln (4.1.12) berechnet werden. Dabei hat man im Grunde nur Formeln des Typs

$$b_n := \text{gl}\left(\frac{c - a_1 b_1 - \cdots - a_{n-1} b_{n-1}}{a_n}\right)$$

auszuwerten, wie sie in Abschnitt 1.4, Beispiel 5, analysiert wurden. Statt der exakten Dreieckszerlegung $LR = A$ erhält man bei Verwendung von Gleitpunktarithmetik aus (4.1.12) Matrizen $\bar{L} = [\bar{l}_{ik}]$, $\bar{R} = [\bar{r}_{ik}]$ für die das Residuum $F = [f_{ik}] := A - \bar{L}\bar{R}$ i.a. nicht verschwindet. Da nach (4.1.13) die j-ten Partialsummen

$$\bar{a}_{ik}^{(j)} = \text{gl}\left(a_{ik} - \sum_{s=1}^{j} \bar{l}_{is} \bar{r}_{sk}\right)$$

gerade die Elemente der Matrix $\bar{A}^{(j)}$ sind, die man statt $A^{(j)}$ (4.1.6) bei der Durchführung der Gauss-Elimination in Gleitpunktarithmetik nach dem j-ten Eliminationsschritt erhält, ergeben die Abschätzungen (1.4.7) angewendet auf (4.1.12) sofort

(4.5.5)

$$|f_{ik}| = \left|a_{ik} - \sum_{j=1}^{i} \bar{l}_{ij} \bar{r}_{jk}\right| \leq \text{eps}' \sum_{j=1}^{i-1}(|\bar{a}_{ik}^{(j)}| + |\bar{l}_{ij}|\,|\bar{r}_{jk}|), \quad k \geq i,$$

$$|f_{ki}| = \left|a_{ki} - \sum_{j=1}^{i} \bar{l}_{kj} \bar{r}_{ji}\right| \leq \text{eps}'\left(|\bar{a}_{ki}^{(i-1)}| + \sum_{j=1}^{i-1}\left(|\bar{a}_{ki}^{(j)}| + |\bar{l}_{kj}|\,|\bar{r}_{ji}|\right)\right), \quad k > i,$$

wobei $\text{eps}' := \text{eps}/(1 - \text{eps})$. Ferner ist

(4.5.6) $$\bar{r}_{ik} = \bar{a}_{ik}^{(i-1)} \quad \text{für} \quad i \leq k,$$

da sich die ersten $j + 1$ Zeilen von $\bar{A}^{(j)}$ (bzw. $A^{(j)}$, s. (4.1.6)) in den folgenden Eliminationsschritten nicht mehr ändern und so schon mit den entsprechenden Zeilen von $\bar{R}$ übereinstimmen. Wir setzen nun zusätzlich $|\bar{l}_{ik}| \leq 1$ für alle i, k voraus (z.B. erfüllt, falls Teil- oder Totalpivotsuche vorgenommen wurde). Mit

$$a_j := \max_{i,k}|\bar{a}_{ik}^{(j)}|, \quad a := \max_{0 \leq i \leq n-1} a_i,$$

folgen sofort aus (4.5.5) und (4.5.6) die Abschätzungen

$$|f_{ik}| \leq \frac{\text{eps}}{1 - \text{eps}}(a_0 + 2a_1 + 2a_2 + \cdots + 2a_{i-2} + a_{i-1})$$

$$\leq 2(i-1)a\frac{\text{eps}}{1 - \text{eps}} \quad \text{für} \quad k \geq i,$$

(4.5.7)

$$|f_{ik}| \leq \frac{\text{eps}}{1 - \text{eps}}(a_0 + 2a_1 + \cdots + 2a_{k-2} + 2a_{k-1})$$

$$\leq 2ka\frac{\text{eps}}{1 - \text{eps}} \quad \text{für} \quad k < i.$$

Für die Matrix F gilt daher die Ungleichung

$$(4.5.8) \qquad |F| \leq 2a \frac{\text{eps}}{1 - \text{eps}} \begin{bmatrix} 0 & 0 & 0 & \cdots & 0 & 0 \\ 1 & 1 & 1 & \cdots & 1 & 1 \\ 1 & 2 & 2 & \cdots & 2 & 2 \\ 1 & 2 & 3 & \ddots & 3 & 3 \\ \vdots & \vdots & \vdots & & \ddots & \vdots \\ 1 & 2 & 3 & \cdots & n-1 & n-1 \end{bmatrix}$$

mit $|F| := \left[|f_{jk}| \right]$. Besitzt a die gleiche Grössenordnung wie a_0, d.h. wachsen die Matrizen $\bar{A}^{(j)}$ nicht zu sehr an, so ist das Produkt $\bar{L}\bar{R}$ der berechneten Matrizen die exakte Dreieckszerlegung der Matrix $A - F$, die sich nur wenig von A unterscheidet: Die Gauss-Elimination ist in diesem Fall gutartig.

Die Grösse a kann man mit Hilfe von $a_0 = \max_{r,s} |a_{rs}|$ abschätzen. Bei Teilpivotsuche kann man sofort

$$a_{k-1} \leq 2^k a_0$$

zeigen, also $a \leq 2^{n-1} a_0$. Diese Schranke ist jedoch in den meisten Fällen viel zu pessimistisch, sie kann jedoch erreicht werden, etwa bei der Dreieckszerlegung der Matrix

$$A = \begin{bmatrix} 1 & 0 & \cdots & 0 & 1 \\ -1 & \ddots & \ddots & \vdots & \vdots \\ \vdots & \ddots & \ddots & 0 & \vdots \\ \vdots & & \ddots & 1 & 1 \\ -1 & \cdots & \cdots & -1 & 1 \end{bmatrix}.$$

Für spezielle Typen von Matrizen gibt es bessere Abschätzungen, so z.B. bei *Hessenberg-Matrizen,* das sind Matrizen der Form

$$A = \begin{bmatrix} * & \cdots & \cdots & * \\ * & \ddots & & \vdots \\ & \ddots & \ddots & \vdots \\ 0 & & * & * \end{bmatrix},$$

für die man sofort $a \leq (n-1)a_0$ zeigen kann. Hessenberg-Matrizen treten im Zusammenhang mit Eigenwertproblemen auf (s. Band 2).

Für Tridiagonalmatrizen

$$A = \begin{bmatrix} \alpha_1 & \beta_2 & & 0 \\ \gamma_2 & \ddots & \ddots & \\ & \ddots & \ddots & \beta_n \\ 0 & & \gamma_n & \alpha_n \end{bmatrix}$$

kann man sogar zeigen, dass bei Teilpivotsuche folgende Abschätzung gilt:

$$a = \max_k |a_k| \leq 2a_0.$$

Der Gausssche Algorithmus ist also in diesem Fall besonders gutartig.
Für die Totalpivotsuche zeigte Wilkinson (1988) die Ungleichung

$$a_{k-1} \leq f(k)a_0$$

mit der Funktion

$$f(k) := k^{1/2}\left(2^1\, 3^{1/2}\, 4^{1/3}\, \cdots\, k^{1/(k-1)}\right)^{1/2},$$

die mit k relativ langsam wächst:

k	10	20	50	100
$f(k)$	19	67	530	3300

Aber auch diese Abschätzung ist sehr pessimistisch: In der Regel gelten bei
Totalpivotsuche die Beziehungen

$$a_k \leq (k+1)a_0, \quad k = 1, 2, \ldots, n-1,$$

für die man aber Ausnahmen gefunden hat. Dies zeigt, dass gewöhnlich die
Gauss-Elimination mit Totalpivotsuche ein gutartiger Prozess ist. Trotzdem
zieht man in der Rechenpraxis meistens die Teilpivotsuche aus folgenden
Gründen vor:

1. Die Totalpivotsuche ist aufwendiger als die Teilpivotsuche: Zur Berechnung von $A^{(i)}$ muss das Maximum von $(n-i+1)^2$ Elementen bestimmt
   werden gegenüber $n-i+1$ Elementen bei der Teilpivotsuche.
2. Spezielle Strukturen einer Matrix, z.B. die Bandstruktur einer Tridiagonalmatrix, werden bei Totalpivotsuche zerstört, bei Teilpivotsuche nicht.

Benutzt man statt (1.4.7) die schwächeren Abschätzungen (1.4.11), so
erhält man statt (4.5.5) für die f_{ik} die Schranken

$$|f_{ik}| \leq \frac{\text{eps}}{1 - n\,\text{eps}}\left(\sum_{j=1}^{i} j\,|\bar{l}_{ij}|\,|\bar{r}_{jk}| - |\bar{r}_{ik}|\right), \quad k \geq i,$$

$$|f_{ki}| \leq \frac{\text{eps}}{1 - n\,\text{eps}}\left(\sum_{j=1}^{i} j\,|\bar{l}_{kj}|\,|\bar{r}_{ji}|\right), \quad k \geq i+1,$$

oder

$$(4.5.9) \qquad |F| \leq \frac{\text{eps}}{1 - n\,\text{eps}}\left(|\bar{L}|\,D\,|\bar{R}| - |\bar{R}|\right),$$

mit der Diagonalmatrix

$$D := \begin{bmatrix} 1 & 0 & \cdots & 0 \\ 0 & 2 & \ddots & \vdots \\ \vdots & \ddots & \ddots & 0 \\ 0 & \cdots & 0 & n \end{bmatrix}.$$

4.6 Rundungsfehleranalyse der Auflösung gestaffelter Gleichungssysteme

Als Resultat der Gauss-Elimination einer Matrix A erhält man eine untere Dreiecksmatrix $\bar{L}$ und eine obere Dreiecksmatrix $\bar{R}$, deren Produkt $\bar{L}\bar{R}$ näherungsweise A ist. Die Lösung eines Gleichungssystems $Ax = b$ wird damit auf die Lösung der beiden gestaffelten Gleichungssysteme

$$\bar{L}y = b, \quad \bar{R}x = y$$

zurückgeführt. Wir wollen nun den Einfluss der Rundungsfehler auf die Lösung solcher Gleichungssysteme untersuchen. Bezeichnet man mit $\bar{y}$ die Lösung, die man bei Gleitpunktrechnung der Genauigkeit eps erhält, so gilt nach Definition von $\bar{y}$

(4.6.1) $\bar{y}_r = \mathrm{gl}\left((-\bar{l}_{r1}\bar{y}_1 - \bar{l}_{r2}\bar{y}_2 - \cdots - \bar{l}_{r,r-1}\bar{y}_{r-1} + b_r)/\bar{l}_{rr}\right).$

Aus (1.4.10), (1.4.11) folgt sofort

$$\left| b_r - \sum_{j=1}^{r} \bar{l}_{rj}\bar{y}_j \right| \leq \frac{\mathrm{eps}}{1 - n\,\mathrm{eps}} \left(\sum_{j=1}^{r} j\left|\bar{l}_{rj}\right| \left|\bar{y}_j\right| - \left|\bar{y}_r\right| \right)$$

oder

(4.6.2) $|b - \bar{L}\bar{y}| \leq \dfrac{\mathrm{eps}}{1 - n\,\mathrm{eps}} \left(|\bar{L}|D - I\right)|\bar{y}|,$ $D := \begin{bmatrix} 1 & 0 & \cdots & 0 \\ 0 & 2 & \ddots & \vdots \\ \vdots & \ddots & \ddots & 0 \\ 0 & \cdots & 0 & n \end{bmatrix}.$

Es gibt also eine Matrix $\Delta\bar{L}$ mit

(4.6.3) $(\bar{L} + \Delta\bar{L})\bar{y} = b, \quad |\Delta\bar{L}| \leq \dfrac{\mathrm{eps}}{1 - n\,\mathrm{eps}} \left(|\bar{L}|D - I\right).$

Die berechnete Lösung lässt sich also als exakte Lösung eines nur leicht abgeänderten Problems interpretieren, so dass das Auflösen gestaffelter Gleichungssysteme gutartig ist. Analog findet man für die berechnete Lösung $\bar{x}$ von $\bar{R}x = \bar{y}$ die Schranken

(4.6.4)
$$|\bar{y} - \bar{R}\bar{x}| \leq \frac{\text{eps}}{1 - n\,\text{eps}}\,|\bar{R}|\,E\,|\bar{x}|, \quad E := \begin{bmatrix} n & 0 & \cdots & 0 \\ 0 & \ddots & \ddots & \vdots \\ \vdots & \ddots & 2 & 0 \\ 0 & \cdots & 0 & 1 \end{bmatrix},$$

$$(\bar{R} + \Delta\bar{R})\bar{x} = \bar{y}, \quad |\Delta\bar{R}| \leq \frac{\text{eps}}{1 - n\,\text{eps}}\,|\bar{R}|\,E.$$

Durch Zusammenfassung der Abschätzungen (4.5.9), (4.6.3) und (4.6.4) zeigt man nun leicht folgendes von Sautter (1971) stammende Resultat für die Näherungslösung $\bar{x}$ eines linearen Gleichungssystems $Ax = b$, die man bei Gleitpunktrechnung erhält:

(4.6.5)
$$|b - A\bar{x}| \leq \frac{2(n+1)\text{eps}}{1 - n\,\text{eps}}\,|\bar{L}||\bar{R}||\bar{x}|, \quad \text{falls} \quad n\,\text{eps} \leq \frac{1}{2}.$$

Beweis: Mit $\varepsilon := \text{eps}/(1 - n\,\text{eps})$ folgt wegen (4.5.9), (4.6.3) und (4.6.4)

$$|b - A\bar{x}| = |b - (\bar{L}\bar{R} + F)\bar{x}| = |-F\bar{x} + b - \bar{L}(\bar{y} - \Delta\bar{R}\,\bar{x})|$$
$$= |(-F + \Delta\bar{L}(\bar{R} + \Delta\bar{R}) + \bar{L}\Delta\bar{R})\bar{x}|$$
$$\leq \varepsilon\Big(2(|\bar{L}|D - I)|\bar{R}| + |\bar{L}|\,|\bar{R}|E + \varepsilon(|\bar{L}|D - I)|\bar{R}|E\Big)|\bar{x}|.$$

Die (i,k)-Komponente der Matrix $[\cdots]$ der letzten Zeile hat die Form

$$\sum_{j=1}^{\min(i,k)} |\bar{l}_{ij}|\big(2j - 2\delta_{ij} + n + 1 - k + \varepsilon(j - \delta_{ij} + n + 1 - k)\big)|\bar{r}_{jk}|,$$

$$\delta_{ij} := \begin{cases} 1 & \text{für } i = j, \\ 0 & \text{für } i \neq j. \end{cases}$$

Nun bestätigt man leicht, dass für alle $j \leq \min(i,k)$, $1 \leq i, k \leq n$ gilt

$$2j - 2\delta_{ij} + n + 1 - k + \varepsilon(j - \delta_{ij} + n + 1 - k)$$
$$\leq \begin{cases} 2n - 1 + \varepsilon \cdot n & \text{falls } j \leq i \leq k, \\ 2n + \varepsilon(n+1) & \text{falls } j \leq k < i, \end{cases}$$
$$\leq 2n + 2,$$

wegen $\varepsilon\,n \leq 2n\,\text{eps} \leq 1$. Damit ist (4.6.5) bewiesen. $\qquad\square$

Ein Vergleich von (4.6.5) mit dem Theorem (4.4.19) von Prager und Oettli zeigt schliesslich, dass die berechnete Lösung $\bar{x}$ als exakte Lösung eines nur leicht abgeänderten Gleichungssystems interpretiert werden kann, wenn die Matrix $n|\bar{L}||\bar{R}|$ dieselbe Grössenordnung wie $|A|$ besitzt. In diesen Fällen ist die Gauss-Elimination ein gutartiger Algorithmus.

4.7 Orthogonalisierungsverfahren. Verfahren von Householder und Schmidt

Die bisherigen Methoden, ein Gleichungssystem

$$(4.7.1) \qquad\qquad Ax = b$$

zu lösen, bestanden darin, Gleichung (4.7.1) mit geeigneten Matrizen P_j, $j = 1, \ldots, n$, von links zu multiplizieren, so dass das schliesslich entstehende System

$$A^{(n)} x = b^{(n)}$$

direkt gelöst werden kann. Nun wird die Empfindlichkeit des Resultates x gegenüber Änderungen in den Daten $\begin{bmatrix} A^{(j)} & b^{(j)} \end{bmatrix}$ des Zwischensystems

$$A^{(j)} x = b^{(j)}, \quad \begin{bmatrix} A^{(j)} & b^{(j)} \end{bmatrix} = P_j \begin{bmatrix} A^{(j-1)} & b^{(j-1)} \end{bmatrix},$$

gemessen durch

$$\operatorname{cond}\big(A^{(j)}\big) = \operatorname{lub}\big(A^{(j)}\big) \operatorname{lub}\big((A^{(j)})^{-1}\big).$$

Bezeichnet man mit $\varepsilon^{(j)}$ die Rundungsfehler, die man beim Übergang von $\begin{bmatrix} A^{(j-1)} & b^{(j-1)} \end{bmatrix}$ nach $\begin{bmatrix} A^{(j)} & b^{(j)} \end{bmatrix}$ begeht, so wirken sich diese Rundungsfehler mit dem Faktor $\operatorname{cond}(A^{(j)})$ verstärkt auf das Endresultat x aus und es gilt (s. (4.4.12), (4.4.15))

$$\frac{\|\Delta x\|}{\|x\|} \dot{\leq} \sum_{j=0}^{n-1} \varepsilon^{(j)} \operatorname{cond}\big(A^{(j)}\big),$$

wobei $\varepsilon^{(0)}$ Fehler in den Eingangsdaten $\begin{bmatrix} A & b \end{bmatrix}$ bedeuten. Wenn es ein $A^{(j)}$ mit

$$\operatorname{cond}\big(A^{(j)}\big) \gg \operatorname{cond}\big(A^{(0)}\big)$$

gibt, ist der Rechenprozess nicht gutartig: Der Rundungsfehler $\varepsilon^{(j)}$ wirkt sich stärker auf das Endresultat aus als der Eingangsfehler $\varepsilon^{(0)}$.

Man wird daher bestrebt sein, die Matrizen P_j so zu wählen, dass die Konditionen $\operatorname{cond}\big(A^{(j)}\big)$ nicht wachsen. Für eine beliebige Vektornorm ist dies ein schwieriges Problem. Für die euklidische Norm

$$\|x\| = \sqrt{x^H x}$$

und die damit verträgliche Grenzennorm

$$\operatorname{lub}(A) = \max_{x \neq 0} \sqrt{\frac{x^H A^H A x}{x^H x}}$$

sind die Verhältnisse jedoch übersichtlicher. Deshalb werden in diesem Abschnitt nur diese Normen benutzt. Wenn U eine unitäre Matrix ist, d.h. $U^H U = I$, so gilt für diese Norm

$$\text{lub}(A) = \text{lub}\,(U^H U A) \leq \text{lub}(U^H)\,\text{lub}(UA) = \text{lub}(UA)$$
$$\leq \text{lub}(U)\,\text{lub}(A) = \text{lub}(A),$$

also

$$\text{lub}(UA) = \text{lub}(A)$$

und ebenso $\text{lub}(AU) = \text{lub}(A)$.

Insbesondere folgt für unitäres U

$$\text{cond}(A) = \text{lub}(A)\,\text{lub}(A^{-1}) = \text{cond}(UA).$$

Wählt man also die Transformationsmatrizen P_j unitär, so ist man sicher, dass die Kondition der Gleichungssysteme $A^{(j)}x = b^{(j)}$ sich nicht ändert, also sich nicht verschlechtern kann. Gleichzeitig sollen natürlich die P_j so gewählt werden, dass die Matrizen $A^{(j)}$ einfacher werden. Nach Householder kann man das in der folgenden Weise erreichen.

Man wählt die unitäre Matrix P

$$P := I - 2ww^H \quad \text{mit} \quad w^H w = 1, \quad w \in \mathbb{C}^n.$$

Diese Matrix ist hermitesch,

$$P^H = I^H - (2ww^H)^H = I - 2ww^H = P,$$

unitär,

$$P^H P = PP = P^2 = (I - 2ww^H)(I - 2ww^H)$$
$$= I - 2ww^H - 2ww^H + 4ww^H ww^H$$
$$= I,$$

und daher involutorisch, $P^2 = I$. Die Abbildung $x \mapsto y = Px = x - 2(w^H x)w$ beschreibt eine Spiegelung an der Ebene $\{\, z \mid w^H z = 0 \,\}$. Es gilt für $y = Px$

(4.7.2) $$y^H y = x^H P^H P x = x^H x,$$

(4.7.3) $$x^H y = x^H P x = (x^H P x)^H,$$

so dass $x^H y$ eine reelle Zahl ist. Wir versuchen nun einen Vektor w und damit P so zu bestimmen, dass ein gegebenes

$$x = \begin{bmatrix} x_1 & \cdots & x_n \end{bmatrix}^T$$

in ein Vielfaches des ersten Achsenvektors e_1 transformiert wird,

$$k\,e_1 = Px.$$

Aus (4.7.2) folgt sofort für k

$$|k|^2 = \|x\|^2 = x^H x$$

und, weil $k\,x^H e_1$ nach (4.7.3) reell ist,

$$k = \mp e^{i\alpha}\sigma, \quad \sigma := \sqrt{x^H x},$$

wenn $x_1 = e^{i\alpha}|x_1|$. Dabei kann das Vorzeichen in k noch beliebig gewählt werden. Ferner folgt aus

$$Px = x - 2(w^H x)w = k e_1$$

und der Bedingung $w^H w = 1$,

$$w = \frac{x - k e_1}{\|x - k e_1\|}.$$

Nun ist wegen $x_1 = e^{i\alpha}|x_1|$

$$\|x - k e_1\| = \|x \pm \sigma e^{i\alpha} e_1\| = \sqrt{|x_1 \pm \sigma e^{i\alpha}|^2 + |x_2|^2 + \cdots + |x_n|^2}$$

$$= \sqrt{(|x_1| \pm \sigma)^2 + |x_2|^2 + \cdots + |x_n|^2}.$$

Damit bei der Berechnung von $|x_1| \pm \sigma$ keine Auslöschung auftritt, wählt man bei der Definition von k das obere Vorzeichen,

$$k = -\sigma e^{i\alpha},$$

und erhält

$$(4.7.4) \quad |x_1 - k|^2 = |x_1 + \sigma e^{i\alpha}|^2 = \big|\sigma + |x_1|\big|^2 = \sigma^2 + 2\sigma|x_1| + |x_1|^2.$$

Es folgt:

$$\|x - k e_1\|^2 = 2\sigma^2 + 2\sigma|x_1|, \quad 2ww^H = 2\frac{(x - k e_1)(x - k e_1)^H}{\|x - k e_1\|^2}.$$

Die Matrix $P = I - 2ww^H$ lässt sich dann in der Form

$$P = I - \beta u u^H$$

schreiben, mit

$$\sigma = \sqrt{\sum_{i=1}^{n} |x_i|^2}, \quad x_1 = e^{i\alpha}|x_1|, \quad k = -\sigma e^{i\alpha}$$

$$(4.7.5) \qquad u = x - k e_1 = \begin{bmatrix} e^{i\alpha}(|x_1| + \sigma) \\ x_2 \\ \vdots \\ x_n \end{bmatrix}, \quad \beta = \big(\sigma(\sigma + |x_1|)\big)^{-1}.$$

Diese sog. *Householdertransformationen* bzw. die so konstruierten Matrizen P, die sog. *Householder-Matrizen*, kann man nun benutzen, um eine Matrix $A \equiv A^{(0)}$ schrittweise mit orthogonalen Matrizen P_j,

$$A^{(j)} = P_j A^{(j-1)},$$

in eine obere Dreiecksmatrix

$$A^{(n-1)} = R = \begin{bmatrix} r_{11} & \cdots & r_{1n} \\ & \ddots & \vdots \\ 0 & & r_{nn} \end{bmatrix}$$

zu transformieren. Dazu bestimmt man nach (4.7.5) die unitäre $n \times n$-Matrix P_1 derart, dass

$$P_1 a_1^{(0)} = k\, e_1$$

gilt. Dabei ist $a_1^{(0)}$ die erste Spalte von $A^{(0)}$.

Hat man nach $j - 1$ Schritten eine Matrix $A^{(j-1)}$ der Gestalt

$$(4.7.6) \quad A^{(j-1)} = \begin{bmatrix} * & \cdots & * & * & \cdots & * \\ & \ddots & \vdots & \vdots & & \vdots \\ 0 & & * & * & \cdots & * \\ \hline & & & a_{jj}^{(j-1)} & \cdots & a_{jn}^{(j-1)} \\ & 0 & & \vdots & & \vdots \\ & & & a_{nj}^{(j-1)} & \cdots & a_{nn}^{(j-1)} \end{bmatrix} \begin{matrix} \left.\vphantom{\begin{matrix}*\\ \vdots \\ * \end{matrix}}\right\}j-1 \\ \\ \left.\vphantom{\begin{matrix}a\\ \vdots \\ a \end{matrix}}\right\}n-j+1 \end{matrix} = \begin{bmatrix} D & B \\ 0 & \tilde{A}^{(j-1)} \end{bmatrix},$$

so bestimmt man nach (4.7.5) die unitäre $(n-j+1)$-reihige Matrix $\tilde{P}_j$ derart, dass

$$\tilde{P}_j \begin{bmatrix} a_{jj}^{(j-1)} \\ \vdots \\ a_{nj}^{(j-1)} \end{bmatrix} = k \begin{bmatrix} 1 \\ 0 \\ \vdots \\ 0 \end{bmatrix} \in \mathbb{C}^{n-j+1},$$

und erweitert $\tilde{P}_j$ zu einer ebenfalls unitären $n \times n$-Matrix

$$P_j = \begin{bmatrix} I_{j-1} & 0 \\ 0 & \tilde{P}_j \end{bmatrix} \begin{matrix} \}j-1 \\ \}n-j+1 \end{matrix}.$$

Bildet man nun $A^{(j)} = P_j A^{(j-1)}$, so sieht man, dass die Elemente $a_{ij}^{(j)}$ für $i > j$ verschwinden und dass die in (4.7.6) mit „*" bezeichneten Elemente unverändert bleiben. Man erhält so nach $n - 1$ Schritten eine obere Dreiecksmatrix

$$R := A^{(n-1)}.$$

Bei der praktischen Durchführung der Householdertransformation beachte man, dass die in der j-ten Spalte von $A^{(j)}$ freiwerdenden Stellen unterhalb der Diagonalen benutzt werden können, um den Vektor u und damit die wichtigste Information über die Householdermatrix P zu speichern. Da der Vektor u, der zu $\tilde{P}_j$ gehört, $n - j + 1$ wesentliche Komponenten besitzt, aber in $A^{(j)}$ nur $n - j$ Plätze frei werden, schafft man für u dadurch Platz, indem man die Diagonalelemente der Matrizen $A^{(j)}$ in einem besonderen Vektor d abspeichert.

Die Transformation mit der Matrix

$$\tilde{P}_j = I - \beta_j u_j u_j^H$$

führt man aus wie folgt

$$\tilde{P}_j \tilde{A}^{(j-1)} = \tilde{A}^{(j-1)} - u_j y_j^H \quad \text{mit} \quad y_j^H = \beta_j u_j^H \tilde{A}^{(j-1)},$$

indem man zunächst den Vektor y_j berechnet und dann $\tilde{A}^{(j-1)}$ entsprechend modifiziert.

Das folgende Matlab-Programm enthält den wesentlichen Teil der Householdertransformation einer gegebenen reellen Matrix A.

```
for j = 1 : n
    σ = 0;
    for i = j : n
        σ = σ + A(i, j) * A(i, j);
    end
    if σ == 0, error('A ist singulär'), end
    if A(j.j) < 0
        d(j) = sqrt(σ);
    else
        d(j) = − sqrt(σ);
    end
    β = 1/(d(j) * A(j, j) − σ);
    A(j, j) = A(j, j) − d(j);
    for k = j + 1 : n
        s = 0;
        for i = j : n
            s = s + A(i, j) * A(i, k);
        end
        s = s * β;
        for i = j : n
            A(i, k) = A(i, k) + s * A(i, j);
        end
    end
end
```

Die Householderreduktion einer Matrix auf Dreiecksgestalt benötigt etwa $2n^3/3$ Operationen.

Bei diesem Verfahren wird eine unitäre $n \times n$-Matrix $P = P_{n-1} \cdots P_1$ als Produkt von Householder-Matrizen P_i und eine obere $n \times n$-Dreiecksmatrix R bestimmt, so dass

$$PA = R$$

oder

(4.7.7) $$A = P^{-1}R = QR, \quad Q := P^{-1} = P^H,$$

gilt. Wir haben $A = QR$ als Produkt einer unitären Matrix Q und einer oberen Dreiecksmatrix R dargestellt. Sie heisst *QR-Zerlegung* von A. Eine solche Zerlegung kann man aber auch direkt durch die Anwendung des Gram–Schmidtschen *Orthonormalisierungsverfahrens* auf die Spalten a_k der Matrix $A = [a_1 \ \cdots \ a_n]$ erhalten. Die Gleichung $A = QR$, $Q = [q_1 \ \cdots \ q_n]$, besagt gerade, dass die k-te Spalte a_k von A

$$a_k = \sum_{i=1}^{k} r_{ik}q_i, \quad k = 1,\ldots,n,$$

eine Linearkombination der orthonormalen Vektoren $q_1, q_2, \ldots, q_k$ ist, so dass auch umgekehrt q_k Linearkombination der ersten k Spalten $a_1, \ldots, a_k$ von A ist. Die Spalten von Q und R können deshalb mit dem Gram–Schmidt-Verfahren rekursiv bestimmt werden: Zum Start setzt man

$$r_{11} := \|a_1\|, \quad q_1 := a_1/r_{11}.$$

Kennt man bereits die orthonormalen Vektoren $q_1, \ldots, q_{k-1}$ und die Elemente r_{ij} mit $j \leq k-1$ von R, so werden die Zahlen $r_{1k}, \ldots, r_{k-1,k}$ so bestimmt, dass der Vektor

(4.7.8) $$b_k := a_k - r_{1k}q_1 - \cdots - r_{k-1,k}q_{k-1}$$

zu allen q_i, $i = 1, \ldots, k-1$ orthogonal wird. Wegen

$$q_i^H q_j = \begin{cases} 1 & \text{für } i = j, \\ 0 & \text{sonst,} \end{cases} \quad \text{für} \quad 1 \leq i, j \leq k-1,$$

führen die Bedingungen $q_i^H b_k = 0$ sofort zu

(4.7.9) $$r_{ik} := q_i^H a_k, \quad i = 1, \ldots, k-1.$$

Nachdem man die r_{ik}, $i \leq k-1$, und damit b_k bestimmt hat, setzt man schliesslich

(4.7.10) $$r_{kk} := \|b_k\|, \quad q_k := b_k/r_{kk},$$

so dass (4.7.8) äquivalent zu

$$a_k = \sum_{i=1}^{k} r_{ik} q_i$$

ist, und überdies nach Konstruktion für alle $1 \leq i, j \leq k$

$$q_i^H q_j = \begin{cases} 1 & \text{für } i = j, \\ 0 & \text{sonst,} \end{cases}$$

gilt.

In dieser Form hat der letzte Algorithmus einen schwerwiegenden Nachteil: Er ist nicht gutartig in den Fällen, in denen die Spalten der Matrix A nahezu linear abhängig sind. In diesem Fall ist der Vektor $\bar{b}_k$, den man unter dem Einfluss von Rundungsfehlern statt des Vektors b_k aus den Formeln (4.7.8), (4.7.9) erhält, nicht mehr orthogonal zu den Vektoren $q_1, \ldots, q_{k-1}$. Kleinste Rundungsfehler bei der Bestimmung der r_{ik} aus (4.7.9) zerstören mehr oder weniger die Orthogonalität. Wir wollen dies an folgendem Spezialfall diskutieren, der dem Fall $k = 1$ in (4.7.8) entspricht. Gegeben seien zwei reelle Vektoren a und q, die wir der Einfachheit halber als normiert voraussetzen: $\|a\| = \|q\| = 1$. Für ihr Skalarprodukt $\rho_0 := q^T a$ gilt dann $|\rho_0| \leq 1$. Wir nehmen an, dass $|\rho_0| < 1$ gilt, dass also a und q linear unabhängig sind. Der Vektor

$$b = b(\rho) := a - \rho q$$

ist dann für $\rho = \rho_0$ orthogonal zu q. Allgemein gilt jedoch für den Winkel $\alpha(\rho)$ zwischen $b(\rho)$ und q:

$$f(\rho) := \cos \alpha(\rho) = \frac{q^T b(\rho)}{\|b(\rho)\|} = \frac{q^T a - \rho}{\|a - \rho q\|},$$
$$\alpha(\rho_0) = \pi/2, \quad f(\rho_0) = 0.$$

Durch Differentiation nach ρ findet man

$$f'(\rho_0) = \frac{-1}{\|a - \rho_0 q\|} = \frac{-1}{\sqrt{1 - \rho_0^2}}$$
$$\alpha'(\rho_0) = \frac{1}{\sqrt{1 - \rho_0^2}}$$

wegen

$$\|a - \rho_0 q\|^2 = a^T a - 2\rho_0 \, a^T q + \rho_0^2 \, q^T q = 1 - \rho_0^2.$$

In erster Näherung gilt also für kleines $\Delta\rho_0$

$$\alpha(\rho_0 + \Delta\rho_0) \doteq \frac{\pi}{2} + \frac{\Delta\rho_0}{\sqrt{1 - \rho_0^2}}.$$

Je näher $|\rho_0|$ bei 1 liegt, d.h. je linear abhängiger a und q sind, desto mehr zerstören selbst kleine Fehler $\Delta\rho_0$, insbesondere die Rundungsfehler, die man bei der Berechnung von $\rho_0 = q^T a$ begeht, die Orthogonalität von $b(\rho)$ und q.

Da gerade die Orthogonalität der Vektoren q_i für das Verfahren wesentlich ist, hilft man sich in der Rechenpraxis mit folgendem Trick. Man führt für die Vektoren $\bar{b}_k$, die man bei der Auswertung von (4.7.8), (4.7.9) statt der exakten b_k gefunden hat, eine *Nachorthogonalisierung* durch, d.h. man berechnet einen Vektor $\tilde{b}_k$ und Koeffizienten Δr_{ik} aus

$$\tilde{b}_k = \bar{b}_k - \Delta r_{1k}\, q_1 - \cdots - \Delta r_{k-1,k}\, q_{k-1}$$

mit

$$\Delta r_{ik} := q_i^T \bar{b}_k, \quad i = 1, \ldots, k-1,$$

so dass bei exakter Rechnung $\tilde{b}_k^T q_i = 0$, $i = 1, \ldots, k-1$. Da $\bar{b}_k$ zumindest näherungsweise orthogonal zu den q_i ist, sind die Δr_{ik} kleine Zahlen und nach der eben beschriebenen Theorie haben die Rundungsfehler, die man bei der Berechnung von Δr_{ik} begeht, nur einen geringen Einfluss auf die Orthogonalität von $\tilde{b}_k$ und q_i, so dass im Rahmen der Maschinengenauigkeit der Vektor

$$q_k := \tilde{b}_k / \tilde{r}_{kk}, \quad \tilde{r}_{kk} := \|\tilde{b}_k\|,$$

orthogonal zu den bereits bekannten Vektoren $q_1, \ldots, q_{k-1}$ ist. Die Werte $\bar{r}_{ik}$, die man bei der Auswertung von (4.7.9) gefunden hat, korrigiert man entsprechend, indem man

$$r_{ik} := \bar{r}_{ik} + \Delta r_{ik}$$

setzt. Natürlich bedeutet die Nachorthogonalisierung eine Verdopplung des Rechenaufwands!

4.8 Lineare Ausgleichsrechnung

Bei vielen wissenschaftlichen Beobachtungen geht es darum, die Werte gewisser Konstanten

$$x_1, x_2, \ldots, x_n$$

zu bestimmen. Häufig ist es jedoch nicht oder nur schwer möglich, die interessierenden Grössen x_j direkt zu messen. Man geht dann auf folgende indirekte Weise vor: Statt der x_j misst man eine andere leichter der Messung zugängliche Grösse y, die auf eine bekannte gesetzmässige Weise von den x_j und von weiteren kontrollierbaren „Versuchsbedingungen", die wir durch die Variable t symbolisieren wollen, abhängt:

$$y = \varphi(t; x_1, \ldots, x_n).$$

Um die x_j zu bestimmen, führt man unter m verschiedenen Versuchsbedingungen $t_1, \ldots, t_m$ Experimente durch und misst die zugehörigen Resultate $y_1, \ldots, y_m$. Man versucht dann die Grössen $x_1, \ldots, x_n$ so zu bestimmen, dass die Gleichungen

$$y_i - \varphi(t_i; x_1, \ldots, x_n) = 0, \quad i = 1, 2, \ldots, m,$$

erfüllt sind. Natürlich muss man i.a. mindestens m Experimente, $m \geq n$ durchführen, damit die x_j eindeutig durch diese Gleichungen bestimmt sind. Für $m > n$ stellen diese Gleichungen aber ein überbestimmtes Gleichungssystem für die unbekannten Parameter $x_1, \ldots, x_n$ dar, das gewöhnlich keine Lösung besitzt, weil die y_i als Messresultate mit unvermeidlichen Messfehlern behaftet sind. Es stellt sich damit das Problem, die Gleichungen wenn schon nicht exakt, so doch „möglichst gut" zu lösen. Als „möglichst gute" Lösungen bezeichnet man gewöhnlich solche, die den Ausdruck

$$\sum_{i=1}^{m} \bigl(y_i - \varphi_i(x_1, \ldots, x_n)\bigr)^2$$

minimieren. Hier bedeutet

$$\varphi_i(x_1, \ldots, x_n) := \varphi(z_i; x_1, \ldots, x_n), \quad i = 1, 2, \ldots, m.$$

Es wird also die euklidische Norm des Fehlers minimiert, und man hat ein Problem der Ausgleichsrechnung im engeren Sinne vor sich, das bereits von Gauss („Methode der kleinsten Quadrate") studiert wurde. In der mathematischen Statistik (siehe z.B. Guest (1961)) wird gezeigt, dass die so erhaltene Lösung $x_1, \ldots, x_n$ besonders einfache statistische Eigenschaften besitzt.

In manchen Anwendungen ist es von Interesse, Lösungen $x_1, \ldots, x_n$ zu betrachen, die die Maximumnorm

$$\max_{1 \leq i \leq m} \bigl|y_i - \varphi_i(x_1, \ldots, x_n)\bigr|$$

des Fehlers minimieren („diskretes Tschebyscheff-Problem") (vgl. Aufgabe 3 in Kapitel 6). Da die Berechnung der besten Lösung $x_1, \ldots, x_n$ in diesem Fall schwieriger ist als bei der Methode der kleinsten Quadrate, wollen wir im folgenden nicht näher darauf eingehen.

Die Funktionen $\varphi_i(x_1, \ldots, x_n)$ hängen i.a. nichtlinear von den Variablen $x_1, \ldots, x_n$ ab. Methoden zur Lösung solcher allgemeiner *nichtlinearer Ausgleichsprobleme* sind in Abschnitt 5.5 beschrieben.

Ein wichtiger Spezialfall, das *lineare Ausgleichsproblem*, liegt vor, wenn die $\varphi_i(x_1, \ldots, x_n)$ lineare Funktionen der x_j sind. Es gibt dann eine $m \times n$-Matrix A mit

$$\begin{bmatrix} y_1 - \varphi_1(x_1, \ldots, x_n) \\ \vdots \\ y_m - \varphi_m(x_1, \ldots, x_n) \end{bmatrix} = y - Ax, \quad x = \begin{bmatrix} x_1 \\ \vdots \\ x_n \end{bmatrix}, \quad y = \begin{bmatrix} y_1 \\ \vdots \\ y_m \end{bmatrix},$$

und das lineare Ausgleichsproblem lässt sich wie folgt formulieren:

$$\min_{x \in \mathbb{R}^n} \|y - Ax\| \, .$$

Hier und in den gesamten Abschnitten 4.8 und 4.9 bezeichnet $\|x\| := \sqrt{x^T x}$ stets die euklidische Norm. Wir werden uns in den Abschnitten 4.8.1–4.8.3 mit Methoden zur Lösung des linearen Ausgleichsproblems befassen.

Eine eingehende Behandlung von Ausgleichsproblemen findet man bei Björck (1996) und in dem Buch von Lawson und Hanson (1995), das auch FORTRAN-Programme enthält.

4.8.1 Normalgleichungen

Gegeben sei eine $m \times n$-Matrix A und ein Vektor $y \in \mathbb{R}^m$, gesucht wird eine *Optimallösung* x des linearen Ausgleichsproblems, d.h. ein Vektor $x \in \mathbb{R}^n$, der die Funktion

$$(4.8.1.1) \qquad \|y - Ax\|^2 = (y - Ax)^T (y - Ax)$$

minimiert. Da diese Funktion stetige partielle Ableitungen nach allen Variablen x_j besitzt, erhält man sofort die folgende notwendige Bedingung dafür, dass x eine Optimallösung des linearen Ausgleichsproblems ist:

$$\nabla_x \big((y - Ax)^T (y - Ax) \big) = 2A^T Ax - 2A^T y = 0$$

oder

$$(4.8.1.2) \qquad A^T Ax = A^T y.$$

Die linearen Gleihungen (4.8.1.2) für x sind die sog. *Normalgleichungen*. Wir werden nun zeigen, dass $x \in \mathbb{R}^n$ genau dann Lösung der Normalgleichungen (4.8.1.2) ist, wenn x auch Optimallösung von (4.8.1.1) ist. Es gilt nämlich das folgende Resultat.

(4.8.1.3) **Theorem:** *Das lineare Ausgleichsproblem*

$$\min_{x \in \mathbb{R}^n} \|y - Ax\|$$

besitzt mindestens eine Optimallösung x_0. Ist x_1 eine weitere Optimallösung, so gilt $Ax_0 = Ax_1$. Das Residuum $r := y - Ax_0$ ist eindeutig bestimmt und genügt der Gleichung $A^T r = 0$. Jede Optimallösung x_0 ist auch Lösung der Normalgleichungen (4.8.1.2) und umgekehrt.

Beweis: Sei $L \subseteq \mathbb{R}^m$ der lineare Teilraum

$$L = \{ \, Ax \mid x \in \mathbb{R}^n \, \},$$

der von den Spalten von A aufgespannt wird, und $L^\perp$ der zugehörige Orthogonalraum

$$L^\perp := \{\, r \in \mathbb{R}^m \mid r^T z = 0 \quad \text{für alle } z \in L \,\} = \{\, r \in \mathbb{R}^m \mid r^T A = 0 \,\}.$$

Wegen $\mathbb{R}^m = L \oplus L^\perp$ lässt sich der Vektor $y \in \mathbb{R}^m$ eindeutig in der Form

$$(4.8.1.4) \qquad\qquad y = s + r, \quad s \in L, \quad r \in L^\perp,$$

schreiben, so dass es mindestens ein x_0 mit $Ax_0 = s$ gibt. Wegen $A^T r = 0$ gilt für x_0

$$A^T y = A^T s = A^T A x_0,$$

d.h. x_0 ist Lösung der Normalgleichungen. Umgekehrt entspricht jeder Lösung x_1 der Normalgleichungen die Zerlegung (4.8.1.4)

$$y = s + r, \quad s := A x_1, \quad r := y - A x_1, \quad s \in L, \quad r \in L^\perp.$$

Wegen der Eindeutigkeit der Zerlegung (4.8.1.4) gilt damit $A x_0 = A x_1$ für alle Lösungen x_0, x_1 der Normalgleichungen. Darüber hinaus ist jede Lösung x_0 der Normalgleichungen Optimallösung von

$$\min_{x \in \mathbb{R}^n} \|y - Ax\|.$$

Ist nämlich x beliebig und setzt man

$$z = Ax - Ax_0, \quad r := y - Ax_0,$$

so gilt wegen $r^T z = 0$

$$\|y - Ax\|^2 = \|r - z\|^2 = \|r\|^2 + \|z\|^2 \geq \|r\|^2 = \|y - Ax_0\|^2,$$

d.h. x_0 ist Optimallösung. Damit ist Theorem (4.8.1.3) bewiesen. $\qquad\square$

Sind die Spalten von A linear unabhängig, d.h. folgt aus $x \neq 0$ auch $Ax \neq 0$, so ist die Matrix $A^T A$ nichtsingulär (und positiv definit). Andernfalls gäbe es ein $x \neq 0$ mit $A^T A x = 0$, und es wäre sowohl $Ax \neq 0$ als auch im Widerspruch dazu

$$0 = x^T A^T A x = \|Ax\|^2.$$

In diesem Fall besitzen die Normalgleichungen

$$A^T A x = A^T y$$

eine eindeutig bestimmte Lösung $x = (A^T A)^{-1} A^T y$, die man mit den Methoden von Abschnitt 4.3 (Cholesky-Zerlegung von $A^T A$) bestimmen kann. Wir werden jedoch in den folgenden Abschnitten sehen, dass es gutartigere Methoden zur Lösung des linearen Ausgleichsproblems gibt.

An dieser Stelle wollen wir noch kurz auf die statistische Bedeutung der Matrix $(A^T A)^{-1}$ eingehen. Dazu nehmen wir an, dass die Komponenten von y_i, $i = 1, \ldots, m$, unabhängige Zufallsvariable mit dem Mittelwert μ_i und gleicher Streuung σ^2 sind, d.h. mit dem Erwartungswertoperator $E[\,\cdot\,]$ gilt

$$E[y_i] = \mu_i,$$

$$E[(y_i - \mu_i)(y_k - \mu_k)] = \begin{cases} \sigma^2 & \text{für } i = k, \\ 0 & \text{sonst.} \end{cases}$$

Setzt man $\mu := \begin{bmatrix} \mu_1 & \cdots & \mu_m \end{bmatrix}^T$, so ist dies gleichbedeutend mit

(4.8.1.5) $$E[y] = \mu, \quad E[(y - \mu)(y - \mu)^T] = \sigma^2 I.$$

Die Kovarianzmatrix des Zufallsvektors y ist also gleich $\sigma^2 I$. Mit y ist natürlich auch die Optimallösung $x = (A^T A)^{-1} A^T y$ des linearen Ausgleichsproblems ein Zufallsvektor. Sein Mittelwert ist

$$\begin{aligned} E[x] &= E[(A^T A)^{-1} A^T y] \\ &= (A^T A)^{-1} A^T E[y] \\ &= (A^T A)^{-1} A^T \mu, \end{aligned}$$

und seine Kovarianzmatrix ist

$$\begin{aligned} E[(x - E(x))(x - E(x))^T] \\ = E[(A^T A)^{-1} A^T (y - \mu)(y - \mu)^T A (A^T A)^{-1}] \\ = (A^T A)^{-1} A^T E[(y - \mu)(y - \mu)^T] A (A^T A)^{-1} = \sigma^2 (A^T A)^{-1}. \end{aligned}$$

4.8.2 Orthogonalisierungsverfahren

Das Ausgleichsproblem, ein $x \in \mathbb{R}^n$ zu bestimmen, das

$$\|y - Ax\|, \quad (A \in M(m, n), \ m \geq n)$$

minimiert, kann man mit dem in 4.7 besprochenen Orthogonalisierungsverfahren lösen. Dazu transformiert man die Matrix $A \equiv: A^{(0)}$ und den Vektor $y \equiv: y^{(0)}$ durch eine Sequenz von n Householdertransformationen P_i, $A^{(i)} = P_i A^{(i-1)}$, $y^{(i)} = P_i y^{(i-1)}$. Die Endmatrix $A^{(n)}$ besitzt wegen $m \geq n$ folgende Form:

(4.8.2.1) $$A^{(n)} = \begin{bmatrix} R \\ 0 \end{bmatrix} \begin{matrix} {\scriptstyle\}n} \\ {\scriptstyle\}m-n} \end{matrix} \quad \text{mit} \quad R = \begin{bmatrix} r_{11} & \cdots & r_{1n} \\ & \ddots & \vdots \\ 0 & & r_{nn} \end{bmatrix}.$$

Den Vektor $h := y^{(n)}$ partitioniert man entsprechend

$$(4.8.2.2) \qquad h = \begin{bmatrix} h_1 \\ h_2 \end{bmatrix}, \quad h_1 \in \mathbb{R}^n, \quad h_2 \in \mathbb{R}^{m-n}.$$

Die Matrix $P = P_n \cdots P_1$ ist als Produkt unitärer Matrizen wieder unitär

$$P^H P = P_1^H \cdots P_n^H P_n \cdots P_1 = I,$$

und es gilt

$$A^{(n)} = PA, \quad h = Py.$$

Nun lässt eine unitäre Transformation die Länge $\|u\|$ eines Vetors u invariant, d.h. $\|Pu\|^2 = u^H P^H P u = u^H u = \|u\|^2$, so dass

$$\|y - Ax\| = \|P(y - Ax)\| = \|y^{(n)} - A^{(n)}x\|.$$

Nach (4.8.2.1) und (4.8.2.2) hat der Vektor $y^{(n)} - A^{(n)}x$ aber die Form

$$y^{(n)} - A^{(n)}x = \begin{bmatrix} h_1 - Rx \\ h_2 \end{bmatrix}.$$

Die Länge $\|y - Ax\|$ wird also minimal, wenn man x so wählt, dass gilt

$$(4.8.2.3) \qquad\qquad h_1 = Rx.$$

Die Matrix R besitzt genau dann eine Inverse, falls die Spalten von A linear unabhängig sind. $Az = 0$ ist nämlich äquivalent mit

$$PAz = 0$$

und deshalb mit

$$Rz = 0.$$

Nehmen wir nun an, dass die Spalten von A linear unabhängig sind, so lässt sich die Gleichung

$$h_1 = Rx$$

eindeutig nach x auflösen (gestaffeltes Gleichungssystem), und die Lösung x des Ausgleichsproblems ist eindeutig bestimmt. (Sind die Spalten von A und damit die Spalten von R linear abhängig, so ist zwar $\min_x \|y - Ax\|$ eindeutig bestimmt, es gibt jedoch mehrere minimierende Lösungen x).

Für den Fehler $\|y - Ax\|$ erhält man übrigens sofort

$$(4.8.2.4) \qquad\qquad \|y - Ax\| = \|h_2\|.$$

Anstelle des Householderverfahrens kann auch das Gram–Schmidtsche Orthogonalisierungsverfahren, ggf. mit Nachorthogonalisierung, zur Lösung verwendet werden.

4.8.3 Kondition des Ausgleichsproblems

Wir wollen in diesem Abschnitt zunächst untersuchen wie sich die Optimallösung x des linearen Ausgleichsproblems

$$(4.8.3.1) \qquad \min_{x} \|y - Ax\|$$

ändert, wenn man die Matrix A und den Vektor y stört. Wir setzen voraus,
dass die Spalten von A linear unabhängig sind. Ersetzt man die Matrix A
durch $A+\Delta A$ und y durch $y+\Delta y$, so ändert sich die Lösung $x = (A^T A)^{-1} A^T y$
von (4.8.3.1) in

$$x + \Delta x = \left((A + \Delta A)^T (A + \Delta A)\right)^{-1} (A + \Delta A)^T (y + \Delta y).$$

Ist die Störung ΔA genügend klein gegenüber A, so existiert die Matrix
$\left((A + \Delta A)^T (A + \Delta A)\right)^{-1}$ und es gilt in erster Näherung

$$\left((A + \Delta A)^T (A + \Delta A)\right)^{-1}$$
$$\doteq \left(A^T A \big(I + (A^T A)^{-1}(A^T \Delta A + \Delta A^T A)\big)\right)^{-1}$$
$$\doteq \big(I - (A^T A)^{-1}(A^T \Delta A + \Delta A^T A)\big)(A^T A)^{-1}.$$

(Es gilt nämlich in erster Näherung $(I + F)^{-1} \doteq I - F$, sofern die Matrix F
„klein" gegenüber I ist.) Es folgt daher

$$(4.8.3.2)$$
$$x + \Delta x \doteq (A^T A)^{-1} A^T y - (A^T A)^{-1}(A^T \Delta A + \Delta A^T A)(A^T A)^{-1} A^T y$$
$$+ (A^T A)^{-1} \Delta A^T y + (A^T A)^{-1} A^T \Delta y.$$

Berücksichtigt man

$$x = (A^T A)^{-1} A^T y$$

und führt man das Residuum

$$r := y - Ax$$

ein, so folgt aus (4.8.3.2) sofort

$$\Delta x \doteq -(A^T A)^{-1} A^T \Delta A x + (A^T A)^{-1} \Delta A^T r + (A^T A)^{-1} A^T \Delta y.$$

Daraus erhält man für die euklidische Norm $\|\cdot\|$ und die zugehörige Ma-
trixnorm lub (man beachte, dass (4.4.8) auch für nichtquadratische Matrizen
lub sinnvoll definiert) die Abschätzung

$$\|\Delta x\| \stackrel{<}{\sim} \text{lub}\big((A^T A)^{-1} A^T\big)\, \text{lub}(A)\frac{\text{lub}(\Delta A)}{\text{lub}(A)}\, \|x\|$$

$$(4.8.3.3) \qquad + \text{lub}\big((A^T A)^{-1}\big)\, \text{lub}(A^T)\, \text{lub}(A)\frac{\text{lub}(\Delta A^T)}{\text{lub}(A^T)}\frac{\|r\|}{\|Ax\|}\, \|x\|$$

$$+ \text{lub}\big((A^T A)^{-1} A^T\big)\, \text{lub}(A)\frac{\|y\|}{\|Ax\|}\frac{\|\Delta y\|}{\|y\|}\, \|x\|.$$

Diese Abschätzung kann vereinfacht werden. Nach den Resultaten von Abschnitt 4.8.2 kann man eine unitäre Matrix P und eine obere Dreiecksmatrix R finden mit

$$PA = \begin{bmatrix} R \\ 0 \end{bmatrix}, \quad A = P^T \begin{bmatrix} R \\ 0 \end{bmatrix},$$

und es folgt

$$
\begin{aligned}
A^T A &= R^T R, \\
(A^T A)^{-1} &= R^{-1}(R^T)^{-1}, \\
(A^T A)^{-1} A^T &= \begin{bmatrix} R^{-1} & 0 \end{bmatrix} P.
\end{aligned}
$$

(4.8.3.4)

Berücksichtigt man, dass für die euklidische Norm gilt

$$\mathrm{lub}(C^T) = \mathrm{lub}(C),$$
$$\mathrm{lub}(PC) = \mathrm{lub}(CP) = \mathrm{lub}(C),$$

falls P unitär ist, so folgt aus (4.8.3.3) und (4.8.3.4) das Resultat

$$
\begin{aligned}
\frac{\|\Delta x\|}{\|x\|} &\mathrel{\dot{\leq}} \mathrm{cond}(R)\frac{\mathrm{lub}(\Delta A)}{\mathrm{lub}(A)} + \mathrm{cond}(R)^2 \frac{\|r\|}{\|Ax\|}\frac{\mathrm{lub}(\Delta A)}{\mathrm{lub}(A)} \\
&\quad + \mathrm{cond}(R)\frac{\|y\|}{\|Ax\|}\frac{\|\Delta y\|}{\|y\|}.
\end{aligned}
$$

Definiert man den Winkel φ durch

$$\tan\varphi = \frac{\|r\|}{\|Ax\|}, \quad 0 \leq \varphi < \frac{\pi}{2},$$

so gilt $\|y\|/\|Ax\| = (1 + \tan^2\varphi)^{1/2}$ wegen $y = Ax + r$, $r \perp Ax$, und es folgt

(4.8.3.5)

$$
\begin{aligned}
\frac{\|\Delta x\|}{\|x\|} &\mathrel{\dot{\leq}} \mathrm{cond}(R)\frac{\mathrm{lub}(\Delta A)}{\mathrm{lub}(A)} + \mathrm{cond}(R)^2 \tan\varphi\,\frac{\mathrm{lub}(\Delta A)}{\mathrm{lub}(A)} \\
&\quad + \mathrm{cond}(R)\sqrt{1 + \tan^2\varphi}\,\frac{\|\Delta y\|}{\|y\|}.
\end{aligned}
$$

Die Kondition des Ausgleichsproblems hängt also von $\mathrm{cond}(R)$ und dem Winkel φ ab. Für kleines φ, etwa falls $\mathrm{cond}(R)\tan\varphi \leq 1$, wird die Kondition des Problems durch $\mathrm{cond}(R)$ gemessen. Mit wachsendem $\varphi \uparrow \pi/2$ wird die Kondition immer schlechter: Sie wird dann durch die Zahl $\mathrm{cond}(R)^2 \tan\varphi$ bestimmt.

Berechnet man nun die Optimallösung x des linearen Ausgleichsproblems mit Hilfe des in 4.8.2 beschriebenen Orthogonalisierungsverfahrens, so erhält man bei exakter Rechnung eine unitäre Matrix P (als Produkt von Householdermatrizen), eine obere Dreiecksmatrix R, einen Vektor $h^T = \begin{bmatrix} h_1^T & h_2^T \end{bmatrix}$ und die Lösung x des Problems mit

(4.8.3.6) $PA = \begin{bmatrix} R \\ 0 \end{bmatrix}, \quad h = Py, \quad Rx = h_1.$

Bei Verwendung eines Computers mit der relativen Maschinengenauigkeit eps wird weder die von der Maschine erhaltene Matrix P genau unitär sein, noch werden die gefundenen Werte von R, h, x die Beziehungen (4.8.3.6) genau erfüllen. Es wurde jedoch von Wilkinson (1988) gezeigt, dass es eine unitäre Matrix P', Matrizen ΔA, ΔR und einen Vektor Δy gibt mit

$$\mathrm{lub}(P' - P) \le f(m)\,\mathrm{eps},$$

$$P'(A + \Delta A) = \begin{bmatrix} R \\ 0 \end{bmatrix}, \qquad \mathrm{lub}(\Delta A) \le f(m)\,\mathrm{eps}\,\mathrm{lub}(A),$$

$$P'(y + \Delta y) = h, \qquad \|\Delta y\| \le f(m)\,\mathrm{eps}\,\|y\|,$$

$$(R + \Delta R)x = h_1, \qquad \mathrm{lub}(\Delta R) \le f(m)\,\mathrm{eps}\,\mathrm{lub}(R).$$

Dabei ist $f(m)$ eine langsam wachsende Funktion von m, etwa $f(m) \approx \mathcal{O}(m)$. Bis auf Glieder höherer Ordnung ist nun

$$\mathrm{lub}(R) \doteq \mathrm{lub}(A),$$

und daher gilt mit

$$F := \Delta A + P'^H \begin{bmatrix} \Delta R \\ 0 \end{bmatrix}$$

auch

$$P'(A + F) = \begin{bmatrix} R + \Delta R \\ 0 \end{bmatrix}, \quad \mathrm{lub}(F) \le 2f(m)\,\mathrm{eps}\,\mathrm{lub}(A).$$

Mit anderen Worten, die berechnete Lösung x lässt sich als exakte Optimal-lösung des linearen Ausgleichsproblems

(4.8.3.7) $\min_{z} \|(y + \Delta y) - (A + F)z\|$

interpretieren, bei dem die Matrix $A+F$ und die rechte Seite $y+\Delta y$ nur leicht gegenüber A bzw. y abgeändert sind. Das Orthogonalisierungsverfahren ist daher gutartig.

Berechnet man dagegen die Lösung x über die Normalgleichungen

$$A^T Ax = A^T y,$$

so kann eine andere Situation vorliegen. Aufgrund der Abschätzungen (s. auch Abschnitt 4.5) von Wilkinson (1988) weiss man, dass man bei Gleitpunkt-rechnung mit der relativen Maschinengenauigkeit eps als Lösung einen Vektor $\tilde{x}$ erhält mit

(4.8.3.8) $(A^T A + G)\tilde{x} = A^T y, \quad \mathrm{lub}(G) \le f(n)\,\mathrm{eps}\,\mathrm{lub}(A^T A),$

selbst wenn man annimmt, dass $A^T A$ und $A^T y$ exakt berechnet werden. Ist $x = (A^T A)^{-1} A^T y$ die exakte Lösung, so gilt wegen (4.4.15) in 1. Näherung

$$(4.8.3.9) \quad \frac{\|\tilde{x} - x\|}{\|x\|} \leq \mathrm{cond}(A^T A) \frac{\mathrm{lub}(G)}{\mathrm{lub}(A^T A)} = \mathrm{cond}(R)^2 \frac{\mathrm{lub}(G)}{\mathrm{lub}(A^T A)}$$
$$\leq f(n)\,\mathrm{eps}\,\mathrm{cond}(R)^2.$$

Die Rundungsfehler, durch die Matrix G repräsentiert, werden also in jedem Fall mit dem Faktor $\mathrm{cond}(R)^2$ verstärkt.

Dies bewirkt, dass die zweite Methode jedenfalls dann nicht gutartig ist, wenn $\mathrm{cond}(R) \gg 1$ gross ist und in Abschätzung (4.8.3.5) der erste Term überwiegt. Eine andere Situation liegt vor, wenn der zweite Term überwiegt: Wenn etwa $\tan\varphi = \|r\| / \|Ax\| \geq 1$ gilt, wird auch die zweite Methode gutartig sein und mit der Orthogonalisierungsmethode vergleichbare Resultate liefern.

Beispiel: (Läuchli) Für die 6×5-Matrix

$$A = \begin{bmatrix} 1 & 1 & 1 & 1 & 1 \\ \varepsilon & 0 & 0 & 0 & 0 \\ 0 & \varepsilon & 0 & 0 & 0 \\ 0 & 0 & \varepsilon & 0 & 0 \\ 0 & 0 & 0 & \varepsilon & 0 \\ 0 & 0 & 0 & 0 & \varepsilon \end{bmatrix}$$

gilt

$$A^T A = \begin{bmatrix} 1+\varepsilon^2 & 1 & 1 & 1 & 1 \\ 1 & 1+\varepsilon^2 & 1 & 1 & 1 \\ 1 & 1 & 1+\varepsilon^2 & 1 & 1 \\ 1 & 1 & 1 & 1+\varepsilon^2 & 1 \\ 1 & 1 & 1 & 1 & 1+\varepsilon^2 \end{bmatrix}.$$

Mit $\varepsilon = 0.5 \cdot 10^{-5}$ erhält man bei 10-stelliger Dezimalrechnung $\varepsilon^2 = 0.25 \cdot 10^{-10}$ und daher

$$\mathrm{gl}(A^T A) = \begin{bmatrix} 1 & 1 & 1 & 1 & 1 \\ 1 & 1 & 1 & 1 & 1 \\ 1 & 1 & 1 & 1 & 1 \\ 1 & 1 & 1 & 1 & 1 \\ 1 & 1 & 1 & 1 & 1 \end{bmatrix}.$$

Diese Matrix hat den Rang 1 und besitzt keine Inverse. Das Normalgleichungssystem kann nicht gelöst werden, während das Orthogonalisierungsverfahren nach wie vor anwendbar ist. (Für $A^T A$ gilt: $\mathrm{cond}(A^T A) = \mathrm{cond}(R)^2 = (5+\varepsilon^2)/\varepsilon^2$.)

Beispiel: Das folgende Rechenbeispiel soll einen Vergleich zwischen den beiden Methoden für die Ausgleichsrechnung geben.

(4.8.3.7) zeigt, dass für den Fehler der Lösung, die das Orthogonalisierungsverfahren liefert, (4.8.3.5) mit $\Delta A = F$ gilt, wobei

$$\mathrm{lub}(\Delta A) \leq 2f(m)\,\mathrm{eps}\,\mathrm{lub}(A).$$

(4.8.3.9) zeigt, dass bei direkter Lösung der Normalgleichungen eine etwas andere Abschätzung gilt,

$$(A^T A + G)(x + \Delta x) = A^T y + \Delta b$$

mit $\|\Delta b\| \leq \text{eps lub}(A) \|y\|$, d.h. es gilt wegen (4.4.12), (4.4.15):

(4.8.3.10)
$$\frac{\|\Delta x\|_{\text{normal}}}{\|x\|} \leq \text{cond}(R)^2 \left(\frac{\text{lub}(G)}{\text{lub}(A^T A)} + \frac{\|\Delta b\|}{\|A^T y\|} \right).$$

Gegeben sei ein funktionaler Zusammenhang

(4.8.3.11)
$$y(s) := x_1 \frac{1}{s} + x_2 \frac{1}{s^2} + x_3 \frac{1}{s^3} \quad \text{mit} \quad x_1 = x_2 = x_3 = 1$$

und folgende Serie von Messwerten (aus (4.8.3.11) berechnet)

$$\left(s_i, \, y(s_i) \right)_{i=1,\ldots,10}.$$

a) Bestimme x_1, x_2, x_3 aus den Daten (s_i, y_i). Werden für die $y_i = y(s_i)$ die exakten Funktionswerte benutzt, so gilt

$$r(x) = 0, \quad \tan \varphi = 0.$$

Die folgende Tabelle enthält die Rechenergebnisse zu diesem Beispiel. Gezeigt wird die Grösse des Fehlers $\|\Delta x\|_{\text{orth}}$ bei der Orthogonalisierungsmethode und $\|\Delta x\|_{\text{normal}}$ bei Rechnung über die Normalgleichung, sowie eine untere Schranke für die Kondition von R. Das Beispiel wurde wiederholt mit den Stützwerten $s_i = s_0 + i$, $i = 1, \ldots, 10$, gerechnet (eps $= 10^{-11}$).

s_0	$\text{cond}(R)$	$\|\Delta x\|_{\text{orth}}$	$\|\Delta x\|_{\text{normal}}$
10	$6.6 \cdot 10^3$	$8.0 \cdot 10^{-10}$	$8.8 \cdot 10^{-7}$
50	$1.3 \cdot 10^6$	$6.4 \cdot 10^{-7}$	$8.2 \cdot 10^{-5}$
100	$1.7 \cdot 10^7$	$3.3 \cdot 10^{-6}$	$4.2 \cdot 10^{-2}$
150	$8.0 \cdot 10^7$	$1.8 \cdot 10^{-5}$	$6.9 \cdot 10^{-1}$
200	$2.5 \cdot 10^8$	$1.8 \cdot 10^{-3}$	$2.7 \cdot 10^0$

b) Es soll eine künstliche Verfälschung der y_i Werte vorgenommen werden: y wird durch $y + \lambda v$ ersetzt, wobei v mit $A^T v = 0$ so gewählt wird, dass es keinen Einfluss auf die exakte Lösung x hat,

$$(A^T A)x = A^T (y + \lambda v) = A^T y.$$

Dann gilt für $\lambda \in \mathbb{R}$

$$r(x) = y + \lambda v - Ax = \lambda v, \quad \tan \varphi = \lambda \|v\| / \|y\|.$$

Die folgende Tabelle enthält wiederum die Fehler Δx für beide Rechenverfahren, sowie die Grösse des Residuums $\|r(x)\|$ in Abhängigkeit von λ.

$s_0 = 10$,

$$v = \begin{bmatrix} 0.1331 & -0.5184 & 0.6591 & -0.2744 & 0 & 0 & 0 & 0 & 0 & 0 \end{bmatrix}^T,$$

$\text{lub}(A) \approx 0.22$, eps $= 10^{-11}$.

λ	$\|r(x)\|$	$\|\Delta x\|_{\text{orth}}$	$\|\Delta x\|_{\text{normal}}$
0	0	$8 \cdot 10^{-10}$	$8.8 \cdot 10^{-7}$
10^{-6}	$9 \cdot 10^{-7}$	$9.5 \cdot 10^{-9}$	$8.8 \cdot 10^{-7}$
10^{-4}	$9 \cdot 10^{-5}$	$6.2 \cdot 10^{-10}$	$4.6 \cdot 10^{-7}$
10^{-2}	$9 \cdot 10^{-3}$	$9.1 \cdot 10^{-9}$	$1.3 \cdot 10^{-6}$
10^{0}	$9 \cdot 10^{-1}$	$6.1 \cdot 10^{-7}$	$8.8 \cdot 10^{-7}$
10^{+2}	$9 \cdot 10^{1}$	$5.7 \cdot 10^{-5}$	$9.1 \cdot 10^{-6}$

4.8.4 Die Pseudoinverse einer Matrix

Zu jeder (komplexen) $m \times n$-Matrix A gibt es eine $n \times m$-Matrix A^+, die sog. *Pseudoinverse* oder auch *Moore-Penrose-Inverse*. Sie ist A auf natürliche Weise zugeordnet und stimmt für $m = n$ mit der Inversen A^{-1} von A überein, falls A nichtsingulär ist.

Wir betrachten dazu den Bildraum $R(A)$ und den Nullraum $N(A)$ von A,

$$R(A) := \{ Ax \in \mathbb{C}^m \mid x \in \mathbb{C}^n \},$$
$$N(A) := \{ x \in \mathbb{C}^n \mid Ax = 0 \},$$

und ihre Orthogonalräume $R(A)^\perp \subset \mathbb{C}^m$, $N(A)^\perp \subset \mathbb{C}^n$. Mit P bezeichnen wir die $n \times n$-Matrix, die $\mathbb{C}^n$ auf $N(A)^\perp$ orthogonal projiziert, und mit $\bar{P}$ die $m \times m$-Matrix, die $\mathbb{C}^m$ orthogonal auf $R(A)$ projiziert,

$$P = P^H = P^2, \qquad Px = 0 \iff x \in N(A),$$
$$\bar{P} = \bar{P}^H = \bar{P}^2, \qquad \bar{P}y = y \iff y \in R(A).$$

Zu jedem $y \in R(A)$ gibt es nun genau ein $x_1 \in N(A)^\perp$ mit $Ax_1 = y$, d.h. es gibt eine wohldefinierte lineare Abbildung $f : R(A) \mapsto \mathbb{C}^n$ mit

$$Af(y) = y, \quad f(y) \in N(A)^\perp \quad \text{für alle} \quad y \in R(A).$$

Denn zu jedem $y \in R(A)$ gibt es zunächst ein x mit $y = Ax$. Wegen $(I - P)x \in N(A)$ folgt $y = A(Px + (I - P)x) = APx = Ax_1$ mit $x_1 := Px \in N(A)^\perp$. Der Vektor x_1 ist eindeutig durch y bestimmt, denn aus $x_1, x_2 \in N(A)^\perp$, $Ax_1 = Ax_2 = y$ folgt

$$x_1 - x_2 \in N(A) \cap N(A)^\perp = \{0\},$$

also $x_1 = x_2$. f ist offensichtlich linear.

Die zusammengesetzte Abbildung $f \circ \bar{P} : y \in \mathbb{C}^m \mapsto f(\bar{P}(y)) \in \mathbb{C}^n$ ist wegen $\bar{P}y \in R(A)$ wohldefiniert und linear. Sie wird deshalb durch eine $n \times m$-Matrix dargestellt, die *Pseudoinverse* A^+ von A: $A^+y = f(\bar{P}(y))$ für alle $y \in \mathbb{C}^m$.

(4.8.4.1) **Theorem:** *Die Pseudoinverse A^+ einer $m \times n$-Matrix A ist eine $n \times m$-Matrix mit folgenden Eigenschaften:*

1) $A^+A = P$ *ist die Orthogonalprojektion* $P : \mathbb{C}^n \mapsto N(A)^\perp$ *und* $AA^+ = \bar{P}$
   die Orthogonalprojektion $\bar{P} : \mathbb{C}^m \mapsto R(A)$.
2) *Es gilt*
   a) $A^+A = (A^+A)^H$,
   b) $AA^+ = (AA^+)^H$,
   c) $AA^+A = A$,
   d) $A^+AA^+ = A^+$.

Beweis: Nach Definition von A^+ ist für alle x

$$A^+Ax = f(\bar{P}(Ax)) = f(Ax) = Px,$$

so dass $A^+A = P$. Wegen $P^H = P$ folgt dann a). Ebenso folgt aus der Definition von f

$$AA^+ = A(f(\bar{P}(y))) = \bar{P}y,$$

also $AA^+ = \bar{P} = \bar{P}^H$, und damit b). Schliesslich gilt für alle $x \in \mathbb{C}^n$

$$(AA^+)Ax = \bar{P}Ax = Ax$$

nach Definition von $\bar{P}$, und für alle $y \in \mathbb{C}^m$

$$A^+(AA^+)y = A^+\bar{P}y = f(\bar{P}^2 y) = f(\bar{P}y) = A^+y.$$

Dies zeigt c) und d). □

Das folgende Resultat zeigt, dass A^+ eindeutig durch die Eigenschaften 2a)–2d) von Theorem (4.8.4.1) charakterisiert ist.

(4.8.4.2) **Theorem:** *Ist* Z *eine* $n \times m$-*Matrix mit*
   a') $ZA = (ZA)^H$,
   b') $AZ = (AZ)^H$,
   c') $AZA = A$,
   d') $ZAZ = Z$,
dann gilt $Z = A^+$.

Beweis: Aus a)–d) und a')–d') erhält man der Reihe nach folgende Gleichungen

$$
\begin{aligned}
Z &= ZAZ = Z(AA^+A)A^+(AA^+A)Z & &\text{wegen d'), c)} \\
&= (A^H Z^H A^H A^{+H})A^+(A^{+H}A^H Z^H A^H) & &\text{wegen a), a'), b), b')} \\
&= (A^H A^{+H})A^+(A^{+H}A^H) & &\text{wegen c')} \\
&= (A^+A)A^+(AA^+) & &\text{wegen a), b)} \\
&= A^+AA^+ = A^+ & &\text{wegen d),}
\end{aligned}
$$

und damit ist das Theorem bewiesen. □

Als Korollar notieren wir das folgende Resultat.

(4.8.4.3) **Korollar:** *Für alle Matrizen A gilt $A^{++} = A$, $(A^+)^H = (A^H)^+$.*

Beweis: Die Matrix $Z := A$ (bzw. $Z := (A^+)^H$) hat die Eigenschaften (4.8.4.2) von $(A^+)^+$ (bzw. von $(A^H)^+$). ☐

Mit Hilfe der Pseudoinversen A^+ kann man die folgende elegante Darstellung der Optimallösung des linearen Ausgleichsproblems

$$\min_x \|Ax - y\|_2$$

angeben.

(4.8.4.4) **Theorem:** *Der Vektor $\bar{x} := A^+ y$ hat die Eigenschaften*

a) $\|Ax - y\|_2 \geq \|A\bar{x} - y\|_2$ *für alle $x \in \mathbb{C}^n$.*
b) *Aus $\|Ax - y\|_2 = \|A\bar{x} - y\|_2$, $x \neq \bar{x}$ folgt $\|x\|_2 > \|\bar{x}\|_2$.*

Mit anderen Worten, $\bar{x} = A^+ y$ ist eine Optimallösung des Ausgleichsproblems und zwar diejenige, die die kleinste euklidische Norm besitzt, falls das Ausgleichsproblem nicht eindeutig lösbar ist.

Beweis: Wegen (4.8.4.1) ist AA^+ die Orthogonalprojektion auf $R(A)$. Also gilt für alle $x \in \mathbb{C}^n$

$$Ax - y = u - v, \quad \text{mit} \quad u := A(x - A^+ y) \in R(A),$$
$$v := (I - AA^+)y = y - A\bar{x} \in R(A)^{\perp},$$

und deshalb

$$\|Ax - y\|_2^2 = \|u\|_2^2 + \|v\|_2^2 \geq \|v\|_2^2 = \|A\bar{x} - y\|_2^2.$$

Dabei gilt $\|Ax - y\|_2 = \|A\bar{x} - y\|_2$ genau dann, wenn $u = 0$, d.h.

$$Ax = AA^+ y.$$

Nun ist $A^+ A$ die Orthogonalprojektion auf $N(A)^{\perp}$. Also gilt für alle x mit $Ax = AA^+ y$

$$x = u_1 + v_1, \quad \text{mit} \quad u_1 := A^+ Ax = A^+ AA^+ y = A^+ y = \bar{x} \in N(A)^{\perp},$$
$$v_1 := x - u_1 = x - \bar{x} \in N(A),$$

so dass $\|x\|_2^2 > \|\bar{x}\|_2^2$ für alle $x \neq \bar{x}$ mit $\|Ax - y\|_2 = \|A\bar{x} - y\|_2$. ☐

Für $m \times n$-Matrizen A, $m \geq n$, von maximalem Rang $A = n$ kann man A^+ sofort explizit angeben: Für die Matrix $Z := (A^H A)^{-1} A^H$ verifiziert man sofort die Eigenschaften von (4.8.4.2), also gilt

$$A^+ = (A^H A)^{-1} A^H.$$

Mit Hilfe der Orthogonalzerlegung (4.7.7) $A = QR$, lässt sich der Ausdruck für A^+ umformen in

$$A^+ = (R^H Q^H Q R)^{-1} R^H Q^H = R^{-1} Q^H.$$

In der Form $A^+ = R^{-1} Q^H$ lässt sich A^+ numerisch stabiler berechnen. Falls $m < n$ und Rang $A = m$, erhält man wegen $(A^+)^H = (A^H)^+$ die Matrix A^+ in der Form

$$A^+ = Q(R^H)^{-1},$$

wenn $A^H = QR$ eine Zerlegung (4.7.7) von A^H ist. Für beliebige $m \times n$-Matrizen A lässt sich A^+ explizit mit Hilfe der singulären Werte einer Matrix angeben (s. Band 2).

4.9 Modifikationstechniken

Die Gauss-Elimination (s. (4.1.7)) liefert zu jeder $n \times n$-Matrix A eine obere $n \times n$-Dreiecksmatrix R und eine nichtsinguläre $n \times n$-Matrix mit der Eigenschaft

$$FA = R.$$

Hier ist $F = G_{n-1} P_{n-1} \cdots G_1 P_1$ ein Produkt von Frobeniusmatrizen G_j (4.1.8) und Permutationsmatrizen P_j. Ebenso liefern die Orthogonalisierungsalgorithmen aus 4.7 unitäre $n \times n$-Matrizen P, Q und eine obere Dreiecksmatrix R mit (vgl. (4.7.7))

$$PA = R \quad \text{bzw.} \quad A = QR.$$

Diese Algorithmen können auch auf rechteckige $m \times n$-Matrizen A, $m \geq n$, angewendet werden. Sie geben dann nichtsinguläre $m \times m$-Matrizen F bzw. unitäre $m \times m$-Matrizen P, $m \times n$-Matrizen Q mit orthonormalen Spalten und obere $n \times n$-Dreiecksmatrizen R mit

(4.9.1)
$$FA = \begin{bmatrix} R \\ 0 \end{bmatrix} \begin{matrix} \}n \\ \}m-n \end{matrix}$$

bzw.

(4.9.2a)
$$PA = \begin{bmatrix} R \\ 0 \end{bmatrix}, \quad P^H P = P P^H = I_m$$

(4.9.2b)
$$A = QR, \quad Q^H Q = I_n.$$

Wir sahen, dass im Falle $m = n$ die praktische Bedeutung dieser Zerlegungen darin liegt, dass man mit ihrer Hilfe die Lösung von Gleichungssystemen der Form

$$(4.9.3) \qquad\qquad Ax = y \quad \text{bzw.} \quad A^T x = y$$

sofort auf die Lösung gestaffelter Gleichungssysteme und Matrixmultiplikationen zurückführen kann. Für $m > n$ gestatten es die orthogonalen Zerlegungen (4.9.2), die Optimallösungen $\bar{x}$ von linearen Ausgleichsproblemen zu berechnen wegen

$$(4.9.4) \qquad \min_x \|Ax - y\| = \min_x \left\| \begin{bmatrix} R \\ 0 \end{bmatrix} x - Py \right\|, \quad R\bar{x} = Q^H y.$$

Insbesondere kann man so lineare Gleichungssysteme (4.9.3) und Ausgleichsprobleme (4.9.4) bei fester Matrix A für verschiedene „rechte Seiten" y sehr effektiv lösen.

Nun kommt es in der Praxis recht häufig vor, dass man nach der Lösung eines Problems für eine Matrix A das Problem auch für eine geänderte Matrix $\bar{A}$ lösen will. Es ist deshalb wichtig, dass man für bestimmte „leichte" Änderungen von $A \to \bar{A}$ die zu $\bar{A}$ gehörigen Zerlegungen (4.9.1), (4.9.2) verhältnismässig einfach aus den zu A gehörigen Zerlegungen berechnen und sich so die Anwendung der aufwendigen Algorithmen der Abschnitte 4.1, 4.7 auf $\bar{A}$ ersparen kann.

Folgende „leichte" Änderungen einer $m \times n$-Matrix A, $m \geq n$, werden betrachtet:

(1) Änderung einer Zeile oder Spalte von A,
(2) Streichen einer Spalte von A,
(3) Erweiterung von A um eine Spalte,
(4) Erweiterung von A um eine Zeile,
(5) Streichen einer Zeile von A.

(Weitere Modifikationstechniken für Matrixzerlegungen findet man z.B. in Gill, Golub, Murray und Saunders (1974), Daniel, Gragg, Kaufman und Stewart (1976), Golub und Van Loan (1996) beschrieben.)

Als Hauptwerkzeug verwenden wir gewisse einfache Eliminationsmatrizen E_{ij}. Dies sind nichtsinguläre m-reihige Matrizen, die sich von der m-reihigen Einheitsmatrix nur wenig in den Zeilen und Spalten i und j unterscheiden und folgende Gestalt haben:

$$E_{ij} = \begin{bmatrix} 1 & & & & & & & & & 0 \\ & \ddots & & & & & & & & \\ & & 1 & & & & & & & \\ & & & a & & b & & & & \leftarrow i \\ & & & & 1 & & & & & \\ & & & & & \ddots & & & & \\ & & & & & & 1 & & & \\ & & & c & & d & & & & \leftarrow j \\ & & & & & & & 1 & & \\ & & & & & & & & \ddots & \\ 0 & & & & & & & & & 1 \end{bmatrix} .$$

Eine Matrixmultiplikation $y = E_{ij}x$ ändert nur die Komponenten x_i und x_j des Vektors $x = \begin{bmatrix} x_1 & \cdots & x_m \end{bmatrix}^T \in \mathbb{R}^m$:

$$y_i = ax_i + bx_j,$$
$$y_j = cx_i + dx_j,$$
$$y_k = x_k \quad \text{für} \quad k \neq i, j.$$

Man sagt deshalb, dass diese Matrizen in der (i, j)-Ebene operieren. Zu einem gegebenen Vektor x und Indizes $i \neq j$ kann man die 2×2-Matrix

$$\hat{E} := \begin{bmatrix} a & b \\ c & d \end{bmatrix}$$

und damit E_{ij} auf verschiedene Weise so wählen, dass die j-te Komponente y_j des Bildes $y = E_{ij}x$ verschwindet und E_{ij} nichtsingulär ist:

$$\begin{bmatrix} y_i \\ y_j \end{bmatrix} \overset{!}{=} \begin{bmatrix} y_i \\ 0 \end{bmatrix} = \hat{E} \begin{bmatrix} x_i \\ x_j \end{bmatrix} .$$

Aus numerischen Gründen wird man $\hat{E}$ so wählen, dass zusätzlich die Kondition cond(E_{ij}) nicht zu gross wird. Die einfachste Möglichkeit, die bei Zerlegungen des Typs (4.9.1) verwendet wird, sind gewisse Gauss-Eliminationen (s. (4.1.8)): Man wählt dazu

$$(4.9.5) \qquad \hat{E} = \begin{cases} \begin{bmatrix} 1 & 0 \\ 0 & 1 \end{bmatrix} & \text{falls } x_j = 0, \\[2em] \begin{bmatrix} 1 & 0 \\ -x_j/x_i & 1 \end{bmatrix} & \text{falls } |x_i| \geq |x_j| > 0, \\[2em] \begin{bmatrix} 0 & 1 \\ 1 & -x_i/x_j \end{bmatrix} & \text{falls } |x_i| < |x_j|. \end{cases}$$

Im Falle der orthogonalen Zerlegungen (4.9.2) wählt man $\hat{E}$ und damit E_{ij} als unitäre Matrizen, die man in diesem Fall auch als *Givens-Matrizen* bezeichnet. Eine erste Möglichkeit bietet der folgende Ansatz für $\hat{E}$:

$$(4.9.6) \qquad \hat{E} = \begin{bmatrix} c & s \\ s & -c \end{bmatrix}, \quad c := \cos\varphi, \quad s := \sin\varphi.$$

$\hat{E}$ und E_{ij} sind hermitesch, unitär und es ist $\det(\hat{E}) = -1$. Wegen der Unitarität von $\hat{E}$ folgt aus der Forderung

$$\begin{bmatrix} c & s \\ s & -c \end{bmatrix} \cdot \begin{bmatrix} x_i \\ x_j \end{bmatrix} \overset{!}{=} \begin{bmatrix} y_i \\ 0 \end{bmatrix}$$

sofort $y_i = k = \pm\sqrt{x_i^2 + x_j^2}$; sie wird durch folgende Wahl erfüllt

$$c := 1, \quad s := 0 \quad \text{falls} \quad x_i = x_j = 0,$$

bzw. falls $\mu := \max\big(|x_i|, |x_j|\big) > 0$ durch

$$c := x_i/k, \quad s := x_j/k,$$

wobei $|k|$ in der folgenden Form berechnet wird

$$|k| = \mu\sqrt{(x_i/\mu)^2 + (x_j/\mu)^2},$$

und das Vorzeichen von k noch beliebig ist. Diese Berechnung von $|k|$ vermeidet Probleme, die durch Exponentenüber- oder -Unterlauf bei extremen Komponenten x_i, x_j entstehen. Aus numerischen Gründen wird das Vorzeichen von k so gewählt

$$k = |k|\operatorname{sign}(x_i), \quad \operatorname{sign}(x_i) := \begin{cases} 1 & \text{falls } x_i \geq 0, \\ -1 & \text{falls } x_i < 0, \end{cases}$$

so dass bei der Berechnung der Hilfsgrösse

$$\nu := s/(1 + c)$$

keine Auslöschung auftritt. Mit Hilfe von ν lassen sich die wesentlichen Komponenten z_i, z_j des Bildes $z := E_{ij}u$ eines Vektors $u \in \mathbb{R}^n$ etwas effizienter (eine Multiplikation wird durch eine Addition ersetzt) in der folgenden Form berechnen:

$$z_i := cu_i + su_j,$$
$$z_j := \nu(u_i + z_i) - u_j.$$

Statt der Matrizen $\hat{E}$ (4.9.6), die man zusammen mit den zugehörigen E_{ij} auch genauer *Givens-Reflexionen* nennt, kann man genau so gut Matrizen $\hat{E}$ der Form

$$\hat{E} = \begin{bmatrix} c & s \\ -s & c \end{bmatrix}, \quad c = \cos\varphi, \quad s = \sin\varphi,$$

benutzen, die man wie die zugehörigen E_{ij} auch *Givens-Rotationen* nennt: $\hat{E}$ und E_{ij} sind dann orthogonale Matrizen, die *eigentliche* Drehungen des $\mathbb{R}^m$ „in der (i, j)-Ebene" um den Winkel φ beschreiben, $\det(\hat{E}) = 1$. Wir werden im folgenden aber nur Givens-Reflexionen verwenden.

Da sich die Modifikationstechniken für die Zerlegung (4.9.1) von denen für (4.9.2a) nur dadurch unterscheiden, dass statt der Givens-Matrizen (4.9.6) Eliminationsmatrizen $\hat{E}$ des Typs (4.9.5) genommen werden, wollen wir nur die orthogonalen Zerlegungen (4.9.2a) studieren. Die Techniken für Zerlegungen des Typs (4.9.2b) sind zwar ähnlich, aber doch etwas komplizierter als vom Typ (4.9.2a). Die entsprechenden Verfahren für (4.9.2b) findet man bei Daniel, Gragg, Kaufman und Stewart (1976).

Im folgenden sei A eine reelle $m \times n$-Matrix mit $m \geq n$ und

$$PA = \begin{bmatrix} R \\ 0 \end{bmatrix}$$

eine Zerlegung vom Typ (4.9.2a).

(1) *Änderung einer Zeile oder Spalte von A:* Ändert man eine Zeile oder Spalte von A, oder allgemeiner, ersetzt man A durch $\bar{A} := A + vu^T$, wobei $v \in \mathbb{R}^m$, $u \in \mathbb{R}^n$ gegebene Vektoren sind, so ist wegen (4.9.2a)

$$(4.9.7) \qquad P\bar{A} = \begin{bmatrix} R \\ 0 \end{bmatrix} + wu^T, \quad w := Pv \in \mathbb{R}^m.$$

Man geht in zwei Teilschritten vor. Im ersten Teilschritt annulliert man sukzessive die Komponenten $m, m-1, \ldots, 2$ des Vektors w mit geeigneten Givens-Matrizen des Typs $G_{m-1,m}, G_{m-2,m-1}, \ldots, G_{12}$, so dass

$$\tilde{w} = ke_1 = G_{12}G_{23}\cdots G_{m-1,m}w = \begin{bmatrix} k & 0 & \cdots & 0 \end{bmatrix}^T \in \mathbb{R}^m,$$
$$k = \pm \|w\| = \pm \|v\|.$$

Beispiel: Eine Skizze für $m = 4$ möge die Wirkung der sukzessiven Transformationen mit den $G_{i,i+1}$ verdeutlichen. Wir bezeichnen hier und in den weiteren Skizzen Elemente, die sich in der jeweiligen Teiltransformation geändert haben, mit einem „$\bullet$":

$$w = \begin{bmatrix} * \\ * \\ * \\ * \end{bmatrix} \xrightarrow{G_{34}} \begin{bmatrix} * \\ * \\ \bullet \\ 0 \end{bmatrix} \xrightarrow{G_{23}} \begin{bmatrix} * \\ \bullet \\ 0 \\ 0 \end{bmatrix} \xrightarrow{G_{12}} \begin{bmatrix} \bullet \\ 0 \\ 0 \\ 0 \end{bmatrix} = \tilde{w}.$$

Multipliziert man (4.9.7) von links der Reihe nach mit $G_{m-1,m}, \ldots, G_{12}$, so erhält man

$$(4.9.8) \qquad \tilde{P}\bar{A} = R' + ke_1u^T =: \tilde{R},$$

wobei

$$\tilde{P} := GP, \quad R' := G \begin{bmatrix} R \\ 0 \end{bmatrix}, \quad G := G_{12}G_{23}\cdots G_{m-1,m}.$$

Dabei ist $\tilde{P}$ mit G und P wieder unitär; die obere Dreiecksmatrix $\begin{bmatrix} R \\ 0 \end{bmatrix}$ geht schrittweise in eine obere *Hessenberg-Matrix* $R' = G \begin{bmatrix} R \\ 0 \end{bmatrix}$ über, d.h. eine Matrix mit $(R')_{ik} = 0$ für $i > k+1$.

Beispiel: Skizze für $m = 4$, $n = 3$:

$$\begin{bmatrix} R \\ 0 \end{bmatrix} = \begin{bmatrix} * & * & * \\ 0 & * & * \\ 0 & 0 & * \\ 0 & 0 & 0 \end{bmatrix} \xrightarrow{G_{34}} \begin{bmatrix} * & * & * \\ 0 & * & * \\ 0 & 0 & \bullet \\ 0 & 0 & \bullet \end{bmatrix} \xrightarrow{G_{23}} \begin{bmatrix} * & * & * \\ 0 & \bullet & \bullet \\ 0 & \bullet & \bullet \\ 0 & 0 & * \end{bmatrix} \xrightarrow{G_{12}} \begin{bmatrix} \bullet & \bullet & \bullet \\ \bullet & \bullet & \bullet \\ 0 & * & * \\ 0 & 0 & * \end{bmatrix} = R'.$$

Mit R' ist auch $\tilde{R} = R' + ke_1 u^T$ (4.9.8) eine obere Hessenberg-Matrix, da sich durch die Addition von $ke_1 u^T$ nur die erste Zeile von R' ändert. Im zweiten Teilschritt annulliert man nun der Reihe nach die Subdiagonalelemente $(\tilde{R})_{i+1,i}$, $i = 1, 2, \ldots, n-1$ von $\tilde{R}$ mittels geeigneter Given-Matrizen $H_{12}, H_{23}, \ldots, H_{\mu,\mu+1}$, so dass (vgl. (4.9.8))

$$H\tilde{P}\bar{A} = H\tilde{R} =: \begin{bmatrix} \bar{R} \\ 0 \end{bmatrix}, \quad H := H_{\mu,\mu+1}\cdots H_{23}H_{12}.$$

Dabei ist $\bar{R}$ wieder eine obere $n \times n$-Dreiecksmatrix und $\bar{P} := H\tilde{P}$ eine unitäre $m \times m$-Matrix, die eine Zerlegung von $\bar{A}$ im Sinne von (4.9.2a) liefern:

$$\bar{P}\bar{A} = \begin{bmatrix} \bar{R} \\ 0 \end{bmatrix}.$$

Beispiel: Die Transformationskette $\tilde{R} \to H_{12}\tilde{R} \to H_{23}(H_{12}\tilde{R}) \to \cdots \to H\tilde{R}$ wird wieder für $m = 4$, $n = 3$ skizziert:

$$\tilde{R} = \begin{bmatrix} * & * & * \\ * & * & * \\ 0 & * & * \\ 0 & 0 & * \end{bmatrix} \xrightarrow{H_{12}} \begin{bmatrix} \bullet & \bullet & \bullet \\ 0 & \bullet & \bullet \\ 0 & * & * \\ 0 & 0 & * \end{bmatrix} \xrightarrow{H_{23}} \begin{bmatrix} * & * & * \\ 0 & \bullet & \bullet \\ 0 & 0 & \bullet \\ 0 & 0 & * \end{bmatrix} \xrightarrow{H_{34}} \begin{bmatrix} * & * & * \\ 0 & * & * \\ 0 & 0 & \bullet \\ 0 & 0 & 0 \end{bmatrix} = \begin{bmatrix} \bar{R} \\ 0 \end{bmatrix}.$$

(2) *Streichen einer Spalte von A:* Erhält man $\bar{A}$ durch Streichen der k-ten Spalte von A, so ist wegen (4.9.2a) die Matrix $\tilde{R} := P\bar{A}$ eine obere Hessenberg-Matrix der folgenden Form (skizziert für $m = 4$, $n = 4$, $k = 2$):

$$\tilde{R} := P\bar{A} = \begin{bmatrix} * & * & * \\ 0 & * & * \\ 0 & * & * \\ 0 & 0 & * \end{bmatrix}.$$

Die Subdiagonalelemente von $\tilde{R}$ annulliert man wie eben mittels geeigneter Givens-Matrizen $H_{k,k+1}, H_{k+1,k+2}, \ldots, H_{n-1,n}$. Die Zerlegung (4.9.2a) von $\bar{A}$ ist

$$\bar{P}\bar{A} = \begin{bmatrix} \bar{R} \\ 0 \end{bmatrix}, \quad \bar{P} := HP,$$

$$\begin{bmatrix} \bar{R} \\ 0 \end{bmatrix} := H \begin{bmatrix} \tilde{R} \\ 0 \end{bmatrix}, \quad H := H_{n-1,n}H_{n-2,n-1}\cdots H_{k,k+1}.$$

(3) *Erweiterung von A um eine Spalte:* Sei A eine $m \times n$-Matrix mit $m > n$ und $a \in \mathbb{R}^m$. Für die erweiterte Matrix $\bar{A} = \begin{bmatrix} A & a \end{bmatrix}$ folgt aus (4.9.2a):

$$P\bar{A} = \begin{bmatrix} R \\ 0 \end{bmatrix} \, \Big| \, Pa \end{bmatrix} =: \tilde{R} = \begin{bmatrix} * & \cdots & * & * \\ 0 & \ddots & \vdots & \vdots \\ \vdots & \ddots & * & * \\ \vdots & & 0 & * \\ \vdots & & \vdots & * \\ \vdots & & \vdots & \vdots \\ 0 & \cdots & 0 & * \end{bmatrix}.$$

Die einzigen Subdiagonalelemente (in der letzten Spalte) von $\tilde{R}$ annulliert man mittels einer einzigen Householdertransformation H (4.7.5):

$$H\tilde{R} = \begin{bmatrix} * & \cdots & * & * \\ 0 & \ddots & \vdots & \vdots \\ \vdots & \ddots & * & * \\ \vdots & & 0 & * \\ \vdots & & \vdots & 0 \\ \vdots & & \vdots & \vdots \\ 0 & \cdots & 0 & 0 \end{bmatrix} = \begin{bmatrix} \bar{R} \\ 0 \end{bmatrix}.$$

$\bar{P} := HP$ und $\bar{R}$ liefert die Zerlegung (4.9.2a) von $\bar{A}$:

$$\bar{P}\bar{A} = \begin{bmatrix} \bar{R} \\ 0 \end{bmatrix}.$$

(4) *Erweiterung von A um eine Zeile:* Ist

$$\bar{A} = \begin{bmatrix} A \\ a^T \end{bmatrix}, \quad a \in \mathbb{R}^n,$$

so gibt es eine $m + 1$-reihige Permutationsmatrix Π mit

$$\Pi\bar{A} = \begin{bmatrix} a^T \\ A \end{bmatrix}.$$

Für die unitäre $(m+1)$-reihige Matrix

$$\tilde{P} := \begin{bmatrix} 1 & 0 \\ 0 & P \end{bmatrix} \Pi$$

gilt dann wegen (4.9.2a)

$$\tilde{P}\bar{A} = \begin{bmatrix} 1 & 0 \\ 0 & P \end{bmatrix} \begin{bmatrix} a^T \\ A \end{bmatrix} = \begin{bmatrix} a^T \\ PA \end{bmatrix} = \begin{bmatrix} a^T \\ R \\ 0 \end{bmatrix} =: \tilde{R} = \begin{bmatrix} * & \cdots & * \\ * & \cdots & * \\ & \ddots & \vdots \\ 0 & & * \\ 0 & \cdots & 0 \end{bmatrix}.$$

$\tilde{R}$ ist obere Hessenberg-Matrix, deren Subdiagonalelemente, wie oben beschrieben, mittels geeigneter Givens-Matrizen $H_{12}, \ldots, H_{n,n+1}$ annulliert werden können:

$$\bar{P} = H\tilde{P}, \quad \begin{bmatrix} \bar{R} \\ 0 \end{bmatrix} = H\tilde{R}, \quad H = H_{n,n+1} \cdots H_{23} H_{12}.$$

Die Matrizen $\bar{P}$ und $\bar{R}$ liefern die folgende Zerlegung von $\bar{A}$:

$$\bar{P}\bar{A} = \begin{bmatrix} \bar{R} \\ 0 \end{bmatrix}.$$

(5) *Streichen einer Zeile von A:* Sei A eine $m \times n$-Matrix mit $m > n$. Wir nehmen o.B.d.A. an, dass die letzte Zeile a^T von A gestrichen werden soll:

$$A = \begin{bmatrix} \bar{A} \\ a^T \end{bmatrix}.$$

Wir partitionieren die Matrix $P = [\tilde{P} \ \ p]$, $p \in \mathbb{R}^m$, entsprechend und erhalten wegen (4.9.2a)

(4.9.9) $$[\tilde{P} \ \ p] \begin{bmatrix} \bar{A} \\ a^T \end{bmatrix} = \begin{bmatrix} R \\ 0 \end{bmatrix}.$$

Wir wählen nun Givens-Matrizen der Typen $H_{m,m-1}, H_{m,m-2}, \ldots, H_{m1}$, um sukzessive die Komponenten $m-1, m-2, \ldots, 1$ von p zu annullieren:

$$H_{m1} H_{m2} \cdots H_{m,m-1} p = \begin{bmatrix} 0 & \cdots & 0 & \pi \end{bmatrix}^T.$$

Beispiel: Skizze für $m = 4$:

$$p = \begin{bmatrix} * \\ * \\ * \\ * \end{bmatrix} \xrightarrow{H_{43}} \begin{bmatrix} * \\ * \\ 0 \\ \bullet \end{bmatrix} \xrightarrow{H_{42}} \begin{bmatrix} * \\ 0 \\ 0 \\ \bullet \end{bmatrix} \xrightarrow{H_{41}} \begin{bmatrix} 0 \\ 0 \\ 0 \\ \bullet \end{bmatrix} = \begin{bmatrix} 0 \\ 0 \\ 0 \\ \pi \end{bmatrix}.$$

Nun ist P unitär, also $\|p\| = |\pi| = 1$. Die transformierte Matrix HP, $H := H_{m1} H_{m2} \cdots H_{m,m-1}$, hat also die Gestalt

$$(4.9.10) \qquad HP = \begin{bmatrix} \bar{P} & 0 \\ q & \pi \end{bmatrix} = \begin{bmatrix} \bar{P} & 0 \\ 0 & \pi \end{bmatrix}, \quad \pi = \pm 1,$$

weil wegen der Unitarität von HP aus $|\pi| = 1$ auch $q = 0$ folgt. Folglich ist $\bar{P}$ eine unitäre $(m-1)$-reihige Matrix. Andererseits transformieren die H_{mi} die obere Dreiecksmatrix $\begin{bmatrix} R \\ 0 \end{bmatrix}$ mit Ausnahme der letzten Zeile wieder in eine obere Dreiecksmatrix:

$$H \begin{bmatrix} R \\ 0 \end{bmatrix} = H_{m1} H_{m2} \cdots H_{m,m-1} \begin{bmatrix} R \\ 0 \end{bmatrix} = \begin{bmatrix} \bar{R} \\ 0 \\ z^T \end{bmatrix} \begin{matrix} \}n \\ \}m-n-1 \\ \}1 \end{matrix} \ .$$

Beispiel: Skizze für $m = 4$, $n = 3$:

$$\begin{bmatrix} R \\ 0 \end{bmatrix} = \begin{bmatrix} * & * & * \\ 0 & * & * \\ 0 & 0 & * \\ 0 & 0 & 0 \end{bmatrix} \xrightarrow{H_{43}} \begin{bmatrix} * & * & * \\ 0 & * & * \\ 0 & 0 & \bullet \\ 0 & 0 & \bullet \end{bmatrix} \xrightarrow{H_{42}} \begin{bmatrix} * & * & * \\ 0 & \bullet & \bullet \\ 0 & 0 & * \\ 0 & \bullet & \bullet \end{bmatrix} \xrightarrow{H_{41}} \begin{bmatrix} \bullet & \bullet & \bullet \\ 0 & * & * \\ 0 & 0 & * \\ \bullet & \bullet & \bullet \end{bmatrix} = \begin{bmatrix} \bar{R} \\ z^T \end{bmatrix}.$$

Aus (4.9.9), (4.9.10) folgt

$$HP \begin{bmatrix} \bar{A} \\ a^T \end{bmatrix} = \begin{bmatrix} \bar{P} & 0 \\ 0 & \pi \end{bmatrix} \begin{bmatrix} \bar{A} \\ a^T \end{bmatrix} = \begin{bmatrix} \bar{R} \\ 0 \\ z^T \end{bmatrix}.$$

Insbesondere gilt

$$\bar{P} \bar{A} = \begin{bmatrix} \bar{R} \\ 0 \end{bmatrix}$$

für die unitäre $(m-1)$-reihige Matrix $\bar{P}$ und die n-reihige obere Dreiecksmatrix $\bar{R}$. Damit ist eine Zerlegung (4.9.2a) für $\bar{A}$ gefunden.

Man kann zeigen, dass die Techniken dieses Abschnitts numerisch stabil in folgendem Sinne sind. Seien P und R gegebene Matrizen mit der folgenden Eigenschaft: Es ist $PA = \begin{bmatrix} R \\ 0 \end{bmatrix}$, und es gibt eine exakt unitäre Matrix P' und eine Matrix A', so dass

$$P' A' = \begin{bmatrix} R \\ 0 \end{bmatrix}$$

eine exakte Zerlegung (4.9.2a) von A' ist und die Differenzen $\|P - P'\|$, $\|A - A'\|$ „klein" sind. Dann liefern die Methoden dieses Abschnitts bei Verwendung von Gleitpunktarithmetik der Genauigkeit eps aus P, R Matrizen $\bar{P}$, $\bar{R}$ zu denen es ebenfalls eine exakt unitäre Matrix $\bar{P}'$ und eine Matrix $\bar{A}'$ gibt, so dass wieder $\|\bar{P} - \bar{P}'\|$, $\|\bar{A} - \bar{A}'\|$ „klein" sind und

$$\bar{P}' \bar{A}' = \begin{bmatrix} \bar{R} \\ 0 \end{bmatrix}$$

exakte Zerlegung (4.9.2a) der leicht gestörten Matrix $\bar{A}'$ ist. Als „klein" gelten dabei Differenzen mit $\|\Delta P\|$, $\|\Delta A\|/\|A\| = \mathcal{O}(m^{\alpha}\mathrm{eps})$ und kleinem α, etwa $\alpha = \frac{3}{2}$.

4.10 Eliminationsverfahren für dünn besetzte Matrizen

Bei vielen praktischen Anwendungen stösst man auf lineare Gleichungs-systeme $Ax = b$, deren Matrix $A = \left[a_{ik}\right]_{i,k=1,\ldots,n}$ zwar sehr gross, aber nur dünn besetzt ist: Nur ein kleiner Bruchteil der Komponenten a_{ik} von A ist von 0 verschieden. Auf solche Probleme führt z.B. die Lösung von partiellen Differentialgleichungen mit Hilfe von Diskretisierungsverfahren (s. Band 2), Netzwerkprobleme und die Strukturplanung in den Ingenieurwis-senschaften. Dünn besetzte lineare Gleichungen werden häufig iterativ gelöst (s. Band 2), insbesondere wenn sie von partiellen Differentialgleichungen herrühren. In diesem Abschnitt behandeln wir nur Eliminationsverfahren, speziell das Cholesky-Verfahren (s. 4.3) zur Lösung linearer Systeme mit positiv definiter Matrix A und erklären in diesem Zusammenhang einige ele-mentare Techniken, die dünne Struktur zu berücksichtigen. Für weiterge-hende Resultate sei auf die Literatur verwiesen, z.B. Reid (1971), Rose und Willoughby (1972), Tewarson (1973), Barker (1974). Eine systematische Be-handlung positiv definiter Systeme findet man in George und Liu (1981), und von allgemeinen linearen Systemen in Duff, Erisman und Reid (1986) und Davis (2006).

Beispiel: Wir erläutern zunächst einige allgemeine Techniken zur Speicherung dünner Matrizen anhand der Matrix

$$A = \begin{bmatrix} 1 & 0 & 0 & 0 & -2 \\ 3 & 0 & 2 & 0 & 1 \\ 0 & -4 & 0 & 7 & 0 \\ 0 & -5 & 0 & 0 & 0 \\ 0 & -6 & 0 & 0 & 6 \end{bmatrix}.$$

Bei einer Art der zeilenweisen Speicherung benötigt man 3 Vektoren, etwa a, ja, ip. Die Komponenten $\mathtt{a}[k]$, $k = 1, 2, \ldots$, geben die Werte der (möglicherweise) von 0 verschiedenen Elemente von A, $\mathtt{ja}[k]$ gibt den Spaltenindex der in $\mathtt{a}[k]$ gespeicherten Matrixkomponente. Der Vektor ip enthält *Zeiger*: Falls $\mathtt{ip}[i] = p$ und $\mathtt{ip}[i+1] = q(\geq p)$, dann beginnen die von 0 verschiedenen Elemente der i-ten Zeile von A mit $\mathtt{a}[p]$ und enden mit $\mathtt{a}[q-1]$. Falls $\mathtt{ip}[i] = \mathtt{ip}[i+1]$, ist die i-te Zeile von A gleich Null. Die angegebene Matrix kann deshalb so gespeichert werden:

i	1	2	3	4	5	6	7	8	9	10	11
$\mathtt{ip}[i]$	1	3	6	8	9	11					
$\mathtt{ja}[i]$	5	1	1	3	5	4	2	2	2	5	
$\mathtt{a}[i]$	-2	1	3	2	1	7	-4	-5	-6	6	

Das Ende der Matrix wird durch $\mathtt{ip}[6] = 11$ angezeigt.

Natürlich sind für symmetrische Matrizen weitere Einsparungen möglich, man hat hier nur die Elemente $a_{ik} \neq 0$ mit $i \geq k$ zu speichern.

Bei dieser Art der Speicherung ist es schwierig, zusätzliche von 0 verschiedene Komponenten in den einzelnen Zeilen unterzubringen, die etwa bei der Durchführung von Eliminationsverfahren erzeugt werden. Dieser Nachteil wird vermieden, wenn man die Zeilen von A in der Form *verketteter Listen* speichert. Hier wird ein weiterer Vektor next benötigt, der angibt, an welcher Position von a man das nächste Element der jeweiligen Liste findet: Falls a[k] ein Element der i-ten Zeile von A enthält, findet man das „nächste" von 0 verschiedene Element der i-ten Zeile in a[next[k]], falls next[k] $\neq 0$. Falls next[k] $= 0$, war a[k] das „letzte" von 0 verschiedene Element von Zeile i.

Beispiel: Die obige Matrix könnte man dann so speichern:

i	1	2	3	4	5	6	7	8	9	10
ip[i]	6	4	5	10	9					
ja[i]	2	3	5	1	4	1	5	5	2	2
a[i]	-4	2	-2	3	7	1	1	6	-6	-5
next[i]	0	7	0	2	1	3	0	0	8	0

Es ist hier leicht, ein neues Element, zum Beispiel a_{31} unterzubringen: Man verlängere a, ja und next um eine Komponente a[11], ja[11], next[11] und setze etwa a[11] $:= a_{31}$, ip[3] $:= 11$, ja[11] $:= 1$ und next[11] $:= $ ip[3]($= 5$). Andererseits enthält der Vektor ip jetzt keine Informationen mehr über die Anzahl der von 0 verschiedenen Elemente einer Zeile von A.

Speichertechniken dieser oder ähnlicher Art sind auch für die Durchführung von Iterationsverfahren (s. Band 2) zur Lösung von grossen linearen Gleichungssystemen nötig. Bei der Anwendung von Eliminationsverfahren treten aber neue typische Schwierigkeiten auf, wenn man den Speicherplatz (die Datenstruktur) für A auch zur Speicherung der Faktoren der Dreieckszerlegung von A (s. 4.1, 4.3) verwenden will, weil diese Faktoren sehr viel mehr von 0 verschiedene Elemente besitzen können. Insbesondere hängt die Anzahl der zusätzlichen von Null verschiedenen Elemente (die „Auffüllung", oder der „fill-in", von A), die während der Elimination erzeugt werden, sehr empfindlich von der Wahl der Pivotelemente ab. Eine schlechte Pivotwahl kann also nicht nur zu numerischen Instabilitäten führen (s. 4.5), sie kann auch die dünne Struktur von A zerstören. Es ist deshalb wichtig, die Pivots so zu wählen, dass zusätzlich zur numerischen Stabilität auch garantiert wird, dass sich die Auffüllung von A in Grenzen hält. Im Fall des Cholesky-Verfahrens für positiv definite Matrizen A (s. 4.3) ist die Situation einfacher, weil hier keine Pivotwahl nötig ist, um die numerische Stabilität zu garantieren. So kann man ohne Verlust an numerischer Stabilität (s. (4.3.6)) die Diagonalelemente statt in ihrer natürlichen Reihenfolge in einer beliebigen Reihenfolge als Pivots wählen. Man kann deshalb diese Reihenfolge so wählen, dass die Auffüllung von A während des Eliminationsverfahrens minimiert wird. Dies läuft auf die Wahl einer Permutation P hinaus, für die der Choleskyfaktor L der permutierten Matrix $PAP^T = LL^T$ möglichst dünn besetzt ist. Das Problem, diejenige Permutation zu finden, die die Auffüllung von A möglichst gering hält, ist allerdings ein „schwieriges" Problem, wie von Yannakakis (1981) gezeigt wurde. In der Praxis verwendet man deshalb heuristische Verfahren für die Bestimmung einer geeigneten Permutation, die die Auffüllung von A zwar i.a. nicht minimiert, aber doch gering hält.

Beispiel: Dass die Wahl von P einen grossen Einfluss auf den Besetzungsgrad der unteren Dreiecksmatrix L hat, zeigt das folgende drastische Beispiel („$*$" bedeuten Elemente $\neq 0$, die Diagonalelemente sind durchnummeriert, um ihre Anordnung bei einer Permutation anzugeben). Der Choleskyfaktor L einer positiv definiten Matrix

$$A = \begin{bmatrix} 1 & * & * & * & * \\ * & 2 & 0 & 0 & 0 \\ * & 0 & 3 & 0 & 0 \\ * & 0 & 0 & 4 & 0 \\ * & 0 & 0 & 0 & 5 \end{bmatrix} = LL^T, \quad L = \begin{bmatrix} * & 0 & 0 & 0 & 0 \\ * & * & 0 & 0 & 0 \\ * & * & * & 0 & 0 \\ * & * & * & * & 0 \\ * & * & * & * & * \end{bmatrix}$$

ist i.a. voll besetzt, während die permutierte Matrix

$$PAP^T = \begin{bmatrix} 5 & 0 & 0 & 0 & * \\ 0 & 2 & 0 & 0 & * \\ 0 & 0 & 3 & 0 & * \\ 0 & 0 & 0 & 4 & * \\ * & * & * & * & 1 \end{bmatrix} = LL^T, \quad L = \begin{bmatrix} * & 0 & 0 & 0 & 0 \\ 0 & * & 0 & 0 & 0 \\ 0 & 0 & * & 0 & 0 \\ 0 & 0 & 0 & * & 0 \\ * & * & * & * & * \end{bmatrix},$$

die durch Vertauschen der ersten und letzten Zeile und der ersten und letzten Spalte von A entsteht, eine dünn besetzte Matrix L als Choleskyfaktor besitzt.

Effiziente Eliminationsverfahren zur Lösung von dünn besetzten positiv definiten Systemen bestehen aus drei Teilen:

1) *Wahl der Permutation P, für die der Speicherbedarf für den Cholesky-faktor L von $PAP^T = LL^T$ klein wird, und Bestimmung der Struktur von L, d.h. welche Komponenten von L von 0 verschieden sein können.*
2) *Numerische Berechnung von L.*
3) *Bestimmung der Lösung x von $Ax = b$, d.h. von dem permutierten System $(PAP^T)Px = LL^TPx = Pb$, durch Lösung der gestaffelten Gleichungs-systeme $Lz = Pb$, $L^Tu = z$, $x = P^Tu$.*

In Schritt 1 wird lediglich die Struktur von A, d.h. nur die Indexmenge

$$\text{Nonz}(A) := \{ (i,j) \mid j < i \text{ und } a_{ij} \neq 0 \}$$

verwendet, um $\text{Nonz}(L)$ zu bestimmen, nicht dagegen die numerischen Werte der Komponenten von L: In diesem Schritt wird die Matrix PAP^T „symbolisch faktorisiert" , während sie in Schritt 2) „numerisch faktorisiert" wird.

Es ist zweckmässig, die Struktur einer symmetrischen $n \times n$-Matrix A, d.h. die Menge $\text{Nonz}(A)$, mit Hilfe eines *ungerichteten Graphen* $G^A = (V^A, E^A)$

mit einer endlichen Menge $V^A = \{v_1, v_2, \ldots, v_n\}$ von Knoten und einer endlichen Menge

$$E^A = \left\{ \{v_i, v_j\} \mid (i, j) \in \text{Nonz}(A) \right\}$$

von „ungerichteten Kanten" $\{v_i, v_j\}$ zwischen den Knoten v_i und $v_j \neq v_i$ zu beschreiben: Der Spalte i, d.h. auch dem Diagonalelement a_{ii} von A, ist der Knoten v_i zugeordnet, und die Knoten $v_i \neq v_j$ werden durch eine ungerichtete Kante in G^A genau dann verbunden, wenn $a_{ij} \neq 0$. Man beachte, dass jede Kante eine zweielementige Teilmenge von V^A ist.

Beispiel 1: Zur Matrix

$$A = \begin{bmatrix} 1 & * & 0 & * & 0 & 0 & 0 \\ * & 2 & 0 & 0 & 0 & 0 & 0 \\ 0 & 0 & 3 & 0 & * & * & 0 \\ * & 0 & 0 & 4 & * & 0 & 0 \\ 0 & 0 & * & * & 5 & 0 & * \\ 0 & 0 & * & 0 & 0 & 6 & * \\ 0 & 0 & 0 & 0 & * & * & 7 \end{bmatrix}$$

gehört der folgende Graph G_A:

Wir führen einige Begriffe aus der Graphentheorie ein. Ist $G = (V, E)$ ein ungerichteter Graph und $S \subset V$ eine Teilmenge seiner Knoten, so bezeichnet $\text{Adj}_G(S)$ oder kürzer

$$\text{Adj}(S) := \left\{ v \in V \setminus S \mid \{s, v\} \in E \text{ für ein } s \in S \right\}$$

die Menge aller Knoten $v \in V \setminus S$, die mit einem Knoten aus S durch eine Kante verbunden sind. Die Anzahl $\deg v := |\text{Adj}(\{v\})|$ der Nachbarn eines Knoten $v \in V$ heisst *Grad* von v. Schliesslich heisst eine Teilmenge $M \subset V$ der Knoten von G eine *Clique* in G, falls jeder Knoten $x \in M$ mit jedem anderen Knoten $y \in M$ durch eine Kante verbunden ist.

Wir kehren wieder zu Eliminationsverfahren zurück. Als erstes versuchen wir eine Permutationsmatrix P so zu bestimmen, dass die Anzahl der von 0 verschiedenen Elemente des Choleskyfaktors L von $PAP^T = LL^T$ möglichst klein wird. Leider lässt sich ein optimales P nur mit sehr hohem Aufwand berechnen, aber es gibt relativ einfache heuristische Verfahren, um den Speicheraufwand für L näherungsweise zu minimieren. Ein solches heuristisches Verfahren ist der *Minimalgradalgorithmus* von Rose (1972). Seine Grundidee ist es, im Choleskyverfahren unter den in Betracht kommenden Diagonale-lementen das nächste Pivotelement so auszuwählen, dass voraussichtlich im anstehenden Eliminationsschritt möglichst wenige 0-Elemente zerstört werden.

Wir analysieren dazu nur den ersten Schritt des Choleskyverfahrens, in dem die erste Spalte des Choleskyfaktors L von $A = LL^T$ berechnet wird: Dieser Schritt ist typisch für den allgemeinen Fall. Partitioniert man die $n \times n$-Matrizen A und L in der Form

$$\begin{bmatrix} d & a^T \\ a & \tilde{A} \end{bmatrix} = \begin{bmatrix} \alpha & 0 \\ l & \bar{L} \end{bmatrix} \cdot \begin{bmatrix} \alpha & l^T \\ 0 & \bar{L}^T \end{bmatrix} = LL^T, \quad a^T = \begin{bmatrix} a_{12} & \cdots & a_{1n} \end{bmatrix},$$

wobei $d = a_{11}$ und $\begin{bmatrix} d & a^T \end{bmatrix}$ die erste Zeile von A ist, so findet man folgende Formeln:

$$\alpha = \sqrt{d}, \quad l = a/\sqrt{d}, \quad \bar{L}\bar{L}^T = \bar{A} := \tilde{A} - ll^T.$$

Die erste Spalte L_1 von L (bzw. die erste Zeile L_1^T von L^T) ist also durch

$$L_1 = \begin{bmatrix} \sqrt{d} \\ a/\sqrt{d} \end{bmatrix}$$

gegeben, und die Bestimmung der restlichen Spalten von L, also der Spalten von $\bar{L}$, läuft auf die Choleskyzerlegung $\bar{A} = \bar{L}\bar{L}^T$ der $(n-1)$-reihigen Matrix $\bar{A} = \begin{bmatrix} \bar{a}_{ik} \end{bmatrix}_{i,k=2}^n$ hinaus:

$$(4.10.1) \qquad \begin{aligned} \bar{A} &= \tilde{A} - ll^T = \tilde{A} - \frac{aa^T}{d}, \\ \bar{a}_{ik} &= a_{ik} - \frac{a_{1i}a_{1k}}{d} \quad \text{für alle} \quad i, k \geq 2. \end{aligned}$$

Wenn wir von dem Entartungsfall absehen, dass die numerischen Werte von $a_{ik} \neq 0$ und $a_{1i}a_{1k} \neq 0$ gerade so beschaffen sind, dass sich $\bar{a}_{ik} = 0$ ergibt, gilt für die Komponenten von $\bar{A}$

$$(4.10.2) \qquad \bar{a}_{ik} \neq 0 \quad \Longleftrightarrow \quad a_{ik} \neq 0 \quad \text{oder} \quad a_{1i}a_{1k} \neq 0.$$

Also wird der Eliminationsschritt mit Pivot $d = a_{11}$ eine Zahl von neuen Elementen $\neq 0$ erzeugen, die ungefähr proportional der Anzahl der von Null verschiedenen Elemente des Vektors $a^T = \begin{bmatrix} a_{12} & \cdots & a_{1n} \end{bmatrix}$ ist.

Den Eliminationsschritt $A \rightarrow \bar{A}$ kann man anhand der zu den Matrizen A und $\bar{A}$ gehörenden Graphen $G = (V, E) := G_A$ und $\bar{G} = (\bar{V}, \bar{E}) := G^{\bar{A}}$ beschreiben: Den Diagonalelementen von A ($\bar{A}$) entsprechen die Knoten $1, 2, \ldots, n$ (bzw. $2, 3, \ldots, n$) von $G = G^A$ (bzw. $G^{\bar{A}}$), zum Pivot a_{11} gehört der *Pivotknoten* 1 von G. (4.10.2) bedeutet, dass die Knoten $i \neq k$, $i, k \geq 2$, in $\bar{G}$ durch eine Kante genau dann verbunden werden, wenn sie schon in G verbunden sind ($a_{ik} \neq 0$) oder wenn beide Knoten i und k Nachbarn des

Pivotknoten 1 in G sind ($a_{1i}a_{1k} \neq 0$, i, $k \in \mathrm{Adj}_G(1)$). Die Anzahl der Elemente $a_{1i} \neq 0$ mit $i \geq 2$ in der ersten Zeile von A stimmt mit dem Grad $\deg_G(1)$ des Knotens 1 in G überein. Die Wahl von $d = a_{11}$ als Pivot ist deshalb vermutlich dann günstig, wenn Knoten 1 unter allen Knoten von G den kleinsten Grad besitzt. Die Menge $\mathrm{Adj}_G(1)$ der Nachbarn von Knoten 1 gibt im übrigen an, welche Elemente der ersten Zeile von L^T bzw. der ersten Spalte von L nicht verschwinden.

Beispiel 2: Die Wahl des Pivotelements a_{11} in der folgenden Matrix A führt zur Auffüllung von $\bar{A}$ an der Stelle „$\bullet$":

$$A = \begin{bmatrix} 1 & * & 0 & 0 & * & 0 \\ * & 2 & * & * & 0 & * \\ 0 & * & 3 & 0 & 0 & * \\ 0 & * & 0 & 4 & * & * \\ * & 0 & 0 & * & 5 & 0 \\ 0 & * & * & * & 0 & 6 \end{bmatrix} \quad \Rightarrow \quad \bar{A} = \begin{bmatrix} 2 & * & * & \bullet & * \\ * & 3 & 0 & 0 & * \\ * & 0 & 4 & * & * \\ \bullet & 0 & * & 5 & 0 \\ * & * & * & 0 & 6 \end{bmatrix}.$$

Die zugehörigen Graphen sind:

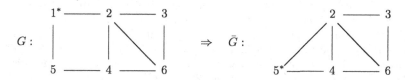

Allgemein entspricht die Wahl eines Diagonalpivots in A der Wahl eines Knotens $x \in V$ (Pivotknoten) in dem Graphen $G = (V, E) = G^A$, und dem Eliminationsschritt $A \to \bar{A}$ mit diesem Pivot eine Transformation des Graphen $G = G^A$ in einen Graphen $\bar{G} = (\bar{V}, \bar{E}) = G^{\bar{A}}$, den man auch mit G_x bezeichnet und der durch folgende Regeln gegeben ist:

1) $\bar{V} := V \setminus \{x\}$.
2) *Verbinde die Knoten $y \neq z$, y, $z \in \bar{V}$, genau dann durch eine ungerichtete Kante $\{y, z\} \in \bar{E}$ in $\bar{G}$, wenn y und z schon in G durch eine Kante verbunden sind, oder falls y und z Nachbarn von x in G sind, d.h. falls $y, z \in \mathrm{Adj}_G(x)$.*

Wir sagen dann, dass der Graph G_x durch „Elimination des Knotens x" aus G entstanden ist.

Es gilt also in G_x für alle $y \in \bar{V} = V \setminus \{x\}$

$$(4.10.3) \quad \mathrm{Adj}_{G_x}(y) = \begin{cases} \mathrm{Adj}_G(y) & \text{falls } y \notin \mathrm{Adj}_G(x), \\ \left(\mathrm{Adj}_G(x) \cup \mathrm{Adj}_G(y)\right) \setminus \{x, y\} & \text{sonst.} \end{cases}$$

Die Knoten aus $\mathrm{Adj}_G(x)$ sind in G_x paarweise untereinander durch eine Kante verbunden, sie bilden eine Clique in G_x, die sog. *Pivotclique*; sie geben an, welche Nichtdiagonalelemente der Zeile von L^T bzw. Spalte von L, die dem Pivotknoten x entspricht, von 0 verschieden sein können.

Wir haben gesehen, dass in einem Eliminationsschritt wahrscheinlich nur wenig neue von 0 verschiedene Elemente erzeugt werden, wenn der Grad des Pivotknotens klein ist. Dies motiviert den folgenden Minimalgradalgorithmus von Rose (1972) zur Bestimmung einer zweckmässigen Pivotreihenfolge.

(4.10.4) **Algorithmus:** *Sei A eine positiv definite $n \times n$-Matrix.*

0) *Setze $G^0 = (V^0, E^0) := G^A$.*

   Für $i = 1, 2, \ldots, n$:

1) *Bestimme einen Knoten $x_i \in V^{i-1}$ minimalen Grades in G^{i-1}.*

2) *Setze $G^i := G^{i-1}_{x_i}$.*

Anmerkung: Die Knoten x_i minimalen Grades müssen nicht eindeutig bestimmt sein.

Beispiel 3: In dem Graphen $G =: G^0$ der Matrix A von Beispiel 2 besitzen die Knoten 1, 3 und 5 minimalen Grad. Wählt man den Knoten 1 als Pivotknoten x_1, so erhält man als nächsten Graphen $G^1 := G^0_1 = \bar{G}$ den Graphen $\bar{G}$ von Beispiel 2. Zu dem Pivotknoten $x_1 = 1$ gehört die Pivotclique $\mathrm{Adj}_{G^0}(1) = \{2, 5\}$. Setzt man das Verfahren (4.10.4) fort, so kann man als nächsten Pivotknoten x_2 den Knoten 5 wählen, der (neben dem Knoten 3) in $G^1 = \bar{G}$ minimalen Grad besitzt. Zu ihm gehört die Pivotclique $\mathrm{Adj}_{G^1}(5) = \{2, 4\}$. Insgesamt liefert das Verfahren $(1, 5, 4, 2, 3, 6)$ als eine mögliche Pivotreihenfolge und die zugehörigen Graphen $G^0 := G$, $G^1 := \bar{G}$ (s. Beispiel 2), G^2, G^3, G^4, G^5 (G^6 ist der leere Graph):

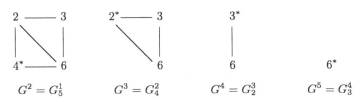

$$G^2 = G^1_5 \qquad G^3 = G^2_4 \qquad G^4 = G^3_2 \qquad G^5 = G^4_3$$

Die Pivotknoten sind mit „*" markiert. Zu Ihnen gehören die folgenden Pivot-cliquen:

Pivot	1	5	4	2	3	6
Clique	$\{2, 5\}$	$\{2, 4\}$	$\{2, 6\}$	$\{3, 6\}$	$\{6\}$	$\emptyset$

Die entsprechend permutierte Matrix $PAP^T = LL^T$ und ihr Choleskyfaktor L haben die folgende Struktur, die sich aus den Pivotcliquen ergibt (die Stellen, an denen 0-Elemente von A bei der Elimination zerstört werden, sind wieder mit „•" bezeichnet):

$$PAP^T = \begin{bmatrix} 1 & * & 0 & * & 0 & 0 \\ * & 5 & * & 0 & 0 & 0 \\ 0 & * & 4 & * & 0 & * \\ * & 0 & * & 2 & * & * \\ 0 & 0 & 0 & * & 3 & * \\ 0 & 0 & * & * & * & 6 \end{bmatrix} = LL^T, \quad L^T = \begin{bmatrix} 1 & * & 0 & * & 0 & 0 \\ 0 & 5 & * & • & 0 & 0 \\ 0 & 0 & 4 & * & 0 & * \\ 0 & 0 & 0 & 2 & * & * \\ 0 & 0 & 0 & 0 & 3 & * \\ 0 & 0 & 0 & 0 & 0 & 6 \end{bmatrix}.$$

Zum Beispiel sind die von Null verschiedenen Nichtdiagonalelemente der dritten Zeile von L^T, die zum Pivotknoten $x_3 = 4$ gehört, durch die Pivotclique $\{2, 6\} = \mathrm{Adj}_{G^2}(4)$ dieses Knotens gegeben.

Für die praktische Durchführung von Algorithmus (4.10.4) für grosse Probleme kommt es darauf an, wie man die ebenfalls grossen Eliminationsgraphen G^i darstellt und wie schnell man die Gradfunktion $\deg_{G^i}$ der Graphen $G^i = G^{i-1}_{x_i}$, $i = 1, 2, \ldots, n-1$, berechnen kann. Zum Beispiel wird man ausnutzen, dass wegen (4.10.3)

$$\mathrm{Adj}_{G_x}(y) = \mathrm{Adj}_G(y), \quad \deg_{G_x}(y) = \deg_G(y)$$

für alle Knoten $y \neq x$ mit $y \notin \mathrm{Adj}_G(x)$ gilt.

Dazu gibt es verschiedene Vorschläge in der Literatur (s. z.B. George und Liu (1989)). Als zweckmässig hat sich die Beschreibung eines Graphen $G = (V, E)$ durch eine endliche Menge $M = \{K_1, K_2, \ldots, K_q\}$ von Cliquen von G erwiesen, die hinreichend gross ist, dass jede Kante in mindestens einer Clique $K_i \in M$ enthalten ist. Dann kann man die Kantenmenge E von G aus M wiedergewinnen:

$$E = \left\{ \{x, y\} \mid x \neq y \text{ und es existiert ein } i \text{ mit } x, y \in K_i \right\}.$$

Man nennt dann M eine *Cliquenbeschreibung* von G. Eine solche Beschreibung lässt sich immer finden, z.B. $M = E$, denn jede Kante $\{x, y\} \in E$ ist eine Clique von G.

Beispiel 4: Eine Cliquenbeschreibung des Graphen G aus Beispiel 2 ist z.B.

$$\{ \{1, 5\}, \{4, 5\}, \{1, 2\}, \{2, 3, 6\}, \{2, 4, 6\} \}.$$

Der Grad $\deg_G(x)$ und die Mengen $\mathrm{Adj}_G(x)$, $x \in V$, sind durch eine Cliquenbeschreibung M bestimmt

$$\mathrm{Adj}_G(x) = \bigcup_{i:\, x \in K_i} K_i \setminus \{x\}, \quad \deg_G(x) = |\mathrm{Adj}_G(x)|.$$

Zu gegebenem $x \in V$ kann man wegen (4.10.3) eine Cliquenbeschreibung des Graphen G_x aus einer Cliquenbeschreibung $M = \{K_1, K_2, \ldots, K_q\}$ von $G = (V, E)$ wie folgt gewinnen: Sei $\{K_{s_1}, \ldots, K_{s_t}\}$ die Menge aller Cliquen aus M, die x enthalten, sowie $K := \bigcup_{i=1}^t K_{s_i} \setminus \{x\}$. Dann ist

$$M_x = \{ K_1, \ldots, K_q, K \} \setminus \{ K_{s_1}, \ldots, K_{s_t} \}$$

eine Cliquenbeschreibung von G_x.

Nimmt man an, dass die Cliquen als Listen ihrer Elemente gespeichert werden, benötigt man zur Speicherung von M_x wegen $|K| < \sum_{j=1}^t |K_{s_j}|$ weniger Platz als für M.

Der weitere Ablauf ist nun der folgende: Nachdem man mit Hilfe von (4.10.4) eine geeignete Pivotsequenz und damit eine Permutation P und die Besetzungsstruktur Nonz(L) des Choleskyfaktors L von $PAP^T = LL^T$ bestimmt hat, kann man eine Datenstruktur zur Speicherung von L aufbauen. Zum Beispiel kann man wie eingangs beschrieben die Elemente $\neq 0$ von L^T zeilenweise (dies entspricht einer spaltenweisen Speicherung von L) (ggf. mittels verketteter Listen) mit Hilfe von 3 (bzw. 4) linearen arrays ip, ja, a (next) speichern.

Die Diagonalelemente von L, die ohnehin bei Eliminationsverfahren eine Sonderrolle spielen, speichert man separat in einem weiteren array diag ab, diag$[i] = l_{ii}$, $i = 1, \ldots, n$.

Wegen Nonz(L) $\supset$ Nonz(PAP^T) kann man diese Datenstruktur für L^T zunächst für die zeilenweise Speicherung von A verwenden und die arrays a, diag entsprechend besetzen.

Als nächstes folgt die *numerische Faktorisierung* von $PAP^T = LL^T$. Hier ist es wichtig, die Berechnung von L^T zeilenweise vorzunehmen, d.h. den array a schrittweise durch die entsprechenden Zeilen von L^T zu überschreiben. Ausserdem lassen sich die Programme zur Auflösung der gestaffelten Gleichungssysteme

$$Lz = Pb, \quad L^T u = z$$

nach z bzw. u ebenfalls so schreiben, dass die Matrix L^T unter Berücksichtigung der angegebenen Datenstruktur zeilenweise aufgerufen wird, und zwar jede Zeile genau einmal bei der Berechnung von z und ein zweites Mal bei der Berechnung von u. Die Lösung x von $Ax = b$ erhält man schliesslich als $x = P^T u$.

Bezüglich weiterer Einzelheiten zur Lösung von Gleichungssystemen mit dünn besetzten Matrizen sei auf einschlägige Lehrbücher verwiesen, z.B. George und Liu (1981), Duff, Erisman und Reid (1986), und Davis (2006). Es gibt eine ganze Reihe grosser Programmpakete, z.B. YSMP (Yale sparse matrix package, s. Eisenstat et al. (1982)), SuperLU (s. Demmel et. al. (1999)), CHOLMOD und UMFPACK (s. Davis (2006)). Eine umfangreiche Auflistung solcher Programmpakete findet man auf den folgenden Webseiten:

http : //www.cs.utk.edu/~dongarra/etemplates/node388.html

http : //www.netlib.org/utk/people/JackDongarra/la-sw.html

Übungsaufgaben zu Kapitel 4

1. Gegeben seien folgende Vektornormen in $\mathbb{C}^n$ bzw. $\mathbb{R}^n$:

$$\|x\|_\infty := \max_{1 \le i \le n} |x_i|\,,$$

$$\|x\|_2 := \left(\sum_{i=1}^n |x_i|^2 \right)^{1/2},$$

$$\|x\|_1 := \sum_{i=1}^n |x_i|\,.$$

Man zeige für sie:
a) Die Normeigenschaften.
b) $\|x\|_\infty \le \|x\|_2 \le \|x\|_1$.
c) $\|x\|_2 \le \sqrt{n}\,\|x\|_\infty$, $\|x\|_1 \le \sqrt{n}\,\|x\|_2$.
   Ist in b), c) Gleichheit möglich?
d) Man bestimme $\mathrm{lub}(A)$ bezüglich der Norm $\|\cdot\|_1$.
e) Ausgehend von der Definition

$$\mathrm{lub}(A) := \max_{x \neq 0} \frac{\|Ax\|}{\|x\|}$$

zeige man für nichtsinguläres A:

$$\frac{1}{\mathrm{lub}(A^{-1})} = \min_{y \neq 0} \frac{\|Ay\|}{\|y\|}\,.$$

2. Man betrachte die Klasse der Normen in $\mathbb{C}^n$

$$\|x\|_D := \|Dx\|\,,$$

wobei $\|\cdot\|$ eine feste Vektornorm ist und D die Klasse der nichtsingulären Matrizen durchläuft.
Man zeige:
a) $\|\cdot\|_D$ ist eine Norm.
b) Es gilt:

$$m \|x\| \le \|x\|_D \le M \|x\|$$

mit

$$m = 1/\mathrm{lub}(D^{-1}), \quad M = \mathrm{lub}(D),$$

wobei $\mathrm{lub}(D)$ bzgl. der Norm $\|\cdot\|$ zu nehmen ist.
c) Man drücke $\mathrm{lub}_D(A)$ mit Hilfe der zu $\|\cdot\|$ gehörigen lub-Norm aus.
d) Für eine nichtsinguläre Matrix A ist $\mathrm{cond}(A)$ von der Wahl der zugrundeliegenden Vektornorm abhängig. Man zeige, dass $\mathrm{cond}_D(A)$ zur Vektornorm $\|\cdot\|_D$ bei geeigneter Wahl von D beliebig gross werden kann. Man gebe eine Abschätzung mit Hilfe von m, M an.
e) Wie stark unterscheiden sich höchstens $\mathrm{cond}(A)$ bezüglich $\|\cdot\|_\infty$ und $\|\cdot\|_2$?
   [*Hinweis:* Man benutze die Ergebnisse von Aufgabe 1b)–1c)).]
3. Man zeige für eine nichtsinguläre $n \times n$-Matrix A und Vektoren $u, v \in \mathbb{R}^n$:

a) Ist $v^T A^{-1} u \neq -1$, so gilt

$$(A + uv^T)^{-1} = A^{-1} - \frac{A^{-1} uv^T A^{-1}}{1 + v^T A^{-1} u}.$$

b) Ist $v^T A^{-1} u = -1$, so ist $(A + uv^T)$ singulär.
[*Hinweis:* Man finde einen Vektor $z \neq 0$ mit $(A + uv^T)z = 0$.]

4. $A = \begin{bmatrix} a_1 & \cdots & a_n \end{bmatrix}$ sei eine nichtsinguläre $n \times n$-Matrix mit den Spalten a_i.

a) Sei $b \in \mathbb{R}^n$ und

$$\tilde{A} = \begin{bmatrix} a_1 & \cdots & a_{i-1} & b & a_{i+1} & \cdots & a_n \end{bmatrix}$$

die Matrix, die man aus A durch Ersetzen der i-ten Spalte a_i durch b erhält.
Man untersuche mit Hilfe der Formel aus Aufgabe 3a) unter welchen Bedingungen $\tilde{A}^{-1}$ existiert und zeige, dass dann $\tilde{A}^{-1} = F A^{-1}$ gilt, wobei F eine Frobeniusmatrix ist.

b) $A = \begin{bmatrix} a_{ik} \end{bmatrix}$ sei eine nichtsinguläre $n \times n$-Matrix, A_α entstehe aus A dadurch, dass ein einziges Element a_{ik} zu $a_{ik} + \alpha$ abgeändert wird. Für welche α existiert A_α^{-1}?

5. Für diese Aufgabe benutze man folgendes Theorem:
A sei eine reelle, nichtsinguläre $n \times n$-Matrix, dann gibt es zwei reelle, orthogonale Matrizen U, V, so dass

$$U^T A V = D$$

gilt, wobei $D = \mathrm{diag}(\mu_1, \ldots, \mu_n)$ und

$$\mu_1 \geq \mu_2 \geq \cdots \geq \mu_n > 0.$$

Ferner sei $\|\cdot\|$ die euklidische Norm.

a) Drücke $\mathrm{cond}(A)$ durch die μ_i aus.

b) Man gebe mit Hilfe von U diejenigen Vektoren b bzw. Δb an, die in den Abschätzungen (4.4.11), (4.4.12) und

$$\|b\| \leq \mathrm{lub}(A)\, \|x\|$$

Gleichheit ergeben.

c) Gibt es ein b, so dass für alle Δb in (4.4.12) gilt:

$$\frac{\|\Delta x\|}{\|x\|} \leq \frac{\|\Delta b\|}{\|b\|}?$$

Man bestimme solche Vektoren b mit Hilfe von U.
[*Hinweis:* Man betrachte Vektoren b mit $\mathrm{lub}(A^{-1})\,\|b\| = \|x\|$.]

6. Gegeben sei das Gleichungssystem $Ax = b$ mit

$$A = \begin{bmatrix} 0.780 & 0.563 \\ 0.913 & 0.659 \end{bmatrix} \quad \text{und} \quad b = \begin{bmatrix} 0.217 \\ 0.254 \end{bmatrix}.$$

Die exakte Lösung ist $x^T = \begin{bmatrix} 1 & -1 \end{bmatrix}$. Gegeben seien die beiden Näherungslösungen

$$x_1 = \begin{bmatrix} 0.999 \\ -1.001 \end{bmatrix}, \quad x_2 = \begin{bmatrix} 0.341 \\ -0.087 \end{bmatrix}.$$

a) Man berechne die Residuen $r(x_1)$, $r(x_2)$. Hat die genauere Lösung x_1 das kleinere Residuum?

b) Man bestimme die exakte Inverse A^{-1} und berechne cond(A) bezüglich der Maximumnorm.

c) Man drücke $\tilde{x} - x = \Delta x$ mit Hilfe von $r(\tilde{x})$ aus, dem Residuum zu $\tilde{x}$. Gibt es eine Erklärung der Diskrepanz, die in a) festgestellt wurde (vergleiche Aufgabe 5)?

7. Man zeige:

a) Die betragsgrössten Elemente einer positiv definiten Matrix treten in der Diagonale auf und sind positiv.

b) Sind alle führenden Hauptminoren einer hermiteschen $n \times n$-Matrix $A = [a_{ik}]$ positiv, d.h. gilt

$$\det\left(\begin{bmatrix} a_{11} & \cdots & a_{1i} \\ \vdots & & \vdots \\ a_{i1} & \cdots & a_{ii} \end{bmatrix}\right) > 0 \quad \text{für} \quad i = 1, \ldots, n,$$

so ist A positiv definit.

[*Hinweis:* Siehe den Induktionsbeweis zu Theorem (4.3.3)]

8. Gegeben sei die reelle, positiv definite $n \times n$-Matrix A', die in folgender Weise partitioniert sei:

$$A' = \begin{bmatrix} A & B \\ B^T & C \end{bmatrix}.$$

Dabei ist A eine $m \times m$ Matrix.

Man zeige zunächst:

a) $C - B^T A^{-1} B$ ist positiv definit.

[*Hinweis:* Man partitioniere x entsprechend, d.h.

$$x = \begin{bmatrix} x_1 \\ x_2 \end{bmatrix}, \quad x_1 \in \mathbb{R}^m, \quad x_2 \in \mathbb{R}^{n-m},$$

und bestimme bei festem x_2 ein geeignetes x_1 so, dass

$$x^T A' x = x_2^T (C - B^T A^{-1} B) x_2.$$

erfüllt ist.]

Nach Theorem (4.3.3) gibt es für A' eine Zerlegung

$$A' = R^T R,$$

wobei R eine obere Dreiecksmatrix ist, die zu A' entsprechend partitioniert sei:

$$R = \begin{bmatrix} R_{11} & R_{12} \\ 0 & R_{22} \end{bmatrix}.$$

Man zeige weiter:

b) Jede Matrix $M = N^T N$, wobei N eine nichtsinguläre Matrix ist, ist positiv definit.

c) $R_{22}^T R_{22} = C - B^T A^{-1} B$.

d) Aus a) ergibt sich die Schlussfolgerung

$$r_{ii}^2 > 0, \quad i = 1, \ldots, n,$$

wobei r_{ii} ein beliebiges Diagonalelement von R ist.

e) Für $\text{lub}(R^{-1})$ bezüglich der euklidischen Norm gilt

$$r_{ii}^2 \geq \min_{x \neq 0} \frac{x^T A' x}{x^T x} = \frac{1}{\text{lub}(R^{-1})^2} \quad \text{für} \quad i = 1, \ldots, n.$$

[*Hinweis:* Aufgabe 1e)]

f) Bezüglich der euklidischen Norm gilt

$$\text{lub}(R)^2 = \max_{x \neq 0} \frac{x^T A' x}{x^T x} \geq r_{ii}^2 \quad \text{für} \quad i = 1, \ldots, n.$$

g) Es gilt

$$\text{cond}(R) \geq \max_{1 \leq i,k \leq n} \left\| \frac{r_{ii}}{r_{kk}} \right\|.$$

9. Eine Folge A_n komplexer oder reller $r \times r$-Matrizen konvergiert genau dann komponentenweise gegen eine Matrix A, wenn die A_n eine Cauchyfolge bilden, d.h. wenn für eine beliebige Vektornorm $\|\cdot\|$ und beliebiges $\varepsilon > 0$ gilt: $\text{lub}(A_n - A_m) < \varepsilon$ für genügend grosses n und m. Man zeige: Ist $\text{lub}(A) < 1$, so konvergieren die Folge A^n und die Reihe $\sum_{n=0}^{\infty} A^n$, $I - A$ ist nichtsingulär und es gilt

$$(I - A)^{-1} = \sum_{n=0}^{\infty} A^n.$$

Man benutze diese Beziehung, um (4.4.14) zu beweisen.

10. Die Inverse einer $n \times n$-Matrix A soll mit der Gauss–Jordan-Methode und Teilpivotsuche gefunden werden.

Man zeige, dass die Spalten von A linear abhängig sind, wenn man bei der Teilpivotsuche (und rundungsfehlerfreier Rechnung) kein von Null verschiedenes Pivotelement findet.

11. Sei A eine positiv definite $n \times n$-Matrix. Auf A werde das Gausssche Eliminationsverfahren angewendet (ohne Pivotsuche). Nach k Eliminationen ist A auf die Form

$$A^{(k)} = \begin{bmatrix} A_{11}^{(k)} & A_{12}^{(k)} \\ 0 & A_{22}^{(k)} \end{bmatrix}$$

mit $A_{22}^{(k)}$ eine $(n - k) \times (n - k)$ Matrix, reduziert. Man zeige durch Induktion

a) $A_{22}^{(k)}$ ist wieder positiv definit,

b) $a_{ii}^{(k)} \leq a_{ii}^{(k-1)}$ für $k \leq i \leq n$, $k = 1, 2, \ldots, n - 1$.

12. Bei der Fehleranalyse des Gaussschen Eliminationsverfahrens in 4.5 wurden Abschätzungen des Wachstums der maximalen Elemente der Matrizen $A^{(i)}$ verwendet.

Sei

$$a_i := \max_{r,s} \left| a_{rs}^{(i)} \right|, \quad A^{(i)} := (a_{rs}^{(i)}).$$

Man zeige, dass bei Teilpivotsuche gilt:

a) $a_k \leq 2^k a_0$, $k = 1, \ldots, n-1$ für beliebiges A.

b) $a_k \leq k a_0$, $k = 1, \ldots, n-1$ für Hessenberg-Matrizen A.

c) $a = \max_{1 \leq k \leq n-1} a_k \leq 2a_0$ für Tridiagonalmatrizen A.

13. Folgende Zerlegung einer positiv definiten Matrix A

$$A = SDS^H,$$

wobei S eine untere Dreiecksmatrix mit $s_{ii} = 1$ und D eine Diagonalmatrix $D = \mathrm{diag}(d_i)$ sind, ergibt eine Variante des Cholesky-Verfahrens. Man zeige:

a) Eine solche Zerlegung ist möglich (Theorem (4.3.3)).

b) $d_i = (l_{ii})^2$, wobei $A = LL^H$, L eine untere Dreiecksmatrix ist.

c) Gegenüber dem Cholesky-Verfahren (4.3.4) wird die Berechnung der n Quadratwurzeln eingespart.

14. Es liege folgendes mathematische Modell vor

$$y = x_1 z + x_2,$$

mit zwei unbekannten Parametern x_1, x_2. Ferner sei ein Satz von Messdaten gegeben:

$$(y_l, z_l)_{l=1,\ldots,m} \quad \text{mit} \quad z_l = l.$$

Man versuche mittels linearer Ausgleichsrechnung die Parameter x_1, x_2 aus den Messdaten zu bestimmen.

a) Wie lautet die Normalgleichung für das lineare Ausgleichsproblem?

b) Man führe die Choleskyzerlegung der Matrix der Normalgleichung $B = A^T A = LL^T$ durch.

c) Man gebe eine Abschätzung für $\mathrm{cond}(L)$ bezüglich der euklidischen Norm an. [*Hinweis:* Man benutze die Abschätzung für $\mathrm{cond}(L)$ aus Aufgabe 8g.]

d) Wie steigt die Kondition mit der Anzahl der Messpunkte m an? (Siehe Schwarz, Rutishauser, Stiefel (1968).)

15. Zu den Messwerten

x_i	-2	-1	0	1	2
y_i	0.5	0.5	2	3.5	3.5

soll eine Gerade

$$y(x) = \alpha + \beta x$$

so bestimmt werden, dass

$$\sum_i [y(x_i) - y_i]^2$$

minimal wird. Man bestimme die optimalen Parameter α und β.

Literatur zu Kapitel 4

Andersen, E., Bai, Z., Bischof, C., Blackford, S., Demmel, J., Dongarra, J., DuCroz, J., Greenbaum, A., Hammarling, S., McKenney, A., Sorensen, D. (1999): *LAPACK Users' Guide*, 3rd Edition. Philadelphia: SIAM.

Barker, V.A. (Ed.) (1977): *Sparse Matrix Techniques*. Lecture Notes in Mathematics 572. Berlin-Heidelberg-New York: Springer.

Barker, V.A., Blackford, L.S., Dongarra, J., Du Croz, J., Hammarling, S., Marinova, M., Waśniewski, J., Yalamov, P. (2001): *LAPACK95 Users' Guide*. Philadelphia: SIAM.

Bauer, F.L. (1966): Genauigkeitsfragen bei der Lösung linearer Gleichungssysteme. ZAMM **46** 409–421.

Björck, Å. (1996): *Numerical Methods for Least Squares Problems*. Philadelphia: SIAM.

Businger, P., Golub, G.H. (1965): Linear least squares solutions by Householder transformations. Numer. Math. **7** 269–276.

Ciarlet, P.G., Lions, J.L., Eds. (1990): *Handbook of Numerical Analysis*, Vol. I: *Finite Difference Methods (Part 1), Solution of Equations in $\mathbb{R}^n$ (Part 1)*. Amsterdam: North Holland.

Collatz, L. (1968): *Funktionalanalysis und numerische Mathematik*. Berlin-Heidelberg: Springer.

Daniel, J.W., Gragg, W.B., Kaufmann, L., Stewart, G.W. (1976): Reorthogonalization and stable algorithms for updating the Gram–Schmidt QR factorization. Math. Comp. **30** 772–795.

Davis, T.A. (2006): *Direct Methods for Sparse Linear Systems*. Philadelphia: SIAM.

Demmel, J.W. (1997): *Applied Numerical Linear Algebra*. Philadelphia: SIAM.

Demmel, J.W., Eisenstat, S.C., Gilbert, J.R., Li, X.S., Liu, J.W.H. (1999): A supernodal approach to sparse partial pivoting. SIAM J. Matrix Anal. Appl. **20** 720–755.

Dongarra, J.J., Bunch, J.R., Moler, C.B., Stewart, G.W. (1979): *LINPACK Users' Guide*. Philadelphia: SIAM.

Duff, I.S., Erisman, A.M., Reid, J.K (1986): *Direct Methods for Sparse Matrices*. Oxford: Oxford University Press.

Eisenstat, S.C., Gursky, M.C., Schultz, M.H., Sherman, A.H. (1982): The Yale sparse matrix package. I. The symmetric codes. Internat. J. Numer. Methods Engrg. **18** 1145–1151.

George, J.A., Liu, J.W. (1981): *Computer Solution of Large Sparse Positive Definite Systems*. Englewood Cliffs, NJ: Prentice Hall.

George, J.A., Liu, J.W. (1989): The evolution of the minimum degree ordering algorithm. SIAM Rev. **31** 1–19.

Gill, P.E., Golub, G.H., Murray, W., Saunders, M.A. (1974): Methods for modifying matrix factorizations. Math. Comp. **28** 505–535.

Golub, G.H., Van Loan, C.F. (1996): *Matrix Computations*, 3rd Edition. Baltimore: The John Hopkins University Press.

Grossmann, W. (1969): *Grundzüge der Ausgleichsrechnung*. 3. Auflage. Berlin-Heidelberg: Springer.

Guest, P.G. (1961): *Numerical Methods of Curve Fitting*. Cambridge: Cambridge University Press.

Higham, N.J. (2002): *Accuracy and Stability of Numerical Algorithms*, 2nd Edition. Philadelphia: SIAM.

Hogben, L., Ed. (2006): *Handbook of Linear Algebra*. Boca Raton: Chapman & Hall/CRC.

Householder, A.S. (1975): *The Theory of Matrices in Numerical Analysis*. Mineola, NY: Dover.

Lawson, C.L., Hanson, R.J. (1995): *Solving Least Squares Problems*, Revised Edition. Philadelphia: SIAM.

Meyer, C.D. (2000): *Matrix Analysis and Applied Linear Algebra*. Philadelphia: SIAM.

Moler, C.B. (2004): *Numerical Computing with Matlab*. Philadelphia: SIAM.

Oliveira, S., Stewart, D.E. (2006): *Writing Scientific Software : A Guide to Good Style*. Cambridge: Cambridge University Press.

Prager, W., Oettli, W. (1964): Compatibility of approximate solution of linear equations with given error bounds for coefficients and right hand sides. Num. Math. **6** 405–409.

Reid, J.K., Ed. (1971): *Large Sparse Sets of Linear Equations*. London-New York: Academic Press.

Rose, D.J. (1972): A graph-theoretic study of the numerical solution of sparse positive definite systems of linear equations, pp. 183-217. In: *Graph Theory and Computing*, R.C. Read, Ed. New York: Academic Press.

Rose, D.J., Willoughby, R.A. (Eds.) (1972): *Sparse Matrices and Their Applications*. New York: Plenum Press.

Sautter, W. (1971): Dissertation TU München.

Schwarz, H.R., Rutishauser, H., Stiefel, E. (1972).: *Numerik symmetrischer Matrizen*, 2. Auflage. Stuttgart: Teubner.

Seber, G.A.F., Lee, A.J. (2003): *Linear Regression Analysis*, 2nd Edition. New York: Wiley.

Stewart, G.W. (1973): *Introduction to Matrix Computations*. New York: Academic Press.

Stewart, G.W. (1998): *Matrix Algorithms: Basic Decompositions*. Philadelphia: SIAM.

Stewart, G.W. (1998): *Afternotes on Numerical Analysis: Afternotes Goes to Graduate School*. Philadelphia: SIAM.

Tewarson, R.P. (1973): *Sparse Matrices*. New York: Academic Press.

Trefethen, L.N., Bau, D. III (1997): *Numerical Linear Algebra*. Philadelphia: SIAM.

Wilkinson, J.H. (1988): *The Algebraic Eigenvalue Problem*, Paperback Edition. Oxford: Oxford University Press.

Yannakakis, M. (1981): Computing the minimum fill-in is NP-complete. SIAM J. Discrete Math. **2** 77-79.

5 Nichtlineare Gleichungssysteme

5.0 Einleitung

Ein wichtiges Problem ist die Bestimmung der Nullstellen x^* einer gegebenen Funktion $f : f(x^*) = 0$. Je nach Definition der Funktion $f : E \mapsto F$ und der Mengen E und F kann man sehr allgemeine Probleme als Nullstellenprobleme auffassen. Z.B. wird für $E = F = \mathbb{R}^n$ die Funktion f durch n reelle Funktionen $f_i(x^1, \ldots, x^n)$ von n reellen Variablen $x^1, \ldots, x^n$ beschrieben:[9]

$$ f(x) = \begin{bmatrix} f_1(x^1, \ldots, x^n) \\ \vdots \\ f_n(x^1, \ldots, x^n) \end{bmatrix}, \quad x = \begin{bmatrix} x^1 \\ \vdots \\ x^n \end{bmatrix}. $$

Das Problem $f(x) = 0$ zu lösen bedeutet dann, eine Lösung des Systems von Gleichungen

$$ f_i(x^1, \ldots, x^n) = 0, \quad i = 1, \ldots, n, $$

zu finden. Noch allgemeinere Probleme erhält man, wenn man als E und F unendlich dimensionale lineare Vektorräume wählt, etwa Räume von Funktionen.

Für eine eingehende Behandlung von Nullstellenproblemen sei auf die umfangreiche Spezialliteratur verwiesen, etwa Traub (1964), Henrici (1974), Kelley (1995), Ortega, Rheinboldt (2000), und Deuflhard (2004).

5.1 Entwicklung von Iterationsverfahren

Da man nur in den seltensten Fällen eine Nullstelle x^* einer Funktion $f : E \mapsto F$, $f(x^*) = 0$, in endlich vielen Schritten explizit berechnen kann, ist man in der Regel auf Näherungsmethoden angewiesen. Diese Verfahren sind gewöhnlich Iterationsmethoden folgender Form: Ausgehend von einem „Startwert" x_0 berechnet man weitere Näherungswerte x_i, $i = 1, 2, \ldots$, für x^* mit Hilfe einer *Iterationsfunktion* $\Phi : E \mapsto E$ indem man

---

[9] Wir bezeichnen in diesem Kapitel die Komponenten von Vektoren $x \in \mathbb{R}^n$, $n > 1$, mit oberen Indizes: x^k, $1 \le k \le n$, und mit unteren Indizes x_i, $i \in \mathbb{N}$, einzelne Vektoren aus einer Menge oder Folge von Vektoren.

$$x_{i+1} := \Phi(x_i), \quad i = 0, 1, 2, \ldots,$$

setzt. Wenn x^* Fixpunkt von Φ ist, $\Phi(x^*) = x^*$, alle Fixpunkte von Φ auch Nullstellen von f sind und Φ (in einer Umgebung jedes Fixpunktes x^*) stetig ist, ist ein Limes x^* der Folge der x_i, $i = 0, 1, 2, \ldots$, Fixpunkt von Φ und damit auch Nullstelle von f.

Es stellen sich in diesem Zusammenhang folgende Fragen:

1. Wie findet man passende Iterationsfunktionen Φ ?
2. Unter welchen Bedingungen konvergiert die Folge der x_i ?
3. Wie schnell konvergiert die Folge der x_i ?

Wir werden diese Fragen nicht unter den allgemeinsten Voraussetzungen betrachten und uns auf den endlich dimensionalen Fall $E = F = \mathbb{R}^n$ beschränken.

Wir betrachten zunächst die Frage, wie man Iterationsfunktionen Φ gewinnen kann. Sehr häufig sind solche Funktionen bereits mit der Formulierung des Problems gegeben. Ist z.B. die Gleichung $x - \cos x = 0$ zu lösen, so liegt es nahe, die Iterationsvorschrift

$$x_{i+1} = \cos x_i, \quad i = 0, 1, 2, \ldots,$$

zu verwenden, $\Phi(x) := \cos x$.

Auf systematischere Weise erhält man Iterationsfunktionen Φ folgendermassen: Ist etwa x^* die Nullstelle einer Funktion $f : \mathbb{R} \mapsto \mathbb{R}$ und ist f in einer Umgebung $U(x^*)$ genügend oft differenzierbar, so erhält man durch Taylorentwicklung von f um einen Punkt $x_0 \in U(x^*)$

$$f(x^*) = 0 = f(x_0) + (x^* - x_0)f'(x_0) + \frac{(x^* - x_0)^2}{2!}f''(x_0) + \cdots$$
$$+ \frac{(x^* - x_0)^k}{k!}f^{(k)}\big(x_0 + \vartheta(x^* - x_0)\big), \quad 0 < \vartheta < 1.$$

Durch Vernachlässigung höherer Potenzen $(x^* - x_0)^\nu$ erhält man Gleichungen, denen bei gegebenem x_0 die Nullstelle x^* näherungsweise genügt, etwa

(5.1.1) $0 = f(x_0) + (\bar{x}^* - x_0)f'(x_0),$

(5.1.2) $0 = f(x_0) + (\bar{x}^* - x_0)f'(x_0) + \frac{(\bar{\bar{x}}^* - x_0)^2}{2!}f''(x_0).$

Ihre Lösungen

$$\bar{x}^* = x_0 - \frac{f(x_0)}{f'(x_0)},$$

bzw.

$$\bar{\bar{x}}^* = x_0 - \frac{f(x_0) \pm \sqrt{(f'(x_0))^2 - 2f(x_0)f''(x_0)}}{f''(x_0)}$$

sind im allgemeinen wieder nur Näherungswerte für x^*, zu denen man nach demselben Schema weitere Näherungswerte bestimmen kann. Man erhält so die Iterationsverfahren

$$x_{i+1} := \Phi(x_i), \qquad \Phi(x) := x - \frac{f(x)}{f'(x)},$$

(5.1.3)

$$x_{i+1} := \Phi_\pm(x_i), \qquad \Phi_\pm(x) := x - \frac{f'(x) \pm \sqrt{(f'(x))^2 - 2f(x)f''(x)}}{f''(x)}.$$

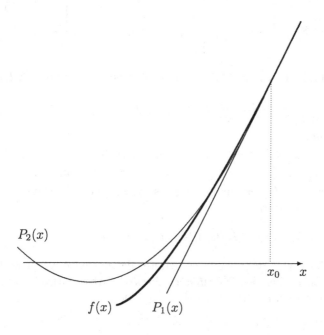

Fig. 10. Verschiedene Newton–Raphson-Methoden

Das erste Verfahren ist das klassische *Newton–Raphson-Verfahren*, das zweite eine naheliegende Modifikation. Allgemein spricht man von einem Verfahren ν-ten Grades, wenn man die Taylorentwicklung von f nach dem Glied $(x^* - x_0)^\nu$ abbricht. Geometrisch laufen diese Verfahren darauf hinaus, dass man die Funktion f durch ein Polynom ν-ten Grades $P_\nu(x)$, $\nu = 1, 2, \ldots$, ersetzt, das mit f an der Stelle x_0 dieselben Ableitungen $f^{(k)}(x_0)$, $k = 0, 1, 2, \ldots, \nu$, besitzt (s. Fig. 10).

Das Newton–Raphson Verfahren ersten Grades erhält man durch *Linearisierung* von f. Durch Linearisierung lassen sich auch Iterationsverfahren zur Lösung von Gleichungssystemen der Form

$$(5.1.4) \qquad f(x) = \begin{bmatrix} f_1(x^1, \ldots, x^n) \\ \vdots \\ f_n(x^1, \ldots, x^n) \end{bmatrix} = 0$$

gewinnen. Nimmt man an, dass $x = x^*$ Nullstelle von f, x_0 Näherungswert
für x^* und f für $x = x_0$ differenzierbar ist, so gilt in erster Näherung

$$0 = f(x^*) \approx f(x_0) + Df(x_0)(x^* - x_0)$$

mit

$$(5.1.5) \qquad Df(x_0) = \begin{bmatrix} \frac{\partial f_1}{\partial x^1} & \cdots & \frac{\partial f_1}{\partial x^n} \\ \vdots & & \vdots \\ \frac{\partial f_n}{\partial x^1} & \cdots & \frac{\partial f_n}{\partial x^n} \end{bmatrix}_{x=x_0}, \quad x^* - x_0 = \begin{bmatrix} (x^*)^1 - x_0^1 \\ \vdots \\ (x^*)^n - x_0^n \end{bmatrix}.$$

Falls die Funktionalmatrix $Df(x_0)$ nichtsingulär ist, kann man die Gleichung

$$f(x_0) + Df(x_0)(x_1 - x_0) = 0$$

nach x_1 auflösen,

$$x_1 = x_0 - (Df(x_0))^{-1} f(x_0),$$

und erhält so einen weiteren Näherungswert x_1 für die Nullstelle x^*. Das allgemeine *Newton-Verfahren* zur Lösung des Systems von Gleichungen (5.1.5) ist deshalb gegeben durch

$$(5.1.6) \qquad x_{i+1} = x_i - (Df(x_i))^{-1} f(x_i), \quad i = 0, 1, 2, \ldots.$$

Neben dem Newton-Verfahren gibt es weitere allgemeine Iterationsmethoden, so Verallgemeinerungen des *Sekantenverfahrens* (s. Abschnitt 5.7). Eine gute Übersicht findet man in Ortega, Rheinboldt (2000).

5.2 Allgemeine Konvergenzsätze

Wir wollen in diesem Abschnitt das Konvergenzverhalten der durch eine Iterationsfunktion $\Phi : E \mapsto E$ erzeugten Folge x_i,

$$x_{i+1} := \Phi(x_i), \quad i = 0, 1, 2, \ldots,$$

in der Nähe eines Fixpunktes x^* von Φ untersuchen. Wir werden im folgenden nicht allgemeine normierte lineare Vektorräume betrachten, sondern uns auf den Fall $E = \mathbb{R}^n$ beschränken. Mit Hilfe einer Norm $\| \cdot \|$ auf dem $\mathbb{R}^n$ kann man den Abstand zweier Vektoren $x, y \in \mathbb{R}^n$ durch $\|x - y\|$ erklären: Eine Folge von Vektoren $x_i \in \mathbb{R}^n$ konvergiert gegen einen Vektor x, falls es zu jedem $\varepsilon > 0$ ein $N(\varepsilon)$ gibt mit

$$\|x_l - x\| < \varepsilon \quad \text{für alle} \quad l \geq N(\varepsilon).$$

Man kann zeigen, dass die so definierte Konvergenz von Vektoren im $\mathbb{R}^n$ von der Wahl der Norm unabhängig ist (s. Theorem (4.4.6)). Schliesslich ist bekannt, dass der $\mathbb{R}^n$ in dem Sinne *vollständig* ist, dass das *Cauchysche Konvergenzkriterium* gilt:

> *Eine Folge von Vektoren $x_l \in \mathbb{R}^n$ ist genau dann konvergent, wenn zu jedem $\varepsilon > 0$ ein $N(\varepsilon)$ existiert, so dass $\|x_l - x_m\| < \varepsilon$ für alle $l, m \geq N(\varepsilon)$ gilt.*

Wir wollen die *Konvergenzgeschwindigkeit* einer konvergenten Folge $\{x_i\}$, $\lim x_i = x$, näher charakerisieren: Man sagt, dass die Folge *mindestens mit der Ordnung $p \geq 1$* gegen x konvergiert, falls es ein $C \geq 0$ (mit $C < 1$ für $p = 1$) und ein N gibt, so dass für alle $i \geq N$

$$\|x_{i+1} - x\| \leq C\|x_i - x\|^p.$$

Für $p = 1$ spricht man von *linearer Konvergenz*, für $p = 2$ von *quadratischer Konvergenz*.

Beispiel: Im Falle linearer Konvergenz wird der Fehler $e_i = \|x_i - x\|$ in jedem Schritt mindestens um den Faktor $C < 1$ verkleinert, die Konvergenz ist umso schneller, je kleiner der *Konvergenzfaktor C* ist. Eine typische Fehlerfolge für $C = 0.1$ ist z.B.

$$e_0 = 1, \quad e_1 = 10^{-1}, \quad e_2 = 10^{-2}, \quad e_3 = 10^{-3}, \quad \ldots .$$

Im Falle quadratischer Konvergenz ist das Verhalten völlig anders: Z.B. würde man für $C = 1$ folgende Fehler beobachten

$$e_0 = 10^{-1}, \quad e_1 = 10^{-2}, \quad e_2 = 10^{-4}, \quad e_3 = 10^{-8}, \quad \ldots .$$

Das folgende Ergebnis beweist man leicht.

(5.2.1) **Theorem:** *Sei $\Phi : \mathbb{R}^n \mapsto \mathbb{R}^n$ eine Iterationsfunktion mit Fixpunkt x^*, und es gebe eine Umgebung $U(x^*)$, eine Zahl $p \geq 1$ und eine Konstante $C \geq 0$ (mit $C < 1$ für $p = 1$), so dass für alle $x \in U(x^*)$ gilt*

$$\|\Phi(x) - x^*\| \leq C\|x - x^*\|^p.$$

Dann gibt es eine Umgebung $V(x^*) \subset U(x^*)$, so dass das zu Φ gehörige Iterationsverfahren für jeden Startpunkt $x_0 \in V(x^*)$ Iterierte x_i, $i \geq 0$, erzeugt, die mindestens mit der Ordnung p gegen x^* konvergieren.

Das Verfahren heisst dann *lokal konvergent* mit *Konvergenzbereich $V(x^*)$*. Falls $V(x^*) = \mathbb{R}^n$, heisst das Verfahren *global konvergent*.

Im eindimensionalen Fall, $E = \mathbb{R}$, kann man die Ordnung eines durch Φ erzeugten Iterationsverfahrens häufig leicht bestimmen, wenn $\Phi(x)$ in einer Umgebung $U(x^*)$ von $x = x^*$ genügend oft differenzierbar ist. Ist etwa

$x \in U(x^*)$ und gilt $\Phi^{(k)}(x^*) = 0$ für $k = 1, 2, \ldots, p-1$, so folgt durch Taylorentwicklung

$$\Phi(x) - x^* = \Phi(x) - \Phi(x^*) = \frac{(x - x^*)^p}{p!} \Phi^{(p)}(x^*) + o(\|x - x^*\|^p),$$

$$\lim_{x \to x^*} \frac{\Phi(x) - x^*}{(x - x^*)^p} = \frac{\Phi^{(p)}(x^*)}{p!}.$$

Für $p = 2, 3, \ldots$ liegt also dann ein Verfahren mindestens p-ter Ordnung vor, und ein Verfahren erster Ordnung, wenn $p = 1$ und $|\Phi'(x^*)| < 1$ gilt.

Im mehrdimensionalen Fall, $E = \mathbb{R}^n$, ist das Verfahren (mindestens) linear konvergent, wenn für die Jacobi-Matrix $\Phi'(x) = D\Phi(x)$ bzgl. einer geeigneten Norm $\mathrm{lub}(\Phi'(x^*)) < 1$ gilt.

Beispiel 1: $E = \mathbb{R}$, Φ differenzierbar in Umgebung $U(x^*)$. Falls $0 < \Phi'(x^*) < 1$, so liegt lineare Konvergenz vor, die x_i konvergieren sogar monoton gegen x^* (s. Fig. 11). Für $-1 < \Phi'(x^*) < 0$ konvergieren die x_i alternierend gegen x^* (s. Fig. 12).

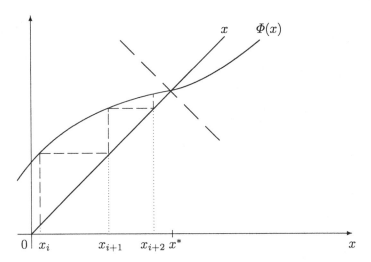

Fig. 11. Monotone Konvergenz

Beispiel 2: $E = \mathbb{R}$, $\Phi(x) = x - f(x)/f'(x)$ (Newton-Verfahren). f sei genügend oft stetig differenzierbar in einer Umgebung der einfachen Nullstelle x^* von f, $f'(x^*) \neq 0$. Es folgt

$$\Phi(x^*) = x^*, \quad \Phi'(x^*) = \left.\frac{f(x)f''(x)}{(f'(x))^2}\right|_{x=x^*} = 0, \quad \Phi''(x^*) = \frac{f''(x^*)}{f'(x^*)}.$$

Das Newton-Verfahren ist also (lokal) mindestens quadratisch konvergent (*Verfahren zweiter Ordnung*).

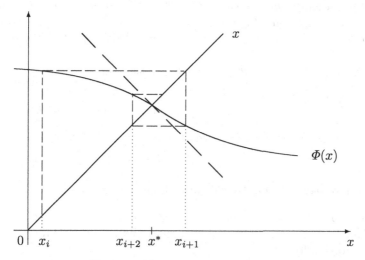

Fig. 12. Alternierende Konvergenz

Beispiel 3: Falls allgemeiner x^* eine m-fache Nullstelle von f ist, d.h.

$$f^{(\nu)}(x^*) = 0 \quad \text{für} \quad \nu = 0, 1, \ldots, m-1, \quad f^{(m)}(x^*) \neq 0,$$

so besitzen f und f' eine Darstellung der Form

$$f(x) = (x - x^*)^m g(x), \quad g(x^*) \neq 0,$$
$$f'(x) = m(x - x^*)^{m-1} g(x) + (x - x^*)^m g'(x)$$

mit einer differenzierbaren Funktion g. Es folgt nun

$$\Phi(x) \equiv x - \frac{f(x)}{f'(x)} \equiv x - \frac{(x - x^*)g(x)}{mg(x) + (x - x^*)g'(x)}$$

und daher

$$\Phi'(x^*) = 1 - \frac{1}{m},$$

d.h. für $m > 1$, also für mehrfache Nullstellen, ist das Newton-Verfahren nur noch linear konvergent. Das modifizierte Verfahren mit $\tilde{\Phi}(x) := x - mf(x)/f'(x)$ wäre dann immer noch quadratisch konvergent. Beide Verfahren sind aber für $m > 1$ numerisch instabil, weil $f(x)$ und $f'(x)$ für $x \to x^*$ durch Auslöschung klein werden und deshalb $\Phi(x)$ und $\tilde{\Phi}(x)$ sehr rundungsfehlerempfindlich sind.

Die folgenden allgemeinen Konvergenzsätze zeigen, dass eine durch die Iterationsfunktion $\Phi : E \mapsto E$ gegebene Folge x_k jedenfalls dann gegen einen Fixpunkt x^* von Φ konvergiert, falls Φ eine *kontrahierende Abbildung* ist. Wir setzen voraus, dass durch $\| \cdot \|$ eine Norm im $\mathbb{R}^n$ gegeben ist.

(5.2.2) **Theorem:** *Die Funktion* $\Phi : \mathbb{R}^n \mapsto \mathbb{R}^n$ *besitze einen Fixpunkt* x^*, $\Phi(x^*) = x^*$. *Sei ferner* $S_r(x^*) := \{ z \mid \|z - x^*\| < r \}$ *eine Umgebung von* x^*, *so dass* Φ *in* $S_r(x^*)$ *eine kontrahierende Abbildung ist, d.h. dass für ein* $K < 1$

$$\|\Phi(x) - \Phi(y)\| \le K\|x - y\|$$

für alle x, $y \in S_r(x^*)$ *gilt. Dann besitzt für alle* $x_0 \in S_r(x^*)$ *die von* Φ *erzeugte Folge* $\{x_i\}$, $x_{i+1} := \Phi(x_i)$, $i = 0, 1, 2, \ldots$, *die Eigenschaften:*

a) $x_i \in S_r(x^*)$ *für alle* $i = 0, 1, \ldots,$

b) $\|x_{i+1} - x^*\| \le K\|x_i - x^*\| \le K^{i+1}\|x_0 - x^*\|,$

d.h. $\{x_i\}$ *konvergiert mindestens linear gegen* x^*.

Beweis: Der Beweis folgt sofort aus der Kontraktionseigenschaft. Die Aussagen a) und b) sind richtig für $i = 0$. Nimmt man an, dass sie für $j \le i$ richtig sind, so folgt sofort

$$\|x_{i+1} - x^*\| = \|\Phi(x_i) - \Phi(x^*)\| \le K\|x_i - x^*\| \le K^{i+1}\|x_0 - x^*\| < r.$$

Damit ist der Beweis komplett.   □

Das folgende Theorem, das als Fixpunktsatz von Banach bekannt ist, gibt eine Verschärfung: Es setzt die Existenz eines Fixpunktes x^* nicht mehr voraus.

(5.2.3) **Theorem:** *Sei* $\Phi : E \mapsto E$, $E = \mathbb{R}^n$, *eine Iterationsfunktion,* $x_0 \in E$ *ein Startvektor und* $x_{i+1} := \Phi(x_i)$, $i = 0, 1, \ldots$. *Es gebe ferner eine Umgebung* $S_r(x_0) := \{ x \mid \|x - x_0\| < r \}$ *von* x_0, *und eine Konstante* K, $0 < K < 1$, *so dass*

a) $\|\Phi(x) - \Phi(y)\| \le K\|x - y\|$ *für alle* x, y *aus*

$$\overline{S_r(x_0)} := \{ x \mid \|x - x_0\| \le r \},$$

b) $\|x_1 - x_0\| = \|\Phi(x_0) - x_0\| \le (1 - K)r < r.$

Dann gilt:

1) $x_i \in S_r(x_0)$ *für alle* $i = 0, 1, \ldots$;
2) Φ *besitzt in* $\overline{S_r(x_0)}$ *genau einen Fixpunkt* x^*, $\Phi(x^*) = x^*$, *und es gilt*

$$\lim_{i \to \infty} x_i = x^*, \quad \|x_{i+1} - x^*\| \le K\|x_i - x^*\|,$$

sowie die Fehlerabschätzung

$$\|x_i - x^*\| \le \frac{K^i}{1 - K}\|x_1 - x_0\|.$$

Beweis: 1) Wir führen einen Induktionsbeweis. Wegen b) ist $x_1 \in S_r(x_0)$. Wenn nun $x_j \in S_r(x_0)$ für $j = 0, 1, \ldots, i$ für ein $i \geq 1$ gilt, so folgt aus a)

$$(5.2.4) \quad \|x_{i+1} - x_i\| = \|\Phi(x_i) - \Phi(x_{i-1})\| \leq K\|x_i - x_{i-1}\| \leq K^i\|x_1 - x_0\|$$

und daher wegen der Dreiecksungleichung und b)

$$\|x_{i+1} - x_0\| \leq \|x_{i+1} - x_i\| + \|x_i - x_{i-1}\| + \cdots + \|x_1 - x_0\|$$
$$\leq (K^i + K^{i-1} + \cdots + 1)\|x_1 - x_0\|$$
$$\leq (1 + K + \cdots + K^i)(1 - K)r = (1 - K^{i+1})r < r.$$

2) Wir zeigen zunächst, dass $\{x_i\}$ eine Cauchyfolge ist. Aus (5.2.4) und Voraussetzung b) folgt nämlich für $m > l$

$$\|x_m - x_l\| \leq \|x_m - x_{m-1}\| + \|x_{m-1} - x_{m-2}\| + \cdots + \|x_{l+1} - x_l\|$$
$$(5.2.5) \qquad \leq K^l(1 + K + \cdots + K^{m-l-1})\|x_1 - x_0\|$$
$$< \frac{K^l}{1 - K}\|x_1 - x_0\| < K^l r.$$

Wegen $0 < K < 1$ wird $K^l r < \varepsilon$ für genügend grosses $l \geq N(\varepsilon)$. Also ist $\{x_i\}$ eine Cauchyfolge. Da nun $E = \mathbb{R}^n$ vollständig ist und daher alle Cauchyfolgen konvergent sind, existiert $\lim_i x_i = x^*$. Wegen $x_i \in S_r(x_0)$ muss $x^* \in \overline{S_r(x_0)}$ in der abgeschlossenen Hülle von $S_r(x_0)$ liegen. Ferner ist x^* Fixpunkt von Φ, denn es gilt für alle $i \geq 0$

$$\|\Phi(x^*) - x^*\| \leq \|\Phi(x^*) - \Phi(x_i)\| + \|\Phi(x_i) - x^*\|$$
$$\leq K\|x^* - x_i\| + \|x_{i+1} - x^*\|.$$

Wegen $\lim_{i \to \infty} \|x_i - x^*\| = 0$ folgt sofort $\|\Phi(x^*) - x^*\| = 0$ und daher $\Phi(x^*) = x^*$. Wäre nun $\bar{x}^* \in \overline{S_r(x_0)}$ ein zweiter Fixpunkt von Φ, so folgt

$$\|x^* - \bar{x}^*\| = \|\Phi(x^*) - \Phi(\bar{x}^*)\| \leq K\|x^* - \bar{x}^*\|$$

und daher $\|x^* - \bar{x}^*\| = 0$ wegen $0 < K < 1$. Schliesslich folgt aus (5.2.5)

$$\|x^* - x_l\| = \lim_{m \to \infty} \|x_m - x_l\| \leq \frac{K^l}{1 - K}\|x_1 - x_0\|$$

und

$$\|x_{i+1} - x^*\| = \|\Phi(x_i) - \Phi(x^*)\| \leq K\|x_i - x^*\|.$$

Damit ist Theorem (5.2.3) vollständig bewiesen.   □

5.3 Lokale Newton-Verfahren

Wir wollen nun die Konvergenz des Newton-Verfahrens zur Lösung eines Gleichungssystems $f(x) = 0$, $f : D \subseteq \mathbb{R}^n \mapsto \mathbb{R}^n$, untersuchen. Bekanntlich heisst eine solche Funktion im Punkt $x_0 \in \mathbb{R}^n$ *differenzierbar*, wenn eine $n \times n$-Matrix A existiert, so dass gilt

$$\lim_{x \to x_0} \frac{\|f(x) - f(x_0) - A(x - x_0)\|}{\|x - x_0\|} = 0.$$

In diesem Fall stimmt A mit der Funktionalmatrix $Df(x_0)$ (s. (5.1.6)) überein.

Wir notieren als erstes das folgende Resultat.

(5.3.1) **Lemma:** *Es sei $F : D \subseteq \mathbb{R}^n \mapsto \mathbb{R}^n$ auf der konvexen Menge D stetig differenzierbar mit $Df(x)$ als der Funktionalmatrix in $x \in D$. Für $x, y \in D$ gilt dann*

(5.3.2) $$f(y) - f(x) = \int_0^t Df\big(x + t(y - x)\big)(y - x)\, dt.$$

Dabei heisst eine Menge $M \subseteq \mathbb{R}^n$ *konvex*. falls mit $x, y \in M$ auch die Verbindungsstrecke $[x, y] := \big\{ z = \lambda x + (1 - \lambda)y \mid 0 \le \lambda \le 1 \big\}$ zu M gehört, $[x, y] \subseteq M$.

Beweis: Für beliebige $x, y \in D$ ist die Funktion $\varphi : [0, 1] \mapsto \mathbb{R}^n$,

$$\varphi(t) := f(x + t(y - x)),$$

für alle $0 \le t \le 1$ stetig differenzierbar mit

$$f(y) - f(x) = \varphi(1) - \varphi(0) = \int_0^1 \varphi'(t)\, dt.$$

Andererseits gilt nach der Kettenregel

$$\varphi'(t) = Df\big(x + t(y - x)\big)(y - x),$$

woraus die Behauptung folgt. $\square$

Für stetig differenzierbare Funktionen $f : D \subseteq \mathbb{R}^n \mapsto \mathbb{R}^n$ lautet das Newton-Verfahren: Bei gegebenem Startwert $x_0 \in D$ berechne x_{k+1}, $k \in \mathbb{N}_0$, gemäss

(5.3.3a) $$Df(x_k)s_k = f(x_k),$$
(5.3.3b) $$x_{k+1} = x_k - s_k.$$

Das *klassische lokale Konvergenzresultat* ist der *Satz von Newton-Kantorovich*. Voraussetzungen sind die Konvexität des Definitionsbereichs $D \subseteq \mathbb{R}^n$

von f, die Existenz und Beschränktheit der Inversen $Df(x_0)^{-1}$ der Funktionalmatrix $Df(x_0)$ bezüglich eines Punktes $x_0 \in D$ sowie eine Lipschitz-Bedingung an die Funktionalmatrix in D. Unter diesen Annahmen können die Existenz und Eindeutigkeit einer Nullstelle x^* von f sowie die quadratische Konvergenz des Newton-Verfahrens in der sogenannten *Kantorovich-Umgebung* von x_0 nachgewiesen werden. Das folgende Theorem ist der klassische Konvergenzsatz von Newton–Kantorovich.

(5.3.4) Theorem: *Die Funktion $f : D \mapsto \mathbb{R}^n$, sei auf der konvexen Menge $D \subseteq \mathbb{R}^n$ stetig differenzierbar mit in $x_0 \in D$ invertierbarer Funktionalmatrix $Df(x_0)$. Ferner gebe es positive Konstanten α, β und γ, so dass die folgenden Bedingungen erfüllt sind:*

    a) $\|Df(x) - Df(y)\| \le \gamma \|x - y\|$ *für alle* $x, y \in D$,

    b) $\|Df(x_0)^{-1}\| \le \beta$,

    c) $\|Df(x_0)^{-1} f(x_0)\| \le \alpha$.

Mit den Konstanten

$$h := \alpha\beta\gamma, \quad r_{1,2} := \frac{1 \mp \sqrt{1 - 2h}}{h} \alpha$$

gilt dann:
Falls $h \le \frac{1}{2}$ und $\overline{S_{r_1}(x_0)} \subset D$, besitzt $f(x)$ genau eine Nullstelle x^* in $D \cap S_{r_2}(x_0)$, die Folge $\{x_k\}$,

$$x_{k+1} := x_k - Df(x_k)^{-1} f(x_k), \quad k = 0, 1, \ldots,$$

bleibt in $S_{r_1}(x_0)$ und konvergiert gegen x^*.

Bezüglich eines Beweises wird auf Kantorovich, Akilov (1978), bzw. Ortega, Rheinboldt (2000) verwiesen.

Wir bemerken, dass die Bedingungen a) und b) die Invertierbarkeit der Funktionalmatrix $Df(x)$ und die Beschränkheit der Inversen in einer Umgebung von $x_0 \in D$ garantieren. Dies ist eine Folgerung aus dem folgenden Banachschen Störungslemma.

(5.3.5) Lemma: *Es sei $A \in \mathbb{R}^{n \times n}$ eine Matrix mit $\|A\| \le q < 1$. Dann ist die Matrix $I - A$ invertierbar. Insbesondere hat man $(I - A)^{-1} = \sum_{k=0}^{\infty} A^k$ (Neumannsche Reihe) mit $\|(I - A)^{-1}\| \le 1/(1 - q)$.*

Beweis: Aus $\lim_{n \to \infty} A^n = 0$ folgt

$$\lim_{n \to \infty} (I - A) \sum_{k=0}^{n} A^k = \lim_{n \to \infty} (I - A^{n+1}) = I.$$

Die Norm der Inversen $(I - A)^{-1} = \sum_{k=0}^{\infty} A^k$ besitzt die geometrische Reihe $\sum_{k=0}^{\infty} q^k$ als Majorante. $\qquad\square$

(5.3.6) Korollar: *Die Abbildung $f : D \subseteq \mathbb{R}^n \mapsto \mathbb{R}^n$ sei stetig differenzierbar in D, und die Funktionalmatrix $Df(\cdot)$ genüge mit einer positiven Konstanten γ der Lipschitz-Bedingung*

$$\|Df(x) - Df(y)\| \leq \gamma \|x - y\|, \quad x, y \in D.$$

Ferner besitze die Funktionalmatrix in $x_0 \in D$ eine beschränkte Inverse, d.h.

$$\|Df(x_0)^{-1}\| \leq \beta.$$

Dann ist $Df(x)$ für alle $x \in S_r(x_0)$ mit $r := 1/(\beta\gamma)$ invertierbar, und es gilt

$$\|Df(x)^{-1}\| \leq \frac{\beta}{1 - \beta\gamma\|x - x_0\|}, \quad x \in S_r(x_0).$$

Beweis: Unter Beachtung von

$$Df(x) = Df(x_0)\Big(I - Df(x_0)^{-1}\big(Df(x_0) - Df(x)\big)\Big)$$

folgt aus den beiden Voraussetzungen

$$\big\|Df(x_0)^{-1}\big(Df(x_0) - Df(x)\big)\big\| \leq \beta\gamma\|x - x_0\| < 1, \quad x \in S_r(x_0).$$

Die Behauptung erschliesst man aus dem Banachschen Störungslemma mit $A := Df(x_0)^{-1}\big(Df(x_0) - Df(x)\big)$.   □

Fordert man in Theorem (5.3.4) anstelle von Voraussetzung b) die Nichtsingularität der Funktionalmatrix $Df(x)$ für alle $x \in D$ und die gleichmässige Beschränktheit der Inversen, erhält man den folgenden *klassischen Konvergenzsatz von Newton–Mysovskikh.*

(5.3.7) Theorem: *Die Funktion $f : D \mapsto \mathbb{R}^n$, sei auf der konvexen Menge $D \subseteq \mathbb{R}^n$ stetig differenzierbar mit invertierbarer Funktionalmatrix $Df(x)$, $x \in D$. Ferner gebe es positive Konstanten α, β und γ, so dass die folgenden Bedingungen erfüllt sind:*

a) $\|Df(x) - Df(y)\| \leq \gamma\|x - y\|$ *für alle* $x, y \in D$,

b) $\|Df(x)^{-1}\| \leq \beta$, $x \in D$,

c) $\|Df(x_0)^{-1}f(x_0)\| \leq \alpha$,

d) $h_0 := \dfrac{1}{2}\beta\,\gamma\|s_0\| \leq \dfrac{1}{2}\alpha\beta\gamma < 1$,

e) $\overline{S}_r(x_0) \subset D$, $r := \alpha \displaystyle\sum_{k=0}^{\infty} h_0^{2^k - 1} \leq \dfrac{\alpha}{1 - h_0}$.

Dann gilt für die Folge $\{x_k\}$ der Newton-Iterierten:

1) $x_k \in \overline{S}_r(x_0)$ *für alle* $k \in \mathbb{N}_0$, *und es gibt ein* $x^* \in \overline{S}_r(x_0)$ *mit* $f(x^*) = 0$
sowie $\lim_{k \to \infty} x_k = x^*$.

2) $\|x_{k+1} - x_k\| \leq \frac{1}{2}\beta\gamma\|x_k - x_{k-1}\|$ *für alle* $k \in \mathbb{N}$.

3) $\|x_k - x^*\| \leq \varepsilon_k \|x_k - x_{k-1}\|^2$, *wobei*

$$\varepsilon_k := \frac{1}{2}\beta\gamma\Big(1 + \sum_{j=1}^{\infty}\big(h_0^{2^k}\big)^{2^j}\Big) \leq \frac{1}{2}\frac{\beta\gamma}{1 - h_0^{2^k}}.$$

Für einen Beweis verweisen wir auf Mysovskikh (1949), bzw. Ortega, Rheinboldt (2000).

Die Kenntnis der Kantorovich-Umgebung setzt insbesondere die Berechnung einer zuverlässigen Schranke für die Lipschitz-Konstante γ in der Bedingung a) der klassischen Konvergenzsätze voraus, was jedoch bei anwendungsrelevanten nichtlinearen Problemen hinsichtlich der algorithmischen Implementation ein schwieriges, kaum zu bewältigendes Unterfangen darstellt. Eine algorithmisch umsetzbare lokale Konvergenztheorie ist im Rahmen der Affin-Invarianz des Newton-Verfahrens verfügbar: Sind $A, B \in \mathbb{R}^{n \times n}$ beliebige, nichtsinguläre Matrizen, dann ist $x^* \in D$ Nullstelle der Funktion f genau dann, wenn $B^{-1}x^*$ auch Nullstelle der durch $g(y) := Af(By)$, $x = By$, gegebenen nichtlinearen Funktion $g : D \mapsto \mathbb{R}^n$ ist. Da $Dg(y_k) = ADf(x_k)B$ und somit $y_{k+1} = y_k - Dg(y_k)^{-1}g(y_k) = B^{-1}x_{k+1}$, folgt unmittelbar, dass die Newton-Iterierten x_k invariant sind bezüglich einer affinen Transformation im Bildraum. Diese Invarianzeigenschaft wird als *Affin-Kovarianz* bezeichnet. Darüber hinaus transformieren sich die Iterierten bei einer affinen Transformation im Urbildraum entsprechend. Diese Invarianzeigenschaft wird *Affin-Kontravarianz* genannt.

Die Affin-Invarianzen des Newton-Verfahrens und deren algorithmische Bedeutung sind intensiv von Deuflhard untersucht worden. Wir verweisen auf Deuflhard (2004).

Die Affin-Kovarianz ist das aus algorithmischer Sicht geeignete Konzept bezüglich der Konvergenz der Iterierten, wohingegen die Affin-Kontravarianz einen adäquaten Rahmen hinsichtlich der Konvergenz der Residuen darstellt. Wir betrachten die folgende affin-kovariante Version des Konvergenzsatzes von Newton–Kantorovich.

(5.3.8) **Theorem:** *Die Funktion* $f : D \mapsto \mathbb{R}^n$, *sei auf der konvexen Menge* $D \subseteq \mathbb{R}^n$ *stetig differenzierbar. Die Funktionalmatrix sei in* $x_0 \in D$ *invertierbar, und es gebe positive Konstanten* α_0 *und* γ_0, *so dass:*

a) $\|Df(x_0)^{-1}(Df(y) - Df(x))\| \leq \gamma_0\|y - x\|$ *für alle* $x, y \in D$,

b) $\|Df(x_0)^{-1}f(x_0)\| \leq \alpha_0$,

c) $h_0 := \alpha_0\gamma_0 < 1/2$,

d) $\overline{S}_r(x_0) \subset D$, $\quad r := (1 - \sqrt{1 - 2h_0})/\gamma$.

Dann gilt:

1) *Die Folge x_k, $k \in \mathbb{N}$, der Newton Iterierten ist wohldefiniert. Insbesondere ist die Funktionalmatrix $Df(x_k)$ invertierbar, und es gilt $x_k \in S_r(x_0)$ für alle $k \in \mathbb{N}_0$.*

2) *Es gibt ein $x^* \in \overline{S}_r(x_0)$ mit $\lim_{k \to \infty} x_k = x^*$ und $f(x^*) = 0$. Die Konvergenz ist quadratisch.*

3) *x^* ist die einzige Nullstelle von f in $D \cap S_R(x_0)$, $R := (1 + \sqrt{1 - 2h_0})/\gamma$.*

Beweis: Wir zeigen durch Induktion über $k \in \mathbb{N}$, dass $x_k \in S_r(x_0)$ mit invertierbarer Funktionalmatrix $Df(x_k)$, für die gilt

(5.3.9a) $$\|Df(x_k)^{-1}Df(x_{k_1})\| \leq \beta_k,$$

(5.3.9b) $$\|Df(x_k)^{-1}\big(Df(y) - Df(x)\big)\| \leq \gamma_k \|y - x\|,$$

wobei mit $h_k = \gamma_0 \|s_k\|$, $s_k = Df(x_k)^{-1}f(x_k)$, $k \in \mathbb{N}$

(5.3.9c) $$\beta_k = \frac{1}{1 - h_{k-1}} < 2, \quad \gamma_{k-1}\|s_{k-1}\| \leq h_{k-1} < \frac{1}{2}, \quad \gamma_k \leq \beta_k \gamma_{k-1}.$$

Für $k = 1$ hat man nach den Voraussetzungen b) und c)

(5.3.10) $$\|x_1 - x_0\| = \|Df(x_0)^{-1}f(x_0)\| \leq \alpha_0 = \frac{h_0}{\gamma_0} < r,$$

und somit $x_1 \in S_r(x_0)$. Wählt man $A = Df(x_0)^{-1}(Df(x_0) - Df(x - 1))$ im Banachschen Störungslemma (s. Lemma (5.3.5)), so folgt aus Korollar (5.3.6) die Invertierbarkeit von $Df(x_1)$ mit

$$\|Df(x_1)^{-1}Df(x_0)\| \leq \frac{1}{1 - h_0} =: \beta_1 < 2.$$

Darüber hinaus ergibt sich aus Voraussetzung a) für $x, y \in D$:

$$\|Df(x_1)^{-1}\big(Df(y) - Df(x)\big)\|$$
$$\leq \|Df(x_1)^{-1}Df(x_0)\| \|Df(x_0)^{-1}\big(Df(y) - Df(x)\big)\|$$
$$\leq \beta_1 \gamma_0 =: \gamma_1.$$

Seien nun (5.3.9a), (5.3.9b) für ein $k \in \mathbb{N}$ erfüllt. Mit (5.3.2) aus Lemma (5.3.1) folgt dann

$$x_{k+1} - x_k = -Df(x_k)^{-1}\big(f(x_k) - f(x_{k-1}) + Df(x_{k-1})s_{k-1}\big)$$
$$= Df(x_k)^{-1} \int_0^1 \big(Df(x_{k-1} - ts_{k-1}) - Df(x_{k-1})\big)s_{k-1}\, dt.$$

Unter Verwendung der Induktionsannahmen (5.3.9b), (5.3.9c) erhält man

(5.3.11)

$$\|x_{k+1} - x_k\| \leq \int_0^1 \|Df(x_k)^{-1}\big(Df(x_{k-1} - ts_{k-1}) - Df(x_{k-1})\big)\|\, dt \|s_{k-1}\|$$
$$\leq \frac{1}{2}\gamma_k \|s_{k-1}\|^2 \leq \frac{1}{2}\beta_k h_{k-1}\|x_k - x_{k-1}\| < \frac{1}{2^k}\|x_1 - x_0\|.$$

Daraus und mit (5.3.10) erschliesst man

$$\|x_{k+1} - x_k\| \le \sum_{\ell=0}^{k} \|x_{\ell+1} - x_\ell\| \le \sum_{\ell=0}^{k} \frac{1}{2^\ell} \|x_1 - x_0\|$$

$$\le 2\|x_1 - x_0\| \le 2\frac{h_0}{\gamma_0} < r,$$

was $x_{k+1} \in S_r(x_0)$ zeigt. Die Anwendung von Korollar (5.3.6) ergibt die Invertierbarkeit von $Df(x_{k+1})$ mit

$$\left\| Df(x_{k+1})^{-1} Df(x_k) \right\| \le \frac{1}{1 - h_k} =: \beta_{k+1}$$

und

$$\left\| Df(x_{k+1})^{-1}\big(Df(y) - Df(x)\big) \right\| \le \beta_{k+1}\gamma_k \|y - x\|$$
$$= \gamma_{k+1}\|y - x\|, \quad x, y \in D.$$

Schliesslich folgt aus (5.3.11)

(5.3.12)
$$\gamma_k \|x_{k+1} - x_k\| \le \frac{1}{2}\gamma_k^2 \|s_{k-1}\|^2 \le \frac{1}{2}\beta_k^2 \gamma_{k-1}^2 \|s_{k-1}\|$$

$$\le \frac{1}{2}\beta_k^2 h_{k-1}^2 = \frac{1}{2}\frac{h_{k-1}^2}{(1 - h_{k-1})^2} =: h_k,$$

woraus man mit $h_0 < \frac{1}{2}$ erschliesst, dass $h_k < \frac{1}{2}$. Damit sind auch (5.3.9a), (5.3.9b) und (5.3.9c) für $k + 1$ nachgewiesen.

Die quadratische Konvergenz ist eine direkte Konsequenz aus (5.3.12). Den Beweis der Eindeutigkeit von x^* in $D \cap S_R(x_0)$ belassen wir als Übungsaufgabe. □

Als affin-kontravariante Version des Konvergenzsatzes von Newton-Mysovskikh erhalten wir das folgende Resultat.

(5.3.13) **Theorem:** *Die Funktion $f : D \mapsto \mathbb{R}^n$, sei auf der konvexen Menge $D \subseteq \mathbb{R}^n$ stetig differenzierbar mit invertierbarer Funktionalmatrix $Df(x)$, $x \in D$. Ferner seien die folgenden Voraussetzungen erfüllt:*

a) *Die Funktionalmatrix genüge mit einer Konstanten $\gamma > 0$ der affin-kontravarianten Lipschitz-Bedingung*

$$\left\| (Df(y) - Df(x))(y - x) \right\| \le \gamma \left\| Df(x)(y - x) \right\|^2, \quad x, y \in D.$$

b) *Es sei $x_0 \in D$ ein Startwert mit*

$$\|f(x_0)\| < 2/\gamma,$$

und für $L_{2/\gamma}^f := \{ x \in D \mid \|f(x)\| < 2/\gamma \}$ sei $\overline{L}_{2/\gamma}^f$ eine beschränkte Teilmenge von D.

Für die Folge $\{x_k\}$ der Newton-Iterierten gilt dann:

1) $x_k \in L^f_{2/\gamma}$, $k \in \mathbb{N}_0$, *mit*

$$\|f(x_{k+1})\| < 2/\gamma \|f(x_k)\|^2, \quad k \in \mathbb{N}_0.$$

2) *Es gibt ein* $x^* \in \overline{L}^f_{2/\gamma}$ *mit* $f(x^*) = 0$ *und eine Teilfolge* $\mathbb{N}' \subset \mathbb{N}$, *so dass*

$$\lim_{\substack{k \to \infty \\ k \in \mathbb{N}'}} x_k = x^*.$$

Beweis: Wir zeigen durch Induktion über k, dass für $k \in \mathbb{N}_0$

$$x_k \in L^f_{2/\gamma}, \quad h_k := \gamma \|f(x_k)\| < 2.$$

Für $k = 0$ gelten die Behauptungen nach Voraussetzung b). Sind die Behauptungen für ein $k \in \mathbb{N}$ erfüllt, so erhalten wir für jedes $t \in [0,1]$ mit $x_k - \tau s_k \in \overline{L}^f_{2/\gamma}$, $\tau \in (0,t]$ vermöge Lemma (5.3.1)

$$\begin{aligned}
f(x_k - ts_k) &= f(x_k) + f(x_k - ts_k) - f(x_k) \\
&= f(x_k) - \int_0^t Df(x_k - \tau s_k) s_k \, d\tau \\
&= \int_0^t \big(Df(x_k) - Df(x_k - \tau s_k)\big) s_k \, d\tau + (1-t) f(x_k),
\end{aligned}$$

wobei wir bei der letzten Gleichung $Df(x_k) s_k = f(x_k)$ ausgenutzt haben. Die Anwendung der affin-kontravarianten Lipschitz-Bedingung a) mit $y = x_k - \tau s_k$ und $x = x_k$ sowie die erneute Verwendung von $Df(x_k) s_k = f(x_k)$ implizieren

(5.3.14)

$$\begin{aligned}
\|f(x_k - ts_k)\| &\leq \int_0^t \|\big(Df(x_k) - Df(x_k - \tau s_k)\big) s_k\| \, d\tau + (1-t)\|f(x_k)\| \\
&\leq \gamma \|Df(x_k) s_k\|^2 \int_0^t \tau \, d\tau + (1-t)\|f(x_k)\| \\
&= \|f(x_k)\| \Big(\frac{\gamma \|f(x_k)\|}{2} t^2 - t + 1\Big).
\end{aligned}$$

Nehmen wir $x_{k+1} \notin L^f_{2/\gamma}$ an, so existiert ein $t_{\min} \in (0,1]$ mit $x_k - t_{\min} s_k \in \partial L^f_{2/\gamma}$. Aus (5.3.14) ergibt sich sofort

$$\|f(x_k - t_{\min} s_k)\| < \|f(x_k)\| \big(t_{\min}^2 - t_{\min} + 1\big) < \frac{2}{\gamma},$$

was $x_k - t_{\min} s_k \in L^f_{2/\gamma}$ zeigt und somit einen Widerspruch darstellt. Darüber hinaus folgt aus (5.3.14) mit $t = 1$ die behauptete Ungleichung in 1), aus der man durch Multiplikation mit γ die Beziehung $h_{k+1} \leq \frac{2}{3} h_k^2$ und somit wegen der Induktionsannahme $h_k < 2$ auch $h_{k+1} < 2$ erhält. Man erschliesst $h_k \to 0$ für $k \to \infty$ und daraus auch die Konvergenz der Residuen $f(x_k) \to 0$ für $k \to \infty$.

Andererseits ist $\{x_k\}$ mit $x_k \in L_{2/\gamma}^f$, $k \in \mathbb{N}_0$, wegen der Beschränktheit von $L_{2/\gamma}^f$ eine beschränkte Folge in $\mathbb{R}^n$, woraus die Existenz einer Teilfolge $\mathbb{N}' \subset \mathbb{N}$ und eines $x^* \in \overline{L}_{2/\gamma}^f$ mit $x_k \to x^*$ für $k \to \infty$, $k \in \mathbb{N}'$, folgen. Die Stetigkeit von f impliziert $f(x^*) = 0$, was insgesamt die Behauptung 2) beweist. $\square$

5.4 Globale Newton-Verfahren

Theorem (5.3.8) zeigt, dass das Newton-Verfahren konvergiert, wenn der Startwert x_0 der Iterationsfolge „hinreichend" nahe bei der gesuchten Lösung x^* von

$$f(x) = 0, \quad f : \mathbb{R}^n \mapsto \mathbb{R}^n,$$

liegt. Für schlecht gewählte Startwerte kann es divergieren, wie folgendes Beispiel zeigt.

Beispiel: Sei $f : \mathbb{R} \mapsto \mathbb{R}$ gegeben durch $f(x) := \arctan(x)$. Die einzige Lösung von $f(x) = 0$ ist $x^* = 0$.

Die Newton-Iterationsfolge ist definiert durch

$$x_{k+1} := x_k - (1 + x_k^2)\arctan(x_k).$$

Für beliebige Startwerte x_0 mit

$$\arctan(|x_0|) \geq \frac{2|x_0|}{1 + x_0^2}$$

divergiert die Folge der $|x_k|$: $\lim_{k \to \infty} |x_k| = \infty$.

In diesem Abschnitt werden im Rahmen einer *affin-kovarianten Konvergenztheorie* modifizierte Newton-Verfahren beschrieben, die für eine grosse Klasse von Funktionen f global konvergieren. Diese Verfahren benutzen *Globalisierungsstrategien* auf der Grundlage der Minimierung des Zielfunktionals

$$(5.4.1) \qquad h_A(x) := \frac{1}{2}\|Af(x)\|^2,$$

wobei $A \in \mathbb{R}^{n \times n}$ eine zunächst beliebige, nichtsinguläre Matrix ist. Insbesondere werden Folgen von Vektoren $x_k \in \mathbb{R}^n$, $k \in \mathbb{N}$, erzeugt, so dass die Folge $\{h_A(x_k)\}$ streng monoton fällt, d.h.

$$(5.4.2) \qquad h_A(x_{k+1}) < h_A(x_k) \quad \text{falls} \quad h_A(x_k) \neq 0,$$

und die Folge $\{x_k\}$ gegen ein Minimum von h_A konvergiert.

Wegen $h_A(x) \geq 0$ für alle $x \in \mathbb{R}^n$ gilt

$$h_A(\bar{x}) = 0 \quad \Longleftrightarrow \quad f(\bar{x}) = 0.$$

Jedes lokale Minimum $\bar{x}$ von h mit $h_A(\bar{x}) = 0$ ist auch globales Minimum von h_A und ausserdem Nullstelle von f.

Wir bemerken, dass sich die Monotonieeigenschaft (5.4.2) äquivalent über die mit dem Zielfunktional h_A assoziierte Levelmenge

$$L_A(z) := \left\{ x \in D \mid h_A(x) \leq h_A(z) \right\}, \quad z \in D$$

ausdrücken lässt. (5.4.2) ist genau dann erfüllt, wenn

$$(5.4.3) \qquad x_{k+1} \in \operatorname{int}(L_A(x_k)), \quad \text{falls} \quad \operatorname{int}(L_A(x_k)) \neq \emptyset.$$

Die Globalisierungsstrategien verwenden die *Methode des steilsten Abstiegs*. Bei dieser Methode werden *Suchrichtungen* s_k und *Schrittweiten* $\lambda_k \in [0,1]$ bestimmt, so dass

$$(5.4.4) \qquad x_{k+1} := x_k - \lambda_k s_k.$$

Dabei wird im Falle des Newton-Verfahrens als s_k die *Newton-Richtung* $s_k := d_k := Df(x_k)^{-1} f(x_k)$ genommen, die wegen

$$(5.4.5) \qquad s_k^T \nabla h_A(x_k) = 2h_A(x_k)$$

eine Abstiegsrichtung für h_A ist, sofern $h_A(x_k) \neq 0$. Die Iteration (5.4.4) wird als *gedämpftes Newton-Verfahren* bezeichnet, da ausserhalb der Kantorovich-Umgebung typischerweise $\lambda_k < 1$ vorliegt.

Wir bemerken, dass (5.4.5) unter allen nichtsingulären Matrizen $A \in \mathbb{R}^{n \times n}$ keine Matrix besonders auszeichnet. Dies ändert sich, wenn Information höherer Ordnung in Gestalt einer *affin-kovarianten Lipschitz-Bedingung* herangezogen wird. Dies führt auf die folgende *affin-kovariante Abstiegseigenschaft*.

(5.4.6) **Theorem:** *Die Funktion $f : D \mapsto \mathbb{R}^n$ sei auf der konvexen Menge $D \subseteq \mathbb{R}^n$ stetig differenzierbar mit nichtsingulärer Funktionalmatrix $Df(x)$, $x \in D$, und erfülle mit einer positiven Konstanten ω für alle $x, y \in D$ die folgende affin-kovariante Lipschitz-Bedingung*

$$(5.4.7) \qquad \left\| Df(x)^{-1} \big(Df(y) - Df(x) \big)(y - x) \right\| \leq \omega \|y - x\|^2.$$

Ferner sei $x_k \in D$ eine Iterierte mit $L_A(x_k) \subset D$ und $s_k = -Df(x_k)^{-1} f(x_k)$ die mit x_k assoziierte Newton-Richtung sowie

$$(5.4.8) \qquad \beta_k(A) := \sigma_k \operatorname{cond}\big(A Df(x_k)\big), \quad \sigma_k := \omega \|s_k\|.$$

Dann gilt für Schrittweiten $\lambda \in [0, \lambda_k(A)]$ *mit* $\lambda_k(A) := \min\big(1, 2/\beta_k(A)\big)$

(5.4.9) $\|Af(x_k + \lambda s_k)\| \leq p_{k,A}(\lambda)\|Af(x_k)\|,$

wobei $p_{k,A}(\lambda) := 1 - \lambda + \frac{1}{2}\lambda^2\lambda_k(A).$
Der optimale Dämpfungsfaktor ist $\bar\lambda_k(A) := \min\big(1, 1/\beta_k(A)\big).$

Beweis: Sei $\lambda \in [0, 1]$, so dass mit $x_k \in D$ auch $x_k - \lambda s_k \in D$. Dann gilt mit
Lemma (5.3.1) und unter Verwendung von $Df(x_k)s_k = f(x_k)$

$$\|Af(x_k - \lambda s_k)\| = \|Af(x_k - \lambda s_k) - Af(x_k) + ADf(x_k)s_k\|$$

(5.4.10) $$= \left\|A\Big(\int_0^\lambda \big(Df(x_k - ts_k) - Df(x_k)\big)s_k\, dt - (1 - \lambda)Df(x_k)s_k\Big)\right\|$$

$$\leq \left\|A\int_0^\lambda \big(Df(x_k - ts_k) - Df(x_k)\big)s_k\, dt\right\| + (1 - \lambda)\|Af(x_k)\|.$$

Die affin-kovariante Lipschitz-Bedingung (5.4.7) ergibt für den ersten Term
auf der rechten Seite unter weiterer Beachtung von $\lambda \leq 1$ und $s_k = Df(x_k)^{-1}f(x_k)$

$$\left\|ADf(x_k)\int_0^\lambda Df(x_k)^{-1}\big(Df(x_k - ts_k) - Df(x_k)\big)s_k\, dt\right\|$$

$$\leq \|ADf(x_k)\| \int_0^\lambda \omega t^2\|s_k\|^2\, dt$$

$$\leq \frac{1}{2}\lambda^2\sigma_k\|ADf(x_k)\|\|(ADf(x_k))^{-1}Af(x_k)\|$$

$$\leq \frac{1}{2}\lambda^2\sigma_k\|ADf(x_k)\|\|(ADf(x_k))^{-1}\|\|Af(x_k)\|$$

$$= \frac{1}{2}\lambda^2\,\bar\lambda_k(A)\|Af(x_k)\|.$$

Einsetzen dieser Ungleichung in (5.4.10) liefert die Behauptung. $\square$

Im klassischen Fall $A = I$ hat man bei schlecht konditionierter Funktionalmatrix $\mathrm{cond}(Df(x_k)) \gg 1$ und folglich mit $\lambda_k(A) \ll 1$ eine signifikante
Beschränkung der Schrittweite. Theorem (5.4.6) zeigt, dass $A_k := Df(x_k)^{-1}$
eine natürliche Wahl darstellt. Die assoziierte Levelfunktion h_{A_k} heisst daher
natürliche Levelfunktion und führt auf den *natürlichen Monotonietest*

(5.4.11) $\|\bar s_{k+1}\| \leq \|s_k\|$

mit der durch

(5.4.12) $\bar s_{k+1} = Df(x_k)^{-1}f(x_{k+1})$

gegebenen vereinfachten Newton-Korrektur. Setzt man $A = A_k$ in (5.4.9) ein,
so erhält man die lokale Abstiegseigenschaft

(5.4.13) $$\|\bar{s}_{k+1}\| \le p_{k,A_k}(\lambda)\|s_k\|.$$

In Analogie zu dem lokalen Konvergenzresultat (5.3.8) hat man den folgenden *affin-kovarianten globalen Konvergenzsatz*.

(5.4.14) Theorem: *Es sei $f : D \mapsto \mathbb{R}^n$ eine auf der konvexen Menge $D \subseteq \mathbb{R}^n$ stetig differenzierbare Funktion mit nichtsingulärer Funktionalmatrix $Df(x)$, $x \in D$. Ferner seien die folgenden Voraussetzungen erfüllt:*

a) *Für ein $z \in D$ genüge die Funktionalmatrix mit $\omega(z) > 0$ für alle $x, y \in D$ der affin-kovarianten Lipschitz-Bedingung*

(5.4.15) $$\left\|Df(z)^{-1}\big(Df(y) - Df(x)\big)(y - x)\right\| \le \omega(z)\|y - x\|^2.$$

b) *Es sei $x_0 \in D$ ein Startwert, so dass die Levelmenge $L_{Df(z)^{-1}}(x_0)$ eine kompakte Teilmenge von D ist.*

c) *Es sei $\{x_k\}$ die mit dem gedämpften Newton-Verfahren*

$$x_{k+1} = x_k - \lambda_k s_k, \quad k \in \mathbb{N}_0,$$

für Schrittweiten

(5.4.16)
$$\lambda_k \in \big[\varepsilon, 2\bar{\lambda}_k(z) - \varepsilon\big], \quad \bar{\lambda}_k(z) := \min\big(1, 1/\alpha_k(z)\big),$$
$$0 < \varepsilon < \frac{1}{\alpha_k(z)}$$

erzeugte Folge von Iterierten, wobei

(5.4.17) $$\alpha_k(z) := \sigma_k\|Df(x_k)^{-1}Df(z)\|, \quad \sigma_k := \omega(z)\|s_k\|.$$

Dann gilt:

1) $x_k \in L_{Df(z)^{-1}}(x_0)$, $k \in \mathbb{N}_0$, *und die Folge $\{x_k\}$ besitzt mindestens einen Häufungspunkt $x^* \in L_{Df(z)^{-1}}(x_0)$.*
2) *Jeder Häufungspunkt x^* von $\{x_k\}$ erfüllt $f(x^*) = 0$.*

Beweis: Der Beweis von $x_k \in L_{Df(z)^{-1}}(x_0)$, $k \in \mathbb{N}_0$, erfolgt durch Induktion über k. Wählt man $A = Df(z)^{-1}$ in (5.4.10), so erhält man

$$\left\|Df(z)^{-1}f(x_k - \lambda s_k)\right\| \le$$
$$\left\|Df(z)^{-1}\int_0^\lambda \big(Df(x_k - ts_k) - Df(x_k)\big)s_k\, dt\right\| + (1 - \lambda)\|Df(z)^{-1}f(x_k)\|.$$

Unter Beachtung von

$$s_k = Df(x_k)^{-1}f(x_k) = Df(x_k)^{-1}Df(z)Df(z)^{-1}f(x_k)$$

wird nun der erste Term auf der rechten Seite der voranstehenden Ungleichung mit Hilfe der affin-kovarianten Lipschitz-Bedingung (5.4.15) wie folgt abgeschätzt

$$\left\| Df(z)^{-1} \int_0^\lambda \left(Df(x_k - ts_k) - Df(x_k) \right) s_k \, dt \right\|$$

$$\leq \frac{1}{2} \lambda^2 \omega(z) \|s_k\| \|Df(x_k)^{-1} Df(z)\| \|Df(z)^{-1} f(x_k)\|$$

$$= \frac{1}{2} \lambda^2 \alpha_k(z) \|Df(z)^{-1} f(x_k)\|.$$

Damit erhalten wir

(5.4.18) $$\|Df(z)^{-1} f(x_k - \lambda s_k)\| \leq p_{k,z}(\lambda) \|Df(z)^{-1} f(x_k)\|.$$

Dabei steht $p_{k,z}(\lambda)$ für die Parabel $p_{k,z}(\lambda) := 1 - \lambda + \frac{1}{2}\lambda^2 \alpha_k(z)$, die gemäss

$$p_{k,z}(\lambda) \leq \begin{cases} 1 - \dfrac{\lambda}{2}, & 0 \leq \lambda \leq \dfrac{1}{\alpha_k(z)}, \\[2ex] 1 + \dfrac{\lambda}{2} - \dfrac{1}{\alpha_k(z)}, & \dfrac{1}{\alpha_k(z)} \leq \lambda \leq \dfrac{2}{\alpha_k(z)}, \end{cases}$$

durch ein Polygon nach oben abgeschätzt werden kann. Für $0 < \varepsilon_k \leq 1/\alpha_k(z)$ und $\lambda \in [\varepsilon_k, 2\bar\lambda_k(z) - \varepsilon_k]$ folgt dann

$$p_{k,z}(\lambda) \leq 1 - \frac{\varepsilon_k}{2}.$$

Die Abschätzung (5.4.18) zeigt, dass mit $x_k \in L_{Df(z)^{-1}}(x_0)$ auch $x_{k+1} \in L_{Df(z)^{-1}}(x_0)$.

Wegen der Kompaktheitsannahme a) gilt

$$\sup_{k \in \mathbb{N}} \alpha_k(z) \leq \omega(z) \max_{x \in L_{Df(z)^{-1}}(x_0)} \|Df(x)^{-1} f(x)\| \|Df(x)^{-1} Df(z)\| < \infty.$$

Es folgt die Existenz eines $\varepsilon > 0$, so dass $\varepsilon_k \geq \varepsilon$ für alle $k \in \mathbb{N}$, woraus sich $L_{Df(z)^{-1}}(x_k) \subset L_{Df(z)^{-1}}(x_0)$, $k \in \mathbb{N}$, ergibt. Die Folge $\{x_k\}$ der Newton-Iterierten ist somit in einer kompakten Menge erhalten, und man erschliesst die Existenz eines $x^* \in L_{Df(z)^{-1}}(x_0)$ und einer Teilfolge $\mathbb{N}' \subseteq \mathbb{N}$ mit $x_k \to x^*$, $k \in \mathbb{N}'$. Aus der stetigen Differenzierbarkeit von f ergibt sich schliesslich für jeden Häufungspunkt x^* von $\{x_k\}$, dass $f(x^*) = 0$. □

Bei der Globalisierung des Newton-Verfahrens im Rahmen einer affin-kontravarianten Konvergenztheorie werden die Schrittweiten in (5.4.5) im Sinne einer optimalen Reduktion der Residuen gewählt. Wir zeigen zunächst die folgende *affin-kontravariante Abstiegseigenschaft*.

(5.4.19) **Theorem:** *Die Funktion $f : D \mapsto \mathbb{R}^n$ sei auf der konvexen Menge $D \subseteq \mathbb{R}^n$ stetig differenzierbar mit nichtsingulärer Funktionalmatrix $Df(x)$, $x \in D$, und erfülle für alle $x, y \in D$ mit einer positiven Konstanten γ die folgende affin-kontravariante Lipschitz-Bedingung*

(5.4.20) $$\|(Df(y) - Df(x))(y - x)\| \leq \gamma \|Df(x)(y - x)\|^2.$$

Für $\lambda_k \in [0, \min(1, 2/h_k)]$, $h_k := \gamma\|f(x_k)\|$, gilt dann

$$(5.4.21) \qquad \|f(x_k - \lambda s_k)\| \le p_k(\lambda)\|f(x_k)\|,$$

wobei

$$(5.4.22) \qquad p_k(\lambda) := 1 - \lambda + \frac{1}{2}h_k\lambda^2.$$

Beweis: Unter Anwendung von Lemma (5.3.1) folgt

$$
\begin{aligned}
(5.4.23) \quad \|f(x_k - \lambda s_k)\| &= \|f(x_k - \lambda s_k) - f(x_k) + Df(x_k)s_k\| \\
&= \left\|\int_0^\lambda (Df(x_k - ts_k) - Df(x_k))s_k\,dt + (1-\lambda)Df(x_k)s_k\right\| \\
&\le \left\|\int_0^\lambda (Df(x_k - ts_k) - Df(x_k))s_k\,dt\right\| + (1-\lambda)\|f(x_k)\|.
\end{aligned}
$$

Der erste Term auf der rechten Seite kann mit der affin-kontravarianten Lipschitz-Bedingung (5.4.20) wie folgt abgeschätzt werden:

$$
\left\|\int_0^\lambda (Df(x_k - ts_k) - Df(x_k))s_k\,dt\right\|
$$
$$
\le \frac{1}{2}\gamma\lambda^2\|Df(x_k)s_k\|^2 \le \frac{1}{2}h_k\lambda^2\|f(x_k)\|.
$$

Einsetzen dieser Abschätzung in (5.4.23) ergibt (5.4.21). $\qquad\square$

In Analogie zu dem lokalen Konvergenzresultat (5.3.13) hat man den folgenden *affin-kontravarianten globalen Konvergenzsatz.*

(5.4.24) Theorem: *Es sei $f: D \mapsto \mathbb{R}^n$ eine auf der konvexen Menge $D \subseteq \mathbb{R}^n$ stetig differenzierbare Funktion mit nichtsingulärer Funktionalmatrix $Df(x)$, $x \in D$. Ferner seien die folgenden Voraussetzungen erfüllt:*

a) *Es sei $x_0 \in D$ ein Startwert, so dass die Levelmenge $L(x_0)$ eine kompakte Teilmenge von D ist.*
b) *Die Funktionalmatrix genüge der affin-kontravarianten Lipschitz-Bedingung (5.4.20).*
c) *Es sei $\{x_k\}$ die mit dem gedämpften Newton-Verfahren*

$$x_{k+1} = x_k - \lambda_k s_k, \quad k \in \mathbb{N}_0,$$

für Schrittweiten

$$(5.4.25) \qquad \lambda_k \in [\varepsilon, 2\bar\lambda_k - \varepsilon], \quad 0 < \varepsilon \le \frac{1}{h_k}$$

erzeugte Folge von Iterierten, wobei

$$(5.4.26) \qquad \bar\lambda_k := \min\left(1, \frac{1}{h_k}\right).$$

Dann gilt:

1) $x_k \in L(x_0)$, $k \in \mathbb{N}_0$, *und die Folge* $\{x_k\}$ *besitzt mindestens einen Häufungspunkt* $x^* \in L(x_0)$.

2) *Jeder Häufungspunkt* x^* *von* $\{x_k\}$ *erfüllt* $f(x^*) = 0$.

Für einen Beweis dieses Theorems verweisen wir auf Deuflhard (2004).

Die *praktische Durchführung globaler Newton-Verfahren* erfolgt sowohl bei der Reduktion des Iterationsfehlers (affin-kovariante Konvergenztheorie) als auch im Fall der Reduktion des Residuums (affin-kontravariante Konvergenztheorie) durch die adaptive Wahl eines Vertrauensgebietes („trust-region") unter Verwendung einer *Prädiktor-Korrektor-Strategie*. Die Bezeichnung *Vertrauensgebiet* stammt aus der Optimierung: Betrachten wir die Minimierung eines Zielfunktionals $h : D \subseteq \mathbb{R}^n \mapsto \mathbb{R}$, so definieren wir bezüglich einer Iterierten $x_k \in D$, $k \in \mathbb{N}_0$, ein Modell m_k, dessen Aufgabe es ist, das Zielfunktional in einer geeigneten Umgebung von x_k, dem Vertrauensgebiet, zu approximieren. Das Vertrauensgebiet ist die Menge

$$V_k := \big\{ x \in D \mid \|x - x_k\| \le \Delta_k \big\},$$

wobei Δ_k als Radius des Vertrauensgebietes bezeichnet wird. Zur Berechnung der neuen Iterierten wird dann d_k so gewählt, dass $x_{k+1} := x_k + d_k \in V_k$ zu einer ausreichenden Reduktion des Modells m_k führt. Für eine eingehende Darstellung verweisen wir auf Conn, Gould, Toint (2000).

Wir behandeln die adaptive Vertrauensgebiet-Methode mit Prädiktor-Korrektor-Strategie zunächst im Rahmen der affin-kovarianten Konvergenztheorie. Für das Zielfunktional h_A aus (5.4.1) mit $A = A_k = Df(x_k)^{-1}$ verwenden wir als Modell die folgende Approximation bezüglich x_k

$$m_k(x) := \frac{1}{2} \big\| A_k\big(f(x_k) + Df(x_k)(x - x_k)\big) \big\|$$

und wählen $\Delta_k = \|s_k\|$ als Radius des Vertrauensgebietes V_k.

Bei vorgegebener, minimaler Schrittweite $\lambda_{\min} > 0$ bestimmen wir dann vermittels des Prädiktor-Korrektor-Verfahrens

$$x_{k+1}(\bar{\lambda}_k) = x_k - \bar{\lambda}_k s_k$$

für obere Schranken $\bar{\lambda}_k = \min(1, \max(\lambda_{\min}, 1/\underline{\sigma}_k))$ der optimalen Schrittweite λ_k, die wir vermöge der Kenntnis unterer Schranken $\underline{\sigma}_k$ für die Kantorovich-Grösse σ_k erhalten. Die Vertrauenswürdigkeit von $x_{k+1}(\bar{\lambda}_k)$ wird mit Hilfe des folgenden Resultats (bit counting lemma) geprüft.

(5.4.27) **Lemma:** *Es sei*

$$\bar{s}_{k+1}(\bar{\lambda}_k) = Df(x_k)^{-1} f(x_{k+1}(\bar{\lambda}_k)).$$

Unter der Annahme, dass die untere Schranke $\underline{\sigma}_k$ *in der führenden Dualstelle mit* σ_k *übereinstimmt, d.h. die relative Genauigkeit*

(5.4.28) $\qquad 0 \leq \sigma_k - \underline{\sigma}_k \leq \mu \max(1, \underline{\sigma}_k), \quad 0 \leq \mu < 1,$

besitzt, führt dann der natürliche Monotonietest (5.4.11) *auf*

(5.4.29) $\qquad \|\bar{s}_{k+1}(\bar{\lambda}_k)\| \leq \left(1 - \frac{1}{2}(1-\mu)\bar{\lambda}_k\right)\|s_k\|.$

Beweis: Die Voraussetzung (5.4.28) impliziert

$$\underline{\sigma}_k \leq \sigma_k < (1+\mu)\max(1, \underline{\sigma}_k),$$

woraus mit (5.4.18) folgt

$$\|\bar{s}_{k+1}(\bar{\lambda}_k)\| = \left(1 - \bar{\lambda}_k + \frac{1}{2}(\bar{\lambda}_k)^2 \sigma_k\right)\|s_k\|$$
$$\leq \left(1 - \bar{\lambda}_k + \frac{1}{2}(1+\mu)(\bar{\lambda}_k)^2 \underline{\sigma}_k\right)\|s_k\| \leq \left(1 - \frac{1}{2}(1-\mu)\bar{\lambda}_k\right)\|s_k\|.$$

Der Beweis des Lemmas ist damit komplett. $\qquad\qquad\qquad\qquad\qquad \square$

Zur praktischen Realisierung des natürlichen Monotonietests nehmen wir $\mu \leq 1/2$ an und prüfen die sich damit aus (5.4.29) ergebende Bedingung

(5.4.30) $\qquad \|\bar{s}_{k+1}(\bar{\lambda}_k)\| \leq \left(1 - \frac{\bar{\lambda}_k}{4}\right)\|s_k\|.$

Ist (5.4.30) erfüllt, wird die Schrittweite akzeptiert. Andernfalls muss eine geeignete Reduktion vorgenommen werden.

Die Bestimmung der Schrittweite erfolgt durch eine Prädiktor-Korrektor-Strategie. Im *Prädiktorschritt* bestimmt man eine untere Schranke $\underline{\gamma}_k$ der Lipschitz-Konstanten in der affin-kovarianten Lipschitz-Bedingung

$$\left\|Df(x_k)^{-1}(Df(x) - Df(x_k))y\right\| \leq \gamma_k \|x - x_k\| \|y\|, \quad y \approx x - x_k.$$

durch folgende Überlegung: Mit $\bar{s}_k = Df(x_{k-1})^{-1}f(x_k)$ erhält man die Abschätzung

$$\|\bar{s}_k - s_k\| = \left\|\left(Df(x_{k-1})^{-1} - Df(x_k)^{-1}\right)f(x_k)\right\|$$
$$= \left\|Df(x_k)^{-1}(Df(x_k) - Df(x_{k-1}))\bar{s}_k\right\| \leq \gamma_k \lambda_{k-1}\|s_{k-1}\|\|\bar{s}_k\|,$$

und daraus

(5.4.31) $\qquad \underline{\gamma}_k := \dfrac{\|\bar{s}_k - s_k\|}{\lambda_{k-1}\|s_{k-1}\|\|\bar{s}_k\|} \leq \gamma_k.$

Mit

(5.4.32) $\qquad \underline{\sigma}_k := \underline{\gamma}_k \|s_k\|$

ergibt sich ebenfalls eine untere Schranke für die Kantorovich-Grösse σ_k. Dann liefert

$$(5.4.33) \qquad \lambda_k^{(0)} := \min\left(1, \frac{1}{\underline{\sigma}_k}\right)$$

eine obere Schranke für die Schrittweite λ_k in Newton-Richtung s_k, mit der man gemäss

$$(5.4.34) \qquad x_{k+1}^{(0)} = x_k - \lambda_k^{(0)} s_k$$

eine prädiktive k-te Iterierte $x_k^{(0)}$ erhält. Ist der Monotonietest (5.4.30) für $\bar{\lambda}_k = \lambda_k^{(0)}$ erfüllt, setzen wir $x_{k+1} = x_{k+1}^{(0)}$. Andernfalls wird die Schrittweite durch *Korrektorschritte* reduziert, die ebenfalls auf der Herleitung unterer Schranken für die affin-kovariante Lipschitz-Konstante und die Kantorovich-Grösse beruhen. Mit Lemma (5.3.1) und der affin-kovarianten Lipschitz-Bedingung ergibt sich die Abschätzung

$$\left\|\bar{s}_{k+1}(\lambda) - (1-\lambda)s_k\right\|$$
$$\leq \int_0^\lambda \left\|Df(x_k)^{-1}\big(Df(x_k - t s_k) - Df(x_k)\big)s_k\right\| dt \leq \frac{1}{2}\lambda^2 \gamma_k \|s_k\|^2,$$

aus der man gemäss

$$\underline{\gamma}_k(\lambda) := \frac{2\|\bar{s}_{k+1}(\lambda) - (1-\lambda)s_k\|}{\lambda^2 \|s_k\|}, \quad \underline{\sigma}_k(\lambda) := \underline{\gamma}_k(\lambda)\|s_k\|$$

die erwünschten unteren Schranken erhält. Für $\nu \geq 1$ definieren wir sukzessive

$$(5.4.35) \qquad \lambda_k^{(\nu)} := \min\left(\lambda_{\min}, \frac{\lambda_k^{(\nu-1)}}{2}, \underline{\sigma}_k(\lambda_k^{(\nu-1)})\right),$$

solange der Monotonietest

$$(5.4.36) \qquad \left\|\bar{s}_{k+1}(\lambda_k^{(\nu)})\right\| \leq \left(1 - \frac{\lambda_k^{(\nu)}}{4}\right)\|s_k\|$$

nicht erfüllt ist. Gilt (5.4.36) für ein $\lambda_k^{(\nu^*)}$, so setzen wir

$$(5.4.37) \qquad \lambda_k := \lambda_k^{(\nu^*)}, \quad x_{k+1} := x_k - \lambda_k s_k.$$

Haben wir andererseits $\lambda_{\min}$ erreicht und schlägt (5.4.36) für $\bar{s}_{k+1}(\lambda_{\min})$ fehl, so liegt Nichtkonvergenz vor, und es muss mit einem neuen Startwert x_0 begonnen werden.

Bei Vorgabe einer benutzerspezifischen Toleranz `tol` verwenden wir

$$(5.4.38) \qquad \left\|\bar{s}_{k+1}(\lambda_k)\right\| \leq \texttt{tol}$$

als Abbruchkriterium für den fehlerorientierten Algorithmus.

Die adaptive Vertrauensgebiet-Methode mit Prädiktor-Korrektor-Strategie auf der Grundlage der affin-kontravarianten Konvergenztheorie führt auf einen residualorientierten Algorithmus. Für das Zielfunktional h_A aus (5.4.1) mit $A = I$ verwenden wir als Modell bezüglich x_k

$$m_k(x) := \frac{1}{2}\|f(x_k) + Df(x_k)(x - x_k)\|$$

mit $\Delta_k = \|s_k\|$ als Radius des Vertrauensgebietes V_k.

Analog zum fehlerorientierten Algorithmus bestimmen wir untere Schranken $\underline{\gamma}_k$ für die affin-kontravariante Lipschitz-Konstante und $\underline{\sigma}_k := \underline{\gamma}_k \|f(x_k)\|$ für die Kantorovich-Grösse σ_k und eine obere Schranke $\bar{\lambda}_k := \min(1, 1/\underline{\sigma}_k)$ für die Schrittweite. Die Vertrauenswürdigkeit von $x_{k+1}(\bar{\lambda}_k) := x_k - \bar{\lambda}_k s_k$ wird mit der folgenden Variante von Lemma (5.4.27) durchgeführt, dessen Beweis Inhalt der Übungsaufgabe 16 darstellt.

(5.4.39) **Lemma:** *Für $\underline{\sigma}_k$ sei (5.4.28) erfüllt. Dann folgt aus dem natürlichen Monotonietest (5.4.29)*

$$(5.4.40) \qquad \|f(x_{k+1}(\bar{\lambda}_k))\| \le \left(1 - \frac{1}{2}(1 - \mu)\bar{\lambda}_k\right)\|f(x_k)\|.$$

Bei Wahl von $\mu = 1/2$ ergibt sich der *Monotonietest*

$$(5.4.41) \qquad \|f(x_{k+1}(\lambda))\| \le \left(1 - \frac{1}{4}\lambda\right)\|f(x_k)\|.$$

Für den Prädiktorschritt wird eine Schrittweite $\lambda_k^{(0)}$, $k \in \mathbb{N}_0$, wie folgt bestimmt: Ist $k = 0$, so wird $\lambda_0^{(0)} \le 1$ problemspezifisch gewählt, z.B. $\lambda_0^{(0)} \approx 1$ falls die Nichtlinearität als moderat eingestuft wird, und $\lambda_0^{(0)} \ll 1$ andernfalls. Für $k \ge 1$ sei $\nu^* \in \mathbb{N}_0$ der Index, für den im vorhergehenden Iterationsschritt $\lambda_{k-1} = \lambda_{k-1}^{(\nu^*)}$ den Monotonietest (5.4.41) bestand und $\underline{\sigma}_{k-1}^{(\nu^*)}$ die entsprechende untere Schranke für die Kantorovich-Grösse. Mit der unteren Schranke

$$\underline{\sigma}_k^{(0)} = \frac{\|f(x_k)\|}{\|f(x_{k-1})\|}\,\underline{\sigma}_{k-1}^{(\nu^*)}$$

wählt man dann bei vorgegebenem $\lambda_{\min} > 0$

$$(5.4.42) \qquad \lambda_k^{(0)} := \max\left(\lambda_{\min}, \min\left(1, \frac{1}{\underline{\sigma}_k^{(0)}}\right)\right).$$

Ist (5.4.41) für $\lambda = \lambda_k^{(0)}$ erfüllt, so setzen wir $x_{k+1} := x_{k+1}(\lambda_k^{(0)})$. Andernfalls wird die Schrittweite im *Korrektorschritt* iterativ reduziert. Für $\nu \in \mathbb{N}_0$ definieren wir

(5.4.43) $\qquad \lambda_k^{(\nu+1)} := \max\left(\lambda_{\min}, \min\left(\frac{1}{2}\lambda_k^{(\nu)}, \frac{1}{\underline{\sigma}_k^{(\nu)}}\right)\right)$

mit der sich aus

$$\|f(x_{k+1}(\lambda)) - (1-\lambda)f(x_k)\| \le \frac{1}{2}\gamma\|f(x_k)\|^2$$

ergebenden unteren Schranke

$$\underline{\sigma}_k^{(\nu)} := \frac{2\|f(x_{k+1}(\lambda_k^{(\nu)})) - (1-\lambda_k^{(\nu)})f(x_k)\|}{(\lambda_k^{(\nu)})^2\|f(x_k)\|} \le \sigma_k.$$

Ist der Monotonietest für ein $\nu^* \in \mathbb{N}$ erfüllt, so setzen wir $\lambda_k := \lambda_k^{(\nu^*)}$ sowie $x_{k+1} := x_{k+1}(\lambda_k)$ und gehen zum nächsten Iterationsschritt über. Andernfalls liegt Nichtkonvergenz vor.

Der residualbasierte Algorithmus wird abgebrochen, falls bezüglich einer benutzerspezifischen Toleranz tol > 0

(5.4.44) $\qquad\qquad\qquad \|f(x_k)\| \le$ tol.

5.5 Nichtlineare Ausgleichsprobleme

In diesem Abschnitt betrachten wir allgemeine nichtlineare Ausgleichsprobleme. Lösunsmethoden für den Spezialfall des linearen Ausgleichsproblems sind in Abschnitt 4.8 beschrieben.

Für eine gegebene Funktion $\varphi : I \times D \mapsto \mathbb{R}^m$, $I \subset \mathbb{R}$, $D \subset \mathbb{R}^n$, einen Vektor $y \in \mathbb{R}^m$ und vorgegebene Punkte $t_i \in I$, $1 \le i \le m$, sei $f : D \mapsto \mathbb{R}^m$ definiert durch

$$f_i(x) := y_i - \varphi(t_i; x), \quad i = 1, 2, \ldots, m.$$

Dann wird das Mimnimierungsproblem

(5.5.1) $\qquad\qquad c(x^*) := \min_{x \in D} c(x), \quad c(x) := \|f(x)\|^2,$

als *nichtlineares Ausgleichsproblem* bezeichnet. Hier und im gesamten Abschnitt 5.5 bezeichnet $\|x\| := \sqrt{x^T x}$ stets die euklidische Norm.

Ist f zweimal stetig differenzierbar auf D, so lauten die hinreichenden Optimalitätsbedingungen für ein lokales Minimum $x^* \in D$ von c

(5.5.2a) $\qquad\qquad \nabla c(x^*) = 0,$

(5.5.2b) $\qquad\qquad x^T \nabla^2 c(x^*)x > 0, \quad x \in \mathbb{R}^n \setminus \{0\}.$

Dabei steht $\nabla^2 c(x^*) \in \mathbb{R}^{n \times n}$ für die Hesse-Matrix (Matrix der zweiten partiellen Ableitungen) von c in x^*.

Das nichtlineare Ausgleichsproblem (5.5.1) heisst *kompatibel*, falls $f(x^*) = 0$, und *fast kompatibel*, falls $\|f(x^*)\| \ll 1$.

Zur numerischen Lösung von (5.5.1) betrachten wir im folgenden das Gauss-Newton-Verfahren und den Levenberg–Marquardt-Algorithmus.

Bezeichnet $Df(x)$ die Funktionalmatrix von f in $x \in D$, so ist offenbar die notwendige Optimalitätsbedingung $\nabla c(x^*) = 0$ genau dann erfüllt, wenn $x^* \in D$ Lösung des nichtlinearen Gleichungssystems

$$(5.5.3) \qquad h(x) := Df(x)^T f(x) = 0$$

ist. Die Anwendung des Newton-Verfahrens auf (5.5.3) führt bei gegebenem Startwert $x_0 \in D$ auf die Iteration

$$Dh(x_k)s_k = h(x_k),$$
$$x_{k+1} = x_k - s_k,$$

wobei

$$Dh(x_k) = Df(x_k)^T Df(x_k) + D^2 f(x_k) \circ f(x_k),$$

$$(5.5.4) \qquad (Dh(x))_{ij} = \sum_{\ell=1}^{m} \frac{\partial f_\ell(x)}{\partial x_i} \frac{\partial f_\ell(x)}{\partial x_j} + \sum_{\ell=1}^{m} \frac{\partial^2 f_\ell(x)}{\partial x_i \partial x_j} f_\ell(x).$$

Bei kompatiblen und fast kompatiblen nichtlinearen Ausgleichsproblemen wird der zweite Term auf der rechten Seite in (5.5.4) vernachlässigt, und man erhält die Iteration

$$(5.5.5) \qquad \begin{aligned} Df(x_k)^T Df(x_k)s_k &= Df(x_k)^T f(x_k), \\ x_{k+1} &= x_k - s_k, \end{aligned}$$

die als *Gauss–Newton-Verfahren* bezeichnet wird. Man beachte, dass mit $A := Df(x_k)$ und $b := f(x_k)$ die erste Gleichung in (5.5.5) den Normalgleichungen des linearen Ausgleichsproblems

$$\min_{s \in \mathbb{R}^n} \|b - As\|$$

entspricht, d.h. das Gauss–Newton-Verfahren erfordert in jedem Iterationsschritt die Lösung eines linearen Ausgleichsproblems (s. 4.8). Für $x \in D$ bezeichnen wir mit $Df(x)^+$ die Pseudo-Inverse der Funktionalmatrix $Df(x_k)$ und erinnern daran, dass

$$(5.5.6) \qquad P(x) := Df(x)^+ Df(x)$$

die Orthogonalprojektion auf $N(Df(x))^\perp$ und

$$(5.5.7) \qquad \bar{P}(x) := Df(x)Df(x)^+$$

die Orthogonalprojektion auf $R(Df(x))$ darstellen (s. Theorem (4.8.4.1)). Dann ist $x^* \in D$ Minimum des Zielfunktionals c aus (5.5.1) genau dann, wenn

$$\bar{P}(x^*)f(x^*) = 0.$$

Bei vorgegebenem Startwert $x_0 \in D$ betrachten wir das gedämpfte Gauss–Newton-Verfahren

(5.5.8)
$$\begin{aligned} x_{k+1} &= x_k - \lambda_k s_k, \quad 0 < \lambda_k \leq 1, \quad k \in \mathbb{N}_0, \\ s_k &:= Df(x_k)^+ f(x_k). \end{aligned}$$

Wir zeigen zunächst, dass (5.5.8) für geeignete Schrittweiten zu einer Reduktion des projizierten Residuums

(5.5.9)
$$r(x) := \bar{P}(x)f(x)$$

führt. Wir bemerken dazu, dass mit $\bar{P}^\perp(x) := I_m - \bar{P}(x)$ gilt

(5.5.10)
$$\begin{aligned} \|r(x_{k+1})\| &= \left\| (I_m - \bar{P}^\perp(x_{k+1}))f(x_{k+1}) \right\| \\ &\leq \left\| \bar{P}^\perp(x_{k+1})f(x_{k+1}) - \bar{P}^\perp(x_k)f(x_k) \right\| + \left\| f(x_{k+1}) - \bar{P}^\perp(x_k)f(x_k) \right\| \\ &\leq \left\| \bar{P}^\perp(x_{k+1})f(x_{k+1}) - \bar{P}^\perp(x_k)f(x_k) \right\| + (1-\lambda)\|r(x_k)\| \\ &\quad + \left\| f(x_{k+1}) - f(x_k) - \lambda Df(x_k)s_k \right\|. \end{aligned}$$

Daher benötigen wir neben einer affin-kontravarianten Lipschitz-Bedingung

(5.5.11)
$$\begin{aligned} &\left\| (Df(y) - Df(x))(y-x) \right\| \leq \gamma \|Df(x)(y-x)\|^2 \\ &\text{für alle} \quad x, y \in D \quad \text{mit} \quad y - x \in N(Df(x))^\perp \end{aligned}$$

eine zusätzliche Bedingung, die den ersten Term auf der rechten Seite in (5.5.10) kontrolliert. Eine solche Bedingung ist durch

(5.5.12)
$$\begin{aligned} &\left\| \bar{P}^\perp(y)f(y) - \bar{P}^\perp(x)f(x) \right\| \leq \rho \|Df(x)(y-x)\|, \\ &0 \leq \rho < 1, \quad \text{für alle} \quad x, y \in D \quad \text{mit} \quad y - x \in N(Df(x))^\perp \end{aligned}$$

gegeben. Unter Beachtung von (5.5.6) und Eigenschaft 2)d) in Theorem (4.8.4.1) hat man

$$s_k = -Df(x_k)^+ f(x_k) = -P(x_k)Df(x_k)^+ f(x_k).$$

Damit gilt $x_{k+1} - x_k \in N(Df(x_k))^\perp$, und (5.5.12) ergibt

(5.5.13)
$$\left\| \bar{P}^\perp(x_{k+1})f(x_{k+1}) - \bar{P}^\perp(x_k)f(x_k) \right\| \leq \rho\lambda\|r(x_k)\|.$$

Andererseits lässt sich der dritte Term auf der rechten Seite in (5.5.10) mit (5.5.11) gemäss

$$\left\| f(x_{k+1}) - f(x_k) - \lambda Df(x_k)s_k \right\|$$

(5.5.14)

$$= \left\| \int_0^\lambda \left(Df(x_k - ts_k) - Df(x_k) \right) s_k \, dt \right\| \leq \frac{1}{2}\gamma\lambda^2 \|r(x_k)\|^2$$

abschätzen. Die Verwendung von (5.5.13) und (5.5.14) in (5.5.10) ergibt das folgende Resultat über die Reduktion der projizierten Residuen.

(5.5.15) **Theorem:** *Es sei* $f : D \mapsto \mathbb{R}^m$ *auf der konvexen Menge* $D \subset \mathbb{R}^n$, $n < m$, *differenzierbar, und es seien die Voraussetzungen (5.5.11) und (5.5.12) erfüllt. Dann gilt:*

(5.5.16) $$\|r(x_k - \lambda s_k)\| \leq p_k(\lambda)\|r(x_k)\|,$$

wobei

$$p_k(\lambda) := 1 - (1 - \rho)\lambda + \frac{1}{2}\lambda^2 \sigma_k,$$

und σ_k *die Kantorovich-Grösse* $\sigma_k := \gamma\|r(x_k)\|$ *bezeichnet.*

(5.5.17) **Bemerkung:** Der Beweis von Theorem (5.5.15) zeigt, dass von den Eigenschaften der Pseudo-Inversen A^+ einer Matrix $A \in \mathbb{R}^{m \times n}$ lediglich $AA^+A = A$ benötigt wird. Eine Matrix $A^- \in \mathbb{R}^{n \times m}$, die $AA^-A = A$ erfüllt, wird als *innere Inverse* von A bezeichnet. Daher kann $\bar{P}(x)$ in Theorem (5.5.15) durch $\bar{P}(x) = Df(x)Df(x)^-$ mit $Df(x)^-$ als der inneren Inversen von $Df(x)$ ersetzt werden (vgl. Deuflhard (2004)).

In Analogie zu Theorem (5.4.24) hat man den folgenden *affin-kontravarianten globalen Konvergenzsatz.*

(5.5.18) **Theorem:** *Zusätzlich zu den Voraussetzungen aus Theorem (5.5.15) sei für einen Startwert* $x_0 \in D$ *die Levelmenge* $L(x_0) := \{ x \in D \mid r(x) \leq r(x_0) \}$ *eine kompakte Teilmenge von* D. *Ferner sei* $\{x_k\}$ *die mit dem gedämpften Gauss–Newton-Verfahren (5.5.8) für Schrittweiten*

(5.5.19) $$\lambda_k \in \left[\varepsilon, 2\lambda_k^{\mathrm{opt}} - \varepsilon\right], \quad 0 < \varepsilon \leq \frac{1}{\sigma_k}$$

erzeugte Folge von Iterierten, wobei

(5.5.20) $$\lambda_k^{\mathrm{opt}} := \min\left(1, \frac{1 - \rho}{\sigma_k}\right), \quad \sigma_k := \gamma\|r(x_k)\|.$$

Dann besitzt die Folge $\{x_k\}$ *mindestens einen Häufungspunkt* $x^* \in L(x_0)$ *mit* $\bar{P}(x^*)f(x^*) = 0$.

Beweis: Der Beweis erfolgt analog zu dem des globalen affin-kontravarianten Konvergenzsatzes für das gedämpfte Newton-Verfahren (s. Theorem (5.4.24)).

□

Ein auf dem voranstehenden Ergebnis aufbauender *residualbasierter Algorithmus* benötigt in Hinblick auf (5.5.20) eine untere Schranke $\underline{\rho}_k$ für den Kontraktionsfaktor ρ in (5.5.12). Es gilt offensichtlich

$$(5.5.21) \qquad \underline{\rho}_k := \frac{\|\bar{P}^\perp(x_k)f(x_k) - \bar{P}^\perp(x_{k-1})f(x_{k-1})\|}{\lambda_{k-1}\|r(x_k)\|} \le \rho.$$

Eine Anwendung der Techniken aus Abschnitt 4.7 mit $A = Df(x_\ell)$, $b = f(x_\ell)$ und den QR-Zerlegungen

$$Q_\ell Df(x_\ell) = \begin{bmatrix} R_\ell \\ 0 \end{bmatrix}$$

ergibt für $\ell = k-1, k$

$$r_\ell^\perp = \bar{P}^\perp(x_\ell)f(x_\ell).$$

Mit

$$\begin{bmatrix} \tilde{r}_{k-1} \\ \tilde{r}_{k-1}^\perp \end{bmatrix} := Q_k\bar{P}^\perp(x_{k-1})f(x_{k-1}) = Q_kQ_{k-1}^T \begin{bmatrix} 0 \\ r_{k-1}^\perp \end{bmatrix}$$

erhält man dann aus (5.5.21)

$$(5.5.22) \qquad \underline{\rho}_k = \frac{\|r_k^\perp - \tilde{r}_{k-1}^\perp\|}{\lambda_{k-1}\|r(x_k)\|}.$$

Mit $\underline{\rho}_k$ und einer unteren Schranke $\underline{\sigma}_k$ für die Kantorovich-Grösse σ_k ergibt sich aus (5.5.21) die folgende obere Schranke $\bar{\lambda}_k^{\text{opt}}$ für die optimale Schrittweite

$$\bar{\lambda}_k^{\text{opt}} := \min\left(1, \frac{1-\underline{\rho}_k}{\underline{\sigma}_k}\right).$$

Für hinreichend kleines λ prüft man die Vertrauenswürdigkeit von $x_{k+1}(\lambda) = x_k + \lambda s_k$ mit der folgenden Variante des bit counting lemmas.

(5.5.23) **Lemma:** *Es gebe ein $0 < \mu < 1$, so dass*

$$(5.5.24) \qquad 0 \le \sigma_k - \underline{\sigma}_k \le \mu \max(1 - \underline{\rho}_k, \underline{\sigma}_k).$$

Dann gilt

$$(5.5.25) \qquad \|r(x_{k+1}(\lambda))\| \le \left(1 - \frac{1}{2}(1 - \underline{\rho}_k)(1 - \mu)\lambda\right)\|r(x_k)\|.$$

Beweis: Theorem (5.5.15) impliziert

$$\|r(x_{k+1}(\lambda))\| \le \left(1 - (1 - \underline{\rho}_k)\lambda + \frac{1}{2}\lambda_k^2\sigma_k\right)\|r(x_k)\|.$$

Andererseits folgt aus (5.5.24)

$$\underline{\sigma}_k \le \sigma_k < (1 + \mu)\max(1 - \underline{\rho}_k, \underline{\sigma}_k).$$

Die Behauptung resultiert aus der Kombination beider Ungleichungen.   □

Bei Wahl von $\mu = 1/2$ ergibt sich der *Monotonietest*

$$(5.5.26) \qquad \|r(x_{k+1}(\lambda))\| \le \left(1 - \frac{1}{4}(1 - \underline{\rho}_k)\lambda\right)\|r(x_k)\|.$$

Der residualbasierte Algorithmus wird wird wie beim globalen Newton-Verfahren für nichtlineare Gleichungssysteme durch eine *Prädiktor-Korrektor-Strategie* realisiert. Im Prädiktorschritt wählt man als initiale Schrittweite $\lambda_0^{(0)} = 1$ für schwach nichtlineare Probleme und $\lambda_0^{(0)} \ll 1$ für hochgradig nichtlineare Probleme sowie für $k \ge 1$

$$(5.5.27) \qquad \lambda_k^{(0)} := \max\left(\lambda_{\min}, \min\left(1, \frac{1 - \underline{\rho}_k}{\underline{\sigma}_k^0}\right)\right),$$

wobei $\lambda_{\min} > 0$ vom Benutzer vorgegeben ist und als untere Schranke $\underline{\sigma}_k^0$ für die Kantorovich-Grösse σ_k

$$\underline{\sigma}_k^{(0)} = \frac{\|\bar{P}(x_k)f(x_k)\|}{\|\bar{P}(x_{k-1})f(x_{k-1})\|} \underline{\sigma}_{k-1}^{(\nu^*)}$$

genommen wird mit $\nu^* \in \mathbb{N}_0$ als dem Index, für den der Monotonietest in der vorhergehenden Iteration bestanden wurde. Genügt $\lambda = \lambda_k^{(0)}$ dem Monotonietest (5.5.26), so ist $x_{k+1} := x_{k+1}(\lambda_k^{(0)})$. Bei Nichtbestehen des Tests muss die Schrittweite im *Korrektorschritt* reduziert werden. Dazu bemerken wir, dass wir aus (5.5.12)–(5.5.14) die Abschätzung

$$\left\|f(x_{k+1}(\lambda)) - (1-\lambda)\bar{P}(x_k)f(x_k) - \bar{P}^\perp(x_k)f(x_k)\right\| \le \frac{1}{2}\lambda^2\sigma_k\|r(x_k)\|$$

erhalten, aus der man die untere Schranke

$$\underline{\sigma}_k(\lambda) := \frac{2\left(\left\|\hat{r}_{k+1}(\lambda) - (1-\lambda)r(x_k)\right\|^2 + \left\|\hat{r}_{k+1}^\perp(\lambda) - r_k^\perp\right\|^2\right)^{1/2}}{\lambda^2\|r(x_k)\|},$$

$$\hat{r}_{k+1}(\lambda) := \bar{P}(x_k)f(x_{k+1}(\lambda)), \quad \hat{r}_{k+1}^\perp(\lambda) := \bar{P}^\perp(x_k)f(x_{k+1}(\lambda))$$

herleitet. Für $\nu \in \mathbb{N}_0$ setzt man $\underline{\sigma}_k^{(\nu)} := \underline{\sigma}_k(\lambda_k^{(\nu)})$ und definiert

$$(5.5.28) \qquad \lambda_k^{(\nu+1)} := \max\left(\lambda_{\min}, \min\left(\frac{1}{2}\lambda_k^{(\nu)}, \frac{1 - \underline{\rho}_k}{\underline{\sigma}_k^{(\nu)}}\right)\right).$$

Falls der Monotonietest für ein $\nu^* \in \mathbb{N}$ bestanden wird, setzen wir $\lambda_k := \lambda_k^{(\nu^*)}$ sowie $x_{k+1} := x_{k+1}(\lambda_k)$ und gehen zum nächsten Iterationsschritt über. Andernfalls stellen wir Nichtkonvergenz fest.

Als Abbruchkriterium für den residualbasierten Algorithmus dient mit einer benutzerspezifischen Toleranz $\mathtt{tol} > 0$

$$(5.5.29) \qquad \|r(x_k)\| \le \mathtt{tol}.$$

Eine häufig verwendete, wenn auch in ihrer Originalversion nicht affininvariante Methode zur numerischen Lösung nichtlinearer Ausgleichsprobleme ist das Verfahren von Levenberg (1944) und Marquardt (1963). Es handelt sich dabei um eine Vertrauensgebiet-Methode, bei der bezüglich der k-ten Iterierten $x_k \in D$, $k \in \mathbb{N}_0$, als Modell

$$m_k(x) := \frac{1}{2} \left\| f(x_k) + Df(x_k)(x - x_k) \right\|^2$$

gewählt wird, so dass sich x_{k+1} als Lösung des *restringierten linearen Ausgleichsproblems*

(5.5.30)
$$\min_{x \in V_k} m_k(x)$$

ergibt. Mit $\Delta x_k := x_k - x$ wird die Nebenbedingung $x \in V_k$, d.h. $\|\Delta x_k\| \le \Delta_k$, durch einen *Lagrangeschen Multiplikator* $\lambda_k \ge 0$ angekoppelt. Damit erhält man das quadratische Minimierungsproblem

(5.5.31)
$$\min_{\Delta x_k \in \mathbb{R}^n} \max_{\lambda_k \ge 0} \left(\|f(x_k) - Df(x_k)\Delta x_k\|^2 + \lambda_k (\|\delta x_k\|^2 - \Delta_k^2) \right).$$

Die notwendigen Optimalitätsbedingungen für (5.5.31) sind gegeben durch das *lineare Komplementaritätsproblem*

(5.5.32a) $\left(Df(x_k)^T Df(x_k) + \lambda_k I_n \right) \Delta x_k = Df(x_k)^T f(x_k),$

(5.5.32b) $\lambda_k \ge 0, \quad \Delta_k - \|\Delta x_k\| \ge 0, \quad \lambda_k(\Delta_k - \|\Delta x_k\|) = 0,$

das mit einem der in Kapitel 6 vorgestellten Verfahren der linearen Programmierung gelöst werden kann. Bezüglich der Wahl des Radius Δ_k des Vertrauensgebietes verweisen wir auf Moré (1978).

Hinsichtlich des Levenberg–Marquardt-Verfahrens sind folgende Bemerkungen angebracht:
Für $\lambda_k > 0$ ist die Koeffizientenmatrix in (5.5.32a) selbst dann nichtsingulär, wenn die Funktionalmatrix $Df(x_k)$ einen Rangdefekt aufweist. Dieser vermeintlichen Robustheit muss aber entgegengestellt werden, dass bei einem Rangdefekt

– auch die rechte Seite in (5.5.32a) degeneriert, was dazu führen kann, dass das Verfahren mit einer inkorrekten Lösung abbricht,
– das Verfahren nicht in der Lage ist, dann möglicherweise auftretende mehrfache lokale Minima zu detektieren.

Das Verfahren ist nicht affin-invariant. Für affin-kovariante und affin-kontravariante Versionen verweisen wir auf Deuflhard (2004).

5.6 Parameterabhängige nichtlineare Gleichungssysteme

Es sei $f : D \times I \mapsto \mathbb{R}^n$, $D \subset \mathbb{R}^n$, $I := [0, \Lambda] \subset \mathbb{R}$, eine stetig differenzierbare Funktion. Dann wird

$$(5.6.1) \qquad\qquad f(x,\lambda) = 0, \quad (x,\lambda) \in D \times I$$

als *parameterabhängiges, nichtlineares Gleichungssystem* bezeichnet. Lösungen von (5.6.1) lassen sich charakterisieren anhand von Eigenschaften der Funktionalmatrix

$$Df(x,\lambda) = \begin{bmatrix} f_x(x,\lambda) & f_\lambda(x,\lambda) \end{bmatrix} \in \mathbb{R}^{n \times (n+1)}$$

wobei

$$f_x(x,\lambda) = \left[\frac{\partial f_i}{\partial x_j}(x,\lambda) \right]_{i,j=1,\dots,n} \in \mathbb{R}^{n \times n},$$

$$f_\lambda(x,\lambda) = \left[\frac{\partial f_1}{\partial \lambda}(x,\lambda) \quad \cdots \quad \frac{\partial f_n}{\partial \lambda}(x,\lambda) \right]^T.$$

Wir betrachten zunächst eine Lösung $(x^*, \lambda^*) \in D \times I$ von (5.6.1), für die

$$(5.6.2) \qquad\qquad \mathrm{Rang}\, Df(x^*, \lambda^*) = \mathrm{Rang}\, f_x(x^*, \lambda^*) = n$$

erfüllt ist. Dann gibt es eine Umgebung $U(x^*) \times I(\lambda^*) \subseteq D \times I$, in der $f_x(x,\lambda)$ nichtsingulär ist, und der Satz über implizite Funktionen liefert die Existenz einer stetig differenzierbaren Funktion $x : I(\lambda^*) \mapsto U(x^*)$, die eine Trajektorie von Lösungen im Sinne der *Homotopie*

$$(5.6.3) \qquad \begin{aligned} f(x(\lambda), \lambda) &= 0, \quad \lambda \in I(\lambda^*), \\ x(\lambda^*) &= x^* \end{aligned}$$

repräsentiert und als *Homotopiepfad* bezeichnet wird.

Besitzt $Df(x^*, \lambda^*)$ maximalen Rang, hat aber $f_x(x^*, \lambda^*)$ einen Rangdefekt, d.h.

$$(5.6.4) \qquad \mathrm{Rang}\, Df(x^*, \lambda^*) = n, \quad \mathrm{Rang}\, f_x(x^*, \lambda^*) = n - 1,$$

so wird (x^*, λ^*) *Faltungspunkt* genannt. Liegt andererseits ein Rangdefekt von $Df(x^*, \lambda^*)$ im Sinne von

$$(5.6.5) \qquad\qquad \mathrm{Rang}\, Df(x^*, \lambda^*) = n - k, \quad k \in \mathbb{N},$$

vor, so nennt man (x^*, λ^*) eine *Singularität k-ter Ordnung*. Darunter fallen *Verzweigungspunkte*, deren vollständige Charakterisierung jedoch noch Information höherer Ordnung bedarf.

Wir beschäftigen uns im folgenden ausschliesslich mit dem regulären Fall (5.6.2). Hinsichtlich einer analytischen Charakterisierung von Singularitäten und deren numerischer Berechnung verweisen wir auf Golubitsky, Schaeffer (1984, 1988) und Deuflhard (2004).

Unter der Annahme eines eindeutig bestimmten Homotopiepfades $x = x(\lambda)$, $\lambda \in [0, \Lambda]$, werden zu dessen approximativer Berechnung *Pfadverfolgungsmethoden* in Gestalt von *Prädiktor-Korrektor-Verfahren* bezüglich einer

Zerlegung von $[0, \Lambda]$ in Teilintervalle $[\lambda_\nu, \lambda_{\nu+1}]$, $0 \leq \nu \leq N - 1$, mit $\lambda_0 = 0$, $\lambda_N = \Lambda$ und der Schrittweite $\Delta\lambda_\nu = \lambda_{\nu+1} - \lambda_\nu$ verwendet. Ausgehend von einer Näherung $x_A(\lambda_\nu)$ von $x(\lambda_\nu)$ besteht der Prädiktorschritt in der Bestimmung eines prädiktiven Wertes $x_P(\lambda_{\nu+1})$ vermöge Voranschreitens längs eines Prädiktorpfades $x_P = x_P(\lambda)$, $\lambda \in [\lambda_\nu, \lambda_{\nu+1}]$. Für den Fall, dass man sich durch diese Vorgehensweise zu weit vom Homotopiepfad entfernt, wird ein Korrektorschritt ausgeführt, der in der Anwendung eines lokalen Newton-Verfahrens mit gegebenenfalls sukzessiver Reduktion der Schrittweite $\Delta\lambda_\nu$ besteht und als Ergebnis eine Korrektur $x_C(\lambda_{\nu+1})$ liefert.

Prädiktorschritt: Neben der *klassischen Pfadverfolgung*, bei der als Prädiktorpfad

$$(5.6.6) \qquad x_P(\lambda) = x_A(\lambda_\nu), \quad \lambda \in [\lambda_\nu, \lambda_{\nu+1}]$$

gewählt wird und somit in

$$x_P(\lambda_{\nu+1}) = x_A(\lambda_\nu)$$

resultiert, erhält man einen Prädiktor höherer Ordnung durch *tangentielle Fortsetzung* längs einer Approximation der Tangenten an den Homotopiepfad, die man aufgrund folgender Überlegung erhält: Der mit der Homotopie

$$(5.6.7) \qquad f(x(\lambda), \lambda) = 0, \quad \lambda \in [\lambda_\nu, \lambda_{\nu+1}]$$

assoziierte Homotopiepfad $x = x(\lambda)$ entspricht der Trajektorie der Lösung der sogenannten *Davidenko Differentialgleichung*

$$(5.6.8) \qquad f_x\big(x(\lambda), \lambda\big)\, \frac{dx}{d\lambda}(\lambda) + f_\lambda\big(x(\lambda), \lambda\big) = 0$$

durch den Anfangspunkt $x(\lambda_\nu)$, wobei sich (5.6.8) formal aus (5.6.7) durch Differentiation nach λ ergibt. Die Davidenko Differentialgleichung (5.6.8) liefert gemäss

$$\frac{dx}{d\lambda}(\lambda_\nu) = -f_x^{-1}\big(x(\lambda_\nu), \lambda_\nu\big) f_\lambda\big(x(\lambda_\nu), \lambda_\nu\big)$$

die Steigung der Tangente an den Homotopiepfad in λ_ν, so dass sich bei gegebener Näherung $x_A(\lambda_\nu)$ als Prädiktorpfad die Gerade

$$(5.6.9) \qquad \begin{aligned} x_P(\lambda) &= x_A(\lambda_\nu) + s_\nu(\lambda - \lambda_\nu), \quad \lambda \in [\lambda_\nu, \lambda_{\nu+1}], \\ s_\nu &:= -f_x^{-1}\big(x_A(\lambda_\nu), \lambda_\nu\big) f_\lambda\big(x_A(\lambda_\nu), \lambda_\nu\big) \end{aligned}$$

anbietet, die als prädiktiven Wert

$$x_P(\lambda_{\nu+1}) = x_A(\lambda_\nu) + s_\nu \Delta\lambda_\nu$$

ergibt. In der Praxis berechnet man $\Delta x^{(0)}(\lambda_{\nu+1})$ als Lösung des linearen Gleichungssystems

$$(5.6.10) \qquad f_x\big(x_A(\lambda_\nu), \lambda_\nu\big)\Delta x^{(0)}(\lambda_{\nu+1}) = -f_\lambda\big(x_A(\lambda_\nu), \lambda_\nu\big)$$

und erhält somit $x_P(\lambda_{\nu+1})$ durch

$$(5.6.11) \qquad x_P(\lambda_{\nu+1}) = x_A(\lambda_\nu) + \Delta x^{(0)}(\lambda_{\nu+1}).$$

Ein Prädiktorpfad $x_P(\lambda)$ approximiert den Homotopiepfad $x(\lambda)$, $\lambda \geq \lambda_\nu$, von der Ordung p, falls mit einer Konstanten $C_p > 0$

$$(5.6.12) \qquad \|x(\lambda) - x_P(\lambda)\| \leq C_p\,(\lambda - \lambda_\nu)^p$$

erfüllt ist. Eine einfache Analysis zeigt, dass die klassische Pfadverfolgung (5.6.6) einen Prädiktor der Ordung $p = 1$ darstellt, wohingegen die tangentielle Fortsetzung (5.6.9) unter zusätzlichen Glattheitsannahmen die Ordnung $p = 2$ liefert.

Die Schrittweite $\Delta\lambda_\nu$ wird so gewählt, dass das Newton-Verfahren mit $x_P(\lambda_{\nu+1})$ als Startiterierte gegen $x(\lambda_{\nu+1})$ konvergiert. Nehmen wir für $x, y \in D$ die Lipschitz-Bedingung

$$(5.6.13) \qquad \big\|f_x^{-1}(x_P(\lambda), \lambda)\big(f_x(y, \lambda) - f_x(x, \lambda)\big)\big\| \leq \omega_P\|y - x\|$$

an, so trifft dies für Schrittweiten $\Delta\lambda_\nu$ zu, die

$$(5.6.14) \qquad \Delta\lambda_\nu \leq \left(\frac{\sqrt{2} - 1}{\omega_P C_p}\right)^{1/p}$$

mit C_p aus (5.6.12) erfüllen. Eine Schätzung der Schrittweite erfordert geeignete untere Schranken für die Lipschitz-Konstante ω_P aus (5.6.13) und der Konstanten C_p aus (5.6.12) und kann unter Verwendung von Information bezüglich des vorherigen Fortsetzungsschrittes $\lambda_{\nu-1} \to \lambda_\nu := \lambda_{\nu-1} + \Delta\lambda_{\nu-1}$ gemäss

$$(5.6.15) \qquad \Delta\lambda_\nu^{(0)} = \left(\frac{\|\Delta x^{(0)}(\lambda_\nu)\|}{\|x_P(\lambda_\nu) - x_A(\lambda_{\nu-1})\|}\,\frac{\sqrt{2} - 1}{2 s_0(\lambda_\nu)}\right)^{1/p}\Delta\lambda_{\nu-1}$$

hergeleitet werden, wobei die Grösse

$$(5.6.16) \qquad s_0(\lambda_\nu) := \frac{\|\overline{\Delta x}_0(\lambda_\nu)\|}{\|\Delta x_0(\lambda_\nu)\|}$$

Kontraktivität bezüglich des Newton-Verfahrens in der Anwendung auf

$$f(x(\lambda_\nu), \lambda_\nu) = 0$$

mit $x_P(\lambda_\nu)$ als Startwert und $\overline{\Delta x}_0(\lambda_\nu)$ als assoziierter vereinfacher Newton-Korrektur misst (für Einzelheiten verweisen wir auf Deuflhard (2004)).

Die prädiktive Schrittweite $\Delta\lambda_\nu^{(0)}$ wird bei erfolgreicher Konvergenz akzeptiert, d.h.

$$\Delta\lambda_\nu := \Delta\lambda_\nu^{(0)}.$$

Ist hingegen der Monotonietest

$$(5.6.17) \qquad s_0(\lambda_{\nu+1}) := \frac{\left\|\overline{\Delta x_0}(\lambda_{\nu+1})\right\|}{\left\|\Delta x_0(\lambda_{\nu+1})\right\|} < 1$$

nicht erfüllt, wobei $\Delta x_0(\lambda_{\nu+1})Z$ und $\overline{\Delta x_0}(\lambda_{\nu+1})$ wie zuvor mit $\nu+1$ anstelle von ν bestimmt werden, muss die Schrittweite entsprechend den nachstehenden Ausführungen reduziert werden.

Korrektorschritt: Wird der Monotonietest (5.6.17) nicht bestanden, berechnet man für $\mu \geq 1$ eine neue Schrittweite gemäss

$$(5.6.18) \qquad \Delta\lambda_\nu^{(\mu)} := \left(\frac{\sqrt{2}-1}{g\big(s_{\mu-1}(\lambda_{\nu+1})\big)}\right)^{1/p} \Delta\lambda_\nu^{(\mu-1)}, \quad g(\tau) := \sqrt{\tau+1} - 1$$

und wiederholt den Fortsetzungsschritt mit $\lambda_{\nu+1} := \lambda_\nu + \Delta\lambda_\nu^{(\mu)}$ und dem entsprechenden Konvergenzmonitor $s_\mu(\lambda_{\nu+1})$ solange, bis Konvergenz des Newton-Verfahrens vorliegt oder $\Delta\lambda_\nu^{(\mu)} < \Delta\lambda_{\min}$ bei präspezifizierter minimaler positiver Schrittweite $\Delta\lambda_{\min}$ eintritt. Im letzteren Fall bricht das Verfahren mit der Meldung „Nicht-Konvergenz" ab.

Für Varianten der Prädiktor-Korrektor Strategie z.B. unter Verwendung des vereinfachten Newton-Verfahrens verweisen wir auf Deuflhard (2004).

5.7 Interpolationsmethoden zur Bestimmung von Nullstellen

Neben dem Newton-Verfahren gibt es weitere allgemeine Iterationsverfahren. Die einfachste Methode zur Nullstellenbestimmung einer skalaren stetigen Funktion f ist das *Bisektionsverfahren.* Gibt es zwei Punkte $a < b$, in denen f gemäss $f(a)f(b) < 0$ verschiedene Vorzeichen aufweist, so hat f nach dem Zwischenwertsatz mindestens eine Nullstelle. Man nennt das Intervall $[a, b]$ ein Einschliessungsintervall. Betrachtet man den Intervallmittelpunkt $m := (a + b)/s$, so erhält man je nach Vorzeichen von $f(m)$ ein neues Einschliessungsintervall $[a, m]$ oder $[m, b]$. Die Fortsetzung dieser Vorgehensweise liefert bei vorgegebener Toleranz $\varepsilon > 0$ das Bisektionsverfahren:

$$A := f(a); \quad B := f(b) \quad \text{mit} \quad A \cdot B < 0 \, ;$$
$$\text{solange} \quad b - a > \varepsilon \quad \text{berechne:}$$
$$\qquad m := (a+b)/2; \quad M := f(m);$$
$$\qquad \text{falls} \quad A \cdot M > 0: \quad a := m; \quad A := M;$$
$$\qquad\qquad \text{sonst}: \quad b := m; \quad B := M;$$
$$m := (a+b)/2.$$

Die *regula falsi* unterscheidet sich vom Bisektionsverfahren nur durch die Wahl von m: Man wählt m gemäss $m = a - A(b-a)/(B-A)$ als Nullstelle der Sekante durch die Punkte (a, A) und (b, B). Zur Formulierung als Iterationsverfahren nehmen wir im i-ten Schritt die Existenz von x_i, a_i mit $f(x_i)f(a_i) < 0$ an und erhalten als Nullstelle der Sekante durch $(x_i, f(x_i))$ und $(a_i, f(a_i))$:

$$(5.7.1) \qquad \mu_i = x_i - f(x_i)\frac{x_i - a_i}{f(x_i) - f(a_i)} = \frac{a_i f(x_i) - x_i f(a_i)}{f(x_i) - f(a_i)}.$$

Wegen $f(x_i)f(a_i) < 0$ ist μ_i wohldefiniert, und es gilt entweder $x_i < \mu_i < a_i$ oder $a_i < \mu_i < x_i$. Es sind dann x_{i+1} und a_{i+1} folgendermassen erklärt:

$$(5.7.2) \qquad \begin{aligned} \left.\begin{array}{l} x_{i+1} := \mu_i \\ a_{i+1} := a_i \end{array}\right\} & \quad \text{falls } f(\mu_i)f(x_i) > 0, \\[2mm] \left.\begin{array}{l} x_{i+1} := \mu_i \\ a_{i+1} := x_i \end{array}\right\} & \quad \text{falls } f(\mu_i)f(x_i) < 0. \end{aligned}$$

Falls $f(\mu_i) = 0$, wird das Verfahren abgebrochen, μ_i ist Nullstelle. Besser als (5.7.2) ist eine Variante dieses Verfahrens, die von Dekker stammt und von Peters und Wilkinson (1969) beschrieben wurde.

Um die Konvergenz der regula falsi zu diskutieren, nehmen wir der Einfachheit halber an, dass f'' existiert und es ein i gibt mit

$$(5.7.3) \qquad \begin{aligned} &\text{a)} \quad x_i < a_i, \\ &\text{b)} \quad f(x_i) < 0 < f(a_i), \\ &\text{c)} \quad f''(x) \geq 0 \quad \text{für alle} \quad x \in [x_i, a_i]. \end{aligned}$$

Dann gilt entweder $f(\mu_i) = 0$ oder

$$f(\mu_i)f(x_i) > 0$$

und damit auch

$$x_i < x_{i+1} = \mu_i < a_{i+1} = a_i.$$

Beweis: Natürlich folgt aus (5.7.2) und der Definition von μ_i sofort

$$x_i < \mu_i < a_i.$$

Die Restgliedformel (2.1.4.1) der Polynominterpolation ergibt für den Interpolationsfehler an der Stelle $x \in [x_i, a_i]$ die Darstellung

$$f(x) - p(x) = (x - x_i)(x - a_i)f''(\delta)/2, \quad \delta \in [x_i, a_i],$$

also wegen (5.7.3)c) $f(x) - p(x) \leq 0$ für $x \in [x_i, a_i]$. Es folgt $f(\mu_i) \leq 0$ wegen $p(\mu_i) = 0$ und damit die Behauptung. $\qquad\qquad \square$

Also sind die Voraussetzungen (5.7.3) für alle $i \geq i_0$ erfüllt, wenn sie für ein i_0 gelten. Es folgt $a_i = a$ für alle $i \geq i_0$ und die x_i bilden eine monoton wachsende beschränkte Folge, so dass $\lim_{i \to \infty} x_i = x^*$ existiert. Aus der Stetigkeit von f, (5.7.1) und (5.7.3) folgen sofort

$$f(x^*) \leq 0, \quad f(a) > 0,$$

$$x^* = \frac{af(x^*) - x^*f(a)}{f(x^*) - f(a)},$$

also $(x^* - a)f(x^*) = 0$. Wegen $f(a) > 0 \geq f(x^*)$ ist aber $x^* \neq a$ und daher $f(x^*) = 0$. Die x_i konvergieren monoton gegen eine Nullstelle von f.

Unter der Voraussetzung (5.7.3) lässt sich das Verfahren der regula falsi auch in der Form

$$(5.7.4) \qquad x_{i+1} = \Phi(x_i), \quad \Phi(x) := \frac{af(x) - xf(a)}{f(x) - f(a)}$$

schreiben. Wegen $f(x^*) = 0$ gilt

$$\Phi'(x^*) = \frac{-\big(af'(x^*) - f(a)\big)f(a) + x^*f(a)f'(x^*)}{f(a)^2}$$

$$= 1 - f'(x^*)\frac{x^* - a}{f(x^*) - f(a)}.$$

Nun existieren nach dem Mittelwertsatz η_1, η_2 mit

$$(5.7.5) \qquad \begin{aligned} \frac{f(x^*) - f(a)}{x^* - a} &= f'(\eta_1), \quad x^* < \eta_1 < a, \\ \frac{f(x_i) - f(x^*)}{x_i - x^*} &= f'(\eta_2), \quad x_i < \eta_2 < x^*. \end{aligned}$$

Wegen $f''(x) \geq 0$ für $x \in [x_i, a]$ wächst $f'(x)$ monoton auf $[x_i, a]$. Also folgen aus (5.7.5), $x_i < x^*$ und $f(x_i) < 0$ sofort

$$0 < f'(\eta_2) \leq f'(x^*) \leq f'(\eta_1),$$

und daher

$$0 \leq \Phi'(x^*) < 1,$$

d.h. die regula falsi ist unter den Voraussetzungen (5.7.3) mindestens linear konvergent.

Diese Untersuchung betrifft im Grunde die Variante der regula falsi, die man erhält, wenn man nur die ersten beiden Rekursionsformeln (5.7.2) benutzt. Als *Sekantenverfahren* bezeichnet man jene Variante, die nur die letzten zwei Formeln von (5.7.2) verwendet:

$$(5.7.6) \qquad x_{i+1} = \frac{x_{i-1}f(x_i) - x_if(x_{i-1})}{f(x_i) - f(x_{i-1})}, \quad i = 0, 1, \ldots .$$

Man beachte, dass das ursprüngliche Verfahren (5.7.2) wegen der Forderung $f(x_i)f(a_i) < 0$ numerisch stabil ist. Dies ist bei der Sekantenmethode i.a. nicht der Fall: Wenn $f(x_i) \approx f(x_{i-1})$ gilt, tritt in (5.7.6) Auslöschung auf. Ausserdem liegt x_{i+1} nicht mehr unbedingt in $[x_i, x_{i-1}]$, und das Sekantenverfahren konvergiert i.a. nur in einer hinreichend kleinen Umgebung von x^*. Wir wollen hier nur die lokale Konvergenz von (5.7.6) in der Umgebung einer Nullstelle x^* von $f(x) = 0$ untersuchen. Es wird sich herausstellen, dass das Verfahren (5.7.6) superlinear konvergiert und eine gebrochene Konvergenzordnung besitzt. Um dies zu zeigen, ziehen wir auf beiden Seiten von (5.7.6) x^* ab und erhalten unter Benutzung von dividierten Differenzen (2.1.3.5)

$$x_{i+1} - x^* = (x_i - x^*) - f(x_i)\frac{x_i - x_{i-1}}{f(x_i) - f(x_{i-1})}$$

(5.7.7)
$$= (x_i - x^*) - \frac{f(x_i)}{f[x_{i-1}, x_i]} = (x_i - x^*)\left(1 - \frac{f[x_i, x^*]}{f[x_{i-1}, x_i]}\right)$$

$$= (x_i - x^*)(x_{i-1} - x^*)\frac{f[x_{i-1}, x_i, x^*]}{f[x_{i-1}, x_i]}.$$

Wenn f zweimal stetig differenzierbar ist, gilt wegen (2.1.4.3)

(5.7.8)
$$f[x_{i-1}, x_i] = f'(\eta_1), \quad \eta_1 \in I[x_{i-1}, x_i],$$
$$f[x_{i-1}, x_i, x^*] = \frac{1}{2}f''(\eta_2), \quad \eta_2 \in I[x_{i-1}, x_i, x^*].$$

Ist daher x^* eine einfache Nullstelle von f, $f'(x^*) \neq 0$, so gibt es ein Intervall $J = \left\{ x \mid |x - x^*| \leq \varepsilon \right\}$ und eine Schranke M mit

(5.7.9)
$$\left|\frac{1}{2}\frac{f''(\eta_2)}{f'(\eta_1)}\right| \leq M \quad \text{für alle} \quad \eta_1, \eta_2 \in J.$$

Sei nun $e_i := M|x_i - x^*|$ und $x_0, x_1 \in J$, so dass $e_0, e_1 < \min\{1, \varepsilon M\}$. Dann folgen wegen (5.7.7), (5.7.9) durch Induktion die Ungleichungen

(5.7.10)
$$e_{i+1} \leq e_i e_{i-1}, \quad e_i \leq \min\{1, \varepsilon M\}$$

und damit $x_i \in J$ für alle $i \geq 0$. Wir zeigen ebenfalls durch Induktion

(5.7.11)
$$e_i \leq K^{q^i} \quad \text{für alle} \quad i = 0, 1, \ldots.$$

Hier ist $q = (1 + \sqrt{5})/2 = 1.618\ldots$ die positive Wurzel der Gleichung $\mu^2 - \mu - 1 = 0$ und $K := \max\{e_0, \sqrt[q]{e_1}\} < 1$. Wegen der Wahl von K ist (5.7.11) für $i = 0$ und $i = 1$ trivial richtig. Ist (5.7.11) für $i - 1$ richtig, so folgt aus (5.7.10) wegen $q^2 = q + 1$ sofort

$$e_{i+1} \leq K^{q^i} K^{q^{i-1}} = K^{q^{i+1}}.$$

(5.7.11) zeigt, dass die Sekantenmethode mindestens so schnell wie ein Verfahren der Ordnung $q = 1.618\ldots$ konvergiert. Da sie nur eine neue

Funktionswertung pro Iteration erfordert, sind zwei Schritte dieses Verfahrens höchstens so aufwendig wie ein Schritt des Newton-Verfahrens. Wegen $K^{q^{i+2}} = (K^{q^i})^{q^2} = (K^{q^i})^{q+1}$ entsprechen aber zwei Schritte des Sekantenverfahrens einem Verfahren der Ordnung $q + 1 = 2.618\ldots$. Bei gleichem Arbeitsaufwand konvergiert also das Sekantenverfahren lokal schneller als das Newton-Verfahren, das die Ordnung zwei besitzt.

Die Sekantenmethode legt folgende Verallgemeinerung nahe. Sind $r + 1$ verschiedene Näherungswerte $x_i, x_{i-1}, \ldots, x_{i-r}$ für die zu berechnende Nullstelle x^* von $f(x)$ gegeben, so bestimme man ein interpolierendes Polynom $Q(x)$ r-ten Grades mit

$$Q(x_{i-j}) = f(x_{i-j}), \quad j = 0, 1, \ldots, r,$$

und wähle x_{i+1} als diejenige Nullstelle von $Q(x) = 0$, die x_i am nächsten liegt. Für $r = 1$ ist dies das Sekantenverfahren, für $r = 2$ erhält man das Verfahren von Muller. Die Verfahren mit $r \geq 3$ sind ungebräuchlich, weil es keine oder nur komplizierte Formeln zur Bestimmung von Nullstellen von Polynomen r-ten Grades für $r \geq 3$ gibt.

Das Verfahren von Muller ist ein effizientes und i.a. sehr zuverlässiges Verfahren, mit dem man sogar die komplexen Nullstellen komplexer Funktionen $f : \mathbb{C} \mapsto \mathbb{C}$ bestimmen kann, insbesondere auch (sogar mehrfache) komplexe Nullstellen von Polynomen. Die Näherungswerte x_i können aber komplex werden, selbst wenn die Startwerte x_1, x_2, x_3 reell sind und $f(x)$ ein reelles Polynom mit nur reellen Nullstellen ist. Unsere Darstellung verwendet dividierte Differenzen (s. 2.1.3) und folgt Traub (1964).

Die Newtonsche Interpolationsformel (2.1.3.8) liefert folgende Darstellung für das quadratische Polynom $Q_i(x)$, das f an den Stellen x_{i-2}, x_{i-1}, x_i interpoliert:

$$Q_i(x) = f[x_i] + f[x_{i-1}, x_i](x - x_i) + f[x_{i-2}, x_{i-1}, x_i](x - x_{i-1})(x - x_i)$$
$$= a_i(x - x_i)^2 + 2b_i(x - x_i) + c_i,$$

mit den Koeffizienten

$$a_i := f[x_{i-2}, x_{i-1}, x_i],$$
$$b_i := \frac{1}{2}\big(f[x_{i-1}, x_i] + f[x_{i-2}, x_{i-1}, x_i](x_i - x_{i-1})\big),$$
$$c_i := f[x_i].$$

Wenn h_i die betragskleinste Wurzel der quadratischen Gleichung $a_i h^2 + 2b_i h + c_i = 0$ ist, ist $x_{i+1} := x_i + h_i$ die Wurzel von $Q_i(x)$, die am nächsten bei x_i liegt. Sie kann folgendermassen numerisch stabil berechnet werden (vgl. Beispiel 1 in Abschnitt 1.4):

$$(5.7.12) \qquad x_{i+1} = x_i - \frac{b_i \pm \sqrt{b_i^2 - a_i c_i}}{a_i},$$

wobei das Vorzeichen der Quadratwurzel so zu wählen ist, dass der Betrag des Zählers maximal wird. Für $a_i = 0$ liegt lineare Interpolation wie bei der Sekantenmethode vor. Für $a_i = b_i = 0$ bricht das Verfahren zusammen: Es ist dann $f(x_{i-2}) = f(x_{i-1}) = f(x_i)$, und das Verfahren muss dann mit anderen Startwerten neu begonnen werden. Beim Lösen der quadratischen Gleichung muss man komplexe Arithmetik verwenden, selbst wenn a_i, b_i, c_i reell sind, weil $b_i^2 - a_i c_i$ negativ sein kann.

Nach der Berechnung von x_{i+1} bestimmt man $f(x_{i+1})$ und daraus die neuen dividierten Differenzen

$$f[x_{i+1}] := f(x_{i+1}),$$

$$f[x_i, x_{i+1}] := \frac{f[x_{i+1}] - f[x_i]}{x_{i+1} - x_i},$$

$$f[x_{i-1}, x_i, x_{i+1}] := \frac{f[x_i, x_{i+1}] - f[x_{i-1}, x_i]}{x_{i+1} - x_{i-1}},$$

aus denen man das nächste quadratische interpolierende Polynom $Q_{i+1}(x)$ berechnen kann.

Man kann zeigen, dass für die Fehler $\varepsilon_i := x_i - x^*$ des Verfahrens von Muller in der Nähe einer einfachen Nullstelle x^* von $f(x) = 0$ gilt

(5.7.13)
$$\varepsilon_{i+1} = \varepsilon_i \varepsilon_{i-1} \varepsilon_{i-2} \left(-\frac{f^{(3)}(x^*)}{6 f'(x^*)} + \mathcal{O}(\varepsilon) \right),$$
$$\varepsilon := \max \{ |\varepsilon_i|, |\varepsilon_{i-1}|, |\varepsilon_{i-2}| \},$$

(vgl. (5.7.7)). Ähnlich wie bei der Sekantenmethode kann man zeigen, dass das Verfahren von Muller ein Verfahren mindestens der Ordnung $q = 1.84\ldots$ ist, wo q die grösste Nullstelle der Gleichung $\mu^3 - \mu^2 - \mu - 1 = 0$ ist.

Die Sekantenmethode kann man in einer anderen Richtung verallgemeinern. Dazu seien wieder $r + 1$ Näherungswerte $x_i, x_{i-1}, \ldots, x_{i-r}$ für die einfache Nullstelle x^* von $f(x) = 0$ gegeben. f besitzt dann in einer Umgebung von x^* eine Umkehrfunktion g,

$$f(g(y)) = y, \quad g(f(x)) = x, \quad g(0) = x^*,$$

so dass eine Bestimmung von x^* auf die Berechnung von $g(0)$ hinausläuft. Wegen

$$g(f(x_j)) = x_j, \quad j = i, i - 1, \ldots, i - r,$$

liegt es nahe, ein interpolierendes Polynom $Q(y)$ vom Grad r mit $Q(f(x_j)) = x_j$, $j = i, i - 1, \ldots, i - r$ zu bestimmen und $g(0)$ durch $Q(0)$ zu approximieren. Diesen Näherungswert nimmt man als nächsten Näherungswert, $x_{i+1} := Q(0)$. Man erhält so das Verfahren der Nullstellenbestimmung mittels *inverser Interpolation* und für $r = 1$ wieder die Sekantenmethode. Bei der praktischen Durchführung der inversen Interpolation benutzt man vorteilhaft die Interpolationsformeln von Aitken und Neville (s. 2.1.2). Auch diese

Verfahren sind lokal konvergent und besitzen eine gebrochene Konvergenzordnung. Details findet man bei Ostrowski (1973) und Brent (1973).

Die Δ^2-Methode von Aitken gehört zu den Methoden zur *Konvergenzbeschleunigung* einer gegebenen konvergenten Folge $\{x_i\}$, $\lim_{i\to\infty} x_i = x^*$. Durch sie wird die Folge $\{x_i\}$ in eine andere Folge $\{x_i'\}$ transformiert, die i.a. schneller gegen x^* konvergiert als die ursprüngliche Folge. Man kann sie auch zur Nullstellenbestimmung von Funktionen benutzen, wenn man als $\{x_i\}$ eine Folge nimmt, die von irgendeinem anderen Verfahren zur Nullstellenbestimmung geliefert wird.

Um die Δ^2-Methode herzuleiten, nehmen wir zunächst an, dass $\{x_i\}$ eine Folge ist, die wie eine *geometrische Folge* mit dem Faktor k, $|k| < 1$, gegen x^* konvergiert, d.h. es gilt

$$x_{i+1} - x^* = k(x_i - x^*), \quad i = 0, 1, \ldots.$$

Aus x_i, x_{i+1}, x_{i+2} kann man dann mit Hilfe der Gleichungen

$$(5.7.14) \qquad x_{i+1} - x^* = k(x_i - x^*), \quad x_{i+2} - x^* = k(x_{i+1} - x^*)$$

k und x^* berechnen. Man findet zunächst durch Substraktion der Gleichungen (5.7.14)

$$k = \frac{x_{i+2} - x_{i+1}}{x_{i+1} - x_i}$$

und daraus durch Einsetzen in die erste der Gleichungen wegen $k \neq 1$

$$x^* = \frac{x_i x_{i+2} - x_{i+1}^2}{x_{i+2} - 2x_{i+1} + x_i}.$$

Mit Hilfe des Differenzenoperators $\Delta x_i := x_{i+1} - x_i$ kann dies wegen $\Delta^2 x_i = \Delta x_{i+1} - \Delta x_i = x_{i+2} - 2x_{i+1} + x_i$ auch in der Form

$$(5.7.15) \qquad x^* = x_i - \frac{(\Delta x_i)^2}{\Delta^2 x_i}$$

geschrieben werden. Diese Formel gibt der Methode den Namen. Es liegt nun die Vermutung nahe, dass (5.7.15) zumindest einen guten Näherungswert für den gesuchten Grenzwert x^* einer Folge x_i liefert, auch wenn die Voraussetzung, dass x_i eine geometrisch konvergente Folge ist, nicht zutrifft. Die Δ^2-Methode von Aitken besteht somit darin, zu einer gegebenen Folge $\{x_i\}$ die transformierte Folge

$$(5.7.16) \qquad x_i' := x_i - \frac{(x_{i+1} - x_i)^2}{x_{i+2} - 2x_{i+1} + x_i}$$

zu berechnen. Das folgende Theorem zeigt, dass die x_i' schneller gegen x^* konvergieren als die x_i, wenn die x_i sich asymptotisch wie eine geometrische Folge verhalten.

(5.7.17) **Theorem:** *Sei $|k| < 1$, und es gelte für die Folge $\{x_i\}$, $x_i \neq x^*$ und*

$$x_{i+1} - x^* = (k + \delta_i)(x_i - x^*), \quad \lim_{i \to \infty} \delta_i = 0.$$

Dann existiert für genügend grosses i die Folge x_i' aus (5.7.16), und es gilt

$$\lim_{i \to \infty} \frac{x_i' - x^*}{x_i - x^*} = 0.$$

Beweis: Für den Fehler $e_i := x_i - x^*$ gilt nach Voraussetzung $e_{i+1} = (k + \delta_i)e_i$. Es folgt

$$
\begin{aligned}
x_{i+2} - 2x_{i+1} + x_i &= e_{i+2} - 2e_{i+1} + e_i \\
&= e_i\big((k + \delta_{i+1})(k + \delta_i) - 2(k + \delta_i) + 1\big) \\
&= e_i\big((k - 1)^2 + \mu_i\big), \quad \text{wobei} \quad \mu_i \to 0,
\end{aligned}
$$

(5.7.18)

$$x_{i+1} - x_i = e_{i+1} - e_i = e_i\big((k - 1) + \delta_i\big).$$

Also ist wegen $e_i \neq 0$, $k \neq 1$ und $\mu_i \to 0$ für grosses i auch

$$x_{i+2} - 2x_{i+1} + x_i \neq 0$$

und daher x_i' durch (5.7.16) wohldefiniert. Weiter folgt aus (5.7.16) und (5.7.18) für grosses i

$$x_i' - x^* = e_i - e_i\frac{\big((k - 1) + \delta_i\big)^2}{(k - 1)^2 + \mu_i},$$

also

$$\lim_{i \to \infty} \frac{x_i' - x^*}{x_i - x^*} = \lim_{i \to \infty} \left(1 - \frac{\big((k - 1) + \delta_i\big)^2}{(k - 1)^2 + \mu_i}\right) = 0.$$

Damit ist der Beweis komplett. $\qquad\qquad\qquad\qquad\qquad\qquad\qquad\qquad\square$

Wir nehmen nun an, dass die Folge

(5.7.19) $$x_{i+1} = \Phi(x_i), \quad i = 0, 1, 2, \ldots$$

durch eine Iterationsfunktion $\Phi(x)$ (s. 5.1) mit dem Fixpunkt x^* erzeugt wird. Zwar kann man mittels (5.7.16) aus je drei Gliedern x_i, x_{i+1}, x_{i+2} der durch (5.7.19) definierten Folge das Element x_i' der transformierten Folge berechnen, doch ist es naheliegender, jeweils die neueste Information zu benutzen und folgendermassen vorzugehen: Ausgehend von dem Startwert x_0 berechne man für $i = 0, 1, \ldots$

(5.7.20)

$$y_i := \Phi(x_i), \quad z_i = \Phi(y_i),$$

$$x_{i+1} := x_i - \frac{(y_i - x_i)^2}{z_i - 2y_i + x_i}.$$

Diese Methode stammt von Steffensen. Die Iteration (5.7.20) wird durch eine neue Iterationsfunktion Ψ beschrieben:

$$x_{i+1} = \Psi(x_i),$$
(5.7.21)
$$\Psi(x) := \frac{x\Phi(\Phi(x)) - \Phi(x)^2}{\Phi(\Phi(x)) - 2\Phi(x) + x}.$$

Das folgende Resultat zeigt wie die Fixpunkte von Φ und Ψ zusammenhängen.

(5.7.22) **Theorem:** *Aus $\Psi(x^*) = x^*$ folgt $\Phi(x^*) = x^*$. Umgekehrt gilt $\Psi(x^*) = x^*$, falls $\Phi(x^*) = x^*$ und $\Phi'(x^*) \neq 1$ existiert.*

Beweis: Aus der Definition (5.7.21) von Ψ erhält man leicht

$$\bigl(x^* - \Psi(x^*)\bigr)\bigl(\Phi(\Phi(x^*)) - 2\Phi(x^*) + x^*\bigr) = \bigl(x^* - \Phi(x^*)\bigr)^2.$$

Also folgt aus $\Psi(x^*) = x^*$ sofort $\Phi(x^*) = x^*$. Sei nun umgekehrt $\Phi(x^*) = x^*$, Φ für $x = x^*$ differenzierbar, sowie $\Phi'(x^*) \neq 1$. Dann gilt nach der L'Hospitalschen Regel angewendet auf (5.7.21)

$$\Psi(x^*) = \frac{\Phi(\Phi(x^*)) + x^*\Phi'(\Phi(x^*))\Phi'(x^*) - 2\Phi(x^*)\Phi'(x^*)}{\Phi'(\Phi(x^*))\Phi'(x^*) - 2\Phi'(x^*) + 1}$$

$$= \frac{x^* + x^*\Phi'(x^*)^2 - 2x^*\Phi'(x^*)}{1 + \Phi'(x^*)^2 - 2\Phi'(x^*)} = x^*,$$

und damit ist das Theorem bewiesen.   □

Wir wollen nun das Konvergenzverhalten von Ψ in der Nähe eines Fixpunktes x^* von Ψ (und Φ) untersuchen und setzen dazu voraus, dass Φ in einer Umgebung von $x = x^*$ $(p+1)$-mal stetig differenzierbar ist und sich dort wie ein Verfahren p-ter Ordnung verhält, d.h.

(5.7.23) $$\Phi'(x^*) = \cdots = \Phi^{(p-1)}(x^*) = 0, \quad A := \frac{1}{p!}\Phi^{(p)}(x^*) \neq 0.$$

Für $p = 1$ sei wieder zusätzlich gefordert

(5.7.24) $$A = \Phi'(x^*) \neq 1.$$

Sei nun o.B.d.A. $x^* = 0$. Dann gilt für kleines $|x|$

$$\Phi(x) = Ax^p + \frac{x^{p+1}}{(p+1)!}\Phi^{(p+1)}(\theta x), \quad 0 < \theta < 1,$$

also

$$\Phi(x) = Ax^p + \mathcal{O}(x^{p+1}),$$
$$\Phi(\Phi(x)) = A\bigl(Ax^p + \mathcal{O}(x^{p+1})\bigr)^p + \mathcal{O}\bigl((Ax^p + \mathcal{O}(x^{p+1}))^{p+1}\bigr)$$
$$= \begin{cases} \mathcal{O}(x^{p^2}) & \text{falls } p > 1, \\ A^2 x + \mathcal{O}(x^2) & \text{falls } p = 1, \end{cases}$$
$$\Phi(x)^2 = \bigl(Ax^p + \mathcal{O}(x^{p+1})\bigr)^2 = A^2 x^{2p} + \mathcal{O}(x^{2p+1}).$$

Somit ist für $p > 1$ wegen (5.7.21)

$$(5.7.25) \quad \Psi(x) = \frac{\mathcal{O}(x^{p^2+1}) - A^2 x^{2p} + \mathcal{O}(x^{2p+1})}{\mathcal{O}(x^{p^2}) - 2Ax^p + \mathcal{O}(x^{p+1}) + x} = -A^2 x^{2p-1} + \mathcal{O}(x^{2p}).$$

Für $p = 1$ hat man dagegen wegen $A \neq 1$

$$\Psi(x) = \frac{A^2 x^2 + \mathcal{O}(x^3) - A^2 x^2 + \mathcal{O}(x^3)}{A^2 x + \mathcal{O}(x^2) - 2Ax + \mathcal{O}(x^2) + x} = \mathcal{O}(x^2).$$

Damit haben wir das folgende Theorem bewiesen.

(5.7.26) **Theorem:** *Durch die Iterationsfunktion Φ sei ein Verfahren p-ter Ordnung zur Bestimmung des Fixpunktes x^* von Φ gegeben. Dann ist für $p > 1$ das durch Ψ (5.7.21) bestimmte Iterationsverfahren ein Verfahren der Ordnung $2p - 1$ zur Bestimmung von x^* und falls $p = 1$, $\Phi'(x^*) \neq 1$, ein Verfahren von mindestens zweiter Ordnung.*

Man beachte, dass durch Ψ selbst dann ein Verfahren zweiter Ordnung und damit ein lokal quadratisch konvergentes Verfahren gegeben ist, falls $|\Phi'(x^*)| > 1$, d.h. falls das durch Φ gegebene Iterationsverfahren lokal divergiert. Die Methode von Steffensen ist im übrigen nur für genau diesen Fall $p = 1$ interessant. Für $p > 1$ ist es besser, das ursprüngliche durch Φ gegebene Verfahren zu benutzen, wie man sofort sieht: Ist etwa $\varepsilon := x_i - x^*$, und $|\varepsilon|$ genügend klein, so ist bis auf Glieder höherer Ordnung

$$\Phi(x_i) - x^* \doteq A\varepsilon^p$$
$$\Phi(\Phi(x_i)) - x^* \doteq A^{p+1}\varepsilon^{p^2},$$

während für $x_{i+1} - x^*$, $x_{i+1} := \Psi(x_i)$ wegen (5.7.25) gilt

$$x_{i+1} - x^* = -A^2 \varepsilon^{2p-1}.$$

Nun ist für $p > 1$ und kleines $|\varepsilon|$ sicherlich

$$|A^{p+1}\varepsilon^{p^2}| \ll |A^2 \varepsilon^{2p-1}|,$$

so dass $\Phi(\Phi(x_i))$ ein sehr viel besserer Näherungswert für x^* ist als $x_{i+1} = \Psi(x_i)$. Aus diesem Grunde sollte man die Methode von Steffensen nur für den Fall $p = 1$ anwenden.

Beispiel: Die Iterationsfunktion $\Phi(x) = x^2$ besitzt die Fixpunkte $x_1^* = 0$, $x_2^* = 1$, und es ist

$$\Phi'(x_1^*) = 0, \quad \Phi'(x_2^*) = 2, \quad \Phi''(x_1^*) = 2.$$

Für die Iteration $x_{i+1} = \Phi(x_i)$ erhält man für $|x_0| < 1$ quadratische Konvergenz gegen x_1^* und für $|x_0| > 1$ eine divergente Folge $\{x_i\}$.

Die Transformation (5.7.21) liefert

$$\Psi(x) = \frac{x^3}{x^2 + x - 1} = \frac{x^3}{(x - r_1)(x - r_2)} \quad \text{mit} \quad r_{1,2} = \frac{-1 \pm \sqrt{5}}{2}.$$

Mit der Iteration $x_{i+1} = \Psi(x_i)$ erreicht man bei geeigneter Wahl des Startwertes x_0 beide Fixpunkte.

Für $|x| \leq 0.5$ ist nämlich $\Psi(x)$ kontrahierend. Mit einer Wahl $|x_0| \leq 0.5$ konvergiert $x_{i+1} = \Psi(x_i)$ gegen $x_1^* = 0$. In hinreichender Nähe von x_1^* verhält sich dabei die Iteration wie

$$x_{i+1} = \Psi(x_i) \approx x_i^3,$$

während die Iteration $x_{i+1} = \Phi(\Phi(x_i))$, die für $|x_0| < 1$ konvergiert (siehe oben), die Konvergenzordnung 4 besitzt,

$$x_{i+1} = \Phi(\Phi(x_i)) = x_i^4.$$

Für $|x_0| > r_1$ konvergiert $x_{i+1} = \Psi(x_i)$ gegen $x_2^* = 1$. Man zeigt leicht

$$\Psi'(1) = 0, \quad \Psi''(1) \neq 0$$

und damit die quadratische Konvergenz. Andererseits liefert $\Phi(x)$ keine Folge, die lokal gegen $x_2^* = 1$ konvergiert.

5.8 Nullstellenbestimmung für Polynome

5.8.1 Newton-Verfahren und Verfahren von Bairstow

In den Abschnitten 5.8.1–5.8.3 beschäftigen wir uns mit Fragen der Nullstellenbestimmung bei Polynomen. Es sei darauf hingewiesen, dass es neben den besprochenen Methoden noch eine Fülle weiterer Verfahren zur Berechnung von Polynomnullstellen gibt, z.B. Bauer (1956), Nickel (1966), Jenkins und Traub (1970), Henrici (1974).

Die praktische Bedeutung von Verfahren zur Nullstellenbestimmung von Polynomen wird häufig überschätzt. Bei den in der Praxis vorkommenden Polynomen handelt es sich in der Regel um charakteristische Polynome von Matrizen. Die gesuchten Nullstellen sind also Eigenwerte von Matrizen, die man besser mit den in Band 2 beschriebenen Methoden direkt berechnet.

Wir wollen besprechen, wie das Newton-Verfahren zur Bestimmung der Nullstellen eines Polynoms $p(x)$ verwendet werden kann. In jedem Schritt des Newton-Verfahrens

$$x_{k+1} := x_k - \frac{p(x_k)}{p'(x_k)}$$

hat man den Wert des Polynoms p und seiner ersten Ableitung an der Stelle $x = x_k$ zu berechnen. Ist das Polynom p in der Form

$$p(x) = a_0 x^n + a_1 x^{n-1} + \cdots + a_n$$

gegeben, so kann $p(x_k)$ und $p'(x_k)$ auf folgende Weise berechnet werden: Es ist für $x = x^*$

$$p(x^*) = \big(\cdots(a_0 x^* + a_1)x^* + \cdots\big)x^* + a_n.$$

Für die Faktoren von x^* ergeben sich die Formeln

(5.8.1.1)
$$b_0 := a_0,$$
$$b_i := b_{i-1}x^* + a_i \quad \text{für} \quad i = 1, 2, \ldots, n.$$

Der Wert des Polynoms p an der Stelle x^* ist dann

$$p(x^*) = b_n.$$

Der Algorithmus (5.8.1.1) heisst *Hornerschema*. Die Koeffizienten b_i erhält man auch, wenn man versucht, das Polynom $p(x)$ durch $(x-x^*)$ zu dividieren. Für das Polynom

$$p_1(x) := b_0 x^{n-1} + b_1 x^{n-2} + \cdots + b_{n-1}$$

gilt nämlich

(5.8.1.2)
$$p(x) = (x - x^*)p_1(x) + b_n,$$

wie man durch Koeffizientenvergleich sofort feststellt. Darüber hinaus folgt aus (5.8.1.2) durch Differentiation nach x für $x = x^*$

$$p'(x^*) = p_1(x^*),$$

d.h. die erste Ableitung $p'(x^*)$ kann ebenfalls mit Hilfe des Hornerschemas als Wert des Polynoms $p_1(x)$ für $x = x^*$ berechnet werden:

$$p'(x^*) = \big(\cdots(b_0 x^* + b_1)x^* + \cdots\big)x^* + b_{n-1}.$$

Häufig ist jedoch das Polynom $p(x)$ nicht in der Form

$$p(x) = a_0 x^n + \cdots + a_n$$

gegeben, sondern auf andere Weise. Besonders wichtig ist der Fall, dass $p(x)$ das charakteristische Polynom einer reellen symmetrischen Tridiagonalmatrix

$$J = \begin{bmatrix} \alpha_1 & \beta_2 & & 0 \\ \beta_2 & \ddots & \ddots & \\ & \ddots & \ddots & \beta_n \\ 0 & & \beta_n & \alpha_n \end{bmatrix}$$

ist. Bezeichnet man mit $p_i(x)$ das charakteristische Polynom

$$p_i(x) := \det\left(\begin{bmatrix} \alpha_1 - x & \beta_2 & & 0 \\ \beta_2 & \ddots & \ddots & \\ & \ddots & \ddots & \beta_i \\ 0 & & \beta_i & \alpha_i - x \end{bmatrix}\right)$$

der i-ten Hauptabschnittsmatrix von J, so gilt die Rekursionsformel

(5.8.1.3)
$$p_0(x) := 1,$$
$$p_1(x) := (\alpha_1 - x) \cdot 1,$$
$$p_i(x) := (\alpha_i - x)p_{i-1}(x) - \beta_i^2 p_{i-2}(x), \quad i = 2, 3, \ldots, n,$$
$$p(x) := \det(J - xI) := p_n(x).$$

Für jedes gegebene $x = x^*$ kann $p(x^*)$ mit (5.8.1.3) bei bekannten α_i, β_i berechnet werden. Für die Berechnung von $p'(x)$ erhält man durch Differentiation von (5.8.1.3) eine ähnliche Rekursionsformel

(5.8.1.4)
$$p_0'(x) := 0,$$
$$p_1'(x) := -1,$$
$$p_i'(x) := -p_{i-1}(x) + (\alpha_i - x)p_{i-1}'(x) - \beta_i^2 p_{i-2}'(x),$$
$$i = 2, 3, \ldots, n,$$
$$p'(x) := p_n'(x),$$

die zusammen mit (5.8.1.3) ausgewertet werden kann.

Wie sich bei der allgemeinen Diskussion des Newton-Verfahrens herausstellte, kann man i.a. nur dann die Konvergenz der x_k gegen eine Nullstelle x^* garantieren, wenn der Startwert x_0 genügend nahe bei x^* liegt. Bei unglücklicher Wahl von x_0 kann auch bei Polynomen p die Folge x_k divergieren. Ist z.B. p ein reelles Polynom ohne reelle Nullstellen (z.B. $p(x) = x^2 + 1$), so kann das Newton-Verfahren für keinen reellen Startwert x_0 konvergieren. Obwohl man bisher kein einfaches Rezept kennt, wie man bei einem *beliebigen* Polynom einen Startwert x_0 findet, der die Konvergenz des Newton-Verfahrens sichert, gibt es eine einfache Regel für die Wahl von x_0 in einem wichtigen Spezialfall. Dieser Fall liegt vor, wenn $p(x)$ ein reelles Polynom ist, dessen Nullstellen x_i^*, $i = 1, 2, \ldots, n$, alle reell sind:

$$x_1^* \geq x_2^* \geq \cdots \geq x_n^*.$$

Später wird gezeigt, dass z.B. die durch (5.8.1.3) gegebenen Polynome für reelle α_i, β_i diese Eigenschaft besitzen. In diesem Fall gilt das folgende Resultat.

(5.8.1.5) **Theorem:** *Ist $p(x)$ ein reelles Polynom n-ten Grades, $n \geq 2$, das nur reelle Nullstellen x_i^* mit*

$$x_1^* \geq x_2^* \geq \cdots \geq x_n^*$$

besitzt, so liefert das Newton-Verfahren für alle Startwerte $x_0 > x_1^*$ eine gegen x_1^* konvergente, streng monoton fallende Folge x_k von Näherungswerten.

Beweis: Sei o.B.d.A. $p(x_0) > 0$. Da $p(x)$ sein Vorzeichen für $x > x_1^*$ nicht ändert, gilt

$$p(x) = a_0 x^n + \cdots + a_n > 0$$

für $x > x_1^*$ und deshalb $a_0 > 0$. Nach dem Satz von Rolle besitzt p' mindestens $n - 1$ reelle Nullstellen α_i mit

$$x_1^* \geq \alpha_1 \geq x_2^* \geq \alpha_2 \geq \cdots \geq \alpha_{n-1} \geq x_n^*.$$

Wegen $\operatorname{Grad} p' = n - 1 \geq 1$ sind dies sämtliche Nullstellen von p', und es folgt wegen $a_0 > 0$ auch $p'(x) > 0$ für $x > \alpha_1$. Durch nochmalige Anwendung des Satzes von Rolle folgt ebenso wegen $n \geq 2$

$$(5.8.1.6) \qquad \begin{aligned} p''(x) &> 0 \quad \text{für} \quad x > \alpha_1, \\ p'''(x) &\geq 0 \quad \text{für} \quad x \geq \alpha_1. \end{aligned}$$

Für $x \geq \alpha_1$ sind also p und p' konvexe Funktionen.

Ist nun $x_k > x_1^*$, so folgt sofort wegen $p'(x_k) > 0$, $p(x_k) > 0$

$$x_{k+1} = x_k - \frac{p(x_k)}{p'(x_k)} < x_k.$$

Wir müssen noch $x_{k+1} > x_1^*$ zeigen: Wegen (5.8.1.6) und $x_k > x_1^* \geq \alpha_1$ folgt durch Taylorentwicklung

$$\begin{aligned} 0 = p(x_1^*) &= p(x_k) + (x_1^* - x_k)p'(x_k) + \frac{1}{2}(x_1^* - x_k)^2 p''(\delta), \quad x_1^* < \delta < x_k, \\ &> p(x_k) + (x_1^* - x_k)p'(x_k), \end{aligned}$$

also wegen $p(x_k) = p'(x_k)(x_k - x_{k+1})$,

$$0 > p'(x_k)(x_k - x_{k+1} + x_1^* - x_k) = p'(x_k)(x_1^* - x_{k+1}).$$

Aus $p'(x_k) > 0$ folgt schliesslich $x_{k+1} > x_1^*$ und damit die Behauptung des Theorems. $\qquad\square$

Für später halten wir als Konsequenz von (5.8.1.6) folgendes Resultat fest.

(5.8.1.7) **Lemma:** *Ist $p(x) = a_0 x^n + \cdots + a_n$ ein reelles Polynom n-ten Grades mit $a_0 > 0$, $n \geq 2$, dessen Nullstellen sämtlich reell sind, so ist $p'''(x) \geq 0$ für $x \geq \alpha_1$, also $p'(x)$ für $x \geq \alpha_1$ eine konvexe Funktion. Hier ist α_1 die grösste Nullstelle von $p'(x)$.*

Es stellt sich nun das Problem, eine Zahl $x_0 > x_1^*$ zu finden. Zu diesem Zweck kann man folgende Abschätzungen für die Nullstellen eines Polynoms benutzen, die erst später in Band 2 teilweise bewiesen werden (siehe auch Householder (1970), weitere Abschätzungen findet man bei Marden (1970)).

(5.8.1.8) Theorem: *Für alle Nullstellen x_i^* eines beliebigen komplexen Polynoms*

$$p(x) = a_0 x^n + a_1 x^{n-1} + \cdots + a_n \quad mit \quad a_0 \neq 0$$

gilt:

$$|x_i^*| \leq \max\left\{ \left|\frac{a_n}{a_0}\right|, 1 + \left|\frac{a_{n-1}}{a_0}\right|, \ldots, 1 + \left|\frac{a_1}{a_0}\right| \right\},$$

$$|x_i^*| \leq \max\left\{ 1, \sum_{j=1}^{n} \left|\frac{a_j}{a_0}\right| \right\},$$

$$|x_i^*| \leq \max\left\{ \left|\frac{a_n}{a_{n-1}}\right|, 2\left|\frac{a_{n-1}}{a_{n-2}}\right|, \ldots, 2\left|\frac{a_1}{a_0}\right| \right\},$$

$$|x_i^*| \leq \sum_{j=0}^{n-1} \left|\frac{a_{j+1}}{a_j}\right|,$$

$$|x_i^*| \leq 2\max\left\{ \left|\frac{a_1}{a_0}\right|, \sqrt{\left|\frac{a_2}{a_0}\right|}, \sqrt[3]{\left|\frac{a_3}{a_0}\right|}, \ldots, \sqrt[n]{\left|\frac{a_n}{a_0}\right|} \right\}.$$

Es sei darauf hingewiesen, dass quadratische Konvergenz nicht unbedingt schnelle Konvergenz bedeutet. Falls der Startwert x_0 weit von einer Wurzel entfernt ist, kann das Newton-Verfahren zu Beginn sehr sehr langsam konvergieren, wenn etwa x_0 zu gross gewählt wurde. Für grosses x_k gilt nämlich

$$x_{k+1} = x_k - \frac{x_k^n + \cdots}{nx_k^{n-1} + \cdots} \approx x_k\left(1 - \frac{1}{n}\right).$$

Diese Beobachtung führt zu der Idee, das einfache Newton-Verfahren durch ein *Doppelschritt-Verfahren* zu ersetzen:

$$x_{k+1} = x_k - 2\frac{p(x_k)}{p'(x_k)}, \quad k = 0, 1, 2, \ldots.$$

Natürlich besteht bei dieser Methode die Gefahr, dass man in der Situation von Theorem (5.8.1.5) mit x_{k+1} über x_1^* hinausschiesst, falls x_k nahe bei x_1^* liegt. Infolge einiger spezifischer Eigenschaften von Polynomen kann man jedoch dieses Überschiessen benutzen, um eine Zahl y mit $x_1^* \geq y > x_2^*$ zu finden, die man als Startwert für anschliessende Newton-Schritte zur Berechnung von x_2^* verwenden kann. Es gilt nämlich das folgende Resultat.

(5.8.1.9) Theorem: *Sei $p(x)$ ein reelles Polynom n-ten Grades, $n \geq 2$, mit nur reellen Nullstellen $x_1^* \geq x_2^* \geq \cdots \geq x_n^*$. α_1 sei die grösste Nullstelle von $p'(x)$: $x_1^* \geq \alpha_1 \geq x_2^*$. Für $n = 2$ sei zusätzlich $x_1^* > x_2^*$ vorausgesetzt. Dann sind für alle $z > x_1^*$ die Zahlen*

$$z' := z - \frac{p(z)}{p'(z)}, \quad y := z - 2\frac{p(z)}{p'(z)}, \quad y' := y - \frac{p(y)}{p'(y)},$$

(s. Fig. 13) *wohldefiniert und es gilt:*

(5.8.1.10a) $\alpha_1 < y,$

(5.8.1.10b) $x_1^* \leq y' \leq z'.$

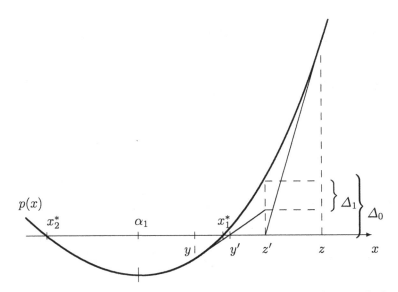

Fig. 13. Geometrische Interpretation der Doppelschrittmethode

Im Fall $n = 2$, $x_1^* = x_2^*$ verifiziert man leicht $y = x_1^*$ für alle $z > x_1^*$.

Beweis: Sei wieder o.B.d.A. $p(z) > 0$ und $z > x_1^*$. Man betrachte die Grössen Δ_0, Δ_1 (s. Fig. 14) mit

$$\Delta_0 := p(z') = p(z') - p(z) - (z' - z)p'(z) = \int_z^{z'} \left(p'(t) - p'(z) \right) dt,$$

$$\Delta_1 := p(z') - p(y) - (z' - y)p'(y) = \int_y^{z'} \left(p'(t) - p'(y) \right) dt.$$

Δ_0 und Δ_1 lassen sich als Fläche über bzw. unter der Kurve $p'(t)$ deuten (Fig. 14).

Nun ist nach Lemma (5.8.1.7) unter den Voraussetzungen des Theorems $p'(x)$ für $x \geq \alpha_1$ eine konvexe Funktion. Es gilt daher wegen $z' - y = z - z'$ (> 0 wegen Theorem (5.8.1.5))

(5.8.1.11) $\Delta_1 \leq \Delta_0,$ falls $y \geq \alpha_1,$

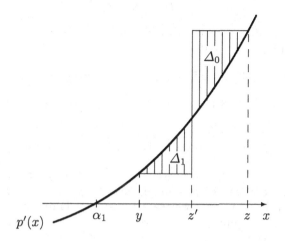

Fig. 14. Interpretation von Δ_0 und Δ_1 als Fläche

wobei Gleichheit $\Delta_1 = \Delta_0$ genau dann vorliegt, wenn $p'(t)$ eine lineare Funktion ist, also p ein Polynom höchstens zweiten Grades ist. Wir unterscheiden nun drei Fälle, $y > x_1^*$, $y = x_1^*$, $y < x_1^*$.

Für $y > x_1^*$ folgt die Aussage des Theorems sofort aus Theorem (5.8.1.5). Für $y = x_1^*$ zeigen wir als erstes $x_1^* > \alpha_1 > x_2^*$, d.h. x_1^* ist einfache Nullstelle von p. Andernfalls wäre $y = x_1^* = x_2^* = \alpha_1$ eine mehrfache Nullstelle und deshalb nach Voraussetzung $n \geq 3$, und es wäre in (5.8.1.11) $\Delta_1 < \Delta_0$. Dies führt zu dem Widerspruch

$$p(z') = p(z') - p(x_1^*) - (z' - x_1^*)p'(x_1^*) = \Delta_1 < \Delta_0 = p(z').$$

Es bleibt der Fall $y < x_1^*$ zu betrachten. Falls zusätzlich $\alpha_1 < y$, so ist $p'(y) \neq 0$, also y' wohldefiniert, und es gilt wegen $p(z) > 0$, $x_2^* < \alpha_1 < y < x_1^*$, auch $p(y) < 0$, $p'(y) > 0$. Deshalb und wegen $p(y) = (y - y')p'(y)$, $\Delta_1 \leq \Delta_0$ hat man

$$\Delta_0 - \Delta_1 = p(y) + (z' - y)p'(y) = p'(y)(z' - y') \geq 0,$$

also $z' \geq y'$. Schliesslich folgt durch Taylorentwicklung

$$p(x_1^*) = 0 = p(y) + (x_1^* - y)p'(y) + \frac{1}{2}(x_1^* - y)^2 p''(\delta), \quad y < \delta < x_1^*,$$

also wegen $p''(x) \geq 0$ für $x \geq \alpha_1$, $p(y) = (y - y')p'(y)$, $p'(y) > 0$,

$$0 \geq p(y) + (x_1^* - y)p'(y) = p'(y)(x_1^* - y')$$

und damit $x_1^* \leq y'$. Damit ist Theorem (5.8.1.9) unter der zusätzlichen Annahme $\alpha_1 < y$ bewiesen. Es bleibt zu zeigen, dass für jedes $z > x_1^*$ für das zugehörige $y = y(z)$ gilt

(5.8.1.12) $$y = y(z) > \alpha_1.$$

Dazu unterscheiden wir wieder zwei Fälle, $x_1^* > \alpha_1 > x_2^*$ und $x_1^* = \alpha_1 = x_2^*$. Im ersten Fall gilt (5.8.1.12) für alle

$$x_1^* < z < x_1^* + (x_1^* - \alpha_1),$$

denn aus Theorem (5.8.1.5) folgt $z > z' \geq x_1^*$ und daher nach Definition von $y = y(z)$

$$y - \alpha_1 = z' - (z - z') - \alpha_1 > x_1^* - (x_1^* - \alpha_1) - \alpha_1 = 0.$$

Also gibt es ein $z_0 > x_1^*$ mit $y(z_0) > \alpha_1$. Nun ist $y(z)$ für $z > x_1^*$ eine stetige Funktion von z. Aus der Annahme, dass es ein $z_1 > x_1^*$ mit $y(z_1) \leq \alpha_1$ gibt, folgt nach dem Mittelwertsatz für stetige Funktionen, dass auch ein $\bar{z} \in [z_0, z_1]$ existiert mit $\bar{y} = y(\bar{z}) = \alpha_1$. Aus (5.8.1.11) folgt dann für $z = \bar{z}$

$$\Delta_1 = p(\bar{z}') - p(\bar{y}) - (\bar{z}' - \bar{y})p'(\bar{y}) = p(z') - p(\bar{y}) \leq \Delta_0 = p(z'),$$

also $p(\bar{y}) = p(\alpha_1) \geq 0$. Andererseits gilt $p(\alpha_1) < 0$, weil x_1^* einfache Nullstelle ist und deshalb $p(x)$ an $x = x_1^*$ das Vorzeichen wechselt. Dieser Widerspruch beweist (5.8.1.12).

Damit bleibt (5.8.1.12) nur noch für den Fall $x_1^* = \alpha_1 = x_2^*$ zu zeigen. In diesem Fall ist aber nach Voraussetzung $n \geq 3$. Sei o.B.d.A.

$$p(x) = x^n + a_1 x^{n-1} + \cdots + a_n.$$

Dann gilt für $z \to \infty$ asymptotisch

$$z' = z - \frac{p(z)}{p'(z)} = z - \frac{z}{n} \frac{1 + \dfrac{a_1}{z} + \cdots + \dfrac{a_n}{z^n}}{1 + \dfrac{n-1}{n}\dfrac{a_1}{z} + \cdots + \dfrac{a_{n-1}}{nz^{n-1}}}$$

$$= z - \frac{z}{n}\left(1 + \mathcal{O}\left(\frac{1}{z}\right)\right),$$

also

$$y = y(z) = z + 2(z' - z) = z - \frac{2z}{n}\left(1 + \mathcal{O}\left(\frac{1}{z}\right)\right)$$

$$= z\left(1 - \frac{2}{n}\right) + \mathcal{O}(1).$$

Wegen $n \geq 3$ wächst $y(z)$ mit $z \to +\infty$ über alle Grenzen, so dass es ein $z_0 > x_1^*$ gibt mit $y_0 = y(z_0) > \alpha_1$. Wenn (5.8.1.12) nicht für alle $z > x_1^*$ zutrifft, kann man wie eben ein $\bar{z} > x_1^*$ finden, so dass $\bar{z} = y(\bar{z}) = \alpha_1$ gilt. Der Fall $\bar{y} = \alpha_1 = x_1^* = x_2^*$ wurde aber schon oben zum Widerspruch geführt. Damit ist Theorem (5.8.1.9) vollständig bewiesen. $\qquad\square$

Das Theorem hat folgende praktische Bedeutung: Ist $x_0 > x_1^*$ so gilt für die Näherungswerte x_k des „Doppelschrittverfahrens"

$$x_{k+1} = x_k - 2\frac{p(x_k)}{p'(x_k)}$$

entweder $x_0 \geq x_1 \geq \cdots \geq x_k \geq x_{k+1} \geq \cdots \geq x_1^*$ und $\lim_{k\to\infty} x_k = x_1^*$, oder es gibt ein erstes $x_{k_0} := y$ mit

$$p(x_0)p(x_k) > 0 \quad \text{für} \quad 0 \leq k < k_0,$$
$$p(x_0)p(x_{k_0}) < 0.$$

Im ersten Fall ändern die $p(x_k)$ ihr Vorzeichen nicht

$$p(x_0)p(x_k) \geq 0 \quad \text{für alle} \quad k,$$

und die x_k konvergieren schneller als im ursprünglichen Newton-Verfahren gegen x_1^*.

Im zweiten Fall gilt nach dem letzten Theorem

$$x_0 > x_1 > \cdots > x_{k_0-1} > x_1^* > y = x_{k_0} > \alpha_1 > x_2^*.$$

In diesem Falle setze man die Iteration mit dem einfachen Newton-Verfahren und dem Startwert $y_0 := y$ fort,

$$y_{k+1} = y_k - \frac{p(y_k)}{p'(y_k)}, \quad k = 0, 1, \ldots,$$

für das dann gilt

$$y_1 \geq y_2 \geq \cdots \geq x_1^*, \quad \lim_{k\to\infty} y_k = x_1^*.$$

Nachdem man die grösste Nullstelle x_1^* von p bestimmt hat, hat man das Problem, die weiteren Nullstellen $x_2^*, x_3^*, \ldots, x_n^*$ zu bestimmen. Naheliegend ist folgende Methode: Man „dividiere x_1^* ab", d.h. man bilde das Polynom $(n-1)$-ten Grades

$$p_1(x) := \frac{p(x)}{x - x_1^*},$$

dessen grösste Nullstelle gerade x_2^* ist und bestimme x_2^* wieder mit Hilfe des Newton-Verfahrens. Dabei kann entweder x_1^* oder besser die beim Überschiessen gefundene Zahl $y = x_{k_0}$ als Startwert verwendet und die Iteration wieder mit Hilfe von Doppelschritten beschleunigt werden. So kann man schliesslich alle Nullstellen bestimmen.

Dieses Abdividieren (*Deflation*) ist aber nicht ganz ungefährlich, weil man infolge von Rundungsfehlern weder x_1^* noch $p_1(x)$ exakt bestimmen kann. Das tatsächlich berechnete Polynom p_1 besitzt deshalb nicht $x_2^*, x_3^*, \ldots, x_n^*$, sondern etwas davon verschiedene Zahlen als Nullstellen, die wiederum nur näherungsweise gefunden werden können, so dass die zuletzt bestimmten Nullstellen recht ungenau sein können.

Man kann jedoch zeigen, dass das Abdividieren numerisch stabil ist, wenn die Koeffizienten $a'_0, a'_1, \ldots, a'_{n-1}$ von

$$p_1(x) = a'_0 x^{n-1} + a'_1 x^{n-2} + \cdots + a'_{n-1}$$

in der richtigen Reihenfolge bestimmt werden: Die Reihenfolge $a'_0, \ldots, a'_{n-1}$ (*Vorwärtsdeflation*) ist numerisch stabil, falls die abdividierte Nullstelle x^*_1 die betragskleinste Nullstelle von p ist; die umgekehrte Reihenfolge (*Rückwärtsdeflation*) ist numerisch stabil, falls x^*_1 die betragsgrösste Nullstelle ist. Wieder andere Reihenfolgen sind für die Wurzeln mittleren Betrages günstiger: Details findet man bei Peters und Wilkinson (1971).

Durch einen Trick, der von Maehly (1954) stammt, lässt sich das Abdividieren ganz vermeiden. Für das Polynom $p_1(x)$ gilt nämlich

$$p'_1(x) = \frac{p'(x)}{x - x^*_1} - \frac{p(x)}{(x - x^*_1)^2},$$

und als Newton-Iteration für p_1 findet man

$$x_{k+1} = x_k - \frac{p_1(x_k)}{p'_1(x_k)} = x_k - \frac{p(x_k)}{p'(x_k) - \dfrac{p(x_k)}{x_k - x^*_1}}.$$

Allgemein gilt für das Polynom $p_j(x) := p(x)/\big((x - x^*_1) \cdots (x - x^*_j)\big)$

$$p'_j(x) = \frac{p'(x)}{(x - x^*_1) \cdots (x - x^*_j)} - \frac{p(x)}{(x - x^*_1) \cdots (x - x^*_j)} \cdot \sum_{i=1}^{j} \frac{1}{x - x^*_i}.$$

Das (einfache) Newton-Verfahren zur Berechnung von x^*_{j+1} lautet daher in der Maehly-Form

(5.8.1.13) $$x_{k+1} = \Phi_j(x_k) \quad \text{mit} \quad \Phi_j(x) := x - \frac{p(x)}{p'(x) - \displaystyle\sum_{i=1}^{j} \frac{p(x)}{x - x^*_i}}.$$

Der Vorteil dieser Formel liegt darin, dass das durch Φ_j gegebene Iterationsverfahren selbst dann *lokal* quadratisch gegen x^*_{j+1} konvergiert, wenn die Zahlen $x^*_1, \ldots, x^*_j$, die in Φ_j eingehen, keine Nullstellen von p sind (man beachte, dass man nur noch lokale Konvergenz hat). Die Berechnung von x^*_{j+1} hängt deshalb nicht kritisch von der Genauigkeit ab, mit der man die früheren Wurzeln x^*_i, $i \le j$, berechnet hat. Man spricht deshalb auch von Verfahren zur *Nullstellenunterdrückung* (s. Peters und Wilkinson (1971)).

Man beachte aber, dass $\Phi_j(x)$ nicht für die früher bestimmten Wurzeln $x = x^*_i$, $i = 1, 2, \ldots, j$, definiert ist, so dass diese nicht als Startwerte der

Iteration verwendet werden können. Stattdessen kann man die Werte nehmen, die man beim Überschiessen der Doppelschrittmethode gefunden hat.

Folgendes Programm beschreibt dieses Verfahren. Die Funktionsprozeduren $p(z)$ bzw. $p'(z)$ liefern den Wert des Polynoms p bzw. dessen erste Ableitung, die Nullstellen sind x_i^*, $i = 1, 2, \ldots, n$.

> $z0 := $ *Startwert* x_0;
>
> für $j := 1, 2, \ldots, n$:
>
>> $m := 2$; $zs := z0$;
>>
>> *Iteration*: $z := zs$; $s := 0$;
>>
>>> für $i := 1, 2, \ldots, j - 1$:
>>>
>>>> $s := s + 1/(z - x_i^*)$;
>>>
>>> $zs := p(z)$; $zs := z - m \times zs/\big(p'(z) - zs \times s\big)$;
>>>
>>> falls $zs < z$ setze Iteration fort;
>>>
>>> falls $m = 2$ setze
>>>
>>> $zs := z$; $m := 1$;   und setze Iteration fort;
>>>
>>> $x_j^* := z$;

Beispiel: Dieses Beispiel illustriert die Vorteile des Verfahrens von Maehly. Die Koeffizienten a_i des Polynoms

$$p(x) := \prod_{j=0}^{13}(x - 2^{-j}) = \sum_{i=0}^{14} a_i x^{14-i}$$

werden bei Gleitpunktrechnung i.a. bestenfalls mit einem relativen Fehler der Grössenordnung ε berechnet. Wir bemerken, dass die Nullstellen von $p(x)$ gut konditioniert sind. Die folgende Tabelle zeigt, dass das Newton–Maehly-Verfahren die Nullstellen bis auf absolute Fehler der Grössenordnung 40ε ($\varepsilon = 10^{-12}$ die Maschinengenauigkeit) liefert. Bei expliziter Abdivision (und Vorwärtsdeflation) ist bereits die fünfte Nullstelle völlig falsch (die absoluten Fehler sind als Vielfache von ε angegeben).

$x_j^* = 2^{-j}$	(Absoluter Fehler) $\times 10^{12}$	
	Newton–Maehly	Abdivision
1.0	0	0
0.5	6.8	3.7×10^2
0.25	1.1	1.0×10^6
0.125	0.2	1.4×10^9
0.062 5	4.5	
0.031 25	4.0	
0.015 625	3.3	
0.007 812 5	39.8	$> 10^{12}$
0.003 906 25	10.0	
0.001 953 125	5.3	
0.000 976 562 5	0	
0.000 488 281 25	0	
0.000 244 140 625	0.4	
0.000 122 070 3125	0	

Das Polynom

$$p_1(x) := \frac{p(x)}{x-1} = \prod_{j=1}^{13} (x - 2^{-j})$$

besitzt die Nullstellen 2^{-j}, $j = 1, 2, \ldots, 13$. Wird $\tilde{p}_1$ durch numerisches Abdividieren von $(x-1)$ aus $p(x)$ gewonnen,

$$\tilde{p}_1(x) := \mathrm{gl}\Big(\frac{p(x)}{x-1} \Big),$$

so stimmen bereits nach einer Abdivision die meisten Nullstellen von $\tilde{p}_1(x)$ kaum noch mit den exakten Nullstellen von $p_1(x)$ überein.

j	Mit Newton–Maehly berechnete Nullstellen von $\tilde{p}_1(x)$
1	0.499
2	0.250
3	0.123
4	0.092
5	−0.098
6	−0.056
7	−0.64
8	+1.83

Dividiert man dagegen die Nullstellen (bei Vorwärtsdeflation) in der umgekehrten Reihenfolge beginnend mit der beitragskleinsten Nullstelle ab, so erhält man die Nullstellen von $p(x)$ praktisch mit Maschinengenauigkeit (Peters und Wilkinson (1971), Wilkinson (1994)):

j	Reihenfolge der Abdivision der Nullstellen von $p(x)$													
	13	12	11	10	9	8	7	6	5	4	3	2	1	0
Betrag des absoluten Fehlers ($\times 10^{12}$)	0.2	0.4	2	5	3	1	14	6	12	6	2	2	12	1

Besitzt ein reelles Polynom konjugiert komplexe Nullstellen, so können diese mit Hilfe des gewöhnlichen Newton-Verfahrens nicht gefunden werden, solange man mit *reellen* Näherungswerten startet. Will man auch die komplexen Nullstellen bekommen, so muss man von komplexen Näherungswerten ausgehen. Beim Verfahren von Bairstow wird die komplexe Rechnung vermieden. Es geht von der Beobachtung aus, dass die Nullstellen des reellen quadratischen Polynoms

$$x^2 - rx - q$$

genau dann auch Nullstellen des gegebenen reellen Polynoms

$$p(x) = a_0 x^n + a_1 x^{n-1} + \cdots + a_n, \quad a_0 \neq 0,$$

sind, wenn $p(x)$ durch $x^2 - rx - q$ ohne Rest teilbar ist. Nun ist allgemein

$$(5.8.1.14) \qquad p(x) = p_1(x)(x^2 - rx - q) + Ax + B,$$

wobei $\operatorname{Grad} p_1 = n - 2$ und $Ax + B$ der Rest ist, der bei Division von $p(x)$ durch $x^2 - rx - q$ auftritt. Die Koeffizienten A und B hängen natürlich von r und q ab,

$$A = A(r, q), \quad B = B(r, q),$$

und der Rest verschwindet genau dann, wenn (r, q) Lösung des Gleichungssystems

$$(5.8.1.15) \qquad A(r, q) = 0, \quad B(r, q) = 0$$

ist. Das Verfahren von Bairstow ist nun nichts anderes als das gewöhnliche Newton-Verfahren (5.1.6) zur iterativen Lösung von (5.8.1.15), nämlich

$$(5.8.1.16) \qquad \begin{bmatrix} r_{i+1} \\ q_{i+1} \end{bmatrix} = \begin{bmatrix} r_i \\ q_i \end{bmatrix} - \begin{bmatrix} A_r & A_q \\ B_r & B_q \end{bmatrix}^{-1} \begin{bmatrix} A(r_i, q_i) \\ B(r_i, q_i) \end{bmatrix}.$$

Um (5.8.1.16) auszuführen, müssen natürlich zunächst die partiellen Ableitungen

$$A_r = \frac{\partial A}{\partial r}, \quad A_q = \frac{\partial A}{\partial q}, \quad B_r = \frac{\partial B}{\partial r}, \quad B_q = \frac{\partial B}{\partial q}$$

berechnet werden. Nun gilt (5.8.1.14) identisch in r, q und x. Also folgt durch Differentiation nach r und q

$$(5.8.1.17) \qquad \begin{aligned} \frac{\partial}{\partial r} p(x) &\equiv 0 = (x^2 - rx - q)\frac{\partial p_1(x)}{\partial r} - x\, p_1(x) + A_r x + B_r, \\ \frac{\partial}{\partial q} p(x) &\equiv 0 = (x^2 - rx - q)\frac{\partial p_1(x)}{\partial q} - p_1(x) + A_q x + B_q. \end{aligned}$$

Durch nochmalige Division von $p_1(x)$ durch $(x^2 - rx - q)$ erhält man die Darstellung

(5.8.1.18) $p_1(x) = p_2(x)(x^2 - rx - q) + A_1 x + B_1$.

Setzt man nun voraus, dass $x^2 - rx - q = 0$ zwei verschiedene Nullstellen x_0, x_1 besitzt, so erhält man für $x = x_i$, $i = 0, 1$,

$$p_1(x_i) = A_1 x_i + B_1,$$

und deshalb aus (5.8.1.17) für $x = x_i$ die Gleichungen

$$\left. \begin{array}{l} -x_i(A_1 x_i + B_1) + A_r x_i + B_r = 0 \\ -(A_1 x_i + B_1) + A_q x_i + B_q = 0 \end{array} \right\} , \quad i = 0, 1.$$

Aus der zweiten dieser Gleichungen folgt wegen $x_0 \neq x_1$ sofort

(5.8.1.19) $A_q = A_1, \quad B_q = B_1,$

und deshalb aus der ersten Gleichung

$$-x_i^2 A_q + x_i(A_r - B_q) + B_r = 0, \quad i = 0, 1.$$

Wegen $x_i^2 = rx_i + q$ folgt

$$x_i(A_r - B_q - A_q \cdot r) + B_r - A_q \cdot q = 0, \quad i = 0, 1,$$

und daher wegen $x_0 \neq x_1$,

$$A_r - B_q - A_q \cdot r = 0,$$
$$B_r - A_q \cdot q = 0.$$

Zusammen mit (5.8.1.19) ergibt dies schliesslich

$$A_q = A_1, \qquad B_q = B_1,$$
$$A_r = rA_1 + B_1, \qquad B_r = q \cdot A_1.$$

Die Grössen A, B bzw. A_1, B_1 können mit Hilfe eines hornerartigen Schemas gefunden werden. Mit $p(x) = a_0 x^n + \cdots + a_n$, $p_1(x) = b_0 x^{n-2} + \cdots + b_{n-2}$ erhält man aus (5.8.1.14) durch Koeffizientenvergleich folgende Rekursionsformeln für die b_i und A, B:

$$b_0 := a_0,$$
$$b_1 := b_0 r + a_1,$$
$$b_i := b_{i-2} q + b_{i-1} r + a_i \quad \text{für} \quad i = 2, 3, \ldots, n-2,$$
$$A := b_{n-3} q + b_{n-2} r + a_{n-1},$$
$$B := b_{n-2} q + a_n.$$

Auf ähnliche Weise kann man aus den b_i vermöge (5.8.1.18) auch A_1 und B_1 berechnen.

5.8.2 Sturmsche Ketten und Bisektionsverfahren

Sei $p(x)$ ein reelles Polynom n-ten Grades

$$p(x) = a_0 x^n + a_1 x^{n-1} + \cdots + a_n, \quad a_0 \neq 0.$$

Es ist möglich (s. Henrici (1974) für eine systematische Behandlung dieser Fragen), die Anzahl der reellen Nullstellen von p in einem Intervall mit Hilfe der Zahl $w(a)$ der *Vorzeichenwechsel* einer Kette reeller Polynome $p_i(x)$, $i = 0, 1, \ldots, m$, fallenden Grades an bestimmten Stellen $x = a$ zu berechnen: Zur Bestimmung von $w(a)$ streicht man zunächst in der Folge $p_0(a), p_1(a), \ldots, p_m(a)$ alle verschwindenden Terme $p_i(a) = 0$ und zählt dann ab, wie oft aufeinander folgende Terme verschiedene Vorzeichen haben. Passende Ketten von Polynomen sind die sogenannten *Sturmschen Ketten*.

(5.8.2.1) **Definition:** *Eine Folge*

$$p(x) = p_0(x), p_1(x), \ldots, p_m(x)$$

reeller Polynome, heisst eine Sturmsche Kette für $p(x)$, falls gilt:

a) *Alle reellen Wurzeln von $p_0(x)$ sind einfach.*
b) $\operatorname{sign}(p_1(x^*)) = -\operatorname{sign}(p_0'(x^*))$ *für alle reellen Wurzeln x^* von $p_0(x)$.*
c) *Für $i = 1, 2, \ldots, m - 1$ gilt*

$$p_{i+1}(x^*) p_{i-1}(x^*) < 0,$$

   falls x^* reelle Nullstelle von $p_i(x)$ ist.
d) *Das letzte Polynom $p_m(x)$ besitzt keine reellen Wurzeln.*

Es gilt dann das folgende Resultat.

(5.8.2.2) **Theorem:** *Die Anzahl der reellen Nullstellen von $p(x) \equiv p_0(x)$ im Intervall $a \leq x < b$ ist gleich $w(b) - w(a)$, wenn $w(x)$ die Anzahl der Vorzeichenwechsel einer Sturmschen Kette*

$$p_0(x), p_1(x), \ldots, p_m(x)$$

an der Stelle x ist.

Bevor wir dieses Theorem beweisen, soll kurz gezeigt werden, wie man zu einem reellen Polynom $p(x)$ mit Hilfe des bekannten Euklidischen Algorithmus eine Sturmsche Kette konstruieren kann, wenn die reellen Nullstellen von p einfach sind. Dazu setze man

$$p_0(x) := p(x), \quad p_1(x) := -p_0'(x) = -p'(x)$$

und bilde die restlichen $p_{i+1}(x)$ rekursiv, indem man $p_{i-1}(x)$ durch $p_i(x)$ mit Rest teilt:

$$(5.8.2.3) \qquad p_{i-1}(x) = q_i(x)p_i(x) - c_i p_{i+1}(x), \quad i = 1, 2, \ldots,$$

wobei $\operatorname{Grad} p_i(x) > \operatorname{Grad} p_{i+1}(x)$. Hier können $c_i > 0$ beliebige positive Konstanten sein. Da der Grad der Polynome p_i mit wachsendem i echt abnimmt, bricht die Kette nach spätestens $m \leq n$ Schritten ab,

$$p_{m-1}(x) = q_m(x)p_m(x), \quad p_m(x) \neq 0.$$

$p_m(x)$ ist dann bekanntlich der grösste gemeinsame Teiler von $p(x)$ und $p_1(x) = -p'(x)$. Falls die reellen Nullstellen von $p(x)$ einfach sind, haben $p(x)$ und $p'(x)$ keine gemeinsamen reellen Nullstellen, so dass auch $p_m(x)$ keine reellen Nullstellen besitzt und deshalb (5.8.2.1)d) gilt. Falls $p_i(x^*) = 0$ für ein $x^* \in \mathbb{R}$, folgt aus (5.8.2.3) $p_{i-1}(x^*) = -c_i p_{i+1}(x^*)$. Wenn nun auch $p_{i+1}(x^*) = 0$ wäre, dann folgte aus (5.8.2.3) $p_{i+1}(x^*) = \cdots = p_m(x^*) = 0$, also $p_m(x^*) = 0$ im Widerspruch zu (5.8.2.1)d). Also gilt (5.8.2.1)c). Die restliche Bedingung (5.8.2.1)b) ist trivial.

Als nächstes beweisen wir Theorem (5.8.2.2).

Beweis: Wir wollen untersuchen, wie sich die Zahl der Vorzeichenwechsel $w(a)$ in der Folge

$$p_0(a), p_1(a), \ldots, p_m(a)$$

mit wachsendem $a \in \mathbb{R}$ ändert. Solange a keine Nullstelle eines der $p_i(x)$, $i = 0, 1, \ldots, m$, passiert, kann sich $w(a)$ nicht ändern. Wir untersuchen nun das Verhalten von $w(a)$ an einer Nullstelle eines der Polynome $p_i(x)$ und unterscheiden die beiden Fälle $i > 0$ und $i = 0$.

Im ersten Fall ist $i < m$ wegen (5.8.2.1)d) und $p_{i+1}(a) \neq 0$, $p_{i-1}(a) \neq 0$ wegen (5.8.2.1)c). Die Vorzeichen der $p_j(a)$, $j = i-1, i, i+1$, zeigen daher für genügend kleines $h > 0$ ein Verhalten, das durch eines der vier folgenden Tableaus skizziert wird:

	$a-h$	a	$a+h$
$i-1$	$-$	$-$	$-$
i	$-$	0	$\pm$
$i+1$	$+$	$+$	$+$

	$a-h$	a	$a+h$
$i-1$	$+$	$+$	$+$
i	$-$	0	$\pm$
$i+1$	$-$	$-$	$-$

	$a-h$	a	$a+h$
$i-1$	$-$	$-$	$-$
i	$+$	0	$\pm$
$i+1$	$+$	$+$	$+$

	$a-h$	a	$a+h$
$i-1$	$+$	$+$	$+$
i	$+$	0	$\pm$
$i+1$	$-$	$-$	$-$

In jedem Fall ist $w(a-h) = w(a) = w(a+h)$ und die Zahl der Vorzeichenwechsel ändert sich beim Passieren von a nicht.

Im zweiten Fall, $i = 0$, kann das Verhalten wegen (5.8.2.1)a)b) durch eines der folgenden Tableaus beschrieben werden:

i	$a-h$	a	$a+h$
0	$-$	0	$+$
1	$-$	$-$	$-$

i	$a-h$	a	$a+h$
0	$+$	0	$-$
1	$+$	$+$	$+$

Jedenfalls ist

$$w(a - h) = w(a) = w(a + h) - 1$$

und beim Passieren einer Nullstelle a von $p_0(x) \equiv p(x)$ wird genau ein Zeichenwechsel gewonnen. Für $a < b$ und genügend kleines $h > 0$ gibt daher

$$w(b) - w(a) = w(b - h) - w(a - h)$$

die Anzahl der Nullstellen von $p(x)$ im Intervall $a - h < x < b - h$ an, d.h. der Nullstellen im Intervall $a \leq x < b$, da $h > 0$ beliebig klein gewählt werden kann. Damit ist Theorem (5.8.2.2) bewiesen.   □

Die Resultate des letzten Theorems werden hauptsächlich dazu verwendet, um durch ein *Bisektionsverfahren* die Eigenwerte von reellen symmetrischen Tridiagonalmatrizen

$$J = \begin{bmatrix} \alpha_1 & \beta_2 & & 0 \\ \beta_2 & \ddots & \ddots & \\ & \ddots & \ddots & \beta_n \\ 0 & & \beta_n & \alpha_n \end{bmatrix}$$

zu bestimmen. Die charakteristischen Polynome der i-ten Hauptabschnittsmatrizen der Matrix $J - xI$ genügen der Rekursion

$$p_0(x) := 1,$$
$$p_1(x) := \alpha_1 - x,$$
$$p_i(x) := (\alpha_i - x)p_{i-1}(x) - \beta_i^2 p_{i-2}(x), \quad i = 2, 3, \ldots, n,$$

und es ist $p_n(x) = \det(J - xI)$ das charakteristische Polynom von J, dessen Nullstellen gerade die Eigenwerte von J sind. Wir wollen zeigen, dass für $\beta_i \neq 0$, $i = 2, 3, \ldots, n$, die Polynome

(5.8.2.4) $p_n(x), p_{n-1}(x), \ldots, p_0(x)$

eine Sturmsche Kette für das charakteristische Polynom $p_n(x) = \det(J - xI)$ bilden (man beachte, dass sich die Numerierung der $p_i(x)$ von der in (5.8.2.1) unterscheidet). Dies ergibt sich aus folgendem Theorem.

(5.8.2.5) **Theorem:** *Seien α_j, β_j reelle Zahlen mit $\beta_j \neq 0$ für $j = 2, 3, \ldots, n$, und seien die Polynome $p_i(x)$, $i = 0, 1, \ldots, n$, durch die Rekursion (5.8.1.3) definiert. Dann sind alle Nullstellen $x_k^{(i)}$, $k = 1, 2, \ldots, i$, von p_i, $i = 1, 2, \ldots, n$, reell und einfach,*

$$x_1^{(i)} > x_2^{(i)} > \cdots > x_i^{(i)},$$

und die Nullstellen von p_{i-1} und p_i trennen sich strikt,

(5.8.2.6) $x_1^{(i)} > x_1^{(i-1)} > x_2^{(i)} > x_2^{(i-1)} > \cdots > x_{i-1}^{(i-1)} > x_i^{(i)}.$

Beweis: Der Beweis wird durch Induktion nach i geführt. Das Theorem ist für $i = 1$ trivial. Wir nehmen an, dass es für ein $i \geq 1$ richtig ist, d.h. die Nullstellen $x_k^{(i)}$, $x_k^{(i-1)}$, von p_i und p_{i-1} sind reell und es gilt (5.8.2.6). Wegen (5.8.1.3) hat p_j die Form $p_j(x) = (-1)^j x^j + \cdots$, so dass $\mathrm{Grad}\, p_j = j$. Also ändert $p_{i-1}(x)$ für $x > x_1^{(i-1)}$ sein Vorzeichen nicht, und (5.8.2.6) ergibt sofort

$$(5.8.2.7) \qquad \mathrm{sign}\big(p_{i-1}(x_k^{(i)})\big) = (-1)^{i+k} \quad \text{für} \quad k = 1, 2, \ldots, i,$$

da die Nullstellen $x_k^{(i-1)}$ einfach sind. Ferner folgt aus (5.8.1.3)

$$p_{i+1}(x_k^{(i)}) = -\beta_{i+1}^2 p_{i-1}(x_k^{(i)}), \quad k = 1, 2, \ldots, i.$$

Wegen $\beta_{i+1}^2 > 0$ erhält man

$$\mathrm{sign}\big(p_{i+1}(x_k^{(i)})\big) = (-1)^{i+k+1}, \quad k = 1, 2, \ldots, i,$$
$$\mathrm{sign}\big(p_{i+1}(+\infty)\big) = (-1)^{i+1},$$
$$\mathrm{sign}\big(p_{i+1}(-\infty)\big) = 1,$$

so dass p_{i+1} in jedem der $i + 1$ offenen Intervalle $(x_1^{(i)}, +\infty)$, $(-\infty, x_i^{(i)})$, $(x_{k+1}^{(i)}, x_k^{(i)})$, $k = 1, 2, \ldots, i - 1$, sein Vorzeichen ändert, und deshalb p_{i+1} in jedem dieser Intervalle eine Nullstelle, also insgesamt mindestens $i + 1$ reelle verschiedene Nullstellen besitzt. Wegen $\mathrm{Grad}\, p_{i+1} = i + 1$ sind daher alle Nullstellen von p_{i+1} reell und einfach, und sie trennen die Nullstellen $x_k^{(i)}$ von p_i strikt,

$$x_1^{(i+1)} > x_1^{(i)} > x_2^{(i+1)} > x_2^{(i)} > \cdots > x_i^{(i)} > x_{i+1}^{(i+1)}.$$

Damit ist der Beweis komplett.   □

Man zeigt nun leicht, dass die Polynome (5.8.2.4) eine Sturmsche Kette bilden: Wegen (5.8.2.5) besitzt $p_n(x)$ nur reelle einfache Nullstellen

$$x_1^* > x_2^* > \cdots > x_n^*,$$

und wegen (5.8.2.7) gilt für $k = 1, 2, \ldots, n$

$$\mathrm{sign}\big(p_{n-1}(x_k^*)\big) = (-1)^{n+k},$$
$$\mathrm{sign}\big(p_n'(x_k^*)\big) = (-1)^{n+k+1} = -\,\mathrm{sign}\big(p_{n-1}(x_k^*)\big).$$

Für $x = -\infty$ besitzt nun die Kette (5.8.2.4) die Vorzeichen

$$+, +, \ldots, +,$$

also $w(-\infty) = 0$. Wegen Theorem (5.8.2.2) gibt deshalb $w(\mu)$ gerade die Anzahl der Nullstellen x^* von $p_n(x)$ mit $x^* < \mu$ an:

$w(\mu) \geq n + 1 - i$ gilt genau dann, wenn $x_i^* < \mu$.

Das führt zu folgendem Bisektionsverfahren, um die i-te Nullstelle x_i^* von $p_n(x)$ zu bestimmen ($x_1^* > x_2^* > \cdots > x_n^*$). Man startet mit einem Intervall

$$[a_0, b_0],$$

das x_i^* sicher enthält; z.B. wähle man $b_0 > x_1^*$, $x_n^* > a_0$. Dann halbiert man sukzessiv dieses Intervall und testet mit Hilfe der Sturmschen Kette, in welchem der beiden neuen Teilintervalle x_i^* liegt. D.h. man bildet für $j = 0, 1, 2, \ldots$

$$\mu_j := (a_j + b_j)/2,$$

$$a_{j+1} := \begin{cases} a_j & \text{falls } w(\mu_j) \geq n + 1 - i, \\ \mu_j & \text{falls } w(\mu_j) < n + 1 - i, \end{cases}$$

$$b_{j+1} := \begin{cases} \mu_j & \text{falls } w(\mu_j) \geq n + 1 - i, \\ b_j & \text{falls } w(\mu_j) < n + 1 - i. \end{cases}$$

Es gilt dann stets

$$x_i^* \in [a_{j+1}, b_{j+1}] \subset [a_j, b_j], \quad |a_{j+1} - b_{j+1}| = |a_j - b_j|/2,$$

und die a_j konvergieren monoton wachsend, die b_j monoton fallend gegen x_i^*. Die Konvergenz ist linear mit dem Konvergenzfaktor 0.5. Dieses Verfahren zur Bestimmung der Nullstellen eines reellen Polynoms mit lauter reellen Nullstellen ist zwar langsam, aber sehr genau. Es hat ausserdem den Vorteil, dass man jede beliebige Nullstelle unabhängig von den übrigen bestimmen kann.

5.8.3 Die Empfindlichkeit der Nullstellen von Polynomen

Wir wollen zunächst die Kondition der Nullstellen eines Polynoms $p(x)$ untersuchen, d.h. den Einfluss kleiner Änderungen

$$p(x) \to p_\varepsilon(x) = p(x) + \varepsilon g(x),$$

$g(x) \not\equiv 0$ ein beliebiges Polynom, auf eine Nullstelle x^* von p. Es wird in Band 2 gezeigt, dass es zu einer einfachen Nullstelle x^* von p eine für kleines $|\varepsilon|$ analytische Funktion $x^*(\varepsilon)$ mit $x^*(0) = x^*$ gibt, die einfache Nullstelle von p_ε ist,

$$p(x^*(\varepsilon)) + \varepsilon g(x^*(\varepsilon)) \equiv 0.$$

Durch Differentiation dieser Identität nach ε folgt für $k := dx^*(\varepsilon)/d\varepsilon|_{\varepsilon=0}$ die Beziehung

$$k p'(x^*(0)) + g(x^*(0)) = 0, \quad k = -\frac{g(x^*)}{p'(x^*)},$$

also in erster Näherung

$$(5.8.3.1) \qquad x^*(\varepsilon) \doteq x^* - \varepsilon \frac{g(x^*)}{p'(x^*)}.$$

Für eine m-fache Nullstelle x^* von p kann man zeigen, dass p_ε eine Nullstelle der Form

$$x^*(\varepsilon) = x^* + h(\varepsilon^{1/m})$$

besitzt, wobei $h(t)$ eine für kleines $|t|$ analytische Funktion ist mit $h(0) = 0$. Wegen $p(x^*) = p'(x^*) = \cdots = p^{(m-1)}(x^*) = 0$, $p^{(m)}(x^*) \neq 0$ findet man nach m-facher Differentiation von

$$0 \equiv p_\varepsilon(x^*(\varepsilon)) = p(x^* + h(t)) + t^m g(x^* + h(t)), \quad t^m = \varepsilon,$$

nach t sofort für $k := dh(t)/dt|_{t=0}$

$$p^{(m)}(x^*)k^m + m!\, g(x^*) = 0, \quad k = \left(-\frac{m!\, g(x^*)}{p^{(m)}(x^*)} \right)^{1/m},$$

also in erster Näherung

$$(5.8.3.2) \qquad x^*(\varepsilon) \doteq x^* + \varepsilon^{1/m} \left(-\frac{m!\, g(x^*)}{p^{(m)}(x^*)} \right)^{1/m}.$$

Wir wollen nun annehmen, dass das Polynom $p(x)$ in der üblichen Form

$$p(x) = a_0 x^n + a_1 x^{n-1} + \cdots + a_n$$

durch seine Koeffizienten a_i gegeben ist. Für

$$g(x) := a_i x^{n-i}$$

ist $p_\varepsilon(x)$ jenes Polynom, das man bei Ersetzung von a_i in $p(x)$ durch $a_i(1+\varepsilon)$ erhält. Nach (5.8.3.2) bewirkt ein relativer Fehler ε von a_i eine Änderung der Nullstelle x^* in der Grösse

$$(5.8.3.3) \qquad x^*(\varepsilon) - x^* \doteq \varepsilon^{1/m} \left(-\frac{m!\, a_i^{n-i}}{p^{(m)}(x^*)} \right)^{1/m}.$$

Man sieht, dass für m-fache Nullstellen, $m > 1$, die Änderungen $x^*(\varepsilon) - x^*$ proportional zu $\varepsilon^{1/m}$, für einfache Nullstellen nur proportional zu ε sind. Mehrfache Nullstellen sind also stets schlecht konditioniert. Trotzdem können auch einfache Nullstellen schlecht konditioniert sein, nämlich dann, wenn der Faktor von ε in (5.8.3.3),

$$k(i, x^*) := \left| \frac{a_i^{n-i}}{p'(x^*)} \right|,$$

gross gegenüber x^* ist. Dies kann selbst bei „harmlos" aussehenden Polynomen der Fall sein.

Beispiel: Dieses Beispiel stammt von Wilkinson (1959).

1) Die Nullstellen $x_k^* = k$, $k = 1, 2, \ldots, 20$, des Polynoms

$$p(x) = (x-1)(x-2)\cdots(x-20) = \sum_{i=0}^{20} a_i x^{20-i}$$

sind gut separiert. Ändert man a_1 in $a_1(1 + \varepsilon)$ ab, so hat man für $x_{20}^* = 20$ wegen

$$p'(20) = 19!, \quad -a_1 = 1 + 2 + \cdots + 20 = 210$$

die Abschätzung

$$x_{20}^*(\varepsilon) - x_{20}^* \doteq \varepsilon \frac{210 \cdot 20^{19}}{19!} \approx \varepsilon \cdot 0.9 \cdot 10^{10}.$$

Die grössten Änderungen erhält man in $x_{16}^* = 16$ bei Änderungen von $a_5 \approx -10^{10}$:

$$x_{16}^*(\varepsilon) - x_{16}^* \doteq -\varepsilon \, a_5 \frac{16^{15}}{4! \, 15!} \approx \varepsilon \cdot 3.7 \cdot 10^{14}.$$

Die Nullstellen von p sind extrem schlecht konditioniert. Selbst bei 14-stelliger Rechnung muss man erwarten, dass bereits die erste Stelle von x_{16}^* nicht richtig bestimmt wird!

2) Dagegen sind die Nullstellen x_j^* des Polynoms

$$p(x) = \sum_{i=0}^{20} a_i x^{20-i} := \prod_{j=1}^{20} (x - x_j^*), \quad x_j^* := 2^{-j},$$

gut konditioniert, obwohl die x_j^* nicht gut separiert sind, weil sie sich bei Null „häufen". Wenn man z.B. $a_{20} = 2^{-1} 2^{-2} \cdots 2^{-20}$ in $a_{20}(1 + \varepsilon)$ abändert, so erhält man für $x_{20}^*(\varepsilon)$

$$\left| \frac{x_{20}^*(\varepsilon) - x_{20}^*}{x_{20}^*} \right| \doteq \left| \frac{\varepsilon}{(2^{-1} - 1)(2^{-2} - 1) \cdots (2^{-19} - 1)} \right| \le 4|\varepsilon|.$$

Allgemein kann man für jede Nullstelle x_j^* und Änderungen jedes Koeffizienten $a_i \to a_i(1 + \varepsilon)$ zeigen, dass

$$\left| \frac{x_j^*(\varepsilon) - x_j^*}{x_1^*} \right| \doteq 64|\varepsilon|.$$

Also sind alle Nullstellen gut konditioniert, wenn man nur kleine *relative* Änderungen der a_i betrachtet. Dies gilt nicht für kleine *absolute* Änderungen! Ersetzt man etwa $a_{20} = 2^{-210}$ durch $\bar{a}_{20} = a_{20} + \Delta a_{20}$, $\Delta a_{20} = 2^{-48} (\approx 10^{-14})$ — man kann dies als kleine absolute Änderung betrachten — so besitzt das geänderte Polynom Nullstellen $\bar{x}_i^*$ mit

$$\bar{x}_1^* \cdots \bar{x}_{20}^* = \bar{a}_{20} = 2^{-210} + 2^{-48} = (2^{162} + 1)(x_1^* \cdots x_{20}^*).$$

Daher gibt es mindestens ein r mit $|\bar{x}_r^* / x_r^*| \ge (2^{162} + 1)^{1/20} > 2^8 = 256$.

Man beachte, dass die Konditionsaussagen von Formel (5.8.3.3) nur etwas über die Änderungen der Nullstellen bei Änderung der Koeffizienten a_i der Standarddarstellung

$$p(x) := \sum_{i=0}^{n} a_i x^{n-i}$$

eines Polynoms aussagen. Polynome können aber auch in anderer Form dargestellt werden, beispielsweise als charakteristische Polynome einer Tridi-agonalmatrix durch die Koeffizienten dieser Matrix (s. (5.8.1.3)). Der Einfluss von Änderungen der Koeffizienten der neuen Darstellung auf die Nullstellen kann von einer völlig anderen Grössenordnung sein, als der durch (5.8.3.3) beschriebene. Die Kondition von Nullstellen kann nur relativ zu einer be-stimmten Darstellung des Polynoms definiert werden.

Beispiel: In Band 2 wird gezeigt, dass für jede reelle symmetrische Tridiagonal-matrix

$$J = \begin{bmatrix} \alpha_1 & \beta_2 & & 0 \\ \beta_2 & \ddots & \ddots & \\ & \ddots & \ddots & \beta_{20} \\ 0 & & \beta_{20} & \alpha_{20} \end{bmatrix}$$

mit dem charakteristischen Polynom $p(x) \equiv (x-1)(x-2)\cdots(x-20)$ kleine re-lative Änderungen der Koffizienten α_i oder β_i nur kleine relative Änderungen der Nullstellen $x_j^* = j$ bewirken. Bezüglich dieser Darstellung sind also alle Nullstellen sehr gut konditioniert, bezüglich der Standarddarstellung (s.o.) aber sehr schlecht. (Siehe auch Peters und Wilkinson (1969) und Wilkinson (1988) für eine detaillierte Behandlung dieses Problemkreises.)

Übungsaufgaben zu Kapitel 5

1. Es sei die stetig differenzierbare Iterationsfunktion $\Phi : \mathbb{R}^n \mapsto \mathbb{R}^n$ gegeben, und es gelte

   $$\text{lub}(D\Phi(x)) \leq K < 1 \quad \text{für alle} \quad x \in \mathbb{R}^n.$$

   Man zeige, dass die Voraussetzungen von Theorem (5.2.2) für alle $x, y \in \mathbb{R}^n$ erfüllt sind.

2. Man zeige, dass die Iteration

   $$x_{k+1} = \cos(x_k)$$

   für alle $x_0 \in \mathbb{R}$ gegen den einzigen Fixpunkt $x^* = \cos x^*$ konvergiert.

3. Man gebe ein lokales Verfahren zur Bestimmung des Fixpunktes $x^* = \sqrt[3]{2}$ von $\Phi(x) := x^3 + x - 2$ an. (Man benutze nicht die Aitken-Transformation).

4. Die Funktion $f(x) = x^3 - x^2 - x - 1$ besitzt bei $x^* = 1.839\ldots$ die einzige positive Nullstelle. Ohne Benutzung von $f'(x)$ konstruiere man eine Iterationsfunktion $\Phi(x)$ mit dem Fixpunkt $x^* = \Phi(x^*)$, so dass die Iteration für alle Startwerte $x_0 > 0$ konvergiert.

5. Für die durch $x_0 := 0$, $x_{i+1} := \sqrt{2 + x_i}$, $i = 0, 1, \ldots$, definierte Folge $\{x_i\}$ zeige man

$$\lim_{i \to \infty} x_i = 2.$$

6. Gegeben ist die Abbildung $f : \mathbb{R}^2 \mapsto \mathbb{R}^2$ mit

$$f(z) = \begin{bmatrix} \exp(x^2 - y^2) - 3 \\ x + y - \sin(2(x + y)) \end{bmatrix}.$$

Man berechne die erste Ableitung $Df(z)$. Für welche z ist $Df(z)$ singulär?

7. Das Polynom $p_0(x) = x^4 - 8x^3 + 24x^2 - 32x + a_4$ hat für $a_4 = 16$ die vierfache Nullstelle $x = 2$. Wo liegen in erster Näherung die Nullstellen des Polynoms für $a_4 = 16 \pm 10^{-4}$?

8. Man betrachte die Folge $\{z_i\}$ mit $z_{i+1} = \Phi(z_i)$, $\Phi : \mathbb{R} \mapsto \mathbb{R}$. Der Fixpunkt x^* von $\Phi(z)$ ist Nullstelle von $F(z) = z - \Phi(z)$. Man zeige: Wendet man auf $F(z)$ *einen* Iterationsschritt der regula falsi mit

$$a_i = z_i, \quad x_i = z_{i+1}$$

an, so erhält man die Methode von Steffensen bzw. Aitken zur Transformation der Folge $\{z_i\}$ in die Folge $\{\mu_i\}$.

9. $f : \mathbb{R} \mapsto \mathbb{R}$ habe eine einfache Nullstelle. Man zeige: Benutzt man $\Phi(x) := x - f(x)$ und die Steffensen-Rekursion, so erhält man das sogenannte Quasi-Newton-Verfahren

$$x_{n+1} := x_n - \frac{f(x_n)^2}{f(x_n) - f(x_n - f(x_n))}, \quad n = 0, 1, \ldots .$$

Man zeige, dass die so gefundene Iteration für einfache Nullstellen mindestens quadratisch und für mehrfache Nullstellen linear konvergiert.

10. Man berechne iterativ $x = 1/a$ für ein gegebenes $a \neq 0$ ohne Division. Für welche Startwerte x_0 konvergiert das Verfahren?

11. Man gebe ein lokal konvergentes Iterationsverfahren zweiter Ordnung zur Berechnung von $\sqrt[n]{a}$, $a > 0$, an. (Man verwende nur die arithmetischen Grundoperationen.)

12. Gegeben sei die nichtsinguläre Matrix A. Man betrachte die durch

$$X_{k+1} := X_k + X_k(I - AX_k), \quad k = 0, 1, \ldots,$$

definierte Folge von Matrizen $\{X_k\}_{k=0,1,\ldots}$ (Verfahren von Schulz).

a) Man zeige, dass $\mathrm{lub}(I - AX_0) < 1$ hinreichend für die Konvergenz von $\{X_k\}$ gegen A^{-1} ist. Für $E_k := I - AX_k$ gilt

$$E_{k+1} = E_k E_k.$$

b) Man zeige, dass das Verfahren von Schulz lokal quadratisch konvergent ist.

c) Mit $AX_0 = X_0 A$ gilt auch $AX_k = X_k A$ für alle $k \geq 0$.

13. Die Funktion $f : \mathbb{R} \mapsto \mathbb{R}$ sei für alle $x \in U(x^*) := \{ x \mid |x - x^*| \leq r \}$ aus einer Umgebung der einfachen Nullstelle x^* von f zweimal stetig differenzierbar. Man zeige, dass das Iterationsverfahren

$$y := x_n - f'(x_n)^{-1} f(x_n),$$
$$x_{n+1} := y - f'(x_n)^{-1} f(y), \quad n = 0, 1, \ldots,$$

lokal gegen x^* konvergiert und mindestens die Ordnung 3 besitzt.

14. Die reellwertige Funktion $f \in C^2(\mathbb{R})$ habe die einfache Nullstelle x^* und erfülle $f'(x) \neq 0$ für alle x mit $|x - x^*| \le r$. Definiere die Iteration

$$x_{k+1} := x_k - \frac{f(x_k)}{q(x_k)} \quad \text{mit} \quad q(x) := \frac{f(x + f(x)) - f(x)}{f(x)} \quad \text{für} \quad x \neq x^*.$$

Man zeige:

a) Für alle x gilt

$$f(x + f(x)) - f(x) = f(x) \int_0^1 f'(x + tf(x)) \, dt.$$

b) Die Funktion $q(x)$ lässt sich nach $x = x^*$ stetig differenzierbar fortsetzen vermöge

$$q(x) = \int_0^1 f'(x + tf(x)) \, dt.$$

c) Die Funktion $q(x)$ genügt der Abschätzung $|q(x) - f'(x)| \le c|f(x)|$ mit einem geeigneten c (Interpretation der Abschätzung?).

d) Das Verfahren besitzt die Form $x_{k+1} = \Phi(x_k)$ mit einer differenzierbaren Iterationsfunktion Φ. Man gebe Φ an und zeige $\Phi(x^*) = x^*$, $\Phi'(x^*) = 0$, d.h. es handelt sich um ein Verfahren zweiter Ordnung mit Grenzwert x^*.

15. Man betrachte das affin-kovariante Newton-Verfahren mit Dämpfung bei Konvergenzkontrolle durch den natürlichen Monotonietest. Man zeige, dass

$$\left\| Df(x_{k+1})^{-1} f(x_{k+1}) \right\| \le q_k(\lambda) \left\| Df(x_k)^{-1} f(x_k) \right\|,$$

wobei $q_k(\lambda) := \left(1 - \lambda + \sigma_k \lambda^2 / 2\right) / \left(1 - \sigma_k \lambda\right)$. Unter welchen Voraussetzungen gilt $q_k(\lambda) \le 1$?

16. Man beweise (5.4.40) in Lemma (5.4.39).

17. Für $f : D \subseteq \mathbb{R}^n \mapsto \mathbb{R}^m$ betrachte man das nichtlineare Ausgleichsproblem

$$\min_{x \in D} \|f(x)\|^2.$$

Man zeige, dass für das lokale Gauss–Newton-Verfahren

$$\left\| f(x_{k+1}) \right\|^2 \le \left(\left\| \bar{P}^\perp(x_k) f(x_k) \right\| + \frac{1}{2} \sigma_k \left\| \bar{P}(x_k) f(x_k) \right\| \right)^2,$$

wohingegen für das globale Gauss–Newton-Verfahren mit optimalem Dämpfungsparameter λ_k^{opt} (vgl. (5.5.20))

$$\left\| f(x_{k+1}) \right\|^2 \le \left(\left\| \bar{P}^\perp(x_k) f(x_k) \right\| + \left(1 - \frac{1}{2} \lambda_k^{\text{opt}} (1 - \rho)\right) \left\| \bar{P}(x_k) f(x_k) \right\| \right)^2.$$

18. Man gebe die Rekursionsformeln zur Berechnung der Grössen A_1, B_1 des Bairstow-Verfahrens an.

19. (Tornheim (1964)) Man betrachte eine skalare Funktion von $r + 1$ Variablen $x_0, x_1, \ldots, x_r \in \mathbb{R}$

$$\varphi(x_0, x_1, \ldots, x_r)$$

und die zugehörige *Mehrschrittiteration*

$$y_{i+1} := \varphi(y_i, y_{i-1}, y_{i-2}, \ldots, y_{i-r}), \quad i = 0, 1, \ldots,$$

wobei $y_0, y_{-1}, \ldots, y_{-r}$ vorgegeben seien. φ besitze stetige partielle Ableitungen von mindestens $(r + 1)$-ter Ordnung. y^* heisst Fixpunkt von φ, wenn für alle $k = 1, 2, \ldots, r$ und beliebige x_i, $i \neq k$ gilt:

$$(*) \qquad y^* = \varphi(x_0, x_1, \ldots, x_{k-1}, y^*, x_{k+1}, x_{k+2}, \ldots, x_r).$$

Man zeige:

a) Für die partiellen Ableitungen von φ

$$D^s \varphi(x_0, \ldots, x_r) := \frac{\partial^{|s|} \varphi(x_0, \ldots, x_r)}{\partial x_0^{s_0} \partial x_s^{s_1} \cdots \partial x_r^{s_r}},$$

mit $s = (s_0, \ldots, s_r)$, $|s| := \sum_{j=0}^{r} s_j$ gilt $D^s \varphi(y^*, \ldots, y^*) = 0$, falls $s_j = 0$ für ein j, $0 \leq j \leq r$ ist.

[*Hinweis:* Man beachte, dass $(*)$ für alle k identisch in $x_0, x_1, \ldots, x_{k-1}$ und $x_{k+1}, x_{k+2}, \ldots, x_r$ gilt.]

b) In einer hinreichend kleinen Umgebung von y^* gilt für $\varepsilon_i := |y_i - y^*|$, die Rekursion

$$(**) \qquad \varepsilon_{i+1} \leq c \, \varepsilon_i \varepsilon_{i-1} \ldots \varepsilon_{i-1}$$

mit einer geeigneten Konstante c.

c) Man gebe eine obere Schranke für die Lösung der Rekursion $(**)$ und die lokale Konvergenzordnung der y_i an.

Literatur zu Kapitel 5

Allgower, E.L.; Georg, K. (2003): *Introduction to Numerical Continuation Methods.* Philadelphia: SIAM.

Bauer, F.L. (1956): Beiträge zur Entwicklung numerischer Verfahren für programmgesteuerte Rechenanlagen. II. Direkte Faktorisierung eines Polynoms. *Bayer. Akad. Wiss. Math. Natur. Kl. S.B.* 163–203.

Björck, Å. (1996): *Numerical Methods for Least Squares Problems.* Philadelphia: SIAM.

Brent, R.P. (1973): *Algorithms for Minimization without Derivatives.* Englewood Cliffs, NJ: Prentice Hall.

Conn, A.R., Gould, N.I.M., Toint, P.L. (2000): *Trust-Region Methods.* Philadelphia: SIAM.

Deuflhard, P. (2004): *Newton Methods for Nonlinear Problems. Affine Invariance and Adaptive Algorithms.* Berlin-Heidelberg-New York: Springer.

Golubitsky, M., Schaeffer, D. (1984, 1988): *Singularities and Groups in Bifurcation Theory,* Volume I, II. Berlin-Heidelberg-New York: Springer.

Henrici, P. (1974): *Applied and Computional Complex Analysis,* Volume 1. New York: Wiley.

Householder, A.S. (1970): *The Numerical Treatment of a Single Non-linear Equation.* New York: McGraw-Hill.

Jenkins, M.A., Traub, J.F. (1970): A three-stage variable-shift iteration for polynomial zeros and its relation to generalized Rayleigh iteration. *Numer. Math.* **14**, 252–263.

Kantorovich, L.V.; Akilov G.P. (1978): *Funktionalanalysis in normierten Räumen*, 2. Auflage. Berlin: Akademie-Verlag.

Kelley, C.T. (1995): *Iterative Methods for Linear and Nonlinear Equations*. Philadelphia: SIAM.

Levenberg, K. (1944): A method for the solution of certain non-linear problems in least squares. *Quart. Appl. Math.* **2**, 164–168.

Maehly, H. (1954): Zur iterativen Auflösung algebraischer Gleichungen. *Z. Angew. Math. Physik* **5**, 260–263.

Marden, M. (1970): *Geometry of Polynomials*. Providence, RI: American Mathematical Society.

Marquardt, D.W. (1963): An algorithm for least-squares-estimation of nonlinear parameters. *J. Soc. Indust. Appl. Math.* **11**, 431–441.

Moré, J.J. (1978): The Levenberg-Marquardt algorithm: Implementation and theory. In: *Numerical Analysis*, G. Watson, Ed., Lecture Notes in Mathematics **630**, 105–116. New York: Springer.

Nickel, K. (1966): Die numerische Berechnung der Wurzeln eines Polynoms. *Numer. Math.* **9**, 80–98.

Ortega, J.M., Rheinboldt, W.C. (2000): *Iterative Solution of Non-linear Equations in Several Variables*, Reprint Edition. Philadelphia: SIAM.

Ostrowski, A.M. (1973): *Solution of Equations in Euclidean and Banach Spaces*, 3rd Edition. New York: Academic Press.

Peters, G., Wilkinson, J.H. (1969): Eigenvalues of $Ax = \lambda Bx$ with band symmetric A and B. *Comput. J.* **12**, 398–404.

Peters, G., Wilkinson, J.H. (1971): Practical problems arising in the solution of polynomial equations. *J. Inst. Math. Appl.* **8**, 16–35.

Tornheim, L. (1964): Convergence of multipoint methods. *J. Assoc. Comput. Mach.* **11**, 210–220.

Traub, J.F. (1964): *Iterative Methods for the Solution of Equations*. Englewood Cliffs, NJ: Prentice Hall.

Wilkinson, J.H. (1959): The evaluation of the zeros of ill-conditioned polynomials. Part I. *Numer. Math.* **1**, 150–180.

Wilkinson, J.H. (1969): *Rundungsfehler*. Berlin-Heidelberg: Springer.

Wilkinson, J.H. (1988): *The Algebraic Eigenvalue Problem*, Paperback Edition. Oxford: Oxford University Press.

Wilkinson, J.H. (1994): *Rounding Errors in Algebraic Processes*. Mineola, NY: Dover.

6 Optimierung

6.0 Einleitung

In der Praxis, insbesondere in der Industrie und Wirtschaft, kommen häufig Optimierungsprobleme vor. Typische Beispiele sind die Minimierung von Transportkosten oder die Gewinnmaximierung. Viele Probleme dieser Art lassen sich als Optimierungsprobleme der folgenden Gestalt formulieren:

$$\begin{aligned}
\text{minimiere} \quad & c(x) \\
x \in D : \quad & f_i(x) \le 0, \quad i = 1, 2, \ldots, m_1, \\
& f_i(x) = 0, \quad i = m_1 + 1, m_1 + 2, \ldots, m.
\end{aligned}$$

Dabei ist $x \in D \subseteq \mathbb{R}^n$ ein Vektor dessen Komponenten $x_1, x_2, \ldots, x_n$ man so wählen möchte, dass die „Kostenfunktion" $c(x)$ unter den durch die Funktionen $f_i(x)$ beschriebenen m Nebenbedingungen möglichst klein wird. Die Funktionen $c : D \mapsto \mathbb{R}$ und $f_i : D \mapsto \mathbb{R}$, $i = 1, 2, \ldots, m$, sind gegeben. Man kann sich o.B.d.A. auf Minimierungsprobleme beschränken: Ein Maximierungsproblem lässt sich in ein Minimierungsproblem umwandeln, in dem man $c(x)$ durch $-c(x)$ ersetzt. Im allgemeinen hängen die Funktionen c und f_i nichtlinear von den Variablen $x_1, x_2, \ldots, x_n$ ab, und obiges Optimierungsproblem wird als *nichtlineares Programm* bezeichnet. Allgemeine nichtlineare Programme und Verfahren zu ihrer Lösung werden z.B. in Luenberger (1984), Bertsekas (1999), Nocedal und Wright (1999), Fletcher (2000), Jarre und Stoer (2003) beschrieben.

Im Rahmen dieser Einführung können wir nur zwei wichtige Klassen von Optimierungsproblemen behandeln. In vielen Anwendungen hängen die Funktionen c und f_i linear von den Variablen $x_1, \ldots, x_n$ ab und $D = \mathbb{R}^n$. Obiges Optimierungsproblem ist dann ein lineares Minimierungsproblem, oder ein *lineares Programm*. In Abschnitt 6.1 werden einige wichtige Eigenschaften linearer Programme beschrieben, und in den Abschnitten 6.2 und 6.3 werden Verfahren zur Lösung linearer Programme behandelt. In Abschnitt 6.4 beschreiben wir dann Verfahren für die Lösung von Minimierungsproblemen ohne Nebenbedingungen, d.h. für den Spezialfall $m = 0$ in obigem allgemeinen nichtlinearen Programm.

6.1 Lineare Programme

Unter einem allgemeinen linearen Programm versteht man ein Problem der folgenden Form:

$$(6.1.1) \qquad \text{minimiere} \quad c_1 x_1 + c_2 x_2 + \cdots + c_n x_n \equiv c^T x$$

unter allen Vektoren $x \in \mathbb{R}^n$, die endlich viele Nebenbedingungen der Form

$$(6.1.2) \qquad
\begin{aligned}
a_{i1} x_1 + a_{i2} x_2 + \cdots + a_{in} x_n &\leq b_i, \quad i = 1, 2, \ldots, m_1, \\
a_{i1} x_1 + a_{i2} x_2 + \cdots + a_{in} x_n &= b_i, \quad i = m_1 + 1, m_1 + 2, \ldots, m,
\end{aligned}$$

erfüllen. Dabei sind die c_k, a_{ik}, b_i gegebene reelle Zahlen. Die zu minimierende Funktion $c^T x$ heisst *Zielfunktion*, jedes $x \in \mathbb{R}^n$, das alle Bedingungen (6.1.2) erfüllt, heisst *zulässige Lösung* des linearen Programms. Man beachte, dass unter den Ungleichungen in (6.1.2) auch *elementare* Ungleichungen der Form $x_i \geq 0$ auftreten können; solche x_i heissen *vorzeichenbeschränkte* Variable.

Für die Formulierung theoretischer Eigenschaften und auch für Lösungsverfahren, ist es oft zweckmässig, ein vorgegebenes allgemeines lineares Programm zunächst in ein äquivalentes lineares Programm in *Standardform* umzuwandeln. Wir beschreiben in diesem Abschnitt eine erste solche Standardform. Bei der Besprechung des Simplexverfahrens zur Lösung linearer Programme in Abschnitt 6.2 wird eine zweite, etwas speziellere Standardform verwendet.

Durch Einführung zusätzlicher Variablen und Gleichungen lässt sich jedes lineare Programm (6.1.1), (6.1.2) in eine Form bringen, in der als Nebenbedingungen nur Gleichungen auftreten und alle Variablen vorzeichenbeschränkt sind. Um ein gegebenes lineares Programm in diese Form zu bringen, ersetzt man in (6.1.2) jede nichtelementare Ungleichung

$$a_{i1} x_1 + \cdots + a_{in} x_n \leq b_i$$

mit Hilfe einer vorzeichenbeschränkten *Schlupfvariablen* x_{n+i} durch eine Gleichung und eine elementare Ungleichung:

$$a_{i1} x_1 + \cdots + a_{in} x_n + x_{n+i} = b_i, \quad x_{n+i} \geq 0.$$

Weiter schreibt man in (6.1.1), (6.1.2) jede nicht vorzeichenbeschränkte Variable x_i in der Form

$$x_i = x_i' - x_i'', \quad x_i' \geq 0, \quad x_i'' \geq 0,$$

und ersetzt x_i durch zwei vorzeichenbeschränkte Variable x_i' und x_i''.

Wir können also o.B.d.A. annehmen, dass ein gegebenes lineares Programm bereits in folgender Standardform vorliegt:

$$(6.1.3) \qquad
\begin{aligned}
&\text{minimiere} \quad c^T x \\
&x \in \mathbb{R}^n : \quad Ax = b, \\
&\qquad\qquad x \geq 0.
\end{aligned}$$

Dabei ist A eine gegebene reelle $m \times n$-Matrix, $b \in \mathbb{R}^m$ und $c \in \mathbb{R}^n$ sind gegebene Vektoren, und das Zeichen „$\geq$" zwischen Vektoren ist komponenten-weise zu verstehen. Mit

$$P := \{ x \in \mathbb{R}^n \mid Ax = b \text{ und } x \geq 0 \}$$

bezeichnen wir die Menge der zulässigen Lösungen von (6.1.3). Ein Vektor $\bar{x} \in P$ heisst *Optimallösung* von (6.1.3), wenn $c^T\bar{x} = \min\{ c^T x \mid x \in P \}$. Im allgemeinen kann es vorkommen, dass das lineare Programm (6.1.3) keine zulässigen Lösungen besitzt, d.h. $P = \emptyset$. Falls $P \neq \emptyset$, dann hat (6.1.3) ent-weder eine Optimallösung oder (6.1.3) ist *unbeschränkt*, d.h. $\inf\{ c^T x \mid x \in P \} = -\infty$.

Mit den Daten A, b, c von (6.1.3) lässt sich das folgende zweite lineare Programm formulieren:

(6.1.4)
$$\begin{aligned} &\text{maximiere} \quad b^T y \\ &y \in \mathbb{R}^m : \quad A^T y \leq c. \end{aligned}$$

Mit

$$D := \{ y \in \mathbb{R}^m \mid A^T y \leq c \}$$

bezeichnen wir die Menge der zulässigen Lösungen von (6.1.4). Ein Vektor $\bar{y} \in D$ ist Optimallösung von (6.1.4), wenn $b^T\bar{y} = \max\{ b^T y \mid y \in D \}$. Im allgemeinen kann der Fall $D = \emptyset$ auftreten. Falls $D \neq \emptyset$, dann hat (6.1.4) entweder eine Optimallösung oder (6.1.4) ist unbeschränkt, d.h. $\sup\{ b^T y \mid y \in D \} = +\infty$.

Wir nennen (6.1.3) das *primale* Programm und (6.1.4) das zugehörige *duale* Programm. Die Lösungen des primal-dualen Paars linearer Programme (6.1.3), (6.1.4) sind eng miteinander verknüpft. Der folgende *schwache Dua-litätssatz* lässt sich leicht beweisen.

(6.1.5) **Theorem:** *Für jede zulässige Lösung $x \in P$ des primalen Programms (6.1.3) und jede zulässige Lösung $y \in D$ des dualen Programms (6.1.4) gilt:*

(6.1.6)
$$c^T x \geq b^T y.$$

Inbesondere gilt:

a) $D = \emptyset$ *falls das primale Programm unbeschränkt ist.*
b) $P = \emptyset$ *falls das duale Programm unbeschränkt ist.*

Beweis: Multipliziert man beide Seiten von $c \geq A^T y$ von links mit x^T, so folgt mit $x \geq 0$ und $Ax = b$ sofort, dass

$$c^T x = x^T c \geq x^T \left(A^T y \right) = \left(Ax \right)^T y = b^T y.$$

Damit ist die Ungleichung (6.1.6) bewiesen. Die restlichen Aussagen folgen direkt aus (6.1.6). $\qquad\square$

Falls das primale Programm (6.1.3) und das duale Programm (6.1.4) eine Optimallösung $\bar{x}$ bzw. $\bar{y}$ haben, dann folgt mit (6.1.6) die Ungleichungskette

$$(6.1.7) \qquad c^T x \geq c^T \bar{x} \geq b^T \bar{y} \geq b^T y \quad \text{für alle} \quad x \in P, \quad y \in D.$$

Der folgende *starke Dualitätssatz* zeigt, dass in (6.1.7) $c^T \bar{x} = b^T \bar{y}$ gilt. Einen Beweis des starken Dualitätssatzes findet man z.B. bei Jarre und Stoer (2003) oder Matoušek und Gärtner (2006).

(6.1.8) Theorem: *Sei* (P) *ein primales Programm der Form* (6.1.3) *und* (D) *das zugehörige duale Programm* (6.1.4). *Für jedes solches Paar* (P) *und* (D) *tritt genau einer der folgenden Fälle auf:*

a) *Weder* (P) *noch* (D) *besitzt eine zulässige Lösung.*

b) (P) *ist unbeschränkt, und* (D) *besitzt keine zulässige Lösung.*

c) (P) *besitzt keine zulässige Lösung, und* (D) *ist unbeschränkt.*

d) *Sowohl* (P) *als auch* (D) *besitzen zulässige Lösungen. Dann haben* (P) *und* (D) *Optimallösungen $\bar{x}$ bzw. $\bar{y}$, und es gilt*

$$\min\{\, c^T x \mid x \in P \,\} = c^T \bar{x} = b^T \bar{y} = \max\{\, b^T y \mid y \in D \,\}.$$

6.2 Simplexverfahren

Das Simplexverfahren ist die am meisten verwendete Methode für die Lösung linearer Programme. In diesem Abschnitt beschreiben wir eine der möglichen Formulierungen des Simplexverfahrens. Für eine eingehendere Darstellung und andere Varianten des Simplexverfahrens sei auf die Spezialliteratur verwiesen (s. etwa Dantzig (1966), Murty (1976), Schrijver (1998), Vanderbei (2001), Gass (2003), Jarre und Stoer (2003), Matoušek und Gärtner (2006)).

6.2.1 Simplexstandardform

Wir betrachten allgemeine lineare Programme der Form (6.1.1), (6.1.2). Anstatt der Standardform (6.1.3) benutzen wir nun eine etwas speziellere Form, die mehr auf das Simplexverfahren zugeschnitten ist. Wie in Abschnitt 6.1 beschrieben, wandeln wir wieder jede nichtelementare Ungleichung in (6.1.2) mit Hilfe einer zusätzlichen *Schlupfvariablen* in eine Gleichung um. Ferner ist es aus bestimmten Gründen nützlich, zu verlangen, dass die Zielfunktion $c^T x$ die Form $c^T x \equiv -x_p$ besitzt. Dazu führt man eine weitere zusätzliche Variable x_p mit Hilfe einer weiteren Gleichung

$$c_1 x_1 + \cdots + c_n x_n + x_p = 0$$

ein, die man zu den übrigen Nebenbedingungen (6.1.2) hinzunimmt: Die Minimierung von $c^T x$ ist dann zur Maximierung von x_p unter den so erweiterten

Nebenbedingungen äquivalent. Im Gegensatz zu der Standardform (6.1.3) erlauben wir sowohl vorzeichenbeschränkte als auch *freie* Variable, und die freien Variablen werden nicht in vorzeichenbeschränkte Variablen umgewandelt.

Wir können also o.B.d.A. annehmen, dass das lineare Programm bereits in folgender *Simplexstandardform* vorliegt:

(6.2.1.1)

$$\mathrm{LP}(I,p) \qquad \text{maximiere} \quad x_p$$
$$x \in \mathbb{R}^n : \qquad Ax = b,$$
$$x_i \geq 0 \quad \text{für} \quad i \in I.$$

Dabei sind $I \subseteq N := \{1, 2, \ldots, n\}$ eine evtl. leere Indexmenge, p ein fester Index mit $p \in N \setminus I$, $A = [a_1 \ a_2 \ \cdots \ a_n]$ eine reelle $m \times n$-Matrix mit den Spalten $a_i \in \mathbb{R}^m$ und $b \in \mathbb{R}^m$ ein gegebener Vektor. Die Variablen x_i mit $i \in I$ sind die vorzeichenbeschränkte Variablen; die mit $i \notin I$ sind die freien Variablen. Mit

$$P := \{ x \in \mathbb{R}^n \mid Ax = b \text{ und } x_i \geq 0 \text{ für alle } i \in I \}$$

bezeichnen wir die Menge der zulässigen Lösungen von $\mathrm{LP}(I,p)$. Ein Vektor $\bar{x} \in P$ heisst *Optimallösung* von $\mathrm{LP}(I,p)$, wenn $\bar{x}_p = \max\{ x_p \mid x \in P \}$.

Beispiel: Zur Illustration verwenden wir folgendes lineare Programm:

$$\text{minimiere} \quad -x_1 - 2x_2$$
$$x \in \mathbb{R}^2 : \qquad -x_1 + x_2 \leq 2,$$
$$x_1 + x_2 \leq 4,$$
$$x_1 \geq 0, \quad x_2 \geq 0.$$

Nach Einführung der Schlupfvariablen x_3, x_4 und der Zielfunktionsvariablen x_5 erhält man das Problem in der Simplexstandardform $\mathrm{LP}(I,p)$ mit $I = \{1, 2, 3, 4\}$, $p = 5$:

$$\text{maximiere} \quad x_5$$
$$x \in \mathbb{R}^4 : \qquad -x_1 + x_2 + x_3 \quad = 2,$$
$$x_1 + x_2 + x_4 \quad = 4,$$
$$-x_1 - 2x_2 + x_5 = 0,$$
$$x_i \geq 0 \quad \text{für} \quad i \leq 4.$$

Es lässt sich graphisch im $\mathbb{R}^2$ darstellen. Die Menge P (in Fig. 15 schraffiert) ist ein Polyeder. Dieses Beispiel wird auch in den folgenden beiden Abschnitten 6.2.2 und 6.2.3 zur Illustration des Simplexverfahrens benutzt.

6.2.2 Lineare Gleichungssysteme und Basen

Wir betrachten zunächst die in dem linearen Gleichungssystem $Ax = b$ zusammengefassten Nebenbedingungen des linearen Programms $\mathrm{LP}(I,p)$ in

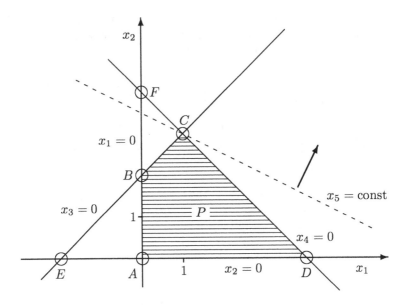

Fig. 15. Zulässiges Gebiet und Zielfunktion

Simplexstandardform (6.2.1.1). Sei $J = \{j_1, j_2, \ldots, j_r\}$ eine Indexmenge bestehend aus paarweise verschiedenen Indizes $j_i \in N$, $i = 1, 2, \ldots, r$. Für jede solche Indexmenge J bezeichnen wir mit

$$A_J := \begin{bmatrix} a_{j_1} & \cdots & a_{j_r} \end{bmatrix}$$

die Untermatrix von A mit den Spalten a_{j_i} und mit

$$x_J := \begin{bmatrix} x_{j_1} & \cdots & x_{j_r} \end{bmatrix}^T$$

den entsprechenden Teilvektor von $x \in \mathbb{R}^n$. Wir schreiben $p \in J$, falls es ein t gibt mit $p = j_t$.

(6.2.2.1) Definition: *Eine Indexmenge $J = \{j_1, \ldots, j_m\}$ von m paarweise verschiedenen Indizes $j_i \in N$ heisst Basis von $Ax = b$ bzw. von $\mathrm{LP}(I, p)$, wenn A_J nichtsingulär ist. Die Elemente j_i einer Basis heissen Basisindizes.*

Natürlich besitzt A genau dann eine Basis, wenn die Zeilen der Matrix A linear unabhängig sind. Mit J nennt man auch die Untermatrix A_J Basis; die Variablen x_i mit $i \in J$ heissen *Basisvariable*, die übrigen Variablen x_k (Indizes k) mit $k \notin J$ *Nichtbasisvariable* (*Nichtbasisindizes*). Falls eine Indexmenge $K = \{k_1, \ldots, k_{n-m}\}$ genau alle Nichtbasisindizes enthält, schreiben wir kurz $J \oplus K = N$.

Beispiel: Im Beispiel aus Abschnitt 6.2.1 sind $J_A := \{3, 4, 5\}$, $J_B := \{4, 5, 2\}$ Basen.

Zu einer Basis J, $J \oplus K = N$, gehört eine eindeutig bestimmte Lösung $\bar{x} = \bar{x}(J)$ von $Ax = b$, die sog. *Basislösung*, mit der Eigenschaft $\bar{x}_K = 0$. Wegen

$$A\bar{x} = A_J\bar{x}_J + A_K\bar{x}_K = A_J\bar{x}_J = b$$

ist $\bar{x}$ gegeben durch

(6.2.2.2) $\bar{x}_J := \bar{b}, \quad \bar{x}_K := 0 \quad \text{mit} \quad \bar{b} := A_J^{-1}b.$

Ferner ist für eine Basis J jede Lösung x von $Ax = b$ durch ihren Nichtbasisanteil x_K und die Basislösung $\bar{x}$ eindeutig bestimmt: Dies folgt aus der Multiplikation von $Ax = A_Jx_J + A_Kx_K = b$ mit A_J^{-1} und (6.2.1.1):

(6.2.2.3)
$$x_J = \bar{b} - A_J^{-1}A_Kx_K$$
$$= \bar{x}_J - A_J^{-1}A_Kx_K.$$

Wählt man $x_K \in \mathbb{R}^{n-m}$ beliebig und definiert x_J und damit x durch (6.2.2.3), so ist x Lösung von $Ax = b$. (6.2.2.3) liefert also eine bestimmte Parametrisierung der Lösungsmenge $\{x \mid Ax = b\}$ mittels der Parameter $x_K \in \mathbb{R}^{n-m}$.

Ist die Basislösung $\bar{x}$ zur Basis J von $Ax = b$ eine zulässige Lösung von $LP(I, p)$, $\bar{x} \in P$, d.h. es gilt wegen $\bar{x}_K = 0$

(6.2.2.4) $\bar{x}_i \geq 0 \quad \text{für alle} \quad i \in I \cap J,$

so heisst J *zulässige Basis* von $LP(I, p)$ und $\bar{x}$ *zulässige Basislösung*. Schliesslich nennt man eine zulässige Basis *nichtentartet*, wenn statt (6.2.2.4) schärfer gilt

(6.2.2.5) $\bar{x}_i > 0 \quad \text{für alle} \quad i \in I \cap J.$

Das lineare Programm $LP(I, p)$ heisst nichtentartet, falls alle zulässigen Basen J von $LP(I, p)$ nichtentartet sind.

Beispiel: Geometrisch entsprechen die zulässigen Basislösungen der verschiedenen Basen von $LP(I, p)$ den Ecken des Polyeders P der zulässigen Lösungen, falls P überhaupt Ecken besitzt. Im Beispiel (s. Fig. 15) gehört die Ecke $A \in P$ zur zulässigen Basis $J_A = \{3, 4, 5\}$, weil A durch $x_1 = x_2 = 0$ bestimmt ist und $\{1, 2\}$ die Komplementärmenge von J_A ist bzgl. $N = \{1, 2, 3, 4, 5\}$; zu B gehört $J_B = \{4, 5, 2\}$, zu C die Basis $J_C = \{1, 2, 5\}$ usw. Die Basis $J_E = \{1, 4, 5\}$ ist nicht zulässig, weil die zugehörige Basislösung E nicht zulässig ist, $E \notin P$.

Die Simplexmethode zur Lösung von linearen Programmen, die von G.B. Dantzig stammt, ist ein Verfahren, das ausgehend von einer zulässigen Basis J_0 von $LP(I, p)$ mit $p \in J_0$ rekursiv mittels einzelner *Simplexschritte*

$$J_i \to J_{i+1}$$

eine Folge $\{J_i\}$ weiterer zulässiger Basen J_i von LP(I,p) mit $p \in J_i$ und der folgenden Eigenschaft erzeugt: Die Zielfunktionswerte $\bar{x}(J_i)_p$ der zu J_i gehörigen zulässigen Basislösungen $\bar{x}(J_i)$ sind nicht fallend

$$\bar{x}(J_i)_p \leq \bar{x}(J_{i+1})_p \quad \text{für alle} \quad i \geq 0.$$

Falls die Basen J_i nichtentartet sind und LP(I,p) überhaupt eine Optimallösung besitzt, bricht die Folge $\{J_i\}$ nach endlich vielen Schritten mit einer Basis J_M ab, deren Basislösung $\bar{x}(J_M)$ Optimallösung von LP(I,p) ist, und es gilt sogar

$$\bar{x}(J_i)_p < \bar{x}(J_{i+1})_p \quad \text{für alle} \quad 0 \leq i \leq M-1.$$

Überdies sind je zwei aufeinander folgende Basen $J = \{j_1,\ldots,j_m\}$ und $\tilde{J} = \{\tilde{j}_1,\ldots,\tilde{j}_m\}$ auch in folgendem Sinne *benachbart*: J und $\tilde{J}$ besitzen genau $m-1$ gemeinsame Komponenten. J und $\tilde{J}$ gehen dann durch einen Indextausch auseinander hervor: Es gibt genau zwei Indizes $q,s \in N$ mit $q \in J$, $s \notin J$ und $q \notin \tilde{J}$, $s \in \tilde{J}$, d.h. $\tilde{J} = (J \cup \{s\}) \setminus \{q\}$.

Beispiel: Bei nichtentarteten Problemen entsprechen benachbarte zulässige Basen geometrisch benachbarten Ecken von P. Im Beispiel (s. Fig. 15) sind die Indexvektoren $J_A = \{3,4,5\}$ und $J_B = \{4,5,2\}$ benachbarte Basen, A und B benachbarte Ecken.

6.2.3 Phase II

Das Simplexverfahren, genauer die „Phase II" des Simplexverfahrens, setzt voraus, dass man bereits eine zulässige Basis J von LP(I,p) mit $p \in J$ kennt. In Abschnitt 6.2.4 zeigen wir, wie man eine solche zulässige Basis mit Hilfe einer Variante des Simplexverfahrens, der sog. „Phase I", bestimmen kann, sofern LP(I,p) überhaupt eine zulässige Lösung besitzt. In diesem Abschnitt beschreiben wir zunächst einen typischen Schritt von Phase II, der von einer zulässigen Basis J zu einer zulässigen Nachbarbasis $\tilde{J}$ von LP(I,p) führt. Der folgende Algorithmus beschreibt einen solchen *Simplexschritt*.

(6.2.3.1) **Algorithmus:** *Voraussetzung:* $J = \{j_1,\ldots,j_m\}$ *ist eine zulässige Basis von* LP(I,p) *mit* $p = j_t \in J$, $J \oplus K = N$.

1) *Berechne den Vektor*

$$\bar{b} := A_J^{-1}b$$

und damit die zu J gehörige Basislösung $\bar{x}$ mit $\bar{x}_J := \bar{b}$, $\bar{x}_K := 0$.

2) *Berechne den Zeilenvektor*

$$\pi := e_t^T A_J^{-1},$$

wobei $e_t = \begin{bmatrix} 0 & \cdots & 1 & \cdots & 0 \end{bmatrix}^T \in \mathbb{R}^m$ *der t-te Achsenvektor des* $\mathbb{R}^m$
ist. Bestimme mit Hilfe von π *die Zahlen*

$$c_k := \pi a_k, \quad k \in K.$$

3) *Prüfe, ob*

(6.2.3.2)
$$c_k \geq 0 \quad \text{für alle} \quad k \in K \cap I$$
$$\text{und} \quad c_k = 0 \quad \text{für alle} \quad k \in K \setminus I$$

gilt.
a) *Falls ja, stop: die Basislösung* $\bar{x}$ *ist Optimallösung von* LP(I,p).
b) *Falls nein, bestimme ein* $s \in K$ *mit*

$$c_s < 0, \ s \in K \cap I \quad \text{oder} \quad |c_s| \neq 0, \ s \in K \setminus I$$

und setze $\sigma := -\operatorname{sign} c_s$.
4) *Berechne den Vektor*

$$\bar{a} := \begin{bmatrix} \bar{\alpha}_1 & \bar{\alpha}_2 & \cdots & \bar{\alpha}_m \end{bmatrix}^T := A_J^{-1} a_s.$$

5) *Falls*

$$\sigma\,\bar{\alpha}_i \leq 0 \quad \text{für alle} \quad i \quad \text{mit} \quad j_i \in I,$$

stop: LP(I,p) *ist unbeschränkt und besitzt keine Optimallösung.*
Andernfalls:
6) *Bestimme einen Index* r *mit* $j_r \in I$, $\sigma\,\bar{\alpha}_r > 0$ *und*

$$\frac{\bar{b}_r}{\sigma\,\bar{\alpha}_r} = \min\left\{ \frac{\bar{b}_i}{\sigma\,\bar{\alpha}_i} \ \middle|\ i : j_i \in I \quad \text{und} \quad \sigma\,\bar{\alpha}_i > 0 \right\}.$$

7) *Nimm als* $\tilde{J}$ *irgendeinen passenden Indexvektor mit*

$$\tilde{J} := (J \cup \{s\}) \setminus \{j_r\},$$

zum Beispiel
$$\tilde{J} := \{ j_1, \ldots, j_{r-1}, s, j_{r+1}, \ldots, j_m \}$$

oder
$$\tilde{J} := \{ j_1, \ldots, j_{r-1}, j_{r+1}, \ldots, j_m, s \}.$$

Wir wollen diese Regeln begründen und nehmen dazu an, dass $J = \{ j_1, \ldots, j_m \}$ eine zulässige Basis von LP(I,p) mit $p = j_t \in J$ ist und $J \oplus K = N$ gilt. Schritt 1 von (6.2.3.1) liefert wegen (6.2.1.1) die zugehörige Basislösung $\bar{x} = \bar{x}(J)$. Da sich alle Lösungen von $Ax = b$ in der Form (6.2.2.3) darstellen lassen, gilt wegen $p = j_t$ für die Zielfunktion

$$\begin{aligned} x_p = e_t^T x_J &= \bar{x}_p - e_t^T A_J^{-1} A_K x_K \\ &= \bar{x}_p - \pi A_K x_K \\ &= \bar{x}_p - c_K x_K, \end{aligned}$$

(6.2.3.3)

wenn man den Zeilenvektor π und die Komponenten c_k des Zeilenvektors c_K, $c_K^T \in \mathbb{R}^{n-m}$, wie in Schritt 2 von (6.2.3.1) definiert. c_K heisst Vektor der *reduzierten Kosten* aus folgendem Grund. Wegen (6.2.3.3) gibt c_k für $k \in K$ den Betrag an, um den sich die Zielfunktion x_p vermindert, wenn man x_k um eine Einheit vergrössert. Ist deshalb die Bedingung (6.2.3.2) erfüllt (s. Schritt 3), so folgt aus (6.2.3.3) für jede *zulässige* Lösung x von LP(I,p) wegen $x_i \geq 0$ für $i \in I$ sofort

$$x_p = \bar{x}_p - \sum_{k \in K \cap I} c_k x_k \leq \bar{x}_p,$$

d.h. die Basislösung $\bar{x}$ ist Optimallösung von LP(I,p). Dies motiviert den Test (6.2.3.2) und die Aussage a) von Schritt 3. Falls (6.2.3.2) nicht erfüllt ist, gibt es einen Index $s \in K$ für den entweder

$$c_s < 0, \quad s \in K \cap I$$

oder

$$|c_s| \neq 0, \quad s \in K \setminus I$$

gilt. Sei s ein solcher Index. Wir setzen $\sigma := -\operatorname{sign} c_s$. Da wegen (6.2.3.3) eine Vergrösserung von σx_s zu einer Vergrösserung der Zielfunktion x_p führt, betrachten wir folgende Schar von Vektoren $x(\theta) \in \mathbb{R}^n$, $\theta \in \mathbb{R}$,

(6.2.3.4)
$$\begin{aligned} x(\theta)_J &:= \bar{b} - \theta\sigma A_J^{-1} a_s = \bar{b} - \theta\sigma \bar{a}, \\ x(\theta)_s &:= \theta\sigma, \\ x(\theta)_k &:= 0 \quad \text{für} \quad k \in K, \quad k \neq s. \end{aligned}$$

Hier ist $\bar{a} := A_J^{-1} a_s$ wie in Schritt 4 von (6.2.3.1) definiert.

Beispiel: In unserem Beispiel ist $I = \{1,2,3,4\}$ und $J_0 = J_A = \{3,4,5\}$ eine zulässige Basis, $K_0 = \{1,2\}$, $p = 5 \in J_0$, $t_0 = 3$. (6.2.3.1) liefert zu J_0:

$$A_{J_0} = \begin{bmatrix} 1 & 0 & 0 \\ 0 & 1 & 0 \\ 0 & 0 & 1 \end{bmatrix}, \quad \bar{b} = \begin{bmatrix} 2 \\ 4 \\ 0 \end{bmatrix},$$

$\bar{x}(J_0) = \begin{bmatrix} 0 & 0 & 2 & 4 & 0 \end{bmatrix}^T$ ($\hat{=}$ Punkt A in Fig. 15) und $\pi = e_{t_0}^T A_{J_0}^{-1} = \begin{bmatrix} 0 & 0 & 1 \end{bmatrix}$. Die reduzierten Kosten sind $c_1 = \pi a_1 = -1$, $c_2 = \pi a_2 = -2$. Also ist J_0 nicht optimal. Wählt man in (6.2.3.1), 3b) den Index $s = 2$, so wird

$$\bar{a} = A_{J_0}^{-1} a_2 = \begin{bmatrix} 1 \\ 1 \\ -2 \end{bmatrix}.$$

Die Lösungsschar $x(\theta)$ ist gegeben durch

$$x(\theta) = \begin{bmatrix} 0 & \theta & 2 - \theta & 4 - \theta & 2\theta \end{bmatrix}^T.$$

Geometrisch beschreibt $x(\theta)$, $\theta \geq 0$ in Fig. 15 einen Strahl, der längs einer Kante des Polyeders P von der Ecke A ($\theta = 0$) in Richtung der Nachbarecke B ($\theta = 2$) läuft.

Wegen (6.2.2.3) gilt $Ax(\theta) = b$ für alle $\theta \in \mathbb{R}$. Insbesondere gilt wegen (6.2.3.3), $\bar{x} = x(0)$ und der Wahl von σ

(6.2.3.5) $\qquad x(\theta)_p = \bar{x}_p - c_s x(\theta)_s = \bar{x}_p + \theta \left| c_s \right|,$

so dass die Zielfunktion längs des Strahls $x(\theta)$ mit θ streng monoton wächst. Es liegt daher nahe, unter den Lösungen $x(\theta)$ von $Ax = b$ die beste *zulässige* Lösung zu suchen; d.h. wir suchen das grösste $\theta \geq 0$ mit

$$x(\theta)_l \geq 0 \quad \text{für alle} \quad l \in I.$$

Wegen (6.2.3.4) ist dies äquivalent damit, das grösste $\theta \geq 0$ mit

(6.2.3.6) $\qquad x(\theta)_{j_i} \equiv \bar{b}_i - \theta\sigma\,\bar{\alpha}_i \geq 0 \quad \text{für alle} \quad i \quad \text{mit} \quad j_i \in I$

zu finden, weil $x(\theta)_k \geq 0$ für alle $k \in K \cap I$, $\theta \geq 0$ wegen (6.2.3.4) automatisch erfüllt ist. Wenn nun $\sigma\,\bar{\alpha}_i \leq 0$ für alle $j_i \in I$ gilt (vgl. Schritt 5 von (6.2.3.1)), ist wegen (6.2.3.6) $x(\theta)$ für alle $\theta \geq 0$ eine zulässige Lösung von LP(I, p) mit $\sup\{\, x(\theta)_p \mid \theta \geq 0 \,\} = +\infty$: Das lineare Programm LP(I, p) ist dann unbeschränkt und besitzt also keine Optimallösung. Dies rechtfertigt Schritt 5 von (6.2.3.1). Andernfalls gibt es ein grösstes $\theta =: \bar{\theta}$ für das (6.2.3.6) gilt:

$$\bar{\theta} = \frac{\bar{b}_r}{\sigma\,\bar{\alpha}_r} = \min\left\{ \frac{\bar{b}_i}{\sigma\,\bar{\alpha}_i} \;\middle|\; i : j_i \in I \ \text{und} \ \sigma\,\bar{\alpha}_i > 0 \right\}.$$

Dies bestimmt einen Index r mit $j_r \in I$, $\sigma\,\bar{\alpha}_r > 0$ und

(6.2.3.7) $\qquad x(\bar{\theta})_{j_r} = \bar{b}_r - \bar{\theta}\sigma\,\bar{\alpha}_r = 0, \quad x(\bar{\theta}) \quad \text{ist zulässige Lösung.}$

Beispiel: Im Beispiel ist

$$\bar{\theta} = 2 = \frac{\bar{b}_1}{\bar{\alpha}_1} = \min\left\{ \frac{\bar{b}_1}{\bar{\alpha}_1}, \frac{\bar{b}_2}{\bar{\alpha}_2} \right\}, \quad r = 1.$$

$x(\bar{\theta}) = \begin{bmatrix} 0 & 2 & 0 & 2 & 4 \end{bmatrix}^T$ entspricht der Ecke B in Fig. 15).

Wegen der Zulässigkeit von J ist $\bar{\theta} \geq 0$, und es folgt aus (6.2.3.5)

$$x(\bar{\theta})_p \geq \bar{x}_p.$$

Wenn J nichtentartet (6.2.2.5) ist, gilt schärfer $\bar{\theta} > 0$ und damit

$$x(\bar{\theta})_p > \bar{x}_p.$$

Wegen (6.2.2.3), (6.2.3.4), (6.2.3.7) ist $x = x(\theta)$ die eindeutig bestimmte Lösung von $Ax = b$ mit der zusätzlichen Eigenschaft

$$x_{j_r} = 0, \quad x_k = 0 \quad \text{für} \quad k \in K, \quad k \neq s,$$

d.h. mit $x_{\tilde{K}} = 0$, $\tilde{K} := \big(K \cup \{j_r\}\big) \setminus \{s\}$. Aus der Eindeutigkeit von x folgt die Nichtsingularität von $A_{\tilde{J}}$, $\tilde{J} := \big(J \cup \{s\}\big) \setminus \{j_r\}$; $x(\theta) = \bar{x}(\tilde{J})$ ist also Basislösung zur benachbarten zulässigen Basis $\tilde{J}$, und es gilt

$$\bar{x}(\tilde{J})_p > \bar{x}(J)_p \quad \text{falls } J \text{ nichtentartet ist,}$$
$$\bar{x}(\tilde{J})_p \geq \bar{x}(J)_p \quad \text{sonst.}$$

Beispiel: Im Beispiel erhält man als neue Basis

$$J_1 = \{2, 4, 5\} = J_B, \quad K_1 = \{1, 3\},$$

die der Ecke B von Fig. 15 entspricht. Im Sinne der Zielfunktion x_5 ist B besser als $A : \bar{x}(J_B)_5 = 4 > \bar{x}(J_A)_5 = 0$.

Da nach Definition von r stets $j_r \in I$ gilt, folgt

$$J \setminus I \subset \tilde{J} \setminus I,$$

d.h. bei dem Übergang $J \to \tilde{J}$ verlassen höchstens vorzeichenbeschränkte Variable x_{j_r}, $j_r \in I$ die Basis; sobald eine freie Variable x_s, $s \notin I$, Basisvariable geworden ist, bleibt sie bei allen weiteren Simplexschritten Basisvariable. Insbesondere folgt $p \in \tilde{J}$ wegen $p \in J$ und $p \notin I$. Die neue Basis $\tilde{J}$ erfüllt also wieder die Voraussetzung von (6.2.3.1), so dass (6.2.3.1) auch auf $\tilde{J}$ angewendet werden kann. Ausgehend von einer ersten zulässigen Basis J_0 von $LP(I,p)$ mit $p \in J_0$ erhält man so eine Folge

$$J_0 \to J_1 \to J_2 \to \cdots$$

von zulässigen Basen J_i von $LP(I,p)$ mit $p \in J_i$, für die im Falle der Nichtentartung aller J_i gilt

$$\bar{x}(J_0)_p < \bar{x}(J_1)_p < \bar{x}(J_2)_p < \cdots.$$

Eine Wiederholung der J_i kann also in diesem Fall nicht eintreten. Da es nur endlich viele verschiedene Indexvektoren J gibt, muss das Verfahren nach endlich vielen Schritten abbrechen. Wir haben damit für das eben beschriebene Verfahren, die *Simplexmethode*, folgendes Theorem gezeigt.

(6.2.3.8) **Theorem:** *Sei J_0 zulässige Basis von $LP(I,p)$ mit $p \in J_0$. Wenn $LP(I,p)$ nichtentartet ist, erzeugt das Simplexverfahren ausgehend von J_0 eine endliche Folge von zulässigen Basen J_i von $LP(I,p)$ mit $p \in J_i$ und $\bar{x}(J_i)_p < \bar{x}(J_{i+1})_p$. Die letzte Basislösung ist entweder eine Optimallösung von $LP(I,p)$, oder $LP(I,p)$ ist unbeschränkt.*

Beispiel: Wir setzen das Beispiel fort: Als Resultat des ersten Simplexschritts haben wir die neue zulässige Basis $J_1 = \{2, 4, 5\} = J_B$ erhalten, $K_1 = \{1, 3\}$, $t_1 = 3$, so dass

$$A_{J_1} = \begin{bmatrix} 1 & 0 & 0 \\ 1 & 1 & 0 \\ -2 & 0 & 1 \end{bmatrix}, \quad \bar{b} = \begin{bmatrix} 2 \\ 2 \\ 4 \end{bmatrix}, \quad \bar{x}(J_1) = \begin{bmatrix} 0 & 2 & 0 & 2 & 4 \end{bmatrix}^T \quad (\hat{=} \text{ Ecke } B),$$

$$\pi = e_{t_1}^T A_{J_1}^{-1} = \begin{bmatrix} 2 & 0 & 1 \end{bmatrix}.$$

Die reduzierten Kosten sind $c_1 = \pi a_1 = -3$, $c_3 = \pi a_3 = 2$, also ist J_1 nicht optimal:

$$s = 1, \quad \bar{a} = A_{J_1}^{-1} a_1 = \begin{bmatrix} -1 \\ 2 \\ -3 \end{bmatrix} \quad \Rightarrow \quad r = 2.$$

Also ist $J_2 = \{2, 1, 5\} = J_C$, $K_2 = \{3, 4\}$, $t_2 = 3$, so dass

$$A_{J_2} = \begin{bmatrix} 1 & -1 & 0 \\ 1 & 1 & 0 \\ -2 & -1 & 1 \end{bmatrix}, \quad \bar{b} = \begin{bmatrix} 3 \\ 1 \\ 7 \end{bmatrix}, \quad \bar{x}(J_2) = \begin{bmatrix} 1 & 3 & 0 & 0 & 7 \end{bmatrix}^T \quad (\hat{=} \text{ Ecke } C),$$

$$\pi = e_{t_2}^T A_{J_2}^{-1} = \begin{bmatrix} \frac{1}{2} & \frac{3}{2} & 1 \end{bmatrix}.$$

Die reduzierten Kosten sind $c_3 = \pi a_3 = \frac{1}{2} > 0$, $c_4 = \pi a_4 = \frac{3}{2} > 0$.

Das Optimalitätskriterium ist erfüllt, also ist $\bar{x}(J_2)$ optimal, d.h. $\bar{x}_1 = 1$, $\bar{x}_2 = 3$, $\bar{x}_3 = 0$, $\bar{x}_4 = 0$, $\bar{x}_5 = 7$. Der Optimalwert der Zielfunktion x_5 ist $\bar{x}_5 = 7$.

Bei der praktischen Durchführung des Simplexverfahrens hat man pro Simplexschritt $J \to \tilde{J}$ (6.2.3.1) die folgenden drei linearen Gleichungssysteme mit der Matrix A_J zu lösen:

$$(6.2.3.9) \qquad \begin{aligned} A_J \bar{b} &= b & \Rightarrow & \quad \bar{b} & \text{(Schritt 1)}, \\ \pi A_J &= e_t^T & \Rightarrow & \quad \pi & \text{(Schritt 2)}, \\ A_J \bar{a} &= a_s & \Rightarrow & \quad \bar{a} & \text{(Schritt 4)}. \end{aligned}$$

Die dazu erforderliche Rechenarbeit für die sukzessiven Basen $J \to \tilde{J} \to \cdots$ kann man erheblich reduzieren, wenn man berücksichtigt, dass aufeinander-folgende Basen $J \to \tilde{J}$ benachbart sind: Man erhält ja die neue Basismatrix $A_{\tilde{J}}$ aus A_J dadurch, dass man eine Spalte von A_J durch eine andere Spalte von A ersetzt. Dies kann man z.B. bei Verwendung von Zerlegungen der Basismatrix A_J des Typs (4.9.1)

$$F A_J = R, \quad F \text{ nichtsingulär}, \quad R \text{ obere Dreiecksmatrix},$$

ausnutzen (s. Abschnitt 4.9). Mit Hilfe einer solchen Zerlegung von A_J kann man die Gleichungssysteme (6.2.3.9) leicht lösen:

$$\begin{aligned} R \bar{b} &= F b & \Rightarrow & \quad \bar{b}, \\ R^T z &= e_t & \Rightarrow & \quad z & \Rightarrow & \quad \pi = z^T F, \\ R \bar{a} &= F a_s & \Rightarrow & \quad \bar{a}. \end{aligned}$$

Mit den Techniken von Abschnitt 4.9 kann man weiter aus einer Zerlegung $FA_J = R$ von A_J in jedem Simplexschritt eine analoge Zerlegung $\tilde{F}A_{\tilde{J}} = \tilde{R}$ für die Nachbarbasis $\tilde{J} = \{\, j_1, \ldots, j_{r-1}, j_{r+1}, \ldots, j_m, s \,\}$ (vgl. Schritt 7 von (6.2.3.1)) herrechnen: Die Matrix $FA_{\tilde{J}}$ ist eine obere Hessenberg-Matrix der Form (skizziert für $m = 4$, $r = 2$)

$$FA_{\tilde{J}} = \begin{bmatrix} * & * & * & * \\ & * & * & * \\ & * & * & * \\ & & * & * \end{bmatrix} =: R'$$

deren Subdiagonalelemente man mit Matrizen $E_{r,r+1}, E_{r+1,r+2}, \ldots, E_{m-1,m}$ des Typs (4.9.5) annullieren und so R' in eine obere Dreiecksmatrix $\tilde{R}$ transformieren kann:

$$\tilde{F}A_{\tilde{J}} = \tilde{R}, \quad \tilde{F} := EF, \quad \tilde{R} := ER', \quad E := E_{m-1,m}E_{m-2,m-1}\cdots E_{r,r+1}.$$

Es liegt also nahe, das Simplexverfahren in der Weise praktisch zu realisieren, dass man in jedem Simplexschritt $J \to \tilde{J}$ ein 4-Tupel $\mathcal{M} = \{\, J; t; F, R \,\}$ mit der Eigenschaft

$$j_t = p, \qquad FA_J = R,$$

in ein analoges 4-Tupel $\tilde{\mathcal{M}} = \{\, \tilde{J}; \tilde{t}; \tilde{F}, \tilde{R} \,\}$ transformiert. Zum Start dieser Variante des Simplexverfahrens hat man sich neben einer zulässigen Basis J_0 mit $p \in J_0$ von LP(I, p) auch eine Zerlegung $F_0 A_{J_0} = R_0$ des Typs (4.9.1) von A_{J_0} zu verschaffen. Eine Untersuchung des Rundungsfehlerverhalten für diese Realisierung des Simplexverfahrens findet man in Bartels (1971).

Die üblicheren Realisierungen der Simplexmethode benutzen statt der Zerlegungen $FA_J = R$ (4.9.1) andere Grössen, die es gestatten, die Gleichungssysteme (6.2.3.9) effizient zu lösen. So werden bei der „Inverse-Basis-Methode" 5-Tupel der Form

$$\hat{\mathcal{M}} = \{\, J; t; B, \bar{b}, \pi \,\}$$

mit

$$j_t = p, \quad B := A_J^{-1}, \quad \bar{b} = A_J^{-1}b, \quad \pi := e_t^T A_J^{-1},$$

benutzt, bei einer anderen Variante 5-Tupel

$$\bar{\mathcal{M}} = \{\, J; t; \bar{A}, \bar{b}, \pi \,\}$$

mit

$$j_t = p, \quad \bar{A} := A_J^{-1}A_K, \quad \bar{b} := A_J^{-1}b, \quad \pi := e_t^T A_J^{-1}, \quad J \oplus K = N.$$

Man nutzt hier bei dem Übergang $J \to \tilde{J}$ rechensparend aus, dass man für benachbarte Basen J, $\tilde{J}$ die Inverse $A_{\tilde{J}}^{-1}$ durch Multiplikation von A_J^{-1} mit einer geeigneten Frobeniusmatrix G berechnen kann (s. Aufgabe 4 von

Kapitel 4): $A_{\bar{J}}^{-1} = GA_J^{-1}$. Bei diesen Verfahren ist sogar die Rechenarbeit etwas geringer als bei der Verwendung der Zerlegung $FA_J = R$ (4.9.1). Ihr Hauptnachteil liegt in ihrer numerischen Instabilität: Ist eine Basismatrix A_{J_i} schlecht konditioniert, so pflanzt sich die zwangsläufig grosse Ungenauigkeit von $A_{J_i}^{-1}$, $A_{J_i}^{-1}A_{K_i}$ bei $\hat{\mathcal{M}}_i$ und $\bar{\mathcal{M}}_i$ auf alle folgenden 5-Tupel $\hat{\mathcal{M}}_j$, $\bar{\mathcal{M}}_j$, $j > i$ fort.

Beispiel: Das folgende praktische Beispiel illustriert den Gewinn an numerischer Stabilität, den man erhält, wenn man statt der üblichen „Inverse-Basis-Methode" die Dreieckszerlegung (4.9.1) zur Realisierung des Simplexverfahrens benutzt. Gegeben sei ein lineares Programm mit Nebenbedingungen der Form (die Zielfunktion ist für die folgenden Überlegungen irrelevant)

$$(6.2.3.10) \qquad \begin{aligned} Ax &= b, \quad A = \begin{bmatrix} A1 & A2 \end{bmatrix}, \\ x &\geq 0. \end{aligned}$$

Als Matrix A wählen wir die 5×10-Matrix, die durch die 5×5-Untermatrizen $A1$, $A2$

$$A1 = (a1_{ik}), \quad a1_{ik} := 1/(i+k), \quad i, k = 1, \ldots, 5,$$
$$A2 := I_5 = \text{5-reihige Einheitsmatrix},$$

gegeben ist. $A1$ ist sehr schlecht, $A2$ sehr gut konditioniert. Als rechte Seite wird der Vektor $b := A1 \cdot e$, $e := \begin{bmatrix} 1 & 1 & 1 & 1 & 1 \end{bmatrix}^T$, gewählt,

$$b_i := \sum_{k=1}^{5} \frac{1}{i+k},$$

so dass die Basen $J_1 := \{1, 2, 3, 4, 5\}$, $J_2 := \{6, 7, 8, 9, 10\}$ beide für (6.2.3.10) zulässig sind und die Basislösungen

$$(6.2.3.11) \qquad \begin{aligned} \bar{x}(J_1) &:= \begin{bmatrix} \bar{b}_1 \\ 0 \end{bmatrix}, \quad \bar{b}_1 := A_{J_1}^{-1}b = A1^{-1}b = e, \\ \bar{x}(J_2) &:= \begin{bmatrix} 0 \\ \bar{b}_2 \end{bmatrix}, \quad \bar{b}_2 := A_{J_2}^{-1}b = A2^{-1}b = b, \end{aligned}$$

besitzen.

Wir wählen als Startbasis $J_2 = \{6, 7, 8, 9, 10\}$ und transformieren sie mit der Inverse-Basis-Methode bzw. der Dreieckszerlegungsmethode mittels einzelner Austauschschritte in die neue Basis J_1 und kehren anschliessend mittels einer anderen Sequenz von Austauschschritten wieder zur Startbasis J_2 zurück:

$$J_2 \to \cdots \to J_1 \to \cdots \to J_2.$$

Für die entsprechenden Basislösungen (6.2.3.11) erhält man bei diesem Kreisprozess folgende Resultate (Maschinengenauigkeit eps $\approx 10^{-11}$, ungenaue Stellen sind unterstrichen)

Basis	exakte Basislösung		Inverse-Basis-Methode		Dreiecks-zerlegungsmethode	
	1.4500000000_{10}	0	1.4500000000_{10}	0	1.4500000000_{10}	0
	1.0928571428_{10}	0	1.0928571428_{10}	0	1.0928571428_{10}	0
J_2	$\bar{b}_2 = 8.8452380952_{10}$	$-1 =$	8.8452380952_{10}	$-1 =$	8.8452380952_{10}	0
	7.4563492063_{10}	-1	7.4563492063_{10}	-1	7.4563492063_{10}	-1
	6.4563492063_{10}	-1	6.4563492063_{10}	-1	6.4563492063_{10}	-1
	1		1.0000000182_{10}	0	1.0000000786_{10}	0
	1		9.9999984079_{10}	-1	9.9999916035_{10}	-1
J_1	$\bar{b}_1 = 1$		1.0000004372_{10}	0	1.0000027212_{10}	0
	1		9.9999952118_{10}	-1	9.9999956491_{10}	-1
	1		1.0000001826_{10}	0	1.0000014837_{10}	0
	1.4500000000_{10}	0	1.4500010511_{10}	0	1.4500000000_{10}	0
	1.0928571428_{10}	0	1.0928579972_{10}	0	1.0928571427_{10}	0
J_2	$\bar{b}_2 = 8.8452380952_{10}$	-1	8.8452453057_{10}	-1	8.8452380950_{10}	-1
	7.4563492063_{10}	-1	7.4563554473_{10}	-1	7.4563492060_{10}	-1
	6.4563492063_{10}	-1	6.4563547103_{10}	-1	6.4563492059_{10}	-1

Man findet folgendes Resultat: Wegen $A_{J_2} = I_5$ liefern beide Methoden anfangs die exakte Lösung; für die Basis J_1 liefern beide gleich ungenaue Resultate: Diese Ungenauigkeit spiegelt die schlechte Kondition von A_{J_1} wieder; sie lässt sich bei keiner Methode vermeiden, es sei denn, man führt die Rechnung mit höherer Genauigkeit durch. Nach dem Durchgang durch die schlecht konditionierte Basismatrix A_{J_1} ändert sich die Situation drastisch zugunsten der Dreieckszerlegungsmethode: Diese Methode liefert die Basislösung zu J_2 mit praktisch der vollen Maschinengenauigkeit, während die Inverse-Basis-Methode die Lösung nur mit derselben Ungenauigkeit wie bei der vorausgegangenen Basis J_1 reproduziert. Bei der Inverse-Basis-Methode vererbt sich der Einfluss der schlechten Kondition einer Basismatrix A_J auf alle weiteren Basen, nicht aber bei der Dreieckszerlegungsmethode.

Sehr grosse lineare Programme besitzen in der Regel eine spezielle Struktur, z.B. ist die Matrix A oft sehr dünn besetzt (nur relativ wenige Komponenten von A sind von Null verschieden). Um solche Probleme mit dem Simplexverfahren überhaupt lösen zu können, ist es von grösster Wichtigkeit, diese Strukturen zur Reduzierung der Anzahl der Rechenoperationen und des Speicherbedarfs auszunutzen, ohne dabei die numerische Stabilität zu vernachlässigen.

Ebenso wichtig ist es, das Simplexverfahren selbst zu optimieren, um durch eine gute Wahl der Indizes s und r (Schritte 3) und 6) in (6.2.2.3)) die Zahl der Simplexschritte möglichst klein zu halten.

Ein leistungsfähiges modernes Programm, das alle diese Probleme berücksichtigt, ist CPLEX, das von Bixby (1992, 2002) stammt.

6.2.4 Phase I

Zum Start von Phase II des Simplexverfahrens benötigt man eine zulässige Basis J_0 von $\mathrm{LP}(I,p)$ mit $p = j_{t_0} \in J_0$ bzw. ein zugehöriges 4-Tupel $\mathcal{M}_0 =$

$\{\,J_0; t_0; F_0, R_0\,\}$, in dem die nichtsinguläre Matrix F_0 und die nichtsinguläre obere Dreiecksmatrix R_0 eine Zerlegung $F_0 A_{J_0} = R_0$ (4.9.1) der Basismatrix A_{J_0} angeben.

In einigen Spezialfällen kann man leicht eine zulässige Basis $J_0(\mathcal{M}_0)$ finden, z.B. dann, wenn ein lineares Programm folgender Gestalt vorliegt:

$$
\begin{aligned}
\text{minimiere} \quad & c_1 x_1 + \cdots + c_n x_n \\
x \in \mathbb{R}^n : \quad & a_{i1} x_1 + \cdots + a_{in} x_n \le b_i, \quad i = 1, 2, \ldots, m, \\
& x_i \ge 0 \quad \text{für} \quad i \in I_1 \subset \{\, 1, 2, \ldots, n \,\},
\end{aligned}
$$

wobei $b_i \ge 0$ für $i = 1, 2, \ldots, m$. Nach Einführung von Schlupfvariablen erhält man das äquivalente Problem

$$
\begin{aligned}
\text{maximiere} \quad & x_{n+m+1} \\
x \in \mathbb{R}^{n+m+1} : \quad & a_{i1} x_1 + \cdots + a_{in} x_n + x_{n+i} = b_i, \quad i = 1, 2, \ldots, m, \\
& c_1 x_1 + \cdots + c_n x_n + x_{n+m+1} = 0, \\
& x_i \ge 0 \quad \text{für} \quad i \in I_1 \cup \{\, n+1, n+2, \ldots, n+m \,\},
\end{aligned}
$$

das die Simplexstandardform $\mathrm{LP}(I, p)$ des Abschnitts 6.2.1 mit

$$
A = \begin{bmatrix}
a_{11} & \cdots & a_{1n} & 1 & 0 & \cdots & 0 \\
\vdots & & \vdots & 0 & \ddots & \ddots & \vdots \\
a_{m1} & \cdots & a_{mn} & \vdots & \ddots & 1 & 0 \\
c_1 & \cdots & c_n & 0 & \cdots & 0 & 1
\end{bmatrix}, \quad
b = \begin{bmatrix} b_1 \\ \vdots \\ b_m \\ 0 \end{bmatrix},
$$

$$
p := n + m + 1, \quad I := I_1 \cup \{\, n+1, n+2, \ldots, n+m \,\},
$$

besitzt. $J_0 := \{\, n+1, n+2, \ldots, n+m+1 \,\}$ ist wegen $b_i \ge 0$ eine zulässige Basis mit $p = j_t \in J_0$, $t := m+1$. Ein entsprechendes $\mathcal{M}_0 = \{\, J_0; t_0; F_0, R_0 \,\}$ ist gegeben durch $t_0 := m+1$, $F_0 := R_0 := I_{m+1}$, die $m+1$-reihige Einheitsmatrix.

Für allgemeine lineare Programme (P) leistet die sog. „Phase I" des Simplexverfahrens das Verlangte. Man versteht darunter allgemein Techniken, bei denen Phase II des Simplexverfahrens auf ein modifiziertes lineares Programm $(\tilde{P})$ angewendet wird. Dabei ist $(\tilde{P})$ so beschaffen, dass für $(\tilde{P})$ eine zulässige Startbasis bekannt ist (also $(\tilde{P})$ mittels Phase II des Simplexverfahrens gelöst werden kann) und jede Optimalbasis von $(\tilde{P})$ eine zulässige Startbasis für (P) liefert. Es soll hier nur eine dieser Techniken beschrieben werden. Bezüglich anderer Starttechniken sei auf die Speziallitaratur über lineare Programmierung verwiesen, z.B. Dantzig (1966), Murty (1976), Vanderbei (2001), Gass (2003), Jarre und Stoer (2003), Matoušek und Gärtner (2006).

Wir betrachten ein allgemeines lineares Programm, das bereits auf folgende Form gebracht worden sei:

$$\text{minimiere} \quad c_1 x_1 + \cdots + c_n x_n$$

(6.2.4.1) $x \in \mathbb{R}^n :$ $a_{j1}x_1 + \cdots + a_{jn}x_n = b_j, \quad j = 1, 2, \ldots, m,$

$$x_i \geq 0 \ \text{für} \ i \in I \subseteq \{1, 2, \ldots, n\},$$

wobei wir o.B.d.A. annehmen, dass $b_j \geq 0$ für alle j gilt (multipliziere die j-te Nebenbedingung mit -1, falls $b_j < 0$).

Wir erweitern als erstes die Nebenbedingungen, indem wir sog. *künstliche Variable* $x_{n+1}, \ldots, x_{n+m}$ einführen:

$$a_{11}x_1 + \cdots + a_{1n}x_n + x_{n+1} \qquad\qquad = b_1,$$

(6.2.4.2)

$$a_{m1}x_1 + \cdots + a_{mn}x_n \qquad\qquad + x_{n+m} = b_m,$$

$$x_i \geq 0 \ \text{für} \ i \in I \cup \{n+1, \ldots, n+m\}.$$

Natürlich sind die zulässigen Lösungen von (6.2.4.1) eineindeutig den zulässigen Lösungen von (6.2.4.2) zugeordnet, für die die künstlichen Variablen verschwinden,

(6.2.4.3) $x_{n+1} = x_{n+2} = \cdots = x_{n+m} = 0.$

Wir stellen nun ein Maximierungsproblem mit den Nebenbedingungen (6.2.4.2) auf, dessen Optimallösungen (6.2.4.3) erfüllen, sofern (6.2.4.1) überhaupt zulässige Lösungen besitzt. Dazu betrachten wir das folgende lineare Programm:

LP$(\hat{I}, \hat{p})$ maximiere $x_{\hat{p}}$

$$x \in \mathbb{R}^{\hat{p}} :\quad a_{11}x_1 + \cdots + a_{1n}x_n + x_{n+1} \qquad\qquad = b_1,$$

$$a_{m1}x_1 + \cdots + a_{mn}x_n \qquad\qquad + x_{n+m} = b_m,$$

$$x_i \geq 0 \ \text{für} \ i \in \hat{I} := I \cup \{n+1, \ldots, n+m\},$$

$$\hat{p} := n + m + 1.$$

Als Startbasis können wir für dieses Problem $\hat{J}_0 := \{n+1, \ldots, n+m+1\}$ wählen. Sie ist zulässig, weil die zugehörige Basislösung $\bar{x}$,

$$\bar{x}_j = 0, \quad \bar{x}_{n+i} = b_i, \quad \bar{x}_{n+m+1} = -\sum_{i=1}^{m} b_i \quad \text{für} \quad 1 \leq j \leq n, \quad 1 \leq i \leq m,$$

wegen $b_j \geq 0$ zulässig ist.

Ein zu $\hat{J}_0$ gehöriges 4-Tupel $\mathcal{M}_0 = \{\hat{J}_0; \hat{t}_0; \hat{F}_0, \hat{R}_0\}$ ist gegeben durch

$$\hat{t}_0 := m+1, \quad \hat{F}_0 := \begin{bmatrix} 1 & 0 & \cdots & 0 \\ \vdots & \ddots & \ddots & \vdots \\ 0 & \cdots & 1 & 0 \\ -1 & \cdots & -1 & 1 \end{bmatrix}, \quad \hat{R}_0 := \begin{bmatrix} 1 & 0 & \cdots & 0 \\ 0 & 1 & \ddots & \vdots \\ \vdots & \ddots & \ddots & 0 \\ 0 & \cdots & 0 & 1 \end{bmatrix}.$$

Damit kann Phase II des Simplexverfahrens zur Lösung von $LP(\hat{I}, \hat{p})$ unmittelbar gestartet werden. Weil $LP(\hat{I}, \hat{p})$ wegen $x_{n+m+1} = -\sum_{i=1}^{m} x_{n+i} \leq 0$ einen endlichen Maximalwert besitzt, liefert Phase II schliesslich eine Optimalbasis $\bar{J}$ und die zugehörige Basislösung $\bar{x} = \bar{x}(\bar{J})$, die Optimalösung von $LP(\hat{I}, \hat{p})$ ist. Es können nun drei Fälle vorliegen:

1) $\bar{x}_{n+m+1} < 0$, d.h. (6.2.4.3) gilt nicht für $\bar{x}$.
2) $\bar{x}_{n+m+1} = 0$, und keine künstliche Variable ist Basisvariable.
3) $\bar{x}_{n+m+1} = 0$, und es gibt eine künstliche Variable in $\bar{J}$.

In Fall 1) ist (6.2.4.1) unlösbar, denn jede zulässige Lösung entspricht einer zulässigen Lösung von $LP(\hat{I}, \hat{p})$ mit $x_{n+m+1} = 0$.

Im Fall 2) liefert die Optimalbasis $\bar{J}$ von $LP(\hat{I}, \hat{p})$ sofort eine zulässige Startbasis für Phase II des Simplexverfahrens zur Lösung von (6.2.4.1).

Im Fall 3) liegt ein entartetes Problem vor, weil die künstlichen Variablen in der Basis $\bar{J}$ verschwinden. Wenn nötig kann man es durch eine Umnumerierung der Gleichungen und der künstlichen Variablen erreichen, dass die künstlichen Variablen, die sich noch in der Basis $\bar{J}$ befinden, gerade die Variablen $x_{n+1}, x_{n+2}, \ldots, x_{n+k}$ sind. Wir streichen dann in $LP(\hat{I}, \hat{p})$ die übrigen künstlichen Variablen, die nicht zur Basis $\bar{J}$ gehören, und führen statt x_{n+m+1} eine neue Variable $x_{n+k+1} := -x_{n+1} - \cdots - x_{n+k}$ und eine neue Zielfunktionsvariable x_{n+k+2} ein. Die optimale Basis $\bar{J}$ von $LP(\hat{I}, \hat{p})$ liefert dann eine zulässige Startbasis $\bar{J} \cup \{x_{n+k+2}\}$ für das folgende, zu (6.2.4.1) äquivalente Problem:

$$
\begin{aligned}
\text{maximiere} \quad & x_{\tilde{p}} \\
x \in \mathbb{R}^{\tilde{p}}: \quad & a_{11}x_1 + \cdots + a_{1n}x_n + x_{n+1} && = b_1, \\
& \quad\vdots \qquad\qquad \vdots \qquad\qquad \ddots && \vdots \\
& a_{k1}x_1 + \cdots + a_{kn}x_n + x_{n+k} && = b_k, \\
& \qquad\qquad\qquad x_{n+1} + \cdots + x_{n+k} + x_{\tilde{p}-1} && = 0, \\
& a_{k+1,1}x_1 + \cdots + a_{k+1,n}x_n && = b_{k+1}, \\
& \quad\vdots \qquad\qquad\quad \vdots && \vdots \\
& a_{m1}x_1 + \cdots + a_{mn}x_n && = b_m, \\
& c_1 x_1 + \cdots + c_n x_n + x_{\tilde{p}} && = 0, \\
& x_i \geq 0 \quad \text{für} \quad i \in I \cup \{n+1, \ldots, n+k+1\}, \\
& \tilde{p} := n + k + 2.
\end{aligned}
$$

6.3 Innere-Punkte-Verfahren

Neben der Simplexmethode gibt es eine zweite wichtige Klasse von Verfahren zur Lösung linearer Programme, die sogenannten *Innere-Punkte-Verfahren*.

Während die Simplexmethode ein endliches Verfahren ist, das bei rundungs-fehlerfreier Rechnung nach endlich vielen Schritten mit einer Optimallösung des linearen Programms abbricht (vgl. Theorem (6.2.3.8)), erzeugen Innere-Punkte-Verfahren iterativ eine Folge von Näherungslösungen, die gegen eine Optimallösung des linearen Programms konvergieren.

Das Interesse an Innere-Punkte-Verfahren wurde weitgehend durch die bahnbrechende Publikation von Karmarkar (1984) ausgelöst. Seitdem sind zahlreiche Varianten der ursprünglichen Innere-Punkte-Methode von Karmarkar entwickelt worden. Im Rahmen dieser Einführung wollen wir nur eine einzige solche Variante, ein *primal-duales, zulässiges* Innere-Punkte-Verfahren, beschreiben, und auch diese nur in ihren Grundzügen. Für eine eingehendere Darstellung und andere Varianten der Innere-Punkte-Methode sei auf die Spezialliteratur verwiesen (s. etwa Wright (1997), Potra and Wright (2000), Vanderbei (2001), Jarre und Stoer (2003), Roos, Terlaky und Vial (2005)).

6.3.1 Primal-duales Problem

Wir betrachten lineare Programme in der Standardform (vgl. (6.1.3))

$$
(6.3.1.1a) \qquad x \in \mathbb{R}^n : \quad
\begin{aligned}
\text{minimiere} \quad & c^T x \\
A x &= b, \\
x &\geq 0
\end{aligned}
$$

zusammen mit dem zu (6.3.1.1a) gehörigen dualen Programm (6.1.4). Dabei ist A eine gegebene reelle $m \times n$-Matrix, und $b \in \mathbb{R}^m$, $c \in \mathbb{R}^n$ sind gegebene Vektoren. Durch Einführung des zusätzlichen Vektors $s := c - A^T y \in \mathbb{R}^n$ lässt sich das duale Programm (6.1.4) wie folgt formulieren:

$$
(6.3.1.1b) \qquad y \in \mathbb{R}^m, \ s \in \mathbb{R}^n : \quad
\begin{aligned}
\text{maximiere} \quad & b^T y \\
A^T y + s &= c, \\
s &\geq 0.
\end{aligned}
$$

Wir bezeichnen mit

$$
P := \{ \, x \mid x \in \mathbb{R}^n, \ Ax = b \text{ und } x \geq 0 \, \}
$$

die Menge der zulässigen Lösungen des primalen Programms (6.3.1.1a) und mit

$$
D := \{ \, (y,s) \mid y \in \mathbb{R}^m, \ s \in \mathbb{R}^n, \ A^T y + s = c \text{ und } s \geq 0 \, \}
$$

die Menge der zulässigen Lösungen des dualen Programms (6.3.1.1b).

Das Simplexverfahren für die Lösung von (6.3.1.1a) konstruiert eine endliche Folge von Basislösungen („Ecken" des Polyeders P), die in einer Optimallösung endet. Im Gegensatz dazu erzeugt ein prinal-duales, zulässiges Innere-Punkte-Verfahren Folgen von zulässigen Lösungen $x_k \in P$ und $(y_k, s_k) \in D$, $k = 0, 1, \ldots$, die *strikt* im „Inneren" der Mengen P und D liegen, d.h.

(6.3.1.2) $x_k > 0$ und $s_k > 0$,

und gegen eine Optimallösung konvergieren. Wie in Kapitel 5 (vgl. Fuss-note 9 in Abschnitt 5.0) benutzen wir in diesem Abschnitt wieder untere Indizes um Iterationsvektoren (wie $x_k \in \mathbb{R}^n$ und $y_k \in \mathbb{R}^m$) zu bezeichnen und obere Indizes um die Komponenten eines Vektors (wie die Komponenten $s^1, s^2, \ldots, s^n$ von $s \in \mathbb{R}^n$) zu bezeichnen. Das Zeichen „$>$" in (6.3.1.2) ist komponentenweise zu verstehen.

Ein primal-duales, zulässiges Innere-Punkte-Verfahren mit (6.3.1.2) ist natürlich nur möglich, falls das primale Programm (6.3.1.1a) und das duale Programm (6.3.1.1b) strikt zulässige Lösungen besitzen, d.h.

$$P^\circ := \{ x \mid x \in \mathbb{R}^n,\ Ax = b \text{ und } x > 0 \} \neq \emptyset$$

und

$$D^\circ := \{ (y, s) \mid y \in \mathbb{R}^m,\ s \in \mathbb{R}^n,\ A^T y + s = c \text{ und } s > 0 \} \neq \emptyset.$$

Für das Folgende setzen wir daher stets voraus, dass $P^\circ \neq \emptyset$ und $Q^\circ \neq \emptyset$. Weiter nehmen wir an, dass die $m \times n$-Matrix A vollen Zeilenrang hat:

(6.3.1.3) $\text{Rang } A = m.$

Seien $x \in P$ und $(y, s) \in D$ beliebige zulässige Lösungen des primal-dualen Paars linearer Programme (6.3.1.1). Dann gilt

(6.3.1.4) $0 \leq x^T s = x^T (c - A^T y) = c^T x - (Ax)^T y = c^T x - b^T y.$

Mit dem starken Dualitätssatz (Theorem (6.1.8)) folgt, dass x und (y, s) Optimallösungen des Paars linearer Programme (6.3.1.1) sind, genau dann wenn

(6.3.1.5) $x^T s = 0.$

Da $x \geq 0$ und $s \geq 0$, ist (6.3.1.5) äquivalent zu der *Komplementaritätsbedingung*

(6.3.1.6) $x^j s^j = 0$ für alle $j = 1, 2, \ldots, n.$

Bezeichnet man mit

$$X = \begin{bmatrix} x^1 & 0 & \cdots & 0 \\ 0 & x^2 & \ddots & \vdots \\ \vdots & \ddots & \ddots & 0 \\ 0 & \cdots & 0 & x^n \end{bmatrix}$$

die zu dem Vektor $x = \begin{bmatrix} x^1 & x^2 & \cdots & x^n \end{bmatrix}^T$ gehörige Diagonalmatrix, so lässt sich (6.3.1.6) in der Form

$$Xs = 0$$

schreiben. Zusammen mit den Nebenbedingungen des primal-dualen Paars linearer Programme (6.3.1.1) folgt, dass x und (y, s) genau dann Optimallösungen von (6.3.1.1) sind, wenn (x, y, s) Lösung von

$$(6.3.1.7) \qquad f_0(x, y, s) := \begin{bmatrix} Ax - b \\ A^T y + s - c \\ Xs \end{bmatrix} = \begin{bmatrix} 0 \\ 0 \\ 0 \end{bmatrix}, \quad x, s \geq 0,$$

ist. Das Problem, Optimallösungen für ein primal-duales Paar linearer Programme (6.3.1.1) zu berechnen, ist somit auf die Bestimmung einer Nullstelle (x, y, s) der Funktion f_0 unter den zusätzlichen Bedingungen $x, s \geq 0$ reduziert worden.

6.3.2 Zentraler Pfad

Die zusätzlichen Bedingungen $x, s \geq 0$ in (6.3.1.7) erlauben es nicht, die üblichen Varianten des Newton-Verfahrens (wie in den Abschnitten 5.1–5.4 beschrieben) direkt zur Lösung von (6.3.1.7) einzusetzen. Um Newton-Verfahren trotzdem anwenden zu können, betrachten wir die durch $\mu > 0$ parametrisierte Familie von Problemen

$$(6.3.2.1) \qquad f_\mu(x, y, s) := \begin{bmatrix} Ax - b \\ A^T y + s - c \\ Xs - \mu e \end{bmatrix} = \begin{bmatrix} 0 \\ 0 \\ 0 \end{bmatrix}, \quad x, s > 0,$$

wobei $e := \begin{bmatrix} 1 & 1 & \cdots & 1 \end{bmatrix}^T \in \mathbb{R}^n$. Man beachte, dass sich (6.3.2.1) lediglich in der dritten Gleichung von (6.3.1.7) unterscheidet. Die dritte Gleichung, $Xs - \mu e = 0$, in (6.3.2.1) ist äquivalent zu der μ-*Komplementaritätsbedingung*

$$(6.3.2.2) \qquad x^j s^j = \mu \quad \text{für alle} \quad j = 1, 2, \ldots, n.$$

Man kann zeigen, dass unter den Voraussetzungen $P^\circ \neq \emptyset$, $D^\circ \neq \emptyset$ und (6.3.1.3) das Problem (6.3.2.1) für jedes $\mu > 0$ genau eine Lösung besitzt. Wir beweisen dieses Resultat nur unter der zusätzlichen Annahme, dass die Menge D° der strikt zulässigen Lösungen des dualen Problems (6.3.1.2) beschränkt ist. Insbesondere ist dann auch die Menge der y-Vektoren in D° beschränkt und nicht leer:

$$(6.3.2.3) \qquad \hat{D} := \{ y \in \mathbb{R}^m \mid A^T y < c \} \quad \text{ist beschränkt und} \quad \hat{D} \neq \emptyset.$$

Wir bezeichnen mit a_j die Spalten und mit a_{ij} die Einträge der Matrix

$$A = \begin{bmatrix} a_1 & a_2 & \cdots & a_n \end{bmatrix} = [a_{ij}]_{i=1,\ldots,m, j=1,\ldots,n} \in \mathbb{R}^{m \times n},$$

mit b^i die Komponenten des Vektors $b \in \mathbb{R}^m$ und mit c^j die Komponenten des Vektors $c \in \mathbb{R}^n$. Sei nun (x, y, s) eine beliebige Lösung von (6.3.2.1). Aus der zweiten und dritten Gleichung in (6.3.2.1) folgt

$$(6.3.2.4) \qquad s^j = c^j - a_j^T y \quad \text{und} \quad x^j = \frac{\mu}{s^j} = \frac{\mu}{c^j - a_j^T y}, \quad j = 1, 2, \ldots, n.$$

Mit dieser Relation zwischen den Komponenten x^j und dem Vektor y ist die verbleibende erste Gleichung in (6.3.2.1) äquivalent zu

$$(6.3.2.5) \qquad b^i - \mu \sum_{j=1}^{n} \frac{a_{ij}}{c^j - a_j^T y} = 0, \quad i = 1, 2, \ldots, m.$$

Damit ist gezeigt, dass (x, y, s) genau dann eine Lösung von (6.3.2.1) ist, wenn y die Gleichungen (6.3.2.5) erfüllt, und die Komponenten von s und x durch (6.3.2.4) definiert sind. Um zu beweisen, dass (6.3.2.1) (für jedes feste $\mu > 0$) genau eine Lösung besitzt, brauchen wir nur noch nachzuweisen, dass (6.3.2.5) genau eine Lösung y besitzt.

Dazu betrachten wir (für beliebiges, aber festes $\mu > 0$) die zu dem dualen Problem (6.3.1.1b) gehörige *logarithmische Barrierefunktion*

$$(6.3.2.6) \qquad b_\mu(y) := b^T y + \mu \sum_{j=1}^{n} \log(c^j - a_j^T y)$$

und das Minimierungsproblem

$$(6.3.2.7) \qquad \begin{array}{c} \text{minimiere } b_\mu(y). \\ y \in \hat{D} \end{array}$$

Man beachte, dass die Funktion $b_\mu(y)$ für $y \in \hat{D}$ beliebig oft differenzierbar ist. Insbesondere gilt

$$(6.3.2.8) \qquad \frac{\partial b_\mu(y)}{\partial y^i} = b^i - \mu \sum_{j=1}^{n} \frac{a_{ij}}{c^j - a_j^T y}, \quad i = 1, 2, \ldots, m,$$

und

$$(6.3.2.9) \qquad \frac{\partial^2 b_\mu(y)}{\partial y^i \partial y^\ell} = -\mu \sum_{j=1}^{n} \frac{a_{ij} a_{\ell j}}{(c^j - a_j^T y)^2}, \quad i, \ell = 1, 2, \ldots, m.$$

Mit (6.3.2.9) folgt, dass die Hesse-Matrix von b_μ durch

$$(6.3.2.10) \qquad \left[\frac{\partial^2 b_\mu(y)}{\partial y^i \partial y^\ell} \right]_{i, \ell = 1, \ldots, m} = -A D A^T$$

gegeben ist, wobei

$$D := \begin{bmatrix} d^1 & 0 & \cdots & 0 \\ 0 & d^2 & \ddots & \vdots \\ \vdots & \ddots & \ddots & 0 \\ 0 & \cdots & 0 & d^n \end{bmatrix}, \quad d^j := \frac{\mu}{\left(c^j - a_j^T y\right)^2} > 0.$$

Wegen der Rangbedingung (6.3.1.3) ist mit D auch die Matrix ADA^T positiv definit. Also ist die Hesse-Matrix (6.3.2.10) negativ definit, und die Funktion $b_\mu(y)$ ist somit streng konkav für alle $y \in \hat{D}$. Weiter ist die Barrierefunktion (6.3.2.6) gerade so konstruiert, dass b_μ am Rand der beschränkten Menge $\hat{D}$ gegen $-\infty$ strebt. Zusammen mit der strengen Konkavität von b_μ folgt, dass das Minimierungsproblem (6.3.2.7) eine eindeutig bestimmte Lösung $y \in \hat{D}$ besitzt, und diese ist durch $\nabla_y b_\mu(y) = 0$ charakterisiert. Wegen (6.3.2.8) ist letztere Bedingung äquivalent zu (6.3.2.5). Damit ist gezeigt, dass (6.3.2.5) tatsächlich eine eindeutig bestimmte Lösung $y \in \hat{D}$ besitzt, und wir haben das folgende Resultat bewiesen.

(6.3.2.11) **Theorem:** *Es seien die Voraussetzungen (6.3.1.3) und (6.3.2.3) erfüllt. Dann besitzt das Problem (6.3.2.1) für jedes $\mu > 0$ genau eine Lösung*

$$(x, y, s) = (x(\mu), y(\mu), s(\mu)).$$

(6.3.2.12) **Definition:** *Die durch*

$$(x(\mu), y(\mu), s(\mu)), \quad \mu > 0$$

gegebene Kurve heisst der zentrale Pfad des primal-dualen Paars linearer Programme (6.3.1.1).

Man beachte, dass die Bedingungen (6.3.1.7) für Optimallösungen des primal-dualen Paars linearer Programme (6.3.1.1) gerade den Grenzfall $\mu \to 0$ des Problems (6.3.2.1) darstellt. Für jede Folge $\mu_k > 0$, $k = 0, 1, \ldots$, mit $\lim_{k \to \infty} \mu_k = 0$, für welche

$$(\bar{x}, \bar{y}, \bar{s}) = \lim_{k \to \infty} \left(x(\mu_k), y(\mu_k), s(\mu_k) \right)$$

existiert, ist deshalb $\bar{x}$ eine Optimallösung des primalen Problems (6.3.1.1a) und $(\bar{y}, \bar{s})$ eine Optimallösung des dualen Problems (6.3.1.1b).

Diese Beobachtung ist die Grundlage der primal-dualen, zulässigen Innere-Punkte Verfahren. Für $k = 0, 1, \ldots$ konstruiert man eine gegen 0 konvergierende Folge μ_k und zugehörige strikt zulässige Iterierte (x_k, y_k, s_k), die „genügend nahe" am Punkt $\left(x(\mu_k), y(\mu_k), s(\mu_k) \right)$ des zentralen Pfads liegen. Der Grenzwert von (x_k, y_k, s_k) für $k \to \infty$ liefert dann Optimallösungen des primal-dualen Paars linearer Programme (6.3.1.1). Ein einfacher solcher Algorithmus wird in Abschnitt 6.3.3 beschrieben.

Setzt man Newton-Verfahren für die Lösung des Problems (6.3.2.1) ein, so muss man lineare Gleichungssysteme mit der Jacobi-Matrix Df_μ der Funktion f_μ als Koeffizientenmatrix lösen. Diese ist durch

$$(6.3.2.13) \qquad Df_\mu(x,y,s) = \begin{bmatrix} A & 0 & 0 \\ 0 & A^T & I \\ S & 0 & X \end{bmatrix}$$

gegeben. Dabei haben wir wieder die Konvention verwendet, dass X und S die Diagonalmatrizen mit den Komponenten der Vektoren x und s als Diagonalelemente bezeichnen. Es ist leicht, die Nichtsingularität dieser Jacobi-Matrizen zu garantieren.

(6.3.2.14) **Lemma:** *Die Matrix A erfülle die Rangbedingung (6.3.1.3). Dann ist für alle $x, s \in \mathbb{R}^n$ mit $x, s > 0$ die Matrix (6.3.2.13) nichtsingulär.*

Beweis: Wäre die Matrix (6.3.2.13) singulär, dann gäbe es Vektoren u, v, w mit

$$(6.3.2.15) \qquad \begin{bmatrix} A & 0 & 0 \\ 0 & A^T & I \\ S & 0 & X \end{bmatrix} \begin{bmatrix} u \\ v \\ w \end{bmatrix} = \begin{bmatrix} 0 \\ 0 \\ 0 \end{bmatrix}, \quad \begin{bmatrix} u \\ v \\ w \end{bmatrix} \neq \begin{bmatrix} 0 \\ 0 \\ 0 \end{bmatrix}.$$

Wegen $x, s > 0$ sind die Matrizen X, S nichtsingulär und die Matrix $S^{-1}X$ ist positiv definit. Aus (6.3.2.15) erhält man die Relationen

$$(6.3.2.16) \qquad Au = 0, \quad A^T v + w = 0, \quad u + S^{-1}Xw = 0.$$

Diese implizieren

$$0 = Au = -AS^{-1}Xw = AS^{-1}XA^T v.$$

Wegen (6.3.1.3) ist mit $S^{-1}X$ auch die Matrix $AS^{-1}XA^T$ positiv definit und insbesondere nichtsingulär. Damit folgt $v = 0$ und weiter mit (6.3.2.16) auch $w = 0$ und $u = 0$. Dies ist ein Widerspruch zu (6.3.2.15), und daher ist die Matrix (6.3.2.13) nichtsingulär.   □

6.3.3 Ein einfacher Algorithmus

Wie in Abschnitt 6.3.2 beschrieben, erzeugen primal-dual zulässige Innere-Punkte-Verfahren eine Folge von Parameterwerten $\mu_k > 0$ und eine Folge von Tripeln

$$(x_k, y_k, s_k) \quad \text{mit} \quad x_k, s_k > 0,$$

wobei man versucht „genügend nahe" am zentralen Pfad zu bleiben, d.h.

$$(x_k, y_k, s_k) \approx \big(x(\mu_k), y(\mu_k), s(\mu_k)\big).$$

Da der zentrale Pfad durch das Nullstellenproblem (6.3.2.1) definiert ist, liegt es nahe, die Tripel (x_k, y_k, s_k) zu konstruieren, indem man eine geeignete Variante des Newton-Verfahrens zur Lösung von (6.3.2.1) einsetzt. In diesem Abschnitt beschreiben wir einen einfachen, solchen Innere-Punkte-Algorithmus.

Sei (x_k, y_k, s_k) bereits konstruiert. Als erstes bestimmen wir ein geeignetes zugehöriges μ_k. Wir erinnern daran, dass die Wahl der μ_k so sein muss, dass $\mu_k \to 0$ für $k \to \infty$. Eine einfache Wahl von μ_k ist wie folgt. Wäre das Tripel (x_k, y_k, s_k) tatsächlich ein Punkt auf dem zentralen Pfad, dann gäbe es ein $\mu_k^{(0)} > 0$, so dass

$$(x_k, y_k, s_k) = \big(x(\mu_k^{(0)}), y(\mu_k^{(0)}), s(\mu_k^{(0)})\big).$$

Wegen (6.3.2.2) gälte dann die $\mu_k^{(0)}$-Komplementariät

$$x_k^j s_k^j = \mu_k^{(0)} \quad \text{für alle} \quad j = 1, 2, \ldots, n,$$

aus welcher

$$\gamma_k := x_k^T s_k = n \mu_k^{(0)}$$

folgt. Diese Relation legt die Wahl

$$\mu_k = \delta_k \frac{\gamma_k}{n}$$

nahe. Dabei ist $0 < \delta_k < 1$ ein geeignet gewählter Parameter ist, mit welchem man sicherstellt, dass $\mu_k \to 0$ für $k \to \infty$.

Als zweites berechnen wir das nächste Tripel $(x_{k+1}, y_{k+1}, s_{k+1})$. Dazu führen wir einen einzigen Schritt des gedämpften Newton-Verfahrens (vgl. (5.4.4)) angewendet auf das Nullstellenproblem (6.3.2.1) (mit $\mu = \mu_k$) aus. Man beachte, dass mit (6.3.2.1) und (6.3.2.13)

$$f_{\mu_k}(x_k, y_k, s_k) = \begin{bmatrix} r_k \\ v_k \\ X_k s_k - \mu_k e \end{bmatrix}, \quad r_k := A x_k - b, \quad v_k := A^T y_k + s_k - c,$$

und

$$Df_{\mu_k}(x_k, y_k, s_k) = \begin{bmatrix} A & 0 & 0 \\ 0 & A^T & I \\ S_k & 0 & X_k \end{bmatrix},$$

wobei S_k und X_k die zu den Vektoren s_k und x_k gehörigen Diagonalmatrizen bezeichnen. Die Newton-Richtung ist daher gerade die Lösung des linearen Gleichungssystems

$$(6.3.3.1) \qquad \begin{bmatrix} A & 0 & 0 \\ 0 & A^T & I \\ S_k & 0 & X_k \end{bmatrix} \begin{bmatrix} \Delta x_k \\ \Delta y_k \\ \Delta s_k \end{bmatrix} = \begin{bmatrix} r_k \\ v_k \\ X_k s_k - \mu_k e \end{bmatrix}.$$

Lemma (6.3.2.14) garantiert, dass die Koeffizientenmatrix von (6.3.3.1) nicht-singulär ist. Mit einer geeigneten Schrittweite $0 < \lambda_k \leq 1$ erhält man dann das nächste Tripel

$$(6.3.3.2) \qquad (x_{k+1}, y_{k+1}, s_{k+1}) = (x_k, y_k, s_k) - \lambda_k(\Delta x_k, \Delta y_k, \Delta s_k).$$

Die Schrittweite λ_k wird dabei so gewählt, dass $x_{k+1}, s_{k+1} > 0$ gilt. Dazu bestimmt man zunächst einen maximalen Wert $\lambda_k^{(0)}$ gerade so, dass für das zugehörige Tripel (6.3.3.2) $x_{k+1} \geq 0$ und $s_{k+1} \geq 0$ gilt. Wegen $x_k, s_k > 0$, ist $\lambda_k^{(0)}$ durch

$$\lambda_k^{(0)} := \min\left\{ \min_{j:\,\Delta x_k^j > 0} \frac{x_k^j}{\Delta x_k^j}, \; \min_{j:\,\Delta s_k^j > 0} \frac{s_k^j}{\Delta s_k^j} \right\}$$

gegeben; dabei setzt man formal $\lambda_k^{(0)} = +\infty$ falls $\Delta x_k^j \leq 0$ und $\Delta s_k^j \leq 0$ für alle $j = 1, 2, \ldots, n$. Um $x_{k+1}, s_{k+1} > 0$ zu garantieren, setzen wir dann

$$\lambda_k := \min\{1, \rho_k \lambda_k^{(0)}\},$$

wobei $0.8 \leq \rho_k < 1$ ein geeignet gewählter Dämpfungsparameter ist. Damit ist das nächste Tripel (6.3.3.2) bestimmt.

Das eben beschriebene Vorgehen resultiert in dem folgenden, einfachen Algorithmus zur Lösung des primal-dualen Paars linearer Programme (6.3.1.1).

(6.3.3.3) Algorithmus: *Eingabe: Ein Tripel*

$$(x_0, y_0, s_0) \quad mit \quad x_0, s_0 \in \mathbb{R}^n, \quad x_0, s_0 > 0, \quad und \quad y_0 \in \mathbb{R}^m.$$

Für $k = 0, 1, \ldots$ berechne $(x_{k+1}, y_{k+1}, s_{k+1})$ folgendermassen:

1) *Setze*

$$r_k := Ax_k - b, \quad v_k := A^T y_k + s_k - c, \quad \gamma_k := x_k^T s_k.$$

2) *Falls alle drei Skalare $\|r_k\|_\infty$, $\|v_k\|_\infty$ und γ_k „genügend" klein sind, stop: x_k und (y_k, s_k) sind Näherungen für die Oprimallösungen des primal-dualen Paars linearer Programme (6.3.1.1). Andernfalls,*

3) *setze*

$$\mu_k = \delta_k \frac{\gamma_k}{n}.$$

4) *Löse das lineare Gleichungssystem*

$$\begin{bmatrix} A & 0 & 0 \\ 0 & A^T & I \\ S_k & 0 & X_k \end{bmatrix} \begin{bmatrix} \Delta x_k \\ \Delta y_k \\ \Delta s_k \end{bmatrix} = \begin{bmatrix} r_k \\ v_k \\ X_k s_k - \mu_k e \end{bmatrix}.$$

5) *Bestimme*

$$\lambda_k^{(0)} := \min\left\{ \min_{j:\,\Delta x_k^j > 0} \frac{x_k^j}{\Delta x_k^j}, \; \min_{j:\,\Delta s_k^j > 0} \frac{s_k^j}{\Delta s_k^j} \right\}$$

(wobei $\lambda_k^{(0)} := +\infty$ falls $\Delta x \le 0$ und $\Delta s \le 0$) und setze

$$\lambda_k := \min\{1,\, \rho_k \lambda_k^{(0)}\}.$$

6) *Setze*

$$(x_{k+1}, y_{k+1}, s_{k+1}) = (x_k, y_k, s_k) - \lambda_k(\Delta x_k, \Delta y_k, \Delta s_k).$$

Hinsichtlich Algorithmus (6.3.3.3) sind folgende Bemerkungen angebracht:

- In Schritt 2) ist die Grösse $\|r_k\|_\infty$ ein Mass für die Zulässigkeit der Näherungslösung x_k für das primale Problem (6.3.1.1a), $\|v_k\|_\infty$ ist ein Mass für die Zulässigkeit der Näherungslösung (y_k, s_k) für das duale Problem (6.3.1.1b) und γ_k ist ein Mass für die Komplementaritätsbedingung (6.3.1.6). Für exakte Optimallösungen x_k und (y_k, s_k) von (6.3.1.1) würde $\|r_k\|_\infty = \|v_k\|_\infty = \gamma_k = 0$ gelten.
- Das Konvergenzverhalten des Algorithmus hängt von der Wahl der Parameter $0 < \delta_k < 1$ in Schritt 3 und $0.8 \le \rho_k < 1$ in Schritt 5 ab. Die einfachste Strategie ist, diese Parameter konstant zu wählen, etwa

$$\delta_k = 0.1 \quad \text{und} \quad \rho_k = 0.9 \quad \text{für alle} \quad k.$$

- Der Rechenaufwand des Algorithmus wird dominiert vom Aufwand, das Gleichungssystem für die Newton-Richtung in Schrit 4 zu lösen. In der Regel setzt man dazu direkte Lösungsverfahren (vgl. Abschnitte 4.1 und 4.2) ein. Diese berechnen zunächst eine geeignete Dreieckszerlegung der Koeffizientenmatrix des Gleichungssystems. Mittels dieser Dreieckszerlegung lassen sich dann leicht weitere Gleichungssysteme mit derselben Koeffizientenmatrix, aber unterschiedlichen rechten Seiten lösen. Dieses kann man ausnutzen, indem man die Berechnung der Parameterwerte μ_k und der Tripel (x, y_k, s_k) mittels einer *Prädiktor-Korrektor-Strategie* verbessert. Ein praktisches, solches *Prädiktor-Korrektor-Verfahren* findet man z.B. bei Jarre und Stoer (2003) beschrieben.

6.4 Minimierungsprobleme ohne Nebenbedingungen

In diesem Abschnitt betrachten wir Minimierungsprobleme der Form

(6.4.1)
$$\text{minimiere } c(x). \\ x \in \mathbb{R}^n$$

Dabei ist $c : \mathbb{R}^n \mapsto \mathbb{R}$ eine gegebene Funktion von n Variablen. (6.4.1) ist ein *Minimierungsproblem ohne Nebenbedingungen*. Man beachte, dass das in Abschnitt 5.5 behandelte nichtlineare Ausgleichsproblem (5.5.1) (für $D = \mathbb{R}^n$) einen Spezialfall des allgemeineren Problems (6.4.1) darstellt: Für

Funktionen $c(x) = \|f(x)\|^2$, wobei $f : \mathbb{R}^n \mapsto \mathbb{R}^m$, ist (6.4.1) ein nichtlineares Ausgleichungsproblem.

Wir setzen voraus, dass die zu minimierende Funktion c mindestens zweimal nach allen Variablen stetig differenzierbar ist, $c \in C^2(\mathbb{R}^n)$, und bezeichnen mit

$$g(x) := \nabla c(x) = \left[\frac{\partial c(x)}{\partial x^1} \quad \frac{\partial c(x)}{\partial x^2} \quad \cdots \quad \frac{\partial c(x)}{\partial x^n} \right]^T$$

den Gradienten von c und mit

$$H(x) := \left[\frac{\partial^2 c(x)}{\partial x^i \partial x^j} \right]_{i,j=1,\ldots,n}$$

die Hesse-Matrix von c. Dabei sind $x^1, x^2, \ldots, x^n$ die Komponenten des Vektors $x \in \mathbb{R}^n$. Wie in Kapitel 5 (vgl. Fussnote 9 in Abschnitt 5.0) benutzen wir in diesem Abschnitt wieder untere Indizes um Iterationsvektoren $x_k \in \mathbb{R}^n$ zu bezeichnen.

Fast alle Verfahren für die Lösung von Minimierungsproblemen (6.4.1) erzeugen ausgehend von einem Startvektor $x_0 \in \mathbb{R}^n$ iterativ eine Folge von Punkten x_k, $k = 0, 1, \ldots$, die das gesuchte Minimum $\bar{x}$ von (6.4.1) approximieren. In jedem Iterationsschritt $x_k \to x_{k+1}$ mit $g_k = g(x_k) \neq 0$ bestimmt man mittels einer verfahrenstypischen Rechenvorschrift eine Suchrichtung s_k und den nächsten Punkt

$$x_{k+1} = x_k - \lambda_k s_k$$

(vgl. (5.4.4)) mittels einer „linearen Minimierung", d.h. die Schrittweite λ_k wird so bestimmt, dass für x_{k+1} zumindest näherungsweise

$$c(x_{k+1}) \approx \min_\lambda \varphi_k(\lambda), \quad \varphi_k(\lambda) := c(x_k - \lambda s_k),$$

gilt. Gewöhnlich wird die Richtung s_k als eine *Abstiegsrichtung* von c gewählt, d.h. eine Richtung mit

(6.4.2) $$\varphi_k'(0) = -g_k^T s_k < 0,$$

so dass man sich bei der Minimierung von $\varphi_k(\lambda)$ auf positive λ beschränken kann.

Es gibt allgemeine Konvergenzresultate, die mit geringen Einschränkungen auf alle Verfahren dieses Typs angewendet werden können (s. Spellucci (1993) für eine detaillierte Beschreibung). In diesem Abschnitt wollen wir einige spezielle Verfahren zur Wahl von s_k kennenlernen, die mit grossem Erfolg in der Praxis zur Lösung von Minimierungsproblemen (6.4.1) eingesetzt werden.

Ein (lokales) Minimum $\bar{x}$ von c ist Nullstelle von $g(x)$, $g(\bar{x}) = 0$, so dass man zur Bestimmung von Minima alle Verfahren zur Bestimmung der Nullstellen des Systems $g(x) = 0$ verwenden kann. Das wichtigste dieser Verfahren ist das Newton-Verfahren (5.3.3), bei dem in jedem Schritt $x_k \to x_{k+1} = x_k - \lambda_k s_k$ als Suchrichtung s_k die *Newton-Richtung* $s_k := H(x_k)^{-1} g_k$ genommen wird. Dieses Verfahren, kombiniert mit der konstanten Schrittweitenwahl $\lambda_k = 1$, hat den Vorteil der lokal quadratischen Konvergenz (Theorem (5.3.8)), aber den grossen Nachteil, dass man in jedem Iterationsschritt die Matrix $H(x_k)$ der zweiten Ableitungen von c bestimmen muss, was in der Regel für grösseres n und kompliziertere Funktionen c sehr viel Rechenaufwand erfordert. Man versucht deshalb, die Matrizen $H(x_k)^{-1}$ durch geeignete einfacher zu berechnende Matrizen H_k zu ersetzen,

$$s_k := H_k g_k.$$

Man spricht von einem *Quasi-Newton-Verfahren*, wenn für alle $k = 0, 1, \ldots$ die Matrix H_{k+1} die sog. *Quasi-Newton-Gleichung*

$$(6.4.3) \qquad H_{k+1}(g_{k+1} - g_k) = x_{k+1} - x_k$$

erfüllt. Diese Bedingung stellt sicher, dass sich H_{k+1} in der Richtung $x_{k+1} - x_k$ ähnlich wie die Newton-Matrix $H(x_{k+1})^{-1}$ verhält, für die gilt

$$g_{k+1} - g_k = H(x_{k+1})(x_{k+1} - x_k) + \mathcal{O}(\|x_{k+1} - x_k\|^2).$$

Für quadratische Funktionen $c(x) = \frac{1}{2} x^T A x + b^T x + c$, A eine positiv definite $n \times n$-Matrix, erfüllt die Newton-Matrix $H(x_{k+1})^{-1} \equiv A^{-1}$ die Beziehung (6.4.3) wegen $g(x) \equiv Ax + b$ sogar exakt. Ferner erscheint es sinnvoll, als H_k nur positiv definite Matrizen zu wählen: Dies garantiert, dass für $g_k \neq 0$ die Richtung $s_k = H_k g_k$ eine Abstiegsrichtung für c wird (s. (6.4.2)), denn dann gilt

$$g_k^T s_k = g_k^T H_k g_k > 0.$$

Diese Forderungen lassen sich erfüllen: In Verallgemeinerung früherer Ansätze von Davidon (1959), Fletcher und Powell (1963) und Broyden (1965, 1967) hat Broyden (1970) eine 1-parametrige Rekursionsformel für die Berechnung von H_{k+1} aus H_k mit den verlangten Eigenschaften gefunden. Mit den Abkürzungen

$$p_k := x_{k+1} - x_k, \quad q_k := g_{k+1} - g_k$$

und dem frei wählbaren Parameter $\theta_k \geq 0$ hat diese Rekursionsformel die Gestalt

$$H_{k+1} := \Psi(\theta_k, H_k, p_k, q_k),$$

$$(6.4.4) \qquad \Psi(\theta, H, p, q) := H + \left(1 + \theta \frac{q^T H q}{p^T q}\right) \frac{p p^T}{p^T q} - \frac{(1-\theta)}{q^T H q} H q q^T H$$

$$- \frac{\theta}{p^T q}\left(p q^T H + H q p^T\right).$$

Ersetzt man in (6.4.4) die Matrix H_k durch $\gamma_k H_k$, wobei $\gamma_k > 0$ ein weiterer „Skalierungs-Parameter" ist, so erhält man eine 2-parametrige Update-Formel

(6.4.5) $$H_{k+1} := \Psi(\theta_k, \gamma_k H_k, p_k, q_k),$$

die von Oren und Luenberger (1974) vorgeschlagen wurde.

Die „Update-Funktion" Ψ ist nur für $p^T q \neq 0$, $q^T H q \neq 0$ erklärt. Man beachte, dass man H_{k+1} aus H_k dadurch erhält, dass man zur Matrix H_k eine Korrekturmatrix vom Rang ≤ 2 addiert:

$$\text{Rang}(H_{k+1} - H_k) \leq 2.$$

Man nennt diese Verfahren deshalb auch *Rang-2-Verfahren.*

Folgende Spezialfälle sind in (6.4.4) enthalten:

a) $\theta_k \equiv 0$: Verfahren von Davidon (1959), Fletcher und Powell (1963) („DFP-Verfahren").

b) $\theta_k \equiv 1$: Rang-2-Verfahren von Broyden, Fletcher, Goldfarb und Shanno („BFGS-Verfahren") (s. etwa Broyden (1970)).

c) $\theta_k = p_k^T q_k / (p_k^T q_k - p_k^T H_k q_k)$: Symmetrisches Rang-1-Verfahren von Broyden.

Anmerkung: Letzteres Verfahren ist nur für $p_k^T q_k \neq q_k^T H_k q_k$ definiert. Im allgemeinen ist $\theta_k < 0$ möglich: In diesem Fall kann H_{k+1} indefinit werden, auch wenn H_k positiv definit ist (vgl. Theorem (6.4.9)). Setzt man den angegebenen Wert von θ_k in (6.4.4) ein, erhält man für H_k die Rekursionsformel

$$H_{k+1} = h_k + \frac{z_k z_k^T}{\alpha_k}, \quad z_k := p_k - H_k q_k, \quad \alpha_k := p_k^T q_k - q_k^T H_k q_k,$$

die den Namen Rang-1-Verfahren erklärt.

Ein Minimierungsverfahren der Broyden-Klasse hat die folgende Form.

(6.4.6) **Algorithmus:** *Start: Wähle als Startwert einen Vektor $x_0 \in \mathbb{R}^n$ und eine positiv definite $n \times n$-Matrix H_0, etwa $H_0 := I$, und setze $g_0 := g(x_0)$. Für $k = 0, 1, \ldots$ berechne x_{k+1}, H_{k+1} aus x_k und H_k folgendermassen:*

1) *Falls $g_k = 0$ stop: x_k ist zumindest stationärer Punkt von c. Andernfalls,*
2) *berechne $s_k := H_k g_k$.*
3) *Bestimme $x_{k+1} = x_k - \lambda_k s_k$ durch (näherungsweise) lineare Minimierung,*

$$c(x_{k+1}) \approx \min\{\, c(x_k - \lambda s_k) \mid \lambda \geq 0 \,\},$$

und setze $g_{k+1} := g(x_{k+1})$, $p_k := x_{k+1} - x_k$, $q_k := g_{k+1} - g_k$.
4) *Wähle eine passende Konstante $\theta_k \geq 0$ und berechne H_{k+1} mittels (6.4.4), $H_{k+1} = \Psi(\theta_k, H_k, p_k, q_k)$.*

Das Verfahren ist eindeutig durch die Wahl der Parameter θ_k und durch die lineare Minimierung in Schritt 3) fixiert. Die lineare Minimierung $x_k \to$

x_{k+1} und ihre Qualität kann man mit Hilfe eines Parameters μ_k beschreiben, der durch

$$(6.4.7) \qquad g_{k+1}^T s_k = \mu_k g_k^T s_k = \mu_k g_k^T H_k g_k$$

definiert ist. Falls s_k Abstiegsrichtung ist, $g_k^T s_k > 0$, ist μ_k eindeutig durch x_{k+1} bestimmt. Bei exakter linearer Minimierung ist $\mu_k = 0$ wegen $g_{k+1}^T s_k = -\varphi_k'(\lambda_k) = 0$, $\varphi_k(\lambda) := c(x_k - \lambda s_k)$. Wir setzen für das folgende

$$(6.4.8) \qquad \mu_k < 1$$

voraus. Falls $g_k \neq 0$ und H_k positiv definit ist, folgt aus (6.4.8) $\lambda_k > 0$ und deshalb

$$q_k^T p_k = -\lambda_k (g_{k+1} - g_k) s_k = \lambda_k (1 - \mu_k) g_k^T s_k = \lambda_k (1 - \mu_k) g_k^T H_k g_k > 0,$$

also auch $q_k \neq 0$, $q_k^T H_k q_k > 0$: Die Matrix H_{k+1} ist damit durch (6.4.4) wohldefiniert. Die Forderung (6.4.8) kann nur dann nicht erfüllt werden, wenn

$$\varphi_k'(\lambda) = -g(x_k - \lambda s_k)^T s_k \leq \varphi_k'(0) = -g_k^T s_k < 0$$

für alle $\lambda \geq 0$ gilt. In diesem Fall ist dann aber

$$c(x_k - \lambda s_k) - c(x_k) = \int_0^\lambda \varphi_k'(\tau) d\tau \leq -\lambda g_k^T s_k < 0 \quad \text{für alle} \quad \lambda \geq 0,$$

so dass $c(x_k - \lambda s_k)$ für $\lambda \to +\infty$ nicht nach unten beschränkt ist. Die Forderung (6.4.8) bedeutet also keine wesentliche Einschränkung. Damit ist bereits der erste Teil des folgenden Theorems gezeigt, das besagt, dass der Algorithmus (6.4.6) die oben aufgestellten Forderungen erfüllt.

(6.4.9) **Theorem:** *Falls für ein $k \geq 0$ in (6.4.6) H_k positiv definit ist, $g_k \neq 0$ und für die lineare Minimierung in (6.4.6) $\mu_k < 1$ gilt, dann ist für alle $\theta_k \geq 0$ die Matrix $H_{k+1} = \Psi(\theta_k, H_k, p_k, q_k)$ wohldefiniert und wieder positiv definit. Die Matrix H_{k+1} erfüllt die Quasi-Newton-Gleichung $H_{k+1} q_k = p_k$.*

Beweis: Es bleibt nur folgende Eigenschaft der Funktion Ψ (6.4.4) zu zeigen: Unter den Voraussetzungen

$$H \quad \text{positiv definit,} \quad p^T q > 0, \quad p^T H q > 0, \quad \theta \geq 0,$$

ist auch $\bar{H} := \Psi(\theta, H, p, q)$ positiv definit.

Sei $y \in \mathbb{R}^n$, $y \neq 0$ ein beliebiger Vektor und $H = LL^T$ die Cholesky-Zerlegung von H (Theorem (4.3.3)). Mit Hilfe der Vektoren

$$u := L^T y, \quad v := L^T q$$

lässt sich $y^T \bar{H} y$ wegen (6.4.4) so schreiben:

$$y^T \bar{H} y = u^T u + \left(1 + \theta \frac{v^T v}{p^T q}\right) \frac{(p^T y)^2}{p^T q} - \frac{(1-\theta)}{v^T v}(v^T u)^2$$

$$- \frac{2\theta}{p^T q} p^T y \cdot u^T v$$

$$= \left(u^T u - \frac{(u^T v)^2}{v^T v}\right) + \frac{(p^T y)^2}{p^T q} + \theta \left(\sqrt{v^T v}\frac{p^T y}{p^T v} - \frac{v^T u}{\sqrt{v^T v}}\right)^2$$

$$\geq \left(u^T u - \frac{(u^T v)^2}{v^T v}\right) + \frac{(p^T y)^2}{p^T q}.$$

Die Schwarzsche Ungleichung ergibt $u^T u - (u^T v)^2/v^T v \geq 0$, mit Gleichheit genau dann, wenn $u = \alpha v$ für ein $\alpha \neq 0$ (wegen $y \neq 0$). Für $u \neq \alpha v$ ist also $y^T \bar{H} y > 0$. Für $u = \alpha v$ folgt aus der Nichtsingularität von H und L auch $0 \neq y = \alpha q$, so dass

$$y^T \bar{H} y \geq \frac{(p^T y)^2}{p^T q} = \alpha^2 p^T q > 0.$$

Da $0 \neq y \in \mathbb{R}^n$ beliebig war, muss $\bar{H}$ positiv definit sein. Die Quasi-Newton-Gleichung $\bar{H} q = p$ verifiziert man sofort mittels (6.4.4).   □

Das folgende Theorem besagt, dass der Algorithmus (6.4.6) das Minimum quadratischer Funktionen $c : \mathbb{R}^n \mapsto \mathbb{R}$ nach höchstens n Schritten liefert, wenn die linearen Minimierungen in (6.4.6) exakt sind. Da sich jede genügend oft differenzierbare Funktion c in der Nähe eines lokalen Minimums beliebig genau durch eine quadratische Funktion approximieren lässt, lässt dies erwarten, dass das Verfahren auch bei Anwendung auf nichtquadratische Funktionen rasch konvergiert.

(6.4.10) **Theorem:** *Sei* $c(x) = \frac{1}{2}x^T A x + b^T x + c$ *eine quadratische Funktion, A eine positiv definite* $n \times n$-*Matrix. Sei ferner* $x_0 \in \mathbb{R}^n$ *und* H_0 *eine positiv definite* $n \times n$-*Matrix. Wendet man der Algorithmus (6.4.6) zur Minimierung von c mit den Startwerten* x_0, H_0 *an, wobei man die linearen Minimierungen exakt durchführt,* $\mu_i = 0$ *für alle* $k \geq 0$, *so liefert das Verfahren Folgen* x_k, H_k, g_k, $p_k := x_{k+1} - x_k$, $q_k := g_{k+1} - g_k$ *mit den Eigenschaften:*

a) *Es gibt ein kleinstes* $m \leq n$ *mit* $x_m = \bar{x} = -A^{-1}b$: $x_m = \bar{x}$ *ist das Minimum von c,* $g_m = 0$.
b) $p_i^T q_k = p_i^T A p_k = 0$ *für* $0 \leq i \neq k \leq m-1$,
   $p_i^T q_i > 0$ *für* $0 \leq i \leq m-1$.
   Die Vektoren p_i *sind also A-konjugiert.*
c) $p_i^T g_k = 0$ *für alle* $0 \leq i < k \leq m$.
d) $H_k q_i = p_i$ *für* $0 \leq i < k \leq m$.
e) *Für* $m = n$ *gilt zusätzlich* $H_m = H_n = A^{-1}$.

Beweis: Zu einem beliebigen Index $l \geq 0$ führen wir folgende Bedingungen ein

$$\alpha) \quad p_i^T q_k = p_i^T A p_k = 0 \quad \text{für} \quad 0 \le i \ne k \le l - 1,$$
$$p_i^T q_i > 0 \quad \text{für} \quad 0 \le i \le l - 1,$$

(A$_l$) H_l ist positiv definit;

$$\beta) \quad p_i^T g_k = 0 \quad \text{für alle} \quad 0 \le i < k \le l;$$
$$\gamma) \quad H_k q_i = p_i \quad \text{für} \quad 0 \le i < k \le l.$$

Wir zeigen, dass aus $g_l \ne 0$ und (A$_l$) die Aussage (A$_{l+1}$) folgt:

Zu α) : Da H_l positiv definit ist, folgt aus $g_l \ne 0$ sofort $s_l := H_l g_l \ne 0$ und $g_l^T H_l g_l > 0$. Weil exakt minimiert wird, ist λ_l Nullstelle von

$$0 = g_{l+1}^T s_l = (g_l - \lambda_l A s_l)^T s_l, \quad \lambda_l = \frac{g_l^T H_l g_l}{s_l^T A s_l} > 0,$$

also $p_l = -\lambda_l s_l \ne 0$ und

(6.4.11)
$$p_l^T g_{l+1} = -\lambda_l s_l^T g_{l+1} = 0,$$
$$p_l^T q_l = -\lambda_l s_l^T (g_{l+1} - g_l) = \lambda_l s_l^T g_l = \lambda_l g_l^T H_l g_l > 0.$$

Also ist nach Theorem (6.4.9) H_{l+1} positiv definit. Weiter ist für $i < l$ wegen $A p_k = q_k$, (A$_l$)β) und (A$_l$)γ):

$$p_i^T q_l = p_i^T A p_l = q_i^T p_l = -\lambda_l q_i^T H_l g_l = -\lambda_l p_i^T g_l = 0.$$

Dies zeigt (A$_{l+1}$)α).

Zu β): Für $i < l + 1$ gilt

$$p_i^T g_{l+1} = p_i^T \left(g_{i+1} + \sum_{j=i+1}^{l} q_j \right) = 0$$

nach dem eben Bewiesenen, (A$_l$)β) und (6.4.11).

Zu γ) : Anhand von (6.4.4) verifiziert man sofort

$$H_{l+1} q_l = p_l.$$

Wegen (A$_{l+1}$)α) und (A$_l$)γ) hat man ferner für $i < l$

$$p_l^T q_i = 0, \quad q_l^T H_l q_i = q_l^T p_i = 0,$$

so dass für $i < l$ aus (6.4.4) folgt

$$H_{l+1} q_i = H_l q_i = p_i.$$

Damit ist (A$_{l+1}$) bewiesen.

Der restliche Beweis ist nun einfach. (A$_0$) gilt trivialerweise. Die Aussage (A$_l$) kann nur für $l \le n$ richtig sein, da nach (A$_l$) die l Vektoren $p_0, \ldots, p_{l-1}$

linear unabhängig sind: Aus $\sum_{i \leq l-1} \alpha_i p_i = 0$ folgt nämlich durch Multiplikation von links mit $p_k^T A$, $k = 0, \ldots, l-1$, wegen $(A_l)\alpha)$

$$\alpha_k p_k^T A p_k = 0 \quad \Longrightarrow \quad \alpha_k = 0.$$

Da nach dem eben Bewiesenen aus $g_l \neq 0$ und (A_l) stets (A_{l+1}) folgt, muss es also einen ersten Index $m \leq n$ mit

$$g_m = 0, \quad x_m = -A^{-1}b,$$

geben, d.h. es gilt a).

Für den Fall $m = n$ gilt wegen d) zusätzlich $H_n Q = P$ für die Matrizen

$$P := \begin{bmatrix} p_0 & p_1 & \cdots & p_{n-1} \end{bmatrix}, \quad Q := \begin{bmatrix} q_0 & q_1 & \cdots & q_{n-1} \end{bmatrix}.$$

Wegen $AP = Q$ folgt so schliesslich aus der Nichtsingularität der Matrix P die Beziehung $H_n = A^{-1}$. Damit ist der Satz bewiesen.   □

Es stellt sich nun die Frage, wie man die Parameter θ_k wählen soll, um ein möglichst gutes Verfahren zu erhalten: Nach praktischen Erfahrungen (s. Dixon (1971)) zu urteilen, scheint sich die Wahl

$$\theta_k \equiv 1 \quad \text{(BFGS-Verfahren)}$$

am besten zu bewähren.

Ein anderer Vorschlag stammt von Davidon (1975): Mit den Abkürzungen

$$\varepsilon := p_k^T H_k^{-1} p_k, \quad \sigma := p_k^T q_k, \quad \tau := q_k^T H_k q_k$$

konnte er für die Wahl

$$\theta_k := \begin{cases} \sigma(\varepsilon - \sigma)/(\varepsilon\tau - \sigma^2) & \text{falls } \sigma \leq 2\varepsilon\tau/(\varepsilon + \tau), \\ \sigma/(\sigma - \tau) & \text{sonst,} \end{cases}$$

zeigen, dass man eine Matrix $H_{k+1} = H_{k+1}(\theta_k)$ erhält, die den Quotienten $\lambda_{\max}/\lambda_{\min}$ des grössten und kleinsten Eigenwertes des folgenden allgemeinen Eigenwertproblems minimiert: Bestimme $\lambda \in \mathbb{C}$, $y \neq 0$ mit $H_{k+1}y = \lambda H_k y$, $\det(H_k^{-1}H_{k+1} - \lambda I) = 0$.

Anmerkung: Vorschläge für die optimale Wahl der Parameter γ_k, θ_k des Oren-Luenberger-Verfahrens (6.4.5) findet man bei Oren und Spedicato (1976).

Theorem (6.4.10) lässt erwarten, dass die Verfahren des Typs (6.4.4) auch bei Anwendung auf nichtquadratische Funktionen c schnell konvergieren. Für einzelne Verfahren der Broyden-Klasse konnte man dies auch formell beweisen. Diese Resultate beziehen sich meistens auf das lokale Konvergenzverhalten in genügend kleinen Umgebungen $U(\bar{x})$ eines lokalen Minimums $\bar{x}$ und c unter den folgenden Voraussetzungen:

a) $H(\bar{x})$ *ist positiv definit,*

(6.4.12)   b) $H(x)$ *ist für* $x = \bar{x}$ *Lipschitz-stetig: es gibt ein* Λ *mit*
$$\|H(x) - H(\bar{x})\| \le \Lambda\|x - \bar{x}\| \text{ für alle } x \in U(\bar{x}).$$

Ferner müssen einige einfache Forderungen an die lineare Minimierung gestellt werden wie:
Zu gegebenen Konstanten $0 < c_1 < c_2 < 1$, $c_1 \le \frac{1}{2}$, *wird* $x_{k+1} = x_k - \lambda_k s_k$
so gewählt, dass gilt

(6.4.13)
$$c(x_{k+1}) \le c(x_k) - c_1\lambda_k g_k^T s_k,$$
$$g_{k+1}^T s_k \le c_2 g_k^T s_k,$$

oder

(6.4.14) $\lambda_k = \min\big\{ \lambda \ge 0 \,\big|\, g(x_k - \lambda s_k)^T s_k = \mu_k g_k^T s_k \big\}, \quad |\mu_k| < 1.$

So konnte Powell (1975) unter den Voraussetzungen (6.4.12), (6.4.13) für das BFGS-Verfahren ($\theta_k \equiv 1$) folgendes Resultat zeigen. Es gibt eine Umgebung $V(\bar{x}) \subseteq U(\bar{x})$, so dass das Verfahren für alle positiv definiten Startmatrizen H_0 und alle $x_0 \in V(\bar{x})$ folgende Eigenschaft besitzt: Für alle genügend grossen $k \ge 0$ erfüllt die konstante Schrittweite $\lambda_k = 1$ die Bedingung (6.4.13) und die Folge x_k konvergiert bei dieser Wahl der λ_k *superlinear* gegen $\bar{x}$:

$$\lim_{i \to \infty} \frac{\|x_{i+1} - \bar{x}\|}{\|x_i - \bar{x}\|} = 0,$$

sofern $x_i \ne \bar{x}$ für alle $i \ge 0$.

Ein anderes Konvergenzresultat bezieht sich auf die Teilklasse der Broyden-Verfahren (6.4.4) mit $0 \le \theta_k \le 1$. Man kann hier unter den Voraussetzungen (6.4.12), (6.4.14) und der zusätzlichen Forderung, dass die lineare Minimierung *asymptotisch exakt* wird, d.h.

$$|\mu_k| \le c\|g_k\| \quad \text{für genügend grosses} \quad k,$$

folgendes zeigen (vgl. Stoer (1977), Baptist und Stoer (1977)): Alle Verfahren mit $0 \le \theta_k \le 1$ liefern für alle positiv definiten Startmatrizen H_0 und alle x_0 mit genügend kleinem $\|x_0 - \bar{x}\|$ eine Folge $\{x_k\}$ mit

$$\lim_k x_k = \bar{x}, \quad \|x_{k+n} - \bar{x}\| \le \gamma\|x_k - \bar{x}\|^2 \quad \text{für alle} \quad k \ge 0.$$

Die Beweise dieser Resultate sind schwierig.

Beispiel: Dieses Beispiel illustriert das unterschiedliche Verhalten des BFGS-, des DFP- und des einfachen Gradienten-Verfahrens ($s_k := g(x_k)$ in jedem Iterationsschritt). Wir wählen als zu minimierende Funktion

$$c(x,y) := 100\big(y^2(3 - x) - x^2(3 + x)\big)^2 + \frac{(2 + x)^2}{1 + (2 + x)^2}$$

mit dem exakten Minimum

$$\bar{x} := -2, \quad \bar{y} := 0.894\,271\,9099\ldots, \quad c(\bar{x}, \bar{y}) = 0,$$

und als Startwerte für jedes der Verfahren

$$x_0 := 0.1, \quad y_0 := 4.2,$$

und zusätzlich

$$H_0 := \begin{bmatrix} 1 & 0 \\ 0 & 1 \end{bmatrix}$$

für das BFGS- und DFP-Verfahren.

Bei Verwendung der gleichen Methode zur linearen Minimierung in den einzelnen Iterationsschritten, die hier nicht näher beschrieben werden soll, erhielt man auf einer Rechenanlage mit der Maschinengenauigkeit eps $= 10^{-11}$ folgende Ergebnisse:

	BFGS	DFP	Gradientenverfahren
N	54	47	201
F	374	568	1248
ε	$\leq 10^{-11}$	$\leq 10^{-11}$	0.7

Hier bedeuten N die Anzahl der Iterationsschritte ($=$ Anzahl der Gradientenauswertungen) $(x_k, y_k) \to (x_{k+1}, y_{k+1})$, F die Anzahl der Funktionsauswertungen von c und $\varepsilon := \|g(x_N, y_N)\|$ die erreichte Endgenauigkeit. Das Gradientenverfahren ist völlig unterlegen, das BFGS-Verfahren dem DFP-Verfahren leicht überlegen. (Die „linearen Minimierungen" waren im übrigen nicht sonderlich effizient, da sie pro Iterationsschritt mehr als 6 Funktionsauswertungen erforderten.)

Übungsaufgaben zu Kapitel 6

1. Man löse die beiden linearen Programme

$$\text{(P1)} \qquad \text{maximiere} \quad x_1 + \tfrac{3}{2}x_2$$
$$x \in \mathbb{R}^2: \quad 2x_1 + 3x_2 \leq 6,$$
$$x_1 + 4x_2 \leq 4,$$
$$x_1 \geq 0, \quad x_2 \geq 0$$

und

$$\text{(P2)} \qquad \text{minimiere} \quad 6x_1 + 4x_2$$
$$x \in \mathbb{R}^2: \quad 2x_1 + x_2 \geq 1,$$
$$3x_1 + 4x_2 \geq \tfrac{3}{2},$$
$$x_1 \geq 0, \quad x_2 \geq 0$$

graphisch. Sind die jeweiligen Optimallösungen eindeutig?

2. Gegeben sei das lineare Programm

$$\text{minimiere} \quad c^T x$$
$$x: \quad Ax \leq b,$$
$$x \geq 0$$

mit $b \geq 0$, $c \geq 0$. Man bestimme eine Optimallösung. Wann ist diese eindeutig?

3. Sei A eine reelle $m \times n$-Matrix und $b \in \mathbb{R}^m$. Man gebe zu den Approximations-problemen

$$\min_{x \in \mathbb{R}^n} \|Ax - b\|_1 \quad \text{und} \quad \min_{x \in \mathbb{R}^n} \|Ax - b\|_\infty$$

jeweils ein äquivalentes lineares Programm an. Dabei ist

$$\|y\|_1 := \sum_{i=1}^m |y_i| \quad \text{und} \quad \|y\|_\infty := \max_{i=1,2,\dots,m} |y_i| \quad \text{für alle} \quad y \in \mathbb{R}^m.$$

4. Sei $a = a_0 < a_1 < \cdots < a_{m-1} < a_m = b$ und $c : [a, b] \mapsto \mathbb{R}$ eine stetige, konvexe, auf jedem Teilintervall $[a_{j-1}, a_j]$, $j = 1, 2, \dots, m$, jeweils lineare Funktion. Man gebe ein lineares Programm an zur Berechnung von

$$\min_{x \in [a,b]} c(x).$$

[*Hinweis:* Man nutze aus, dass sich jedes $x \in [a, b]$ in der Form

$$x = \sum_{j=0}^m \lambda_j a_j \quad \text{mit} \quad \sum_{j=0}^m \lambda_j = 1, \quad \lambda_j \ge 0, \quad j = 0, 1, \dots, m,$$

schreiben lässt.]

5. Unter welchen Bedingungen an die Parameter $\alpha, \beta \in \mathbb{R}$ hat das lineare Programm

$$\begin{aligned} \text{minimiere} \quad & \alpha x_1 + \beta x_2 \\ x \in \mathbb{R}^2 : \quad & x_1 - x_2 \le 1, \\ & -x_1 + x_2 \le 1, \\ & x_1 \ge 0, \ x_2 \ge 0 \end{aligned}$$

a) genau eine Optimallösung?
b) mehr als eine Optimallösung?
c) Ist dieses lineare Programm unbeschränkt?

6. Gegeben sei das lineare Programm

$$\begin{aligned} \text{minimiere} \quad & x_1 - x_2 \\ x \in \mathbb{R}^2 : \quad & 2x_1 + 3x_2 \le 6, \\ & -5x_1 + 9x_2 \le 15, \\ & 2x_1 - x_2 \le -1, \\ & x_1 \ge 0, \ x_2 \ge 0. \end{aligned}$$

a) Man benutze die Phase I des Simplexverfahrens um eine zulässige Lösung zu bestimmen.
b) Ausgehend von dieser zulässigen Lösung bestimme man eine Optimallösung mittels Phase II des Simplexverfahrens.

7. a) Seien $J_0 \to J_1 \to J_2 \to \cdots \to J_k$ sukzessive Nachbarbasen aus der Phase II des Simplexverfahrens zur Lösung des linearen Programms $LP(I, p)$ und $\bar{x}(J_i)$, $i = 0, 1, \dots, k$, die zugehörigen Basislösungen. Man zeige:

$$\bar{x}(J_0)_p = \bar{x}(J_k)_p \quad \Longleftrightarrow \quad \bar{x}(J_0) = \bar{x}(J_1) = \cdots = \bar{x}(J_k).$$

b) Man zeige: Falls eine Variable aus der Basis entfernt wurde, kann sie nicht im unmittelbar nächsten Iterationsschritt der Phase II des Simplexverfahrens wieder zur Basis hinzugenommen werden.

8. a) Gegeben sei das lineare Programm

$$(P) \qquad \text{minimiere} \quad c^T x$$

$$x \in P := \{ x \in \mathbb{R}^n \mid a^T x = b \text{ und } x \geq 0 \},$$

wobei $a, c \in \mathbb{R}^n$, $a \neq 0$ und $b \in \mathbb{R}$, $b > 0$. Man gebe eine notwendige und hinreichende Bedingung für $P = \emptyset$ an. Ferner zeige man, dass das lineare Programm (P) nichtentartet ist, und man überlege sich ein Kriterium für $\inf\{ c^T x \mid x \in P \} = -\infty$. Falls (P) Optimallösungen besitzt, wie erhält man eine solche auf einfache Weise?

b) Man bestimme die Optimallösungen von

$$\text{maximiere} \quad \sum_{j=1}^{n} j x_j$$

$$x \in \mathbb{R}^n : \quad \sum_{j=1}^{n} x_j \leq n,$$

$$x \geq 0.$$

9. Man versuche das lineare Programm

$$\text{minimiere} \quad -\tfrac{3}{4}x_1 + 20x_2 - \tfrac{1}{2}x_3 + 6x_4$$

$$x \in \mathbb{R}^4 : \quad \tfrac{1}{4}x_1 - 8x_2 - x_3 + 9x_4 \leq 0,$$

$$\tfrac{1}{2}x_1 - 12x_2 - \tfrac{1}{2}x_3 + 3x_4 \leq 0,$$

$$x_3 \qquad \leq 1,$$

$$x_1 \geq 0, \quad x_2 \geq 0, \quad x_3 \geq 0, \quad x_4 \geq 0$$

mit der Phase II des Simplexverfahrens zu lösen. Den jeweils neu in die Basis kommenden Index $s \in K$ wähle man dabei gemäss

$$(*) \qquad c_s = \min\{ c_k \mid c_k < 0 \text{ und } k \in K \};$$

kommen bei der Auswahl des Pivotelements $\bar{a}_r$ mehrere Indizes r in Frage, so nehme man den kleinsten Index.
Was geschieht, wenn man statt(*)

$$s = \min\{ k \in K \mid c_k < 0 \}$$

als Auswahlkriterium für s benutzt?

10. Man zeige: Falls das lineare Programm LP(I, p) eine Optimallösung besitzt, die keine Basislösung ist, so ist die Menge der zulässigen Lösungen unbeschränkt, oder das lineare Programm besitzt mindestens zwei Basislösungen zusätzlich als Optimallösungen.

11. Man betrachte das Quasi-Newton-Verfahren zur Lösung des Minimierungsproblems (6.4.1), welchem die Update-Formel

$$(**) \qquad H_{k+1} = \frac{\lambda_k}{\tau} \left(H_k - \frac{H_k y_k y_k^T H_k}{\sigma_k} \right), \qquad \sigma_k := y_k^T H_k y_k - \tau y_k^T s_k,$$

zugrundeliegt. Hier ist $y_k := q_k + \tau g_k$, $q_k := g_{k+1} - g_k$, $s_k := H_k g_k$, und $\lambda_k > 0$ ist die Schrittweite aus $x_{k+1} := x_k - \lambda_k s_k$, wobei gefordert wird, dass $g_{k+1}^T s_k = \mu_k g_k^T s_k$ (vgl. (6.4.7)) mit einem $\mu_k \in [0, \mu]$ erfüllt ist. τ und μ sind vorgegebene Konstanten mit $0 < \tau < 1$ und $0 \le \mu < 1 - \tau$.

Man zeige:

a) Falls H_k positiv definit und $g_k \ne 0$ ist, so gilt:

   i) $y_k^T s_k < 0, \quad \sigma_k > 0, \quad q_k^T s_k < 0,$

   ii) $H_{k+1} q_k = p_k := x_{k+1} - x_k,$

   iii) H_{k+1} ist nichtsingulär und $H_{k+1}^{-1} = \dfrac{\tau}{\lambda_k}\left(H_k^{-1} - \dfrac{y_k y_k^T}{\tau y_k^T s_k}\right),$

   iv) H_{k+1} ist positiv definit.

b) Die Update-Formel $(**)$ ist in der Oren–Luenberger-Klasse (6.4.5) (mit $\gamma_k := \lambda_k/\tau$ und $\theta_k := \tau q_k^T s_k/\sigma_k$) enthalten.

Literatur zu Kapitel 6

Baptist, P., Stoer, J. (1977): On the relation between quadratic termination and convergence properties of minimization algorithms. Part II. Applications. *Numer. Math.* **28**, 367–391.

Bartels, R.H. (1971): A stabilization of the simplex method. Numer. Math. **16** 414–434.

Bertsekas, D.P. (1999): *Nonlinear Programming*, 2nd Edition. Belmont, MA: Athena Scientific.

Bixby, R.E. (1992): Implementing the simplex method: The initial basis. ORSA J. Comput. 4 267–284.

Bixby, R.E. (2002): Solving real-world linear programs: A decade and more of progress. Oper. Res. **50** (2002), 3–15.

Borgwardt, K.H. (2001): *Optimierung, Operations Research, Spieltheorie.* Basel: Birkhäuser.

Broyden, C.G. (1965): A class of methods for solving nonlinear simultaneous equations. *Math. Comput.* **19**, 577–593.

Broyden, C.G. (1967): Quasi-Newton-methods and their application to function minimization. *Math. Comput.* **21**, 368–381.

Broyden, C.G. (1970): The convergence of a class of double rank minimization algorithms. 1. General considerations, 2. The new algorithm. *J. Inst. Math. Appl.* **6**, 76–90, 222–231.

Broyden, C.G., Dennis, J.E., Moré, J.J. (1970): On the local and superlinear convergence of quasi-Newton methods. *J. Inst. Math. Appl.* **12**, 223–245.

Collatz, L., Wetterling, W. (1971): *Optimierungsaufgaben.* Berlin-Heidelberg: Springer.

Conn, A.R., Gould, N.I.M., Toint, P.L. (2000): *Trust-Region Methods.* Philadelphia: SIAM.

Dantzig, G.B. (1966): *Lineare Programmierung und Erweiterungen.* Berlin-Heidelberg: Springer.

Davidon, W.C. (1959): Variable metric methods for minimization. Argonne National Laboratory Report ANL-5990.

Davidon, W.C. (1975): Optimally conditioned optimization algorithms without line searches. *Math. Programming* **9**, 1–30.

Dennis, J.E., Jr., Schnabel, R.B. (1996): *Numerical Methods for Unconstrained Optimization and Nonlinear Equations.* Philadelphia: SIAM.

Dixon, L.C.W. (1971): The choice of step length, a crucial factor in the performance of variable metric algorithms. In: *Numerical Methods for Nonlinear Optimization*, F.A. Lootsma, Ed., 149–170. New York: Academic Press.

Fletcher, R. (2000): *Practical Methods of Optimization*, 2nd Edition. New York: Wiley.

Fletcher, R., Powell, M.J.D. (1963): A rapidly convergent descent method for minimization. *Comput. J.* **6**, 163–168.

Gass, S.T. (2003): *Linear Programming*, 5th Edition. Mineola, NY: Dover.

Himmelblau, D.M. (1972): *Applied Nonlinear Programming.* New York: McGraw-Hill.

Jarre, F., Stoer, J. (2003): *Optimierung.* Berlin-Heidelberg: Springer.

Karmarkar, N.K. (1984): A new polynomial-time algorithm for linear programming. Combinatorica **4** 373–395.

Luenberger, D.G. (1984): *Introduction to Linear and Nonlinear Programming*, 2nd Edition. Reading, MA: Addison-Wesley.

Matoušek, J., Gärtner, B. (2006): *Understanding and Using Linear Programming.* Berlin-Heidelberg-New York: Springer.

Moré, J.J., Wright, S.J. (1993): *Optimization Software Guide.* Philadelphia: SIAM.

Murty, K.G. (1976): *Linear and Combinatorial Programming.* New York: Wiley.

Nash, S.G., Sofer, A. (1996): *Linear and Nonlinear Programming.* New York: McGraw-Hill.

Nocedal, J., Wright, S.J. (1999): *Numerical Optimization.* Berlin-Heidelberg-New York: Springer.

Oren, S.S., Luenberger, D.G. (1974): Self-scaling variable metric (SSVM) algorithms. I. Criteria and sufficient conditions for scaling a class of algorithms. *Manage. Sci.* **20**, 845–862.

Oren, S.S., Spedicato, E. (1976): Optimal conditioning of self-scaling variable metric algortihms. *Math. Programming* **10**, 70–90.

Potra, F.A., Wright, S.J. (2000): Interior-point methods. *J. Comput. Appl. Math.* **124**, 281–302.

Powell, M.J.D. (1975): Some global convergence properties of a variable metric algorithm for minimization without exact line searches. In: *Proc. AMS Symposium on Nonlinear Programming 1975.* Providence, RI: American Mathematical Society.

Roos, C., Terlaky, T., Vial, J.-P. (2005): *Interior Point Methods for Linear Optimization*, 2nd Edition. Berlin-Heidelberg-New York: Springer.

Spellucci, P. (1993): *Numerische Verfahren der nichtlinearen Optimierung*. Basel: Birkhäuser.

Schrijver, A. (1998): *Theory of Linear and Integer Programming*, Paperback Edition. New York: Wiley.

Stoer, J. (1975): On the convergence rate of imperfect minimization algorithms in Broyden's β-class. *Math. Programming* **9**, 313–335.

Stoer, J. (1977): On the relation between quadratic termination and convergence properties of minimization algorithms. Part I. Theory. *Numer. Math.* **28**, 343–366.

Vanderbei, R.J. (2001): *Linear Programming: Foundations and Extensions*, 2nd Edition. Boston: Kluwer Academic Publishers.

Wright, S.J. (1997): *Primal-Dual Interior-Point Methods*. Philadelphia: SIAM.

Index

Abbildungsdehnung, 229
Abbrechfehler, 3
Abminderungsfaktoren, 91, 93
Abramowitz, 192
absoluter Fehler, 14
absolutstetig, 91
Abstiegseigenschaft, 306, 309
– affin-kontravariante, 309
– affin-kovariante, 306
Abstiegsrichtung, 389, 390
adaptive Integration, 199–203
adaptive Quadratur, 199–203
affin-kontravariante
– Abstiegseigenschaft, 309
– Lipschitz-Bedingung, 309
affin-kovariante
– Abstiegseigenschaft, 306
– Lipschitz-Bedingung, 306
Ahlberg, 114
Aitken, 199, 330, 357
– Δ^2-Algorithmus, 356
Akhilov, 299
Algorithmus, 11
– de Casteljau, 38, 106
– zweistufiger, 21
Analogrechner, 4
Andersen, 209
a posteriori Fehlerschätzung, 200
Approximationsfehler, 3
Äquivalenz von Normen, 228
asymptotisch exakt, 396
asymptotische Entwicklung, 177
Auffüllung, 273
Ausgleichsproblem
– lineares, 250–260
– – restringiertes, 321
– nichtlineares, 315–321
– – fast kompatibles, 316

– – kompatibles, 316
Ausgleichsrechnung, 249–260
Auslöschung, 10, 16

B-Splines, 121, 126–149
Bézier-Kontrollpunkte, 104
Bézier-Kurve, 104
Bézier-Kurven, 38
Bézier-Polygon, 104
backward-analysis, 29
Bairstow, 347
Bairstow, Verfahren von, 347–348
Banachiewicz, 217
Banachscher Fixpunktsatz, 296
Banachsches Störungslemma, 299
Bandmatrix, 218
Barker, 209, 272
Barrierefunktion
– logarithmische, 383
Bartels, 374
Basis, 366
Basisindex, 366
Basislösung, 367
Basisvariable, 366
Bau, 209
Bauer, 20, 22, 177, 181, 335
benachbarte Basen, 368
Bernoulli-Polynome, 175
Bernoulli-Zahlen, 173, 175
Bernstein-Polynome, 101
Bertsekas, 361
BFGS-Verfahren, 391, 396
Bisektionsverfahren, 325, 349, 351, 353
bit counting lemma, 311, 314, 319
bit-reversal, 84
Bit-Umkehrabbildung, 84
Bixby, 376
Björck, 251

Bloomfield, 81
Brent, 331
Brigham, 81
Broyden, 390, 391
Broyden-Klasse, 391, 395
Bulirsch, 71, 90, 121, 179–181, 183, 184, 198
Böhmer, 113

Cauchysches Konvergenzkriterium, 293
charakteristisches Polynom, 335
Cholesky, 226
Cholesky-Verfahren, 272
Cholesky-Verfahren, 223–226, 273
Cholesky-Zerlegung, 252
Chui, 140, 149
Ciarlet, 57
Clique, 275
Cliquenbeschreibung, 279
Collatz, 232
Conn, 311
Cotes, 164
Crout, 217
Curry, 130

Daniel, 264, 267
Dantzig, 364, 367, 377
Daubechies, 149
Davidenko Differentialgleichung, 323
Davidon, 390, 391, 395
Davis, 164, 169, 272, 280
de Boor, 113, 121, 137
de Casteljau Algorithmus, 38, 106
Deflation
– eines Polynoms, 343
– Rückwärts-, 344
– Vorwärts-, 344
Dekker, 326
Demmel, 209, 280
Determinante, 218
Deuflhard, 289, 301, 311, 318, 321–325
Dezimaldarstellung, 4
DFP-Verfahren, 391, 396
DFT, 78
differentielle Fehleranalyse, 13
Differenzen
– -operator, 331
– -quotient, 182
– -schema, 45

– dividierte, 44, 329
– inverse, 62–66
– reziproke, 62–66
– verallgemeinerte dividierte, 55, 127
Differenzengleichung, 145
differenzierbar, 298
Digitalrechner, 4
diskrete Fouriertransformation, 78
Diskretisierungsfehler, 3
Diskretisierungsverfahren, 181
Dixon, 395
Dongarra, 209
Doppelschritt-Verfahren, 339
3/8-Regel, 166
Dreiecksungleichung, 227
Dreieckszerlegung, 210–219
duale Funktion, 141
Dualitätssatz, 363, 364
Dualstellen, 5
Dualsystem, 5
Duff, 272, 280
dünn besetzte Matrix, 226, 272–280

Eingangsfehler, 3
Eisenstat, 280
elementare Abbildung, 11
elementare Operation, 11
Eliminationsverfahren
– für dünn besetzte Matrizen, 272–280
equilibriert, 236
Erisman, 272, 280
Erwartungswert, 253
euklidische Norm, 227, 242
Euklidischer Algorithmus, 349
Euler–Maclaurinsche Summenformel, 173–176
Exponenten, 6
– -unterlauf, 8
– -überlauf, 8
Exponentialspline, 158
Exponentialsummen, 38
Extrapolation, 49
– lokale, 202

Faktorisierung
– numerische, 274, 280
– symbolische, 274
Faltung, 78, 79
Faltungspunkt, 322

Fast-Fourier-Transform, 81
Fehler
– -abschätzungen, 226
– -analyse, 13
– – differentielle, 13
– -dämpfung, 16
– -fortpflanzung, 11
– unvermeidbare, 20
Fehlerschätzer
– a posteriori, 201
– – effizienter, 201
– – zuverlässiger, 201
Fehlerschätzung
– a posteriori, 200
Feinheit, 122
Festpunktdarstellung, 5
FFT-Verfahren, 81
fill-in, 273
Fixpunkt, 290, 292
– -satz von Banach, 296
Fletcher, 361, 390, 391
Fourierintegralen, 81
Fourierkoeffizienten, 91
Fouriersynthese, 78, 87
Fouriertransformation, 81
freie Variable, 365
Frobeniusmatrix, 211
Funktion
– polynomiale, 98

Gallier, 112
Gander, 200
Gass, 364, 377
Gauss, 192, 250
– –Jordan-Algorithmus, 219–222
– -Elimination, 210
– -Integration, 187–196, 199
– -Quadratur, 187–196
Gauss–Newton-Verfahren, 316
– affin-kontravarianter globaler
  Konvergenzsatz, 318
– Monotonietest, 320
– residualbasierter Algorithmus, 319
Gautschi, 94, 193, 200
Gentleman, 81
Geometrie
– rechnergestützte, 38, 96–112
geometrische Folge, 331
George, 272, 279, 280

gestaffelte Gleichungssysteme, 240
Gewichtsfunktion, 187
Gill, 264
Givens-Matrix, 266
Givens-Reflexion, 266
Givens-Rotation, 267
Gleichungssystem
– nichtlineares parameterabhängiges,
  321–325
Gleichverteilung, 30
Gleitpunkt
– -operation, 9
– -rechnung, 7
– – IEEE-Standard für, 6
Gleitpunktdarstellung, 6
globale Konvergenz, 293
globaler Konvergenzsatz, 308, 310
– affin-kontravarianter, 310
– affin-kovarianter, 308
globales Newton-Verfahren, 305–315
– Abbruchkriterium, 314
– fehlerorientierter Algorithmus, 311
– residualbasierter Algorithmus
– – Monotonietest, 314
– residualorientierter Algorithmus, 314
Globalisierungsstrategie, 305
Goertzel, 87
Goldberg, 7
Goldfarb, 391
Goldstein, 9
Golub, 193–195, 209, 264
Golubitsky, 322
Gould, 311
Grad, 275
– polarer, 98
Gradienten-Verfahren, 396
Gradshteyn, 163
Gragg, 264, 267
Gram–Schmidt, 247, 254
– -Verfahren, 247
Grenzennorm, 229
Greville, 113, 121
Gröbner, 163
grösster gemeinsamer Teiler, 350
Guest, 250
gutartig, 20
Gutartigkeit, 234
Gärtner, 364, 377

Höllig, 113
Haar
- -Bedingung, 190
- -Funktion, 138
- -Wavelet, 148
halblogarithmische Schreibweise, 6
Hall, 125
Hanson, 251
harmloser Rundungsfehler, 20
Hauptabschnittsmatrix, 337
Henrici, 169, 289, 335, 349
Hermite
- -Interpolation, 50–57, 166
- -Polynome, 193
Hessenberg-Matrix, 238, 268, 374
Hofreiter, 163
Hogben, 209
Holladay, 114
Homogenität, 227
Homotopie, 322
Homotopiepfad, 322
Hornerschema, 336
Householder, 242, 243, 338
- -Matrix, 245
Householdertransformationen, 245
Hutfunktion, 140

Innere-Punkte-Verfahren, 379–388
- primal-duales, 380
- zulässiges, 380
Integrale mit Singularitäten, 197
Integration
- adaptive, 199–203
- numerische, 163–203
Integrationsfehler
- a posteriori Schätzung, 200
- Fehlerschätzer
- - a posteriori, 200
Interpolation, 37–96, 112–149
- durch Polynome, 37, 39–57
- Hermite-, 50–57
- inverse, 330
- rationale, 38, 58–72
- Spline-, 38, 112–149
- trigonometrische, 37, 72–96
Interpolationsformel, 164
Interpolationsproblem
- lineares, 37
inverse Interpolation, 330

Inverse-Basis-Methode, 374
involutorisch, 243

Jarre, 361, 364, 377, 380, 388
Jenkins, 335

Kantorovich, 299
Kantorovich-Umgebung, 299
Karlin, 136
Karmarkar, 380
Kaufman, 264, 267
Kelley, 289
Kettenbruch, 64
Komplementaritätsproblem
- lineares, 321
Komplementarität, 381
- μ-, 382
Kondition
- einer Matrix, 230
- eines Problems, 15
- von Ausgleichsproblemen, 255–260
- von Nullstellenproblemen, 353–356
kontrahierende Abbildung, 295
Konvergenz
- -bereich, 293
- -beschleunigung, 331
- -faktor, 293
- -geschwindigkeit, 293
- -ordnung, 293
- globale, 293
- lineare, 293
- quadratische, 293
- superlineare, 396
konvex, 298
Kovarianzmatrix, 253
Kronrod, 196
Kurven
- polynomiale, 38
Kurvensegment
- polynomiales, 97
künstliche Variable, 378

Lagrange, 164
Lagrangepolynome, 51
Lagrangesche Interpolationsformel, 39, 51, 183
Lagrangescher Multiplikator, 321
Laguerre-Polynome, 193
Lawson, 251

Legendre-Polynome, 192
Levelmenge, 306
Levenberg, 321
Levenberg–Marquardt-Verfahren, 321
lineare Gleichungssysteme
– Fehlerabschätzungen, 226–234
lineare Konvergenz, 293
lineares Funktional, 169
lineares Interpolationsproblem, 37
lineares Komplementaritätsproblem, 321
lineares Programm, 361–388
– duales, 363
– Optimallösung, 363
– primales, 363
– Standardform, 362, 380
– unbeschränktes, 363
Linearisierung, 291
Lipschitz-Bedingung
– affin-kontravariante, 309
– affin-kovariante, 306
Liu, 272, 279, 280
logarithmische Barrierefunktion, 383
lokale Konvergenz, 293
lokales Newton-Verfahren, 298–305
Louis, 149
Luenberger, 361, 391
Läuchli, 258

Maehly, 61, 345
Mallat, 149
Mantisse, 6
Marquardt, 321
Maschinengenauigkeit, 8
Maschinenzahlen, 6
Matoušek, 364, 377
Matrix
– dünn besetzte, 226
– positiv definite, 223
Matrixnorm, 228
Maximumnorm, 227
Methode der kleinsten Quadrate, 250
Methode des steilsten Abstiegs, 306
Methode von Steffensen, 334
Meyer, 125, 209
Milne, 61
Milne-Regel, 166
Milne-Thompson, 65
Minimaleigenschaft, 116

Minimalgradalgorithmus, 275, 278
Minimierungsproblem, 388
– ohne Nebenbedingungen, 361, 388–397
Minimum-Norm-Eigenschaft, 115
Mittelwert, 30
Modellierung
– geometrische, 38
Modifikationstechniken, 263
Momente, 117
Monotonietest
– natürlicher, 307
Moore-Penrose-Inverse, 260
Moré, 321
Muller, 329
Multi-Resolutions
– -Analyse, 137
– -Verfahren, 137–149
Murray, 264
Murty, 364, 377
Mysovskikh, 301

Nachorthogonalisierung, 249
natürliche Levelfunktion, 307
natürlicher Monotonietest, 307
Neville, 330
Newton, 164
– –Kantorovich, 299
– – affin-kovarianter Konvergenzsatz, 301
– – Satz von, 299
– –Mysovskikh, 300
– – affin-kontravarianter Konvergenz-satz, 303
– – Satz von, 300
– –Raphson-Verfahren, 291
– -Interpolation, 43–47
– -Richtung, 306, 390
– -Verfahren, 292, 335
– – affin-invariante Konvergenzsätze, 301
– – gedämpftes, 306
– – globales, 305–315
– – klassische Konvergenzsätze, 298
– – lokale Konvergenz, 298
– – lokales, 298–305
Newton–Cotes, 172
Newton–Cotes-Formel, 165
Nichtbasisindex, 366

Nichtbasisvariable, 366
nichtentartet, 367
nichtlineares Programm, 361
Nickel, 335
Nilson, 114
Nocedal, 361
Norm, 226, 227
– euklidische, 227
– Grenzen-, 229
– Matrix-, 228
– Maximum-, 227
– Schur, 228
– Vektor-, 227
– Zeilensummen-, 228
Norm(en), 226–229
Normalgleichungen, 251, 257
Normalisiert, 6
Normen
– Äquivalenz von, 228
Nullstellenbestimmung, 289, 325–356
– Bisektionsverfahren, 349
– für Polynome, 335–356
– Interpolationsmethode, 325
– Newton-Verfahren, 335
– Verfahren von Bairstow, 347
Nullstellenunterdrückung, 344
numerisch stabil, 21
numerisch stabiler, 19
numerische Differentiation, 182
numerische Faktorisierung, 274, 280
numerische Integration, 163–203

Oettli, 232, 241
Optimallösung, 365
Ordnung, 188
– von Integrationsmethoden, 166
– von Iterationsverfahren, 293
Oren, 391, 395
Oren–Luenberger-Klasse, 391, 400
Ortega, 289, 299, 301
Orthogonalisierungsverfahren, 242–249, 253
– Schmidtsches, 189, 242
Orthogonalitätsrelationen, 75
Orthogonalpolynome, 188
Orthonormalisierungsverfahren, 247
– Gram–Schmidtsches, 247
Ostrowski, 331
Overton, 7

Peano, 169
– -Kern, 170
Peano, Fehlerdarstellung von, 169–173
Peters, 326, 344, 346, 356
Pfad
– zentraler, 384
Pfadverfolgung, 322
– klassische, 323
– tangentielle Fortsetzung, 323
Pfadverfolgungsmethode, 322
Phase I, 368
Phase I des Simplexverfahrens, 376–379
Phase II der Simplexverfahren, 368–376
Piessens, 164, 196
Pinkus, 137
Pivotclique, 277
Pivotelement, 212
Pivotknoten, 276, 277
Pivotsuche, 212, 234
– Spalten-, 212
– Teil-, 212
– Total-, 212
polare Form, 98
Polynom
– affines, 98
– trigonometrisches, 73
Polynome
– Nullstellenbestimmung, 335
polynomiale Kurven, 38, 96
Polynominterpolation, 39–57
– Methoden, 39–57, 112–137
– Restglied der, 48–50
positiv definit, 223
Potra, 380
Powell, 390, 391, 396
Prädiktor-Korrektor
– -Strategie, 311, 312, 320, 388
– -Verfahren, 311, 322, 388
Prager, 232, 241
Programm
– lineares, 362–388
– nichtlineares, 361
Pseudoinverse, 260–263

QR-Zerlegung, 247
quadratische Konvergenz, 293
Quadratur, 163–203
– adaptive, 199–203

– – Algorithmus, 203
Quasi-Newton-Verfahren, 390

Rabinowitz, 164, 169
Rademacher, 30
Rang-2-Verfahren, 391
rationale Funktion, 59
rationale Funktionen, 58
– Interpolation durch, 58–72
rationaler Ausdruck, 59
Rayleigh-Ritz-Galerkin-Verfahren, 113
rechnergestützte Geometrie, 38, 96–112
reduzierte Kosten, 370
regula falsi, 326, 327, 357
Reid, 272, 280
Reinsch, 87, 90, 94, 121
relative Varianzen, 32
relativer Fehler, 7, 14
Residuum, 28, 230
Restabbildung, 16
Restglied
– der Hermite-Interpolation, 56
– von Integrationsregeln, 165–169
Restglied, der Polynominterpolation,
  48–50
reziproke Differenzen, 64
Rheinboldt, 289, 299, 301
Riesz-Basis, 138
Romberg, 177, 179, 186
– -Integration, 177
Roos, 380
Rose, 272, 275, 278
Rundung, 7
Rundungsfehler, 3, 7
– -Abschätzung, 30
– – statistische, 30
– -Analyse der Gauss-Elimination,
  234–240
– harmlose, 20
Rutishauser, 6, 71, 121, 177, 181
Ryzhik, 163
Rückwärtsdeflation, 344

Sande, 81
Sande–Tukey-Verfahren, 81
Satz von Rolle, 338
Saunders, 264
Sautter, 241
Schaeffer, 322

Schlupfvariable, 362, 364
Schmidtsches Orthogonalisierungsver-
  fahren, 189, 242
schnelle Fouriertransformation, 81
Schoenberg, 130, 136
Schrijver, 364
Schrittweite, 306
Schultz, 57, 113
Schur-Norm, 228
Secrest, 188
Sekantenverfahren, 292, 327, 329
Seminorm, 114
Shanno, 391
Simplexschritt, 368
Simplexschritte, 367
Simplexstandardform, 365
Simplexverfahren, 364–379
– Phase I, 376–379
– Phase II, 368–376
Simpson-Regel, 166, 171
Simpsonsche Regel, 165
Simulation
– geometrische, 38
Singularität k-ter Ordnung, 322
singuläre Werte, 263
Skalierung, 235
Skalierungsfunktion, 138
Spaltenpivotsuche, 212
Spedicato, 395
Spellucci, 389
Spiegelung, 243
Spline
– -Interpolation, 38, 112–149
– -funktionen, 113–126
– – natürliche, 116
– – periodische, 115
Steffensen, 166, 172, 333, 357
Stegun, 192
Sterbenz, 4, 30
Stewart, 209, 264, 267
Stiefel, 177, 181
Stoer, 90, 180, 183, 184, 198, 361, 364,
  377, 380, 388
Streuung, 30
Stroud, 188
Sturmsche Kette, 349
stückweise Polynomfunktion, 126
Stützabszissen, 37

Stützordinaten, 37
Stützpunkte, 37
submultiplikative Norm, 228
Suchrichtung, 306
symbolische Faktorisierung, 274
Symmetrisches Rang-1-Verfahren, 391
Szegö, 194

Teilpivotsuche, 212
Terlaky, 380
Tewarson, 272
Thielescher Kettenbruch, 62, 66
Toint, 311
total positiv, 136
Totalpivotsuche, 212, 239
translationsinvariant, 94
Trapezregel, 166, 167
Trapezsumme, 167
Traub, 289, 329, 335
Trefethen, 209
Tridiagonalmatrix, 193, 238, 336
trigonometrische Interpolation, 37,
    72–96
trigonometrisches Polynom, 73
truncation error, 3
trust-region (Vertrauensgebiet), 311
Tschebyscheff
– -Approximationsproblem, 250, 398
– -Polynome, 193, 205
– -Problem, 250
– -Systeme, 190

uneigentliches Integral, 199
unerreichbarer Punkt, 59
ungerichteter Graph, 274
unitäre Matrizen, 229

v. Neumann, 9
Van Loan, 209, 264
Vanderbei, 364, 377, 380
Varga, 57

Varianz, 30
Vektornorm, 227
Verfahren von Schulz, 357
verkettete Listen, 273
Vertrauensgebiet (trust-region), 311
verträgliche Normen, 228
Verzweigungspunkte, 322
Vial, 380
vollständig, 293
Vorwärtsdeflation, 344
vorzeichenbeschränkte Variable, 362,
    365
Vorzeichenwechsel, 349

Walsh, 114
Wavelet, 148
– orthonormales, 148
Weddle-Regel, 166
Welsch, 193–195
wesentliche Stellen, 6
Whitney, 136
Wilkinson, 22, 217, 239, 257, 326, 344,
    346, 355, 356
Willoughby, 272
Witzgall, 61
Wortlänge, 5
Wright, 361, 380

Yannakakis, 274

Zahldarstellung, 4
Zeiger, 272
Zeilensummennorm, 228
zentraler Pfad, 384
Zerlegung der Eins, 101
Zielfunktion, 362
Zufallsvariable, 30
zulässige Basis, 367
zulässige Lösung, 362
– strikte, 380
Zwei-Stufen-Formel, 138, 144